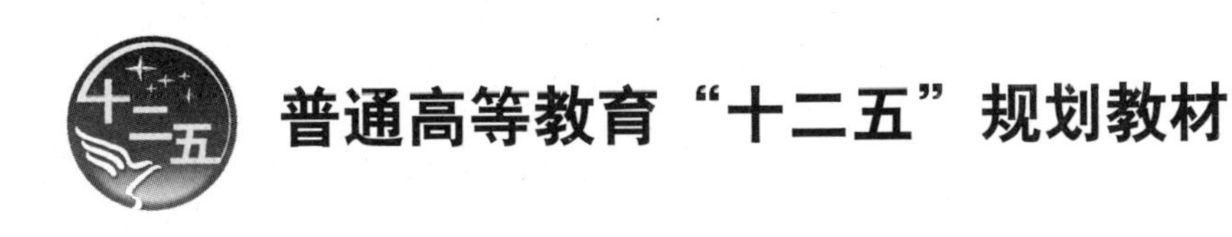

电工电子技术简明教程

主　编　高玉良
副主编　刘　焰　付青青
编　写　孙士平
主　审　唐　介

中国电力出版社
CHINA ELECTRIC POWER PRESS

内 容 提 要

本书为普通高等教育“十二五”规划教材。本书对传统电子技术部分的教学内容作了重大调整：模拟电子技术部分大幅压缩了分立元件放大电路的内容，对三极管放大电路只作了简单的介绍，较系统地介绍以集成运算放大器为基本元件的放大、运算、信号处理、信号产生等模拟电路；数字电子技术部分压缩了门电路、触发器和计数器内部结构的内容，注重各种数字集成电路的外特性和应用，使教材内容对非电类专业学生更具实用性，也降低了课程的学习难度。为了让读者了解电子技术的最新发展，第12章专门介绍了EDA技术、EWB电子电路仿真和可编程器件的应用。

本书可作为普通高等学校本科非电类专业电工学或电工电子技术课程（3～4学分）的教材，也可供相关工程技术人员和一般读者自学使用。

图书在版编目（CIP）数据

电工电子技术简明教程/高玉良主编. —北京：中国电力出版社，2012.11（2016.1重印）

普通高等教育“十二五”规划教材

ISBN 978-7-5123-3553-0

Ⅰ.①电… Ⅱ.①高… Ⅲ.①电工技术-高等学校-教材②电子技术-高等学校-教材 Ⅳ.①TM②TN

中国版本图书馆CIP数据核字（2012）第228208号

中国电力出版社出版、发行

（北京市东城区北京站西街19号　100005　http://www.cepp.sgcc.com.cn）

北京雁林吉兆印刷有限公司印刷

各地新华书店经售

*

2012年11月第一版　　2016年1月北京第二次印刷

787毫米×1092毫米　16开本　19.25印张　464千字

定价**35.00**元

前　言

本书参照2011年教育部颁布的"电工学课程教学基本要求"编写。

全书分电工技术和电子技术两部分。电工技术部分包括电路的基本定律和基本分析方法、正弦交流电路、磁路与变压器、交流异步电动机及控制等4章；电子技术部分包括常用半导体器件、放大电路初步、信号运算放大与处理电路、直流稳压电源、组合逻辑电路、时序逻辑电路、信号产生与转换电路等7章。为了让读者了解电子技术的最新发展，第12章专门介绍了EDA技术、EWB电子电路仿真、模拟及数字可编程器件的应用。

与国内同类教材相比，本教材对电子技术部分的内容作了重大调整：模拟电子技术部分大幅压缩了分立元件放大电路的内容，对三极管放大电路只作了简单的介绍，较系统地介绍以集成运算放大器为基本元件的放大、运算、信号处理、信号产生等模拟电路；数字电子技术部分压缩了门电路、触发器和计数器内部结构的内容，注重各种数字集成电路的外特性和应用，使教材内容对非电类专业学生更具实用性，也降低了课程的学习难度。

本书第1、2章由刘焰编写；第3、4章由孙士平编写；第5～8章及12章由高玉良编写；第9～11章由付青青编写。全书由高玉良统稿。本书在编写过程中得到了吴爱平、扬友平、覃红英等老师的帮助，在此表示感谢。

大连理工大学唐介教授审阅了本书的全稿，提出了不少很好的修改意见，对此谨致以衷心的感谢。

由于编者水平有限，书中难免存在缺点和错误，恳请使用本书的教师和学生提出意见和建议，以便今后不断改进。

作者E-mail：gao-yuliang@yangtze u. edu. cn

编　者

2012年7月

目　　录

第 1 章　电路的基本定律和基本分析方法

电路理论是电工技术和电子技术的基础，它的研究对象是电路模型。本章首先介绍电路模型的概念及电路的一些基本物理量，引入电流、电压的参考方向的概念。然后介绍电阻、电感、电容、电压源和电流源等常用的电路元件，给出电路的基本定律——基尔霍夫定律。在此基础上，介绍分析电路的一些基本方法。最后介绍一阶电路的过渡过程分析。

1.1　电路的组成及基本物理量

1.1.1　电路和电路模型

1. 电路

电路是指为了某种需要由若干电气器件按一定方式连接起来的电流的通路。

电路的结构形式及所具有的功能是多种多样的。按电路的功能，电路可分为两大类。第一类是实现电能的传输和转换的电路。最简单的电路就是手电筒电路，它由干电池、电珠、连接导线及开关组成，如图 1.1.1（a）所示。

干电池是一种电源，它将化学能转换成电能，在其正、负极间保持一定的电压，为电路提供电能；电珠由电阻丝制成，当电流流过电阻丝时，电阻丝会发热而使电珠发光，它是一种消耗电能的器件。通常把消耗电能的用电器件或设备称为负载。连接导线构成电流的通路，开关则起控制电路接通和断开的作用，开关和导线是连接电源和负载的中间环节。

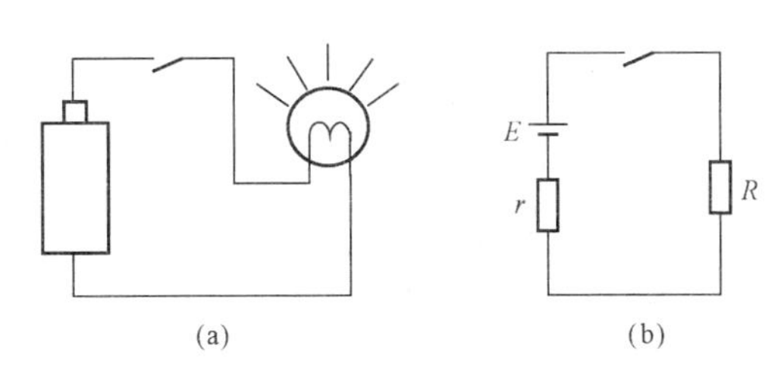

图 1.1.1　手电筒电路及其电路模型
(a) 手电筒电路；(b) 电路模型

第二类电路是实现信号的传递和处理的电路。常见的电路如扩音机。扩音机由话筒、放大电路、扬声器组成。话筒将声音变成电信号，经过放大电路的放大，送到扬声器再变成声音输出。这里话筒是输出信号的设备，称为信号源，它相当于电源；扬声器是接受和转换信号的设备，也就是负载。由于话筒输出的电信号很微弱，不足以推动扬声器发音，因此需要采用中间环节对信号进行放大和处理。

由此可见，电路主要由电源、负载及从电源到负载的中间环节三部分组成。电源是提供电能或电信号的设备，负载是用电或输出电信号的设备，中间环节用于传输电能或传输、处理电信号。从以上所举的两个例子可以看出，中间环节可以是简单的两根导线，也可以是一个复杂的系统。在电路分析中，为了方便，常把信号源或电源输出的电压或电流称为激励，把由激励而在电路中产生的电压或电流称为响应。有时，根据激励和响应的因果关系，把激励称为输入，把响应称为输出。

2. 电路模型

组成电路的实际器件，其电磁性能的表现往往是多方面交织在一起的。如常用的电阻器，它不仅有消耗电能的功能，还会在其周围产生一定的磁场；再如电容器，它不仅有储存电场能的功能，还会因其介质不是百分之百的绝缘体而产生漏电，从而消耗电能。这样用数学来描述电阻器或电容器时就会很复杂，不利于对电路进行深入的分析。而人们在使用电阻器和电容器时，只利用电阻器消耗电能的功能，利用电容器储存电场能的功能，忽略其他次要的性能。

基于上述考虑，可以定义一些理想化的电路元件，每一种电路元件只体现一种基本电磁现象，具有精确和简单的数学定义，这些元件称为理想元件。电路分析中常用的理想元件包括电阻、电感、电容、恒压源和恒流源等，它们将在后面几节中分别介绍。

定义了理想元件后，在一定条件下，电路中的实际器件就可以用理想元件及它们的组合来表示，这就是元件模型。一个实际器件可以有多个元件模型，视电路分析要求的精度和工作条件选择一种模型。一般来说，模型越复杂，精度就越高，分析就越困难。如一个电感线圈，一般情况下可以看作是理想电感（简称电感），如图 1.1.2（a）所示。当通过的电流频率较低时，就应考虑线圈的能量损耗，这时可把线圈看作是电感和电阻的串联，如图 1.1.2（b）所示。如果电流的频率很高，要求的精度也较高时，则应考虑电场的影响，电路模型如图 1.1.2（c）所示。

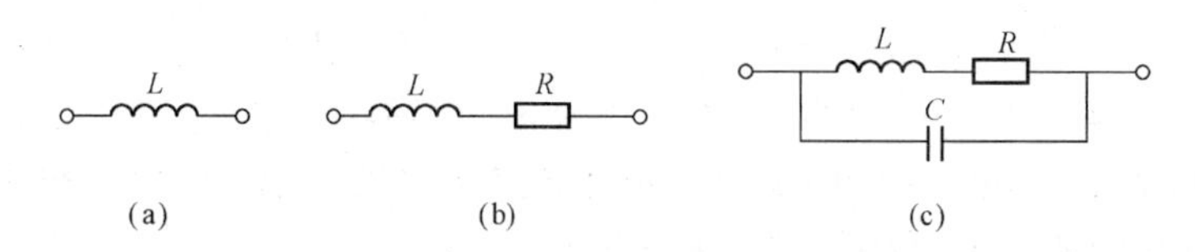

图 1.1.2　电感线圈模型

（a）常用模型；（b）低频模型；（c）高频模型

一个实际器件用元件模型来表示，总是在一定的假设条件下，即器件的尺寸远小于正常工作频率所对应的波长，这就是集总假设。因此理想元件也称为集总参数元件。例如，我国电力用电的频率是 50Hz，对应的波长为 6000km，对以此为工作频率的实验室设备来说，其尺寸与该波长相比可忽略不计，因而用集总参数的概念是完全可以的。但对高压电力传输线来说，其传输距离常达到上千公里，这时就必须考虑电场、磁场沿线路分布的情况，不能用集总参数描述，而只能用分布参数描述，并通过电磁场理论求解。

当电路中的实际器件都用理想元件或理想元件的组合表示后，由理想元件构成的电路图就称为实际电路的电路模型。在手电筒电路中，电珠用电阻表示，干电池用电压源表示，开关和导线可视为理想导体，这样手电筒电路的电路模型就如图 1.1.1（b）所示。

电路理论研究的对象是由理想元件构成的电路模型，目的是找出电路中具有普遍意义的规律和电路分析的一般方法。

1.1.2　电流、电压和电位

电路中的基本物理量包括电流、电压及功率。

1. 电流

带电粒子有规律的运动形成电流。电流的大小用电流表示，其定义为：单位时间内通过导体截面积的电荷量。用符号 i 表示电流，则表示式为

$$i = \frac{\mathrm{d}q}{\mathrm{d}t} \tag{1.1.1}$$

如果电流不随时间变化，则表示式为

$$I=\frac{Q}{t} \tag{1.1.2}$$

在国际单位制中，电流的单位是安培（A），习惯上将正电荷运动的方向规定为电流的方向，电流的方向是客观存在的。

在简单的电路中，可以很容易地直接确定电流的方向，但在较复杂的电路中，就很难预先判定电流的方向。特别是在交流电路中，电流的大小和方向均随时间变化，很难表示出实际方向。在这种情况下，可以事先任意假定某一方向为电流的正方向，亦即参考方向，并用箭头标出，根据假定的电流正方向进行计算，若求得的电流为正值，说明电流的实际方向与参考方向一致，如图 1.1.3（a）所示；若求得的电流是一个负值，则说明实际方向与参考方向相反，如图 1.1.3（b）所示。

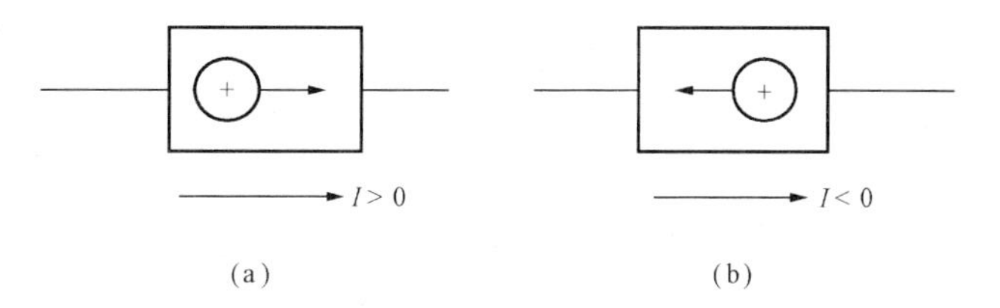

图 1.1.3　电流的实际方向与参考方向

（a）电流实际方向与参考方向一致；（b）电流实际方向与参考方向相反

2. 电压

电荷之所以能在电路中流动，是由于电荷在电路中受电场力的作用，即电场力对电荷做了功。为了衡量电场力做功的本领，引入电压这一物理量，将单位正电荷从 a 点移到 b 点时电场力做的功称为 ab 两点间的电压，表达式为

$$u_{ab}=\frac{dW}{dq} \tag{1.1.3}$$

如果电压不随时间变化，则表达式为

$$U_{ab}=\frac{W}{Q} \tag{1.1.4}$$

在国际单位制中，电压的单位是伏特（V）。

式（1.1.3）中，dW 为 dq 从 a 点移至 b 点时电场力做的功，也就是 dq 在运动过程中失去的电势能。按电磁学理论，电荷在电场中某一点的电势能等于该点的电位与电量的乘积。因此，在 dq 为正值时，若 $dW>0$，则表示 a 点的电位比 b 点高，故电压又称为电位差。

一般规定电压的方向由高电位点指向低电位点，即电位降低的方向。在电路分析中，往往由于难于事先判定元件两端电压的实际方向，因此也要像电流一样先任意设定某一方向为电压的正方向，即参考方向。若计算结果电压为正值，则说明电压的实际方向与参考方向一致；若为负值，则说明实际方向与参考方向相反。电压的参考方向可采用极性表示，在元件两端标出正（+）、负（−）极性，从正极经元件指向负极的方向就是元件上电压的参考方向，也可采用箭头表示，在元件旁标上箭头，箭头的方向就是电压的参考方向，如图 1.1.4（a）所示。电压的参考方向还可用双下标表示，如 U_{ab} 表示电压的参考方向是由 a 指向 b。显然 $U_{ab}=-U_{ba}$。这里有一点需要特别指出，

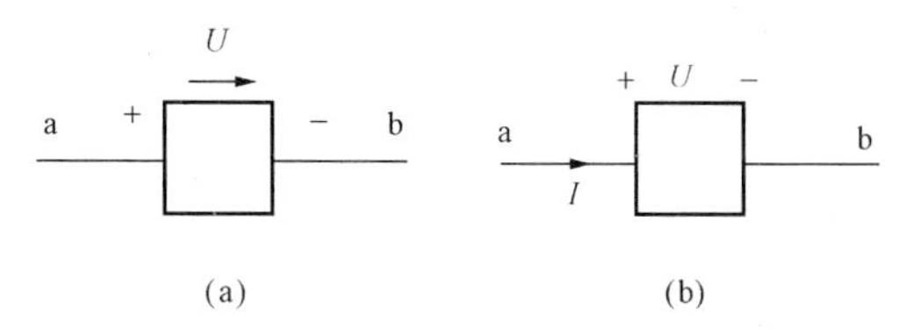

图 1.1.4　电压的参考方向和关联参考方向

（a）电压的参考方向；（b）电压电流关联参考方向

尽管电压和电流的参考方向可以任意指定，但一经确定，在整个分析计算过程中就不能变更，否则会引起混乱而导致计算错误。

电流和电压的参考方向可独立地设定，但为了分析方便，常采用关联参考方向，即把同一元件的电压参考方向和电流参考方向取为一致，电流从电压的正极流向负极，如图 1.1.4（b）所示。

在电路中任取一点 O 作为参考点，则由某点 a 到参考点的电压 U_{ao} 称为 a 点的电位，记为 V_a。参考点的选择具有任意性，因此电位也具有任意性，但任意两点间的电压（电位差）是不变的。在一个连通的系统中，只能选择一个参考点，参考点的电位等于零。在电子电路中，常选定一条特定的公共线作为参考点。这条公共线一般是很多元件的汇集处，而且常常是电源的一个极，这条线虽不直接接地，但有时也称为地线，参考点用接地符号“⊥”表示。

有了电位的概念后，电路中任意两点之间的电压，可以用它们之间的电位差表示，如

$$U_{ab} = V_a - V_b$$

若 $U_{ab}>0$，表示 a 点电位比 b 点电位高；若 $U_{ab}<0$，则表示 a 点电位比 b 点电位低。在电子电路中常采用一种习惯画法，当电源有一端与参考点相连时，电源不再用电源符号表示，只需将电源另一端相对参考点的电压数值和极性标出就可以了，如图 1.1.5 所示。

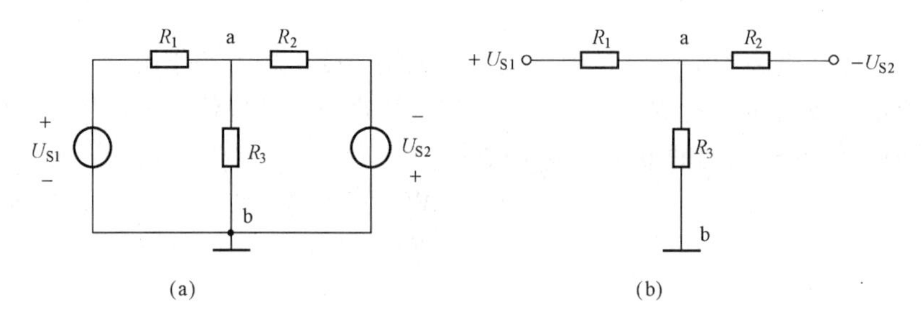

图 1.1.5 电子电路的习惯画法

（a）一般画法；（b）习惯画法

1.1.3 电功率和电能

功率的定义为单位时间内转换的能量，即

$$p = \frac{\mathrm{d}W}{\mathrm{d}t}$$

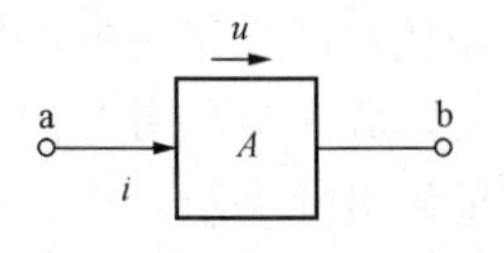

图 1.1.6 元件的电功率

在图 1.1.6 中，设正电荷 dq 从 a 点经元件 A 移到 b 点，ab 间的电压为 u，则 dq 从 a 移到 b 减少的电势能为 $u\mathrm{d}q$，这就是被元件 A 吸收的能量 dW，这样，元件 A 的电功率为

$$p = \frac{\mathrm{d}W}{\mathrm{d}t} = \frac{u\mathrm{d}q}{\mathrm{d}t} = ui \quad (1.1.5)$$

这里 u 为元件上的电压降，i 为元件中的电流，u、i 为关联参考方向。若计算结果表明 u、i 同为正值或同为负值，则 $p>0$，表明元件吸收功率或消耗功率；若 u、i 互为异号，则 $p<0$，表明元件释放功率或提供功率。若电路中的电压与电流为非关联参考方向，则功率的表达式为

$$P = -ui \quad (1.1.6)$$

此时，若求得 u、i 互为异号，则 $p>0$，表明元件吸收功率；若 u、i 同为正值或同为负值，则 $p<0$，元件释放功率。

对于直流电路，在关联参考方向下，功率的表达式为

$$P = UI \tag{1.1.7}$$

在国际单位制中，功率的单位是瓦特（W）。

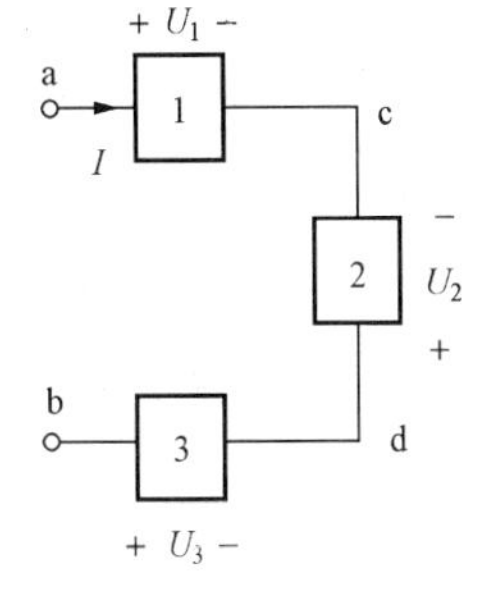

图 1.1.7 ［例 1.1.1］图

【例 1.1.1】 在图 1.1.7 所示电路中，已知 $I=2\text{A}$，$U_1=4\text{V}$，$P_2=16\text{W}$，$U_3=6\text{V}$，求 P_1、P_3、U_2、U_{ab}及这部分电路的总功率。

解 元件 1 的电压、电流为关联参考方向，故

$$P_1 = U_1 I = 4 \times 2 = 8(\text{W})(\text{吸收功率})$$

元件 2 和元件 3 的电压和电流为非关联参考方向，故

$$P_3 = -U_3 I = -6 \times 2 = -12(\text{W})(\text{释放功率})$$

$$U_2 = -\frac{P_2}{I} = -\frac{16}{2} = -8(\text{V})$$

$$U_{ab} = U_a - U_b = U_a - U_c + U_c - U_d + U_d - U_b = U_1 - U_2 - U_3 = 4-(-8)-6 = 6(\text{V})$$

电路的总功率为

$$P = P_1 + P_2 + P_3 = 8 + 16 + (-12) = 12(\text{W})(\text{吸收功率})$$

根据式（1.1.5），在 t_0 到 t 时间内，元件 A 吸收（消耗）的电能为

$$W = \int_{t_0}^{t} p\mathrm{d}t \tag{1.1.8}$$

如 $p<0$，即 $W<0$，则表明元件释放电能。直流时为

$$W = P(t-t_0) \tag{1.1.9}$$

在国际单位制中，电能的单位是焦耳（J），在实际中常采用千瓦小时（kW·h）作为电能的单位，1kW·h 简称一度电，它与焦耳的换算关系如下：

$$1\text{kW}\cdot\text{h} = 10^3\text{W} \times 3600\text{s} = 3.6 \times 10^6\text{J}$$

1.2 电路的基本元件

电路中的元件可分为有源元件和无源元件两大类。电压源、电流源称为有源元件，它们向电路提供电能。电阻元件只能消耗电能，电感和电容元件尽管能释放电能，但不能释放出多于它吸收或储存的电能，因此电阻、电感和电容元件称为无源元件。下面分别讨论各元件上的电压—电流关系（简称伏安关系）及它们的能量消耗及储存。

1.2.1 电阻元件

当元件上的电压 u 与电流 i 由代数关系联系时，这种元件就称为电阻元件。电阻元件的电压、电流关系在 u-i 平面上是一条曲线，这条曲线称为电阻元件的伏安特性曲线。当伏安特性曲线是一条过原点的直线时，这种电阻元件就称为线性电阻元件，简称电阻；否则，称为非线性电阻，如图 1.2.1 所示。电路中通常说的电阻都是指线性电阻，用 R 表示。

当在电阻上加上电压或通以电流时，在关联参考方向下，电阻上的电压和电流满足关系

$$u = Ri \tag{1.2.1}$$

这就是读者熟悉的欧姆定律。R 称为线性电阻元件的电阻值，简称电阻。显然这是一常数，

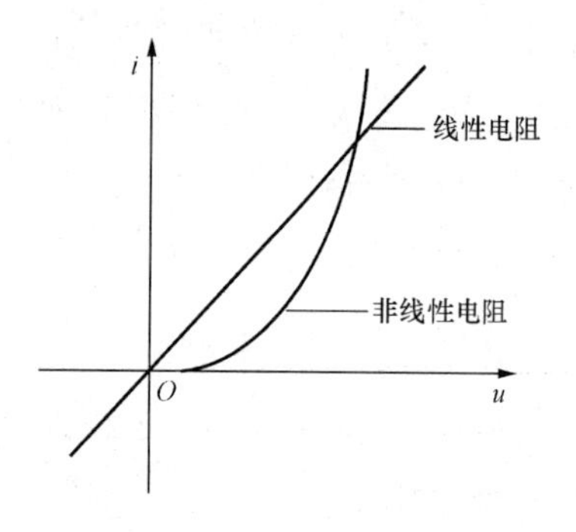

图 1.2.1 电阻元件的伏安特性

与电流、电压的大小无关。在国际单位制中，电阻的单位是欧姆（Ω）。

当电压与电流为非关联参考方向时，电阻上的电压与电流的关系则为

$$u = -Ri \tag{1.2.2}$$

在电路分析中，有时也用另一个参数——电导来表示电阻元件的性质，电导定义为电阻的倒数，用 G 表示，即

$$G = \frac{1}{R} \tag{1.2.3}$$

在国际单位制中，电导的单位是西门子（S）。用电导表示的欧姆定律为

$$i = Gu \tag{1.2.4}$$

由功率的表达式（1.1.5），可得电阻的功率为

$$p = ui = Ri^2 = \frac{u^2}{R} \tag{1.2.5}$$

由于 R 是正值，因此电阻的功率恒大于零，即电阻总是吸收功率，是耗能元件。

1.2.2 电感元件

具有存储磁场能量特性的元件称为电感元件，如线圈，当电流通过它时，线圈内部就会产生磁场，从而产生磁通，并存储磁场能量。忽略电阻的电感线圈称为理想电感。设线圈中的电流为 i，单匝线圈的磁通为 Ψ、N 匝线圈的总磁通——磁链为 $N\Psi$，记作 Ψ。

当电流 i 与磁通 Ψ 满足右手关系时［见图 1.2.2（a）］，定义

$$L = \frac{\Psi}{i} \tag{1.2.6}$$

为线圈的电感。若 Ψ 与 i 成线性关系，电感元件称为线性电感。一般的空心线圈可视为线性电感，含有铁心的线圈则是非线性电感。以后除非特别说明，本书所说的电感都是指线性电感元件。在国际单位制中磁通的单位是韦伯（Wb），电感的单位是亨利（H），因此电感元件的电流与磁链的关系曲线称为韦安特性。线性电感的韦安特性在 Ψ-i 平面中是一条通过原点的直线，如图 1.2.2（b）所示。

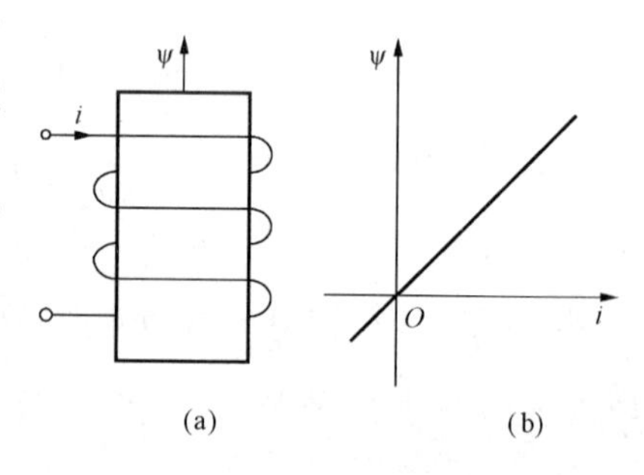

图 1.2.2 电感元件及其韦安特性
（a）右手关系；（b）韦安特性

根据法拉第一楞次定律，电感中电流变化时，会产生阻止电流变化的感应电动势，感应电动势的大小为 $\left|\frac{\mathrm{d}\Psi}{\mathrm{d}t}\right| = L\left|\frac{\mathrm{d}i}{\mathrm{d}t}\right|$，取电感上的电压与电流为关联参考方向，如图 1.2.3 所示，则

$$u = L\frac{\mathrm{d}i}{\mathrm{d}t} \tag{1.2.7}$$

当 $i>0$ 时，若 i 增大，即 $\frac{\mathrm{d}i}{\mathrm{d}t}>0$，则 $u>0$，感应电动势产生的电压阻止电流的增加；反之，若 i 减小，即 $\frac{\mathrm{d}i}{\mathrm{d}t}<0$，则 $u<0$，电感中的感应电动势在回路中产生与 i 相同方向的电流，以

阻止电流的减小。

对 $i<0$ 的情况，读者可作类似的分析。

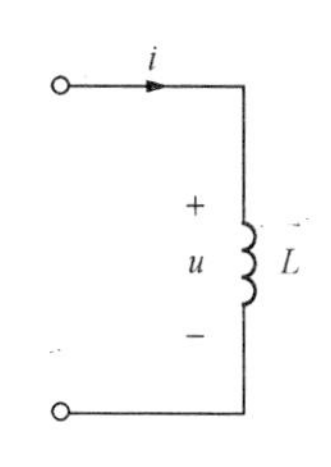

图 1.2.3　电压感上的电压与电流

由式（1.2.7）可以看出，任一时刻的电感电压，取决于该时刻电感电流的时间变化率。电流的时间变化率越大，电感电压也就越大。如果电感电流不随时间变化，即电流是恒定不变的直流，则电感电压为零，电感元件就可视为一段理想导线。

另外，式（1.2.7）也表明了电感与电阻元件的区别。电阻元件上电压与电流有确定的对应关系，而电感元件上的电压与电流没有确定的对应关系，只与电流的时间变化率有确定的对应关系。

在电感上的电压和电流为关联参考方向时，电感的功率为

$$p = ui = Li\frac{\mathrm{d}i}{\mathrm{d}t}$$

在 $\mathrm{d}t$ 时间内，电感中磁场能量的增加量为

$$\mathrm{d}W = p\mathrm{d}t = Li\mathrm{d}i$$

电流为零时，磁场能量为零。当电流由 0 增大到 i 时，电感储存的磁场能为

$$W = \int_0^i Li\mathrm{d}i = \frac{1}{2}Li^2 \tag{1.2.8}$$

由此可见，电感中储存的能量只与最终的电流值有关，而与电流建立的过程无关。

1.2.3　电容元件

具有储存电场能量特性的元件称为电容元件。两块中间隔有绝缘介质的金属板就构成一个电容器。当在电容器的极板上加上电压后，极板上就会积聚等量异号电荷，电容器内就产生电场并储存电场能量。

实际电容器中的介质并不是理想的绝缘体，因此必然存在一定的漏电现象。忽略漏电现象的电容器称为理想电容器，简称电容。

设在电容器的极板上加上电压 u，极板的电量为 q，定义

$$C = \frac{q}{u} \tag{1.2.9}$$

为电容器的电容。

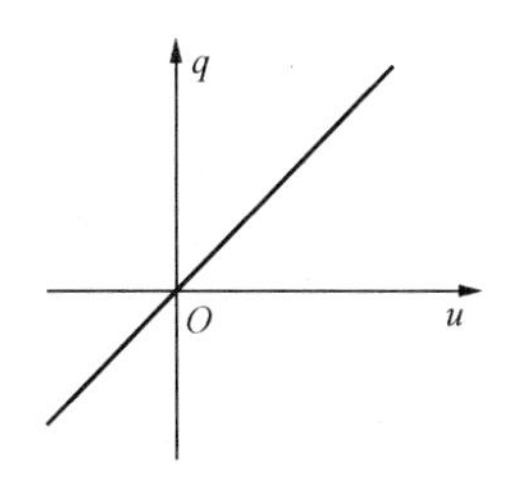

图 1.2.4　电容元件的库伏特性

若 q 与 u 成线性关系，即 C 与外加电压无关，则电容器称为线性电容器。一般所讲的电容器都是线性电容器。按照线性电容器的定义，电容器上电量与电压的关系曲线在 q-u 平面上是一条通过原点的直线，也称电容的库伏特性，如图 1.2.4 所示。

在国际单位制中，电荷的单位为库仑（C），电容的单位为法拉（F）。法拉的单位太大，一般用微法（μF）或皮法（pF）。

设电容器上的电压为 u，通过电容器的电流为 i，当 i 与 u 为关联参考方向时，如图 1.2.5 所示，电流为

$$i = \frac{\mathrm{d}q}{\mathrm{d}t} = C\frac{\mathrm{d}u}{\mathrm{d}t} \tag{1.2.10}$$

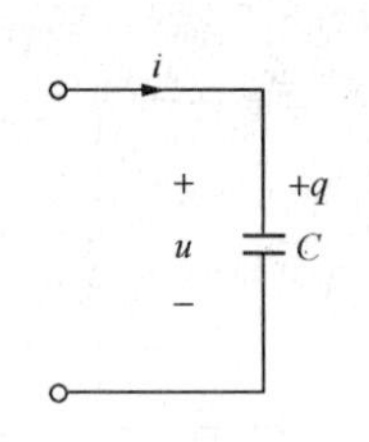

图 1.2.5 电容上的电压与电流

由上式可看到，任意时刻流过电容的电流取决于该时刻电容电压的时间变化率。电压的变化率越大，电流就越大；如果电容电压不随时间变化，即 u 是直流电压，则 $i=0$，电容相当于开路。

当电容上的电压和电流为关联参考方向时，电容的功率为

$$p = ui = Cu\frac{\mathrm{d}u}{\mathrm{d}t}$$

在 $\mathrm{d}t$ 时间内，电容中电场能量的增加量为

$$\mathrm{d}W = p\mathrm{d}t = Cu\mathrm{d}u$$

电压为零时，电场能为零。当电压由 0 增大到 u 时，电容存储的电场能为

$$W = \int_0^u Cu\mathrm{d}u = \frac{1}{2}Cu^2 \tag{1.2.11}$$

由此可见，电容中存储的能量只与最终的电压值有关，而与电压建立的过程无关。

1.2.4 电压源

一个元件如果其端电压或流出的电流保持为一恒定值或确定的时间函数，则称其为电源。电源分为电压源和电流源两种形式。凡是能独立地对外电路提供电压或电流的电源称为独立源，不能独立地向外电路提供电压或电流的电源称为受控源。

如果电源的端电压与流过的电流无关，则称这种电源为理想电压源，其符号表示如图 1.2.6（a）所示。u_S 为电压源的电压，“+”、“−”是其参考极性。u_S 为定值的电源称为恒压源，电压值用 U_S 表示。恒压源的伏安特性是一条不通过原点且与电流轴并行的直线，如图 1.2.6（b）所示。

由于流过恒压源的电流与电压值无关，由外电路决定，其实际方向既可与电压的实际方向相反，也可相同，所以恒压源既可以作为电源向外电路提供电能，又可以作为负载从电路吸收电能，读者熟知的充电电池就具有这两种工作状态。

恒压源是从实际电源中抽象出来的一种理想电源。而实际电源两端的电压总是随着输出电流的变化而变化的，这是由于实际电源内部有一定的电阻，电阻上所产生的压降降低了电源的输出电压，所以一个实际电源可以看成是一个恒压源 U_S 和一个电阻 R_S 的串联，U_S 为电源的开路电压，称为电源的电动势，R_S 称为电源的内阻，这种电源模型称为电压源模型，简称电压源，如图 1.2.7（a）所示。

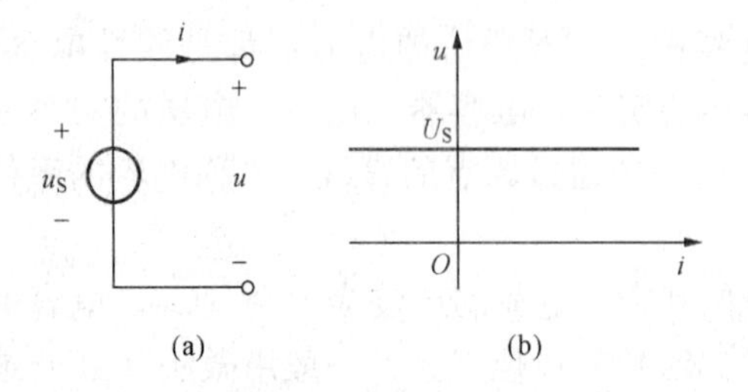

图 1.2.6 理想电压源的符号及伏安特性

（a）理想电压源符号；（b）伏安特性

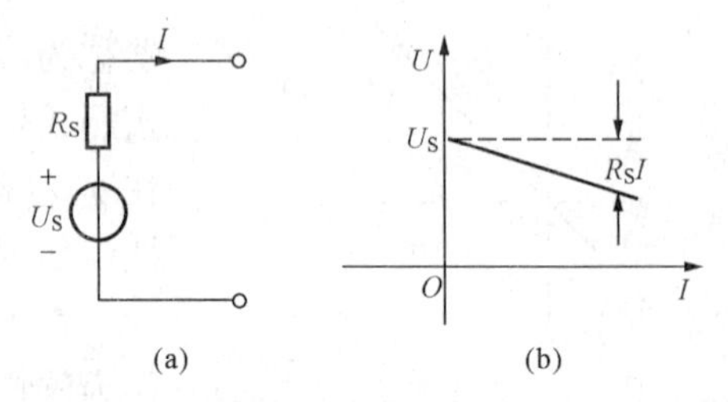

图 1.2.7 电压源及其伏安特性

（a）实际电压源模型；（b）伏安特性

当电压源与外电路相连，电源的输出电流是 I 时，电压源两端的电压为

$$U = U_S - IR_S \tag{1.2.12}$$

因此，电压源的伏安特性如图 1.2.2（b）所示。R_S 越小，电压源就越接近于恒压源。

1.2.5　电流源

若从电源流出的电流与电源两端的电压大小无关，则称这种电源为理想电流源，其符号表示如图 1.2.8（a）所示，i_S 为电流源的电流，箭头是其参考方向。i_S 为定值的电流源称为恒流源，电流值用 I_S 表示。恒流源的伏安特性是一条不通过原点且与电压轴平行的直线，如图 1.2.8（b）所示。光电池就是一种电流源，在一定照度的光线照射下，光电池将产生一定值的电流，电流大小只与照度有关且成正比，与其他因素无关。

由于恒流源两端的电压与电流无关，由外电路决定，既可以是正值，也可以是负值，所以恒流源与恒压源相同，可以作为电源向外电路提供电能，也可以作为负载从电路吸收电能。

在实际中，理想电流源是不存在的，它的输出电流通常随着其端电压的增大而减小，所以一个实际电源可以看成是一个恒流源 I_S 和一个电阻 R_S 的并联，I_S 为电源的短路电流，R_S 为电源的内阻。这种电源模型称为电流源模型，简称电流源，如图 1.2.9（a）所示。当电流源与外电路相连，电源的端电压为 U 时，电流源的输出电流为

$$I = I_S - \frac{U}{R_S} \tag{1.2.13}$$

因此，电流源的伏安特性如图 1.2.9（b）所示。R_S 越大，电流源就越接近于恒流源。

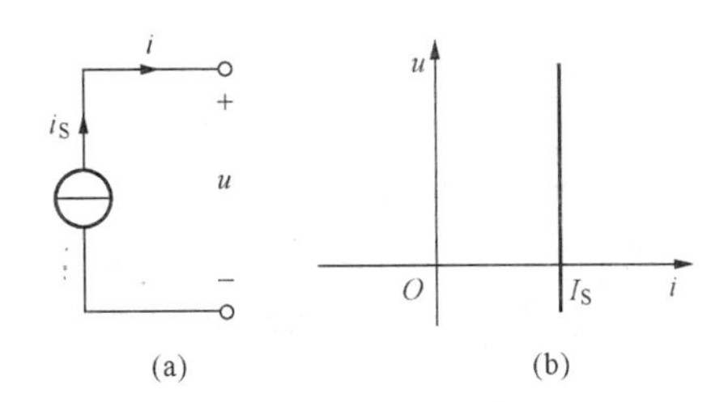

图 1.2.8　理想电流源的符号及伏安特性
（a）理想电流源符号；（b）伏安特性

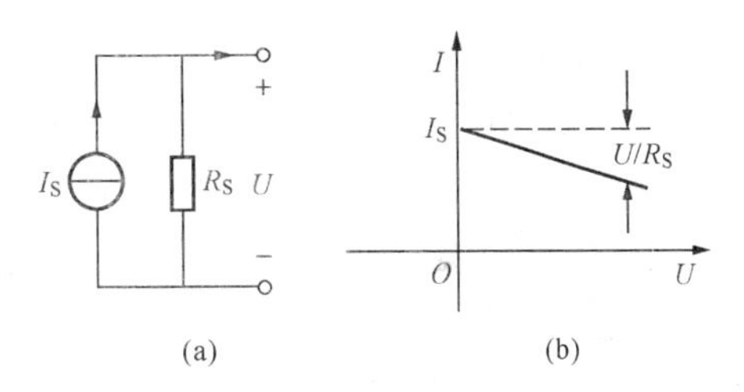

图 1.2.9　电流源及其伏安特性
（a）实际电流源模型；（b）伏安特性

电压源模型和电流源模型是从实际电源中抽象出来的，对于一个实际的电源来说，其电路模型既可采用电压源模型，也可采用电流源模型，这要视电源的外部电压或电流的特性而定。

【例 1.2.1】 在图 1.2.10 所示电路中，$I_S=2A$，$U_S=4V$，求 R 分别为 4Ω、2Ω、1Ω 时电阻和电流源上的电压，并计算各元件的功率。

解　电路中的电流为

$$I = I_S = 2A$$
$$U_R = IR = 2R$$
$$U_I = U_{ac} = U_{ab} + U_{bc} = U_R - U_S = 2R - 4$$

考虑到电源上电压与电流为非关联参考方向，故

$$P_I = -I_S U_I = -2U_I$$
$$P_U = -IU_S = -2 \times 4 = -8(W)$$
$$P_R = I^2 R = 4R$$

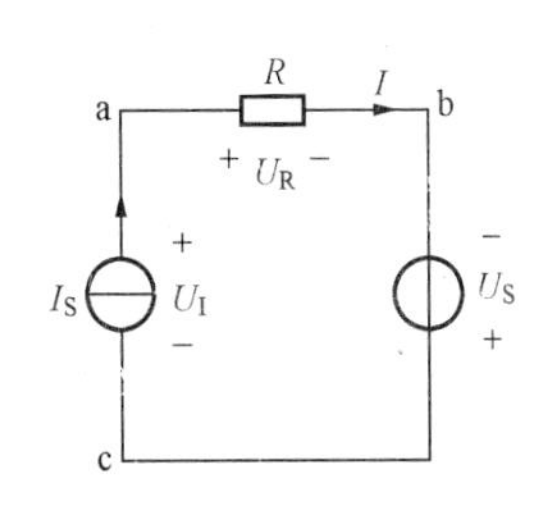

图 1.2.10 ［例 1.2.1］图

$R=4\Omega$

$$U_I=2\times4-4=4(\text{V})$$

$$P_I=-2\times4=-8(\text{W})(\text{释放功率})$$

$$P_R=4\times4=16(\text{W})$$

$R=2\Omega$

$$U_I=2\times2-4=0$$

$$P_I=-2\times0=0(\text{不吸收也不释放功率})$$

$$P_R=4\times2=8(\text{W})$$

$R=1\Omega$

$$U_I=2\times1-4=-2(\text{V})$$

$$P_I=-2\times(-2)=4(\text{W})(\text{吸收功率})$$

$$P_R=4\times1=4(\text{W})$$

可见，随着外电路的变化，电流源上的电压随之变化，不仅数值改变，方向也会改变，电流源在电路中的作用也随之变化。$R=4\Omega$ 时，电流源释放功率，起电源的作用；而在$R=1\Omega$ 时则吸收功率，起负载的作用。但不管何种情况，容易验证，电路的功率是平衡的，即电路中提供电能的元件产生的功率等于消耗电能的元件吸收的功率。

1.2.6 受控源

前面介绍的电压源和电流源，其输出电压或输出电流不受外电路的控制而独立存在，故称为独立电源。此外，在电子电路中，还会遇到另一种类型的电源，其电压源的输出电压或电流源的输出电流受电路中其他部分的电流或电压控制，这种电源称为受控电源，简称受控源。当控制的电流或电压等于零时，受控源的输出电压或输出电流也将为零。

根据受控源是电压源还是电流源，以及控制量是电压还是电流，受控源可分为电压控制电压源（VCVS）、电流控制电压源（CCVS）、电压控制电流源（VCCS）和电流控制电流源（CCCS）四种类型，根据国家标准，受控源用菱形符号表示，如图 1.2.11 所示。其中 μ、γ、g、β 称为控制系数，当这些系数为常数时，受控源称为线性受控源。本书所涉及的受控源都指线性受控源。

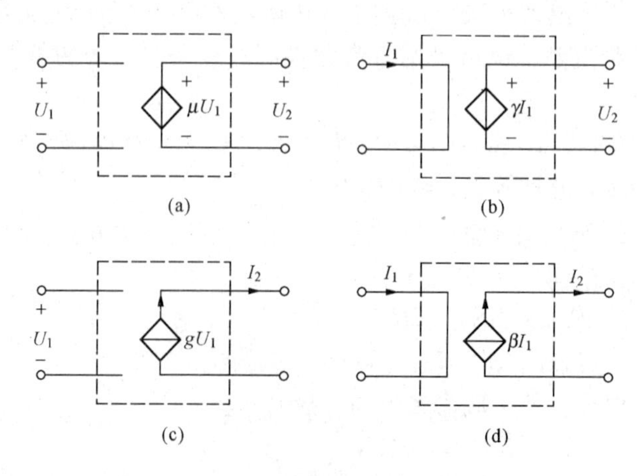

图 1.2.11 受控源的四种类型

(a) VCVS；(b) CCVS；(c) VCCS；(d) CCCS

为帮助理解受控源的概念，下面举一含有受控源的电路实例，如图1.2.12所示，其中βI_1为受控电流源，其输出电流受I_1控制，μU_2为受控电压源，其输出电压受U_2控制。若独立电流源I_S未接入电路中，则I_1和U_2都为零，βI_1、μU_2也都为零。由此可见，独立源在电路中起激励作用，它在电路中产生电压和电流，而受控源不能起激励作用，它的输出受电路中其他电压或电流的控制。但只要控制量I_1（或U_2）不变，受控源的输出电流（或电压）就保持不变；另外，由于受控电压源的电流或受控电流源的电压由外电路决定，因此，受控源在电路中既可以吸收功率，也可以释放功率，这些都与独立源相同。

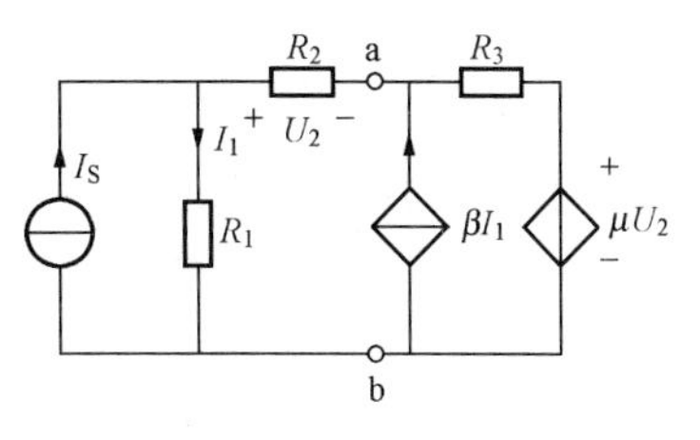

图1.2.12　含受控源电路

1.3　基尔霍夫定律

1.2节研究了不同元件上电压与电流的关系，这种关系在电路理论中称为元件约束。本章开头指出电路是若干元件按一定的方式连接而成的，本节研究相互连接的各元件电流之间及各元件电压之间的关系。这种由电路结构决定的约束关系称为拓扑约束。基尔霍夫定律揭示了电路的拓扑约束，它包括电流定律和电压定律。

为叙述方便，下面先介绍几个相关的电路术语。

(1) 支路。电路中通过同一电流的每个分支称支路。图1.3.1所示电路中有三条支路，分别是ab、acb、adb。

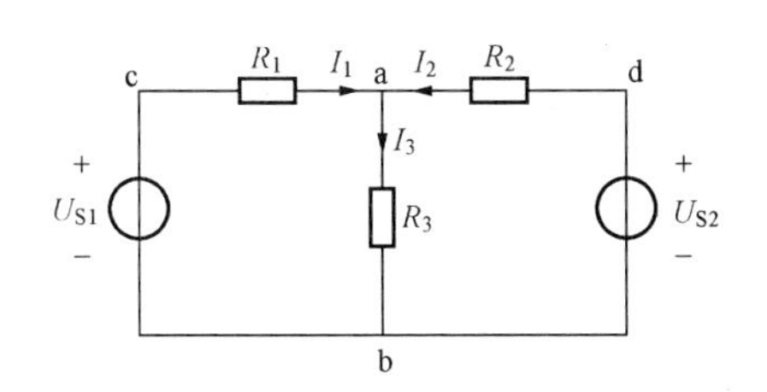

图1.3.1　支路、结点、回路和网孔

(2) 结点。电路中三条或三条以上支路的连接点称为结点。图1.3.1所示电路中有a和b两个结点，c、d一般不称为结点。

(3) 回路。电路中的任一闭合路径称为回路。图1.3.1所示电路中有abca、abda和adbca三个回路。

(4) 网孔。内部不另含有支路的回路称为网孔。图1.3.1所示电路中有两个网孔abca和abda。可以证明，一个具有m条支路，n个结点的平面电路，有$m-n+1$个网孔。

1.3.1　基尔霍夫电流定律

基尔霍夫电流定律（Kirchhoff's Current Law，KCL）是描述同一结点上的各支路电流间关系的，表述如下：

在任何时刻，流入任一结点的电流之和等于流出该结点的电流之和。

在图1.3.1所示电路中，对结点a有

$$I_1 + I_2 = I_3 \tag{1.3.1}$$

此式又可写成

$$I_1 + I_2 - I_3 = 0$$

即

$$\sum I = 0 \tag{1.3.2}$$

因此基尔霍夫电流定律又可表述为：在任何时刻，流入任一结点的电流的代数和恒为零。这里规定流入结点的电流取正号，流出结点的电流取负号。

基尔霍夫电流定律体现了电流的连续性，说明结点处的电荷既不能产生，也不能消失，是电荷守恒定律在电路中的具体表示。

在应用基尔霍夫电流定律时，有两点需要特别指出：

(1) 应用KCL进行计算时，首先应设定各支路电流的参考方向。

(2) KCL不仅适用于结点，也适用于电路中的任意假想封闭面，如图1.3.2 (a) 所示电路中，对封闭面S内的三个结点a、b、c有

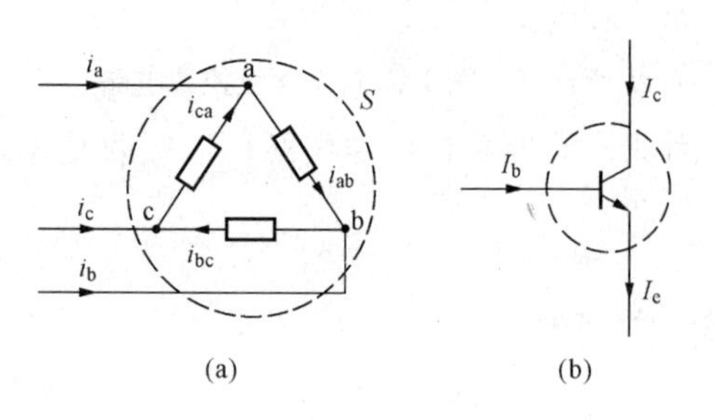

图1.3.2　广义结点

(a) 电阻的三角形直接；(b) 半导体三极管

$$i_a = i_{ab} - i_{ca}$$

$$i_b = i_{bc} - i_{ab}$$

$$i_c = i_{ca} - i_{bc}$$

三式相加得

$$i_a + i_b + i_c = 0$$

或

$$\sum i = 0$$

可见通过任一封闭面的电流代数和也是恒等于零。这种假想的封闭面，也叫电路的广义结点。

对图1.3.2 (b) 所示电路有　　$I_e = I_b + I_c$

【例1.3.1】 在图1.3.3所示电路中，$I_1 = 3A$，$I_2 = -5A$，$I_3 = -4A$，求I_4。

解　根据KCL，规定电流流入为正，流出为负，则有

$$I_1 + I_2 + I_4 - I_3 = 0$$

$$I_4 = I_3 - I_1 - I_2 = -4 - 3 - (-5) = -2(A)$$

I_4的值为负，说明I_4的实际方向与参考方向相反，2A电流由O流向d。

通过上面的例题可以看到，在应用KCL时，会遇到两种正负号，一种是电流方程中各项前的正、负号，由各电流相对结点的流向决定；另一种是电流数值本身的正、负号，由参考方向相对实际方向确定，两种符号不要混淆。

1.3.2　基尔霍夫电压定律

基尔霍夫电压定律（Kirchhoff's Voltage Law，KVL）是描述同一回路中各元件电压间关系的，表述如下：

在任何时刻，任一回路中沿某一绕行方向，各元件上电压降的和等于电压升的和。

在图1.3.4所示电路中，选取回路abcda的绕行方向为顺时针方向，则有

$$U_1 + U_2 = U_3 + U_4 \quad (1.3.3)$$

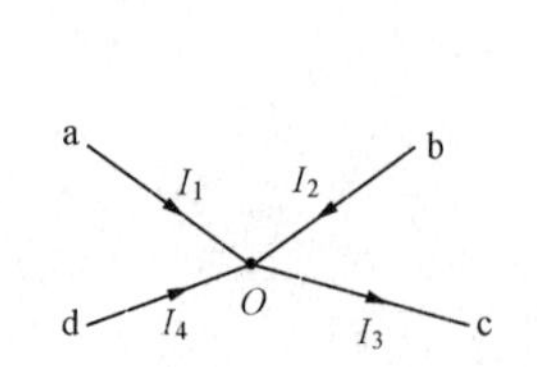

图1.3.3 [例1.3.1] 图

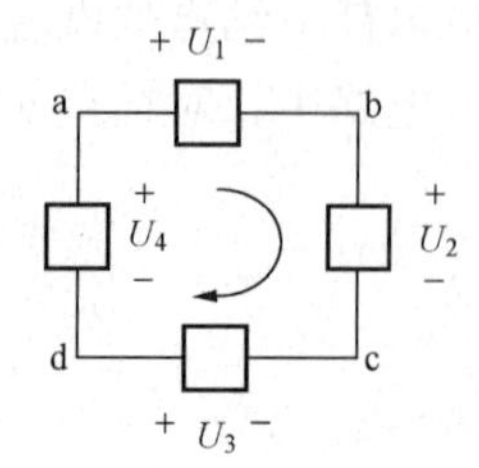

图1.3.4　说明KVL的电路

又可写成

$$U_1 + U_2 - U_3 - U_4 = 0$$

或

$$\sum U = 0 \tag{1.3.4}$$

因此，基尔霍夫电压定律又可表述成：在任何时刻，沿某一回路绕行方向，任一回路中各元件上电压降的代数和恒为零。

在应用基尔霍夫电压定律时，也有两点需要特别指出。

(1) 应用KVL列写电压方程时，首先应选定回路的绕行方向。当元件上电压的参考方向与绕行方向一致时，电压取正号，反之取负号。

(2) KVL也可推广运用于电路中的假想回路。如在图1.3.5中，可以假想有回路abca，其中ab段未画出支路，对于这个假想回路，按顺时针绕行方向，应用KVL有

$$U + U_2 - U_1 = 0$$

$$U = U_1 - U_2$$

【例1.3.2】 在图1.3.6所示电路中，已知$U_1=-2\text{V}$，$U_2=1\text{V}$，$U_3=4\text{V}$，求电压U_4。

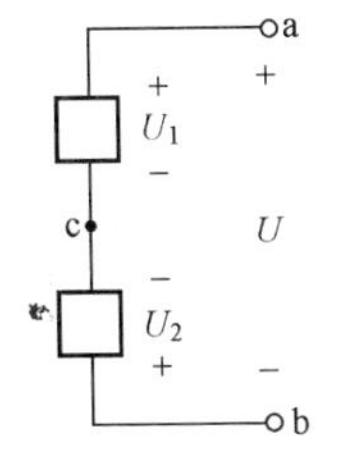

图1.3.5　假想回路

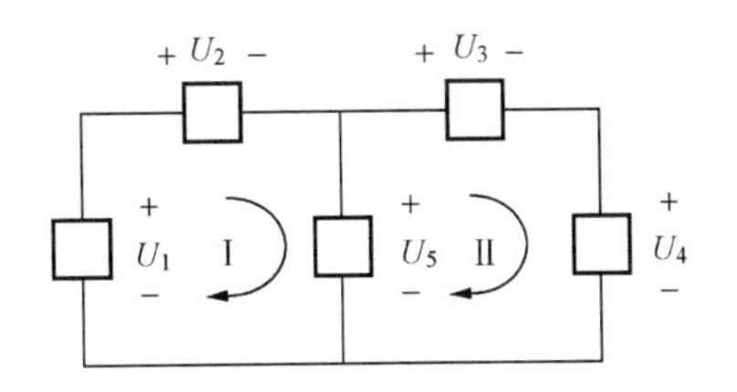

图1.3.6　[例1.3.2]图

解　先选定回路的绕行方向，对回路Ⅰ和回路Ⅱ分别列出KVL方程

$$-U_1 + U_2 + U_5 = 0$$

$$U_3 + U_4 - U_5 = 0$$

两式相加，消去U_5得

$$U_4 = U_1 - U_2 - U_3 = -2 - 1 - 4 = -7(\text{V})$$

负号表明U_4的实际方向与参考方向相反。

由上可看出，应用基尔霍夫电压定律时，也会遇到两种正、负号。一种是各电压相对回路绕行方向确定的，一种是参考方向相对实际方向确定的，两者切莫混淆。

最后要指出的是，基尔霍夫定律只与元件的相互连接方式有关，而与元件的性质无关，故对任何集总参数电路都适用，即不论元件是线性的还是非线性的，电压、电流是直流还是交流，KCL和KVL总是成立的。

【例1.3.3】 在图1.3.7所示电路中，已知$U_{S1}=6\text{V}$，$U_{S2}=4\text{V}$，$R_1=4\Omega$，$R_2=R_3=2\Omega$，求各电流I和电压U_{ab}。

解　对U_{S1}、R_1、R_2回路，则有

$$I_1 = \frac{U_{S1}}{R_1 + R_2} = \frac{6}{4+2} = 1(\text{A})$$

$$I_2 = -I_1 = -1(\text{A})$$

$$I_3 = 0$$

$$U_{ab} = U_{ac} + U_{cb} = R_2 I_2 + U_{S2} + R_3 I_3 = 2 \times (-1) + 4 + 0 = 2(V)$$

或

$$U_{ab} = U_{ac} + U_{cb} = -U_{S1} + R_1 I_1 + U_{S2} + R_3 I_3 = -6 + 4 \times 1 + 4 + 0 = 2(V)$$

【例 1.3.4】 在图 1.3.8 所示电路中，已知 $U_{S1}=8V$，$U_{S2}=6V$，$R_1=20\Omega$，$R_2=30\Omega$，$R_3=60\Omega$，求 a 点的电位。

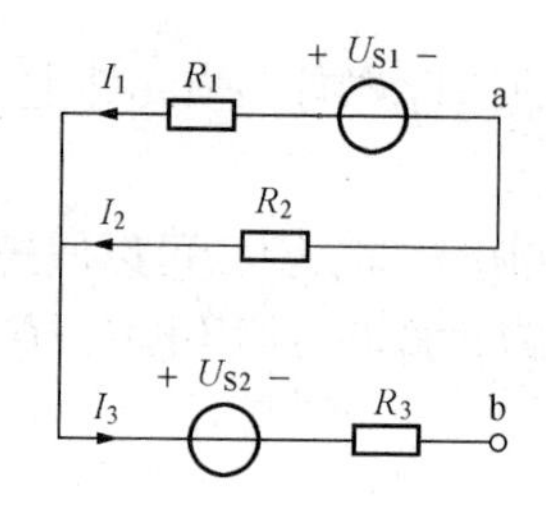

图 1.3.7 ［例 1.3.3］图

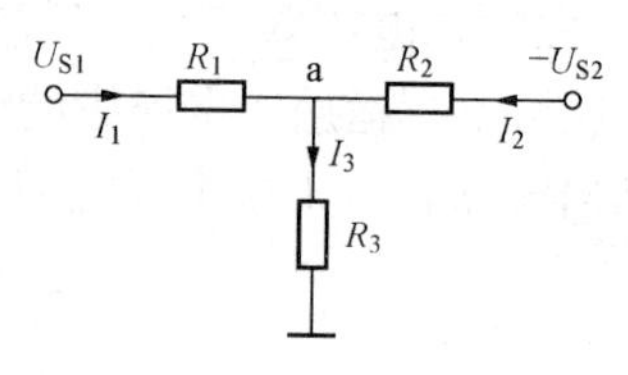

图 1.3.8 ［例 1.3.4］图

解 设 a 点的电位为 V_a，则各支路电流均可用 V_a 表示，则有

$$I_1 = \frac{U_{S1} - V_a}{R_1} = \frac{8 - V_a}{20},\quad I_2 = \frac{-U_{S2} - V_a}{R_2} = \frac{-6 - V_a}{30},\quad I_3 = \frac{V_a - 0}{R_3} = \frac{V_a}{60}$$

a 点的 KCL 方程为

$$I_1 + I_2 - I_3 = 0$$

即

$$\frac{8 - V_a}{20} + \frac{-6 - V_a}{30} - \frac{V_a}{60} = 0$$

解之得

$$V_a = 2V$$

1.4　基本元件的串联与并联

1.4.1　无源元件的串联与并联

1. 无源元件的串联

电路中多个电阻一个接一个地顺序相连，并且在这些电阻中通过同一电流，这样的连接法称为电阻的串联。图 1.4.1（a）为 n 个电阻的串联，设 n 个串联电阻的等效电阻为 R_{eq}，等效电路如图 1.4.1（b）所示。

对原电路，由 KVL 和欧姆定律可得

$$\begin{aligned} U &= U_1 + U_2 + \cdots + U_n \\ &= IR_1 + IR_2 + \cdots + IR_n \\ &= I\sum_{k=1}^{n} R_k \end{aligned}$$

对等效电路，由欧姆定律可得

$$U = IR_{eq}$$

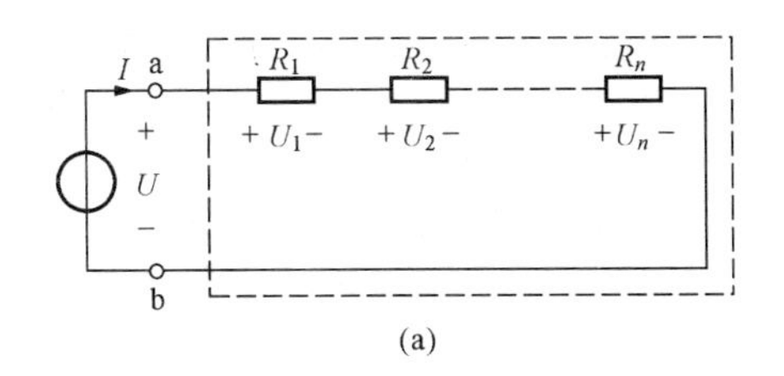

(a)

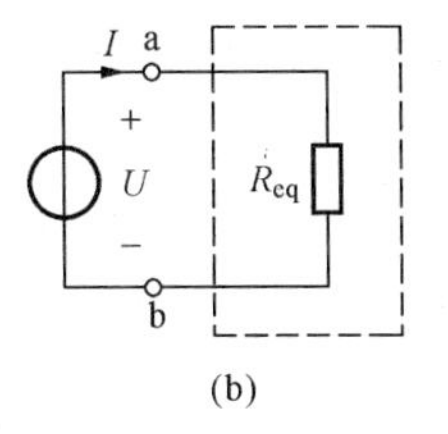

(b)

图 1.4.1　电阻的串联

(a) 串联电阻；(b) 等效电路

故有

$$R_{eq}=\sum_{k=1}^{n}R_k \tag{1.4.1}$$

这就是串联电阻等效电阻的计算公式。

电阻串联时，各电阻上的电压为

$$U_k=IR_k=\frac{U}{R_{eq}}R_k=\frac{R_k}{R_{eq}}U \tag{1.4.2}$$

这就是串联电阻的分压公式。显然电阻越大，分得的电压也越大；电阻越小，分得的电压也越小。

若将图 1.4.1 中的电阻改为电感 L，电压、电流相应改为 u、i，则由

$$u=L\frac{\mathrm{d}i}{\mathrm{d}t}=\sum_{k=1}^{n}u_k=\sum_{k=1}^{n}L_k\frac{\mathrm{d}i}{\mathrm{d}t}=\frac{\mathrm{d}i}{\mathrm{d}t}\sum_{k=1}^{n}L_k$$

得

$$L=\sum_{k=1}^{n}L_k \tag{1.4.3}$$

此即为串联电感等效电感的计算公式。

若将电阻改为电容 C，则由 $i=C\frac{\mathrm{d}u}{\mathrm{d}t}$得

$$\frac{i}{C}=\frac{\mathrm{d}u}{\mathrm{d}t}=\sum_{k=1}^{n}\frac{\mathrm{d}u_k}{\mathrm{d}t}=\sum_{k=1}^{n}\frac{i}{C_k}=i\sum_{k=1}^{n}\frac{1}{C_k}$$

因此，串联电容等效电容的计算公式为

$$\frac{1}{C}=\sum_{k=1}^{n}\frac{1}{C_k} \tag{1.4.4}$$

2. 无源元件的并联

电路中多个电阻连接在两个公共的结点之间，这样的连接法称为电阻的并联，图 1.4.2 (a) 所示为几个电阻的并联，G_1、G_2、…、G_n 为电阻 R_1、R_2、…、R_n 的电导。

设 n 个并联电阻的等效电阻为 R_{eq}，等效电导为 G_{eq}，等效电路如图 1.4.2 (b) 所示。对原电路，由 KCL 和欧姆定律有

$$\begin{aligned}I&=I_1+I_2+\cdots+I_n\\&=G_1U+G_2U+\cdots+G_nU\\&=U\sum_{k=1}^{n}G_k\end{aligned}$$

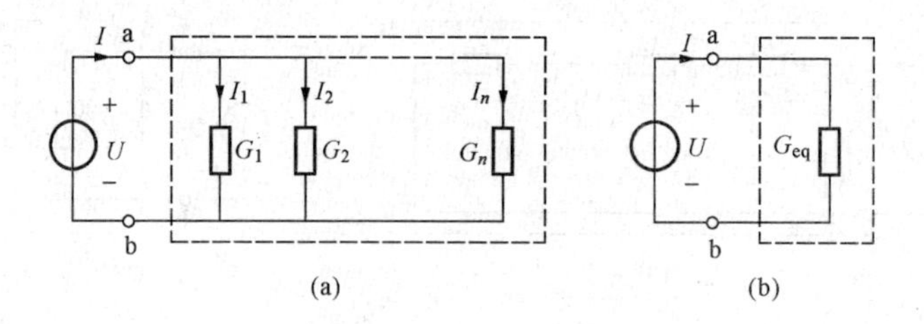

图 1.4.2 电阻的并联

(a) 并联电路；(b) 等效电路

对等效电路，由欧姆定律可得 $I=G_{eq}U$，故有

$$G_{eq}=\sum_{k=1}^{n}G_k \tag{1.4.5}$$

用电阻表示，即为

$$\frac{1}{R_{eq}}=\sum_{k=1}^{n}\frac{1}{R_k} \tag{1.4.6}$$

这就是并联电阻的等效电阻的计算公式。不难看出等效电阻小于任一个并联的电阻。

电阻并联时，各电阻中的电流为

$$I_k=G_kU=\frac{G_k}{G_{eq}}I \tag{1.4.7}$$

这就是并联电阻的分流公式。电阻越大，电导就越小，分得的电流就越小。如果两个电阻并联，通常记作 $R_1/\!/R_2$。

等效电阻

$$R_{eq}=R_1/\!/R_2=\frac{R_1R_2}{R_1+R_2}$$

分流公式为

$$I_1=\frac{R_2}{R_1+R_2}I$$

$$I_2=\frac{R_1}{R_1+R_2}I$$

若将图 1.4.2 中的电阻改为电容 C，电压、电流改为 u、i，则由

$$i=C\frac{\mathrm{d}u}{\mathrm{d}t}=\sum_{k=1}^{n}i_k=\sum_{k=1}^{n}C_k\frac{\mathrm{d}u}{\mathrm{d}t}=\frac{\mathrm{d}u}{\mathrm{d}t}\sum_{k=1}^{n}C_k$$

得

$$C=\sum_{k=1}^{n}C_k \tag{1.4.8}$$

此即为并联电容等效电容的计算公式。

若将电阻改为电感 L，则由 $u=L\frac{\mathrm{d}i}{\mathrm{d}t}$ 得

$$\frac{u}{L}=\frac{\mathrm{d}i}{\mathrm{d}t}=\sum_{k=1}^{n}\frac{\mathrm{d}i_k}{\mathrm{d}t}=\sum_{k=1}^{n}\frac{u}{L_k}=u\sum_{k=1}^{n}\frac{1}{L_k}$$

因此，并联电感等效电感的计算公式为

$$\frac{1}{L}=\sum_{k=1}^{n}\frac{1}{L_k} \tag{1.4.9}$$

当电阻的连接中既有串联，又有并联时，称为电阻的串、并联，或简称混联，求混联电路等效电路的方法是用串、并联电阻的公式逐步简化。

【例 1.4.1】 求图 1.4.3 所示电路的等效电阻 R_{ab}。

解

$$\begin{aligned}R_{ab}&=R_1 // [R_2+R_3 // (R_4+R_5)]\\&=30 // [7.2+64 // (6+10)]\\&=30 // \left(7.2+\frac{64\times 16}{64+16}\right)\\&=12(\Omega)\end{aligned}$$

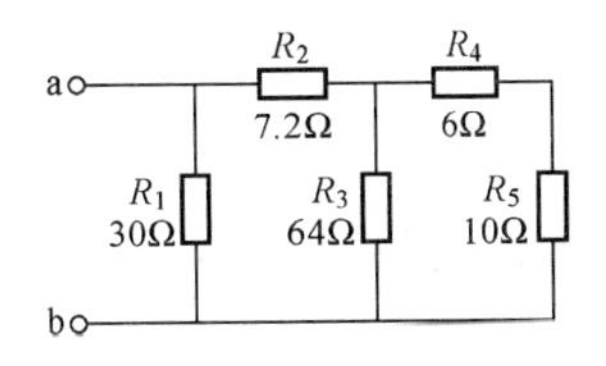

图 1.4.3 ［例 1.4.1］图

【例 1.4.2】 求图 1.4.4（a）所示电路的等效电阻 R_{ab}。

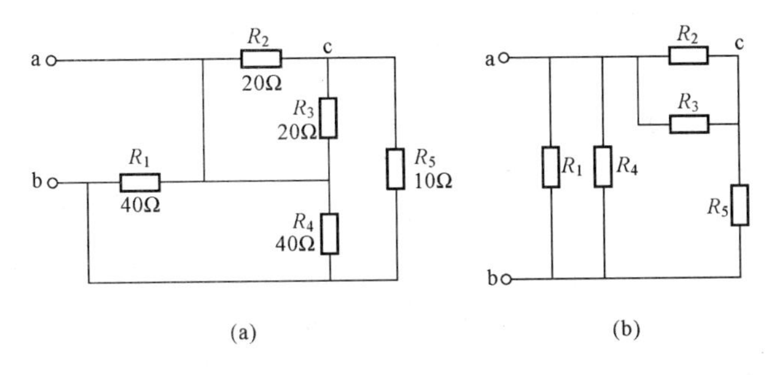

图 1.4.4 ［例 1.4.2］图

（a）电路原图；（b）简化图

解 初看起来，图 1.4.4（a）所示的电路比较复杂，各电阻间的关系不能一下子看出。遇到这种情况，应先标出电路中的各个结点，确定各结点间电阻的个数，并将各个结点间的电阻重新画一遍，这时，各电阻的连接关系就比较明显了，再通过串并联公式求出等效电阻。

在本题中，电路有三个结点，ab 间有两个并联电阻 R_1 和 R_4，ac 间有两个并联电阻 R_2 和 R_3，bc 间只有一个电阻 R_5，重画后的电路如图 1.4.4（b）所示。

$$R_{ab}=R_1 // R_4 // [R_2 // R_3+R_5]=40 // 40 // 20=20 // 20=10(\Omega)$$

1.4.2 电源的串联与并联

1. 电压源的串联

图 1.4.5（a）为 n 个理想电压源的串联，它们可等效为一个理想电压源，其电压值为各串联电压源电压值的代数和，即

$$U_S=\sum_{k=1}^{n}U_{Sk} \tag{1.4.10}$$

若是 n 个实际电压源串联，则等效电源的电压值仍为 U_S，等效内阻为 $R_S=\sum_{k=1}^{n}R_{Sk}$。

注意：不同电压值的理想电压源不能并联，只有电压值相同的理想电压源才能并联。

2. 电流源的并联

图 1.4.6（a）所示为 n 个理想电流源的并联，其等效电流源的电流值为各并联电流源

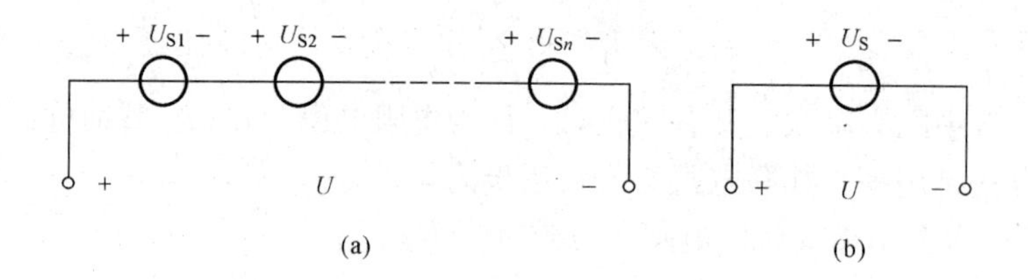

图 1.4.5 理想电压源的串联等效
（a）电压源的串联；（b）等效电压源

电流值的代数和，即

$$I_S = \sum_{k=1}^{n} I_{Sk} \tag{1.4.11}$$

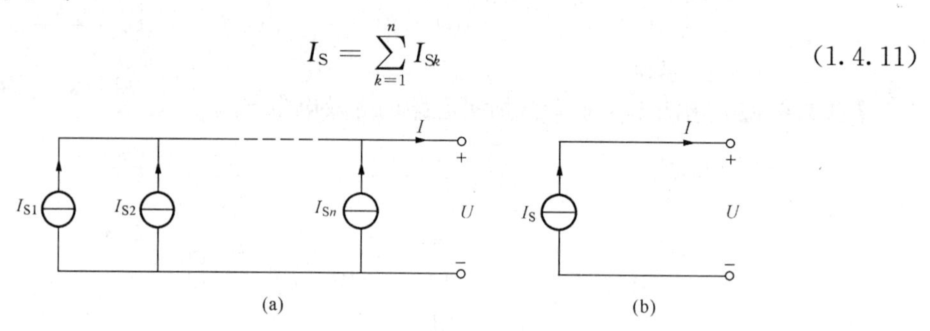

图 1.4.6 理想电流源的并联等效
（a）电流源的并联；（b）等效电流源

若是 n 个实际电流源并联，则等效电源的电流值仍为 I_S，等效内阻为 $R_S = R_{S1} // R_{S2} // \cdots // R_{Sn}$。

注意：不同电流值的理想电流源不能串联，只有电流值相同的电流源才能串联。

1.5 电路的工作状态

电路工作时，根据电源与负载之间不同的连接方式，电路的工作状态可分为开路、短路、负载三种状态。

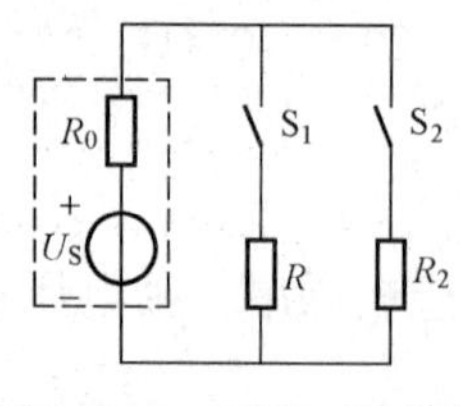

图 1.5.1 开路工作状态

1.5.1 开路

当电路中某一负载支路与电源不构成闭合回路时，该支路中将没有电流，这一支路所处的状态称为开路，如图 1.5.1 所示。当开关 S_1 单独断开时，R_1 所在支路处于开路状态；当 S_1、S_2 都断开时，电源与负载断开，电源处于开路状态，也称为空载状态。电源空载时的输出功率为零。

1.5.2 短路

当用导线将某一支路或元件的两端连接起来时，这一支路或元件的状态称为短路。如图 1.5.2 所示，当开关 S_1 单独闭合时，R_1 被短路；当 S_2 单独闭合时，R_2 被短路；当 S_1、S_2 同时闭合时，则电源处于短路状态。电源短路时，流过电源的电流很大，容易烧毁电源。因此，为避免电源短路对电源的损害，在电路中要接入熔断器等短路保护装置，一旦发生电源短路，熔断器立即烧断，将短路部分电路与电源断开，确保电源和其他部分电路安全运行。

如在图 1.5.3 中，若 R_1 发生短路，则电源处于短路状态，熔断器 FU_1 立即烧毁，电源与 R_1 支路断开，而 R_2 支路仍能正常工作。

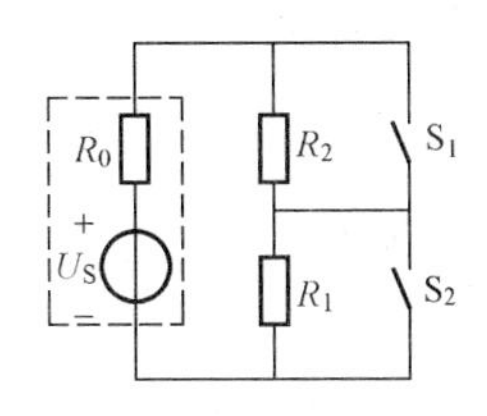

图 1.5.2　短路工作状态

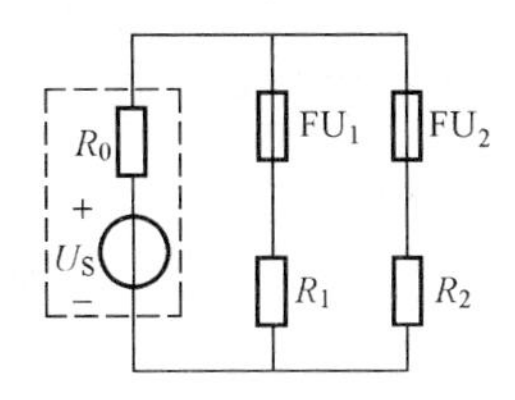

图 1.5.3　短路保护

1.5.3　负载状态

如图 1.5.4 所示，S 合上，电路中有电流流过电源和负载，此时电路的工作状态称为负载状态，也称有载状态。电路在负载状态下，根据流过电源电流的大小，又可分为满载、过载和欠载的状态，为此先介绍电气设备的额定电流、额定电压和额定功率等概念。

电气设备的额定电流是指电气设备在长期连续运行时允许通过的最大电流，用 I_N 表示。当工作电流大于额定电流时，电气设备发热，温度升高会超过容许的数值，使其性能变坏甚至烧毁。

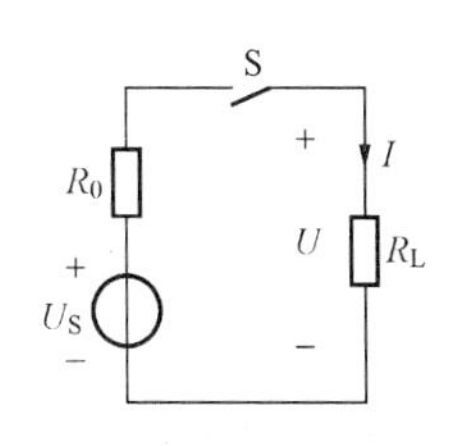

图 1.5.4　负载工作状态

额定电压是根据电气设备所用绝缘材料的耐压程度和容许升温等情况而规定的正常工作电压，用 U_N 表示。如果电气设备所加电压超过额定值过大，绝缘材料可能会被击穿或烧坏，从而发生故障。

额定功率是电气设备在额定电压、额定电流下工作时的功率，用 P_N 表示。平常所谓负载的大小就是指负载功率的大小，而不是指负载电阻值的大小。

电气设备的额定值表明了电气设备的正常工作条件、状态和容量，通常标在设备的铭牌上，使用时一定要充分注意。

在图 1.5.4 中，当电流 I 等于电源的额定电流 I_N 时，称电路处于“满载”状态；当 $I>I_N$ 时，称为“过载”；而当 $I<I_N$ 时，称为“欠载”。一般来说，电路不能长时间处于过载状态。

【例 1.5.1】 标有 220V 60W 字样的白炽灯：(1) 其额定电流是多少？(2) 设灯丝电阻不变，若将其接到 110V 的电源上，其实际功率是多少？(3) 若接在 220V 电源上，每天用 2h，一个月耗电多少？(4) 一台 10kV 的直流电源，并接了 30 盏这样的白炽灯，电路处于何种状态？

解　(1) 220V 60W 的白炽灯，其额定电压为 220V，额定功率为 60W，所以其额定电流为

$$I_N=\frac{P_N}{U_N}=\frac{60}{220}=0.273(\text{A})$$

(2) 灯丝电阻为

$$R=\frac{U_N}{I_N}=\frac{220}{0.273}=806(\Omega)$$

接 110V 电源时的实际功率为

$$P=\frac{U^2}{R}=\frac{110^2}{806}=15(\text{W})$$

(3) 接在 220V 电源上时的功率为额定功率 60W，一个月以 30 天计用电，总耗电为

$$W = Pt = 60 \times (2 \times 30) = 3.6(\mathrm{kW \cdot h}) = 3.6(\text{度})$$

(4) 并接在 220V 电源上时，每盏灯的功率为 60W，30 盏灯的总功率为 1800W，小于电源的额定功率，电路处于欠载状态。

1.6 电路的基本分析方法

本节介绍几种常用的求解复杂电路普遍适用的方法，包括支路电流法、电源等效变换法、叠加定理及等效电源定理等，这些方法的立足点是基尔霍夫电流定律和电压定律。

1.6.1 支路电流法

支路电流法是以各支路电流作为电路的变量，根据基尔霍夫电流定律，列出各独立结点的电流方程；根据元件的伏安特性和基尔霍夫电压定律，列出各独立回路的电压方程；然后联立求解各未知电流，进而再求出其他物理量。

一个有 m 条支路，n 个结点的电路，具有 $n-1$ 个独立的结点电流方程，因此在列写电流方程时，可先选定一个结点为参考点，剩下的 $n-1$ 个结点就是独立结点。列写电压方程时，由于平面电路的网孔数刚好是 $m-n+1$ 个，故对所有网孔列出的回路电压方程一定是相互独立的，这样，总共有 $n-1+m-n+1=m$ 个独立方程，刚好可求解出 m 个未知电流。

用支路电流法求解电路的步骤可概括如下。

(1) 标出 m 个支路电流及参考方向；标出独立结点，选定独立回路（一般可选网孔）及绕行方向。

(2) 根据 KCL，列出 $n-1$ 个独立结点的电流方程。

(3) 根据 KVL，列出 $m-n+1$ 个独立回路的电压方程。

(4) 联立 m 个方程，解得各支路电流，然后根据需要再求其他物理量。

【例 1.6.1】 用支路电流法求图 1.6.1 所示电路中的各支路电流。

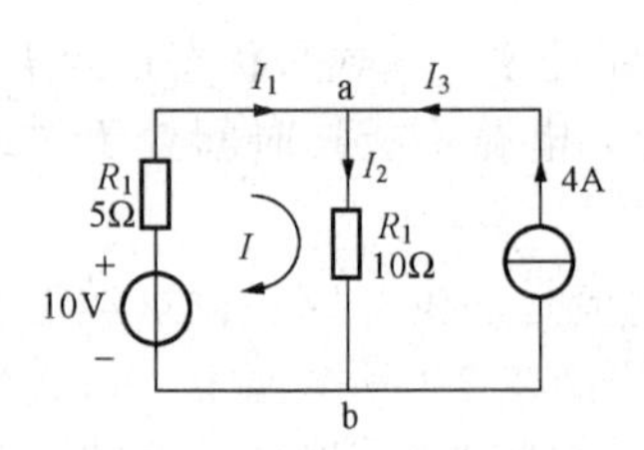

图 1.6.1 ［例 1.6.1］图

解 该电路有三条支路，两个结点，两个网孔，按解题步骤，先在图中标出各支路电流的参考方向，标出各结点和回路名称，选定回路的绕行方向。由于恒流源支路电流已知，所以只需列出两个独立方程即可求解。

根据 KCL，独立的结点电流方程为

结点 a： $I_1 - I_2 + 4 = 0$

根据 KVL，独立的回路电压方程为

回路Ⅰ： $5I_1 + 10I_2 = 10$

解联立方程可得：$I_1 = -2\text{A}$，$I_2 = 2\text{A}$

I_1 为负值，表明实际电流方向与参考方向相反，电压源在此电路中实际上为电流源的负载。

1.6.2 电压源和电流源的等效变换

本书 1.4 节指出了一个实际电源既可以用恒压源和电阻的串联组合来表示，也可以用恒流源与电阻的并联组合来表示，图 1.6.2 分别画出了这两种电源模型。电压源的输出电流为

$$I=\frac{U_S}{R_S}-\frac{U}{R_S}$$

电流源的输出电流为

$$I'=I_S-G_SU'$$

按照等效的定义，两个电源如果接入相同的外电路后，有$U'=U$，$I'=I$，则这两个电源等效。于是，有等式

$$\frac{U_S}{R_S}-\frac{U}{R_S}=I_S-G_SU$$

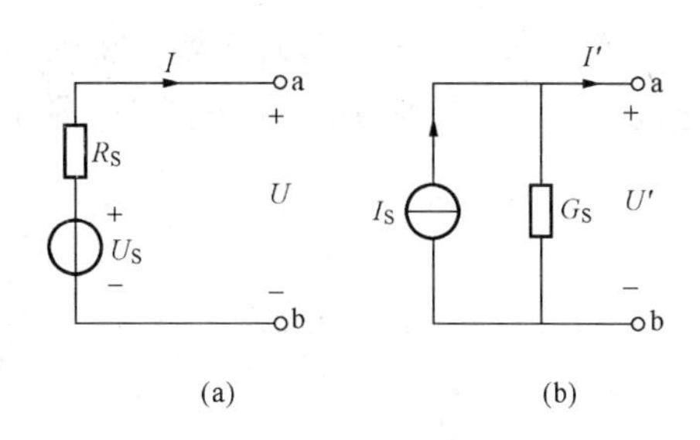

图 1.6.2　电压源和电流源的等效变换
(a) 电压源模型；(b) 电流源模型

对任意U成立。解此方程，可得

$$I_S=\frac{U_S}{R_S} \tag{1.6.1}$$

$$G_S=\frac{1}{R_S} \tag{1.6.2}$$

这就是电压源和电流源的等效变换必须满足的条件。进行电源等效变换时，要特别注意U_S和I_S的参考方向，I_S的参考方向由U_S的负极指向正极。

电压源和电流源的等效关系是对外电路而言的，对电源内部，则是不等效的。如当电源开路时，电压源不消耗功率而电流源要消耗功率$R_0I_S^2$；而当电源短路时，电压源要消耗功率$\frac{U_S^2}{R_S}$，而电流源则不消耗功率（R被短接，恒流源上电压为零）。

这里还需指出，恒压源和恒流源不能进行等效变换，因为恒压源的内阻为零，而恒流源的内阻为无穷大。另外，电源的等效变换也可以理解为一个恒压源与电阻串联的组合和一个恒流源与电阻并联的组合的等效变换，其中的电阻不一定是电源的内阻。在对电路进行分析计算时，可首先考虑用电源等效变换的方法将待求支路外的电路化简，以减少计算量。下面举例说明。

【例 1.6.2】 求如图 1.6.3（a）所示电路中的I。

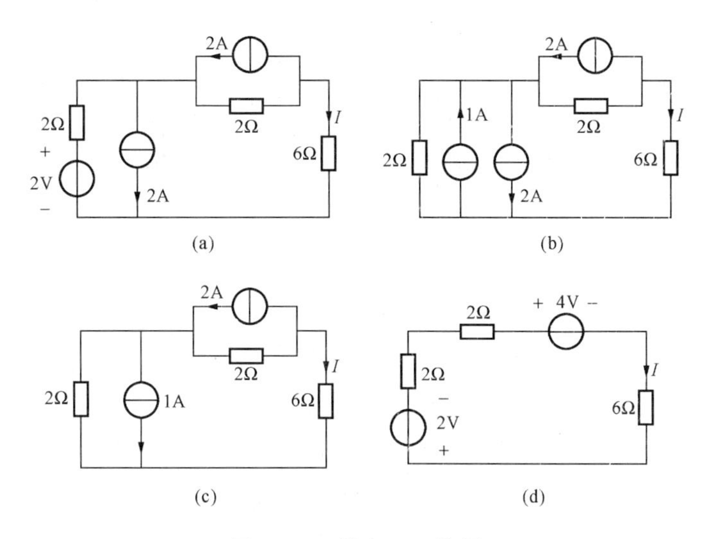

图 1.6.3 ［例 1.6.2］图

解 利用电源的等效变换，将图 1.6.3（a）所示电路经图 1.6.3（b）、图 1.6.3（c）简化成图 1.6.3（d）所示的单回路电路，则电流为

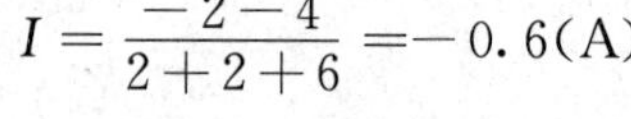

$$I=\frac{-2-4}{2+2+6}=-0.6(\mathrm{A})$$

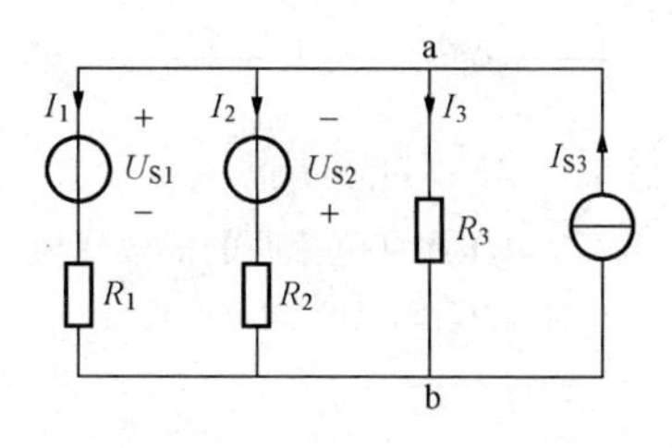

图 1.6.4 ［例 1.6.3］图

【例 1.6.3】 求图 1.6.4 所示电路中的 U_{ab}。

解 将各支路电流用 U_{ab} 表示如下

$$I_1=\frac{U_{ab}-U_{S1}}{R_1},\quad I_2=\frac{U_{ab}+U_{S2}}{R_2},\quad I_3=\frac{U_{ab}}{R_3}$$

对结点 a 应用 KCL，得 $I_1+I_2+I_3-I_{S3}=0$，即

$$\frac{U_{ab}-U_{S1}}{R_1}+\frac{U_{ab}+U_{S2}}{R_2}+\frac{U_{ab}}{R_3}-I_{S3}=0$$

解得

$$U_{ab}=\frac{\dfrac{U_{ab}}{R_1}+\dfrac{-U_{S2}}{R_2}+I_{S3}}{\dfrac{1}{R_1}+\dfrac{1}{R_2}+\dfrac{1}{R_3}} \tag{1.6.3}$$

此式称为弥尔曼定理，在求解只有两个结点的电路时广泛采用。应用时要注意分子为电压源变换为电流源后流入结点 a 的恒流源电流之和（流入为正，流出为负），分母为电源变换后两结点间直接连接的电阻的倒数之和。

1.6.3 叠加定理

叠加定理是线性电路的一个基本定理，它体现了线性电路最基本的性质——叠加性。它的表述如下：

在线性电路中，当有两个或两个以上独立电源作用时，任一支路中的电流或电压，等于电路中各独立源单独作用时在该支路产生的电流或电压的代数和。

一个独立源单独作用，意味着其他独立源不作用，不作用的电压源的电压为零，可用短路代替；不作用的电流源的电流为零，可用开路代替。下面以图 1.6.5 所示电路为例，说明叠加定理。

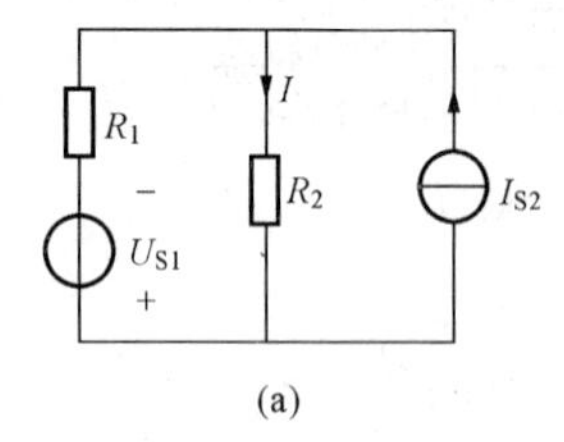

(a)

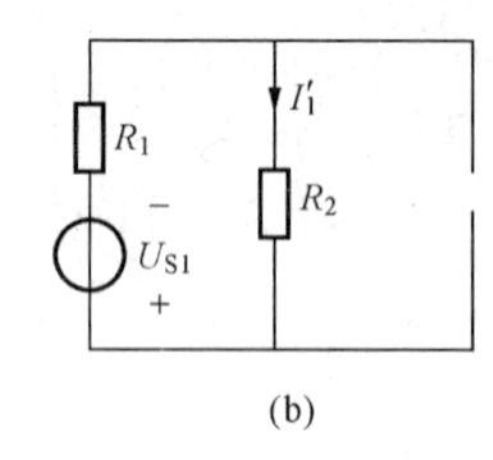

(b)

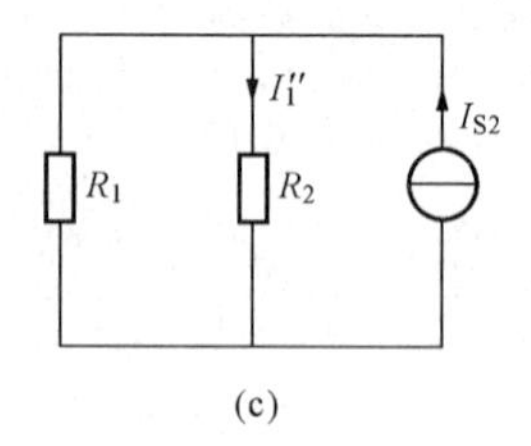

(c)

图 1.6.5 叠加定理

（a）电路；（b）U_{S1}单独作用；（c）I_{S2}单独作用

利用弥尔曼定理，可直接写出 R_2 中的电流为

$$I=\frac{-\dfrac{U_{S1}}{R_1}+I_{S2}}{\dfrac{1}{R_1}+\dfrac{1}{R_2}}\frac{1}{R_2}$$

上式可展开，写成二项之和为

$$I = -\frac{U_{S1}}{R_1 + R_2} + \frac{R_1}{R_1 + R_2} I_{S2} = I' + I''$$

显然，第一项I'为电压源单独作用时在R_2中产生的电流，如图1.6.5（b）所示；第二项I''为电流源单独作用时在R_2中产生的电流，如图1.6.5（c）所示；电流I为两者的代数和。

在应用叠加定理时应注意以下三点。

（1）叠加定理只适用于线性电路，不适用于非线性电路。

（2）叠加定理只适用于计算电路中的电压和电流，功率计算一般不能叠加。

（3）应用叠加定理计算电压和电流时，要特别注意各电压和电流的参考方向。

【例1.6.4】 求图1.6.6（a）所示电路中的U和I。

解 先画出两个电源分别单独作用的电路图，如图1.6.6（b）和图1.6.6（c）所示。

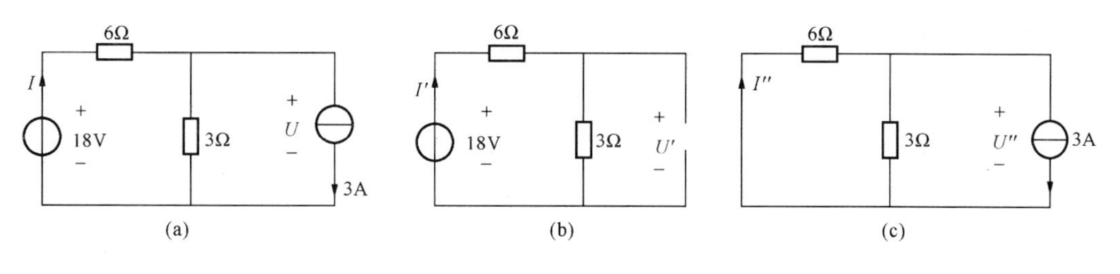

图1.6.6 ［例1.6.4］图

12V电压源单独作用时，可求得

$$I' = \frac{18}{6+3} = 2(\text{A})$$

$$U' = \frac{3}{3+6} \times 18 = 6(\text{V})$$

3A电流源单独作用时，应用分流公式，得

$$I'' = 3 \times \frac{3}{6+3} = 1(\text{A})$$

$$U'' = -(3 \mathbin{/\!/} 6) \times 3 = -6(\text{V})$$

故

$$I = I' + I'' = 2 + 1 = 3(\text{A})$$
$$U = U' + U'' = 6 - 6 = 0$$

1.6.4 等效电源定理

在分析计算一个复杂电路时，有时只需计算某一支路的电流或电压，如果用支路电流法来求解，必然要引出其他一些不必要的电流或电压来，从而增大计算量。实际上，可以把这条要分析的支路单独抽出来，把电路的其余部分看作一个有源二端电路——含有电源并具有两个出线端的电路。有源二端电路可能是简单的，也可能是复杂的，但不管它的复杂程度如何，它对所要计算的这条支路而言，仅起到一个电源的作用。因此，这个有源二端电路一定可以化简为一个等效电源，并且经过这种等效变换后，待求支路中的电流和电压不会改变。这样，如果求出了这个等效电源，待求支路的电流或电压就可以很方便地求出来了。如何求这个等效电源，这就是等效电源定理所包含的内容。由于电源有两种等效表示，等效电源定理有两个：一个称为戴维宁定理，另一个称为诺顿定理。

1. 戴维宁定理

任何一个有源二端电路对外都可以用一个电压源来等效，电压源的电压等于有源二端电路端口的开路电压 U_{OC}，而电阻等于有源二端电路中所有独立源为零时的等效电阻 R_O，这就是戴维宁定理。如图 1.6.7 所示，经过这个等效变换后，外电路 R_L 上的电流为 $I=\dfrac{U_{OC}}{R_O+R_L}$。不难看出，由于求 U_{OC} 的电路比直接求 U_{ab} 的电路至少要少一条支路，求 U_{OC} 要比直接求 U_{ab} 简单，因此用戴维宁定理求解要容易些。

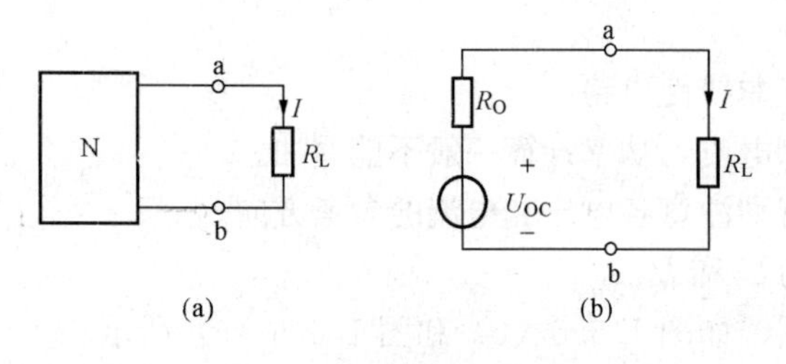

图 1.6.7 戴维宁等效电路

(a) 电路；(b) 戴维宁等效电路

应用戴维宁定理求解电路的一般步骤如下。

(1) 将待求支路划出并断开，端口做好标记。

(2) 求出有源二端电路端口的开路电压 U_{OC}。

(3) 除源后从端口看入的等效电阻 R_O，这里除源就是将所有的独立源置零。

(4) 画出原电路的戴维宁等效电路，求解等效电路。

【例 1.6.5】 利用戴维宁定理求如图 1.6.8 (a) 所示电桥电路中的 I，其中 $R_1=R_4=R_5=2\Omega$，$R_2=R_3=10\Omega$，$U_S=12V$。

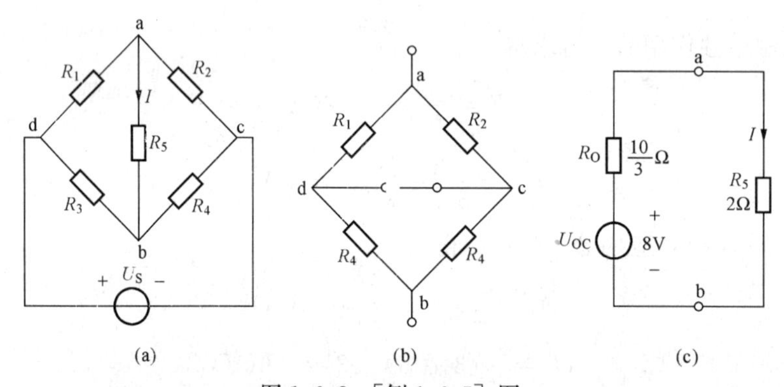

图 1.6.8 [例 1.6.5] 图

(a) 电路；(b) 求除源后电阻的电路；(c) 戴维宁等效电路

解 按解题步骤，将待求支路 R_5 从电路中划出并断开，端口标记为 a、b。

ab 端的开路电压为

$$U_{OC}=U_{ac}-U_{bc}=\frac{R_2}{R_1+R_2}U_S-\frac{R_4}{R_3+R_4}U_S$$

$$=\frac{10}{2+10}\times 12-\frac{2}{2+10}\times 12$$

$$=8(V)$$

如图 1.6.8 (b) 所示，ab 端除源后的等效电阻为

$$R_O=R_1 /\!/ R_2+R_3 /\!/ R_4$$

$$=\frac{2\times 10}{2+10}+\frac{10\times 2}{10+2}$$

$$=\frac{10}{3}(\Omega)$$

电路的戴维宁等效电路如图 1.6.8（c）所示，故

$$I=\frac{U_{OC}}{R_O+R_5}=\frac{8}{\frac{10}{3}+2}=1.5(\mathrm{A})$$

这个电路用其他方法求解都是比较麻烦的。可以看到，用戴维宁定理求解很简单。

2. 诺顿定理

诺顿定理是等效电源定理的另一种形式，可由戴维宁定理直接推导出来。设有源二端电路 N 的戴维宁等效电路为 U_{OC} 和 R_O 的串联，根据电压源与电流源的等效变换规则，其可等效变换为电流源 $I=\frac{U_{OC}}{R_O}$ 与 R_O 的并联，如图 1.6.9 所示。因此，诺顿定理可表述为：任何一个有源二端电路对外都可以用一个电流源和电阻的并联来等效，电流源的电流等于有源二端电路端口的短路电流 I_{SC}，而电阻等于有源二端电路中所有独立源为零时的等效电阻 R_O。

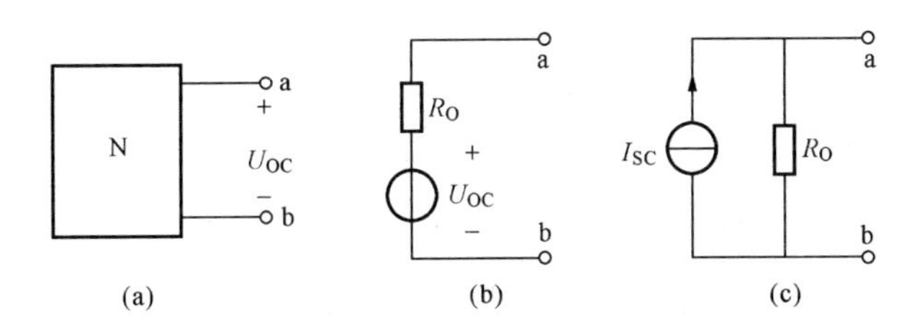

图 1.6.9　诺顿定理的证明

3. 最大功率传输

根据戴维宁定理，接在一个有源二端电路输出端上的负载 R_L，其获得的功率可根据图 1.6.10 直接求出如下

$$P_L=\left(\frac{U_{OC}}{R_L+R_O}\right)^2 R_L$$

在 U_{OC} 和 R_O 给定的情况下，R_L 不同，P_L 也不同，什么情况下 R_L 的功率最大呢？

由高等数学知，最大功率应发生在 $\frac{dP_L}{dR_L}=0$ 且 $\frac{d^2P_L}{dR_L^2}<0$ 时，由 $\frac{dP_L}{dR_L}=0$ 可得，$R_L=R_O$，而 $\left.\frac{d^2P_L}{dR_L^2}\right|_{R_L=R_O}<0$，因此，负载获得最大功率的条件是

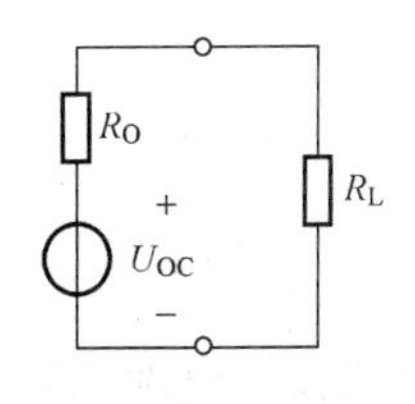

图 1.6.10　最大功率传输

$$R_L=R_O$$

获得的最大功率是

$$P_{max}=\frac{U_{OC}^2}{4R_O} \tag{1.6.4}$$

$R_L=R_O$ 常称为最大功率匹配条件。在匹配条件下，虽然负载获得的功率最大，但电路的功率传输效率却较低，只有 50%。因此，只有在小功率的电子电路中，为获取最大输出功率，才常常工作在匹配条件下。

【例 1.6.6】 图 1.6.11 所示电路中，R 为可调电阻，R 取何值时，它能获得最大功率？求此最大功率。

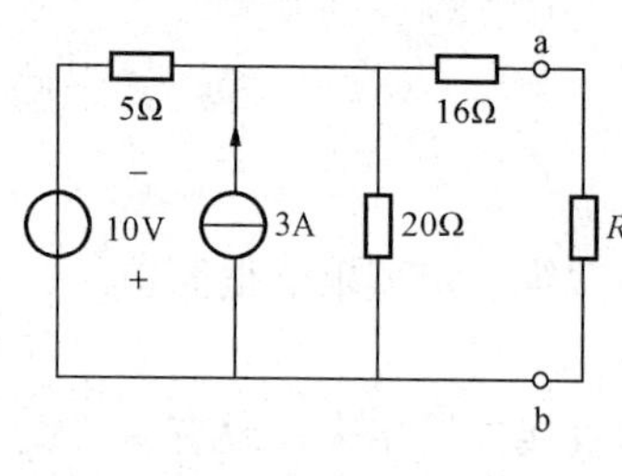

图 1.6.11 [例 1.6.6] 图

解 先求 ab 端左侧电路的戴维宁等效电路。由叠加定理，可直接写出 ab 端的开路电压为

$$U_{OC}=-\frac{20}{5+20}\times 10+\frac{20\times 5}{20+5}\times 3=4(\mathrm{V})$$

ab 端除源后的等效电阻为

$$R_O=16+5\ //\ 20=20(\Omega)$$

故 $R=20\Omega$ 时，能获得最大功率，最大功率为

$$P_{max}=\frac{U_{OC}^2}{4R_{LO}}=\frac{4^2}{4\times 20}=0.2(\mathrm{W})$$

1.7 一阶电路的暂态分析

前面几节对电路进行分析时，都是假定电路是在稳定状态下，即电路的响应是恒定不变的。当电路的结构或元件的参数发生变化时，可能使电路由原来的稳态转换到另一个稳态。对含有电感、电容等储能元件的电路，这种转变一般不能即时完成，而是需要一个过渡过程。如在图 1.7.1 所示电路中，当开关 S 由“1”打到“2”后，图 1.7.1（a）中的 i 由 $\frac{U_S}{R_O+R_1}$ 直接变为 $\frac{U_S}{R_O+R_2}$，而图 1.7.1（b）中电流的稳态值为零，i 是随时间衰减的。过渡过程中的电路状态称为暂态，对过渡过程的分析称为暂态分析。电路的暂态是由微分方程描述的。因此，本章的主要内容就是讨论电路微分方程的各种求解方法，阐明解的物理意义。

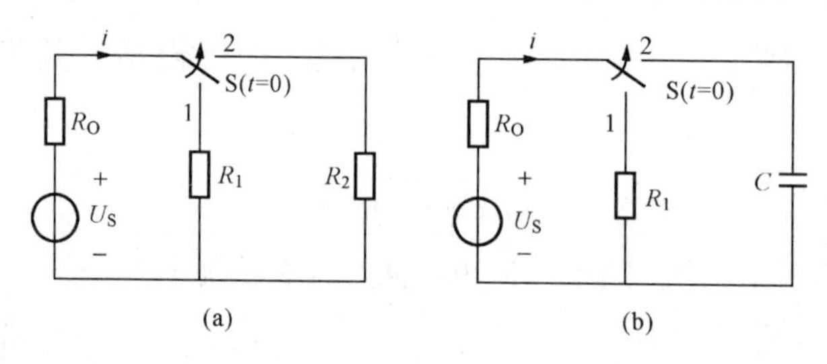

图 1.7.1 电阻电路与动态电路
（a）电阻电路；（b）动态电路

1.7.1 换路定则

电路理论中把支路的接通、切断、短接等电路结构的改变、元件参数的突然变化统称为换路，并认为换路是在瞬间完成的。

若电路中含有电感、电容等储能元件，则电路中电流、电压的建立及变化必然伴随着电容中电场能量和电感中磁场能量的变化。一般来说，这种变化都是渐变的，而不是跃变的，否则将导致功率 $p=\frac{dW}{dt}$ 为无限大，这在实际中是不可能的。对电容 C，由于其储存的电场能为 $W_C=\frac{1}{2}Cu_C^2$，因此能量的连续变化要求 u_C 也是连续变化的，即 u_C 在换路前后不能跃变，至于对流过电容的电流，则无限制。对电感 L，其储存的磁场能为 $W_L=\frac{1}{2}Li_L^2$，因此 W_L 的连续变化要求 i_L 是连续变化的，即 i_L 在换路前后不能突变，至于对电感上的电压，则无限制。这样就得到如下换路定则：在换路瞬间，电容电压和电感电流不能跃变。通常将换路时刻定为 $t=0$，换路前瞬间用 $t=0_-$ 表示，换路后瞬间用 $t=0_+$ 表示，这样换路定则可表示为

$$\begin{aligned} u_C(0_+) &= u_C(0_-) \\ i_L(0_+) &= i_L(0_-) \end{aligned} \tag{1.7.1}$$

这里要特别指出的是：电容电压不能跃变，绝不意味着电容电流不能跃变，因为电容电流不是取决于电容电压，而是取决于电压的时间变化率的。同样，电感电流不能跃变也绝不意味着电感电压不能跃变。

换路后瞬间的电压、电流值称为初始值，初始值组成求解微分方程的初始条件。根据换路定则，$u_C(0_+)$ 和 $i_L(0_+)$ 可由换路前的电路确定，而其他电压和电流由 $t=0_+$ 时的电路及 $u_C(0_+)$、$i_L(0_+)$ 的值确定。为了便于计算这些初始值，对较复杂的电路可以画出换路后瞬间的等效电路，在这个等效电路中，电感用电流为 $i_L(0_+)$ 的电流源替代，电容用电压为 $u_C(0_+)$ 的电压源替代。下面举例说明。

【例 1.7.1】 求如图 1.7.2（a）所示电路换路后各支路电流及电感电压的初始值，设换路前电路处于稳态。

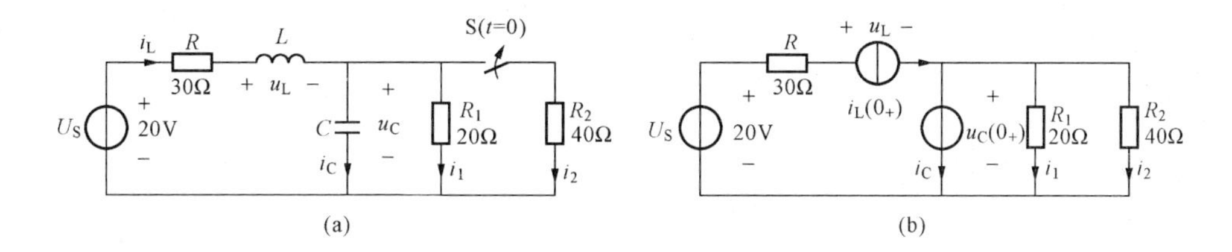

图 1.7.2 ［例 1.7.1］图

（a）电路；（b）$t=0_+$ 时的等效电路

解 先求 $u_C(0_-)$ 和 $i_L(0_-)$。$t=0_-$ 时电路处于稳态，此时电容相当于开路，电感相当于短路，因此

$$i(0_-) = \frac{U_S}{R+R_1} = \frac{20}{30+20} = 0.4(\mathrm{A})$$

$$u_C(0_-) = R_1 i_L(0_-) = 20 \times 0.4 = 8(\mathrm{V})$$

根据换路定则得

$$i_L(0_+) = i_L(0_-) = 0.4(\mathrm{A})$$

$$u_C(0_+) = u_C(0_-) = 8(\mathrm{V})$$

由此作出 $t=0_+$ 时的等效电路，如图 1.7.2（b）所示，不难求得

$$i_1(0_+) = \frac{u_C(0_+)}{R_1} = \frac{8}{20} = 0.4(\mathrm{A})$$

$$i_2(0_+) = \frac{u_C(0_+)}{R_2} = \frac{8}{40} = 0.2(\mathrm{A})$$

$$i_C(0_+) = i_L(0_+) - i_1(0_+) - i_2(0_+) = 0.4 - 0.4 - 0.2 = -0.2(\mathrm{A})$$

$$u_L(0_+) = U_S - i_L(0_+)R - u_C(0_+) = 20 - 30 \times 0.4 - 8 = 0(\mathrm{V})$$

可以看到，尽管 u_C 在换路后瞬间不变，但 i_C 在换路后瞬间有跃变。

1.7.2　一阶电路的零输入响应

对只含有一个储能元件的RC电路和RL电路，可以用一阶微分方程来描述它们的过渡过程，因此这些电路就称为一阶电路。

换路后，若电路中没有独立电源，由储能元件的初始值即 $u_C(0_-)$ 和 $i_L(0_-)$ 所激发的响应称为零输入响应。

1. RC电路的零输入响应

图1.7.3（a）所示电路中，开关S一直处于1位置，电路已达稳态，即电容已充电到 U_S，在 $t=0$ 时将S置于2位置，此时电路如图1.7.3（b）所示。

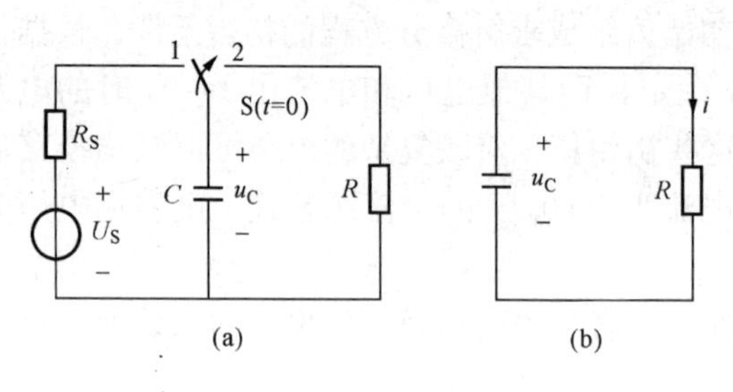

图1.7.3　RC电路的零输入响应

由换路定则可得：

$$u_C(0_+) = u_C(0_-) = U_S$$

换路后的电路方程为

$$u_C - iR = 0$$

考虑到 u_C 和 i 为非关联参考方向，故电容的伏安关系为 $i=-C\dfrac{du_C}{dt}$，代入上式得

$$RC\frac{du_C}{dt} + u_C = 0, \quad t \geqslant 0 \tag{1.7.2}$$

由高等数学知，此方程的解的通式为

$$u_C = Ke^{pt}$$

其中指数 p 由特征方程 $RCp+1=0$ 确定

$$p = -\frac{1}{RC}$$

K 为积分常数，由初始条件确定

$$u_C(0_+) = K = u_C(0_-) = U_S$$

故

$$u_C(t) = U_S e^{-\frac{t}{RC}}, \quad t \geqslant 0$$

电路中的电流为

$$i(t) = -C\frac{du_C}{dt} = \frac{U_S}{R}e^{-\frac{t}{RC}}, \quad t \geqslant 0$$

$u_C(t)$ 和 $i(t)$ 的波形如图1.7.4所示，可见不管是电压还是电流，都是随时间作指数衰减的。其物理过程为：换路后，电容开始放电，随着放电的进行，电容上的电荷逐渐减少，两端的电压也越来越低，最后电荷放完，电压也等于零，电容最初的储能全部消耗在电阻 R 上。由 u_C 和 i 的表示式可知，衰减的快慢由 R 与 C 的大小决定，由于 R 与 C 的乘积具有时间量纲，因此称 R 与 C 的乘积为时间常数，用 τ 表示，即

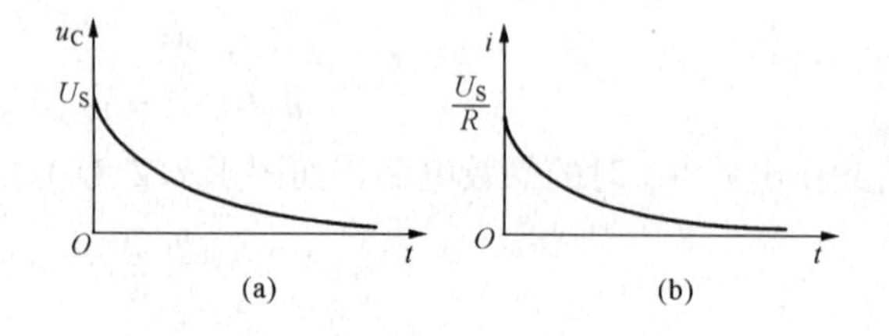

图1.7.4　零输入响应波形图

$$\tau = RC \tag{1.7.3}$$

在国际单位制中，τ 的单位为秒。τ 越大，则衰减越慢，放电过程越长；τ 越小，则衰减越快，放电过程越短。以 $u_C(t)$ 为例，则有

$$t=\tau \text{时}, \quad u_C(\tau)=u_C(0_+)e^{-1}=0.368u_C(0_+)$$

$$t=3\tau \text{时}, \quad u_C(3\tau)=u_C(0_+)e^{-3}=0.05u_C(0_+)$$

$$t=5\tau \text{时}, \quad u_C(5\tau)=u_C(0_+)e^{-5}=0.0067u_C(0_+)$$

即 $t=3\tau$ 时，u_C 的值已下降到初始值的 5%；而到 $t=5\tau$ 时，u_C 的值下降到初始值的 0.67%。因此，一般认为经过 $(3-5)\tau$ 后，过渡过程即已结束。

再对 $u_C(t)$ 和 $i(t)$ 的表示式分析，由于 U_S 和 U_S/R 分别为 $u_C(t)$ 和 $i(t)$ 的初始值，因此，RC 一阶电路的零输入响应的一般形式可记为

$$f(t)=f(0_+)e^{-\frac{t}{\tau}}, \quad t \geqslant 0 \tag{1.7.4}$$

【例 1.7.2】 在图 1.7.5 所示电路中，S 合上前电路已处于稳态，求 $t\geqslant 0$ 时的 $u_C(t)$、$i_C(t)$ 和 i 。

解　先求出电容电压的初始值为

$$u_C(0_+)=u_C(0_-)=\frac{U_S}{R_1+R_2+R_3}R_3=4(\text{V})$$

$t\geqslant 0$ 时的等效电路如图 1.7.6（a）所示，为利用式（1.7.3），将图等效化简为图 1.7.6（b）所示电路。

$$R=R_2 /\!/ R_3=1(\text{k}\Omega)$$

$$\tau=RC=1\times 10^3\times 10\times 10^{-6}=0.01(\text{s})$$

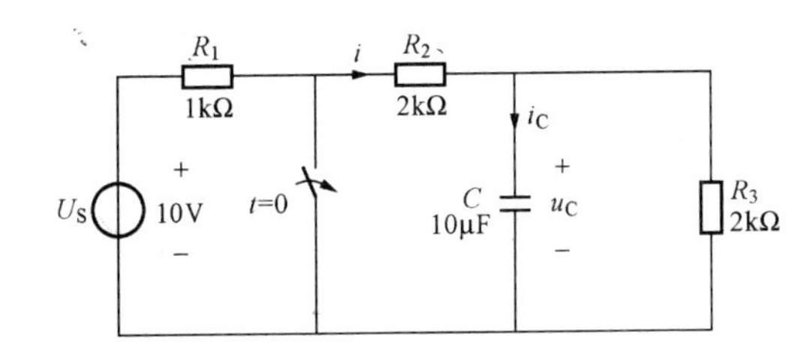

图 1.7.5 ［例 1.7.2］图

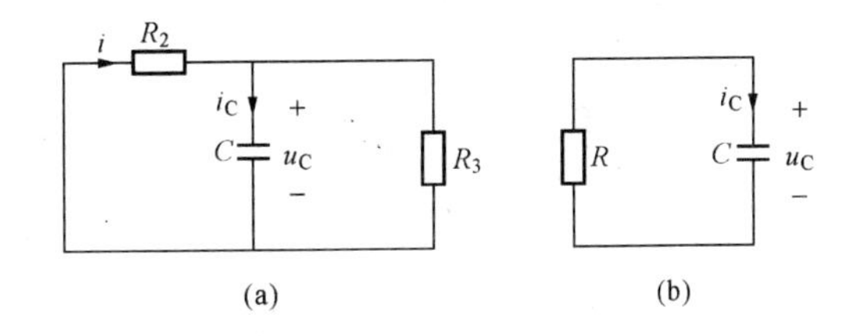

图 1.7.6 ［例 1.7.2］等效电路

这样，由式（1.7.4）可得

$$u_C(t)=u_C(0_+)e^{-\frac{t}{\tau}}=4e^{-100t}(\text{V})$$

$$i_C(t)=C\frac{du_C}{dt}=10\times 10^{-6}\times 4\times(-100)e^{-100t}=-4e^{-100t}(\text{mA})$$

再由图 1.7.5（a）可得

$$i=-\frac{u_C}{R_2}=-2\times 10^{-3}e^{-100t}=-2e^{-100t}(\text{mA})$$

2. RL 电路的零输入响应

在图 1.7.7（a）所示电路中，开关 S 一直处于位置 1，电路已达到稳态，电感中电流为 I_S。在 $t=0$ 时将 S 置于位置 2，此时电路如图 1.7.7（b）所示。根据换路定则，有

$$i_L(0_+)=i_L(0_-)=I_S$$

换路后的电路方程为

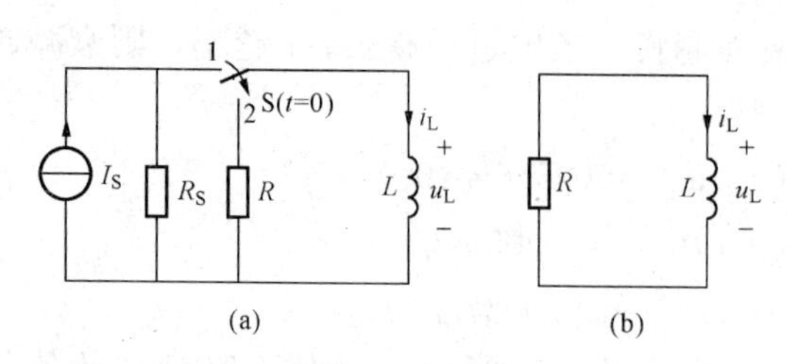

图 1.7.7 RL 电路的零输入响应

$$u_L + Ri_L = 0$$

u_L 和 i_L 为关联参考方向，故电感的伏安关系为 $u_L = L\dfrac{di_L}{dt}$，代入上式得

$$L\frac{di_L}{dt} + Ri_L = 0 \qquad (1.7.5)$$

此方程与 RC 电路零输入响应的方程相似，考虑到 i_L 的初始值为 I_S，故有

$$i_L = I_S e^{-\frac{t}{\tau}}, \quad t \geqslant 0$$

电感上的电压

$$u_L = L\frac{di_L}{dt} = -RI_S e^{-\frac{t}{\tau}}, \quad t \geqslant 0$$

其中 $\tau = \dfrac{L}{R}$ 为 RL 电路的时间常数。可见，RL 电路的零输入响应也是随时间按指数衰减的，衰减的快慢由时间常数 τ 决定。

考虑到 I_S 和 $-RI_S$ 分别是电感电流和电感电压的初始值，因此，RL 一阶电路的零输入响应的一般为形式为

$$f(t) = f(0_+)e^{-\frac{t}{\tau}}, \quad t \geqslant 0$$

与 RC 一阶电路的零输入响应相同，两者的差别是时间常数的表示式不同。

【例 1.7.3】 图 1.7.8 所示电路为发电机励磁绕组的测量电路。已知绕组的电感 $L=8.4$H，直流电压表读数为 100V，内阻 $R_V=5$kΩ，电流表读数为 200A。求开关 S 打开后电压表承受的电压 u。

解 由励磁时的电压和电流可求出绕组的电阻为

$$R = \frac{100}{200} = 0.5(\Omega)$$

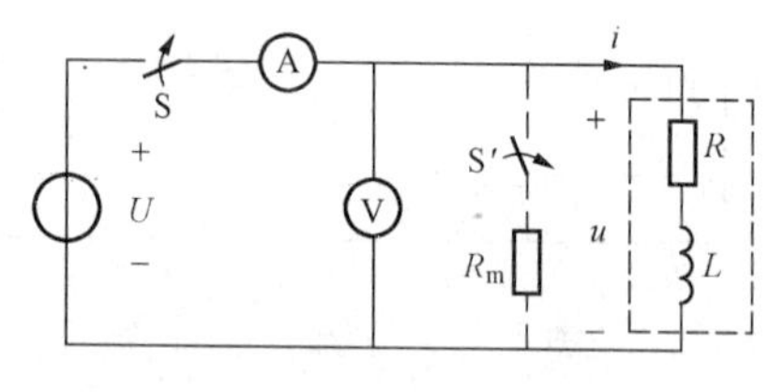

图 1.7.8 [例 1.7.3] 图

换路后电路的时间常数为

$$\tau = \frac{L}{R+R_V} = \frac{8.4}{0.5+5\times10^3} = 1.7\times10^{-3}(s)$$

绕组中的初始电流为 $i(0_+) = i(0_-) = 200$A，故

$$i = 200e^{-\frac{t}{\tau}}\text{A}$$

这也是流过电压表的电流，因此，电压表承受的电压为

$$u = -iR_V = -1000\times10^3 e^{-\frac{t}{\tau}}(V)$$

开关 S 打开瞬间的电压最大为 −1000kV，这个电压太高了，必将损坏电压表，因此在工程实际中，对感性负载，开关动作时，必须考虑电感中磁场能量的释放及保护问题。解决此类问题的常用办法是：在感性负载两端并接续流二极管或小阻值电阻。如图 1.7.8 虚线所示，R_m 称为灭磁电阻，开关 S′和 S 一起动作，这时 $u(0_+) = -i(0_+)R_m /\!/ R_V$，如 R_m 取 2Ω，则 $u(0_+) = -200\times2 = -400$V，远远小于 1000kV。

1.7.3 一阶电路的零状态响应

电路中所有储能元件的储能为零的状态称为零状态，此时 $u_C=0$ 或 $i_L=0$。在此条件下，

换路后电源激励所产生的响应称为零状态响应。

1. RC 电路的零状态响应

图 1.7.9 所示电路在 $t=0$ 时换路，换路前 $u_C=0$，换路后电路方程为

$$Ri_C + u_C = U_S$$

将 $i_C = C\dfrac{du_C}{dt}$ 代入上式得

$$RC\frac{du_C}{dt} + u_C = U_S, \quad t \geqslant 0 \tag{1.7.6}$$

这是一阶线性非齐次常微分方程，它的解由两部分组成，一项是齐次方程的通解 u_C'，另一项是方程的特解 u_C''。齐次方程与零输入响应的电路方程相同，故

$$u_C' = Ke^{-\frac{t}{\tau}}$$

K 为积分常数，$\tau=RC$，为时间常数。

由于方程的非齐次项是常数，故方程的一个特解为常数。设 $u_C'' = A$，代入式（1.7.6）得 $A = U_S$。

所以式（1.7.6）的全解为

$$u_C = U_S + Ke^{-\frac{t}{\tau}}$$

K 由初始条件 $u_C(0_+) = u_C(0_-) = 0$ 确定，即

$$U_S + Ke^0 = 0, \quad K = -U_S$$

故

$$u_C(t) = U_S - U_S e^{-\frac{t}{\tau}}, \quad t \geqslant 0 \tag{1.7.7}$$

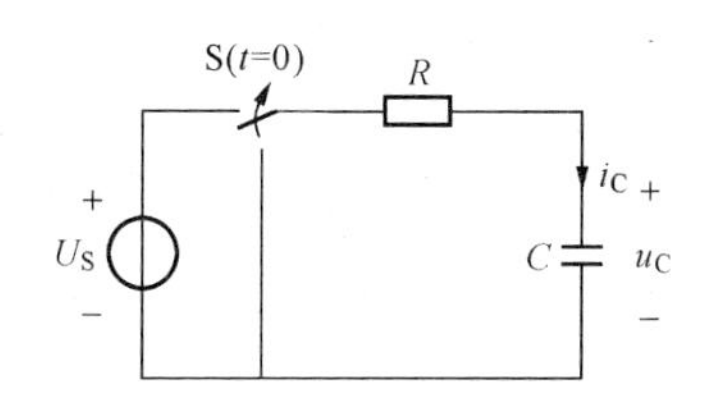

图 1.7.9　RC 电路的零状态响应

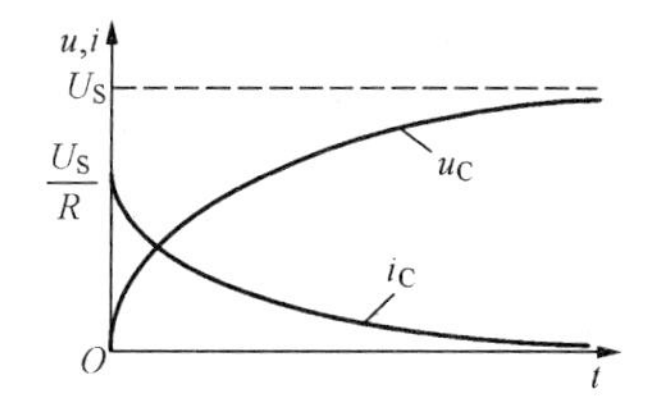

图 1.7.10　零状态响应波形图

电流为

$$i_C(t) = C\frac{du_C}{dt} = \frac{U_S}{R}e^{-\frac{t}{\tau}}, \quad t \geqslant 0$$

$u_C(t)$ 和 $i_C(t)$ 波形如图 1.7.10 所示，可以看出 u_C 由初始状态的零值开始，按指数规律上升到 U_S，而 i_C 则在 $t=0$ 时由 0 跃变到 U_S/R，然后按指数规律下降到零。其物理过程为：换路后瞬间，由于电容电压不能跃变，仍为零值，电源电压全部加在电阻上，这样就得到最大充电电流。此后，随着电容电荷的不断增加，u_C 不断上升，电阻电压相应逐渐减小，电流就按指数规律衰减，直至为零。与 RC 电路的零输入响应相似，电压和电流变化的快慢也是由电路的时间常数决定的。

式（1.7.7）还可写成

$$u_C(t) = U_S(1 - e^{-\frac{t}{\tau}}) \tag{1.7.8}$$

式中因子 $1-e^{-\frac{t}{\tau}}$ 是一个指数增加因子，仅由电路的时间常数决定，U_S 是 u_C 的稳态值。

2. RL 电路的零状态响应

在图 1.7.11 所示电路中，设 $t=0$ 时，开关 S 合上，S 合上前电感 L 中无电流，为零状态。S 合上后，电路方程为

$$u_L + Ri_L = U_S$$

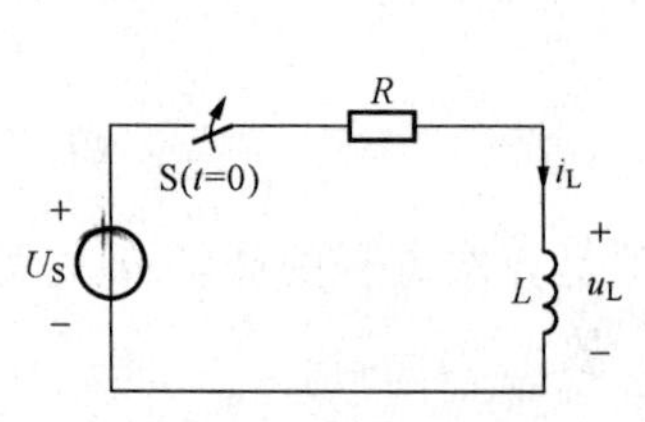

图 1.7.11 RL 电路的零状态响应

将 $u_L = L\frac{di_L}{dt}$ 代入上式得

$$L\frac{di_L}{dt} + Ri_L = U_S,\quad t \geqslant 0 \tag{1.7.9}$$

与式（1.7.6）相似，方程的解为

$$i_L(t) = \frac{U_S}{R} + Ke^{-\frac{t}{\tau}}$$

其中 $\tau = \frac{L}{R}$ 为 RL 电路的时间常数，K 为积分常数。由电流的初始值 $i_L(0_+) = i_L(0_-) = 0$ 可得

$$\frac{U_S}{R} + Ke^0 = 0,\quad K = -\frac{U_S}{R}$$

故

$$i_L(t) = \frac{U_S}{R}(1-e^{-\frac{t}{\tau}}),\quad t \geqslant 0 \tag{1.7.10}$$

由于 $\frac{U_S}{R}$ 是 $i_L(t)$ 的稳态值，与式（1.7.8）比较，不难发现 u_C 和 i_L 零状态响应的通式为

$$f(t) = f(\infty)(1-e^{-\frac{t}{\tau}}) \tag{1.7.11}$$

这里 $f(\infty)$ 表示 f 在电路达到稳态时的值。

必须指出，除 u_C 和 i_L 外，其他变量的零状态响应不一定有此变化规律。如对 RC 电路，$i_C = \frac{U_S}{R}e^{-\frac{t}{\tau}}$；对 RL 电路，$u_L = U_Se^{-\frac{t}{\tau}}$，均与式（1.7.11）形式不相同。因此对零状态响应，先求出 u_C 或 i_L，再求其他量较方便。

【例 1.7.4】 在图 1.7.12 所示电路中，S 合上前，电容电压为零，求 $t \geqslant 0$ 时的电容电压和各支路电流。

解 S 合上前，电容电压为零，因此，换路后电路的响应为零状态响应。换路后电路的时间常数为

$$\tau = RC = (R_1 /\!/ R_2)C = 6 /\!/ 3 \times 10^3 \times 5 \times 10^{-6} = 0.01(\text{s})$$

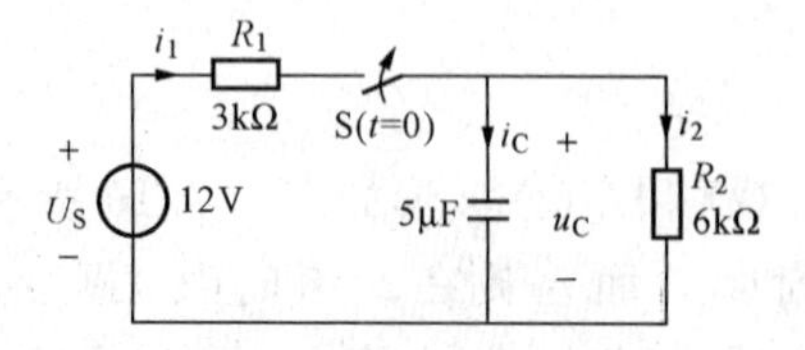

图 1.7.12 ［例 1.7.4］图

稳态时的电容电压为

$$u_C(\infty) = \frac{6}{3+6} \times 12 = 8(\text{V})$$

由式（1.7.8）得，$t \geqslant 0$ 时的电容电压为

$$u_C(t) = u_C(\infty)(1-e^{-\frac{t}{\tau}}) = 8(1-e^{-100t})(\text{V})$$

各支路的电流为

$$i_C = C\frac{du_C}{dt} = 5\times10^{-6}(-8)\times(-100)e^{-100t} = 4\times10^{-3}e^{-100t} = 4e^{-100t}(mA)$$

$$i_2 = \frac{u_C}{R_2} = \frac{8(1-e^{-100t})}{6\times10^3} = \frac{4}{3}\times10^{-3}(1-e^{-100t}) = \frac{4}{3}(1-e^{-100t})(mA)$$

$$i_1 = i_C + i_2 = 4\times e^{-100t} + \frac{4}{3}(1-e^{-100t}) = \left(\frac{4}{3}+\frac{8}{3}e^{-100t}\right)(mA)$$

1.7.4　一阶电路的全响应及三要素分析法

当电路中既有外施激励，同时初始状态又不为零时，电路中的响应称为全响应。

从电路分析的角度考虑，根据线性电路的叠加定理，全响应可看作是外施激励和储能元件的初始储能单独作用时各自产生的响应的叠加。外施激励单独作用意味着电容电压或电感电流的初始值为零，它所对应的响应即为零状态响应，初始储能单独作用所对应的响应即为电路的零输入响应。以 u_C 和 i_L 为例，零状态响应为 $f(\infty)(1-e^{-\frac{t}{\tau}})$，零输入响应为 $f(0_+)e^{-\frac{t}{\tau}}$，故电路的全响应为

$$f(t) = f(\infty)(1-e^{-\frac{t}{\tau}}) + f(0_+)e^{-\frac{t}{\tau}},\quad t\geqslant 0 \tag{1.7.12}$$

将常数项与时变项分开，上式又可写成

$$f(t) = f(\infty) + [f(0_+) - f(\infty)]e^{-\frac{t}{\tau}},\quad t\geqslant 0 \tag{1.7.13}$$

第一项 $f(\infty)$ 与时间无关，它代表电路响应的稳态分量；第二项随时间按指数衰减，它代表电路响应的暂态分量。这样，电路的全响应可以分解为两种不同的形式，即

全响应 = 零状态响应 + 零输入响应 = 稳态分量 + 暂态分量

式（1.7.12）和式（1.7.13）虽然是从 u_C 和 i_L 导出的，但可以证明，它对一阶电路中的其他电压和电流也成立。事实上，从数学的角度考虑，一阶电路中的其他电压或电流所满足的方程是一阶非齐次常微分方程

$$af' + bf = c$$

其解的一般形式为

$$f(t) = A + Be^{-\frac{t}{\tau}} \tag{1.7.14}$$

式中 τ 为电路的时间常数，A、B 由电路的初始值和稳态值决定

$$f(0_+) = A + Be^0$$

$$f(\infty) = A$$

解得　$A=f(\infty)$、$B=f(0_+)-f(\infty)$，代入式（1.7.14）即得式（1.7.13）。

根据式（1.7.13），只要知道 $f(0_+)$、$f(\infty)$ 和 τ 这三个要素，就可写出一阶电路的全响应。这种由初始值、稳态值和时间常数直接确定电路响应的求解方法称为三要素分析法，式（1.7.13）也称为三要素公式。式中 $\tau = R_0C$ 或 $\tau = \frac{L}{R_0}$，R_0 为从电容或电感两端看入的除源后二端电路的等效电阻。

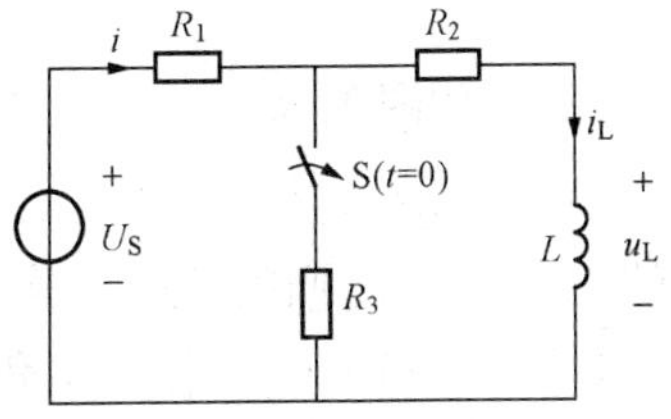

图 1.7.13　[例 1.7.5] 图

【例 1.7.5】 在图 1.7.13 所示电路中，S 闭合前电路已达到稳态。已知 $U_S=15V$，$R_1=R_3=100\Omega$，$R_2=200\Omega$，$L=0.5H$，求 $t\geqslant 0$ 时的 $u_L(t)i(t)$ 和 $i_L(t)$。

解　这是个全响应的问题，用三要素法求解，先求 i_L，再求 u_L 和 i，即

$$i_L(0_+) = i_L(0_-) = \frac{U_S}{R_1 + R_2} = \frac{15}{100 + 200} = 0.05(\text{A})$$

$$i_L(\infty) = \frac{U_S}{R_1 + R_2 \mathbin{/\!/} R_3} \cdot \frac{R_3}{R_2 + R_3} = \frac{15}{100 + \dfrac{100 \times 200}{100 + 200}} \cdot \frac{100}{100 + 200} = 0.03(\text{A})$$

$$R_0 = R_2 + R_1 \mathbin{/\!/} R_3 = 200 + 100 \mathbin{/\!/} 100 = 250(\Omega)$$

$$\tau = \frac{L}{R_0} = \frac{0.5}{250} = 0.002(\text{s})$$

$$\begin{aligned} i_L(t) &= i_L(\infty) + [i_L(0_+) - i_L(\infty)]e^{-\frac{t}{\tau}} \\ &= 0.03 + (0.05 - 0.03)e^{-500t} \\ &= 0.03 + 0.02e^{-500t}(\text{A}) \end{aligned}$$

$$u_L(t) = L\frac{di_L}{dt} = 0.5 \times 0.02 \times (-500)e^{-500t} = -5e^{-500t}(\text{V})$$

电流 i 可直接由 i_L 和 u_L 求出，对大回路，由 KVL 得

$$R_1 i + u_L + R_2 i_L = U_S$$

$$\begin{aligned} i &= \frac{U_S - u_L - R_2 i_L}{R_1} \\ &= \frac{15 + 5e^{-500t} - 200 \times (0.03 + 0.02e^{-500t})}{100} \\ &= (0.09 + 0.01e^{-500t})(\text{A}) \end{aligned}$$

1.8 习　　题

1.1 如图 1.8.1 所示，各元件电压为 $U_1 = -5\text{V}$，$U_2 = 2\text{V}$，$U_3 = U_4 = -3\text{V}$，指出哪些元件是电源，哪些元件是负载？

1.2 在如图 1.8.2 所示的 RLC 串联电路中，已知 $u_C = (3e^{-t} - e^{-3t})\text{V}$ 求 i、u_R 和 u_L。

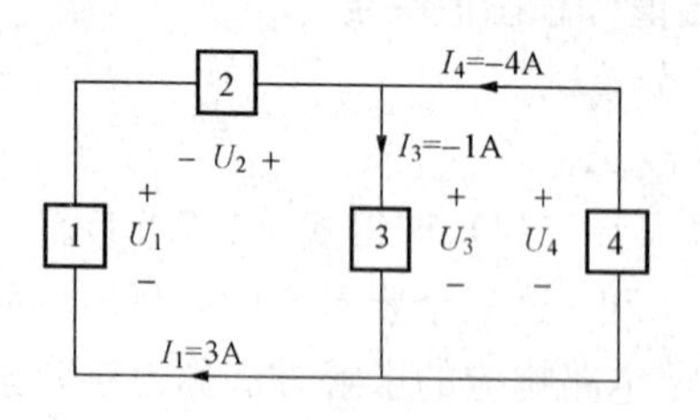

图 1.8.1 题 1.1 图

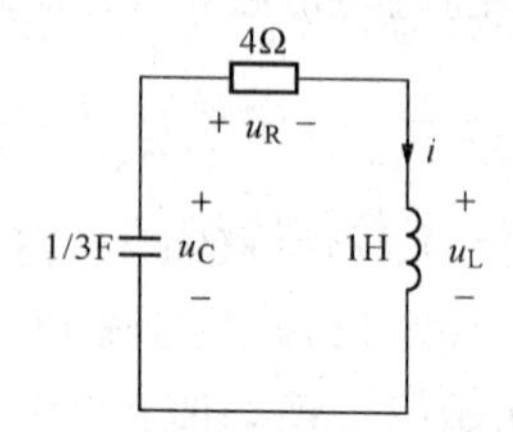

图 1.8.2 题 1.2 图

1.3 如图 1.8.3 所示，已知 $I = 2\text{A}$，求 U_{ab} 和 P_{ab}。

1.4 如图 1.8.4 所示，已知 $I_S = 2\text{A}$，$U_S = 4\text{V}$，求恒压源的电流 I 和功率 P_U、恒流源上的电压 U 及它们的功率，验证电路的功率平衡。

1.5 求图 1.8.5 中的 R 和 U_{ab}、U_{ac}。

1.6 求图 1.8.6 中的 U_1、U_2 和 U_3。

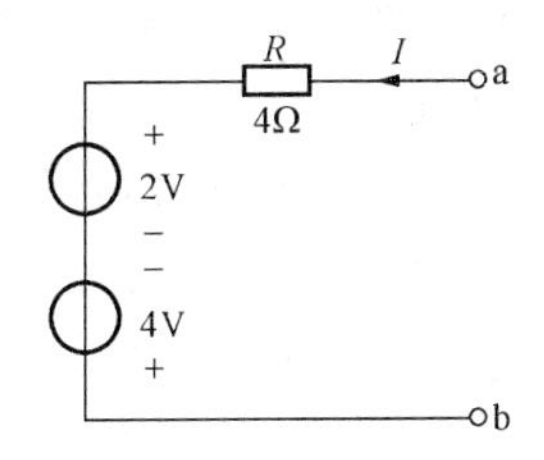

图 1.8.3　题 1.3 图

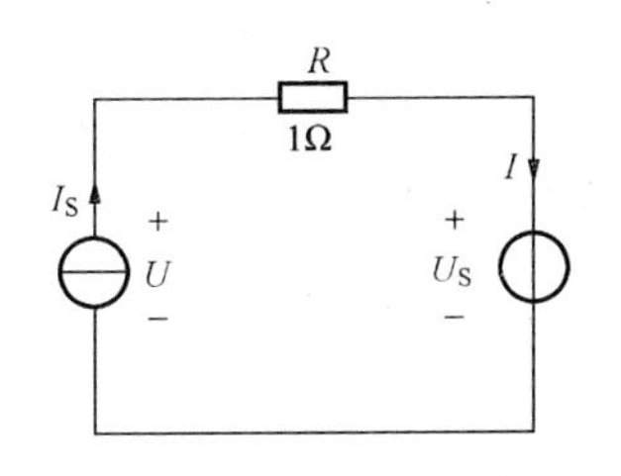

图 1.8.4　题 1.4 图

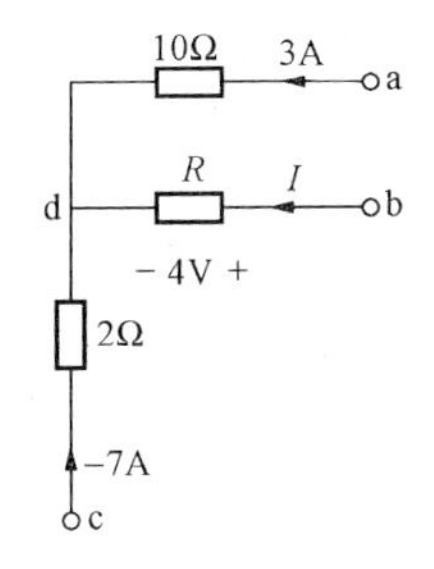

图 1.8.5　题 1.5 图

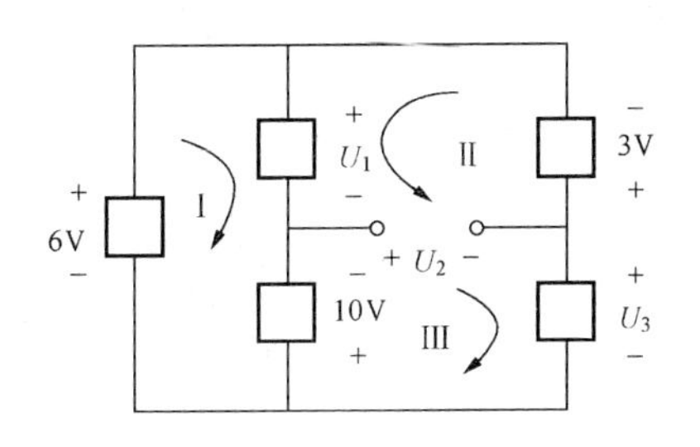

图 1.8.6　题 1.6 图

1.7　求图 1.8.7 中的 I_x 和 U_x。

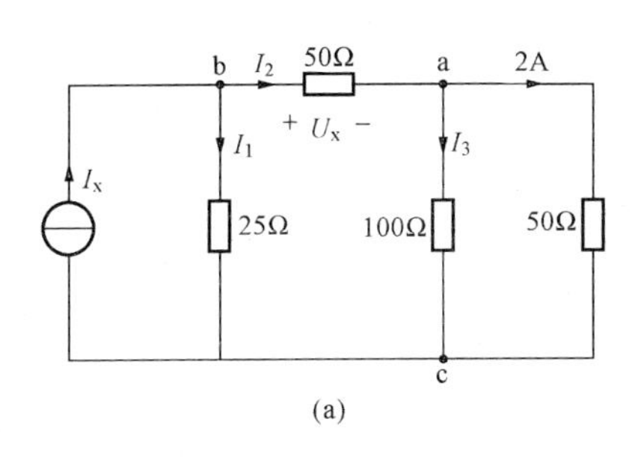

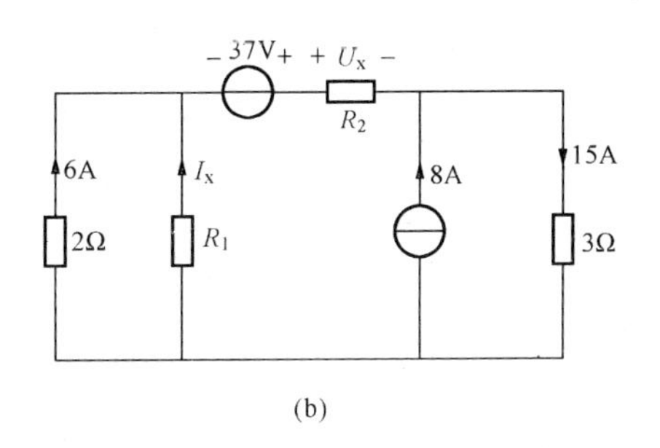

图 1.8.7　题 1.7 图

1.8　求图 1.8.8 中 a 点的电位 V_a，并由此求出各支路电流。

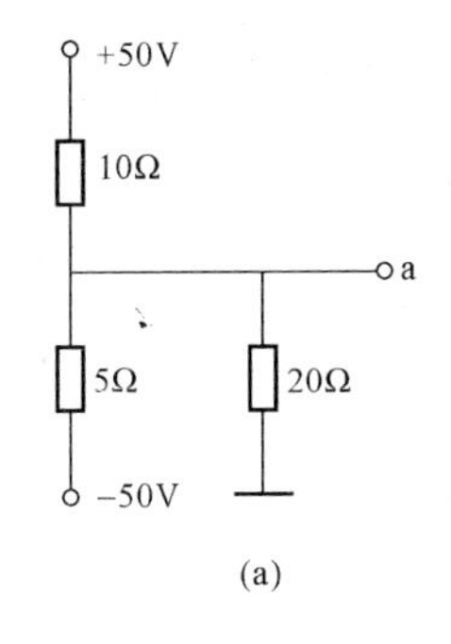

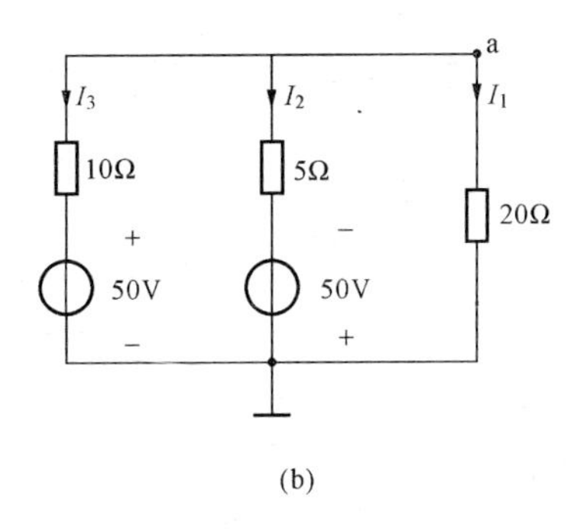

图 1.8.8　题 1.8 图

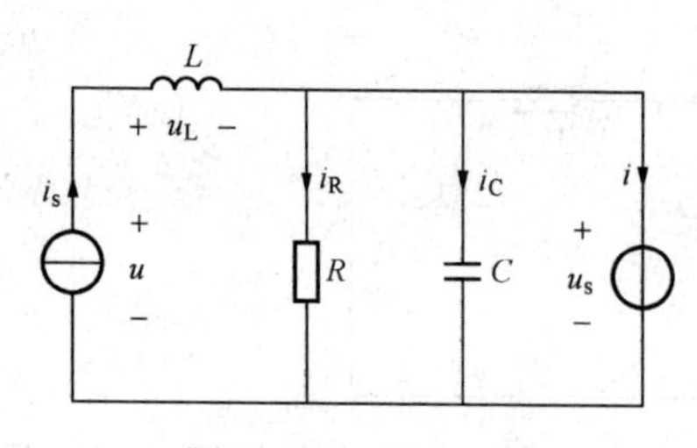

图 1.8.9 题 1.9 图

1.9 如图 1.8.9 所示，设 $u_S = U_m\sin\omega t, i_S = I_0 e^{-\alpha t}$，求 u_L、i_C、i 和 u。

1.10 求如图 1.8.10 所示电路的等效电阻。

1.11 用支路电流法求图 1.8.11 中的 I 和 U。

1.12 用支路电流法求图 1.8.12 中的电流 I 和 U。

1.13 将图 1.8.13 所示电路化成等效电压源电路和等效电流源电路。

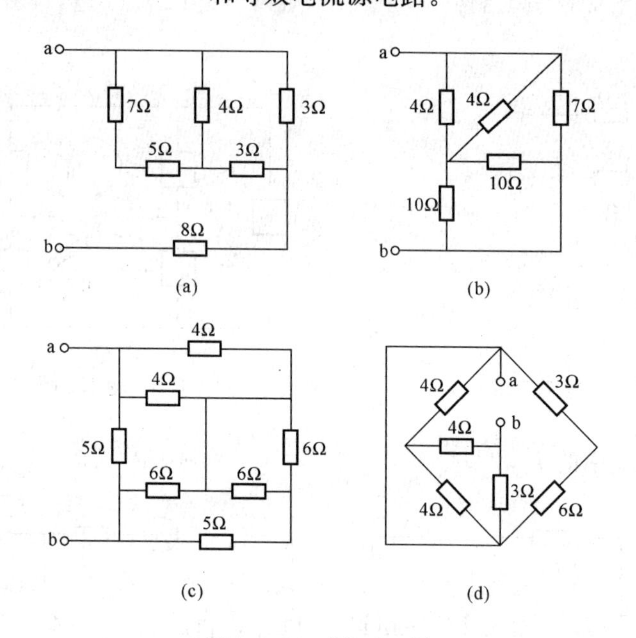

图 1.8.10 题 1.10 图

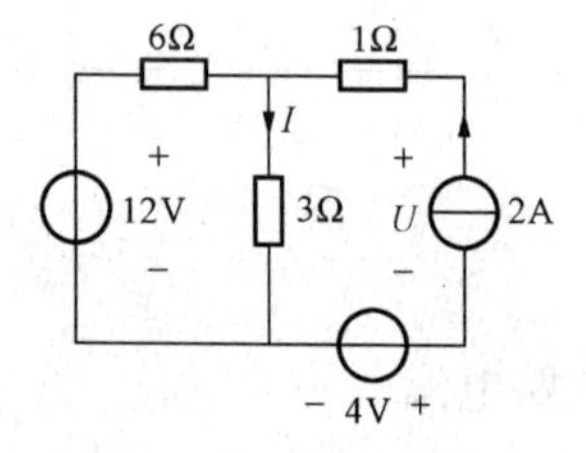

图 1.8.11 题 1.11 图

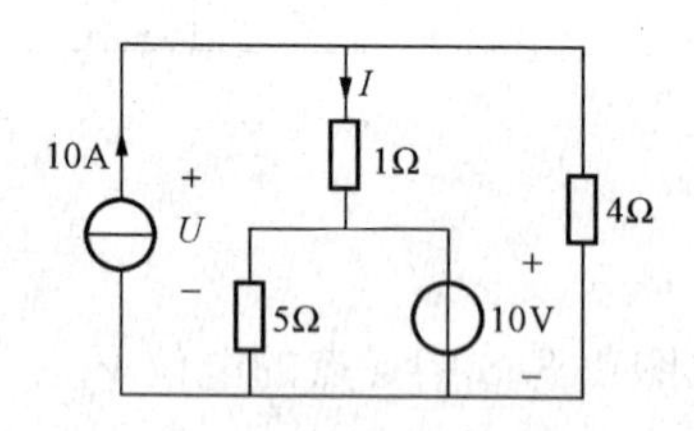

图 1.8.12 题 1.12 图

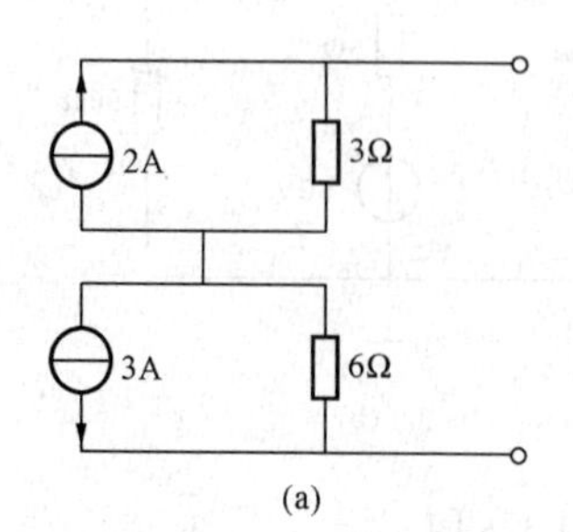

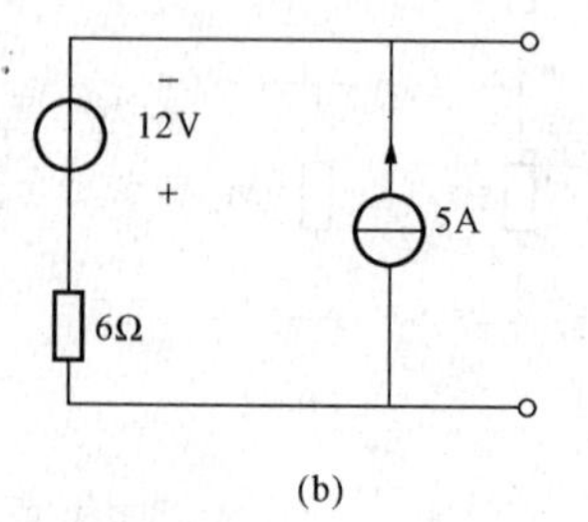

图 1.8.13 题 1.13 图

1.14　用电源等效变换的方法，求题1.14图中的电流 I。

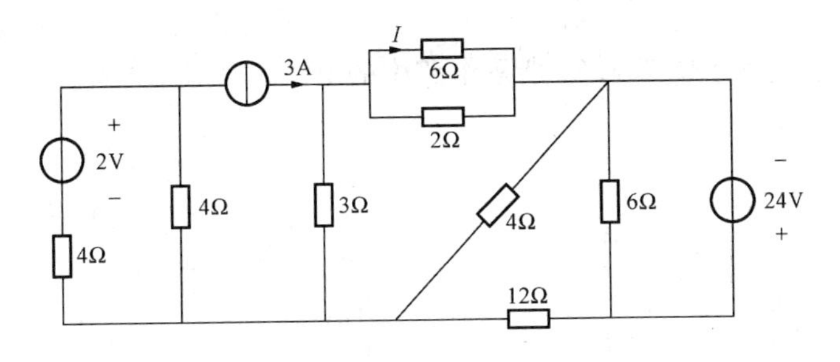

图1.8.14　题1.14图

1.15　在图1.8.15所示的加法电路中，A为集成运算放大器，流入运算放大器的电流 $I_N=I_P=0$，且 $U_N=U_P$，证明：

$$U_0=-\left(\frac{U_{i1}}{R_1}+\frac{U_{i2}}{R_2}+\frac{U_{i3}}{R_3}\right)R_f$$

1.16　利用叠加定理求图1.8.16所示电路中电流源上的电压 U。

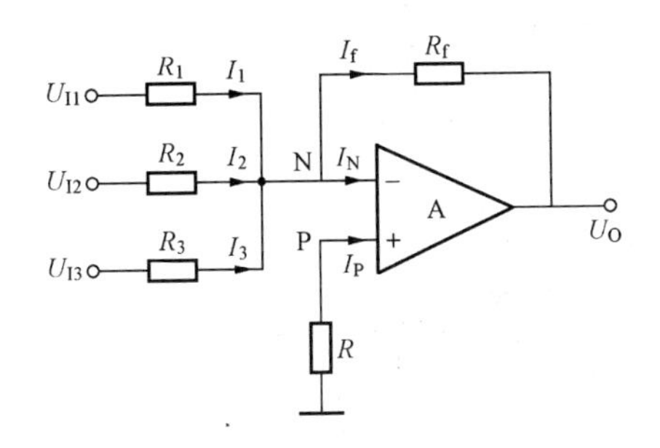

图1.8.15　题1.15图

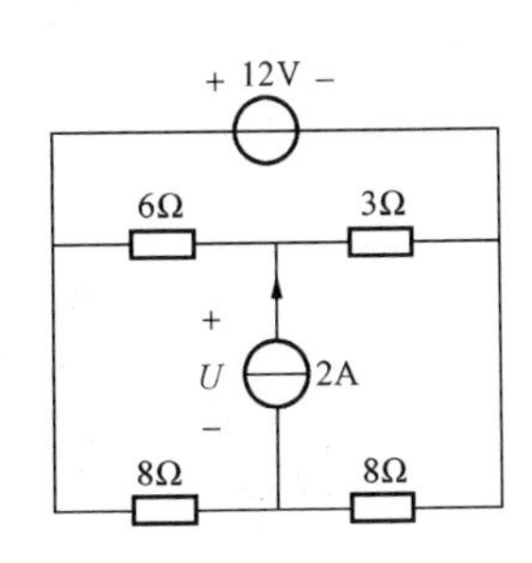

图1.8.16　题1.16图

1.17　在图1.8.17所示电路中，当2A电流源没接入时，3A电流源对无源电阻网络N提供54W功率，$U_1=12\text{V}$；当3A电流源没接入时，2A电流源对网络提供28W功率，U_2 为8V，求两个电流源同时接入时，各电源的功率。

1.18　用戴维宁定理求图1.8.18所示电路中的 I。

1.19　在图1.8.19所示电路中，N为含源二端电路，现测得 R 短路时，$I=10\text{A}$；$R=8\Omega$ 时，$I=2\text{A}$，求当 $R=4\Omega$ 时，I 为多少？

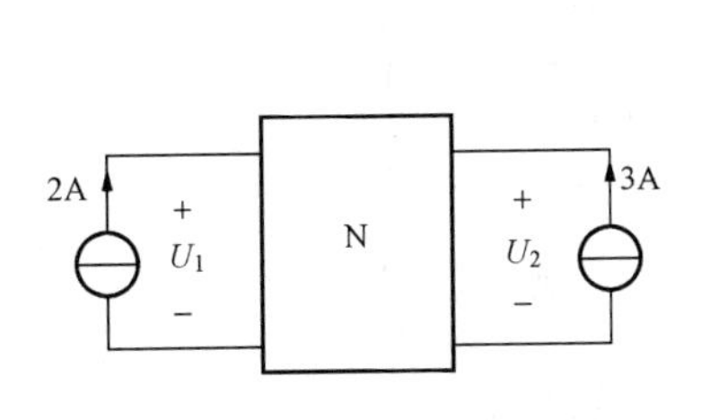

图1.8.17　题1.17图

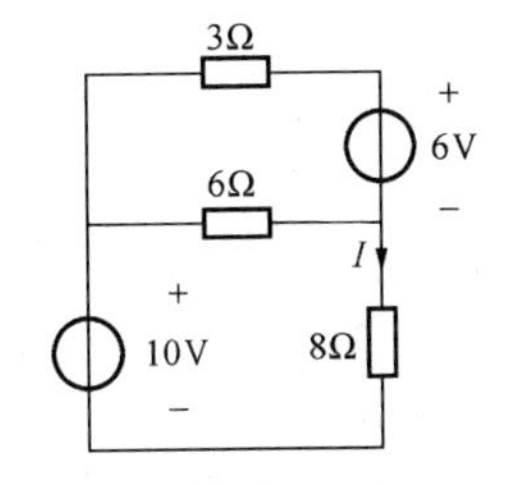

图1.8.18　题1.18图

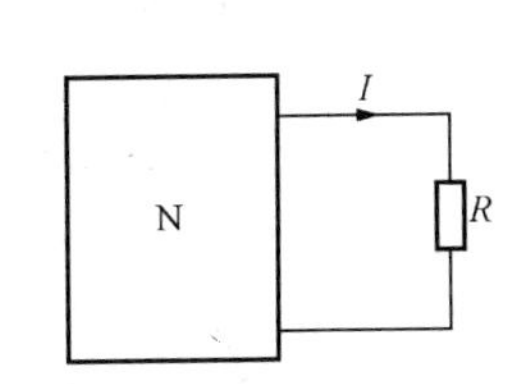

图1.8.19　题1.19图

1.20　图1.8.20所示电路中VD为二极管，当 $U_{ab}>0.6$ 时，二极管完全导通；当 U_{ab}

<0 时，二极管截止（相当于开路）。设二极管完全导通时的压降为 0.6V，试利用戴维宁定理计算电流 I。

1.21 用戴维宁定理求图 1.8.21 所示电路中的电流 I。

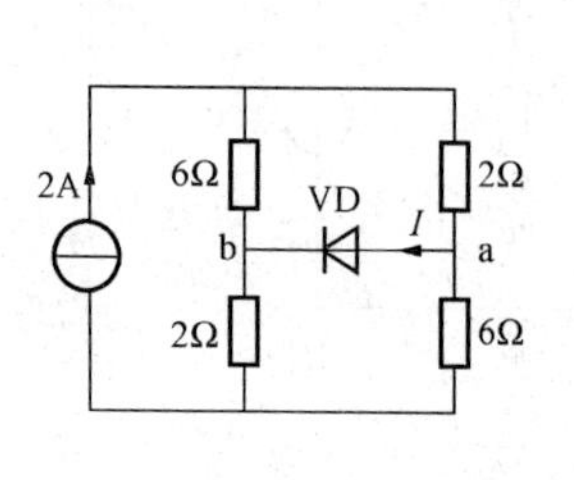

图 1.8.20 题 1.20 图

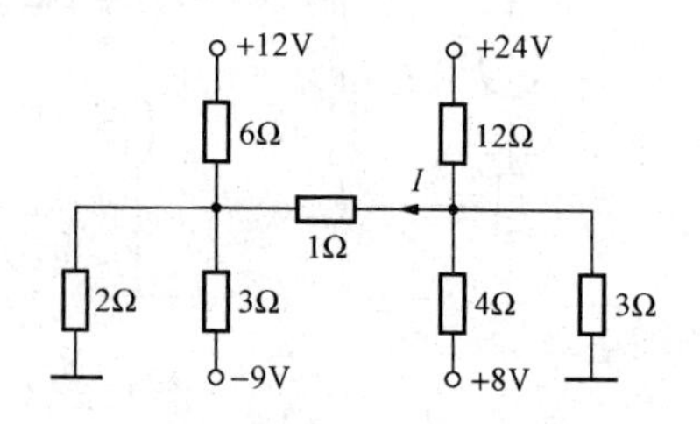

图 1.8.21 题 1.21 图

1.22 图 1.8.22 所示各电路在换路前都处于稳态，求换路后电流 i 的初始值和稳态值。

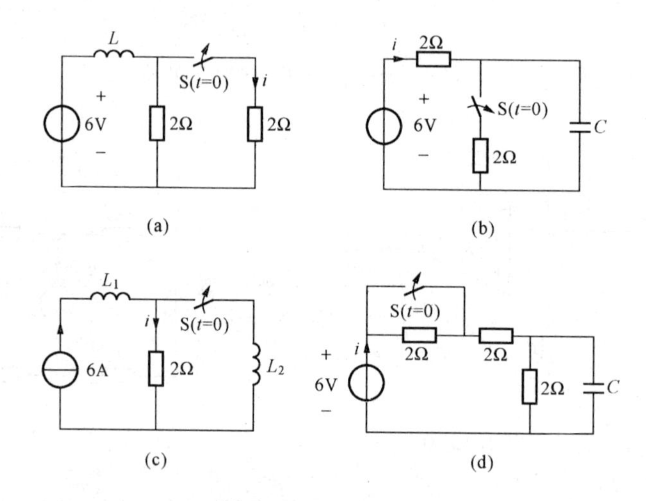

图 1.8.22 题 1.22 图

1.23 图 1.8.23 所示电路中，S 闭合前电路处于稳态，求 u_L、i_C 和 i_R 的初始值。

1.24 求图 1.8.24 所示电路换路后 u_L 和 i_C 的初始值。设换路前电路已处于稳态。

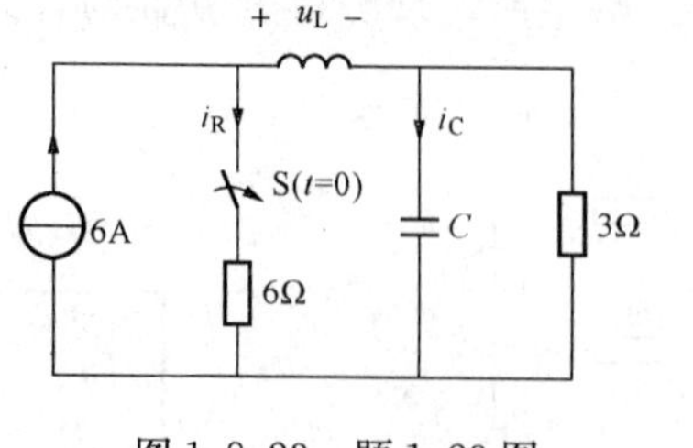

图 1.8.23 题 1.23 图

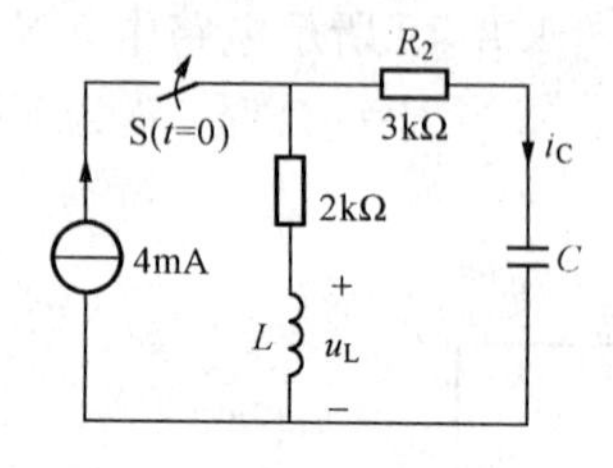

图 1.8.24 题 1.24 图

1.25 图 1.8.25 所示电路中，换路前电路已处于稳态，求换路后的 i、i_L 和 u_L。

1.26 图 1.8.26 所示电路中，换路前电路已处于稳态，求换路后的 u_C 和 i。

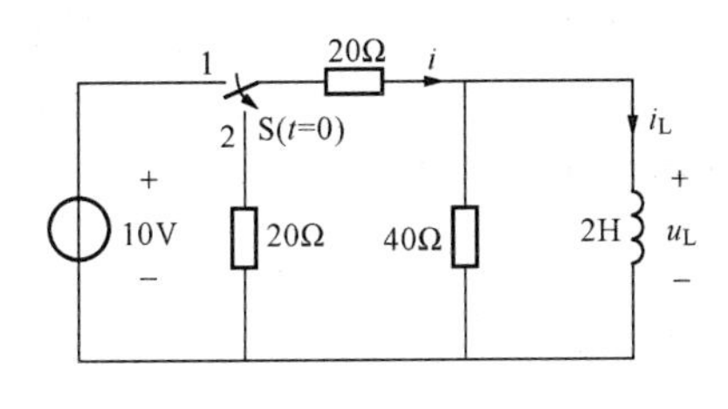

图 1.8.25　题 1.25 图

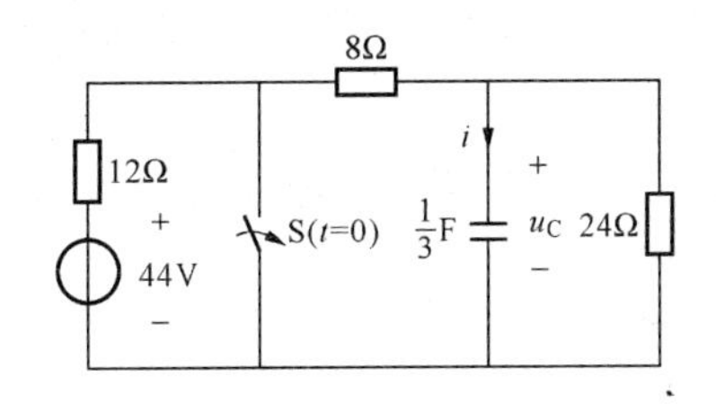

图 1.8.26　题 1.26 图

1.27　图 1.8.27 所示电路中，已知开关合上前电感中无电流，求 $t \geqslant 0$ 时的 $i_L(t)$ 和 $u_L(t)$。

1.28　图 1.8.28 所示电路中，$t=0$ 时，开关 S 合上。已知电容电压的初始值为零，求 $u_C(t)$ 和 $i(t)$。

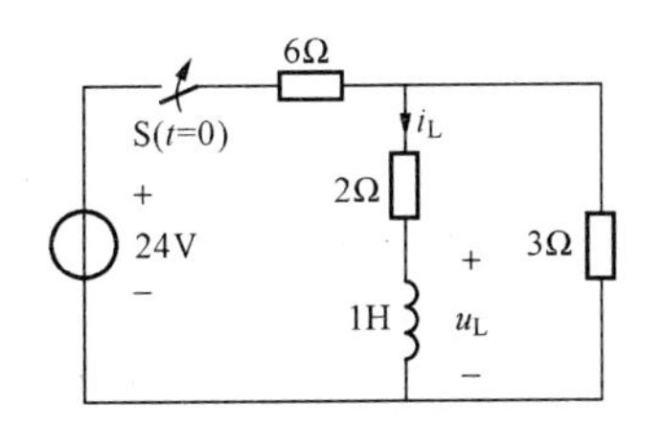

图 1.8.27　题 1.27 图

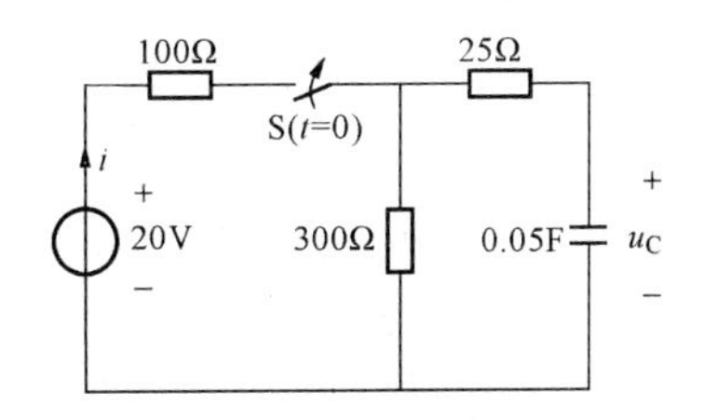

图 1.8.28　题 1.28 图

1.29　图 1.8.29 所示电路中，已知换路前电路已处于稳态，求换路后的 $u_C(t)$。

1.30　图 1.8.30 所示电路中，换路前电路已处于稳态，求换路后的 $i(t)$。

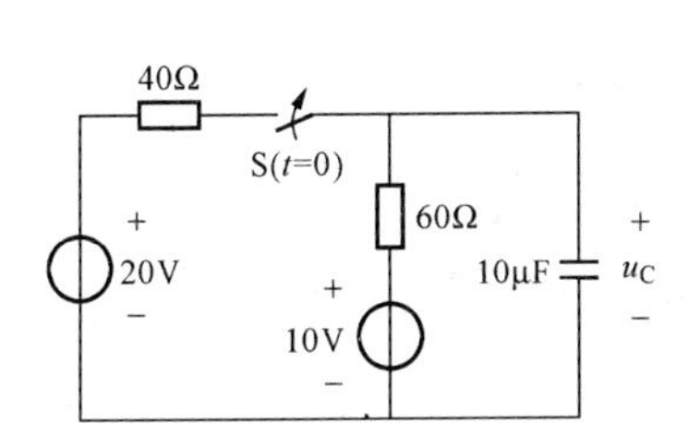

图 1.8.29　题 1.29 图

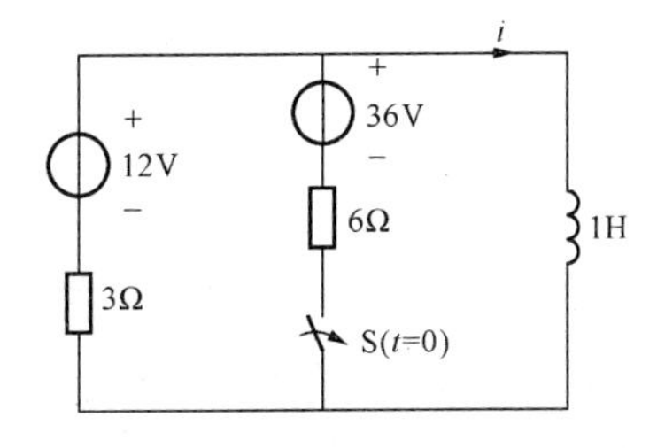

图 1.8.30　题 1.30 图

第2章　正弦交流电路

随时间按正弦规律周期性变化的电压或电流称为正弦交流电。工农业生产和日常生活中使用的电流一般都是正弦交流电。从数学的角度看，正弦函数经过加减、积分、微分运算处理后仍是正弦函数，而任意复杂的非正弦周期信号都可看作是一系列不同频率的正弦信号之和。因此，正弦交流信号是电路分析的基本信号，正弦交流电路分析是电路分析的重要内容。本章首先介绍正弦交流电的相量表示法，建立电阻、电感、电容上正弦电压与电流关系的相量形式，给出基尔霍夫定律的相量表示式，在此基础上，引入阻抗的概念，讨论正弦交流电路的功率和谐振，并对生产和生活中常用的三相交流电进行了研究，最后对非正弦交流电路的分析和计算作了简要的介绍。

2.1　正弦交流电的基本概念和相量表示

第一章主要分析的是直流电路，其中的电流和电压的大小和方向是不随时间变化的，但在许多实际电路中，电流和电压是随时间变化的，有时不仅大小随时间变化，而且其方向也不断交替变换着，如图 2.1.1 所示。为与直流电区别，随时间变化的（简称时变的）电压和电流用小写字母 u 和 i 表示，它们一般是时间的函数，人们把随时间按正弦或余弦规律变化的电压和电流称为正弦量，如图 2.1.1（b）所示。

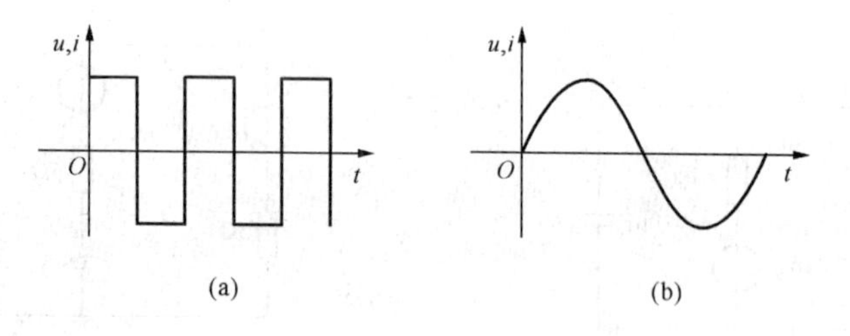

图 2.1.1　时变的电压和电流

（a）方波；（b）正弦波

2.1.1　正弦量的三要素

以电压为例，正弦电压的瞬时表示式为

$$u(t)=U_{\mathrm{m}}\sin(\omega t+\psi) \tag{2.1.1}$$

其曲线如图 2.1.2 所示。

1. 周期与频率

正弦电流变化一次所需的时间称为周期，用 T 表示，单位是秒（s），一秒钟内变化的次数称为频率，用 f 表示，单位是赫兹（Hz）。我国和世界上大多数国家电力工业的标准频率（即工频）是 50Hz，只有少数国家是 60Hz。直流电可看作 $f=0$（或 $T=\infty$）的交流电。ω 表示每秒变化的弧度数，称为角频率，单位是弧度/秒（rad/s），正弦量一个周期经历

2π 弧度，因此 f、T、ω 的关系为

$$f=\frac{1}{T}=\frac{\omega}{2\pi}$$

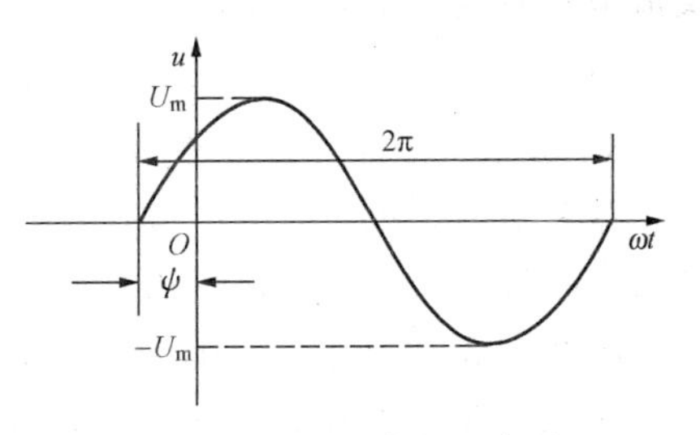

图 2.1.2　正弦电压波形

2. 幅值与有效值

U_m 是正弦电压所能达到的最大值，称为幅值或峰值，$u(t)$ 称为瞬时值。

电路的一个主要作用是转换能量，交流电的瞬时值和最大值都不能确切地反映它们在转换能量方面的效果。用等效的观点考虑，如果有一个交流电，它在一个周期的时间内所提供的能量等于某一个直流电在相同的时间内所提供的能量，那么就转换能量而言，它们对外表现的结果是相同的，则称这个直流电的量值为交流电的有效值。以电流为例，交流电流 i 在一个周期的时间内在电阻 R 上消耗的电能为

$$W_{\sim}=\int_0^T p(t)\mathrm{d}t=\int_0^T i^2R\mathrm{d}t$$

直流电流 I 在相同的时间内在电阻 R 上消耗的电能为

$$W_{-}=I^2RT$$

根据有效值的定义，有 $W_{\sim}=W_{-}$，即

$$\int_0^T i^2R\mathrm{d}t=I^2RT$$

由此可得

$$I=\sqrt{\frac{1}{T}\int_0^T i^2\mathrm{d}t} \tag{2.1.2}$$

对交流电压，同理可得

$$U=\sqrt{\frac{1}{T}\int_0^T u^2\mathrm{d}t} \tag{2.1.3}$$

式（2.1.2）和式（2.1.3）适用于周期性变化的量，但不适用于非周期性变化的量。对正弦交流电，以电流为例，设 $i=I_m\mathrm{sim}(\omega t+\psi)$，则其有效值为

$$I=\sqrt{\frac{1}{T}\int_0^T I_m^2\sin^2(\omega t+\psi)\mathrm{d}t}$$

$$=\sqrt{\frac{1}{T}\int_0^T \frac{1}{2}I_m^2[1-\cos2(\omega t+\psi)]\mathrm{d}t}=\frac{I_m}{\sqrt{2}}$$

即

$$I=\frac{I_m}{\sqrt{2}} \tag{2.1.4}$$

或

$$I_m=\sqrt{2}I$$

同理，正弦电压 $u=U_m\sin(\omega t+\psi)$ 的有效值为

$$U=\frac{U_m}{\sqrt{2}} \tag{2.1.5}$$

式（2.1.4）和式（2.1.5）分别说明了正弦电流、电压的有效值与最大值的关系，通常规定

交流电的有效值用大写字母表示。引入有效值后，正弦电压的表达式（2.1.1）可写成

$$u(t)=\sqrt{2}U\sin(\omega t+\psi)$$

3. 相位与初相

正弦电压表示式（2.1.1）中的 $\omega t+\psi$ 称为相位角，ψ 称为初相，范围为 $-\pi\sim\pi$。初相的大小与计时起点有关，图 2.1.3 表明了不同计时起点与初相的关系。

图 2.1.3（a）中，$u(0)=U_{\mathrm{m}}\sin\psi>0$，故 $\psi>0$；

图 2.1.3（b）中，$u(0)=U_{\mathrm{m}}\sin\psi<0$，故 $\psi<0$；

图 2.1.3（c）中，$u(0)=U_{\mathrm{m}}\sin\psi=0$，故 $\psi=0$。

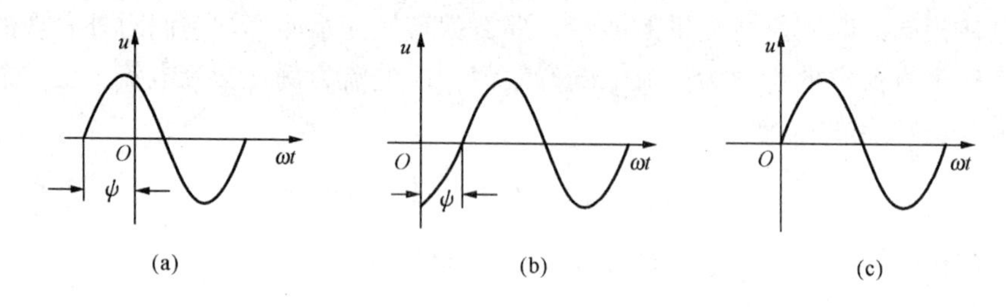

图 2.1.3　不同计时起点的正弦电压的波形

（a）$\psi>0$；（b）$\psi<0$；（c）$\psi=0$

需要特别指出的是，尽管计时起点可以任意选定，但在同一问题中只能有一个计时起点。

在同一电路中，通常同时存在若干频率相同，初相不同的正弦电流或电压，设正弦电压 u_1 和 u_2 为

$$u_1=U_{\mathrm{m1}}\sin(\omega t+\psi_1)$$
$$u_2=U_{\mathrm{m2}}\sin(\omega t+\psi_2)$$

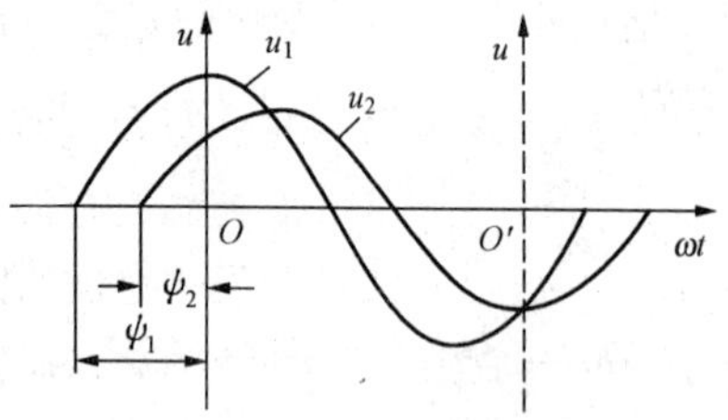

它们的波形如图 2.1.4 所示，它们的相位角之差

$$\varphi=(\omega t+\psi_1)-(\omega t-\psi_2)=\psi_1-\psi_2$$

称为相位差，由上式可看到相位差等于初相差，不随时间变化。

图 2.1.4　同频率不同初相的正弦电压波形

（1）当 $\varphi>0$，即 $\psi_1>\psi_2$ 时，称 u_1 超前 u_2 φ 角；

（2）当 $\varphi<0$，即 $\psi_1<\psi_2$ 时，称 u_1 滞后 u_2 φ 角；

（3）当 $\varphi=\pm\frac{\pi}{2}$ 时，称 u_1 与 u_2 正交；

（4）当 $\varphi=\pi$ 时，称 u_1 与 u_2 反相；

（5）当 $\varphi=0$ 时，称 u_1 与 u_2 同相。

另外，从图 2.1.4 可以看到，即使改变计时起点，也不会改变两者的相位差。

幅值（或有效值）、频率（或角频率或周期）和初相分别表征了正弦量数值的大小、变化的快慢及计时起点的状态，一个正弦量只要这三个参数确定了，这个正弦量也就唯一确定了，因此，这三个参数称为正弦量的三要素。

【例 2.1.1】 已知两正弦电压 u_1 和 u_2 频率同为 50Hz，u_1 的幅值为 12V，初相为 30°，u_2 的幅值为 20V，初值为 −20V。

(1) 写出 u_1 和 u_2 的表达式；

(2) 求两电压的相位差；

(3) 求 $t=0.01s$ 时的电压值。

解 (1) 对照正弦量的三要素，正弦电压 u_1 的三要素全部已知，而 u_2 只缺初相，由于幅值已知，初相可由初值求得。

由 $u(t)=U_m\sin(\omega t+\psi)$得

$$u(0)=U_m\sin\psi$$

$$\psi=\arcsin\frac{u(0)}{U_m}$$

故

$$\psi_2=\arcsin\frac{-20}{20}=\arcsin(-1)=-90°$$

另外

$$\omega=2\pi f=2\times3.14\times50=314(\text{rad/s})$$

故

$$u_1(t)=12\sin(314t+30°)\text{V}$$

$$u_2(t)=20\sin(314t-90°)\text{V}$$

(2) 由 $\varphi=\psi_1-\psi_2=30°-(-90°)=120°$，故电压 u_1 超前 u_2 120°

(3) $u_1(0.01)=12\sin(100\pi\times0.01+30°)=-6(\text{V})$

$u_2(0.01)=20\sin(100\pi\times0.01-90°)=20(\text{V})$

2.1.2 正弦量的相量表示

正弦量的三角函数表示式，全面反映了正弦量的三要素，但三角函数的代数运算并不简便，由于交流电路中电容（或电感）上的电压、电流关系是微分关系，使用三角函数表示式对正弦电路进行分析计算就显得比较繁琐，为此，需要寻找一种新的正弦量的表示法。

在正弦交流电路中，如果只有一个电源或者电源的频率相同，那么电路中各个电压和电流均是与电源的频率相同的正弦量，因此在分析电路时只要计算各电压或电流的有效值（或幅值）和初相即可。如果有频率不相同的电源，则根据叠加原理，电路中的电压和电流可看作是不同频率的电源单独作用时产生的电压和电流之和。总之，在分析正弦交流电路时，需要计算的是正弦量的有效值（或幅值）和初相。相量表示法就是用复数表示正弦量的有效值（或幅值）和初相，使描述正弦交流电路的微分方程转化为不含时间的复数形式的代数方程，从而使电路的分析计算大大简化。下面先复习复数的有关知识。

1. 复数的表示形式和四则运算

设有一复数 A，其实部和虚部分别是 a_1 和 a_2，则

$$A=a_1+\text{j}a_2$$

此式称为复数的直角坐标形式，与此对应，在复平面上，A 表示一个点，如图 2.1.5 (a) 所示。

复数也可用极坐标表示，如图 2.1.5 (b) 所示，令

$$\begin{cases}a=\sqrt{a_1^2+a_2^2}\\ \psi=\arctan\dfrac{a_2}{a_1}\end{cases}\tag{2.1.6}$$

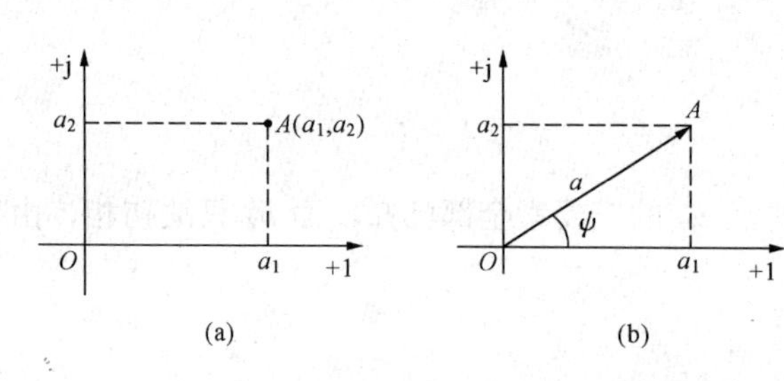

图 2.1.5　复数在复平面上的表示
(a) 直角坐标表示；(b) 极坐标表示

则

$$A = a\cos\psi + \mathrm{j}a\sin\psi = a(\cos\psi + \mathrm{j}\sin\psi)$$

利用欧拉公式

$$\mathrm{e}^{\mathrm{j}\psi} = \cos\psi + \mathrm{j}\sin\psi$$

上式可写成

$$A = a\mathrm{e}^{\mathrm{j}\psi}$$

这就是复数的极坐标形式，a 称为复数的模，ψ 称为辐角。这样，在复平面上，复数又可以用一个向量 **OA** 表示。在工程上，复数的极坐标形式通常简写为

$$A = a\angle\psi$$

复数的极坐标形式与直角坐标形式之间的关系为

$$\begin{cases} a_1 = a\cos\psi \\ a_2 = a\sin\psi \end{cases} \tag{2.1.7}$$

在进行复数的运算时，选择适当的表示形式，可使运算大大简化，设两个复数

$$A = a_1 + \mathrm{j}a_2 = a\angle\psi_{\mathrm{a}}$$

$$B = b_1 + \mathrm{j}b_2 = b\angle\psi_{\mathrm{b}}$$

在进行加减运算时，应用直角坐标形式较为方便，只需将两复数的实部与实部相加减，虚部与虚部相加减即可

$$A \pm B = a_1 \pm b_1 + \mathrm{j}(a_2 \pm b_2)$$

而在进行乘除运算时，应用极坐标形式较方便，只需将两复数的模相乘除、幅角相加减即可，如

$$A \cdot B = a\mathrm{e}^{\mathrm{j}\psi_{\mathrm{a}}} \cdot b\mathrm{e}^{\mathrm{j}\psi_{\mathrm{b}}} = ab\,\mathrm{e}^{\mathrm{j}(\psi_{\mathrm{a}}+\psi_{\mathrm{b}})} = ab\angle(\psi_{\mathrm{a}} + \psi_{\mathrm{b}})$$

$$\frac{A}{B} = \frac{a\mathrm{e}^{\mathrm{j}\psi_{\mathrm{a}}}}{b\mathrm{e}^{\mathrm{j}\psi_{\mathrm{a}}}} = \frac{a}{b}\mathrm{e}^{\mathrm{j}(\psi_{\mathrm{a}}-\psi_{\mathrm{b}})} = \frac{a}{b}\angle(\psi_{\mathrm{a}} - \psi_{\mathrm{b}})$$

另外，复数的加减运算还可在相量图上进行，利用矢量合成的平行四边形法则，进行向量合成，有时会非常简单。

在复数运算过程中，常常会有加减乘除混合运算，为此要进行直角坐标和极坐标形式之间的转换，复数从极坐标形式变换到直角坐标形式时，应用式（2.1.7）；复数从直角坐标形式变换到极坐标形式时应用式（2.1.6），这时要特别注意幅角 ψ 所在的象限应由 a_1 和 a_2 共同决定。

【例 2.1.2】 求 $A_1=-3+\mathrm{j}4$，$A_2=3-\mathrm{j}4$ 和 $A_3=-3-\mathrm{j}4$ 的极坐标形式并计算 $A_1 \cdot A_2$ 和 A_1/A_3。

解　$A=3+\mathrm{j}4=\sqrt{3^2+4^2}\arctan\dfrac{4}{3}=5\angle 53.1°$，在第一象限，$\psi=53.1°$。

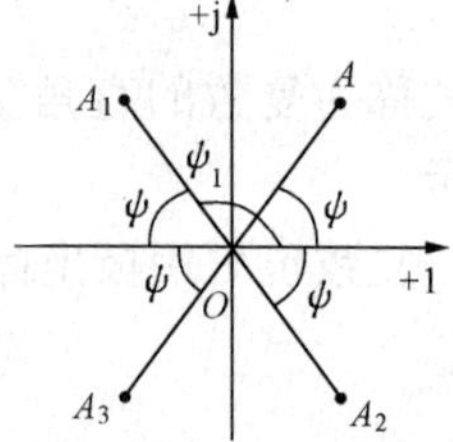

图 2.1.6 ［例 2.1.2］图

A_1 在第二象限，$\psi_1=180°-53.1°=126.9°$

故　　$A_1=5\angle 126.9°$

A_2 在第四象限，$\psi_2=-53.1°$

$$A_2 = 5\angle -53.1^\circ$$

A_3 在第三象限，$\psi_3 = -(180^\circ - 53.1^\circ) = -126.9^\circ$

$$A_3 = 5\angle -126.9^\circ$$

$A_1 \cdot A_2 = 5\angle 126.9^\circ \cdot 5\angle -53.1^\circ = 25\angle 73.8^\circ$

$$\frac{A_1}{A_3} = \frac{5\angle 126.9^\circ}{5\angle -126.9^\circ} = 1 \cdot \angle 253.8^\circ = 1 \cdot \angle -106.2^\circ$$

2. 正弦量的相量表示法

复数 $e^{j\omega t}$ 是一个模等于 1 而辐角随时间变化的复数，在复平面上，它又是一个绕原点旋转的矢量。任意一个复数 $A = ae^{j\psi}$ 乘以 $e^{j\omega t}$ 就等于使该复数在复平面上以角速度 ω 逆时针旋转，同时保持其模不变，如图 2.1.7（a）所示。所以 $e^{j\omega t}$ 称为旋转因子，$Ae^{j\omega t}$ 又称为旋转矢量。

根据欧拉公式，$e^{j\frac{\pi}{2}} = j$，因此，一个复数乘以 j 就等于把这个复数逆时针旋转 90°，如图 2.1.7（b）所示，j 也称为 90°旋转因子。

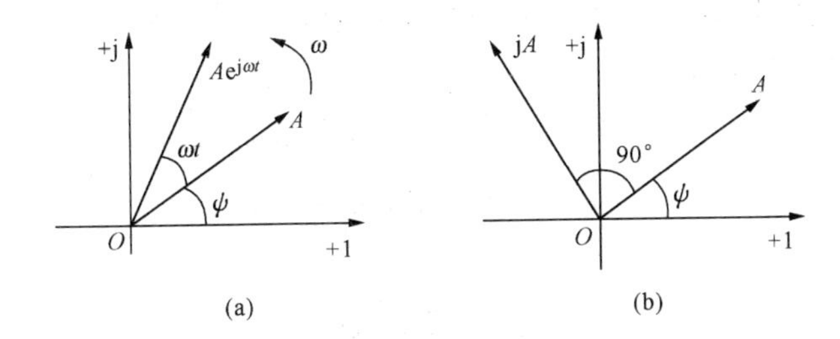

图 2.1.7　旋转矢量和旋转因子

（a）旋转矢量；（b）旋转因子

设一正弦电压为 $u = U_m \sin(\omega t + \psi)$，根据欧拉公式，有

$$e^{j(\omega t+\psi)} = \cos(\omega t + \psi) + j\sin(\omega t + \psi)$$

这样

$$u = \mathrm{Im}[U_m e^{j(\omega t+\psi)}] = \mathrm{Im}[U_m e^{j\psi} e^{j\omega t}] \tag{2.1.8}$$

式中 Im [ ] 表示取复数的虚部。上式表明正弦时间函数和复数之间存在一一对应的关系，在复平面上，这个复数是一个旋转矢量，正弦量的三要素在这个旋转矢量上都得到体现：幅值等于旋转矢量的模，角频率等于旋转矢量的角速度，初相等于旋转矢量在 $t=0$ 时的辐角，图 2.1.8 所示为旋转矢量的虚轴上的投影与正弦量的一一对应关系。

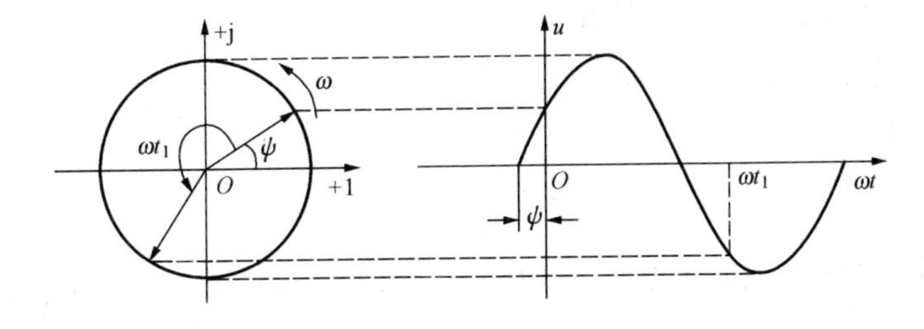

图 2.1.8　旋转矢量与正弦波的对应关系

由于正弦电路中各正弦量都具有相同的角频率 ω，从而与每一个正弦量对应的旋转矢量中都有相同的旋转因子 $e^{j\omega t}$，而这些旋转矢量的相对位置又不随时间变化，因此，在表达式中可以略去 $e^{j\omega t}$，即用 $U_m e^{j\psi}$ 就可以表示正弦电压了，给 $U_m e^{j\psi}$ 一个特定的名称——相量，记作 $\dot{U}_m$。

$$\dot{U}_m = U_m e^{j\psi} = U_m \angle \psi \tag{2.1.9}$$

$\dot{U}_m$ 是一个复数，但它又与一般的复数又有区别，即它代表一个正弦量，因此，在字母上加了一个小圆点，以示它不是一般的复数。

$\dot{U}_m$ 中包含了幅值的信息，因此称为幅值相量，相应地

$$\dot{U} = U e^{j\psi} = U \angle \psi \tag{2.1.10}$$

就称为电压的有效值相量。由于实际问题中涉及的往往是正弦量的有效值，因此常常使用有效值相量，以后如无特别说明，本书所说的相量都是指有效值相量。

相量和复数一样，可以在复平面上用矢量表示，这种表示相量的图称为相量图。这样有了相量的概念后，正弦量的运算就可通过复数运算或相量图进行。

设两个同频率的正弦电压

$$u_1 = \sqrt{2} U_1 \sin(\omega t + \psi_1)$$

$$u_2 = \sqrt{2} U_2 \sin(\omega t + \psi_2)$$

对应的相量为

$$\dot{U}_1 = U_1 \angle \psi_1$$

$$\dot{U}_2 = U_2 \angle \psi_2$$

则

$$\begin{aligned} u = u_1 + u_2 &= \mathrm{Im}\left[\sqrt{2} U_1 e^{j(\omega t + \psi_1)} + \sqrt{2} U_2 e^{j(\omega t + \psi_2)}\right] \\ &= \mathrm{Im}\left[\sqrt{2}(U_1 e^{j\psi_1} + U_2 e^{j\psi_2}) e^{j\omega t}\right] \end{aligned}$$

合成电压的有效值相量为

$$\dot{U} = U_1 e^{j\psi_1} + U_2 e^{j\psi_2} = \dot{U}_1 + \dot{U}_2$$

上式表明：正弦量用相量表示后，同频率正弦量的相加（或相减）运算就变成相应相量的相加（或相减）运算。

这里有两点需要指出，一是相量只代表正弦量，它并不等于正弦量，相量运算的结果一般需要变换为正弦时间函数的形式；二是只有同频率的正弦量之间的运算才能利用相量，不同频率的正弦量之间的运算不能利用相量。

【例 2.1.3】 已知 $u_1 = \sqrt{2} U_0 \sin\omega t$，$u_2 = \sqrt{2} U_0 \sin(\omega t + 120°)$，求 $u = u_1 + u_2$。

解 先将 u_1 和 u_2 用相量表示

$$\dot{U}_1 = U_0 \angle 0 = U_0,$$

$$\dot{U}_2 = U_0 \angle 120° = U_0 (\cos 120° + j\sin 120°) = U_0 \left(-\frac{1}{2} + j\frac{\sqrt{3}}{2}\right)$$

$$\dot{U} = \dot{U}_1 + \dot{U}_2 = U_0 \left(\frac{1}{2} + j\frac{\sqrt{3}}{2}\right) = U_0 \angle \arctan\sqrt{3} = U_0 \angle 60°$$

故

$$u=\sqrt{2}U_0\sin(\omega t+60°)$$

如利用相量图求解，则要简单得多，如图 2.1.9 所示，对三角形 AOC，$OA=AC=U_0$，$\angle AOC=\angle ACO=\frac{120°}{2}=60°$，故三角形 AOC 为正三角形，$\dot{U}=U_0\angle 60°$。

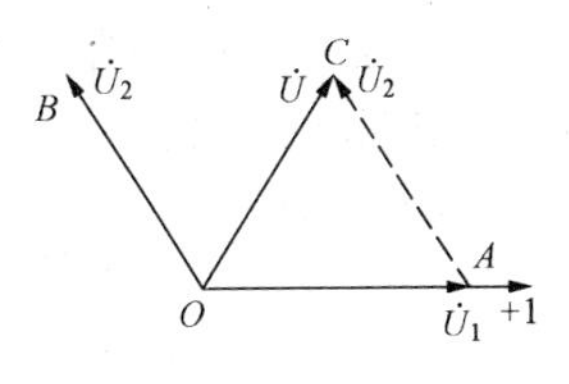

图 2.1.9 [例 2.1.3] 图

2.2 正弦电路中的电阻、电感、电容元件

分析正弦交流电路，就是要确定电路中各元件或各支路中的电压、电流的大小和相位。现在电压和电流都用相量表示了，作为分析电路的第一步，首先要确定各元件上电压相量和电流相量的关系，在此基础上才能应用电路的基本分析方法对正弦交流电路进行深入分析。

在第 1 章中，根据实验定律得出了电阻、电感、电容元件上瞬时电压、电流的关系式（u、i 为关联参考方向）如下。

（1）电阻元件：$u=Ri$。

（2）电感元件：$u=L\frac{\mathrm{d}i}{\mathrm{d}t}$。

（3）电容元件：$i=C\frac{\mathrm{d}u}{\mathrm{d}t}$。

本节将导出这三个关系式的相量表示形式，同时讨论电阻、电感、电容这三个元件的功率问题。

2.2.1 电阻元件的交流电路

图 2.2.1（a）所示为电阻元件的交流电路，电阻上的电流和电压取关联参考方向，设正弦电流为

$$i=\sqrt{2}I\sin(\omega t+\psi_i) \tag{2.2.1}$$

则由欧姆定律得

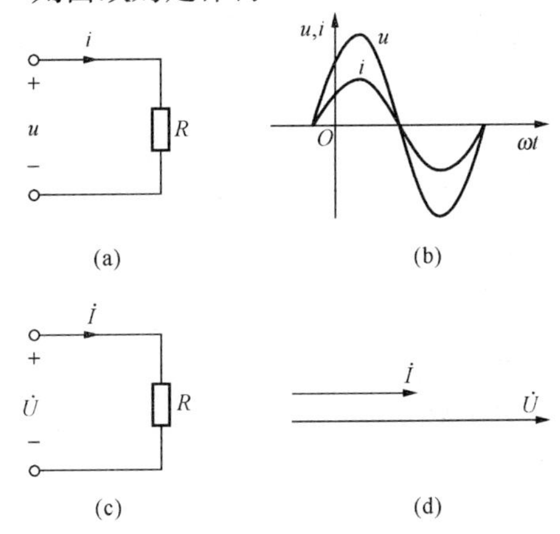

图 2.2.1 电阻元件的交流电路
（a）元件；（b）电压、电流波形；
（c）相量模型；（d）相量图

$$u=Ri=\sqrt{2}RI\sin(\omega t+\psi_i) \tag{2.2.2}$$

而正弦电压的一般表示式为

$$u=\sqrt{2}U\sin(\omega t+\psi_u) \tag{2.2.3}$$

比较式（2.2.2）和式（2.2.3）可得

$$\begin{cases}U=RI\\ \psi_u=\psi_i\end{cases} \tag{2.2.4}$$

由式（2.2.4）可看出，在电阻元件的正弦交流电路中，电压与电流是同频率，同相位的正弦量，如图 2.2.1（b）所示。电阻上电压的有效值与电流的有效值之间关系满足欧姆定律。

用相量来表示电流和电压，则

$$\dot{I}=I\angle\psi_i$$

$$\dot{U}=U\angle\psi_u$$

由式（2.2.4）可得

$$\dot{U} = RI\angle\psi_i = R\dot{I} \tag{2.2.5}$$

这就是欧姆定律的相量形式，用相量表示的电阻电路如图 2.2.1（c）所示，$\dot{U}$ 和 $\dot{I}$ 的相量图如图 2.2.1（d）所示。

下面分析电阻消耗的功率，由式（2.2.1）和式（2.2.2）可得电阻元件的瞬时功率为

$$p = u \cdot i = 2UI\sin(\omega t + \psi_u)\sin(\omega t + \psi_i)$$

考虑到 $\psi_u = \psi_i$，所以上式为

$$p = 2UI\sin^2(\omega t + \psi_i) = UI[1 - \cos2(\omega t + \psi_i)] \tag{2.2.6}$$

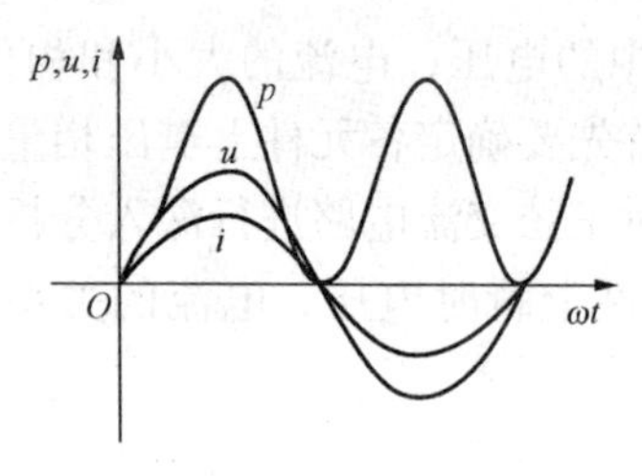

图 2.2.2 电阻的瞬时功率

由式（2.2.6）可看出，瞬时功率随时间周期性变化，变化的频率是电压或电流频率的两倍，而且瞬时功率为非负值，如图 2.2.2 所示，它表明电阻总是消耗功率的。通常用平均功率来衡量元件消耗的功率，平均功率又称为有效功率，等于瞬时功率在一周期内的平均值。

$$P = \frac{1}{T}\int_0^T p\mathrm{d}t = \frac{1}{T}\int_U^T UI[1 - \cos2(\omega t + \psi_i)]\mathrm{d}t = UI$$

或

$$P = UI = I^2R = \frac{U^2}{R} \tag{2.2.7}$$

式（2.2.7）与直流电路中电阻的电功率公式相同，区别在于这里的 P 是平均功率，不是瞬时功率，而 U、I 是有效值，不是瞬时值或平均值。通常交流用电设备上标注的功率就是平均功率，标注的电压值或电流值就是指有效值。

【例 2.2.1】 有一白炽灯，其额定电压 U_N 为 220V，额定功率 P_N 为 40W，外接正弦电压 $u=220\sqrt{2}\sin(100\pi t-60°)$V：（1）求流过电灯的电流 i；（2）若外接电压降为 210V，求此时的 I 和 P。

解 （1）先求电流的有效值，由于电灯外接电压的有效值与其额定电压相同，因此

$$I = \frac{P_N}{U_N} = \frac{40}{220} = 0.182(\mathrm{A})$$

又由于电阻上电流与电压同相，所以

$$\psi_i = \psi_u = -60°$$

因此

$$i = 0.182\sqrt{2}\sin(100\pi t - 60°)(\mathrm{A})$$

（2）电压降为 210V，灯丝电阻可认为不变

$$R = \frac{U_N^2}{P_N} = \frac{220^2}{40} = 1210(\Omega)$$

这样，流过电灯的电流和实际消耗的功率为

$$I = \frac{U}{R} = \frac{210}{1210} = 0.174(\mathrm{A})$$

$$P = UI = 210 \times 0.174 = 36(\mathrm{W})$$

可以看到，电压变化了 5%。功率变化了 10%。

2.2.2　电感元件的交流电路

图 2.2.3（a）所示为电感元件的交流电路，电感上的电流和电压取关联参考方向，设正弦电流仍为式（2.2.1），则根据电感上的电流、电压关系，得

$$U = L\frac{di}{dt} = \sqrt{2}I\omega L\cos(\omega t + \psi_i)$$

$$= \sqrt{2}I\omega L\sin(\omega t + \psi_i + 90^\circ) \tag{2.2.8}$$

i 和 u 的波形图如图 2.2.3（b）所示。对照正弦电压的一般表示式（2.2.3）可得

$$U = \omega LI$$

$$\psi_u = \psi_i + 90^\circ \tag{2.2.9}$$

电感电压的相位超前电流 90°，上式写成相量形式为

$$\dot{U} = U\angle\psi_u = \omega LI\angle(\psi_i + 90^\circ) = \omega L\dot{I}\angle 90^\circ$$

利用 90°旋转因子 $j = e^{j\frac{\pi}{2}}$，上式可简写成

$$\dot{U} = j\omega L\dot{I} \tag{2.2.10}$$

这样，用相量表示的电感电路如图 2.2.3（c）所示，电感上的电流和电压的相量图如图 2.2.3（d）所示。

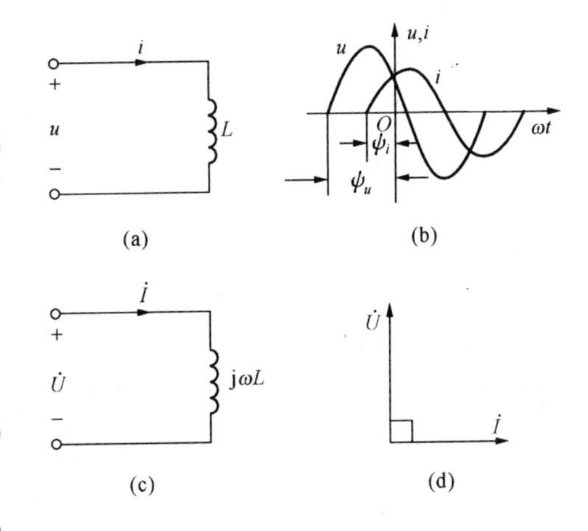

图 2.2.3　电感元件的交流电路

（a）元件；（b）电压、电流波形；（c）相量模型；（d）相量图

再看电压与电流有效值的关系式

$$U = \omega LI$$

令

$$X_L = \omega L \tag{2.2.11}$$

则

$$U = X_L I \tag{2.2.12}$$

式（2.2.12）表明，当电压一定时，X_L 越大，则 I 就越小，可见 X_L 反映了电感对正弦电流的阻碍作用，因此，称为电感元件的电抗，简称感抗。在国际单位制中，感抗的单位是欧姆。

式（2.2.11）表明，感抗 X_L 由电感 L 和电源角频率 ω 共同决定，频率越高，感抗就越大，这说明高频电流不易通过电感元件。当 $\omega=0$ 时，$X_L=0$，这时电感相当于短路，也就是说，对直流电，电感相当于短路。

应当注意，与电阻不同，感抗表示的是正弦电压与电流有效值的比值，而不是它们的瞬时值的比值。另外，由于式（2.2.8）是在正弦电流的条件下得出的，因此，感抗只对正弦交流电才有意义。

引入感抗后，式（2.2.10）可写成

$$\dot{U} = jX_L\dot{I} \tag{2.2.13}$$

下面分析电感的功率，为表达方便，设电流的初相为零，则

$$i = \sqrt{2}I\sin\omega t$$

$$u = \sqrt{2}U\sin(\omega t + 90^\circ) = \sqrt{2}U\cos\omega t$$

瞬时功率为

$$p = u \cdot i = 2UI\sin\omega t \cdot \cos\omega t = UI\sin 2\omega t$$

p 也是个正弦函数，它的角频率是 2ω，这一点与电阻上的功率相同。与电阻功率不同的是电感的功率可正、可负，功率为正值表示电感从电源或外电路吸取电能，并转换为磁场能；功率为负值表示电感向外电路提供电能，也就是将储存的磁场能释放出来。

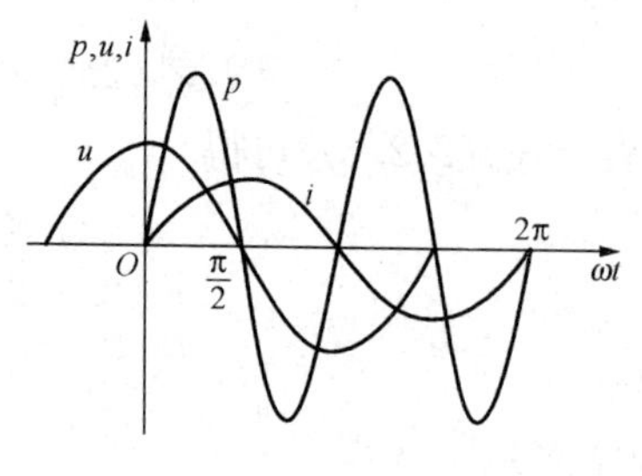

图 2.2.4 电感的瞬时功率

如图 2.2.4 所示，在正弦电流的 $0\sim\frac{T}{4}$时间内，u、i 同方向，$p>0$，电感吸收能量；在$\frac{T}{4}\sim\frac{T}{2}$时间内，$u$、$i$ 反向，$p<0$，电感释放能量；在$\frac{T}{2}\sim T$ 时间内重复这个过程。电感在一个周期内的平均功率为

$$P = \frac{1}{T}\int_0^T p\mathrm{d}t = \frac{1}{T}\int_0^T UT\sin 2\omega t\,\mathrm{d}t = 0$$

由此可见，电感并不消耗能量，它是一个储能元件，它在电路中的作用是储存与释放电能，即与电源或外电路进行能量变换，这种能量交换规模的大小，用瞬时功率的最大值来衡量并称为无功功率，用 Q_L 表示

$$Q_L = UI = I^2 X_L = \frac{U^2}{X_L} \qquad (2.2.14)$$

无功功率与平均功率有相同的量纲，但因无功功率不是实际消耗的功率，为与平均功率相区别，无功功率的单位不用瓦，而用乏（var）。

【例 2.2.2】 一 0.2H 的电感线圈，电阻忽略不计，将它接在电压 $u=220\sqrt{2}\sin(314t+60°)$V 的交流电源上，求线圈中的电流相量 $\dot{I}$ 和无功功率 Q_L。

解 $\omega=314$rad/s 时，0.2H 电感的感抗为

$$X_L = \omega L = 314 \times 0.2 = 62.8(\Omega)$$

由于

$$\dot{U} = 220\angle 60°$$

故

$$\dot{I} = \frac{\dot{U}}{\mathrm{j}X_L} = \frac{220\angle 60°}{\mathrm{j}62.8} = 3.5\angle -30°(\mathrm{A})$$

$$Q_L = IU = 3.5 \times 220 = 770(\mathrm{var})$$

2.2.3 电容元件的交流电路

图 2.2.5（a）所示为电容元件的交流电路，电容上的电压和电流取关联参考方向。设电容电压为

$$u = \sqrt{2}U\sin(\omega t + \psi_u)$$

则根据电容上的电压、电流关系得

$$i = C\frac{\mathrm{d}u}{\mathrm{d}t} = \sqrt{2}\omega CU\cos(\omega t + \psi_u)$$

$$= \sqrt{2}\omega CU\sin(\omega t + \psi_u + 90°) \qquad (2.2.15)$$

u 和 i 的波形图如图 2.2.5（b）所示。

对照正弦电流的一般表示式（2.2.1），得

$$I = \omega CU$$

$$\psi_i = \psi_u + 90° \qquad (2.2.16)$$

电容电流的相位超前电压 90°，式（2.2.16）写成相量形式为

$$I\angle\psi_i = \omega CU\angle(\psi_u + 90°)$$

即

$$\dot{I} = \mathrm{j}\omega C\dot{U} \qquad (2.2.17)$$

或

$$\dot{U} = -\mathrm{j}\frac{1}{\omega C}\dot{I} \qquad (2.2.18)$$

这样，用相量表示的电容电路如图 2.2.5（c）所示，电容上电压和电流的相量图如图 2.2.5（d）所示。

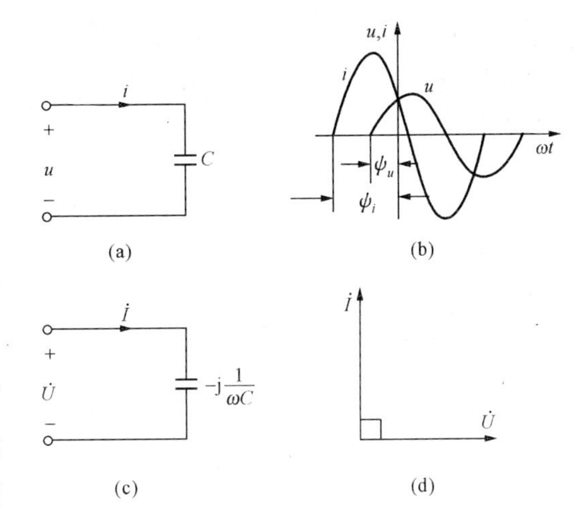

图 2.2.5　电容元件的交流电路

（a）元件；（b）电压、电流波形；（c）相量模型；（d）相量图

再看电压与电流有效值的关系式 $U = \frac{1}{\omega C}I$

令

$$X_C = \frac{1}{\omega C} \qquad (2.2.19)$$

则

$$U = X_C I \qquad (2.2.20)$$

式（2.2.20）表明，当电压一定时，X_C 越大，则 I 就越小，X_C 反映了电容对正弦电流的阻碍作用，因此称为电容的电抗，简称容抗。在国际单位制中，容抗的单位也是欧姆。

式（2.2.19）表明，容抗 X_C 由电容 C 和电源角频率共同决定，频率越低，容抗就越大，这说明低频电流不易通过电容元件。当 $\omega=0$ 时，$X_C\to\infty$，即对直流电，电容相当于开路。当 $\omega\to\infty$ 时，$X_C\to 0$，这时电容相当于短路。可见容抗 X_C 的频率特性刚好和感抗 X_L 的频率特性相反。

同样要注意，容抗表示的是正弦电压与电流有效值的比值，而不是它们瞬时值的比值。

引入容抗后，式（2.2.17）可写成

$$\dot{U} = -\mathrm{j}X_C\dot{I} \qquad (2.2.21)$$

下面分析电容的功率，设电压的初相为零，则

$$u = \sqrt{2}U\sin\omega t$$

$$i = \sqrt{2}I\sin(\omega t + 90°) = \sqrt{2}I\cos\omega t$$

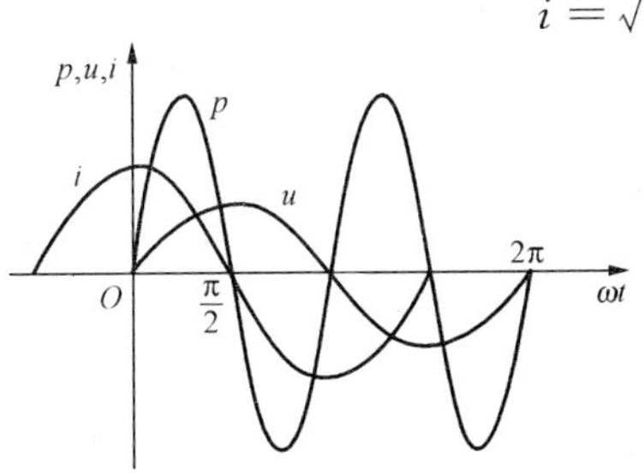

瞬时功率为

$$p = u \cdot i = UI\sin 2\omega t$$

图 2.2.6　电容的瞬时功率

功率的波形如图 2.2.6 所示，从图中可看到，在正弦电压的 $0\sim\frac{T}{4}$ 时间内，u、i 同向，$p>0$，电容从电源或外电路吸收电能并转换为电场能储存起来；在 $\frac{T}{4}\sim\frac{T}{2}$

时间内，u、i 反向，$p<0$，电容释放能量；在$\frac{T}{2}\sim T$时间内重复这个过程。

电容在一个周期内的平均功率为

$$P=\frac{1}{T}\int_0^T p\mathrm{d}t=\frac{1}{T}\int_0^T UI\sin 2\omega t\,\mathrm{d}t=0$$

这表明电容是一个储能元件，它在电路中的作用是储存和释放电能，即与电源或外电路进行能量交换。为了衡量电容与外电路能量交换的规模，同样，引入电容的无功功率 Q_C，定义为瞬时功率的最大值，同时为了区分电容与电感的无功功率，规定电感的无功功率取正值，电容的无功功率取负值，即

$$Q_C=-UI=-I^2X_C=-\frac{U^2}{X_C} \tag{2.2.22}$$

【例 2.2.3】 一正弦电流 $i=2\sqrt{2}\sin(314t+60°)$ A，通过 10μF 的电容。求电容电压 $u(t)$ 及电容的无功功率。

解

$$X_C=\frac{1}{\omega C}=\frac{1}{314\times 10\times 10^{-6}}=318\ (\Omega)$$

电流相量为

$$\dot{I}=2\angle 60°\text{A}$$

故

$$\dot{U}=-jX_C\dot{I}=-\text{j}318\times 2\angle 60°=636\angle -30°(\text{V})$$

$$u=636\sqrt{2}\sin(314t-30°)\text{V}$$

$$Q_C=-UI=-636\times 2=-1272(\text{var})$$

2.3 基尔霍夫定律的相量形式

第一章中已指出，基尔霍夫定律不仅适用于直流电路，也适用于交流电路，本节导出基尔霍夫定律在正弦交流中的相量形式。

1. KCL 的相量形式

对某一具有 n 条支路的结点，根据 KCL，有

$$\sum_{k=1}^{n} i_k=0$$

这里 i_k 是第 k 条支路电流的瞬时值，各支路电流是同频率的正弦量。设电流 i_k 的有效值是 I_k，初相是 ψ_k，则

$$i_k=\text{Im}[\sqrt{2}I_k e^{\text{j}(\omega t+\psi_k)}]$$

$$\sum_{k=1}^{h} i_k=\sum_{k=1}^{n}\text{Im}[\sqrt{2}I_k e^{\text{j}(\omega t+\psi_k)}]=\sum_{k=1}^{n}\text{Im}[\sqrt{2}\dot{I}_k e^{\text{j}\omega t}]=\sqrt{2}\text{Im}[e^{\text{j}\omega t}\sum\dot{I}_k]$$

这里 $\dot{I}_k=I_k e^{\text{j}\psi_k}$，即为电流 i_k 的相量。

由 $\sum\limits_{k=1}^{n} i_k=0$ 可得

$$\sum_{k=1}^{n}\dot{I}_k=0 \tag{2.3.1}$$

式（2.3.1）就是KCL的相量形式。

2. KVL的相量形式

设对某一回路，有 n 个元件，根据KVL，有

$$\sum_{k=1}^{n} u_k = 0$$

u_k 是第 k 条支路上的电压，其有效值为 U_k，初相为 ψ_k，则

$$u_k = \mathrm{Im}[\sqrt{2}U_k \mathrm{e}^{\mathrm{j}(\omega t+\psi_k)}]$$

$$\sum_{k=1}^{n} u_k = \sum_{k=1}^{n} \mathrm{Im}[\sqrt{2}U_k \mathrm{e}^{\mathrm{j}(\omega t+\psi_k)}] = \sum_{k=1}^{n} \mathrm{Im}[\sqrt{2}\dot{U}_k \mathrm{e}^{\mathrm{j}\omega t}] = \sqrt{2}\mathrm{Im}[\mathrm{e}^{\mathrm{j}\omega t}\sum \dot{U}_k]$$

由 $\sum\limits_{k=1}^{n} u_k = 0$ 可得

$$\sum_{k=1}^{n} \dot{U}_k = 0 \tag{2.3.2}$$

式（2.3.2）就是KVL的相量形式。

这里要注意的是正弦电流、电压的有效值一般不满足基尔霍夫定律，即

$$\sum_{k=1}^{n} I_k \neq 0, \quad \sum_{k=1}^{n} U_k \neq 0$$

有了基尔霍夫定律的相量形式后，分析正弦交流电路就只需用电压、电流的相量。为便于分析电路，用 $\dot{I}$ 、$\dot{U}$ 代替 u、i 后，用 $\mathrm{j}X_{\mathrm{L}}$ 和 $-\mathrm{j}X_{\mathrm{C}}$ 代替 L、C，这时的电路模型称为相量模型，如图2.3.1（b）所示。

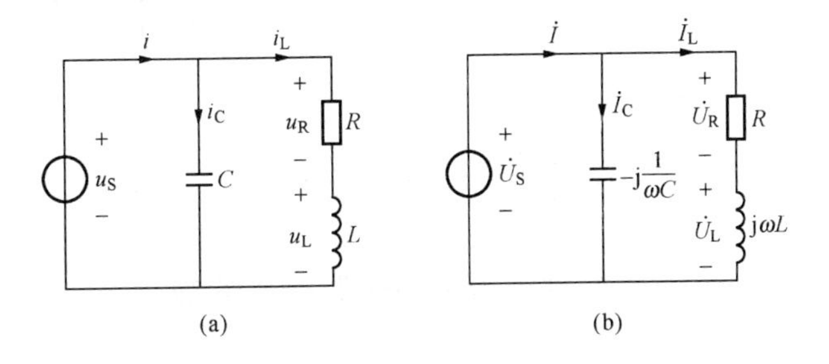

图2.3.1 电路及其相量模型

（a）电路；（b）相量模型

【例2.3.1】 在图2.3.1（a）所示电路中，已知 $u_{\mathrm{S}}=110\sqrt{2}\cos 314t\mathrm{V}$，$R=10\Omega$，$L=31.8\mathrm{mH}$，$C=318\mu\mathrm{F}$，求电流 $\dot{I}_{\mathrm{C}}$、$\dot{I}_{\mathrm{L}}$、$\dot{I}$ 和电压 $\dot{U}_{\mathrm{L}}$、$\dot{U}_{\mathrm{R}}$。

解 先求出相量模型中的电源电压相量、容抗和感抗

$$\dot{U}_{\mathrm{S}} = 110\angle 90^\circ\mathrm{V}$$

$$X_{\mathrm{C}} = \frac{1}{\omega C} = \frac{1}{314\times 318\times 10^{-6}} = 10(\Omega)$$

$$X_{\mathrm{L}} = \omega L = 314\times 31.8\times 10^{-3} = 10(\Omega)$$

对电容支路

$$\dot{I}_{\mathrm{C}} = \frac{\dot{U}_{\mathrm{S}}}{-\mathrm{j}X_{\mathrm{C}}} = \frac{110\angle 90^\circ}{-\mathrm{j}10} = 11\angle 180^\circ = -11\angle 0^\circ(\mathrm{A})$$

对电感支路

$$\dot{I}_L=\frac{\dot{U}_S}{R+jX_L}=\frac{110\angle 90^\circ}{10+j10}=\frac{110\angle 90^\circ}{10\sqrt{2}\angle 45^\circ}=5.5\sqrt{2}\angle 45^\circ(A)$$

总电流为

$$\dot{I}=\dot{I}_C+\dot{I}_L=-11\angle 0^\circ+5.5\sqrt{2}\angle 45^\circ=-11+5.5\sqrt{2}\left(\frac{\sqrt{2}}{2}+j\frac{\sqrt{2}}{2}\right)$$

$$=-5.5+j5.5=5.5\sqrt{2}\angle 135^\circ(A)$$

电感电压为

$$\dot{U}_L=jX_L\dot{I}_L=j10\times 5.5\sqrt{2}\angle 45^\circ=55\sqrt{2}\angle 135^\circ(V)$$

电阻电压为

$$\dot{U}_R=R\dot{I}_L=10\times 5.5\sqrt{2}\angle 45^\circ=55\sqrt{2}\angle 45^\circ(V)$$

$\dot{U}_S$、$\dot{U}_R$、$\dot{U}_L$ 和 $\dot{I}$ 的相量图如图 2.3.2 所示，从图中可以看到，电容电流超前电源电压亦即电容电压 90°，电感电压超前电感电流 90°，这与前面的结论是一致的。另外从图 2.3.2 (b) 中可清楚地看到，尽管 $\dot{U}_S=\dot{U}_R+\dot{U}_L$，但 $U_S\neq U_R+U_L$。

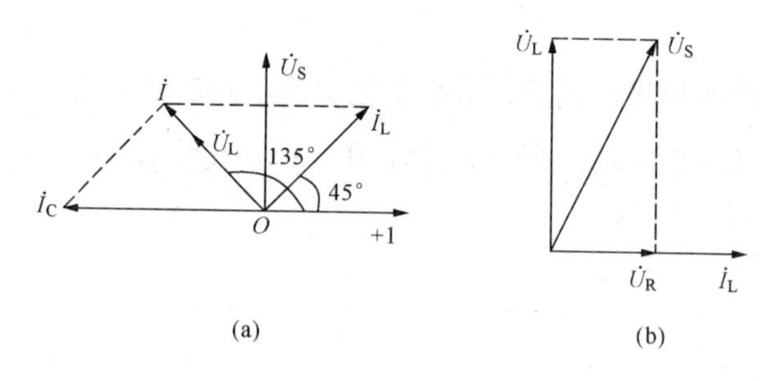

图 2.3.2 [例 2.3.1] 图

2.4 阻抗的串联与并联

2.4.1 阻抗

考虑一个包含电阻、电感、电容的无源二端电路 N，设端口电压相量为 $\dot{U}$，端口电流相量为 $\dot{I}$，如图 2.4.1 (a) 所示，定义 $\dot{U}$ 和 $\dot{I}$ 的比值为此二端电路的等效阻抗，用 Z 表示，即

$$Z=\frac{\dot{U}}{\dot{I}}=\frac{U\angle\psi_u}{I\angle\psi_i} \tag{2.4.1}$$

一般来说，Z 是一个复数，因此，Z 又称为复阻抗，其符号表示如图 2.4.1 (b) 所示。

将 Z 写成极坐标形式，则为

$$Z=|Z|e^{j\psi_z}=|Z|\angle\psi_Z \tag{2.4.2}$$

Z 的模 $|Z|$ 称为阻抗模，Z 的辐角 ψ_Z 称为阻抗角，由式 (2.4.1)，不难得出

$$|Z|=\frac{U}{I}$$

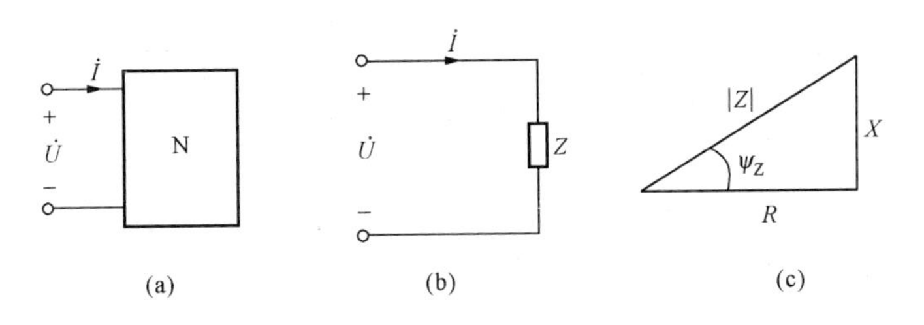

图 2.4.1 二端电路的阻抗

$$\psi_Z = \psi_u - \psi_i \tag{2.4.3}$$

将 Z 写成直角坐标形式

$$Z = R + \mathrm{j}X \tag{2.4.4}$$

R 为 Z 的实部，称为电阻或交流电阻；X 为 Z 的虚部，称为电抗，R、X、$|Z|$ 及 ψ_Z 的关系可用图 2.4.1（c）所示的三角形表示，这个三角形也称为阻抗三角形。

当 N 只含单一元件 R、L、C 时，也就是在本章第二节讨论的三种情况下，对应的阻抗分别为

$$\begin{gathered} Z_\mathrm{R} = R \\ Z_\mathrm{L} = \mathrm{j}\omega L = \mathrm{j}X_\mathrm{L} \\ Z_\mathrm{C} = -\mathrm{j}\frac{1}{\omega C} = -\mathrm{j}X_\mathrm{C} \end{gathered} \tag{2.4.5}$$

因此，当二端电路的阻抗为实数时，就称二端电路是电阻性的，此时 $\psi_Z=0$，电压与电流同相；当二端电路阻抗的虚部 X 大于零时，就称二端电路是电感性的，此时，$\psi_Z>0$，电压超前电流；当 X 小于零时，就称二端电路是电容性的，此时 $\psi_Z<0$，电流超前电压。如对图 2.4.2 所示的 R、L、C 串联电路，不难求出

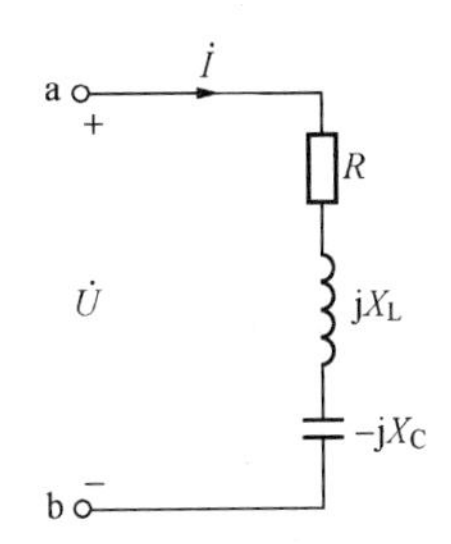

图 2.4.2 RLC 串联电路

$$Z = \frac{\dot{U}}{\dot{I}} = R + \mathrm{j}(X_\mathrm{L} - X_\mathrm{C}) = R + \mathrm{j}\left(\omega L - \frac{1}{\omega C}\right) \tag{2.4.6}$$

（1）当 $X_\mathrm{L}=X_\mathrm{C}$ 时，二端电路是电阻性的。

（2）当 $X_\mathrm{L}>X_\mathrm{C}$ 时，二端电路是电感性的，简称感性。

（3）当 $X_\mathrm{L}<X_\mathrm{C}$ 时，二端电路是电容性的，简称容性。

由于 X_L 和 X_C 与电源频率有关，因此，二端电路的性质不仅与 L、C 的值有关，与电源频率也有关，就该电路而言，$\omega=\frac{1}{\sqrt{LC}}=\omega_0$ 时，电路呈电阻性；当 $\omega>\omega_0$ 时，电路呈电感性；而当 $\omega<\omega_0$ 时，电路就呈电容性了。

2.4.2 阻抗的串并联

图 2.4.3（a）所示为 n 个阻抗的串联，按直流电路相同的方法，不难得出 ab 间的等效阻抗为

$$Z = Z_1 + Z_2 + \cdots + Z_n = \sum_{k=1}^{n} Z_k \tag{2.4.7}$$

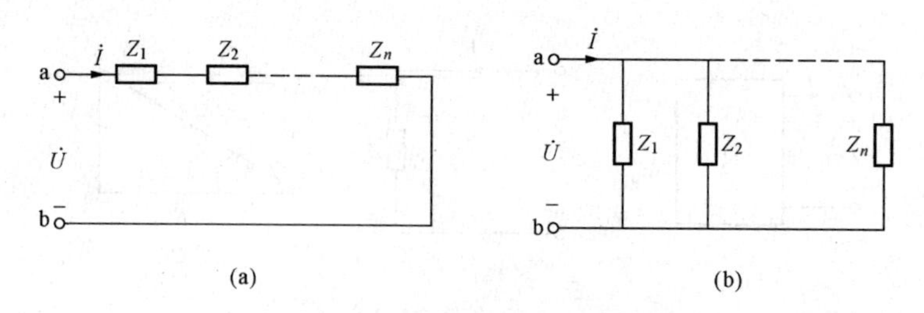

图 2.4.3　阻抗的串并联

(a) 阻抗的串联；(b) 阻抗的并联

若 $Z_k=R_k+\mathrm{j}X_\mathrm{R}$，则

$$Z=\sum_{k=1}^{n}R_k+\mathrm{j}\sum_{k=1}^{n}X_k \tag{2.4.8}$$

图 2.4.3（b）所示为 n 个阻抗的并联，则 ab 间的等效阻抗 Z 满足

$$\frac{1}{Z}=\frac{1}{Z_1}+\frac{1}{Z_2}+\cdots+\frac{1}{Z_n}=\sum_{k=1}^{n}\frac{1}{Z_k} \tag{2.4.9}$$

串联阻抗的分压公式为

$$\dot{U}_j=\dot{U}\frac{Z_j}{\sum\limits_{k=1}^{n}Z_k} \tag{2.4.10}$$

两个并联阻抗的分流公式为

$$\dot{I}_1=\dot{I}\frac{Z_2}{Z_1+Z_2},\quad \dot{I}_2=\dot{I}\frac{Z_1}{Z_1+Z_2} \tag{2.4.11}$$

【例 2.4.1】 图 2.4.4 所示电路中，$\dot{I}=3\angle 30^\circ\mathrm{A}$，求各支路电流及二端电路的阻抗。

解　令 $Z_1=(3+\mathrm{j}4)\Omega$，$Z_2=-\mathrm{j}7\Omega$，各支路电流可由阻抗的分流公式求得

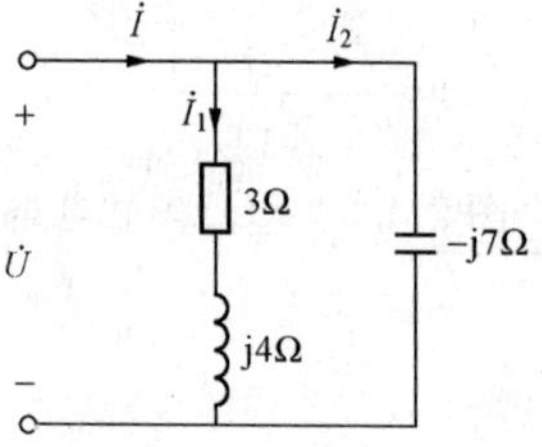

$$\dot{I}_1=\dot{I}\frac{Z_2}{Z_1+Z_2}=3\angle 30^\circ\frac{-\mathrm{j}7}{3+\mathrm{j}4-\mathrm{j}7}=\frac{21\angle -60^\circ}{3\sqrt{2}\angle -45^\circ}$$

$$=3.5\sqrt{2}\angle -15^\circ(\mathrm{A})$$

$$\dot{I}_2=\dot{I}\frac{Z_1}{Z_1+Z_2}=3\angle 30^\circ\frac{3+\mathrm{j}4}{3-\mathrm{j}3}$$

$$=3\angle 30^\circ\frac{5\angle 53.1^\circ}{3\sqrt{2}\angle -45^\circ}=2.5\sqrt{2}\angle 128.1^\circ(\mathrm{A})$$

图 2.4.4　[例 2.4.1] 图

二端电路的等效阻抗为

$$Z=\frac{Z_1Z_2}{Z_1+Z_2}=\frac{(3+\mathrm{j}4)(-\mathrm{j}7)}{3+\mathrm{j}4-\mathrm{j}7}=\frac{5\angle 53.1^\circ\times 7\angle -90^\circ}{3\sqrt{2}\angle -45^\circ}=\frac{35}{3\sqrt{2}}\angle 8.1^\circ(\Omega)$$

故二端电路呈电感性。

2.5　正弦交流电路的功率

正弦交流电路的一个重要用途是传输能量，这就涉及电路的功率问题。本章第二节讨论了元件的功率，这一节研究无源二端电路的功率。

2.5.1 平均功率和功率因素

设无源二端电路的等效阻抗为 $Z=R+\mathrm{j}X$，如图 2.5.1（a）所示，阻抗角 $\varphi=\arctan\dfrac{X}{R}$。则由阻抗的定义可知电压 u 超前电流 $i\varphi$ 角度，φ 的范围为 $-\dfrac{\pi}{2}\sim+\dfrac{\pi}{2}$。为简化表示，设电流的初相为零，即

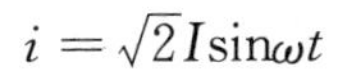

$$i=\sqrt{2}I\sin\omega t$$

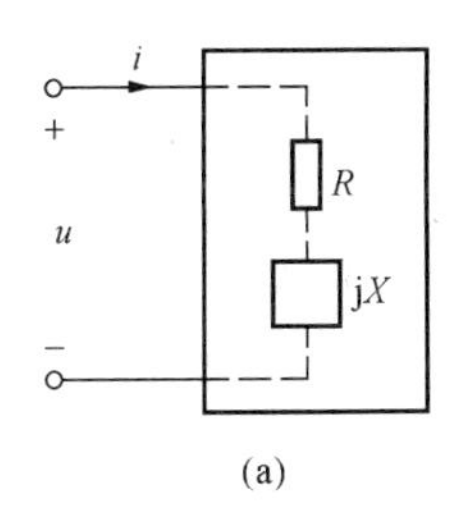

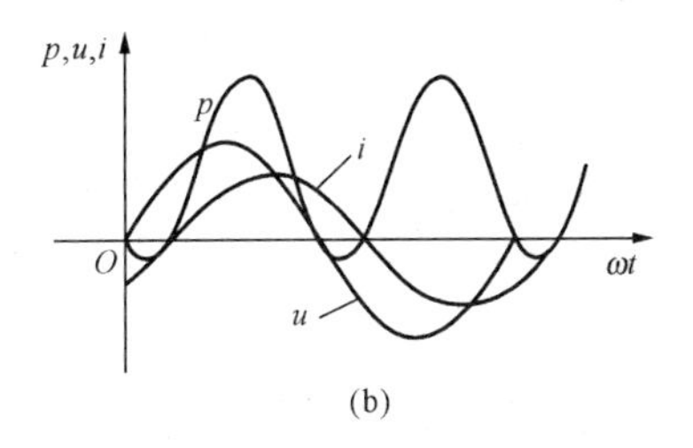

(a) (b)

图 2.5.1 二端电路的瞬时功率

（a）等效阻抗；（b）波形

则

$$u=\sqrt{2}U\sin(\omega t+\varphi)$$

根据功率的定义，二端电路的瞬时功率为

$$\begin{aligned}p(t)&=ui=2UI\sin\omega t\cdot\sin(\omega t+\varphi)\\&=UI[\cos\varphi-\cos(2\omega t+\varphi)]\\&=UI\cos\varphi(1-\cos2\omega t)+UI\sin\varphi2\omega t\end{aligned}\tag{2.5.1}$$

可以看出，$p(t)$ 以角频率 2ω 随时间变化，只要 φ 不等于 0，p 就可正、可负。当 $p>0$ 时，表明二端电路从外电路吸取电能；当 $p<0$ 时，表明向外电路释放电能。因此二端电路与外电路有能量的交换。另外，从图中可以看出，功率在横轴上方与横轴所围面积比横轴下方的面积大。由于功率对时间的积分表示能量，因此上方的面积表示电路吸收的能量，与 $p<0$ 对应的横轴下方的面积表示电路释放的能量。只要 φ 不等于 90°，吸收的能量总是大于释放的能量，这是由于电路中存在消耗能量的电阻的缘故。

瞬时功率反映了功率随时间变化的规律，实际上，电路的瞬时功率一般是测量不出的。电路对外呈现的是平均功率，根据平均功率的定义，二端电路的平均功率为

$$P=\frac{1}{T}\int_0^T P\mathrm{d}t=\frac{1}{T}\int_0^T UI[\cos\varphi-\cos(2\omega t+\varphi)]\mathrm{d}t=UI\cos\varphi\tag{2.5.2}$$

本章第二节已指出，电感和电容是储能元件，是不消耗电能的。因此，电路的平均功率必定是电阻消耗的，故平均功率也称为有功功率。实际上，若设二端电路由 R 和 $\mathrm{j}X$ 串联而成，则电阻消耗的平均功率为

$$P_{\mathrm{R}}=RI^2=RI\frac{U}{|Z|}=UI\frac{R}{|Z|}=UI\cos\varphi$$

与式（2.5.2）相同。从式（2.5.2）可以看到，二端电路的有功功率一般并不等于电压与电流有效值的乘积，它还与电压电流之间的相位差有关，将 $\cos\varphi$ 称为二端电路的功率因数，

记为λ

$$\lambda = \cos\varphi \tag{2.5.3}$$

φ也称为功率因素角。若$\varphi=0$，则$\lambda=\cos\varphi=1$，二端电路等效为一个电阻；若$\varphi=\pm\frac{\pi}{2}$，则$\lambda=\cos\varphi=0$，二端电路的平均功率为零。因为$\varphi=\pm\frac{\pi}{2}$时，电压与电流正交，二端电路等效为一个电抗，而电抗是不消耗功率的。

若电路有n个电阻，第k个电阻消耗的功率为P_k，则可以证明

$$P = \sum_{k=1}^{n} P_k \tag{2.5.4}$$

式（2.5.4）称为有功功率守恒。

2.5.2 无功功率和视在功率

在式（2.5.1）中，第一项恒为正值，它是电阻的瞬时功率

$$p_R = Ri^2 = 2RI^2\sin^2\omega t = UI\cos\varphi(1-\cos 2\omega t)$$

其平均值即为有功功率P。第二项$UI\sin\psi\sin 2\omega t$是以角频率2ω按正弦规律变化的量，它就是电抗X的瞬时功率，它在一个周期内的平均值为零，因此它是表征二端电路与电源或外电路之间能量交换的量，按本章第三节中元件无功功率的定义，这部分瞬时功率的最大值$UI\sin\varphi$就称为二端电路的无功功率，即

$$Q = UI\sin\varphi \tag{2.5.5}$$

由于φ的范围是$-\frac{\pi}{2}\sim+\frac{\pi}{2}$，因此$Q$可以是正值，也可以是负值。当二端电路呈感性时，$\varphi>0$，故$Q>0$；当二端电路呈容性时，$\varphi<0$，故$Q<0$。

可以证明，若二端电路中有n个电感与电容，则

$$Q = \sum_{k=1}^{n} Q_k \tag{2.5.6}$$

Q_k为第k个电感或电容的无功功率。电感的无功功率为正值，电容的无功功率为负值。式（2.5.6）称为无功功率守恒。

在电工技术中，除了有功功率和无功功率外，还经常使用视在功率，其定义为电压有效值与电流有效值的乘积，即

$$S = UI \tag{2.5.7}$$

为与有功功率和无功功率相区别，视在功率的单位用伏安（V·A）或千伏安（kV·A）表示。电源设备铭牌上的功率通常都是指额定视在功率，它等于额定电压与额定电流的乘积，也可以说是电源设备所能提供的最大平均功率。

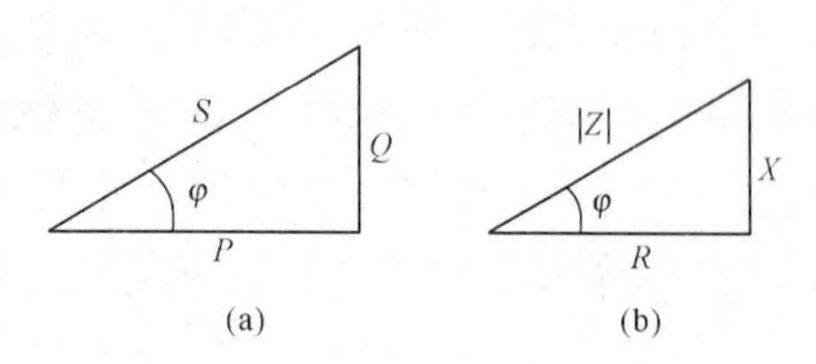

图 2.5.2 功率三角形与阻抗三角形

(a) 功率三角形；(b) 阻抗三角形

由P、Q、S的表达式可得

$$S^2 = P^2 + Q^2 \tag{2.5.8}$$

P、Q、S构成一直角三角形，称之为功率三角形，显然功率三角形与阻抗三角形为相似三角形，如图 2.5.2 所示。

【例 2.5.1】 在图 2.5.3 所示电路中，$Z_1=(20+j15)\Omega$，$Z_2=(10-j5)\Omega$，$U=220V$，求各

阻抗及二端电路的 P、Q、S 和功率因数。

解 先求出总电流 I

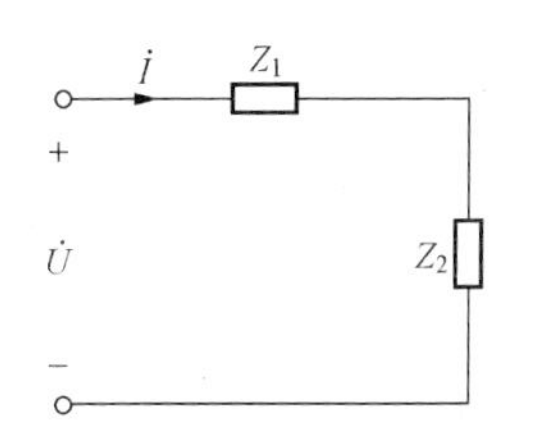

图 2.5.3 [例 2.5.1] 图

设 $\dot{U}=220\angle 0°\text{V}$

$$\dot{I}=\frac{\dot{U}}{Z_1+Z_2}=\frac{220\angle 0°}{20+\text{j}15+10-\text{j}5}=6.96\angle -18.4°(\text{A})$$

电压超前电流 18.4°。

故阻抗 Z_1 的功率和功率因数为

$$P_1=I^2R_1=6.96^2\times 20=969(\text{W})$$

$$Q_1=I^2X_1=6.96^2\times 15=727(\text{var})$$

$$S_1=\sqrt{P_1^2+Q_1^2}=\sqrt{969^2+727^2}=1211(\text{V}\cdot\text{A})$$

$$\cos\varphi_1=\frac{P_1}{S_1}=\frac{969}{1211}=0.80$$

阻抗 Z_2 的功率和功率因数为

$$P_2=I^2R_2=6.96^2\times 10=484(\text{W})$$

$$Q_2=I^2X_2=6.96^2\times(-5)=-242(\text{var})$$

$$S_2=\sqrt{P_2^2+Q_2^2}=\sqrt{484^2+242^2}=541(\text{V}\cdot\text{A})$$

$$\cos\varphi_2=\frac{P_2}{S_2}=\frac{484}{541}=0.89$$

二端电路的总功率和功率因数为

$$P=P_1+P_2=969+484=1453(\text{W}),\text{或 }P=UI\cos\varphi=220\times 6.96\cos 18.4°=1453(\text{W})$$

$$Q=Q_1+Q_2=727-242=485(\text{var}),\text{或 }Q=UI\sin\varphi=220\times 6.96\sin 18.4°=483(\text{var})$$

$$S=\sqrt{P^2+Q^2}=\sqrt{1453^2+485^2}=1532(\text{V}\cdot\text{A}),\text{或 }S=UI=1531(\text{V}\cdot\text{A})$$

$$\cos\varphi=\frac{P}{S}=\frac{1453}{1532}=0.95,\text{或 }\lambda=\cos 18.4°=0.95$$

这里要注意 $S\neq S_1+S_2$。

2.5.3 功率因数的提高

前面已指出，无功功率反映了二端电路与电源或外电路之间往返交换的能量。在供电系统中，为了减轻电源的负担，这部分能量应尽量小，即要求 Q 尽量小，也就是要求功率因数 $\cos\varphi$ 尽量大。另外，当二端电路（负载）所需功率及供电电压一定时，线路电流为

$$I=\frac{P}{U\cos\varphi}$$

由此可知，功率因数越低，电流就越大，输电线上的损耗就越大。因此，供电部门对用电企业电路的功率因数有规定，并辅以收费优惠政策，鼓励企业提高电路的功率因数。一般要求高压供电的企业的功率因数不低于 0.9，其他企业的功率因数不低于 0.85。但生产中最常用的异步电动机在额定负载时的功率因数为 0.7～0.9，在轻载时更低。其他如电炉、电焊变压器及日光灯等负载的功率因数也都是较低的，而且它们都是感性负载。根据前面所学知识，电感和电容的无功功率是异号的，在感性电路中接入适当容量的电容，可降低无功功率，即提高功率因数。由于在线路中串联接入电容会改变负载上的电压，因此提高功率因数常用的方法就是在感性负载上并联电容。

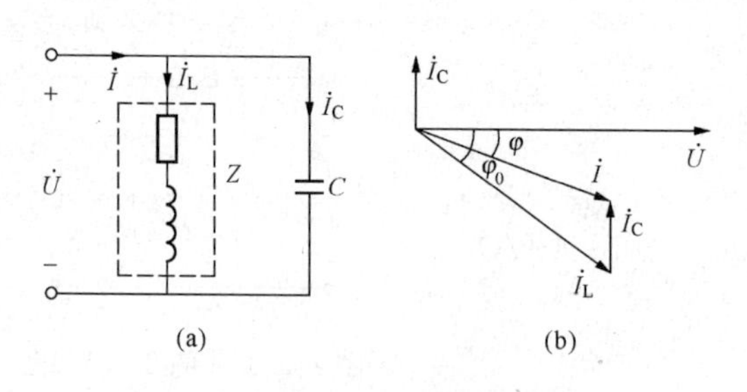

图 2.5.4 功率因素的提高

(a) 电路模型；(b) 相量图

设感性负载的额定功率是 P，额定电压为 U，功率因数为 $\cos\varphi_0$，现要使电路的功率因数提高到 $\cos\varphi$，在负载上并联电容 C，如图 2.5.4 (a) 所示。并联电容后，Z 上的电压和电流都不变，因此不会影响负载的正常工作。

设并联电容后电路仍呈感性，则各支路电流的相量图如图 2.5.4 (b) 所示，即

$$I_L\sin\varphi_0 - I\sin\varphi = I_C$$

由于并联电容后有功功率不变，因此，$I_L=\dfrac{P}{U\cos\varphi_0}$，$I=\dfrac{P}{U\cos\varphi}$

而 $I_C=\omega CU$，故有

$$\frac{P}{U}\tan\varphi_0 - \frac{P}{U}\tan\varphi = \omega CU$$

$$C = \frac{P}{\omega U^2}(\tan\varphi_0 - \tan\varphi) \tag{2.5.9}$$

式 (2.5.9) 就是把功率因数从 $\cos\varphi_0$ 提高到 $\cos\varphi$ 所要并联的电容的计算公式，式中 ω 为电源的角频率。

【例 2.5.2】 一工频感性负载的额定功率是 10kW，额定电压是 220V，功率因数是 0.6，负载至电源（变压器）的铜导线长 50m，求负载工作时导线损耗的功率。若将功率因数提高到 0.95，试求所需并联的电容及并联电容后导线损耗的功率。已知所用导线是截面积为 40mm^2，电阻率为 $0.42\Omega\text{mm}^2/\text{m}$ 的锰铜芯线。

解 电线的电阻为

$$r = \rho\frac{L}{S} = 0.42 \times \frac{50}{40} = 0.52(\Omega)$$

$\cos\varphi_0=0.6$ 时

$$I_0 = \frac{P}{U\cos\varphi_0} = \frac{10\times 10^3}{220\times 0.6} = 75.8(\text{A})$$

导线损耗的功率为

$$P_{损} = I_0^2 r = 75.8^2 \times 0.52 = 2990\text{W} = 2.99(\text{kW})$$

如将功率因数提高到 0.95，则

$$I = \frac{P}{U\cos\varphi} = \frac{10\times 10^3}{220\times 0.95} = 47.8(\text{A})$$

$$P_{损} = I^2 r = 47.8^2 \times 0.52 = 1188(\text{W}) \approx 1.19(\text{kW})$$

所需并联的电容为

$$C = \frac{P}{\omega U^2}(\tan\varphi_0 - \tan\varphi) = \frac{10\times 10^3}{314\times 220^2}\left(\frac{\sqrt{1-0.6^2}}{0.6} - \frac{\sqrt{1-0.95^2}}{0.95}\right)$$

$$= 658\times 10^{-6}(\text{F}) = 658(\mu\text{F})$$

2.6 谐 振 电 路

在一个具有电感和电容的二端电路中，端口电压和电流的相位一般是不同的，如果调节

电路中的参数或电信号的频率，使端口电压和电流同相，则称电路发生了谐振。谐振电路在电工技术和电子技术中有着广泛的应用，如在收音机和电视机中，利用谐振电路的特性选择所需要的电台信号，抑制干扰信号；在电子测量中，利用谐振来测量线圈和电容器的参数；而在电力系统中，由于发生谐振会损坏设备，又必须设法避免这一现象的发生，所以分析研究谐振现象有重要的意义。

按发生谐振的电路的不同，谐振可分为串联谐振和并联谐振，下面分别讨论。

2.6.1　串联谐振

图 2.6.1 所示 RLC 串联电路中，电路的等效阻抗为

$$Z(\mathrm{j}\omega)=R+\mathrm{j}\omega L-\mathrm{j}\frac{1}{\omega C}$$

$Z(\mathrm{j}\omega)$表示Z是频率ω的函数。当

$$\omega L-\frac{1}{\omega C}=0 \tag{2.6.1}$$

时，电路呈电阻性，端口电压与电流同相，即发生谐振。由于是在串联电路中发生的谐振，故称为串联谐振，式（2.6.1）就是串联谐振的条件，由此得出谐振角频率为

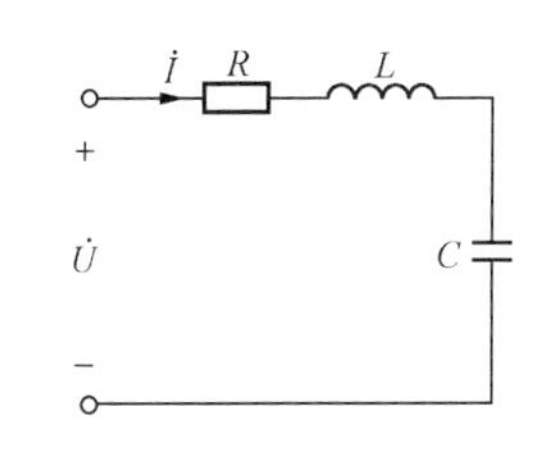

图 2.6.1　RLC 串联电路

$$\omega_0=\frac{1}{\sqrt{LC}} \tag{2.6.2}$$

或谐振频率

$$f_0=\frac{1}{2\pi\sqrt{LC}} \tag{2.6.3}$$

由此可看到，调节电源角频率ω或电路参数L、C，都可使电路发生谐振。

串联谐振具有下列两个特征。

（1）在端口电压U保持不变的情况下，由于发生谐振时，$|Z|=\sqrt{R^2+\left(\omega L-\frac{1}{\omega C}\right)^2}=R$为最小，故电路中的电流达到最大值$I=I_0=\frac{U}{R}$。

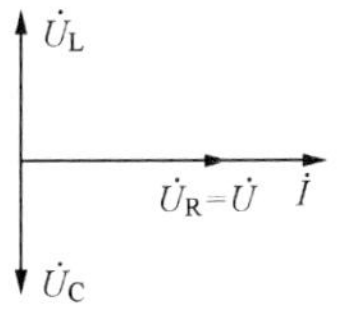

（2）谐振时，电感电压$\dot{U}_\mathrm{L}=\mathrm{j}\omega L\dot{I}_0=\mathrm{j}\frac{\omega_0 L}{R}\dot{U}$，电容电压$\dot{U}_\mathrm{C}=-\mathrm{j}\frac{1}{\omega_0 C}\dot{I}_0=-\mathrm{j}\frac{1}{\omega_0 RC}\dot{U}$，由于$\omega_0 L=\frac{1}{\omega_0 C}$，故电感电压与电容电压大小相等、相位相反，端口电压全部加在电阻上，故$\dot{U}_\mathrm{R}=\dot{U}$，相量图如图 2.6.2 所示。

图 2.6.2　串联谐振相量图

谐振时的感抗或容抗称为特征阻抗，用ρ表示

$$\rho=\omega_0 L=\frac{1}{\omega_0 C}=\sqrt{\frac{L}{C}} \tag{2.6.4}$$

特征阻抗与电阻的比值称为电路的品质因数，用Q表示

$$Q=\frac{\rho}{R}=\frac{\omega_0 L}{R}=\frac{1}{\omega_0 RC} \tag{2.6.5}$$

一般谐振电路的Q值在 50～200，这样串联谐振时，$\dot{U}_\mathrm{L}=\mathrm{j}Q\dot{U}$，$\dot{U}_\mathrm{C}=-\mathrm{j}Q\dot{U}$，当$Q\gg 1$时，

U_L 和 U_C 将远大于端口电压 U，因此串联谐振又称为电压谐振。这种现象根据不同情况可以利用或者要避免，在无线电技术中，通过串联谐振可以将输入的微弱信号增大；但在电力系统中，由于端口电压（一般为电源电压）较高，U_L 和 U_C 将极高，容易发生击穿，因此要避免出现串联谐振。

串联谐振电路对于不同频率的信号具有选择能力。当电路参数一定，信号频率变化时，电路中电流的有效值为频率的函数，即

$$I=\frac{U}{|Z|}=\frac{U}{\sqrt{R^2+\left(\omega L-\frac{1}{\omega C}\right)}}=\frac{U}{R\sqrt{1+\left(\frac{\omega}{\omega_0}\frac{\omega L}{R}-\frac{\omega_0}{\omega}\frac{1}{\omega_0 RC}\right)^2}}=\frac{I_0}{\sqrt{1+Q^2\left(\frac{\omega}{\omega_0}-\frac{\omega_0}{\omega}\right)^2}}$$

$$\frac{I}{I_0}=\frac{1}{\sqrt{1+Q^2\left(\frac{\omega}{\omega_0}-\frac{\omega_0}{\omega}\right)^2}} \tag{2.6.6}$$

图 2.6.3 所示为不同 Q 值的 $\frac{I}{I_0}$ 与 ω 的关系曲线，这种曲线称为串联谐振电路的谐振曲线。从图中可以看出，Q 值越高，曲线就越尖锐，在谐振频率 ω_0 附近，ω 和 ω_0 稍有偏离，$\frac{I}{I_0}$ 就急剧下降，这说明电路对非谐振频率的电流有较强的抑制力。Q 值越高，选频特性越好。工程上将 $\frac{I}{I_0}$ 的值下降到 $\frac{1}{\sqrt{2}}=0.707$ 时对应的频率称为截止频率，两个频率之差称为带宽，又称为通频带。通频带越窄，选频特性越好；通频带越宽，选频特性就越差。

串联谐振在无线电工程中的典型应用为如图 2.6.4（a）所示的收音机的输入电路，其主要部分是天线线圈 L_1 和由电感线圈 L 与可变电容 C 组成的串联谐振电路。天线接收到的各种频率的信号都会在 LC 谐振电路中感应出相应的电动势 u_{S1}、u_{S2}、u_{S3}、…，如图 2.6.4（b）所示，R 是线圈 L 的电阻。改变电容 C，电路的谐振频率随之改变，当谐振频率与某一信号频率相同时，该信号发生谐振，其在电容两端的电压远高于感应电动势，而其他频率的信号由于没有谐振，电容电压很小，这样电路就起到了选择信号和抑制干扰的作用。

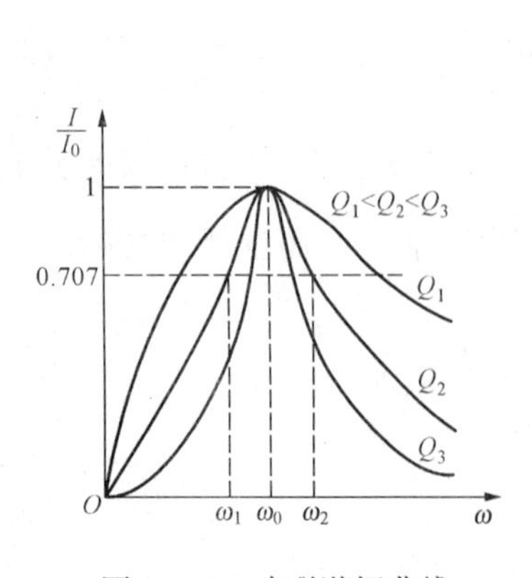

图 2.6.3 串联谐振曲线

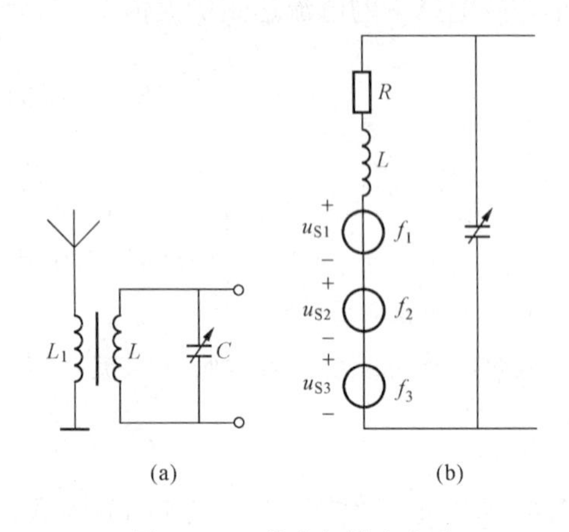

图 2.6.4 收音机输入电路

（a）电路图；（b）等效电路

【**例 2.6.1**】 将一 $L=4\text{mH}$，$R=50\Omega$ 的线圈与 160pF 的电容串联接在 $U=25\text{V}$ 的电源

上，求

（1）谐振频率 f_0 和品质因数 Q；

（2）发生谐振时的电流和电容电压；

（3）频率高出谐振频率10%时的电流和电容电压。

解 （1）$f_0=\dfrac{1}{2\pi\sqrt{LC}}=\dfrac{1}{2\times3.14\times\sqrt{4\times10^{-3}\times160\times10^{-12}}}=200\ (\text{kHz})$

$$Q=\frac{\omega_0 L}{R}=\frac{2\times3.14\times200\times10^3\times4\times10^{-3}}{50}=100$$

（2）$I_0=\dfrac{U}{R}=\dfrac{25}{50}=0.5\ (\text{A})$

$$U_C=QU=100\times25=2500(\text{V})$$

（3）频率高出谐振频率10%时

$$f=200\times110\%=220(\text{kHz})$$

$$X_L=\omega L=2\times3.14\times220\times10^3\times4\times10^{-3}=5500(\Omega)$$

$$X_C=\frac{1}{\omega C}=\frac{1}{2\times3.14\times220\times10^3\times160\times10^{-12}}=4500(\Omega)$$

$$|Z|=\sqrt{R^2+(X_L-X_C)^2}=\sqrt{50^2+(5500-4500)^2}=1000(\Omega)$$

$$I=\frac{U}{|Z|}=\frac{25}{1000}=0.025(\text{A})$$

$$U_C=X_C I=4500\times0.025=112.5(\text{V})$$

可见频率偏离10%，电流值下降为原来的5%，即减小95%；电容电压下降为原来的4.5%，减小95.5%。

2.6.2 并联谐振

串联谐振电路适用于电源内阻较小的情况，当电源内阻较大时，如仍采用串联谐振电路，则由于整个回路中的电阻较大，从而使品质因数大大降低，同时电源的输出电压也较小，而电源内耗很大。因此，在使用高内阻的电源时，应采用并联谐振。

工程上广泛采用的并联谐振电路是由电感线圈和电容并联而成的，由于实际线圈总是有电阻的，因此，并联谐振电路模型如图2.6.5所示。

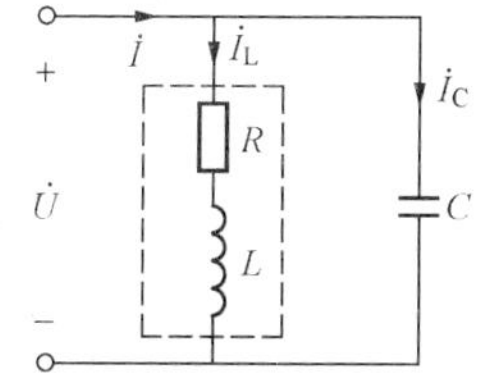

图2.6.5 并联谐振电路

对并联电路，采用导纳（阻抗的倒数）分析较方便，电路的等效导纳为

$$Y(\text{j}\omega)=\frac{1}{R+\text{j}\omega L}+\text{j}\omega C=\frac{R}{R^2+\omega^2L^2}+\text{j}\left(\omega C-\frac{\omega L}{R^2+\omega^2L^2}\right) \tag{2.6.7}$$

当

$$\omega C-\frac{\omega L}{R^2+\omega^2L^2}=0 \tag{2.6.8}$$

时，电路呈电阻性，端口电流与电压同相，即发生谐振。由式（2.6.8）可解得谐振频率为

$$\omega_0=\sqrt{\frac{1}{LC}-\frac{R^2}{L^2}}=\frac{1}{\sqrt{LC}}\sqrt{1-\frac{CR^2}{L}} \tag{2.6.9}$$

从式（2.6.9）可看到，只有当$1-\frac{CR^2}{L}>0$，即$R<\sqrt{\frac{L}{C}}$时，ω_0才是非零实数，即电路才有可能发生谐振，这是并联谐振电路与串联谐振电路的一个不同之处。由于一般线圈的电阻较小，条件$R<\sqrt{\frac{L}{C}}$很容易满足。当$R\ll\sqrt{\frac{L}{C}}$时，有

$$\omega_0=\frac{1}{\sqrt{LC}} \tag{2.6.10}$$

与串联谐振频率相同。

与串联谐振相似，并联谐振也有下列两个特征。

（1）在端口总电压保持不变的情况下，由于发生谐振时电导模$|Y|$最小，即阻抗模$|Z|$最大，故电路中总电流最小

$$I=I_0=U\frac{R}{R^2+\omega_0^2L^2}\approx\frac{RC}{L}U \tag{2.6.11}$$

（2）谐振时，电感电流

$$\dot{I}_\mathrm{L}=\dot{U}\left(\frac{1}{R+\mathrm{j}\omega_0 L}\right)\approx-\mathrm{j}\frac{\dot{U}}{\omega_0 L}=-\mathrm{j}\sqrt{\frac{C}{L}}\dot{U}$$

电容电流

$$\dot{I}_\mathrm{C}=\mathrm{j}\omega_0 C\dot{U}=\mathrm{j}\sqrt{\frac{C}{L}}\dot{U}$$

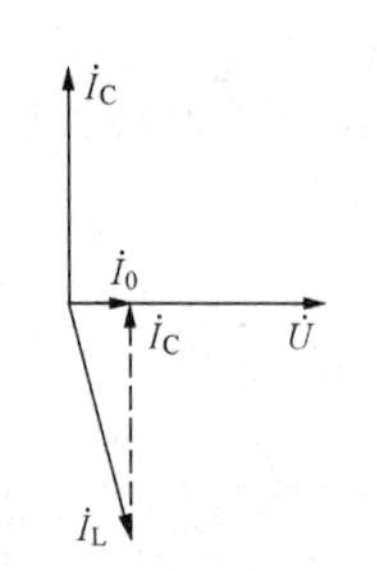

图 2.6.6 并联谐振相量图

即电感电流和电容电流大小近似相等，相位近似相反，端口电流近似为零，相量图如图 2.6.6 所示。

并联谐振电路的品质因数定义为谐振时的容纳与电导的比值，即

$$Q=\frac{B_\mathrm{C}}{G}=\frac{\omega_0 C}{\frac{R}{R^2+\omega_0^2L^2}}\approx\frac{\omega_0 L}{R}=\frac{1}{\omega_0 RC} \tag{2.6.12}$$

与串联谐振的品质因数相同。这样，并联谐振时，有

$$\dot{I}_\mathrm{L}=-\mathrm{j}QI_0,\quad \dot{I}_\mathrm{C}=\mathrm{j}Q\dot{I}_0$$

即各支路电流是总电流的Q倍，因此并联谐振又称为电流谐振。

2.7 三相交流电路

三相交流电路是生产中应用最广泛的电路。发电和输配电一般都采用三相交流电，用电方面最主要的负载是交流电动机，而大功率的交流电动机一般都是三相的，生活中使用的交流电是三相交流电中的一相。因此，研究三相交流电路具有重要的实际意义。

三相交流电路是由三相交流电源、三相负载和三相输电线路组成的一种特殊形式的正弦交流电路，它的特殊性主要体现在电源电压及三相负载的连接方式上，下面分别讨论。

2.7.1 三相交流电源

1. 三相电压

三相交流电源是由三个幅值相同、频率相同、相位依次相差120°的正弦电压源组成的电

源。这三个电源依次称为 A 相、B 相和 C 相。它们的电压为

$$u_{\mathrm{A}}=\sqrt{2}U\sin\omega t$$

$$u_{\mathrm{B}}=\sqrt{2}U\sin(\omega t-120^{\circ})$$

$$u_{\mathrm{C}}=\sqrt{2}U\sin(\omega t-240^{\circ})=\sqrt{2}U\sin(\omega t+120^{\circ}) \tag{2.7.1}$$

用相量表示则为

$$\dot{U}_{\mathrm{A}}=U\angle 0^{\circ}$$

$$\dot{U}_{\mathrm{B}}=U\angle-120^{\circ}$$

$$\dot{U}_{\mathrm{C}}=U\angle 120^{\circ} \tag{2.7.2}$$

相量图如图 2.7.1 所示。三相电源中，各相电压到达最大值的先后次序称为相序，上述电压的相序是 A→B→C，称为正序。若 A 相滞后于 B 相，B 相又滞后于 C 相，则相序为 C→B→A，称为负序或逆序。若无特别说明，三相电源均指正序。在输配电线路中，以红、黄、绿三种颜色分别表示 A、B、C 三相。

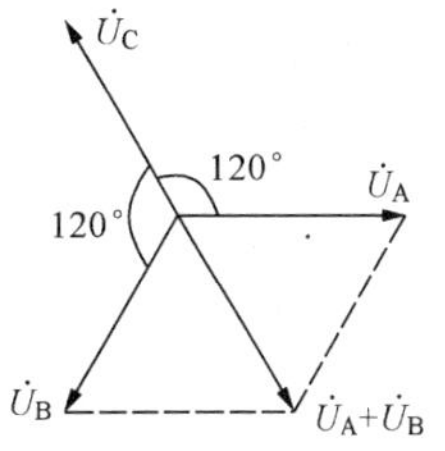

图 2.7.1 三相电压

三相电压的一个特点是它们的和等于零，即

$$\dot{U}_{\mathrm{A}}+\dot{U}_{\mathrm{B}}+\dot{U}_{\mathrm{C}}=U(1+\angle-120^{\circ}+\angle 120^{\circ})=0 \tag{2.7.3}$$

故

$$u_{\mathrm{A}}+u_{\mathrm{B}}+u_{\mathrm{C}}=0$$

从图 2.7.1 所示的电压相量图中可直接看到这一点。

2. 三相电源的连接

三相电源的连接方式有星形连接和三角形连接两种。把三相电源的三个负极接在一起，作为公共端，引出一根导线，而从电源的三个正极各引出一根导线，电源的这种连接方式称为星形连接或 Y 形连接，如图 2.7.2（a）所示。把三相电源按相序依次首尾连接形成回路，从各端点引出导线，这种连接方式称为三角形连接或△形连接，如图 2.7.2（b）所示。三角形连接在低压电路中很少采用，这里只讨论电源的星形连接。

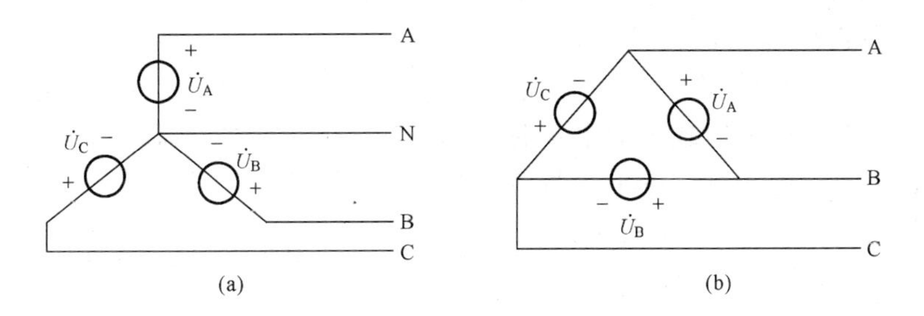

图 2.7.2 三相电源的连接

（a）星形连接；（b）三角形连接

电源在星形连接时，从三个电源的正极引出的导线称为相线，俗称火线；从公共端引出的导线称为中线，俗称零线。相线与中线之间的电压即为一相电源的电压，称为相电压，用 U_{P} 表示；相线之间的电压称为线电压，用 U_{l} 表示。线电压与相电压的关系为

$$\dot{U}_{\mathrm{AB}}=\dot{U}_{\mathrm{A}}-\dot{U}_{\mathrm{B}}=\dot{U}_{\mathrm{A}}(1-\angle-120^{\circ})=\sqrt{3}\dot{U}_{\mathrm{A}}\angle 30^{\circ} \tag{2.7.4}$$

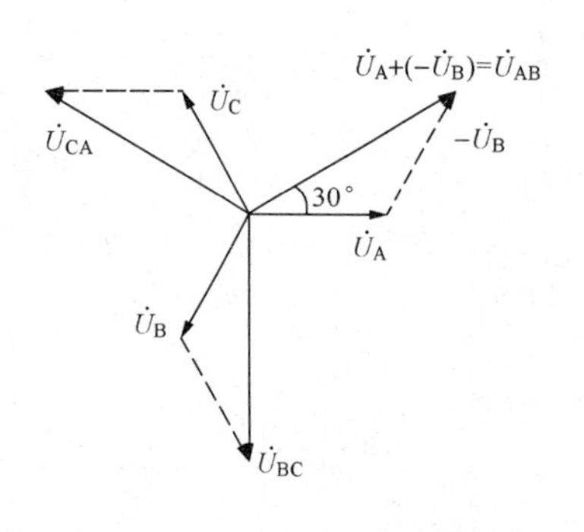

图 2.7.3 星形连接的电压相量

此式表明 $\dot{U}_{AB}$的大小是 $\dot{U}_A$ 的$\sqrt{3}$倍。相位超前 $\dot{U}_A$ 30°，这是用代数的方法计算的结果。用相量图计算，也可得到这个结果，而且很直观，如图 2.7.3 所示。同理可得

$$\dot{U}_{BC}=\sqrt{3}\dot{U}_B\angle 30^\circ$$

$$\dot{U}_{CA}=\sqrt{3}\dot{U}_C\angle 30^\circ$$

由此可见，对称三相电源在星形连接时，线电压是相电压的$\sqrt{3}$倍，即

$$U_l=\sqrt{3}U_P \tag{2.7.5}$$

相位超前相应的相电压 30°。星形连接是三相电源经常采用的连接方式。

2.7.2 三相电路的连接

由三相电源供电的电路称为三相电路。三相电路的负载一般分为两类。一类是对称负载，如三相交流电动机，需要三相电源供电才能工作，其特征是每相负载的阻抗相等。另一类是非对称三相负载，如电灯、家用电器等，它们只需要单相电源供电就能工作，但为了使三相电源供电均衡，将它们大致平均地分为三组负载，组成一个三相负载，接入三相电源运行，这类负载各相的阻抗一般不相等。

与三相电源相似，三相负载也分为星形连接和三角形连接两种方式。这样三相电源和三相负载可以组合成四种连接方式，即 Y-Y、Y-△、△-Y、△-△。在这四种方式中，Y-Y 连接有三根相线和一根中线，因此称为三线四相制，其余三种连接均称为三相三线制。下面研究前两种连接即电源是星形连接、负载为星形连接和三角形连接的情况。

1. Y-Y 连接电路

图 2.7.4 所示为三相四线制 Y-Y 形电路，若 $Z_A=Z_B=Z_C=Z$，则为对称三相电路。由于电源中点和负载中点为等电位点，每相负载上的电压等于电源相电压，各相电流相互独立。因此只要知道其中一相电流，就能根据对称性直接写出其他两相电流，只是相位上有±120°的相位差。

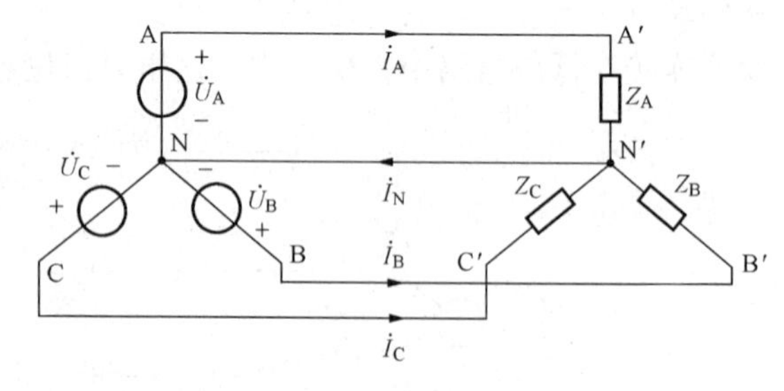

图 2.7.4 Y-Y 连接电路

在三相电路中，常把负载中的电流称为相电流，记为 I_P，把相线中的电流称为线电流，记为 I_l。从图 2.7.4 可看出，Y-Y 连接电路中，相电流等于线电流。

另外，在对称三相电路中，由于中线电流

$$\dot{I}_N=\dot{I}_A+\dot{I}_B+\dot{I}_C=\frac{\dot{U}_A}{Z_A}+\frac{\dot{U}_B}{Z_B}+\frac{\dot{U}_C}{Z_C}=\frac{\dot{U}_A}{Z}(1+e^{-j120^\circ}+e^{j120^\circ})=0$$

因此，中线可不接，三相四线制就变成三相三线制。

在三相四线制电路中，从图 2.7.4 可看出，不论负载是否对称，都可使负载电压保持不变，从而各相负载相互独立，彼此不影响。这就是低压电网广泛采用三相四线制的重要原因。

2. Y-△连接电路

图 2.7.5（a）所示为三相三线制 Y-△形电路。显然负载上的相电压等于线电压，即 $U_P = U_l$。

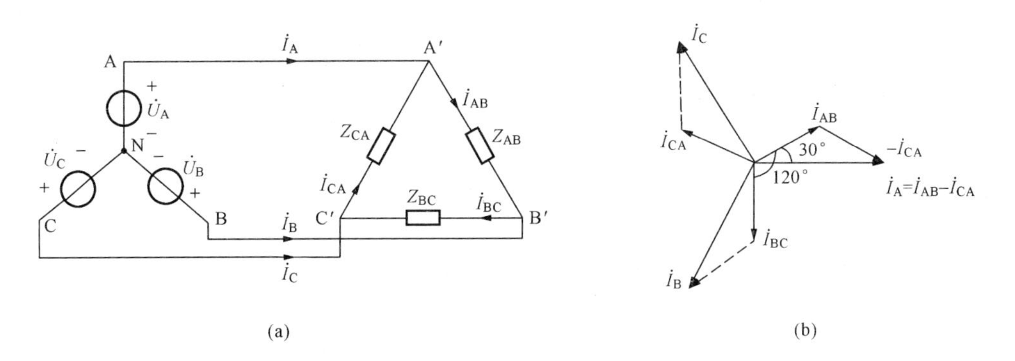

图 2.7.5　Y-△连接电路

（a）电路；（b）相量图

设 $Z_{AB}=Z_{BC}=Z_{CA}=Z$，则相电流

$$\dot{I}_{AB} = \frac{\dot{U}_{AB}}{Z_{AB}} = \frac{\sqrt{3}\dot{U}_A\angle 30^\circ}{Z}$$

$$\dot{I}_{BC} = \frac{\dot{U}_{BC}}{Z_{BC}} = \frac{\sqrt{3}\dot{U}_B\angle 30^\circ}{Z} = \frac{\sqrt{3}\dot{U}_A\angle(30^\circ - 120^\circ)}{Z} = \dot{I}_{AB}\angle -120^\circ$$

$$\dot{I}_{CA} = \dot{I}_{AB}\angle 120^\circ$$

对线电流有

$$\dot{I}_A = \dot{I}_{AB} - \dot{I}_{CA} = \dot{I}_{AB} - \dot{I}_{AB}\angle 120^\circ = \sqrt{3}\,\dot{I}_{AB}\angle -30^\circ \tag{2.7.6}$$

同理

$$\dot{I}_B = \sqrt{3}\,\dot{I}_{BC}\angle -30^\circ$$

$$\dot{I}_C = \sqrt{3}\,\dot{I}_{CA}\angle -30^\circ$$

即线电流是相电流的$\sqrt{3}$倍，相位滞后于相应的相电流 30°，从图 2.7.5（b）所示的电流相量图也可很直观地得到这个结果。这样，对 Y-△连接电路，有

$$U_P = U_l,\quad I_P = \frac{I_l}{\sqrt{3}} \tag{2.7.7}$$

【例 2.7.1】 有两组三相对称负载，$Z_1=(\sqrt{3}+\mathrm{j})\Omega$，星形连接，$Z_2=(3+\mathrm{j}3\sqrt{3})\Omega$，三角形连接，三相对称电源星形连接相电压为 220V。求下面三种情况下的相电流和线电流，并画出相量图。

（1）电源单独给 Z_1 供电。

（2）电源单独给 Z_2 供电。

（3）电源同时给 Z_1、Z_2 供电。

解　（1）电源单独给 Z_1 供电时，此时为 Y-Y 连接，如图 2.7.6（a）所示。

$$Z_1 = \sqrt{3} + \mathrm{j} = 2\angle 30^\circ(\Omega)$$

相电流为

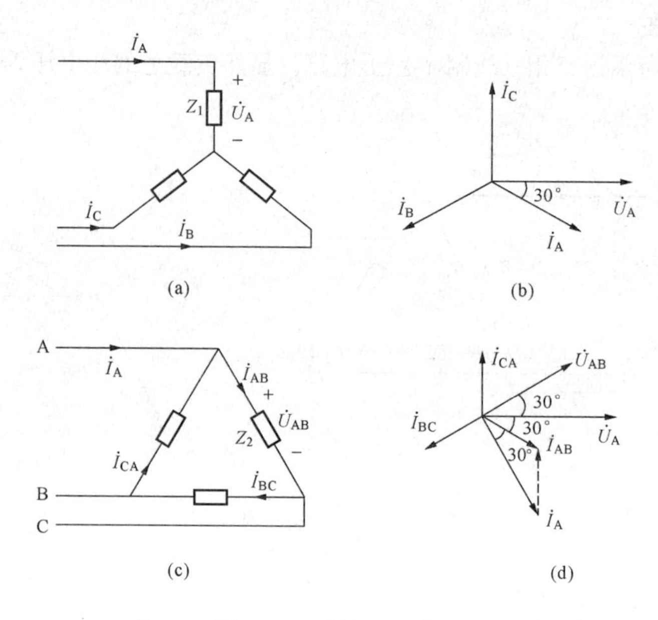

图 2.7.6 [例 2.7.1] 图

$$\dot{I}_A = \frac{\dot{U}_A}{Z_1} = \frac{220\angle 0^\circ}{2\angle 30^\circ} = 110\angle -30^\circ(\text{A})$$

$$\dot{I}_B = 110\angle -150^\circ\text{A}$$

$$\dot{I}_C = 110\angle 90^\circ\text{A}$$

线电流与相电流相等，相量图如图 2.7.6（b）所示。

（2）电源单独给 Z_2 供电，此时为 Y-△连接，如图 2.7.6（c）所示。

$$Z_2 = 3 + \text{j}3\sqrt{3} = 6\angle 60^\circ(\Omega)$$

相电流为

$$\dot{I}_{AB} = \frac{\dot{U}_{AB}}{Z_2} = \frac{\sqrt{3}\dot{U}_A\angle 30^\circ}{6\angle 60^\circ} = \frac{380\angle 30^\circ}{6\angle 60^\circ} = 63.3\angle -30^\circ(\text{A})$$

线电流为

$$\dot{I}_A = \sqrt{3}\dot{I}_{AB}\angle -30^\circ = \sqrt{3} \times 63.3\angle -30^\circ\angle -30^\circ = 110\angle -60^\circ(\text{A})$$

相量图如 2.7.6（d）所示。

根据对称性可得

$$\dot{I}_{BC} = 63.3\angle -150^\circ\text{A}, \quad \dot{I}_{CA} = 63.3\angle 90^\circ\text{A}$$

$$\dot{I}_B = 110\angle -180^\circ\text{A}, \quad \dot{I}_C = 110\angle 60^\circ\text{A}$$

（3）电源对 Z_1、Z_2 同时供电，电路如 2.7.7（a）所示。从图中可以看到，Z_1、Z_2 同时接入时，各相负载中的电压与单独接入时相同，故相电流不变，即

$$\dot{I}'_A = 110\angle -30^\circ\text{A}, \quad \dot{I}''_A = 110\angle -60^\circ\text{A}$$

由 KCL 可得

$$\dot{I}_A = \dot{I}'_A + \dot{I}''_A = 110\angle -30^\circ + 110\angle -60^\circ = 212\angle -45^\circ(\text{A})$$

$$\dot{I}_{\mathrm{B}} = 212\angle -165^{\circ}(\mathrm{A})$$

$$\dot{I}_{\mathrm{C}} = 212\angle 75^{\circ}(\mathrm{A})$$

相量图如图 2.7.7（b）所示。

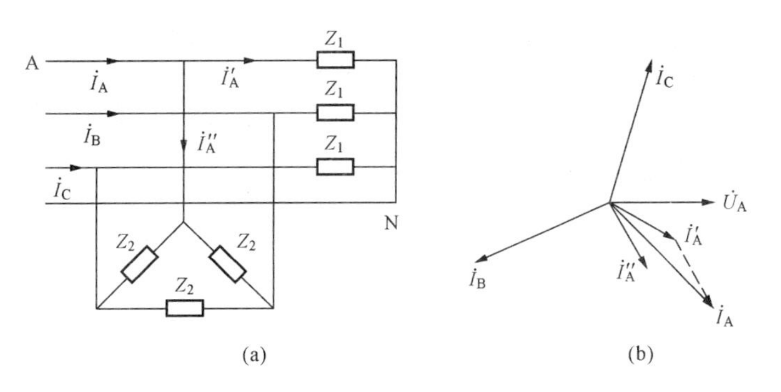

图 2.7.7 ［例 2.7.1］图

【例 2.7.2】 设三相四线制电路中，线电压为 380V，各相负载为 $R_{\mathrm{A}}=R_{\mathrm{B}}=20\Omega$，$R_{\mathrm{C}}=40\Omega$。试求有中线和无中线时，各相负载电压和电流，并画出相量图。

解 （1）有中线时，各相电压均为 220V。设 $\dot{U}_{\mathrm{A}}=220\angle 0^{\circ}$，则

$$\dot{I}_{\mathrm{A}} = \frac{\dot{U}_{\mathrm{A}}}{R_{\mathrm{A}}} = \frac{220\angle 0^{\circ}}{20} = 11\angle 0^{\circ}(\mathrm{A})$$

$$\dot{I}_{\mathrm{B}} = \frac{\dot{U}_{\mathrm{B}}}{R_{\mathrm{B}}} = \frac{220\angle -120^{\circ}}{20} 11\angle -120^{\circ}(\mathrm{A})$$

$$\dot{I}_{\mathrm{C}} = \frac{\dot{U}_{\mathrm{C}}}{R_{\mathrm{C}}} = \frac{220\angle 0^{\circ}}{40} 5.5\angle 120^{\circ}(\mathrm{A})$$

$$\dot{I}_{\mathrm{N'N}} = \dot{I}_{\mathrm{A}} + \dot{I}_{\mathrm{B}} + \dot{I}_{\mathrm{C}} = 11\angle 0^{\circ} + 11\angle -120^{\circ} + 5.5\angle 120^{\circ} = 5.5\angle -60^{\circ}(\mathrm{A})$$

相量图如图 2.7.8（a）所示。

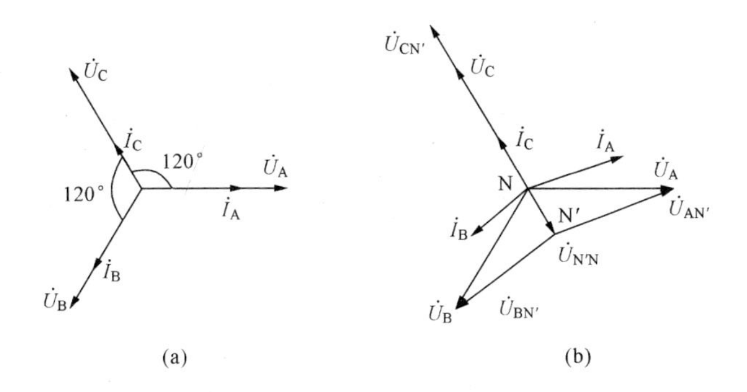

图 2.7.8 ［例 2.7.2］相量图

（2）无中线时，由弥尔曼定理得

$$\dot{U}_{N'N}=\frac{\frac{\dot{U}_A}{Z_A}+\frac{\dot{U}_B}{Z_B}+\frac{\dot{U}_C}{Z_C}}{\frac{1}{Z_A}+\frac{1}{Z_B}+\frac{1}{Z_C}}=\frac{11\angle 0°+11\angle 0°+5.5\angle 120°}{\frac{1}{20}+\frac{1}{20}+\frac{1}{40}}=43.8\angle -60°(\text{V})$$

各相电压为

$$U_{AN'}=\dot{U}_A-\dot{U}_{N'N}=220\angle 0°-43.8\angle -60°=202\angle 10.8°(\text{V})$$

$$\dot{U}_{BN'}=\dot{U}_B-\dot{U}_{N'N}=220\angle -120°-43.8\angle -60°=143\angle -157°(\text{V})$$

$$\dot{U}_{CN'}=\dot{U}_C-\dot{U}_{N'N}=220\angle 120°-43.8\angle -60°=264\angle 120°(\text{V})$$

$$\dot{I}_A=\frac{\dot{U}_{AN'}}{R_A}=10.1\angle 10.8°(\text{A})$$

$$\dot{I}_B=\frac{\dot{U}_{BN'}}{R_B}=7.15\angle -157°(\text{A})$$

$$\dot{I}_C=\frac{\dot{U}_{CN'}}{R_C}=6.6\angle 120°(\text{A})$$

相量图如图 2.7.8（b）所示。

由上述计算结果可知，三相负载不对称时，如将中线断开，则负载电压有的偏高，有的偏低，这都将使负载不能正常工作，因此禁止在中线中接入开关和熔断器。

2.7.3 三相电路的功率

对于对称三相负载，每相负载消耗的功率是相等的，其平均功率为

$$P_1=U_P I_P\cos\varphi$$

φ 为负载的阻抗角，$\cos\varphi$ 即为负载的功率因素。这样，三相对称负载的总功率为

$$P=3P_1=3U_P I_P\cos\varphi \tag{2.7.8}$$

由于当负载是星形连接时，$U_P=\frac{U_l}{\sqrt{3}}$，$I_P=I_l$，而当负载是三角形连接时，$U_P=U_l$，$I_P=\frac{I_l}{\sqrt{3}}$，因此，不论负载是星形连接还是三角形连接，总有

$$P=3U_P I_P\cos\varphi=\sqrt{3}U_l I_l\cos\varphi \tag{2.7.9}$$

同样，可以得到三相对称电路的无功功率和视在功率分别为

$$Q=3U_P I_P\sin\varphi=\sqrt{3}U_l I_l\sin\varphi$$

$$S=3U_P I_P=\sqrt{3}U_l I_l \tag{2.7.10}$$

在不对称三相电路中，由于各相电压之间和各相电流之间均无特定关系，故只能分别计算各相的功率，然后再求和。

三相对称电路的瞬时功率为

$$\begin{aligned}p(t)&=p_A(t)+p_B(t)+p_C(t)\\&=2U_P I_P\Big[\sin\omega t\sin(\omega t-\varphi)+\sin(\omega t-120°)\sin(\omega t-\varphi-120°)\\&\quad+\sin(\omega t+120°)\sin(\omega t-\varphi+120°)\Big]\\&=U_P I_P[3\cos\varphi-\cos(2\omega t-\varphi)-\cos(2\omega t-\varphi-240°)-\cos(2\omega t-\varphi+240°)]\\&=U_P I_P\{3\cos\varphi-\mathrm{Re}[e^{j2\omega t-\varphi}(1+e^{-j240°}+e^{j240°})]\}\end{aligned}$$

考虑到 $1+e^{-j240^\circ}+e^{j240^\circ}=1+e^{j120^\circ}+e^{-j120^\circ}=0$，故有

$$p(t)=3U_PI_P\cos\varphi=P \tag{2.7.11}$$

式（2.7.11）表明，三相对称电路的瞬时功率不随时间变化，是一个定值，此值即为三相电路的平均功率。这一性能称为瞬时功率平衡。单相电动机瞬时功率时大时小，易产生振动，功率越大，振动就越剧烈，严重时会影响电机的正常工作和使用寿命。但对三相电机，由于其瞬时功率为一常量，使负荷受到恒定的转矩作用，从而运行平稳，因此大功率电机都是三相电机。

【例 2.7.3】 有一三相电动机，每相的等效阻抗为(32+j24)Ω,求下列两种情况下电动机的相电流、线电流及功率。（1）电机绕组连成星形，接于 $U_l=380$V 的三相电源上；（2）电机绕组连成三角形，接于 $U_l=220$V 的三相电源上。

解　（1）绕组星形连接时

$$U_P=\frac{U_l}{\sqrt{3}}=\frac{380}{\sqrt{3}}=220(\text{V})$$

$$I_P=\frac{U_P}{|Z|}=\frac{220}{\sqrt{32^2+24^2}}=5.5(\text{A})$$

$$I_l=I_P=5.5(\text{A})$$

$$P=\sqrt{3}U_lI_l\cos\varphi=\sqrt{3}\times380\times5.5\times\frac{32}{\sqrt{32^2+24^2}}=2900(\text{W})=2.9(\text{kW})$$

（2）绕组三角形连接时

$$U_P=U_l=220(\text{V})$$

$$I_P=\frac{U_P}{|Z|}=\frac{220}{\sqrt{32^2+24^2}}=5.5(\text{A})$$

$$I_l=\sqrt{3}I_P=\sqrt{3}\times5.5=9.53(\text{A})$$

$$P=\sqrt{3}U_lI_l\cos\varphi=\sqrt{3}\times220\times9.53\times\frac{32}{\sqrt{32^2+24^2}}=2900(\text{W})=2.9(\text{kW})$$

由此可知，当三相电动机有两种额定电压时，如 380/220V，那么当电源（指线电压）是 380V 时，电机绕组应接成星形；当电源电压是 220V 时，电机绕组应接成三角形，总之使电机绕组上的电压即相电压保持一定，从而使电机的功率保持不变。

2.8　非正弦交流电路

前几节研究了正弦函数激励下电路的稳态响应。当激励是非正弦函数时，根据数学上的傅里叶变换，可以把非正弦函数分解成一系列不同倍频的正弦函数之和，求出各正弦激励的响应，最后将各分响应叠加起来，得到总的响应，这就是非正弦周期电路的谐波分析法。本节先介绍傅里叶级数分解方法，在此基础上介绍非正弦周期量的有效值、平均值和平均功率的概念及计算方法，最后以实例说明非正弦周期电流电路的计算步骤。

2.8.1　非正弦周期量的分解

设周期函数 $f(t)$ 的角频率为 ω，周期是 T，则 $f(t)$ 可分解为下列傅里叶级数

$$f(t)=A_0+A_{1m}\sin(\omega t+\psi_1)+A_{2m}\sin(2\omega t+\psi_2)+\cdots$$

$$=A_0+\sum_{k=1}^{\infty}A_{km}\sin(k\omega t+\psi_k) \tag{2.8.1}$$

式中 A_0 为不随时间变化的常数，称为恒定分量或直流分量，它就是函数 $f(t)$ 在一个周期内的平均值；$A_{1m}\sin(\omega t+\psi_1)$ 称为基波或一次谐波，其频率与原函数相同，其幅值为 A_{1m}；$A_{2m}\sin(2\omega t+\psi_2)$ 的频率是基波频率的二倍，称为二次谐波；以此类推，其余各项为三次谐波、四次谐波。二次及二次以上谐波都称为高次谐波。式（2.8.1）还可以表示成为另一种形式

$$f(t)=A_0+\sum_{k=1}^{\infty}A_{km}(\sin k\omega t\cos\psi_k+\cos k\omega t\sin\psi_k)$$

$$=A_0+\sum_{k=1}^{\infty}B_{km}\sin k\omega t+\sum_{k=1}^{\infty}C_{km}\cos k\omega t \tag{2.8.2}$$

式中

$$\begin{aligned}B_{km}&=A_{km}\cos\psi_k\\C_{km}&=A_{km}\sin\psi_k\end{aligned} \tag{2.8.3}$$

从式（2.8.2）出发，利用三角形函数的下列正交关系

$$\int_0^{2\pi}\sin k\omega t\sin l\omega t\,\mathrm{d}(\omega t)=\begin{cases}0, k\neq l\\ \pi, k=l\end{cases}$$

$$\int_0^{2\pi}\cos k\omega t\cos l\omega t\,\mathrm{d}(\omega t)=\begin{cases}0, k\neq l\\ \pi, k=l\end{cases}$$

$$\int_0^{2\pi}\sin k\omega t\cos l\omega t\,\mathrm{d}(\omega t)=0$$

可确定系数 A_0、B_{km}、C_{km} 如下

$$A_0=\frac{1}{2\pi}\int_0^{2\pi}f(t)\mathrm{d}(\omega t)=\frac{1}{T}\int_0^T f(t)\mathrm{d}t$$

$$B_{km}=\frac{1}{\pi}\int_0^{2\pi}f(t)\sin k\omega t\,\mathrm{d}(\omega t)=\frac{2}{T}\int_0^T f(t)\sin k\omega t\,\mathrm{d}t$$

$$C_{km}=\frac{1}{\pi}\int_0^{2\pi}f(t)\cos k\omega t\,\mathrm{d}(\omega t)=\frac{2}{T}\int_0^T f(t)\cos k\omega t\,\mathrm{d}t \tag{2.8.4}$$

由式（2.8.4）求出 A_0、B_{km}、C_{km} 后，即可通过式（2.8.3）的变换式

$$A_{km}=\sqrt{B_{km}^2+C_{km}^2}$$

$$\psi_k=\arctan\frac{C_{km}}{B_{km}} \tag{2.8.5}$$

求出 A_{km}、ψ_k，从而写出非正弦周期函数 $f(t)$ 的各谐波分量。

电工和电子技术中常见的非正弦电压包括矩形波电压、三角波电压、锯齿波电压及全波整流电压，它们的波形如图 2.8.1 所示，它们都可以分解成傅里叶级数。

【例 2.8.1】 求图 2.8.1（a）所示矩形波电压的傅立叶级数展开式。

解　矩形波电压在一个周期内的表示式为

$$U=\begin{cases}U_m & 0<\omega t<\pi\\ -U_m & \pi<\omega t<2\pi\end{cases}$$

由式（2.8.4）可求得各系数如下

$$A_0=\frac{1}{2\pi}\int_0^{2\pi}f(t)\mathrm{d}(\omega t)=\frac{1}{2\pi}\int_0^{\pi}U_m\mathrm{d}(\omega t)+\frac{1}{2\pi}\int_{\pi}^{2\pi}(-U_m)\mathrm{d}(\omega t)=0$$

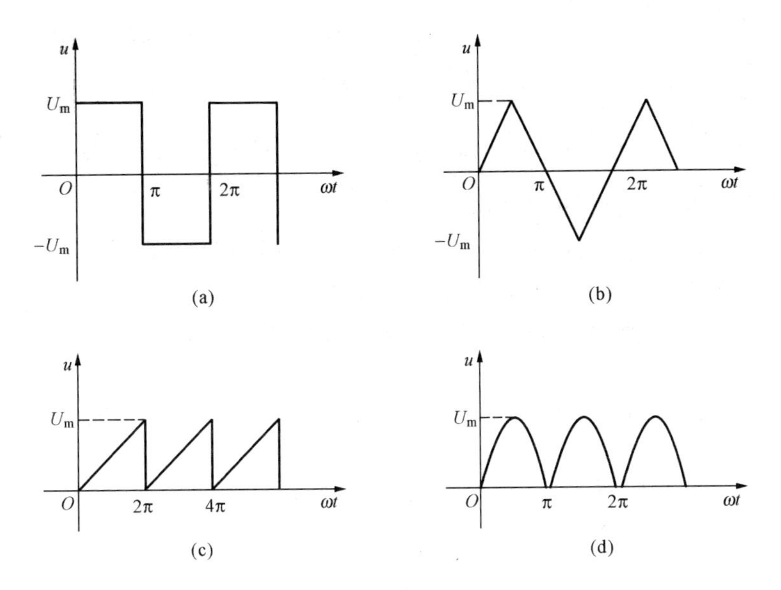

图 2.8.1　几种常见的非正弦电压波形

(a) 矩形波；(b) 三角波；(c) 锯齿波；(d) 全波整流电压

$$B_{km}=\frac{1}{\pi}\int_{0}^{2\pi}f(t)\sin k\omega t d(\omega t)=\frac{1}{\pi}\int_{0}^{\pi}U_{m}\sin k\omega t\,d(\omega t)+\frac{1}{\pi}\int_{\pi}^{2\pi}(-U_{m})\sin k\omega t\,d(\omega t)$$

$$=\frac{2U_{m}}{\pi}\int_{0}^{\pi}\sin k\omega t\,d(\omega t)=\frac{2U_{m}}{\pi}\left[-\frac{1}{k}\cos k\omega t\right]\Bigg|_{0}^{\pi}$$

$$=\frac{2U_{m}}{k\pi}(1-\cos k\pi)=\begin{cases}0, & k\text{ 为偶数}\\ \dfrac{4U_{m}}{k\pi}, & k\text{ 为奇数}\end{cases}$$

$$C_{km}=\frac{1}{\pi}\int_{0}^{2\pi}f(t)\cos k\omega t\,d(\omega t)$$

$$=\frac{1}{\pi}\int_{0}^{\pi}U_{m}\cos k\omega t\,d(\omega t)+\frac{1}{\pi}\int_{\pi}^{2\pi}(-U_{m})\cos k\omega t\,d(\omega t)$$

$$=\frac{2U_{m}}{\pi}\int_{0}^{\pi}\cos k\omega t\,d(\omega t)=\frac{2U_{m}}{\pi}\,\frac{1}{k}\sin k\omega t\Bigg|_{0}^{\pi}=0$$

故

$$u=\sum B_{km}\sin k\omega t=\frac{4U_{m}}{\pi}\left[\sin\omega t+\frac{1}{3}\sin 3\omega t+\frac{1}{5}\sin 5\omega t+\cdots+\frac{1}{2l-1}\sin(2l-1)\omega t+\cdots\right]\tag{2.8.6}$$

同理可求出图 2.8.1 所示三角波电压、锯齿波电压和全波整流电压的傅里叶级数展开式。

三角波电压为

$$u=\frac{8U_{m}}{\pi^{2}}\left[\sin\omega t-\frac{1}{9}\sin 3\omega t+\frac{1}{25}\sin 5\omega t-\cdots+\frac{(-1)^{l+1}}{(2l-1)^{2}}\sin(2l-1)\omega t+\cdots\right]\tag{2.8.7}$$

锯齿波电压为

$$u=U_{\mathrm{m}}\left(\frac{1}{2}-\frac{1}{\pi}\sin\omega t-\frac{1}{2\pi}\sin2\omega t-\cdots-\frac{1}{l\pi}\sin l\omega t+\cdots\right) \tag{2.8.8}$$

全波整流电压为

$$u=\frac{2U_{\mathrm{m}}}{\pi}\left(1-\frac{2}{3}\cos2\omega t-\frac{2}{15}\cos4\omega t-\cdots-\frac{2}{(2l)^2-1}\cos2l\omega t+\cdots\right) \tag{2.8.9}$$

以上各展开式中 l 都是大于零的自然数。

从上面的四个展开式中可以看到，各次谐波的幅值随着频率的增高而降低，很高次的谐波往往可以忽略不计。实际计算时，只要根据误差要求取前几项即可。

2.8.2 非正弦周期量的有效值、平均值和平均功率

1. 有效值

2.1 节中定义了周期电流 i 的有效值 I 为电流在一个周期内的方均根值，即 $I=\sqrt{\frac{1}{T}\int_0^T i^2\,\mathrm{d}t}$。现将非正弦周期电流 i 用傅立叶级数表示为

$$i=I_0+\sum_{k=1}^{\infty}I_{k\mathrm{m}}\sin(k\omega t+\psi_k)$$

则其有效值为

$$I=\sqrt{\frac{1}{T}\int_0^T[I_0+\sum I_{k\mathrm{m}}\sin(k\omega t+\psi_k)]^2\mathrm{d}t} \tag{2.8.10}$$

将上式括号内的积分展开，可得下列四项积分

$$\frac{1}{T}\int_0^T I_0^2\,\mathrm{d}t=I_0^2$$

$$\frac{1}{T}\int_0^T 2I_0\sum I_{k\mathrm{m}}\sin(k\omega t+\psi_k)\,\mathrm{d}t=0$$

$$\frac{1}{T}\int_0^T\sum_{k=1}^{\infty}I_{k\mathrm{m}}^2\sin^2(k\omega t+\psi_k)\,\mathrm{d}t=\frac{1}{2}\sum I_{k\mathrm{m}}^2$$

$$\frac{1}{T}\int_0^T\sum_{k=1}^{\infty}\sum_{l=1}^{\infty}I_{k\mathrm{m}}I_{l\mathrm{m}}\sin(k\omega t+\psi_k)\sin(l\omega t+\psi_l)\,\mathrm{d}t=0,\quad k\neq l$$

因此，式（2.8.10）可写成

$$I=\sqrt{I_0^2+\frac{1}{2}\sum_{k=1}^{\infty}I_{k\mathrm{m}}^2}=\sqrt{I_0^2+\sum_{k=1}^{\infty}I_k^2} \tag{2.8.11}$$

式中 $I_k=\frac{1}{\sqrt{2}}I_{k\mathrm{m}}$ 为基波及各次谐波电流的有效值。同样，对非正弦周期电压

$$u=U_0+\sum U_{k\mathrm{m}}\sin(k\omega t+\psi_k)$$

它的有效值为

$$U=\sqrt{U_0^2+\sum_{k=1}^{\infty}U_k^2} \tag{2.8.12}$$

式中 $U_k=\frac{1}{\sqrt{2}}U_{k\mathrm{m}}$ 为基波及各次谐波电压的有效值。

2. 平均值

交变周期量在一个周期内的平均值就是其恒定分量。但在电工及电子技术中常遇到横轴

上下波形面积相等的周期量，如图 2.8.1（a）、2.8.1（b）所示的矩形波和三角波，它们的平均值为零，没有实际意义。故常把交变周期量的平均值定义为其绝对值在一个周期内的平均值，即

$$A=\frac{1}{T}\int_{0}^{T}|f(t)|\,\mathrm{d}t \tag{2.8.13}$$

这样矩形波电压的平均值就等于 U_{m}。

3. 平均功率

在正弦交流电路中，一个二端电路消耗的功率即有功功率等于二端电路的平均功率，对非正弦交流电流，有功功率同样等于平均功率。下面从瞬时功率出发，按定义来求平均功率。

设二端电路的端口电压和端口电流的傅里叶级数展开为

$$u=U_0+\sqrt{2}\sum_{k=1}^{\infty}U_k\sin(k\omega t+\psi_{ik})$$

$$i=I_0+\sqrt{2}\sum_{k=\phi}^{\infty}I_k\sin(k\omega t+\psi_{uk})$$

则平均功率为

$$P=\frac{1}{T}\int_{0}^{T}p\,\mathrm{d}t=\frac{1}{T}\int_{0}^{T}\left[U_0+\sqrt{2}\sum_{k=1}^{\infty}U_k\sin(k\omega t+\psi_{ik})\right]\left[I_0+\sqrt{2}\sum_{k=1}^{\infty}I_k\sin(k\omega t+\psi_{uk})\right]\mathrm{d}t$$

上式展开后积分可得

$$P=U_0I_0+\sum_{k=1}^{\infty}U_kI_k\cos\psi_k=P_0+\sum_{k=1}^{\infty}P_k \tag{2.8.14}$$

式中 $\psi_k=\psi_{uk}-\psi_{ik}$ 为第 k 次谐波电压与电流的相位差。式（2.8.14）表明非正弦周期电路的平均功率为直流分量功率和各次谐波的平均功率之和，不同频率的电压和电流只构成瞬时功率，对平均功率无贡献。

在非正弦周期电路中，同样也可用 $S=UI$ 定义视在功率，并将 $\dfrac{P}{S}$ 定义为电路的功率因数。

2.8.3　非正弦周期电路的计算

由前面的分析可知：非正弦周期信号可以分解成恒定分量（直流分量）与各谐波分量之和。所以非正弦周期信号对线性电路的作用相当于直流分量和各谐波分量对电路的作用之和。根据叠加定理，此时电路中的响应等于直流分量和各谐波分量分别单独作用时的响应的和，这就是非正弦周期电路的谐波分析法，其具体步骤如下。

（1）将非正弦周期电压源电压或电流源电流按傅里叶级数分解成直流分量与各谐波分量之和。

（2）计算直流分量和各谐波分量单独作用时在电路中产生的电流或电压，根据计算精度的要求，决定高次谐波项取到哪一项为止。对于直流分量，可按直流电路的求解方法，即把电容看作开路，把电感看作短路；对各谐波分量，可按正弦交流电路进行计算，这时要注意，对不同的谐波，感抗和容抗是不同的。

（3）将所求得的各电流或电压分量按瞬时值叠加起来，即为所要求的非正弦周期电流或电压。

【**例 2.8.2**】 图 2.8.2 所示电路为全波整流器的滤波电路，$L=5\text{H}$，$C=10\mu\text{F}$，$R=2\text{k}\Omega$，设加在滤波电路上的电压为全波整流后的电压，波形如图 2.8.1（d）所示，$U_\text{m}=157\text{V}$，$\omega=314\text{rad/s}$，求负载两端电压的各谐波分量（精确到 0.1V）。

解 根据式（2.8.9）得

$$u=\frac{2U_\text{m}}{\pi}\left(1-\frac{2}{3}\cos2\omega t-\frac{2}{15}\cos4\omega t-\cdots\frac{2}{4k^2-1}\cos2k\omega t-\cdots\right)$$

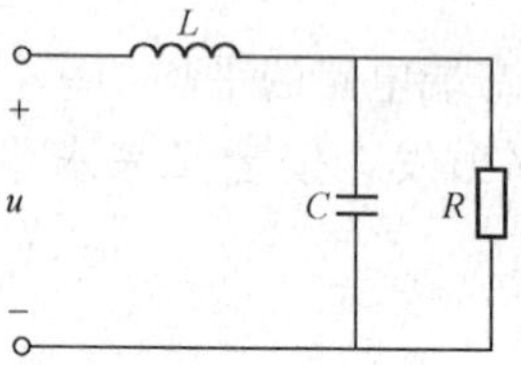

图 2.8.2 ［例 2.8.2］图

将 $U_\text{m}=157\text{V}$ 代入得

$$u=100-66.7\cos2\omega t-13.33\cos4\omega t-\cdots$$
$$=100-66.7\sin(2\omega t+90^\circ)-13.33\sin(4\omega t+90^\circ)\cdots$$

对直流分量，C 开路，L 短路，故 $U_{R(0)}=U_0=100\text{V}$

对二次谐波

$$X_\text{L}=2\omega L=2\times314\times5=3140(\Omega)$$

$$X_\text{C}=\frac{1}{2\omega C}=\frac{1}{2\times314\times10\times10^{-6}}=159.2(\Omega)$$

$$Z_\text{RC}=(-\text{j}X_\text{C})/\!/R=\frac{-\text{j}RX_\text{C}}{R-\text{j}X_\text{C}}=\frac{-\text{j}2\times10^3\times159.2}{2\times10^3-\text{j}159.2}=158\angle-85.4^\circ(\Omega)$$

由分压公式得

$$\dot{U}_{\text{R}(2)}=\dot{U}_{(2)}\frac{Z_\text{RC}}{\text{j}X_\text{L}+Z_\text{RC}}=-\frac{66.7\angle90^\circ}{\sqrt{2}}\frac{158\angle-85.4^\circ}{\text{j}3140+158\angle-85.4^\circ}=-\frac{3.53}{\sqrt{2}}\angle-85.2^\circ(\text{V})$$

对四次谐波

$$X_\text{L}=4\omega L=6280(\Omega)$$

$$X_\text{C}=\frac{1}{4\omega C}=79.6(\Omega)$$

$$Z_\text{RC}=\frac{-\text{j}2\times10^3\times79.6}{2\times10^3-\text{j}79.6}=79.5\angle-87.7^\circ(\Omega)$$

$$U_{\text{R}(4)}=\dot{U}_{(4)}\frac{Z_\text{RC}}{\text{j}X_\text{L}+Z_\text{RC}}=\frac{-13.33}{\sqrt{2}}\angle90^\circ\frac{79.5\angle-87.7^\circ}{\text{j}6280+79.5\angle-87.7^\circ}=-\frac{0.17}{\sqrt{2}}\angle-87.6^\circ(\text{V})$$

容易看出，六次谐波的电压幅值将小于 0.1V，故根据精度要求，只需取至四次谐波，总电压为

$$u_\text{R}=100-3.53\sin(2\omega t-85.2^\circ)-0.17\sin(4\omega t-87.6^\circ)(\text{V})$$

电压有效值为

$$U_\text{R}=\sqrt{100^2+\left(\frac{3.53}{\sqrt{2}}\right)^2+\left(\frac{0.17}{\sqrt{2}}\right)^2}=100.03(\text{V})$$

2.9 习　　题

2.1 两同频率的正弦电压，$u_1=-10\sin(\omega t+30^\circ)\text{V}$，$u_2=4\cos(\omega t+60^\circ)\text{V}$，求出它们的有效值和相位差。

2.2 已知相量 $\dot{A}_1=2\sqrt{3}+\text{j}2$，$\dot{A}_2=+2+\text{j}2\sqrt{3}$，$\dot{A}_3=\dot{A}_1+\dot{A}_2$，$\dot{A}_4=\dot{A}_1\cdot\dot{A}_2$，试写出它们的极坐标表示式。

2.3 已知两电流 $i_1=2\sin(314t+30°)$A，$i_2=5\cos(314t+45°)$A，若 $i=i_1+i_2$，求 i 并画出相量图。

2.4 某二端元件，已知其两端的电压相量为 $\dot{U}=220\angle 120°$V，电流相量为 $\dot{I}=5\angle 30°$A，$f=50$Hz，试确定元件的种类，并确定参数值。

2.5 有一 10μF 的电容，其端电压为 $u=220\sqrt{2}\sin(314t+60°)$V，求流过电容的电流 i、无功功率 Q 和平均储能 W_C，画出电压、电流的相量图。

2.6 一线圈接在 120V 的直流电源上，流过的电流为 20A，若接在 220V，50Hz 的交流电源上，流过的电流为 22A，求线圈的电阻 R 和电感 L。

2.7 如图 2.9.1 所示的电路中，电流表 A_1 和 A_2 的读数分别为 $I_1=3$A，$I_2=4$A，

(1) 设 $Z_1=R$，$Z_2=-jX_C$，则电流表 A_0 的读数为多少?

(2) 设 $Z_1=R$，则 Z_2 为何种元件、取何值时，才能使 A_0 的读数最大? 最大值是多少?

(3) 设 $Z_1=jX_L$，则 Z_2 为何种元件时，才能使 A_0 的读数为最小? 最小值是多少?

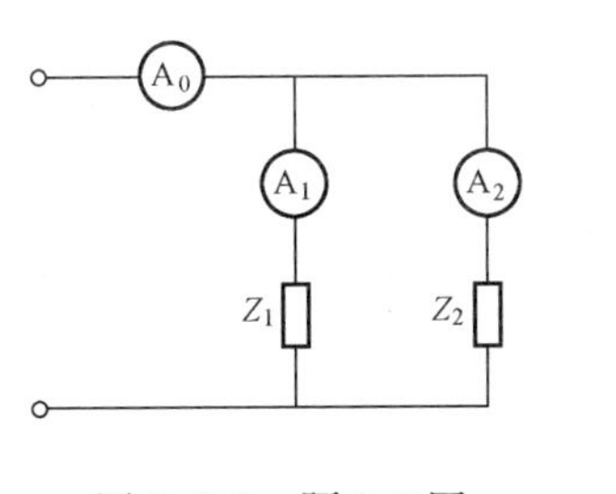

图 2.9.1 题 2.7 图

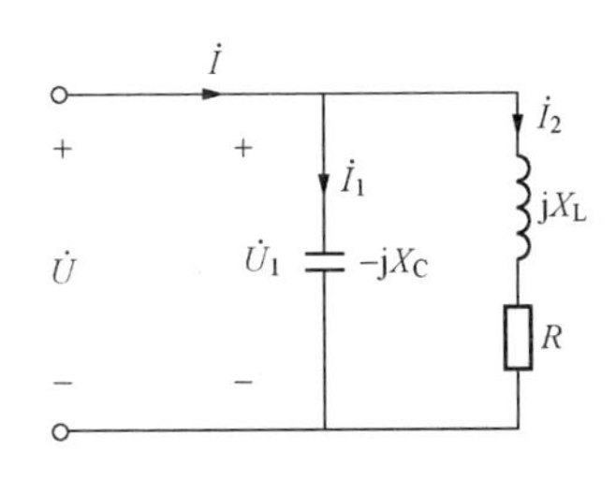

图 2.9.2 题 2.8 图

2.8 在如图 2.9.2 所示的电路中，$I_1=5$A，$I_2=5\sqrt{2}$A，$U=220$V，$R=X_L$，求 X_C、X_L 和 I。

2.9 在如图 2.9.3 所示的电路中，已知 $R_1=R_2=10\Omega$，$L=31.8$mH，$C=318\mu$F，$f=50$Hz，$U=10$V，求各支路电流、总电流及电容电压。

2.10 阻抗 $Z_1=(1+j)\Omega$，$Z_2=(3-j)\Omega$ 并联后与 $Z_3=(1-j0.5)\Omega$ 串联，求整个电路的等效阻抗；若接在 $\dot{U}=10\angle 30°V$ 的电源上，求各支路电流，并画出相量图。

2.11 在如图 2.9.4 所示的移相电路中，若 $C=0.318\mu$F，输入电压为 $u_1=4\sqrt{2}\sin 314t$V，欲使输出电压超前输入电压 30°，求 R 的值并求出 $\dot{U}_2$。

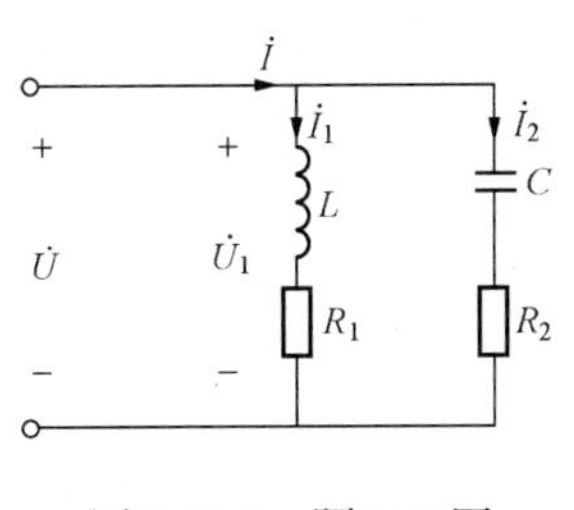

图 2.9.3 题 2.9 图

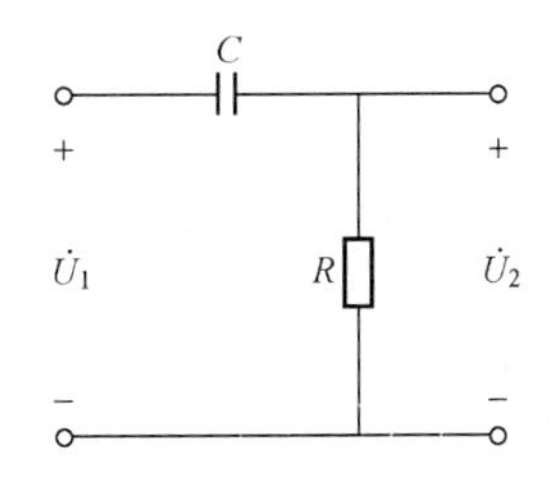

图 2.9.4 题 2.11 图

2.12 图 2.9.5 所示电路中，$U=120$V，求 (1) 各支路电流及总电流；(2) 电路的平均功率、无功功率、视在功率和功率因数。

2.13　如图 2.9.6 所示电路中，$u=220\sqrt{2}\sin(314t+45°)$V，$i=5\sqrt{2}\sin(314t+30°)$A，$C=20\mu$F，求总电路和二端电路 N 的有功功率、无功功率和功率因素。

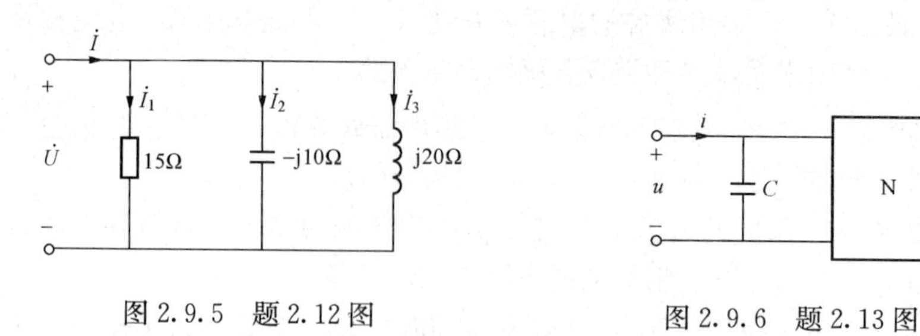

图 2.9.5　题 2.12 图　　　图 2.9.6　题 2.13 图

2.14　三个负载并接在 220V 的正弦电源上，其功率和电流分别为 $P_1=4.4$kW，$I_1=44.7$A（感性），$P_2=8.8$kW，$I_2=50$A（感性），$P_3=6.6$kW，$I=66$A（容性）。求各负载的功率因数、整个电路的功率因数及电源输出的电流。

2.15　一额定容量为 10kVA，额定电压为 220V，额定频率为 50Hz 的交流电源，如向功率为 8kW、功率因数数为 0.6 的感性负载供电，电源电流是否超过额定电流值？如要将功率因数提高到 0.95，需并联多大的电容？并联电容后，电源电流是多少？还可以接多少只 220V，40W 的灯泡？

2.16　有一 RLC 串联电路，与 10V，50Hz 的正弦交流电源相连接。已知 $R=5\Omega$，$L=0.2$H，电容 C 可调。今调节电容，使电路产生谐振。求（1）产生谐振时的电容值。（2）电路的品质因数。（3）谐振时的电容电压。

2.17　一个电感为 0.25mH，电阻为 12.7Ω 的线圈与 85pF 的电容并联，求该并联电路的谐振频率、品质因数及谐振时的阻抗。

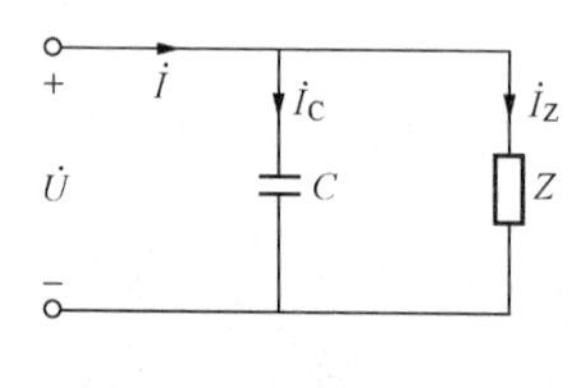

图 2.9.7　题 2.18 图

2.18　如图 2.9.7 所示电路中，$Z=22\angle 45°\Omega$，电源电压为 110V，频率为 50Hz，$\dot{I}$ 与 $\dot{U}$ 同相。求：（1）各支路电流及电路的平均功率，画出相量图。（2）电容的容量 C。

2.19　对称星形连接的三相负载 $Z=6+\text{j}8\Omega$，接到线电压为 380V 的三相电源上，设 $\dot{U}_{AB}=380\angle 0°$V，求各相电流、相电压（用相量表示）。

2.20　对称三角形连接的三相负载 $Z=20+\text{j}34.6\Omega$，接到线电压为 380V 的三相电源上，设 $\dot{U}_{AB}=380\angle 30°$V，求各相电流和线电流（用相量表示）。

2.21　两组三相对称负载，$Z_1=10\Omega$，星形连接，$Z_2=(10+\text{j}17.3)\Omega$，三角形连接，接到相电压为 220V 的三相电源上，求各负载电流和线电流。

2.22　如图 2.9.8 所示电路中，三相对称电源相电压为 220V，白炽灯的额定功率为 60W，日光灯的额定功率为 40W，功率因数为 0.5，日光灯和白炽灯的额定电压均为 220V，设 $\dot{U}_A=220\angle 0°$V，求各线电流和中线电流。

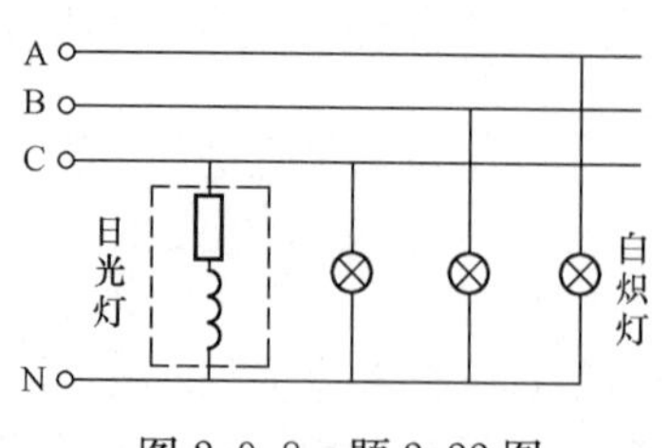

图 2.9.8　题 2.22 图

2.23　阻抗均为 10Ω 的电阻、电容、电感，分别接在三相对称电源的 A 相、B 相、和 C 相中，电源相电压为

220V，求（1）各相电流和中线电流；（2）三相平均功率。

2.24　功率为3kW，功率因数为0.8（感性）的三相对称负载，三角形连接，接在线电压为380V的三相电源上，求线电流和相电流。

2.25　求题2.21电路的总功率和功率因数。

2.26　验证图2.8.1（b）所示三角波电压的傅里叶级数展开式，并求出当$U_m=123V$时的有效值。

2.27　求如图2.9.9所示半波整流电压的平均值和有效值。

2.28　在如图2.9.10所示电路中，$L=1H$，$R=100\Omega$，$u_I=20+100\sin\omega t+70\sin3\omega t$，基波频率为50Hz，求输出电压$u_O$及电路消耗的功率。

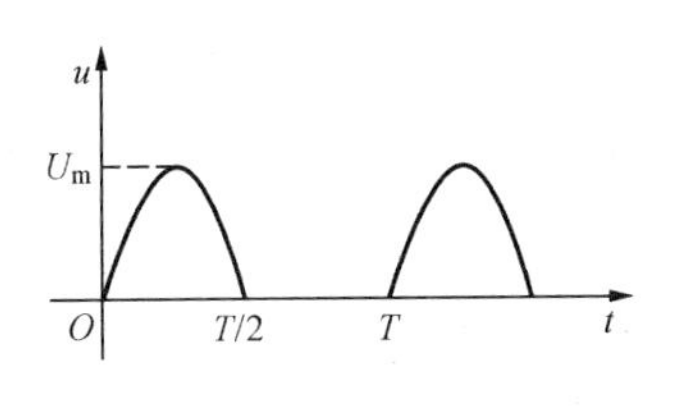

图2.9.9　题2.27图

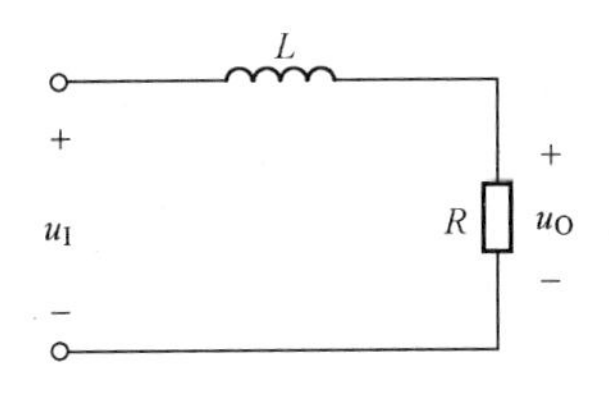

图2.9.10　题2.28图

2.29　在RLC串联电路中，已知$R=10\Omega$，$L=0.05H$，$C=22.5\mu F$，电源电压为$u(t)=60+180\sin\omega t+60\sin(3\omega t+45°)+20\sin(5\omega t+18°)V$，基波频率为50Hz，试求电路中的电流、电源的功率及电路的功率因数。

第3章 磁路与变压器

在电力系统和电子设备中，经常通过电磁转换来实现能量的转换，如工程实际应用中的一些电气设备、电磁铁、变压器、电动机等。学习这些电工设备时，不仅会遇到电路的问题，而且还会遇到磁路的问题，为此本章首先介绍磁路的基本物理量和基本定律，然后介绍交流铁心线圈、变压器等电气设备的结构和工作原理。

3.1 磁路的基础知识

变压器与发电机都是进行能量转换的电器装置。变压器是把一种形式的电能转换成另一种形式的电能，发电机将机械能转换成电能，电动机将电能转换成机械能。虽然其功能及结构各异，但其工作原理都和内部电磁有关系，都是建立在安培环路定律、电磁感应定律和电磁力定律等基本的电磁定律基础上的。

3.1.1 磁路的基本物理量

1. 磁感应强度 $\boldsymbol{B}$

磁感应强度 $\boldsymbol{B}$ 是表示磁场内某点的磁场强弱和方向的物理量，是一个矢量。磁场中任一点的磁感应强度的方向，是通过该点磁感线的切线方向。磁感应强度 $\boldsymbol{B}$ 的大小为通过该点与 $\boldsymbol{B}$ 垂直的单位面积上磁感线的数目。如果磁场内各点的磁感应强度的大小相等，方向相同，这样的磁场则称为均匀磁场。

在国际单位制中，磁感应强度的单位是特斯拉（T），实用单位是高斯（Gs），两者的关系是 $1\text{T}=10^4\text{Gs}$。

2. 磁通 Φ

穿过某一截面积 S 的磁感应强度 $\boldsymbol{B}$ 的通量，即穿过某截面积 S 的磁感线的数目称为磁感应通量，简称磁通，其表达式为

$$\Phi=\int_s \boldsymbol{B}\cdot \mathrm{d}s$$

在均匀磁场中，磁感应强度 $\boldsymbol{B}$ 与垂直于磁场方向的面积 S 的乘积，称为通过该面积的磁通 Φ，即

$$\Phi=BS \text{ 或 } B=\frac{\Phi}{S}$$

由上式可见，磁感应强度在数值上可以看成与磁场方向相垂直的单位面积所通过的磁通，故又称为磁通密度。

在国际单位制中，磁通的单位是伏·秒，通常称为韦伯（Wb）。

3. 磁导率 μ

用来表示物质导磁能力大小的物理量称为磁导率。μ_0 为真空中的磁导率，是一个常数，$\mu_0=4\pi\times10^{-7}\text{H/m}$。任一种物质的磁导率 μ 和真空的磁导率 μ_0 的比值，称为该物质的相对

磁导率即 $\mu_r=\dfrac{\mu}{\mu_0}$。

在国际单位制中，磁导率 μ 的单位为亨/米（H/m）。

4. 磁场强度 $\boldsymbol{H}$

由于物质导磁性能的不同，对磁场的影响也不同，使磁场的计算（尤其是计算不同铁磁材料的磁场）变得比较复杂。为了方便计算磁场，引入一个新的物理量——磁场强度 $\boldsymbol{H}$，它与磁感应强度 $\boldsymbol{B}$ 的关系为

$$\boldsymbol{B}=\mu\boldsymbol{H}$$

在国际单位制中，磁场强度 $\boldsymbol{H}$ 的单位为安/米（A/m）。

3.1.2 磁路基本定律

1. 安培环路定律

电流的正方向与由它所生的磁场正方向满足右手螺旋关系，如图 3.1.1 所示，磁感线是闭全线。

设空间有 n 根载流导体，其电流分别为 I_1、I_2、…、I_n，如图 3.1.2 所示。则沿任意闭合路径 l，磁场强度 $\boldsymbol{H}$ 的线积分 $\oint_l \boldsymbol{H}\cdot\mathrm{d}\boldsymbol{l}$ 等于该回路所包围的导体电流的代数和，即

$$\oint_l \boldsymbol{H}\cdot\mathrm{d}\boldsymbol{l}=\sum I$$

式中 $\sum I$ 是回路所包围的全电流。若导体电流的方向和积分路径的方向符合右手螺旋关系，该电流取正号，反之取负号。对图 3.1.2 所示方向，则有 $\sum I=I_1+I_2-I_3-I_n$。

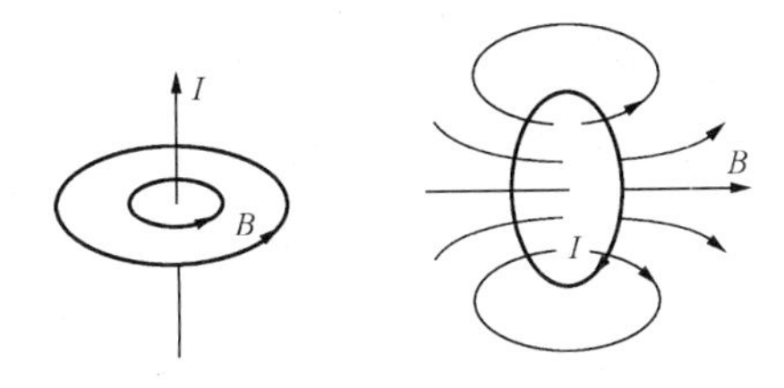

图 3.1.1 电流与磁场的方向

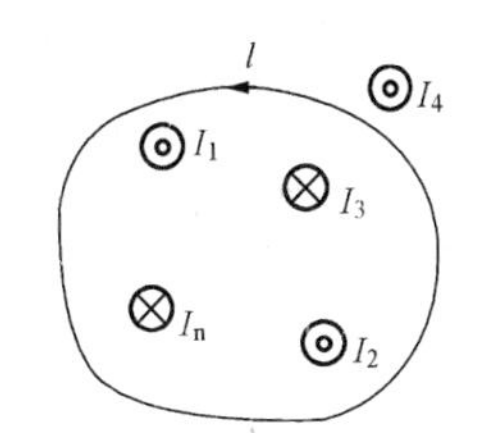

图 3.1.2 安培环路定理

2. 磁路的欧姆定律

磁路的欧姆定律是磁路中最基本的定律。如图 3.1.3 所示的磁路称为均匀磁路，即材料相同截面相等的磁路。这种磁路中各点的磁场强度 $\boldsymbol{H}$ 大小相等，根据磁场的安培环路定律（环路电流 I 如图 3.1.3 所示），有

$$\oint_l \boldsymbol{H}\cdot\mathrm{d}\boldsymbol{l}=Hl=NI$$

即

$$H=\frac{NI}{l}$$

而

$$\Phi=BS=\mu HS=\mu S\frac{NI}{l}$$

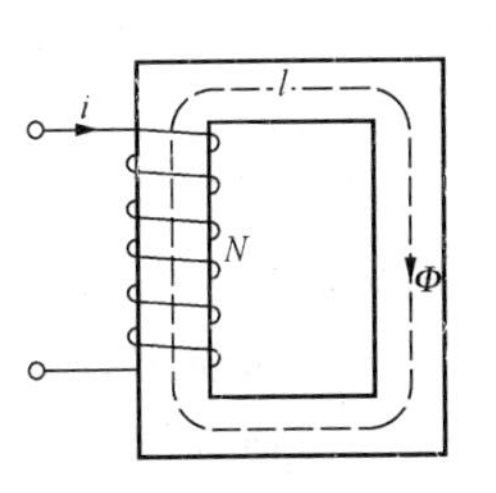

图 3.1.3 均匀磁路

令

$$R_m = \frac{l}{\mu S}$$

则

$$\Phi = \frac{NI}{R_m} = \frac{F}{R_m} \tag{3.1.1}$$

式中，R_m 与 Φ 成反比，表现为对磁通的阻碍作用，称为磁阻，单位为（H^{-1}）。$F=IN$ 是产生 Φ 的原因，称为磁通势，单位为安培（A）。因此，仿照电路中欧姆定律的含义，可将 Φ 称为磁流。式（3.1.1）便称为磁路的欧姆定律。

磁路的欧姆定律与电路的欧姆定律相比较，两者形式相似，$\Phi/S=B$ 又称为磁流密度。但有一点需要说明的是电路中的电阻是消耗电能的，而磁阻 R_m 是不耗能的。

3. 电磁感应定律

设有一匝数为 N 的线圈处在磁场中，它所交链的磁链为 $\Psi=N\cdot\phi$，则不论由于什么原因，当该线圈所交链的磁链发生变化时，在线圈内就有一感应电动势产生，这种现象称为电磁感应。这一感应电动势的大小和该线圈所交链的磁链变化率成正比。如果感应电动势的参考方向与磁通的参考方向符合右手螺旋关系，如图 3.1.4 所示，则电磁感应定律可用下式表示

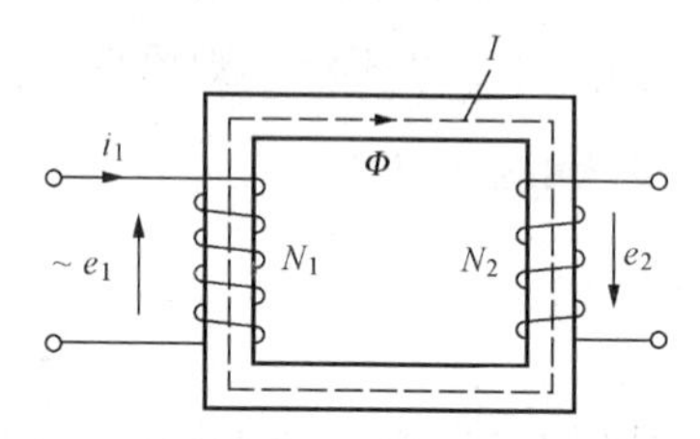

图 3.1.4　感应电动势的正方向

$$e = -\frac{d\Psi}{dt} = -N\frac{d\phi}{dt}$$

式中负号即代表楞次定律。

上面所讲的线圈中磁链的变化、可能由以下两个原因引起。

（1）线圈与磁场相对静止，但是穿过线圈的磁通本身（大小或方向）发生变化。这种情况如同变压器一样，所以这种感应电动势称为变压器电动势。以图 3.1.4 为例，设线圈 N_1 通入随时间而变的电流 i_1，而线圈 N_2 开路。这时由 i_1 所建立的磁通随时间而变，使与线圈 N_1 和 N_2 所交链的磁链 $\Psi_1=N_1\phi$ 和 $\Psi_2=N_2\phi$ 也随时间而变化，从而在线圈 N_1 和 N_2 中都会感应电动势 e_1 和 e_2。感应电动势的参考方向如图 3.1.4 所示，其表达式如下

$$e_1 = -\frac{d\Psi_1}{dt} = -N_1\frac{d\phi}{dt}$$

$$e_2 = -\frac{d\Psi_2}{dt} = -N_2\frac{d\phi}{dt}$$

在此例中，由线圈 N_1 中电流 i_1 的变化而在自身线圈 N_1 内感应的电动势 e_1 称为自感电动势，而由线圈 N_1 中电流的 i_1 变化在另一线圈 N_2 内感应的电动势 e_2 称为互感电动势。

（2）磁场的大小及方向不变，而线圈与磁场之间有相对运动，使得线圈中的磁链发生变化。这种情况一般发生在旋转电机中，电机旋转时导体“切割”磁感线而产生电动势，所以也称之为旋转电动势。

如图 3.1.5 所示，导体 ab 可以沿金属架移动并且处于磁通密度 B 为定值的磁场中，经金属架及灯泡构成一个回路。设导体 ab 与金属架构成的平面与磁感线垂直，磁感线的方向是进入纸面的。当导体 ab 在外力作用下，在 dt 时间内从左向右移动很小距离 dx 时，在 dx 范围内可视 B 是均匀的。则在 dt 时间内，由导体 ab 与金属架所构成的回路内的磁通变化为

$$d\phi = -B\cdot ds = -Bl\,dx$$

式中负号表示磁通减少。则感应电动势为

$$e=-N\frac{\mathrm{d}\phi}{\mathrm{d}t}=-\frac{-Bl\,\mathrm{d}x}{\mathrm{d}t}=Bl\frac{\mathrm{d}x}{\mathrm{d}t}=Blv$$

式中 $v=\frac{\mathrm{d}x}{\mathrm{d}t}$为导体运动的线速度。回路中感应电动势的参考方向与 B 的方向符合右手螺旋关系。

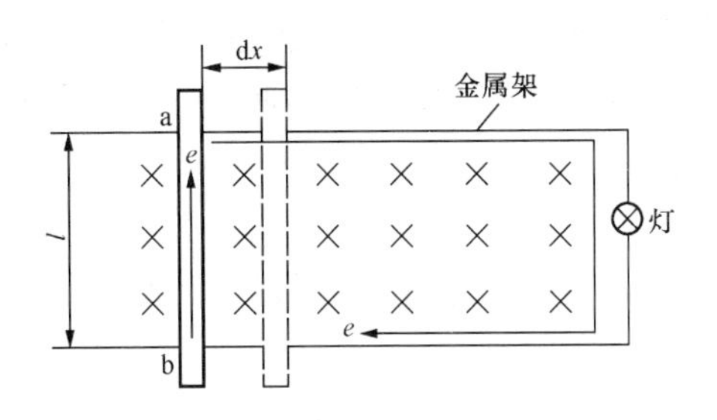

图 3.1.5 感应电动势的产生

由此可得出以下结论。

(1) 当导体在恒定磁场中运动时，若导体、磁感线和运动方向三者互相垂直，则导体内的感应电动势为

$$e=B\cdot l\cdot v$$

式中：B 为导体所处的磁通密度，单位为 T；l 为切割磁感线的导体有效长度，单位为 m；v 为导体相对于磁场的运动线速度，单位为 m/s；e 为导体中感应电动势，单位为 V。

(2) 感应电动势的方向由右手定则确定：伸开右手，使大拇指与其余四指互相垂直，让磁感线穿过手心，大拇指指向导体的运动方向，则四指所指的方向即为感应电动势的方向。

4. 电磁力定律

载流导体在磁场中将受到力的作用，这种力是磁场与电流相互作用所生的，故称为电磁力。若磁场与导体相互垂直，则作用在导体上的电磁力为

$$f=B\cdot l\cdot i$$

式中：B 为导体所处的磁通密度，单位为 T；i 为导体中的电流，单位为 A；l 为导体在磁场中的有效长度，单位为 m；f 为作用在导体上的电磁力，单位为牛顿 N。

电磁力的方向由左手定则确定：伸开左手，使大拇指与其余四指互相垂直，让磁感线穿过手心，四指指向电流的方向，则大拇指所指的方向即为电磁力的方向。

3.2 交流铁心线圈电路

变压器、交流电动机、交流电磁铁等电气设备，它们的线圈都是绕制在铁磁性材料上，在工作过程中利用磁通的交变来传递或转换能量，同时由于磁通的交变在铁心中产生能量损耗，使铁心发热，增加了电路的功率损耗。本节就含有铁心的交流电路中的电磁关系、电流与电压关系、铁心损耗三方面展开讨论。

3.2.1 交流磁路的恒磁通公式

铁心线圈分为直流铁心线圈和交流铁心线圈两种。直流铁心线圈通直流电来励磁，交流铁心线圈通交流电来励磁。分析直流铁心线圈比较简单，因为励磁电流是直流，产生的磁通是恒定的，在线圈和铁心中不会感应出电动势来，在一定电压 U 下，线圈中的电流 I 只和线圈本身的电阻 R 有关，功率损耗也只有 RI^2。而交流铁心线圈存在电磁关系，电压、电流关系及功率损耗等几个方面和直流铁心线圈有所不同。

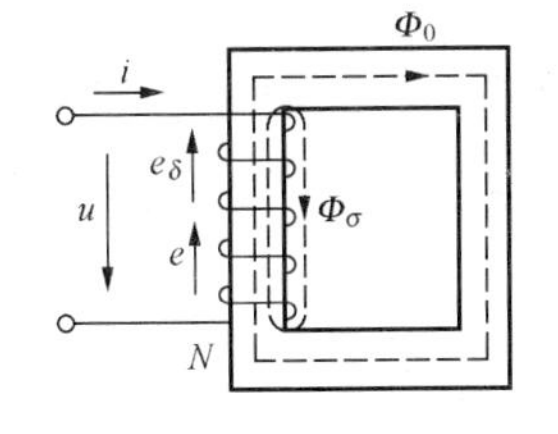

图 3.2.1 交流铁心线圈

如图 3.2.1 所示，铁心线圈中通入交流电流 i 时，在铁心线圈中产生交变磁通，其参考方向可用右手螺旋定则确定。绝大部分磁

通穿过铁心中闭合，称为主磁通 Φ_0；少量磁通由空气中穿过，称为漏磁通 Φ_σ。这两部分交变磁通分别产生电动势 e 和 e_σ，其大小和方向可用法拉第—楞茨电磁感应定律和右手螺旋定则确定，则有

$$u = -e - e_\sigma + Ri \tag{3.2.1}$$

由于 Ri 和 e_σ 比 e 小得很多，因此式（3.2.1）可近似地表达为

$$u = -e = N\frac{\mathrm{d}\Phi}{\mathrm{d}t}$$

设主磁通为正弦交变磁通 $\Phi = \Phi_\mathrm{m}\sin\omega t$，则

$$e = -N\frac{\mathrm{d}\Phi}{\mathrm{d}t} = -N\frac{\mathrm{d}[\Phi_\mathrm{m}\sin\omega t]}{\mathrm{d}t} = N\Phi_\mathrm{m}\omega\sin\left(\omega t - \frac{\pi}{2}\right) = E_\mathrm{m}\sin\left(\omega t - \frac{\pi}{2}\right) \tag{3.2.2}$$

式（3.2.2）中，N 是励磁绕组的匝数，E_m 是 e 的最大值，e 的有效值 E 为

$$E = \frac{E_\mathrm{m}}{\sqrt{2}} = \frac{1}{\sqrt{2}}\omega N\Phi_\mathrm{m} = \frac{1}{\sqrt{2}}2\pi fN\Phi_\mathrm{m} = 4.44fN\Phi_\mathrm{m}$$

$$\dot{E} = -\mathrm{j}4.44fN\Phi_\mathrm{m}$$

$$U \approx E = 4.44fN\Phi_\mathrm{m} \tag{3.2.3}$$

式（3.2.3）说明，当外加电压 U 及其频率 f 不变时，主磁通的最大值 Φ_m 基本上保持不变。这样，当交流磁路中的空气隙大小发生变化时，只要 U、f 不变，Φ_m 仍基本恒定。这是交流磁路的一个重要特点，式（3.2.3）称为恒磁通公式。

另一方面，当空气隙大小改变时，其磁阻 R_m 会随之变化，根据磁路欧姆定律，磁通势 iN 必然会发生变化。也就是说，当 U、f 保持一定时，交流磁路中空气隙大小的改变会引起励磁绕组中电流 i 的变化。这是交流磁路的另一个重要特点。

3.2.2 交流铁心线圈中的功率损耗

在交流铁心线圈中功率损失包括两部分：一部分为铜损 ΔP_Cu，另一部分为铁损 ΔP_Fe。

铜损 ΔP_Cu：$\Delta P_\mathrm{Cu} = RI^2$，即线圈电阻功率损失。

铁损 ΔP_Fe：铁损是磁滞损耗 P_h 和涡流损耗 ΔP_e 的总和，即 $\Delta P_\mathrm{Fe} = P_\mathrm{h} + \Delta P_\mathrm{e}$。由磁滞所产生的铁损称为磁滞损耗 P_h，且

$$P_\mathrm{h} = K_\mathrm{h}fB_\mathrm{m}^n$$

式中，K_h 为磁滞损耗系数，与材料性质和磁路体积有关；$n=1.6\sim2.3$。交变磁化一周，在铁心的单位体积内所产生的磁滞损耗能量与磁滞回线所包围的面积成正比。在交变磁通下，与磁场方向垂直的截面中产生漩涡状的感应电动势和电流，称为涡流，由涡流所产生的铁损称为涡流损耗 ΔP_e，且

$$\Delta P_\mathrm{e} = K_\mathrm{e}d^2f^2B_\mathrm{m}^2$$

式中：K_e 为涡流损耗系数，由材料性质决定；d 为磁路厚度，mm。

减小铁损的方法：在铁碳合金中加入硅元素，制成硅钢，可使磁滞回线面积减小，从而减小磁滞损失；将材料顺磁感线方向切成互相绝缘的薄片或加入硅元素均可使涡流的电阻大大增加，以减小涡流损失。

在交变磁通的作用下，铁损差不多与铁心内磁感应强度的最大值 B_m 的平方成正比，故 B_m 不宜选得过大，一般取 0.8～1.2T。

从上述可知，铁心线圈交流电路的有功功率为

$$P = UI\cos\varphi = RI^2 + \Delta P_{Fe}$$

3.3 变 压 器

变压器是一种常见的电气设备，具有变换电压、变换电流和变换阻抗的作用，在电力系统和电子线路中应用广泛。

在电力系统中，电力变压器是不可缺少的重要设备。在视在功率相同的情况下，输电的电压越高，电流就越小。如果输电线路上的功率损耗相同，则输电线的截面积就允许取得较小，可以节省材料，因此在输电时必须利用变压器将电压升高。在用电方面，为了保证用电的安全和用电设备的电压要求，还要利用变压器将电压降低。在电子线路中，除电源变压器外，变压器还可用来耦合电路、传递信号或实现阻抗匹配。在测量方面，可以利用互感器变换电压和变换电流的作用，扩大交流电压表和交流电流表的测量范围。此外，在工程技术和其他领域中还大量地使用各种各样的变压器，如自耦变压器、电焊变压器和电炉变压器等。

3.3.1 理想变压器

理想变压器是一种特殊的无损耗全耦合变压器，其电路图形符号如图 3.3.1 所示。理想变压器的一次、二次绕组的电压和电流满足下列关系

$$\frac{u_1}{N_1} = \frac{u_2}{N_2}$$

$$\sum Ni = 0$$

即

$$u_1 = \frac{N_1}{N_2}u_2 = Ku_2$$

$$N_1 i_1 + N_2 i_2 = 0, i_1 = -\frac{1}{K}i_2$$

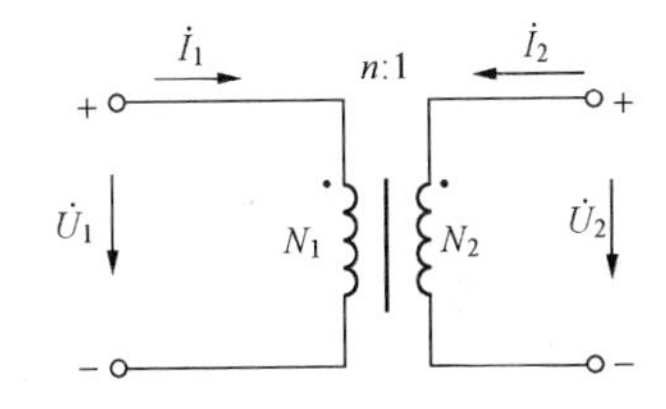

图 3.3.1 理想变压器的电路符号

式中 N_1 和 N_2 分别为一次、二次绕组的匝数，$K\left(=\frac{N_1}{N_2}\right)$称为匝数比或变比。

理想变压器除了变换电压和电流外，还可以用来变换阻抗。例如，如果在二次绕组接上阻抗 Z，则从一次绕组看进去的输入阻抗为

$$Z_{in} = \frac{\dot{U}_1}{\dot{I}_1} = \frac{K\dot{U}_2}{-\frac{1}{K}\dot{I}_2} = K^2\left(\frac{\dot{U}_2}{-\dot{I}_2}\right) = K^2 Z$$

即二次边的 R、L、C 变换到一次边分别为 K^2R、K^2L、$\frac{C}{K^2}$。

3.3.2 变压器的基本工作原理和结构

1. 变压器的基本工作原理

图 3.3.2 所示为单相变压器工作时的示意图。在公共铁心的铁柱上，绕有匝数分别为 N_1 和 N_2 的两个线圈，输入电能的线圈称为一次绕组，输出电能的线圈称为二次绕组。为了加强一、二次绕组间的电磁耦合，公共铁心由高磁导率的电工硅钢片叠压而成。当一次绕组接到交流电源时，在外施电压 u_1 的作用下，一次绕组中便有交流电流流过，并在公共铁

心中产生交变磁通量 Φ，其频率与外施交流电压 u_1 的频率相同。这个交变磁通量 Φ 同时与一、二次绕组相交链，根据电磁感应原理，在一、二次绕组中会产生感应电动势 e_1 和 e_2。若二次绕组端点接上负载 Z_L，二次绕组在 e_2 的作用下，便向负载输出电功率。于是，一次绕组便从电源吸取电功率，借助磁场为媒介，传递到二次绕组。由前面的分析可知，忽略由漏磁通 $\Phi_{\sigma1}$ 和 $\Phi_{\sigma2}$ 在各自绕组中产生的漏磁电动势 $e_{\sigma1}$ 和 $e_{\sigma2}$，一、二次绕组感应电动势之比等于一、二次绕组匝数之比，而一次绕组电动势 e_1 的大小等于外施电压 u_1，二次绕组电动势 e_2 的大小等于二次绕组端电压 u_2。因此，只要改变一、二次绕组的匝数之比，便可达到变换电压的目的，以满足不同用途的需要。

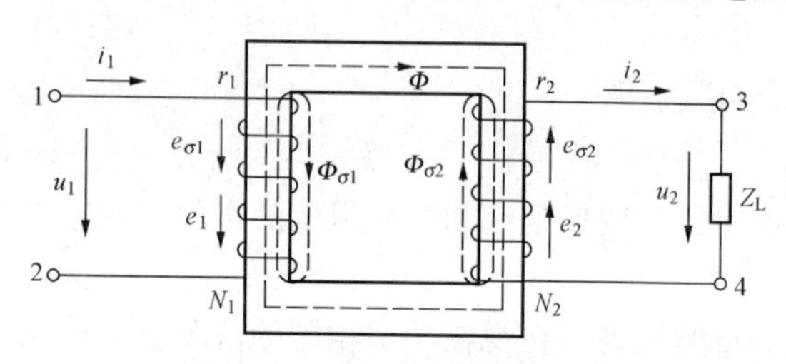

图 3.3.2　单相变压器工作示意图

2. 变压器结构的主要部件

从变压器的基本工作原理可知，铁心和绕组是变压器结构的主要部件。此外，根据结构和运行的要求还有油箱、冷却装置和绝缘套管等部件。图 3.3.3 所示为一台油浸式电力变压器的外形图，现将其结构的主要部件简介如下。

(1) 铁心。铁心是变压器的磁路部分。为了提高磁路的导磁性能和降低铁心的涡流及磁滞损耗，铁心通常用厚度为 0.35mm 且表面涂有绝缘漆的电工硅钢片叠压或卷压而成。铁心分为铁心柱和铁轭两部分，铁心柱上套装线圈，铁轭则是将铁心柱连接起来使之形成闭合的磁回路。在容量很小的特殊变压器中，如脉冲变压器等，也常用磁导率高而损耗小的铁氧体作为铁心材料。

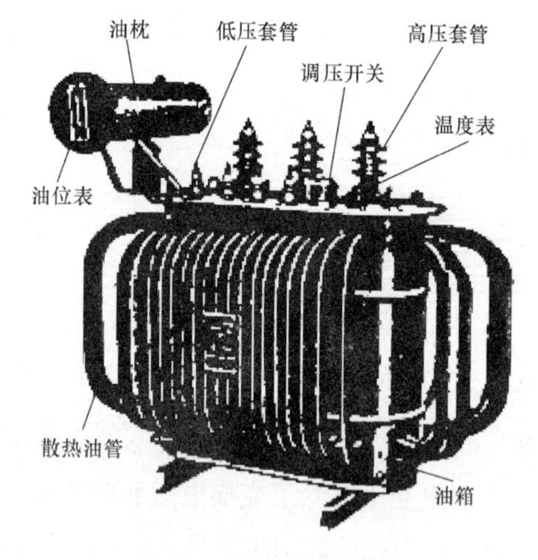

图 3.3.3　油浸式电力变压器

根据铁心结构型式，铁心可分为叠片式和渐开线式两种。叠片式铁心又分为心式和壳式两种。

图 3.3.4 所示为装有线圈（绕组）的心式变压器铁心。这种心式铁心结构的特点是：线圈散热条件较好，结构比较简单，线圈的装配和绝缘也比较容易。因此，我国生产的电力变压器大部分采用心式结构。

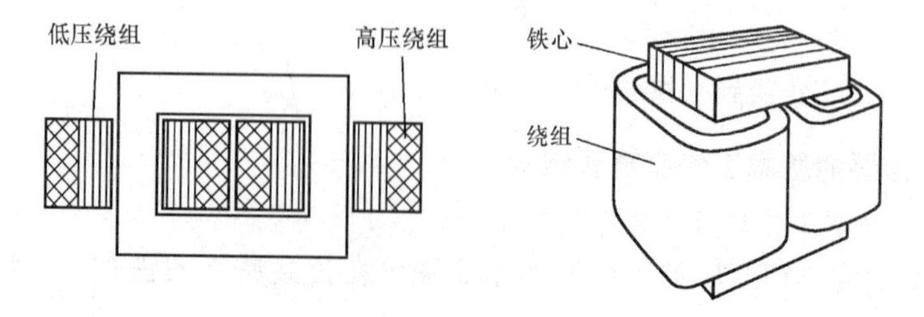

图 3.3.4　心式变压器铁心和绕组装置

叠片式铁心的装配方法，一般采用交错式装配，如图 3.3.5 所示。装配时把铁心柱和铁轭的硅钢片一层一层的交错叠装，叠装时相邻两层叠片的接缝要互相错开，以减小接缝处气隙，从而减小了激磁电流。大型变压器大都采用冷轧硅钢片作为铁心。由于冷轧硅钢片具有非常明显的导磁方向性，顺着轧碾方向有较小的铁耗和较好的导磁性能，垂直轧碾方向磁性能较差，如按图 3.3.5 (a) 所示下料和叠装，则在磁路转角处，由于磁通方向与轧碾方向成 90°，将引起导磁性能变差和铁耗增加，因此，为了使磁通方向与轧碾方向基本上一致，采用了图 3.3.5 (b) 所示的斜切硅钢片的叠装方法。

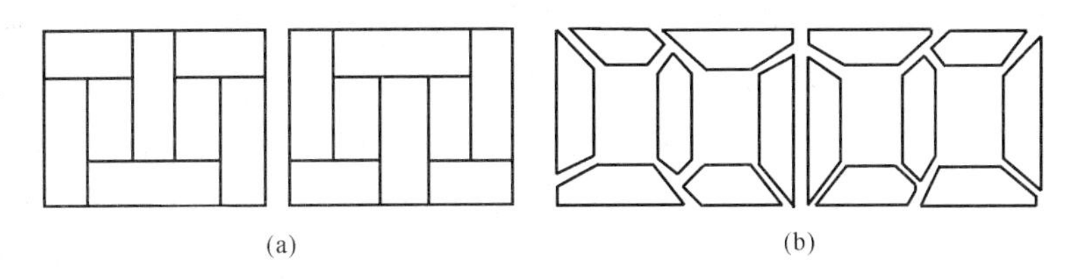

图 3.3.5　三相心式变压器铁心叠片的叠装次序

考虑到绕组制造的工艺和结构的牢固性，线圈一般都做成圆形。为了充分利用绕组内的圆柱形空间，大型变压器的铁心柱截面多做成阶梯形的多边形，小容量变压器铁心柱截面一般采用正方形或矩形。变压器铁轭的截面采用矩形或阶梯形。

(2) 绕组。绕组（线圈）是变压器的电路部分。它由绝缘包叠的铜线或铝线绕制而成，并由绝缘材料构成线圈的主绝缘和从绝缘，使线圈固定在一定位置而形成纵、横向油道，以利于变压器油的流动，加强散热和冷却效果。根据高、低压线圈之间的相对位置排列不同，变压器绕组可分为同心式和交叠式两大类，如图 3.3.6 所示。

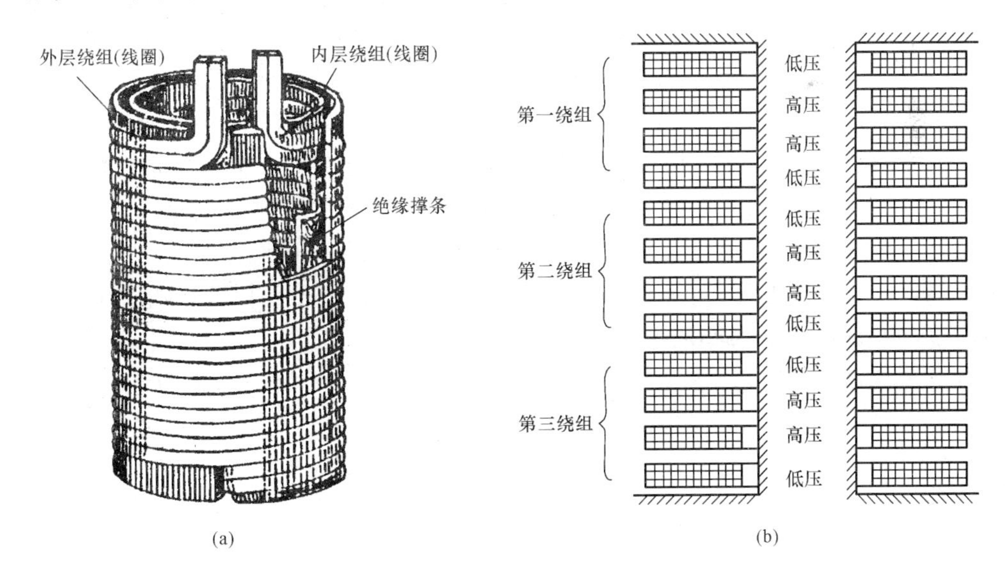

图 3.3.6　变压器绕组结构

(a) 同心式绕组（线圈）；(b) 交叠式绕组（线圈）

同心式绕组的高、低压线圈同心地套在铁心柱上，如图 3.3.6 (a) 所示。为了便于线圈和铁心绝缘，通常将低压线圈靠近铁心放置，高压线圈套在低压线圈的外面。

交叠式线圈的排列如图 3.3.6 (b) 所示。高、低压线圈沿铁心柱高度方向互相交叠地排列，为了减小绝缘层的厚度，通常将低压线圈靠近铁轭。这类线圈漏抗较小、连接线方便、线圈机械强度牢固，但绝缘结构复杂、制造不便，主要用在壳式变压器中，如电炉和电焊变压器。

由于绕组绕制的特点，线圈又可分为圆筒式、饼式、连续式、纠结式和螺旋式等几种主要型式。一般根据变压器的不同型式、容量、电压和电流，选用不同的线圈型式，而圆筒形同心式绕组，因结构简单，制造方便，是电力变压器通常采用的一种绕组型式。

(3) 油箱和变压器油。变压器油箱是由钢板焊接而成的，一般都做成椭圆形。它除放置变压器器身（带线圈的变压器铁芯组件）外，其余空间充满变压器油。变压器油是一种矿物油，是绝缘介质和散热媒介。为了扩大散热面，可在油箱的侧面装置几排钢管或冷却器。

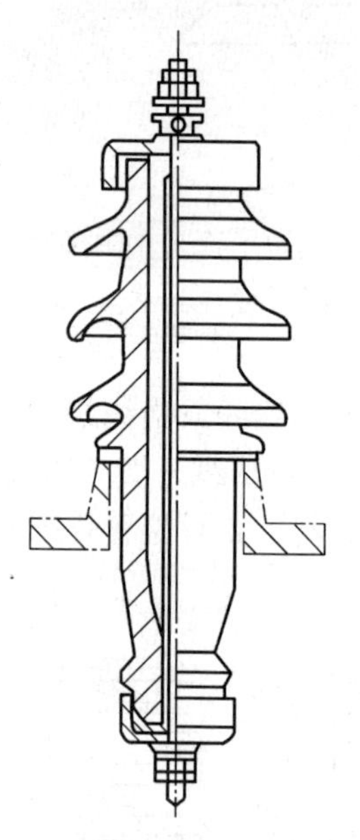

图 3.3.7　35kV 充油式绝缘套

(4) 绝缘套管。变压器的绕组引出线穿过油箱盖时，必须用瓷质的绝缘套管，使其与油箱绝缘。1kV 以下的电压采用实心瓷套管，10～35kV 需用空心充气或充油式瓷套管，如图 3.3.7 所示。电压在 110kV 以上（含 110kV）时，要用电容式瓷套管。为了增加表面放电距离，套管外形做成多级伞形，电压越高，级数越多。

除上述基本部件外，尚有其他附件，如储油柜（油枕）、气体继电器、测温装置和分接开关等。

3. 变压器的额定值

变压器的额定值主要有以下几种。

(1) 额定容量 S_N。额定容量是指变压器的额定视在功率，单位为 VA 或 kVA。由于变压器在传递能量过程中，效率很高，通常把一、二次绕组的容量设计为相等。

(2) 额定一、二次电压 U_{1N} 和 U_{2N}。一次额定电压 U_{1N} 是指在额定运行情况下，一次接线端点间应施加的电压；二次额定电压 U_{2N} 是指一次外加额定电压 U_{1N} 时的二次出线端点间的空载电压，单位为 V 或 kV。三相变压器中，额定电压系指线电压。

(3) 额定一、二次电流 I_{1N} 和 I_{2N}。根据额定容量和额定电压所计算出的电流称为额定电流。三相变压器额定电流指线电流。

对单相变压器

$$I_{1N}=\frac{S_N}{U_{1N}};\quad I_{2N}=\frac{S_N}{U_{2N}}$$

对三相变压器

$$I_{1N}=\frac{S_N}{\sqrt{3}U_{1N}};\quad I_{2N}=\frac{S_N}{\sqrt{3}U_{2N}}$$

(4) 额定频率 f_N。我国规定标准工业频率为 50Hz。

此外，在变压器的铭牌上还标有额定效率 η_N、额定温升 θ_N、阻抗电压 u_K、联结组号和接线图等。

【例 3.3.1】 一台三相变压器，$S_N=16\ 000\text{kVA}$，$U_{1N}/U_{2N}=110/11\text{kV}$，Y/△连接，$f_N=50\text{Hz}$。试求：

（1）一、二次额定电流各为多少？

（2）一、二次额定相电流各为多少？

（3）一、二次额定相电压各为多少？

解 （1）一、二次额定电流各为

$$I_{1N}=\frac{S_N}{\sqrt{3}U_{1N}}=\frac{16\,000\times10^3}{\sqrt{3}\times110\times10^3}=83.98(\text{A})$$

$$I_{2N}=\frac{S_N}{\sqrt{3}U_{2N}}=\frac{16\,000\times10^3}{\sqrt{3}\times11\times10^3}=839.89(\text{A})$$

（2）一、二次额定相电流各为：

因一次为星形（Y）接法，额定相电流等于线电流，故有 $I_{1N\varphi}=I_{1N}=83.98\text{A}$

因二次为三角形（△）接法，额定相电流为

$$I_{2N\varphi}=\frac{I_{2N}}{\sqrt{3}}=\frac{839.8}{\sqrt{3}}=484.87(\text{A})$$

（3）一、二次额定相电压各为：

因一次是星形接法，额定相电压为

$$U_{1N\varphi}=\frac{U_{1N}}{\sqrt{3}}=\frac{110\times10^3}{\sqrt{3}}(\text{V})=63.51(\text{kV})$$

因二次为三角形接法，额定相电压等于线电压，故有

$$U_{2N\varphi}=U_{2N}=11(\text{kV})$$

3.3.3 特殊变压器

1. 自耦变压器

图 3.3.8 所示为一种自耦变压器，其结构特点是二次绕组是一次绕组的一部分。且一、二次绕组电压之比和电流之比为

$$\frac{U_1}{U_2}=\frac{N_1}{N_2}=K,\quad \frac{I_1}{I_2}=\frac{N_2}{N_1}=\frac{1}{K}$$

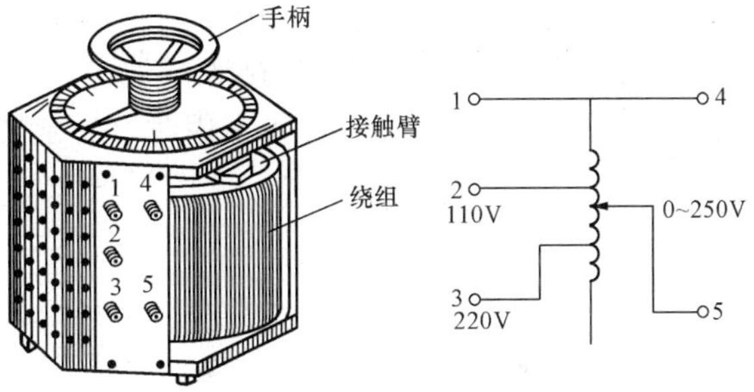

图 3.3.8 调压器的外形和原理图

实验室中常用的调压器就是一种可改变二次绕组匝数的自耦变压器，其外形和电路图如图 3.3.8 所示。自耦变压器的一、二次绕组之间有直接的电的联系，所以应用时一定不要将一、二次绕组接反；同时自耦变压器的金属外壳要可靠接地。

2. 电流互感器

如图 3.3.9 所示，电流互感器可将大电流变换为小电流，然后送给测量仪表或控制设

备，使仪表设备及工作人员与大电流隔离，并起到扩大测量仪表的测量范围的功能。

电流互感器的一次绕组的匝数很少（只有一匝或几匝），它串联在被测电路中。二次绕组的匝数较多，它与电流表或其他仪表及继电器的电流线圈相连接。

根据变压器原理，可认为

$$\frac{I_1}{I_2}=\frac{N_2}{N_1}=K_i \text{ 或 } I_1=\frac{N_2}{N_1}I_2=K_iI_2$$

式中，K_i 是电流互感器的变换系数。

利用电流互感器可将大电流变换为小电流，电流表的读数 I_2 乘以变换系数 K_i 即为被测大电流 I_1（在电流表的刻度上可直接标出被测电流值）。通常电流互感器二次绕组的额定电流都规定为 5A 或 1A。

要特别注意的是，电流互感器在电路中闲置不用时，一定要将二次侧短接，不能开路。

3. 电压互感器

如图 3.3.10 所示，电压互感器可以将高电压变换为低电压，然后送给测量仪表或控制设备，并使仪表设备及工作人员与高压电路隔离。因为$\frac{U_1}{U_2}=\frac{N_1}{N_2}=K_u\gg1$，所以 $U_2=\frac{1}{K_u}U_1$ 变小，利用电压互感器可将高电压变换为低电压，使测量安全。

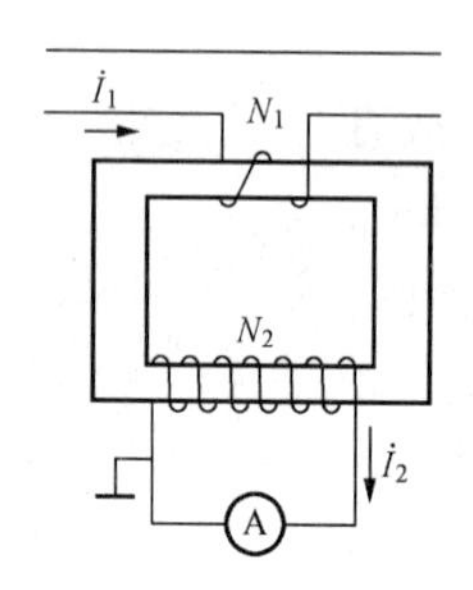

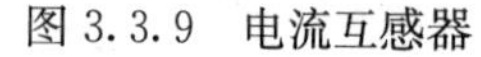

图 3.3.9 电流互感器

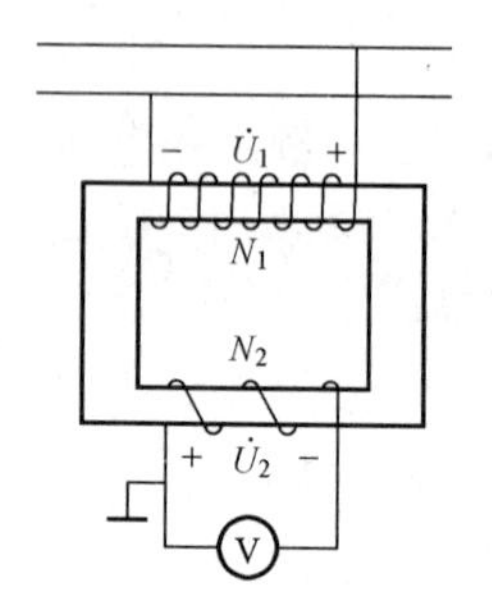

图 3.3.10 电压互感器

此外，使用电压互感器也是为了使测量仪与高压电路隔开，以保证人身与设备的安全。为了安全起见，互感器的铁心及二次绕组的一端应该接地。

同样要特别注意的是，电压互感器在电路中闲置不用时，一定要将二次侧开路，不能短接。

3.4 习 题

3.1 如图 3.4.1 所示，已知信号源电动势 $U_S=12V$，内阻 $R_O=1k\Omega$，负载电阻 $R_L=8\Omega$，变压器的变比 $K=10$，求负载上的电压 U_2。

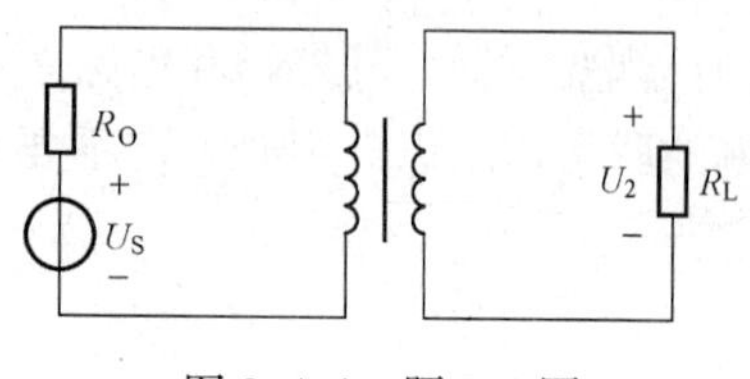

图 3.4.1 题 3.1 图

3.2 单相变压器一次绕组 $N_1=1000$ 匝，二次绕组 $N_2=500$ 匝，现一次侧加电压 $U_1=220V$，二次侧接电阻性负载，测得二次侧电流 $I_2=4A$，忽略变压器的内阻抗及损耗，试求：

（1）一次侧等效阻抗 $|Z_1'|$；

（2）负载消耗功率 P_2。

3.3　有一交流铁心线圈，接在 $f=50\text{Hz}$ 的正弦电源上，在铁心中得到的磁通的最大值为 $\phi_m=2.25\times10^{-3}\text{Wb}$。现在在此铁心上再绕一个线圈，其匝数为200。当此线圈开路时，求其两端电压。

3.4　将一铁心线圈接于电压 $U=100\text{V}$，频率 $f=50\text{Hz}$ 的正弦电源上，其电流 $I_1=5\text{A}$，$\cos\varphi_1=0.7$。若将此线圈中的铁心抽出，再接于上述电源上，则线圈中电流 $I_2=10\text{A}$，$\cos\varphi_2=0.05$。试求此线圈在具有铁心时的铜损和铁损。

3.5　有一单相照明变压器，容量为10kV·A，电压为3300V/220V。今欲在二次绕组接上60W，220V的白炽灯，如果要变压器在额定情况下运行，这种电灯可接多少个？并求一次、二次绕组的额定电流。

3.6　某电源变压器如图3.4.2所示，已知一次绕组 $N=500$，$U_1=200\text{V}$，问为了满足二次电压有效值分别为6.3V、9V及250V的要求，二次侧各绕组的匝数应为多少？

3.7　一台变压器容量为10kV·A，在满载情况下向功率因数为0.95（滞后）的负载供电，变压器的效率为94%。求变压器的损耗。（提示：变压器效率为输出功率与输入功率的比值，而输入功率等于输出功率与损耗的和）

3.8　从图3.4.2中的理想电源变压器，你能得到多少种不同的输出电压？它们分别是多少？

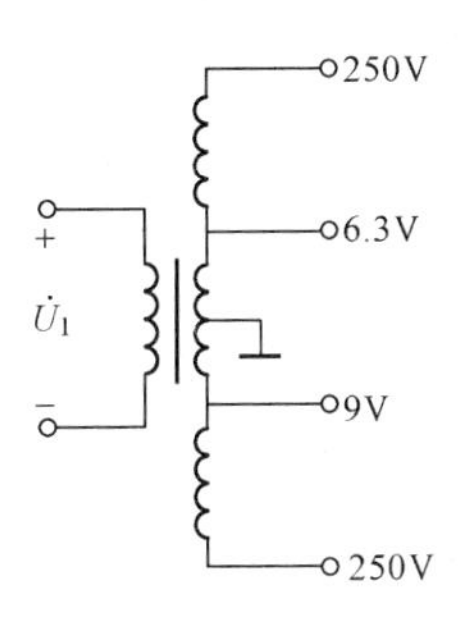

图3.4.2　题3.6图

第 4 章　交流异步电动机及控制

电动机的作用是将电能转换为机械能。现代各种生产机械都广泛应用电动机来驱动。

电动机可分为交流电动机和直流电动机两大类。交流电动机又分为异步交流电动机（或称感应电动机）和同步电动机。直流电动机按照励磁方式的不同分为他励、并励、串励和复励四种。

在生产上主要用的是交流异步电动机，特别是三相异步电动机，它被广泛地用来驱动各种石油机械、化工机械、金属切削机床、起重机、锻压机、传送带、铸造机械、功率不大的通风机及水泵等。仅在需要均匀调速的生产机械上，如龙门刨床、轧钢机及某些重型机床的主传动机构，以及在某些电力牵引和起重设备中才采用直流电动机。同步电动机主要应用于功率较大、不需调速、长期工作的各种生产机械，如压缩机、水泵、通风机等。单相异步电动机常用于功率不大的电动工具和某些家用电器中。除上述动力用电动机外，在自动控制系统中还用到各种控制电机。

本章主要讨论三相异步电动机，同时对单相异步电动机及常用的低压控制电器作简要介绍。

对于异步电动机读者应该了解下列几个方面的问题：①基本构造；②工作原理；③表示转速与转矩之间关系的机械特性；④起动、反转、调速及制动的基本原理和基本方法；⑤应用场合和如何正确接用。

4.1　三相异步电动机的结构和工作原理

4.1.1　三相异步电动机的结构

三相异步电动机分成定子（固定部分）和转子（旋转部分）两个基本部分。图 4.1.1 所示为三相异步电动机的构造示意图。

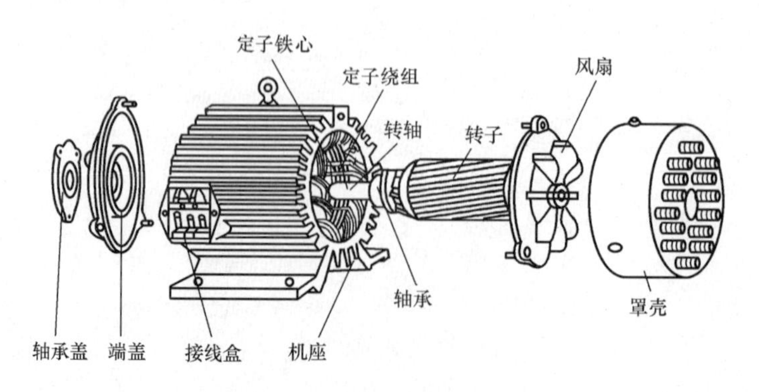

图 4.1.1　三相异步电动机的构造

三相异步电动机的定子由机座和装在机座内的圆筒形铁心及其中的三相定子绕组组成。

机座是用铸铁或铸钢制成的，铁心是由互相绝缘的硅钢片叠成的。铁心的内圆周表面冲有槽，如图 4.1.2 所示，用以放置对称三相绕组 AX、BY、CZ，有的连接成星形，有的连接成三角形。

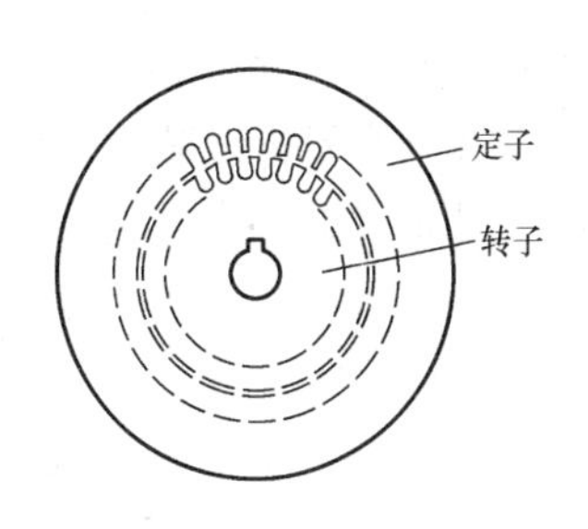

图 4.1.2　定子和转子铁心的心片结构

三相异步电动机的转子根据构造上的不同分为笼型和绕线型两种型式。转子铁心是圆柱状，也用硅钢片叠成，表面冲有槽，如图 4.1.2 所示。铁心装在转轴上，轴上加机械负载。

笼型的转子绕组做成鼠笼状，就是在转子铁心的槽中放铜条，其两端用端环连接，如图 4.1.3 所示。或者在槽中浇铸铝液，铸成一鼠笼，如图 4.1.4 所示，这样便可以用比较便宜的铝来代替铜，同时制造也快。因此，目前中小型笼型电动机的转子很多是铸铝的。笼型异步电动机的“鼠笼”是它的构造特点，易于识别。

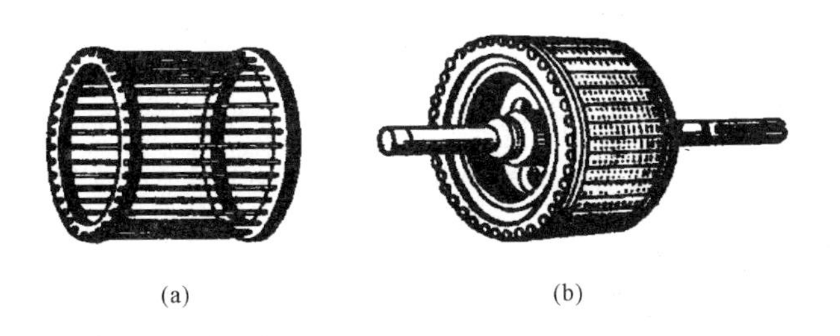

图 4.1.3　铜条笼型转子结构

(a) 鼠笼式转子绕组；(b) 铜条笼型转子结构

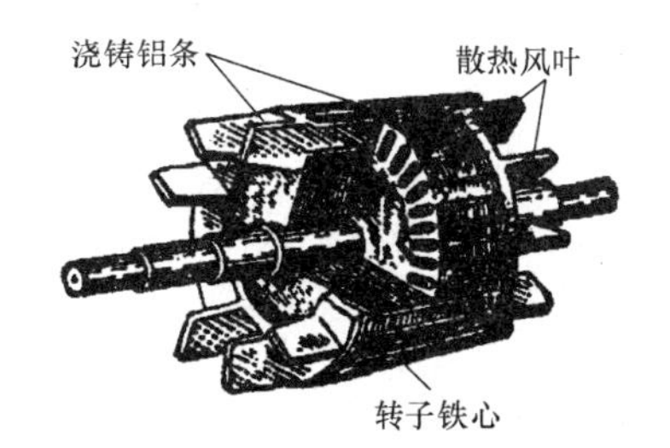

图 4.1.4　铸铝笼型转子结构

4.1.2　三相异步电动机的工作原理

1. 闭合线圈在旋转磁场中的转动原理及方向

电动机能够转动的基本原理是通电导体在磁场中受力，如电动机内部存在一个转速为 n_0 的旋转磁场，转子就会产生旋转转矩，从而推动转子转动。如图 4.1.5 所示，如磁极逆时针方向旋转时，闭合线圈就会产生切割磁感应线的作用，根据右手定则可以判定闭合线圈中感应电动势的方向和感应电流的方向如图 4.1.5 所示。有了感应电流，闭合线圈又相当于通电导线位于磁场中，同样通过左手定则可以判断闭合线圈的上下两臂会受到如图 4.1.5 所示的相对方向的两个力，使闭合线圈沿着受力的方向转动，并且转动的方向与磁极旋转的方向相同。

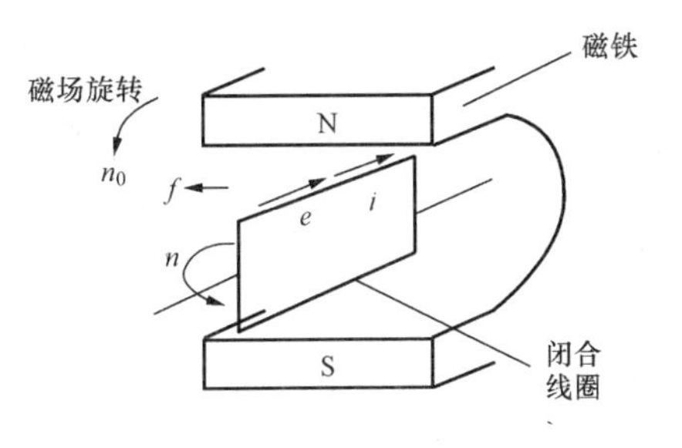

图 4.1.5　闭合线圈在旋转磁场中转动原理及方向

下面讨论闭合线圈的转速 n 和 n_0 的关系。

首先要确定的是闭合线圈中必须有感应电流，它才能受力旋转；要产生感应电流必须使通过线圈内的磁通量发生变化；磁通量要发生变化，通电线圈只能是滞后于磁极而转动。

其次要确定的是转速 n 和 n_0 的大小问题，由于固定线圈的两端是存在摩擦力的，同时线圈转动时还存在阻力等，这都需要闭合线圈中必须有一定的维持电流，才能保持线圈跟着磁极转动。通过楞次定律可知，要得到这个维持电流，必须满足 $n \leqslant n_0$（理想情况下，摩擦力、阻力及闭合线圈阻抗为零时 $n=n_0$）。

因此讨论异步电机的转动原理，首先要讨论异步电动机中的旋转磁场。

2. 三相异步电机的旋转磁场

(1) 旋转磁场的产生。三相异步电动机的定子铁心中放有三相对称绕组 AX、BY 和 CZ，如图 4.1.6 所示。设将三相绕组连接成星形，接在三相电源上，如图 4.1.7 (a) 所示，绕组中便通入三相对称电流

$$i_A = I_m \sin\omega t$$
$$i_B = I_m \sin(\omega t - 120°)$$
$$i_C = I_m \sin(\omega t + 120°)$$

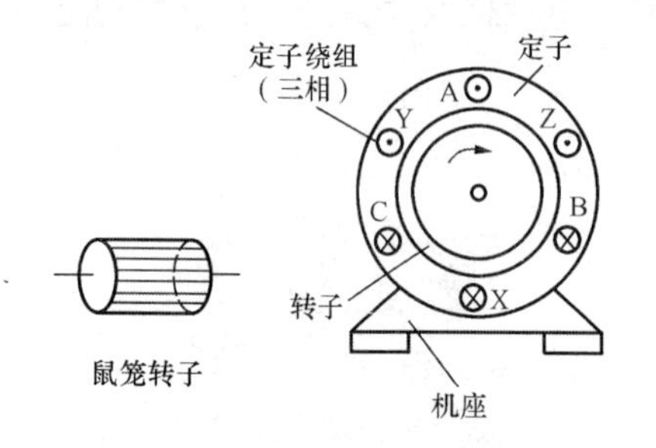

图 4.1.6　三相对称绕组

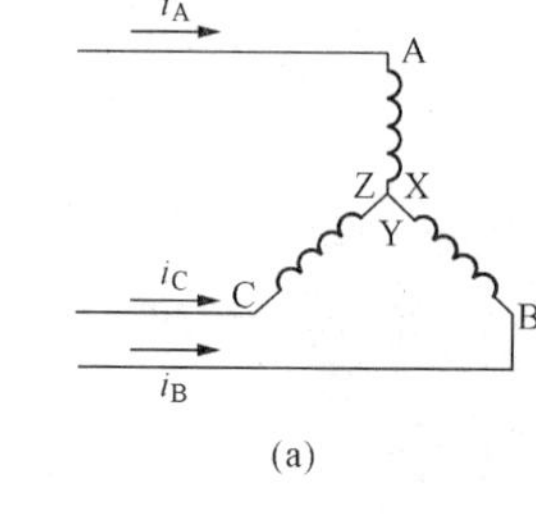

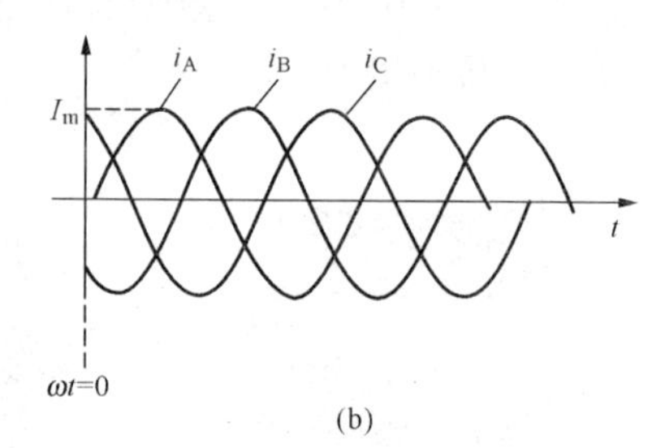

图 4.1.7　绕组星形连接及其电流波形

(a) 绕组连接成星形；(b) 三相对称电流波形

其波形如图 4.1.7 (b) 所示。取绕组始端到末端的方向作为电流的参考方向，在电流的正半周时，其值为正，其实际方向与参考方向一致；在负半周时，其值为负，其实际方向与参考方向相反。

在 $\omega t=0$ 的瞬间，定子绕组中的电流方向如图 4.1.8 (a) 所示。这时 $i_A=0$；i_B 是负的，其方向与参考方向相反，即自 Y 到 B；i_C 是正的，其方向与参考方向相同，即自 C 到 Z。将每相电流所产生的磁场相加，便得出三相电流的合成磁场。在图 4.1.8 (a) 中，合成磁场轴线的方向是自上而下的。

图 4.1.8 (b) 所示分别是 $\omega t=60°$，$\omega t=120°$，$\omega t=180°$时定子绕组中电流的方向和三相电流的合成磁场的方向。$\omega t=180°$时合成磁场的方向已较 $\omega t=0$ 时转过了 180°。

由上可知，当定子绕组中通入三相电流后，它们共同产生的合成磁场是随电流的交变而在空间不断地旋转着的，这就是旋转磁场。

(2) 旋转磁场的转向。在三相电流中，电流出现正幅值的顺序为相序，图 4.1.8 中三相电源的相序为 A→B→C→A→B，这一相序称为正相序，如果图 4.1.8 中任意两相电源互换都会出现 C→B→A→C→B 的情况，这一相序为逆相序。

当三相电流的相序为正相序时，旋转磁场的方向是顺时针旋转，如图 4.1.9 (a) 所示；当三相电流的相序为逆相序时，旋转磁场的方向是逆时针旋转，如图 4.1.9 (b) 所示。即磁场的转向与通入绕组的三相电流的相序有关。

也就是说如果将同三相电源连接的三根导线中的任意两根的一端对调位置（如对调了 B 与 C 两相），则电动机三相绕组的 B 相与 C 相对调（注意，电源三相端子的相序未变），旋

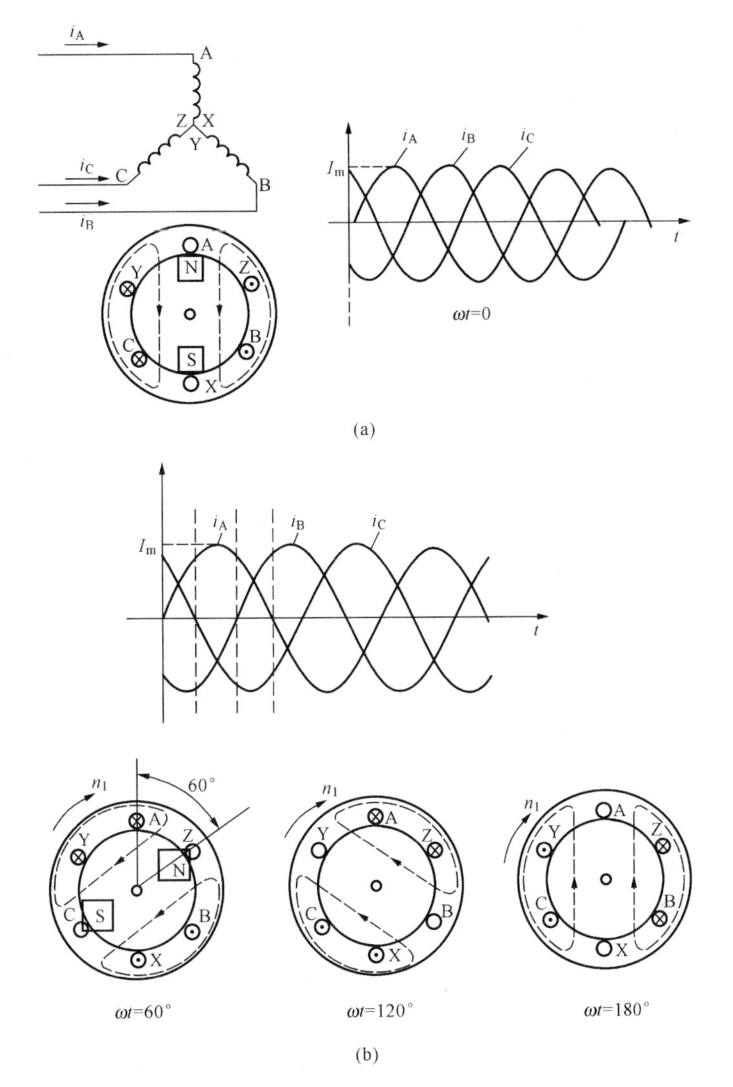

图 4.1.8　不同时间点三相电流及合成磁场方向

(a) $\omega t=0$ 三相电流及合成磁场；(b) $\omega t=60°$、120°、180°时的三相电流及合成磁场

转磁场因此反转。

(3) 旋转磁场的极对数。上述三相绕组的合成磁场只有一个 S 极和一个 N 极，也即旋转磁场是一对磁极（$p=1$），由此构成的电机称一对极电机（或者 2 极电机）；如果将三相定子绕组作不同的安排，也可产生两对旋转磁场（$p=2$），如图 4.1.10 所示，由此构成的电机称两对极电机（或者 4 极电机）；若产生三对旋转磁场（$p=3$），由此构成的电机称三对极电机（或者 6 极电机）。

3. 旋转磁场的转速

三相异步电动机的转速与旋转磁场的转速有关，而旋转磁场的转速决定于磁场的极对数。在一对极的情况下，由图 4.1.8 可见，当电流从 $\omega t=0°$到 $\omega t=60°$经历了 60°时，磁场在空间也旋转了 60°。当电流交变了一次（一个周期）时，磁场恰好在空间旋转了一圈。设电流的频率为 f_1，即电流每秒钟交变 f_1 次或每分钟交变 $60f_1$ 次，则旋转磁场的转速为 $n_0=$

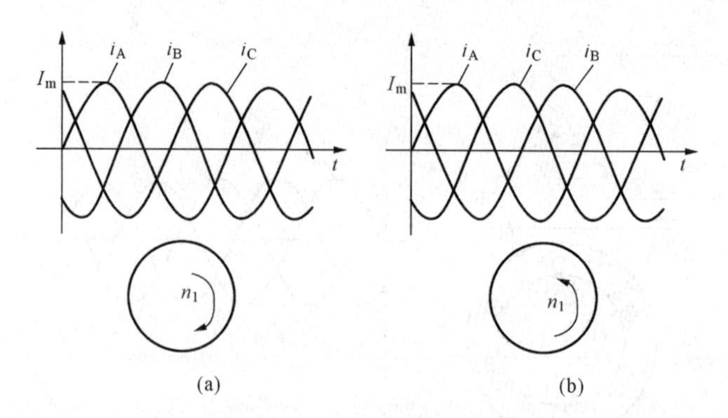

图 4.1.9 旋转磁场的方向

(a) 正相序 A→B→C 时旋转磁场的方向；

(b) 逆相序 B→A→C 时旋转磁场的方向

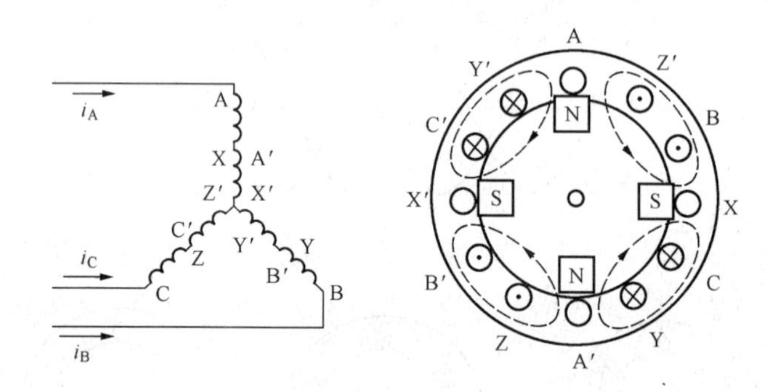

图 4.1.10 两对极（4 极）旋转磁场的结构

$60f_1$，转速的单位为转每分（r/min）。

在旋转磁场具有两对极（$p=2$）的情况下，可以证明当电流交变了一次时，磁场在空间仅旋转了半圈，比 $p=1$ 情况下的转速慢了一半，即 $n_0=60f_1/2$。

由此推知，当旋转磁场具有 p 对极时，磁场的转速为

$$n_0=\frac{60f_1}{p} \tag{4.1.1}$$

因此，旋转磁场的转速 n_0 决定于电流频率 f_1 和磁场的极对数 p，而后者又决定于三相绕组的安排情况。对某一特定情况下的异步电动机讲，f_1 和 p 通常是一定的，所以磁场转速 n_0 是个常数。

在我国，工频频率是 $f_1=50\text{Hz}$，于是由式（4.1.1）可得出对应于不同极对数 p 的旋转磁场转速 n_0（r/min），如表 4.1.1 所示。

表 4.1.1　不同极对数 p 的旋转磁场转速

p	1	2	3	4	5	6
n_0/(r/min)	3000	1500	1000	750	600	500

4. 三相异步电动机的转动原理

图 4.1.11 所示为三相异步电动机转子转动的原理图，图中 N、S 表示两极旋转磁场，

转子中只显示出两根导条（铜或铝）。当旋转磁场向顺时针方向旋转时，其磁通切割转子导条，导条中就感应出电动势，电动势的方向由右手定则确定。在这里应用右手定则时，可假设磁极不动，而转子导条向逆时针方向旋转切割磁通，这与实际上磁极顺时针方向旋转时磁通切割转子导条是相当的。

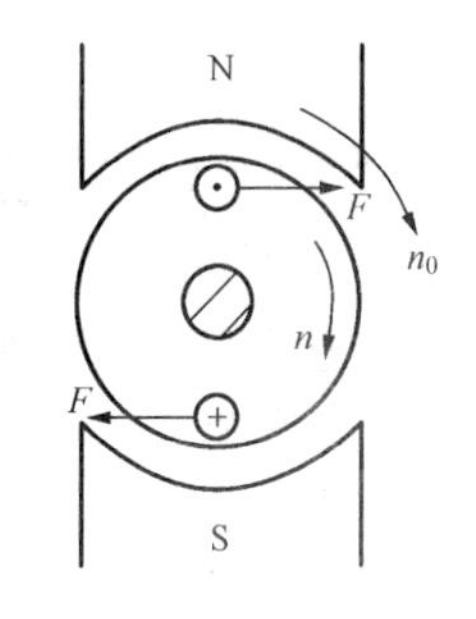

图 4.1.11　转子转动原理

在电动势的作用下，闭合的导条中就有电流。这电流与旋转磁场相互作用，而使转子导条受到电磁力 F。电磁力的方向可应用左手定则来确定。由电磁力产生电磁转矩，转子就转动起来。由图 4.1.11 可见，转子转动的方向和磁极旋转的方向相同。

5. 转差率

如图 4.1.11 所示，电动机转子转动的方向与磁场旋转的方向相同，但转子的转速 n 不可能达到与旋转磁场的转速 n_0 相等，即 $n<n_0$。因为，如果两者相等，则转子与旋转磁场之间就没有相对运动，因而磁通就不切割转子导条，转子电动势、转子电流及转矩也就都不存在。这样，转子就不可能继续以 n_0 的转速转动。因此，转子转速与磁场转速之间必须要有差别。这就是异步电动机名称的由来，而旋转磁场的转速 n_0 常称为同步转速。

可以用转差率 s 来表示转子转速 n 与磁场转速 n_0 相差的程度，即

$$s=\frac{n_0-n}{n_0} \tag{4.1.2}$$

转差率是异步电动机的一个重要的物理量。转子转速越接近磁场转速，则转差率越小。由于三相异步电动机的额定转速与同步转速相近，所以它的转差率很小。通常异步电动机在额定负载时的转差率约为 1%～9%。

当 $n=0$ 时（起动初始瞬间），$s=1$，这时转差率最大。式（4.1.2）也可写为

$$n=(1-s)n_0 \tag{4.1.3}$$

4.2　三相异步电动机的电路分析

1. 三相异步电动机的等效电路

图 4.2.1 所示为三相异步电动机每相的等效电路图。和变压器相比，定子绕组相当于变压器的一次绕组，转子绕组（一般是短接的）相当于二次绕组。

定子和转子每相绕组的匝数分别为 N_1 和 N_2。R_1、R_2 分别是转子绕组和定子绕组的导线电阻。

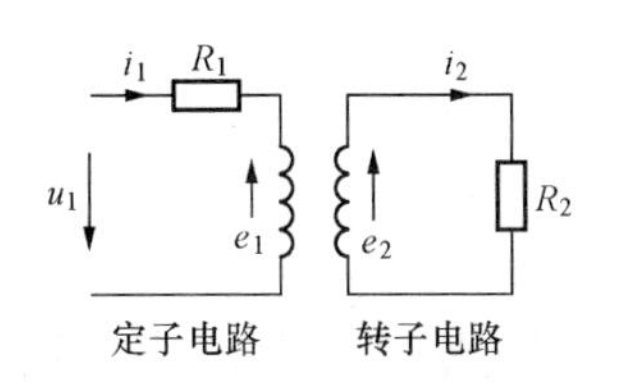

图 4.2.1　三相异步电动机的每相等效电路图

2. 定子电路

和变压器原绕组电路一样，电阻压降和漏磁电动势可以忽略不计，可得出

$$u_1\approx -e_1,\quad \dot{U}_1\approx -\dot{E}_1$$

和

$$E_1=4.44f_1N_1\Phi\approx U_1 \tag{4.2.1}$$

式中：Φ 是通过每相绕组的磁通最大值，在数值上它等于旋转

磁场的每极磁通；f_1 是 e_1 的频率。因为旋转磁场和定子间的相对转速为 n_0，所以

$$f_1 = \frac{pn_0}{60} \tag{4.2.2}$$

即 f_1 等于电源或定子电流的频率。

3. 转子电路

转子电路的各个物理量对电动机的运行性能都有影响，并且由于转子是转动的，所以它们都与转速有关。

（1）转子频率 f_2。因为旋转磁场和转子间的相对转速为 n_0-n，所以转子电流的频率 f_2 为

$$f_2 = \frac{p(n_0 - n)}{60}$$

上式也可写成

$$f_2 = \frac{n_0 - n}{n_0} \times \frac{pn_0}{60} = sf_1 \tag{4.2.3}$$

可见转子频率 f_2 与转差率 s 有关，也就是与转速 n 有关。

在 $n=0$，即 $s=1$ 时（电动机起动初始瞬间），转子与旋转磁场间的相对转速最大，转子导条被旋转磁通切割得最快，所以这时 f_2 最高，即 $f_2= f_1$。异步电动机在额定负载时，$s=1\%\sim9\%$，则 $f_2= 0.5\sim4.5\text{Hz}$ （$f_1=50\text{Hz}$）。

（2）转子电动势 e_2。转子电动势的有效值为

$$E_2 = 4.44 f_2 N_2 \Phi = 4.44 s f_1 N_2 \Phi \tag{4.2.4}$$

在 $n=0$，即 $s=1$ 时，转子电动势为

$$E_{20} = 4.44 f_1 N_2 \Phi \tag{4.2.5}$$

这时 $f_2= f_1$，转子电动势最大。

由上两式可得出

$$E_2 = sE_{20} \tag{4.2.6}$$

可见转子电动势的有效值 E_2 与转差率 s 有关。

（3）转子感抗 X_2。转子感抗 X_2 与转子频率 f_2 有关，即

$$X_2 = 2\pi f_2 L_2 = 2\pi s f_1 L_2 \tag{4.2.7}$$

在 $n=0$，即 $s=1$ 时，转子感抗为

$$X_{20} = 2\pi f_1 L_2 \tag{4.2.8}$$

这时 $f_2= f_1$，转子感抗最大。

由上两式可得出

$$X_2 = sX_{20} \tag{4.2.9}$$

可见转子感抗 X_2 与转差率 s 有关。

（4）转子电流 I_2。转子每相电路的电流为

$$I_2 = \frac{E_2}{\sqrt{R_2^2 + X_2^2}} = \frac{sE_{20}}{\sqrt{R_2^2 + (sX_{20})^2}} \tag{4.2.10}$$

可见转子电流 I_2 也与转差率 s 有关（R_2 是转子每相电阻）。当 s 增大，即转速 n 降低时，转子与旋转磁场间的相对转速（n_0-n）增加，转子导体切割磁通的速度提高，于是 E_2 增加，I_2 也增加。I_2 随 s 变化的关系如图 4.2.2 的曲线所示。

(5) 转子电路的功率因数 $\cos\varphi_2$。由于转子有感抗 X_2，因为 I_2 比 E_2 滞后 φ_2 角。因而转子电路的功率因数为

$$\cos\varphi_2=\frac{R_2}{\sqrt{R_2^2+X_2^2}}=\frac{R_2}{\sqrt{R_2^2+(sX_{20})^2}} \tag{4.2.11}$$

它也与转差率 s 有关。当 s 增大时，X_2 也增大，于是 φ_2 增大，即 $\cos\varphi_2$ 减小。$\cos\varphi_2$ 随 s 的变化关系也如图 4.2.2 所示。

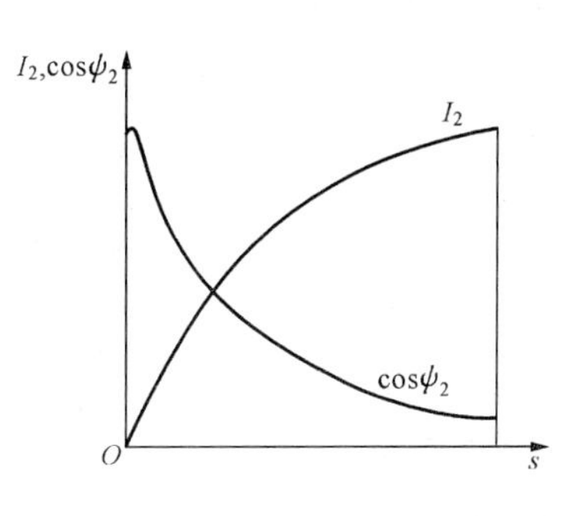

图 4.2.2　转子电流、转子功率因素与转差率间的关系

【例 4.2.1】　三相异步电动机 $p=3$，电源频率为 50Hz，电动机额定转速 $n=960\text{r/min}$。求：转差率 s 和转子电动势的频率 f_2。

解　同步转速为 $n_0=\dfrac{60f_1}{p}=\dfrac{60\times50}{3}=1000(\text{r/min})$

转差率为 $s=\dfrac{n_0-n}{n_0}=\dfrac{1000-960}{1000}=0.04$

转子电动势的频率为　$f_2=sf_1=0.04\times50=2$ (Hz)

4.3　三相异步电动机的转矩与机械特性

电磁转矩 T（以下简称转矩）是三相异步电动机最重要的物理量之一，机械特性是它的主要特性。对电动机进行分析往往离不开它们。

4.3.1　转矩公式

异步电动机的转矩是由旋转磁场的每极磁通 Φ 与转子电流 I_2 相互作用而产生的。但因转子电路是电感性的，转子电流 I_2 比转子电动势 E_2 滞后 φ_2 角，功率因数为 $\cos\varphi_2$。可以证明：电磁转矩与 Φ、I_2、$\cos\varphi_2$ 的关系为

$$T=K_T\Phi I_2\cos\varphi_2 \tag{4.3.1}$$

式中 K_T 是一常数，它与电动机的结构有关。

将式（4.2.1）、式（4.2.10）及式（4.2.11）代入式（4.3.1），得出转矩的另一个公式，即

$$T=K\frac{sR_2U_1^2}{R_2^2+(sX_{20})^2} \tag{4.3.2}$$

式中 K 是一常数。

由式（4.3.2）可见，转矩 T 还与定子每相电压 U_1 的平方成比例，所以当电源电压有所变动时，对转矩的影响很大。此外，转矩 T 还受转子电阻 R_2 的影响。

4.3.2　机械特性曲线

在一定的电源电压 U_1 和转子电阻 R_2 之下，转矩与转差率的关系曲线 $T=f(s)$ 或转速与转矩的关系曲线 $n=f(T)$，称为电动机的机械特性曲线。

根据式（4.3.1）和式（4.3.2）可得出如图 4.3.1（a）所示的 $T=f(s)$ 曲线。

同样将 $s=\dfrac{n_1-n}{n_1}$ 代入式（4.3.2）可得出如图 4.3.1（b）所示的 $n=f(T)$ 曲线。

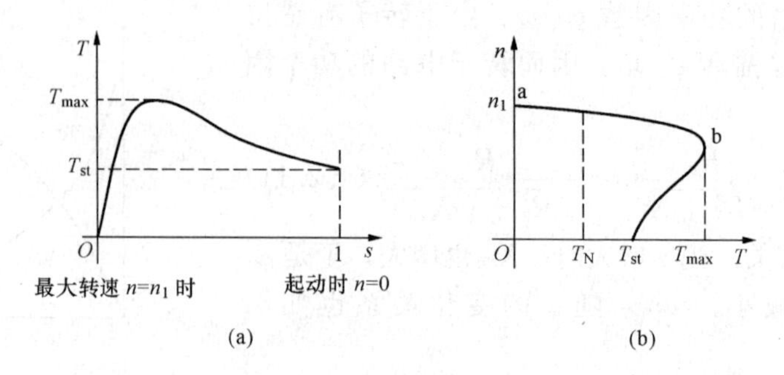

图 4.3.1　电动机的机械特性曲线

(a) 电动机的 $T=f(s)$ 曲线；(b) 电动机的 $n=f(T)$ 曲线

研究机械特性的目的是为了分析电动机的运行性能。在机械特性曲线上，主要讨论三个转矩。

1. 额定转矩 T_N

在等速转动时，电动机的转矩 T 必须与阻转矩 T_C 相平衡，即 $T=T_C$。阻转矩主要是机械负载转矩 T_2，此外，还包括空载损耗转矩（主要是机械损耗矩）T_0，由于 T_0 很小，常可忽略，所以

$$T = T_2 + T_0 \approx T_2 \tag{4.3.3}$$

结合 $P=\omega T$ 得

$$T \approx T_2 = \frac{P_2}{\frac{2\pi n}{60}}$$

式中：P_2 是电动机轴上输出的机械功率；转矩的单位是牛·米（N·m）；功率单位是瓦（W）；转速的单位是转每分（r/min）。功率如用千瓦为单位，则得

$$T = 9550\,\frac{P_2}{n} \tag{4.3.4}$$

额定转矩是电动机在额定负载时的转矩，它可由电动机铭牌上的额定功率（输出机械功率）和额定转速应用式（4.3.4）求得。

例如，某普通车床的主轴电动机（Y132M—4 型）的额定功率为 7.5kW，额定转速为 1440r/min，则额定转矩为

$$T_N = 9550\,\frac{P_{2N}}{n_N} = 9550 \times \frac{7.5}{1440} = 49.7(\mathrm{N\cdot m})$$

通常三相异步电动机都工作在图 4.3.1 所示特性曲线的 ab 段。当负载转矩大（如车床切削时的吃刀量加大，起重机的起重量加大）时，在最初瞬间电动机的转矩 $T<T_C$，所以它的转速 n 开始下降。随着转速的下降，由图 4.3.1 可见，电动机的转矩增加了，因为这时 I_2 增加的影响超过 $\cos\varphi_2$ 减小的影响。当转矩增加到了 $T=T_C$ 时，电动机在新的稳定状态下运行，这时转速较前为低，但是 ab 段比较平坦。当负载在空载与额定值之间变化时，电动机的转速变化不大，这种特性称为硬的机械特性。三相异步电动机的这种硬特性非常适用于一般金属切削机床。

2. 最大转矩 T_{max}

从机械特性曲线上看，转矩有一个最大值，称为最大转矩或临界转矩。对应于最大转矩

的转差率为 s_m，它由$\frac{dT}{ds}=0$求得，即

$$s_m = \frac{R_2}{X_{20}} \tag{4.3.5}$$

再将 s_m 代入式（4.3.2），则得

$$T_{max} = K\frac{U_1^2}{2X_{20}} \tag{4.3.6}$$

由式（4.3.5）和式（4.3.6）可见，T_{max}与U_1^2成正比，而与转子电阻 R_2 无关；s_m 与 R_2 有关，R_2 越大，s_m 也越大。

电压与转矩的关系如图 4.3.2 所示，转子电阻与转矩转速间的关系如图 4.3.3 所示。

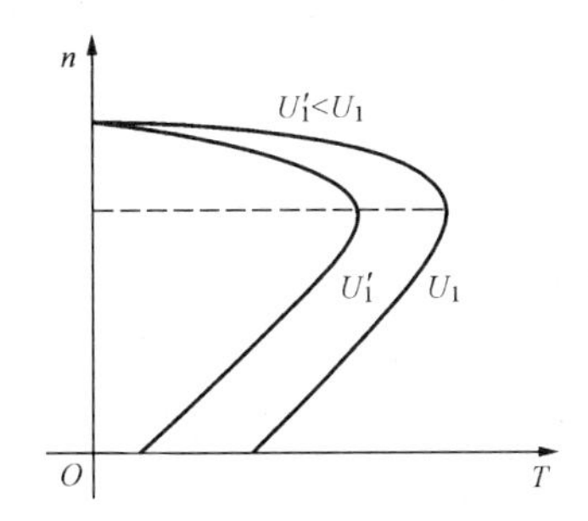

图 4.3.2　最大转矩与电源电压间的关系

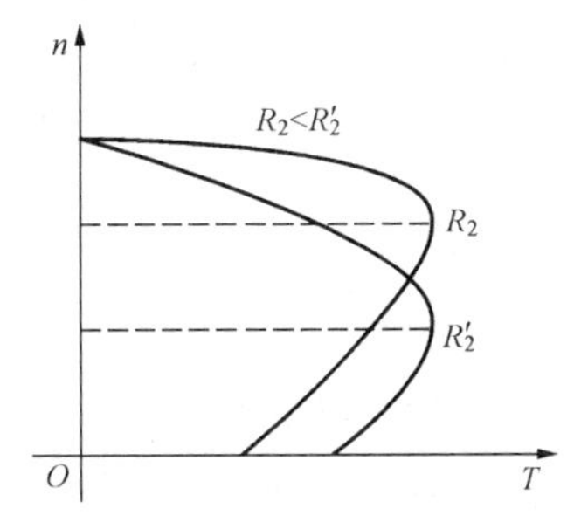

图 4.3.3　最大转矩与转子电阻间的关系

当负载转矩超过最大转矩时，电动机就带不动负载了，发生所谓的“闷车现象”。闷车后，电动机的电流马上升高六七倍，电动机严重过热，以致烧坏。

另外一个方面，也说明电动机的最大过载可以接近最大转矩。如果过载时间较短，电动机不至于立即过热，是容许的。因此，最大转矩也表示电动机短时容许过载能力。电动机的额定转矩 T_N 比 T_{max}要小，两者之比称为过载系数 λ，即

$$\lambda = \frac{T_{max}}{T_N} \tag{4.3.7}$$

一般三相异步电动机的过载系数为 1.8～2.2。

在选用电动机时，必须考虑可能出现的最大负载转矩，而后根据所选电动机的过载系数算出电动机的最大转矩，它必须大于最大负载转矩。否则，就要重选电动机。

3. 起动转矩 T_{st}

电动机刚起动（$n=0$，$s=1$）时的转矩称为起动转矩。将 $s=1$ 代入式（4.3.2）即可得出

$$T_{st} = K\frac{R_2U_1^2}{R_2^2+X_{20}^2} \tag{4.3.8}$$

由式（4.3.8）可见，T_{st}与U_1^2及 R_2 有关。当电源电压 U_1 降低时，起动转矩会减小（见图 4.3.3）；当转子电阻适当增大时，起动转矩会增大（见图 4.3.4）。由式（4.3.5）、式（4.3.6）及式（4.3.8）可推出：当 $R_2=X_{20}$时，$T_{st}=T_{max}$，$s_m=1$；但继续增大 R_2 时，T_{st} 就要随着减小，这时 $s_m>1$。

4.4 三相异步电动机的起动

4.4.1 起动性能

电动机的起动就是把它开动起来，在起动初始瞬间，$n=0$，$s=1$。本节从起动时的电流和转矩来分析电动机的起动性能。

1. 起动电流 I_{st}

在刚起动时，由于旋转磁场对静止的转子有着很大的相对转速，磁通切割转子导条的速度很快，这时转子绕组中感应出的电动势和产生的转子电流都很大。和变压器的原理一样，转子电流增大，定子电流必然相应增大。一般中小型笼型电动机的定子起动电流（指线电流）与额定电流之比值大约为 5～7。例如，Y160M—4 型电动机的额定电流为 15.4 A，起动电流与额定电流之比值为 7，因此起动电流为 $7\times15.4\text{A}=107.8\text{ A}$。

电动机不是频繁起动时，起动电流对电动机本身影响不大。因为起动电流虽大，但起动时间一般很短（小型电动机只有 1～3s），从发热角度考虑没有问题。并且一经起动后，转速很快升高，电流便很快减小了。但当起动频繁时，由于热量的积累，可以使电动机过热。因此，在实际操作时应尽可能不让电动机频繁起动。例如，在切削加工时，一般只是用摩擦离合器或电磁离合器将主轴与电机轴脱开，而不将电动机停下来。

电动机的起动电流对线路有较大影响。过大的起动电流在短时间内会在线路上造成较大的电压降落，而使负载端的电压降低，影响邻近负载的正常工作。例如，对邻近的异步电动机，电压的降低不仅会影响它们的转速（下降）和电流（增大），甚至可能使它们的最大转矩 T_{max}降到小于负载转矩，以致使电动机停下来。

2. 起动转矩 T_{st}

在刚起动时，虽然转子电流较大，但转子的功率因数 $\cos\varphi_2$ 是很低的。因此由式(4.3.1) 和图 4.3.1 可知，起动转矩实际上是不大的，它与额定转矩的比值约为 1.0～2.2 之间。

如果起动转矩过小，就不能在满载下起动，应设法提高起动转矩。但起动转矩如果过大，会使传动机构（如齿轮）受到冲击而损坏，所以又应设法减小。一般机床的主电动机都是空载起动（起动后再切削），对起动转矩没有什么要求。但是对于冷库压缩电机、车间行车电机、建筑塔吊电机及港口起重用的电动机等，应采用起动转矩较大的线绕转子电机。

由此可知，异步电动机起动时的主要缺点是起动电流大，不能重载启动，只能轻载或空载启动。为了减小起动电流，改变起动转矩，必须采用适当的起动方法。

4.4.2 起动方法

笼型异步电动机的起动根据电动机的功率、电动机的负载驱动特性及电网的容量特性等，分为直接起动和降压起动两种。

1. 直接起动

直接起动就是利用闸刀开关或交流接触器将电动机直接接到具有额定电压的电源上。这种起动方法虽然简单，但由于起动电流较大，将使线路电压下降较大，影响电网中其他负载的正常工作。

一般情况下一台电动机能否直接起动，是有一定规定的。有的地区规定：用电单位如有独立的变压器，则在电动机起动频繁时，电动机容量小于变压器容量的 20%时允许直接起动；如果电动机不经常起动，它的容量小于变压器容量的 30%时允许直接起动。如果没有独立的变压器（与照明共用），电动机直接起动时所产生的电压降不应超过 5%。

二十千瓦以下的异步电动机在没有特殊的用电要求情况下，一般可以采用直接起动的方法进行起动。

2. 降压起动

如果电动机直接起动时所引起的线路电压降较大，必须采用降压起动，即在起动时降低加在电动机定子绕组上的电压，以减小起动电流。笼型电动机的降压起动常用下面几种方法。

(1) 星形-三角形（Y—△）降压起动。如果电动机在正常工作时其定子绕组是连接成三角形的，那么在起动时可把它连接成星形，等到转速接近额定值时再换接成三角形。这样，在起动时就把定子每相绕组上的电压降到正常工作电压的$\frac{1}{\sqrt{3}}$。

图 4.4.1 所示为定子绕组的两种连接法，$|Z|$为起动时每相绕组的等效阻抗模。

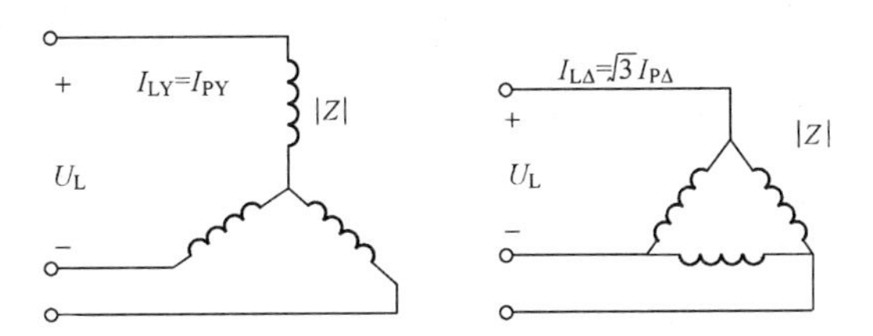

图 4.4.1　星形连接和三角形连接对应的线电流与相电流间的关系

当定子绕组连成星形，即降压起动时，有

$$I_{lY}=I_{pY}=\frac{\frac{U_l}{\sqrt{3}}}{|Z|} \tag{4.4.1}$$

当定子绕组连三角形，即直接起动时，有

$$I_{l\triangle}=\sqrt{3}I_{p\triangle}=\sqrt{3}\,\frac{U_l}{|Z|} \tag{4.4.2}$$

由式（4.4.1）与式（4.4.2）比较可得

$$\frac{I_{lY}}{I_{l\triangle}}=\frac{1}{3} \tag{4.4.3}$$

由式（4.4.3）可得，三角形连结时的线电流是星形连结时的线电流的 3 倍，即降压起动时的电流为直接起动时的 1/3。

星形起动时定子绕组上所加的电压是

$$U_{PY}=\frac{U_l}{\sqrt{3}} \tag{4.4.4}$$

三角形起动时定子绕组上所加的电压是

$$U_{P\triangle}=U_l \tag{4.4.5}$$

由于起动转矩与定子绕组所加电压的平方成正比，可得

$$\frac{T_{STY}}{T_{ST\triangle}}=\frac{U_{PY}^2}{U_{P\triangle}^2}=\frac{1}{3} \tag{4.4.6}$$

由式（4.4.6）可得，星形降压起动时的起动转矩也减小到三角形直接起动时的 1/3。因此，这种方法只适合于空载或轻载时起动。

这种换接起动可采用星三角起动器来实现。图 4.4.2 所示为一种星三角起动器的接线原理图。在起动时将手柄向右扳，使右边一排星形动触点与静触点相连，电动机就连成星形。等电动机接近额定转速时，将手柄往左扳，则使左边一排三角形动触点与静触点相连，电动机换接成三角形，起动过程结束。

星三角起动器的体积小、成本低、寿命长，并且动作可靠。目前 4～100kW 的异步电动机都已设计为 380V 三角形连接，都可以采用星三角降压起动，因此星三角起动器得到了广泛的应用。星三角降压起动还可以采用继电接触控制方式进行自动起动控制，这部分内容将在后面继电接触控制一节中讲到。

（2）自耦降压起动。自耦降压起动是利用三相自耦变压器将电动机在起动过程中的端电压降低，其接线图如图 4.4.3 自耦降压起动原理图所示。起动时，先把开关 Q_2 扳到“起动”位置。当转速接近额定值时，将 Q_2 扳向“工作”位置，切除自耦变压器。

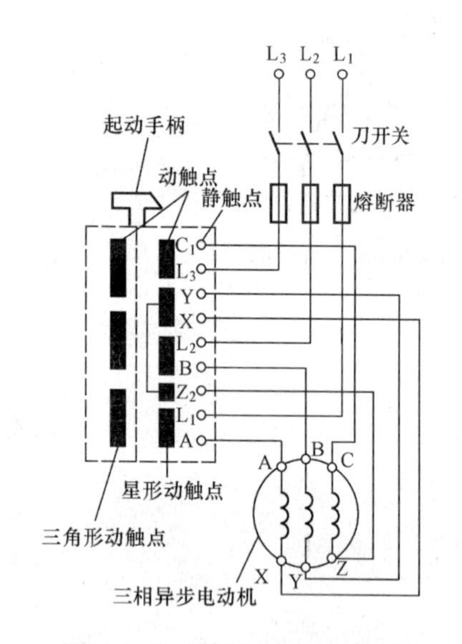

图 4.4.2 星形起动接线原理图

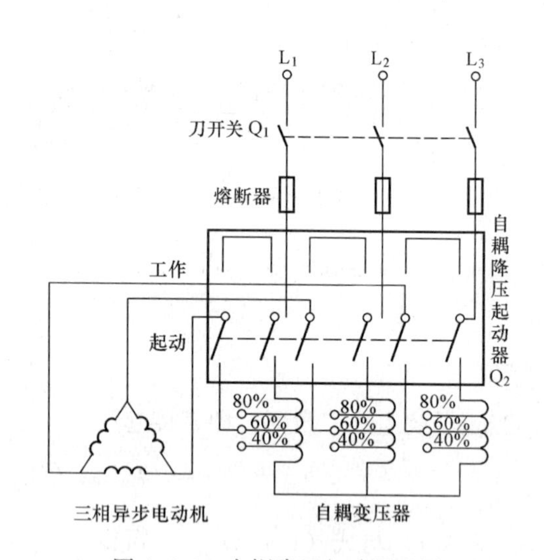

图 4.4.3 自耦降压起动原理图

自耦变压器备有多组抽头，以便得到不同的电压（如为电源电压的 80%、60%、40%），根据对起动电流的限制和起动转矩的实际要求进行选用。

采用自耦降压起动时，同时能使起动电流和起动转矩减小到全压起动时的 K^2 倍（K 为变比，如 0.8、0.6、0.4 等）。

自耦降压起动适用于容量较大的或正常运行时连成星形不能采用星三角起动器的笼型异步电动机。

要特别注意的是，无论是星三角降压起动还是自耦变压器降压起动，它们都只适合于轻载或者空载起动，其他任何重载情况下都不能采用这两种起动方式。如冷库压缩电机、港口航道等的起重电动机等。为了满足有较大的起动转矩，必须采用线绕转子异步电动机。

绕线转子型异步电动机的起动也有两种方法，一种是在线绕转子中串入频敏变阻器起动；另一种是在转子电路中接入大小适当的起动电阻，可达到减小起动电流的目的，如图 4.4.4 所示。同时，由图 4.3.3 可知，适当调节起动电阻的阻值还可以使起动转矩得到提高的目的。所以它常用于要求起动转矩较大的生产机械上，如冷库压缩机、卷扬机、锻压机、起重机及转炉等。

起动后，随着转速的上升将起动电阻逐段切除。

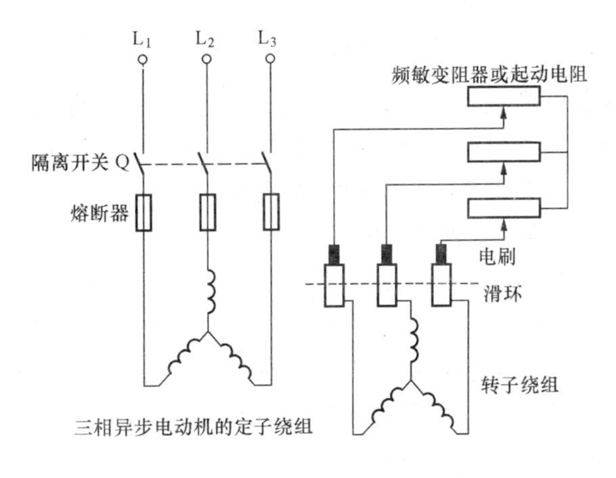

图 4.4.4　线绕转子异步电动机起动原理图

【例 4.4.1】　有一 Y225M—4 型三相异步电动机，其额定数据如表 4.4.1 所示，试求：(1) 额定电流；(2) 额定转差率 s_N；(3) 额定转矩 T_N、最大转矩 T_{max}、起动转矩 T_{st}。

表 4.4.1　　[例 4.4.1] 表

功率	转速	电压	效率	功率因素	T_{ST}/T_N	I_{ST}/I_N	T_{max}/T_N
45kW	1480r/min	380V	92.3%	0.88	1.9	7.0	2.2

解　(1) 4～100kW 的电动机通常是 380V，△连接。

$$I_N=\frac{P_2}{\sqrt{3}U\cos\varphi\eta}=\frac{45000}{\sqrt{3}\times380\times0.88\times0.923}=84.2(\text{A})$$

(2) 由已知 $n=1480$r/min，查表 4.1.1 可知，电动机是四极的，即 $p=2$，$n_0=1500$r/min。所以转差率为

$$s_N=\frac{n_0-n}{n_0}=\frac{1500-1480}{1500}=0.013$$

(3)
$$T_N=9550\frac{P_2}{n}=9550\times\frac{45}{1480}=290.4\ (\text{N}\cdot\text{m})$$

$$T_{max}=\frac{T_{max}}{T_N}\times T_N=2.2\times290.4=638.9(\text{N}\cdot\text{m})$$

$$T_{st}=\frac{T_{st}}{T_N}\times T_N=1.9\times290.4=551.8(\text{N}\cdot\text{m})$$

4.5　三相异步电动机的调速

调速就是在同一负载下改变电动机的转速，以满足生产过程的要求。如各种输油管道的压缩电机，随着环境条件的改变，压力要求的改变，都要求速度随之改变；再如各种切削机床的主轴运动随着工件与刀具的材料、工件直径、加工工艺的要求及走刀量的大小等的不同要求有不同的转速，以获得最高的生产率和保证加工质量。如果采用电气调速，还可以大大简化机械变速机构，大大降低系统制造成本。

由异步电动机转速公式 $n=(1-s)n_0=(1-s)\dfrac{60f_1}{p}$ 可得 $n=f(f_1,\ p,\ s)$，也就是说转速是电源频率 f_1、电动机的极对数 p 和电动机转动时的转差率 s 的函数。改变电动机的转速有三种可能，即改变电源频率 f_1、极对数 p 及转差率 s。前两者是笼型电动机的调速方法，后者是绕线型电动机的调速方法。

4.5.1 变频调速

1. 变频器的作用

电网交流电源的频率是固定的，我国电网的频率是 50Hz。若直接将电网的交流电源接至交流电动机，是无法改变通入交流电动机的电源频率，无法实现电动机的变频调速的。因此需要设计一台专用的装置，该装置的一端和电网电源连接，接受来自电网中固定频率的电源的电能，另一端和电动机连接，为电动机提供频率可变的交流电源，这种装置就是变频器。

2. 变频调速器的工作原理

近年来变频调速技术发展很快，目前主要采用如图 4.5.1 所示的交—直—交型变频调速装置。

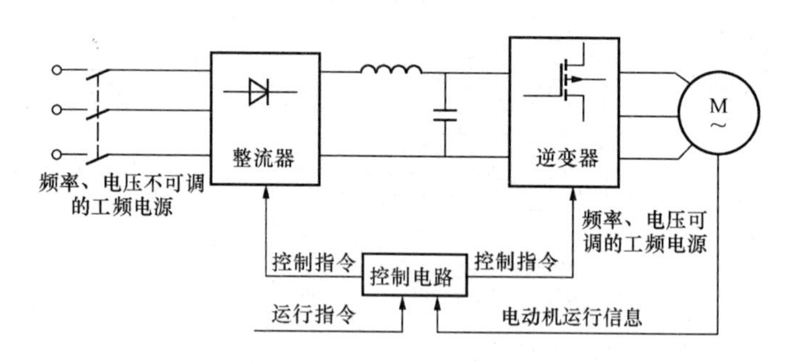

图 4.5.1 交—直—交型变频器原理图

这种变频器的工作原理是借助微电子器件、电力电子器件和控制技术，先将工频电源经过二极管整流成直流电，再由电力电子器件把直流电逆变为频率可调的交流电源。

由图 4.5.1 可知，变频器由主电路包括整流器、中间直流环节、逆变器和控制回路组成，各部分的功能如下。

（1）整流器。它的作用是把三相（或单相）交流电源整流成直流电。在 SPWM 变频器中，大多采用全波整流电路。大多数中、小容量的变频器中，整流器件采用不可控的整流二极管或者二极管模块。

（2）逆变器。它的作用与整流器相反，是将直流电逆变为电压和频率可变的交流电，实现交流电机变频调速。逆变电路由开关器件构成，大多采用桥式电路，常称逆变桥。在 SPWM 变频器中，开关器件接受控制电路中 SPWM 调制信号的控制，将直流电逆变成三相交流电。

（3）控制电路。这部分电路由运算电路、检测电路、驱动电路、保护电路等组成，一般均采用大规模集成电路。

近年来变频调速技术发展很快，将工频电压变换为频率 f_1 可调、电压有效值 U_1 也可调的三相交流电，供给三相笼型电动机。由此可得到电动机的无级调速，并具有硬的机械特性。

3. 变频调速方式

(1) 当 $f_1<f_{1N}$，即低于额定转速调速时，应保持$\frac{U_1}{f_1}$的比值近似不变，也就是两者要成比例地同时调节。由 $U_1\approx4.44f_1N_1\Phi$ 和 $T=K_T\Phi I_2\cos\varphi_2$ 两式可知，这时磁通 Φ 和转矩 T 也都近似不变，这是恒转矩调速。

如果把转速调低时，$U_1=U_{1N}$保持不变，在减小 f_1 时磁通 Φ 则将增加。这就会使磁路饱和（电动机磁通一般设计在接近铁心磁饱和点），从而增加励磁电流和铁损，导致电动机过热，这是不允许的。

(2) 当 $f_1>f_{1N}$，即高于额定转速调速时，应保持 $U_1\approx U_{1N}$。这时磁通 Φ 和转矩 T 都将减小。转速增大，转矩减小，将使功率近于不变，这是恒功率调速。

如果把转速调高时，$\frac{U_1}{f_1}$的比值不变，在增加 f_1 的同时 U_1 也要增加。U_1 超过额定电压也是不允许的。

频率调节范围一般为 0.5～320Hz。

目前在国内由于逆变器中的开关元件（可关断晶闸管、大功率晶体管和功率场效应管等）的制造水平不断提高，笼型电动机的变频调速技术的应用也就日益广泛。

4.5.2　变极调速

由式 $n_0=\frac{60f_1}{p}$可知，如果极对数 p 减小一半，则旋转磁场的转速 n_0 便提高一倍，转子转速 n 差不多也提高一倍。因此改变 p 可以得到不同的转速。如何改变极对数呢？这同定子绕组的接法有关。

图 4.5.2 所示为定子绕组的两种接法。把 A 相绕组分成两半：线圈 A_1X_1 和A_2X_2。图 4.5.2 (a) 中是两个线圈串联，得出 $p=2$；图 4.5.2 (b) 中是两个线圈反并联（头尾相联），得出 $p=1$。在换极时，一个线圈中的电流方向不变，而另一个线圈中的电流必须改变方向。

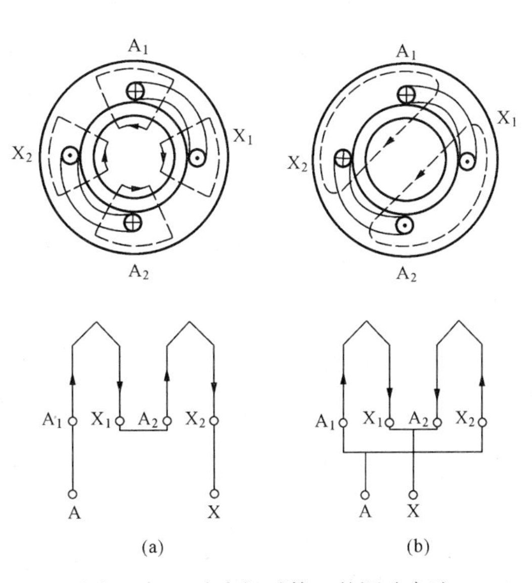

图 4.5.2　改变极对数 p 的调速方法

双速电动机在机床上用得较多，如某些镗床、磨床、铣床上都有，这种电动机的调速是有级的。

4.5.3　改变转差率调速

只要在绕线型电动机的转子电路中接入一个调速电阻，和起动电阻一样的方法接入，如图 4.4.4 所示，改变电阻的大小，就可得到平滑调速。如增大调速电阻时，转差率 s 上升，而转速 n 下降。这种调速方法的优点是设备简单、投资少，但能量损耗较大。这种调速方法广泛应用于起重设备中。

另外还有电磁转差离合器调速方法，绕线型感应电动机的串级调速，感应电动机的调压调速等，这里不再详细叙述。

4.6 三相异步电动机的制动

在电动机运行过程中，使电动机的电磁转矩与转子转动的方向相反，并使电动机迅速停下来，称为感应电动机的制动。电动机的转动部分和它所驱动的负载部分存在惯性，当电源切断时，电动机还会继续转动一段时间才会停止。为了缩短停车时间，提高生产机械的生产率，往往要求电动机能迅速停车和反转。这就需要对电动机制动。对电动机制动，也就是要求它的转矩与转子的转动方向相反，这时的转矩称为制动转矩。

感应异步电动机的制动常用反接制动、回馈制动和能耗制动三种方法。

4.6.1 反接制动

在电动机停车时，可将接到感应电机电源的相序改变，从正相序改变为逆相序（或者从逆相序改为正相序），也就是改变感应异步电机的旋转磁场的方向，让电机得到一个反转的力矩从而使电机迅速停下来。

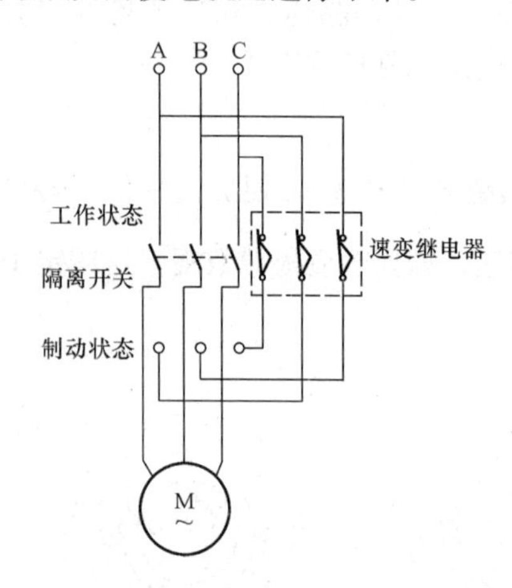

图 4.6.1 感应电机反接制动原理图

实现方法是，将电动机输入端的三根接电源导线中的任意两根对调位置，就会使旋转磁场反向旋转，转子由于惯性仍在原方向转动，而此时转矩方向与电动机的转动方向相反，如图 4.6.1 所示，因而起制动的作用。当转速接近零时，利用速度继电器等控制电器将电源自动切断，而达到使电动机迅速停转的目的。

由于在反接制动时旋转磁场与转子的相对转速（n_0+n）很大，因而电流较大。为了限制电流，对功率较大的电动机进行制动时必须在定子电路（笼型）或转子电路（绕线型）中接入电阻。

这种制动比较简单，效果较好，但能量消耗较大。有些中型车床和铣床主轴的制动常采用这种方法。

4.6.2 回馈制动

感应电动机接在电网运行时，它的轴上受到外来驱动转矩使转子沿同步转速的方向旋转，并且$|n|>|n_1|$，而使$s=\frac{n_1-n}{n_1}<0$。此时从转轴上输入的机械功率转化为电功率返回电网，该电动机处于回馈制动再生发电状态；另一方面又从电网输入滞后的无功功率Q_1，以建立磁场，才能实现电动机的能量转换。回馈制动主要包括以下两种方式。

1. 转向反向的回馈制动

这种回馈制动相当于将重物稳速下放。由于此时重物以高于同步转速的速度稳速下放，因而该机处于回馈制动状态。为使回馈制动时重物下放的速度不至于太高，通常将转子回路中的附加电阻切除或者很小。

2. 转向不变的回馈制动

这种回馈制动发生在电车下坡加速或者变极或变频时的降速过程中。

对于电车负载，下坡时，若电动机的接法及各参数均不变，则最后稳定运行于回馈制动状态。

如果原来稳定运行正向电动状态，当突然换接到倍极数运行（或频率突然降低）时，则系统开始减速，所以是回馈制动过程。

4.6.3　能耗制动

这种制动方法就是在切断三相电流电源的同时，接通直流电源（见图 4.6.2），使直流电流接入任意两相定子绕组。直流电流的磁场是固定不动的，而转子由于惯性继续在原方向转动。根据右手定则和左手定则不难确定这时的转子电流与固定磁场相互产生的转矩的方向。它与电动机转动的方向相反，因而起制动的作用。制动转矩的大小与直流电流的大小有关。直流电流的大小一般为电动机额定电流的 0.5～1 倍。

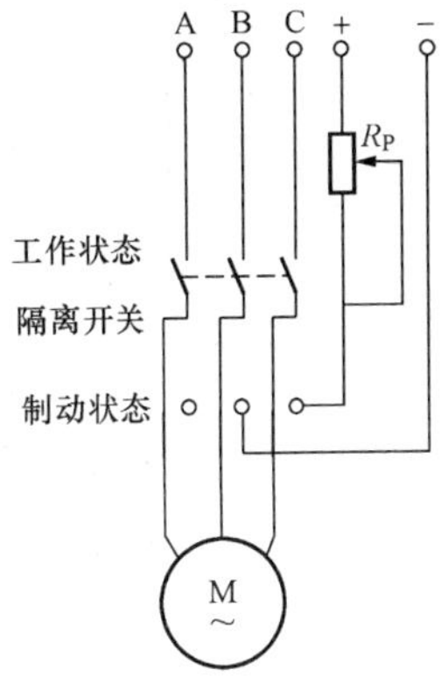

因为这种方法是用消耗转子的动能（转换为电能）来进行制动的，所以称为能耗制动。

图 4.6.2　感应电动机能耗制动原理图

这种制动能量消耗小，制动平稳，但需要直流电源。在有些机床中采用这种制动方法。

4.7　三相异步电动机的铭牌数据

电动机都是根据负载的要求配备的，要根据负载特性正确配备电动机，正确使用电动机，就必须对电动机的铭牌了解清楚。下面以 Y160M—4 型电动机为例，来说明铭牌上各个数据的意义。三相异步电动机的铭牌如图 4.7.1 所示。

三相异步电动机					
型号	Y160M-4	功　率	10kW	频　率	50Hz
电压	380V	电　流	20A	接　法	△
转速	1460r/min	绝缘等级	B	工作方式	连续
生产日期		年	月		电机厂

图 4.7.1　三相异步电动机的铭牌数据

此外，它的主要技术数据还有功率因数 $\cos\varphi$ 和效率 η。

1. 型号

为了适应不同用途和不同工作环境的需要，电动机制成不同的系列，每种系列用各种型号表示。型号说明如图 4.7.2 所示。

小型 Y、Y-L 系列笼型异步电动机是已经取代了 JO 系列的新产品，为封闭自扇冷式。Y 系列比 JO 系列具有体积小、重量轻、效率高等特点。Y 系列定子绕组为铜线，Y-L 系列为铝线，电动机功率为 0.55～90kW。

2. 接法

这是指定子三相绕组的接法。一般笼型电动机的接线盒中有六根引出线，如图 4.7.3 所

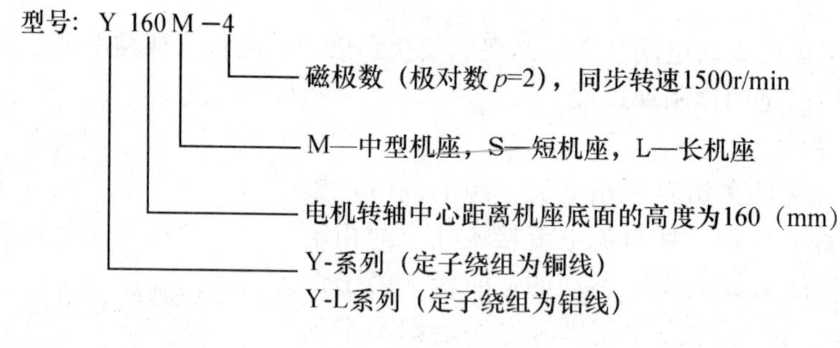

图 4.7.2 型号说明

示，标有 U1、V1、W1、U2、V2、W2。

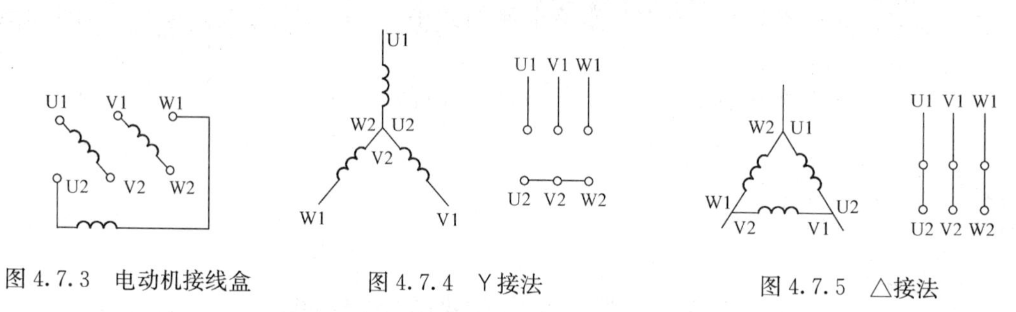

图 4.7.3 电动机接线盒　　图 4.7.4 Y接法　　图 4.7.5 △接法

U1、V2 是第一相绕组的两端；

V1、W2 是第二相绕组的两端；

W1、U2 是第三相绕组的两端。

如果 U1、V1、W1 分别为三相绕组的始端（头），则 U2、V2、W2 是相应的末端。

这六个引出线端在接电源之前，相互间必须正确连接。连接方法有星形（Y）连接，如图 4.7.4 所示；三角形（△）连接，如图 4.7.5 所示。通常三相异步电动机自 3kW 以下者，连接成星形；自 4kW 以上者，连接成三角形。

3. 额定电压

铭牌上所标的电压值是电动机的额定电压，指电动机在规定接法下，额定运行时定子绕组上应加的线电压值。一般规定电动机的电压不应高于或低于额定值的 5%。

当电压高于额定值时，磁通将增大（因 $U_1 \approx 4.44 f_1 N_1 \Phi$）。若所加电压较额定电压高出较多，这将使励磁电流大大增加，电流大于额定电流，使绕组过热。同时，由于磁通的增大，铁损（与磁通平方成正比）也就增大，使定子铁心过热。

但常见的是电压低于额定值的情况。这时引起转速下降，电流增加。如果是在满载或接近满载的情况下，电流的增加将超过额定值，使绕组过热。还必须注意，在低于额定电压下运行时，和电压平方成正比的最大转矩 T_{max} 会显著地降低，这对电动机的运行也是不利的。

三相异步电动机的额定电压有 380、3000V 及 6000V 等多种。

4. 额定电流

铭牌上所标的电流值是电动机的额定电流，指电动机在规定接法下，加额定电压并输出额定功率运行时定子绕组的线电流值。

当电动机空载时，转子转速接近于旋转磁场的转速，两者之间相对转速很小，所以转子电流近似为零，这时定子电流几乎全为建立旋转磁场的励磁电流。当输出功率增大时，转子电流和定子电流都随着相应增大，如图 4.7.6 中 $I_1=f(P_2)$ 曲线所示。图 4.7.6 是一台 10kW 三相异步电动机的工作特性曲线。

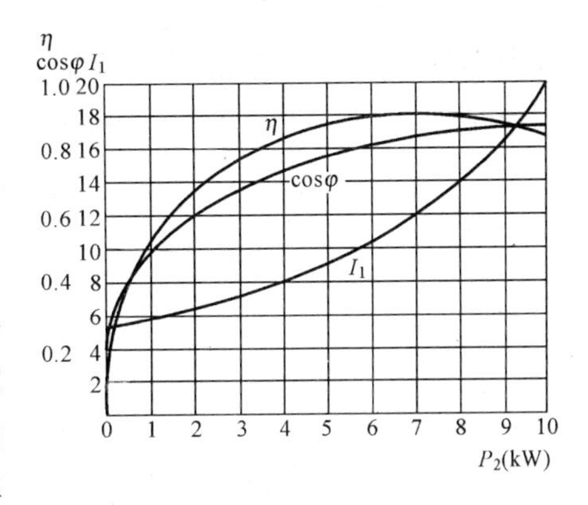

图 4.7.6　三相异步电动机的工作特性曲线

5. 功率与效率

铭牌上所标的功率值是指电动机在额定运行时轴上输出的机械功率值。输出功率与输入功率不等，其差值等于电动机本身的损耗功率，包括铜损、铁损及机械损耗等。所谓效率 η 就是输出功率与输入功率的比值。

以 Y160M-4 型电动机为例，当功率因数为 0.85 时

输入功率为

$$P_1=\sqrt{3}U_L I_L\cos\varphi=\sqrt{3}\times 380\times 20\times 0.85=11\,188(\mathrm{W})=11.2(\mathrm{kW})$$

输出功率为

$$P_2=10\mathrm{kW}$$

效率为

$$\eta=\frac{10}{11.2}=0.89$$

一般笼型电动机在额定运行时的效率约为 72%～93%。从图 4.7.6 可以看到，在额定功率的 70%左右时，电动机的效率最高。

6. 功率因数

因为电动机是电感性负载，定子相电流比相电压滞后一个 φ 角，所以 $\cos\varphi$ 就是电动机的功率因数。

三相异步电动机的功率因数较低，在额定负载时约为 0.7～0.9，而在轻载和空载时更低，空载时只有 0.2～0.3。因此，必须正确选择电动机的容量，防止“大马拉小车”，并力求缩短空载的时间。$\cos\varphi=f(P_2)$ 曲线如图 4.7.6 所示。

7. 转速

由于生产机械对转速的要求不同，需要生产不同磁极数的异步电动机。因此，异步电动机有不同的转速等级，最常用的是四个极的（$n_0=1500\mathrm{r/min}$）。

8. 绝缘等级

绝缘等级是按电动机绕组所用的绝缘材料在使用时容许的极限温度来分级的。所谓极限温度，是指电动机绝缘结构中最热点的最高容许温度。技术数据如表 4.7.1 所示。

表 4.7.1　绝缘等级表

绝缘等级	A	E	B	F	H
极限温度（℃）	105	120	130	155	180

9. 工作方式

电动机的工作方式分为九类，用字母 S_1～S_9 分别表示。

(1) 连续工作方式（S_1）；

(2) 短时工作方式（S_2），分 10、30、60、90min 四种；

(3) 断续周期性工作方式 (S_3)，其周期由一个额定负载时间和一个停止时间组成，额定负载时间与整个周期之比称为负载持续率。标准持续率有15%、25%、40%、60%几种，每个周期为10min。S_9 是负载和转速非周期变化工作制。

4.8 三相异步电动机的选择

工农业生产过程中，三相异步电动机使用广泛，如何正确地选择它的功率、型式、种类，以及正确地安装其保护电器和控制电器，是极为重要的。既要避免大马拉小车的现象出现，也要避免功率不足的现象出现，还要根据生产机械的传动机构和转速要求合适地选用电动机的极对数等。本节先讨论电动机的选择问题。

4.8.1 功率的选择

要为某一生产机械选配一台电动机，首先要考虑电动机的功率需要多大。合理选择电动机的功率具有重大的经济意义。

如果电动机的功率选大了，虽然能保证正常运行，但是不经济。因为这不仅使设备投资增加和电动机未被充分利用，而且由于电动机经常不是在满载下运行，它的效率和功率因数也都不高，如图4.7.6所示。如果电动机的功率选小了，就不能保证电动机和生产机械的正常运行，不能充分发挥生产机械的效能，并使电动机由于过载而过早地损坏。所以所选电动机的功率是由生产机械所需的功率确定的。

对连续运行的电动机，先算出生产机械的功率，所选电动机的额定功率等于或稍大于生产机械的功率即可。

例如，车床的切削功率为

$$P_1 = \frac{Fv}{1000 \times 60}(\text{kW})$$

式中：F 为切削力，单位为N，它与切削速度、走刀量、进刀量、工件及刀具的材料有关，可从切削用量手册中查取或经计算得出；v 为切削速度，单位为m/min。

电动机的功率则为

$$P = \frac{P_1}{\eta_1} = \frac{Fv}{1000 \times 60 \times \eta_1}(\text{kW}) \tag{4.8.1}$$

式中 η_1 为传动机构的效率。

而后根据上式计算出的功率 P，在产品目录上选择一台合适的电动机，其额定功率应为

$$P_N \geqslant P$$

又如拖动水泵的电动机的功率为

$$P = \frac{\rho Q H}{102\eta_1\eta_2}(\text{kW}) \tag{4.8.2}$$

式中：Q 为流量，m^3/s；H 为扬程，即液体被压送的高度，m；ρ 为液体的密度，kg/m^3；η_1 为传动机构的效率；η_2 为泵的效率。

【例4.8.1】 有一离心式水泵，其数据如下：$Q=0.03m^3/s$，$H=20m$，$n=1460r/min$，$\eta_2=0.55$。今用一笼型电动机拖动作长期运行，电动机与水泵直接连接（即 $\eta_1 \approx 1$）。试选择电动机的功率。

解
$$P=\frac{\rho QH}{102\eta_1\eta_2}=\frac{1000\times0.03\times20}{102\times1\times0.55}=10.7\ (\mathrm{kW})$$

应选用 Y160M—4 型电动机，其额定功率 $P_N=11\mathrm{kW}(P_N>P)$，额定转速 $n_N=1460\mathrm{r/min}$。

4.8.2　种类和型式的选择

1. 种类的选择

选择电动机的种类是从交流或直流、机械特性、调速与起动性能、维护及价格等方面来考虑的。

因为通常生产场所用的都是三相交流电源，如果没有特殊要求，一般都应采用交流电动机。在交流电动机中，三相笼型异步电动机结构简单，坚固耐用，工作可靠，价格低廉，维护方便；其主要缺点是调速困难，功率因数较低，起动性能较差。因此，要求机械特性较硬而无特殊调速要求的一般生产机械的拖动应尽可能采用笼型电动机。在功率不大的水泵和通风机、运输机、传送带上，在机床的辅助运动机构（如刀架快速移动、横梁升降和夹紧等）上，基本都采用笼型电动机。一些小型机床上也采用它作为主轴电动机。

绕线型电动机的基本性能与笼型相同。其特点是起动性能较好，并可在不大的范围内平滑调速。但是它的价格较笼型电动机为贵，维护亦较不便。因此，对某些起重机、卷扬机、锻压机及重型机床的横梁移动等不能采用笼型电动机的场合，才采用绕线型电动机。

2. 结构型式的选择

生产机械的种类繁多，它们的工作环境也不尽相同。如果电动机在潮湿或含有酸性气体的环境中工作，则绕组的绝缘很快受到侵蚀。如果在灰尘很多的环境中工作，则电动机很容易脏污，致使散热条件恶化。因此，有必要生产各种结构型式的电动机，以保证在不同的工作环境中能安全可靠地运行。

按照上述要求，电动机常制成下列几种结构型式。

（1）开启式。在构造上无特殊防护装置，用于干燥无灰尘的场所。通风非常良好。

（2）防护式。在机壳或端盖下面有通风罩，以防止铁屑等杂物掉入。也有将外壳做成挡板状，以防止在一定角度内有雨水滴溅入其中。

（3）封闭式。封闭式电动机的外壳严密封闭。电动机靠自身风扇或外部风扇冷却，并在外壳带有散热片。在灰尘多、潮湿或含有酸性气体的场所，可采用这种电动机。

（4）防爆式。整个电动机严密封闭，用于有爆炸性气体的场所，如在矿井中。

此外，也要根据安装要求，采用不同的安装结构型式：①机座带底脚，端盖无凸缘（B_3）；②机座不带底脚，端盖有凸缘（B_5）；③机座带底脚，端盖有凸缘（B_{35}）。

4.8.3　电压和转速的选择

1. 电压的选择

电动机电压等级的选择，要根据电动机类型、功率及使用地点的电源电压来决定。Y 系列笼型电动机的额定电压只有 380V 一个等级，只有大功率异步电动机才采用 3000V 和 6000V。

2. 转速的选择

电动机的额定转速是根据生产机械的要求而选定的。但是，通常转速不低于 500r/min。因为当功率一定时，电动机的转速越低，则其尺寸越大，价格越贵，而且效率也较低。因此，就不如购买一台高速电动机，再另配减速器更合算。

异步电动机通常采用4个极，即同步转速 $n_0=1500\text{r/min}$ 的电动机。

4.9 单相异步电动机

单相异步电动机因其供电只需单相电源即可，因此得到了广泛的应用，常用于功率不大的众多的家用电器和电动工具中，如洗衣机、电冰箱、电风扇、抽排油烟机、电钻、搅拌器等。

1. 单相异步电动机的结构

单相异步电动机的结构如图4.9.1所示，单相异步电动机和三相异步电动机一样，由定子、转子等组成。

2. 单相异步电动机的转动原理

图4.9.2所示为单相异步电动机定子绕组加正弦交流电流 i_1 时，正半周情况下转子绕组中的感应电流和转子导条的受力情况分析，当定子绕组产生的合成磁场随 i_1 变化时，根据右手螺旋定则和左手定则，可知转子导条左、右受力大小相等方向相反，所以没有起动转矩，可见转子是不会旋转的；同理在 i_1 的负半周正好与正半周相反，转子也不会旋转。但如果转子借助其他力量转动后，外力去除后转子仍会按原方向继续转动下去。因为定子绕组产生的脉动磁场 Φ，可用正、反两个旋转磁场合成而等效，即 $\Phi=\Phi_{+}+\Phi_{-}$ 且 $|\Phi_{+}|=|\Phi_{-}|=\frac{\Phi_m}{2}$。图4.9.3（a）所示为脉动磁场在原点处的分解。同样脉动磁场在其他各点的分解如图4.9.3（b）所示。由磁场的分解可得出正反两个旋转磁场的合成转矩，如图4.9.4所示。

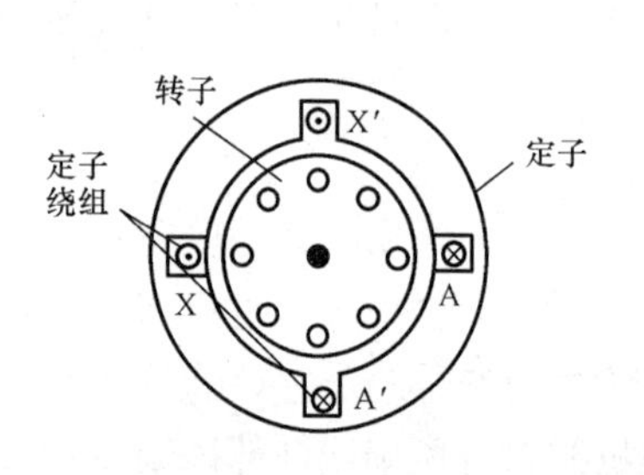

图4.9.1 单相异步电动机的结构

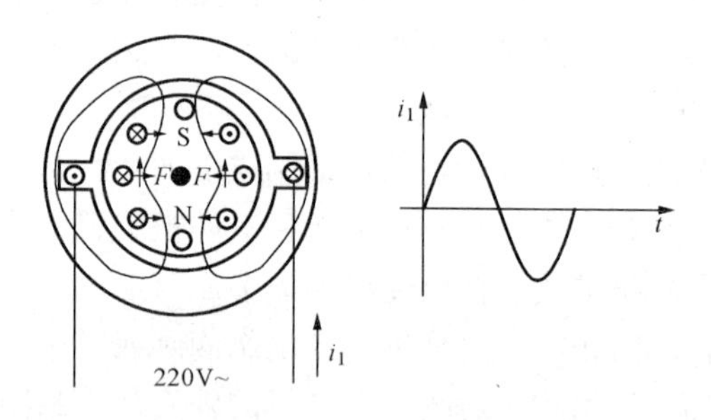

图4.9.2 单相电流正半周转子鼠笼条受力方向

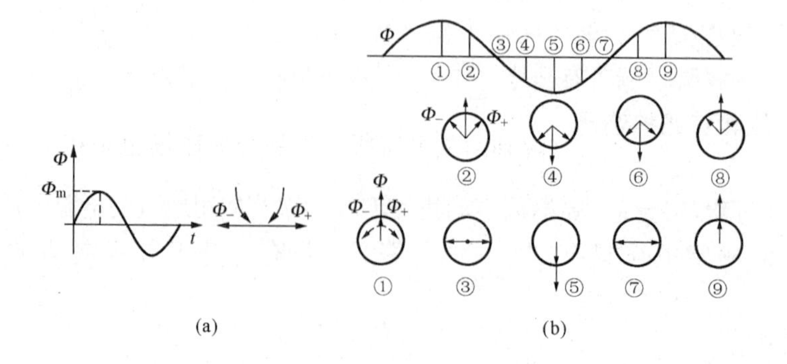

图4.9.3 脉动磁场的分解

由图 4.9.4 可得，如果施加一个外因使这种平衡被破坏，如施加一个外力使正反两个平衡的转矩发生了变化，他们就会失去平衡，获得转矩的方向上会形成一个转矩，即使外力撤出，转子都会向着外力的方向一直转动下去。由此可得，要使单相异步电动机转动就得解决单相异步电动机起动问题。单相异步电动机根据其结构和起动运转等情况可分为电容分相运转式单相异步电动机、电容起动式单相异步电动机、电阻起动式单相异步电动机、罩极式单相异步电动机等。

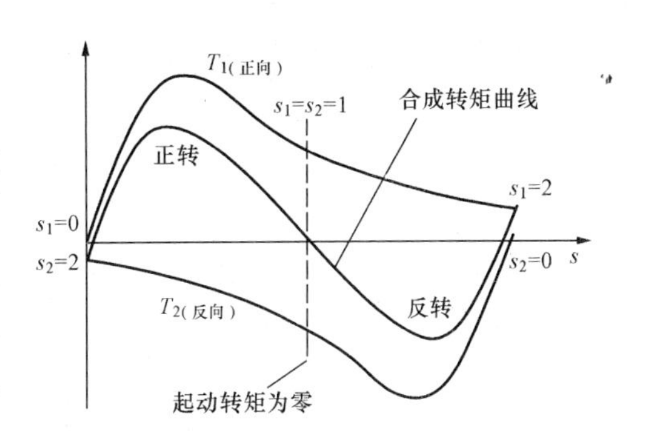

图 4.9.4　正反向旋转磁场的合成转矩特性

图 4.9.5 所示为电容分相式异步电动机运行原理。在它的定子中放置了一个起动绕组 B，起动绕组与工作绕组 A 在空间互成 90°，使 A 与 B 之间的互感很小可忽略。绕组 B 与电容器串联，使两个绕组中的电流在相位上近于相差 90°，这就是分相。通过分相后在空间相差 90°的两个绕组，会将单相电流分解为在相位上相差 90°（或接近 90°）的两相电流，也能产生旋转磁场，从而使转子产生旋转转矩。

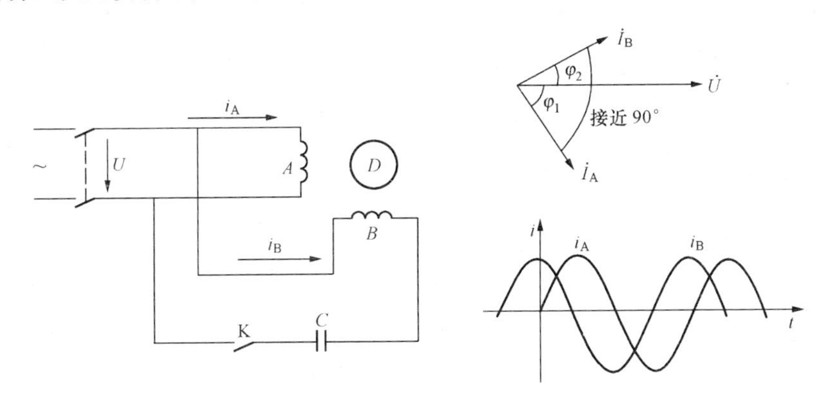

图 4.9.5　电容分相式异步电动机运行原理

设两相电流为

$$i_A = I_{Am}\sin\omega t$$

$$i_B = I_{Bm}\sin(\omega t + 90°)$$

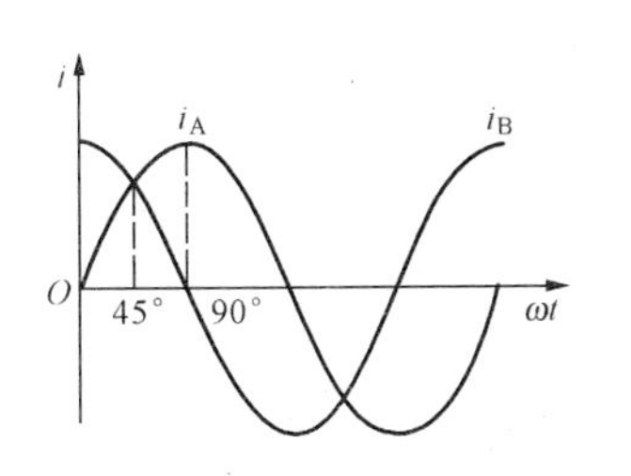

图 4.9.6　电容移相后的两相电流

它们的正弦曲线如图 4.9.6 所示。联系三相异步电动机中的三相电流是如何产生旋转磁场的，从图 4.9.7 中就可理解到两相电流所产生的合成磁场也是在空间旋转的。在这旋转磁场的作用下，电动机的转子就转动起来。在接近额定转速时，如果开关 K 用速度继电器控制，借助离心力的作用断开，以切断起动绕组，这种电机称为电容起动式单相异步电动机。也有的在电动机运行时起动绕组不断开（或仅切除部分电容），以提高功率因数和增大转矩，这种电动机称为电容运转式单相异步电动机。如家用电风扇和部分洗衣机电动机等家用电器都是采用电容运转式单相异步电动机。

除用电容来分相外，也可用电感和电阻来分相。工作绕组的电阻小，匝数多（电感大）；起动绕组的电阻大，匝数少，以达到分相的目的。如早期的电冰箱电机和空调电机就是采用

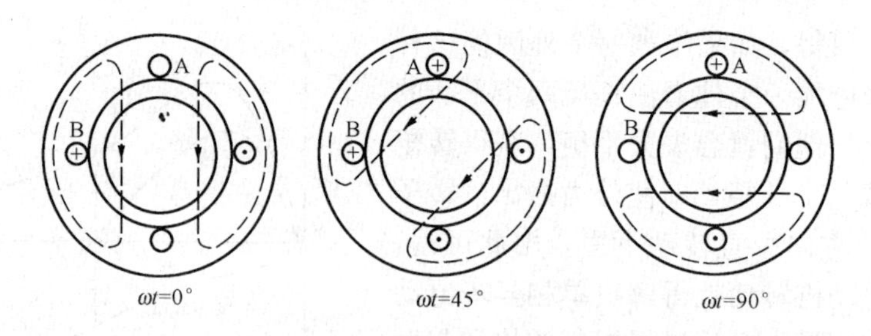

图 4.9.7　两相电流产生的旋转磁场

电阻分相起动的正弦绕组单相异步电动机（现在大多采用变频调速控制）。

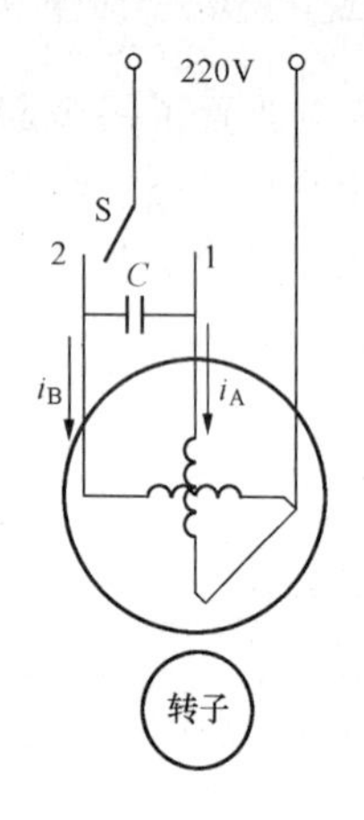

图 4.9.8　单相异步电动机反转

改变电容器 C 的串联位置，可使单相异步电动机反转。如图 4.9.8 所示，将开关 S 合在位置 1，电容器 C 与绕组 B 串联，电流 i_B 较 i_A 超前近 90°；当将 S 切换到位置 2，电容器 C 与绕组 A 串联，i_A 较 i_B 超前近 90°。这样就改变了旋转磁场的转向，从而实现电动机的反转。洗衣机中的电动机就是由定时器的转换开关来实现这种自动切换的。

单相异步电动机的功率小，主要用于制成小型电机。它的应用非常广泛，如家用电器（洗衣机、电冰箱、电风扇）、电动工具（如手电钻）、医用器械、自动化仪表等。

另外还有三相异步电动机的单相运行问题。三相电动机接到电源的三根导线中由于某种原因断开了一线，就成为单相电动机运行。如果在起动时就断了一线，则不能起动，只听到嗡嗡声。这时电流很大，时间长了，电动机就会被烧坏。如果在运行中断了一线，则电动机仍将继续转动。若此时还带动额定负载，则势必超过额定电流。时间一长，也会使电动机烧坏。这种情况往往不易察觉（特别在无过载保护的情况下），在使用三相异步电动机时必须注意。

4.10　继电接触控制系统

实际生产过程中电动机的工作状态是按照人们的意愿来进行自动控制的。控制电动机的一种重要方式是继电接触控制，也就是对电动机进行自动控制，使生产机械各部件的动作按顺序进行，保证生产过程和加工工艺合乎预定要求。对电动机的自动控制主要是控制它的起动、制动、调速、停车、正转、反转等。采用继电器和接触器等组成的控制系统，称为继电接触控制系统。

4.10.1　基本控制器件

基本的控制电器一般都工作于 500V 以下的电压，也就是通常所用的 380V 和 220V 控制电器。用来切换电路，控制、调节和保护用电设备的电器称低压电器。几种常用的低压电器分类如图 4.10.1 所示。

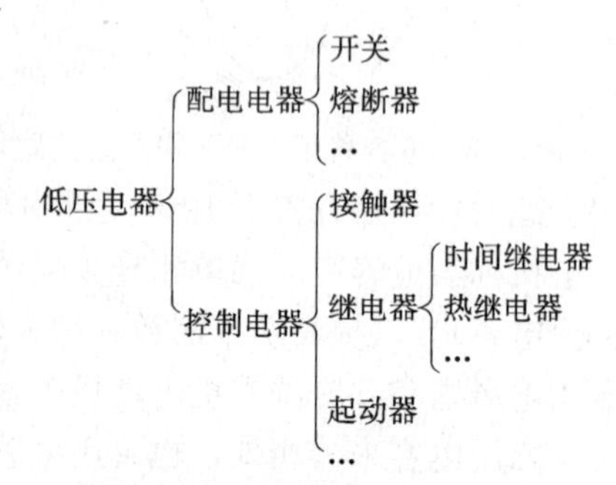

图 4.10.1　常用的低压电器分类

1. 闸刀开关（QS）

闸刀开关是一种手动控制电器，在电路中用 QS 表示。控制对象为 380V 或者 220V，5.5kW 以下的小电机。闸刀开关分单极、双极和三极，其结构和符号如图 4.10.2 所示，图 4.10.2（a）所示为实物结构图，图 4.10.2（b）所示为原理图。闸刀开关的结构简单，主要部分由刀片（动触点）和刀座（静触点）组成。闸刀开关一般不宜在带负载下切断电源，它在继电接触控制电路中，只用作隔离电源的开关，以便对电动机进行安全检查或维修。但在功率小于 7.5kW 的鼠笼式电动机的手动控制中，闸刀开关可以作为电源开关，进行直接开停操作，考虑到电动机较大的起动电流，刀闸的额定电流值应选择（3～5）×异步电机额定电流。

2. 熔断器（FU）

熔断器是电路中最常用的保护电器，用于短路保护。它串接在被保护的电路中，当电路发生短路故障时，便有很大的短路电流通过熔断器，熔断器中的熔体（熔丝或熔片）发热后自动熔断，把电路切断，从而起到保护线路及电气设备的作用。常用的熔断器的安秒特性和电路符号如图 4.10.3 所示，各种类型熔断器的实物如图 4.10.4 所示。

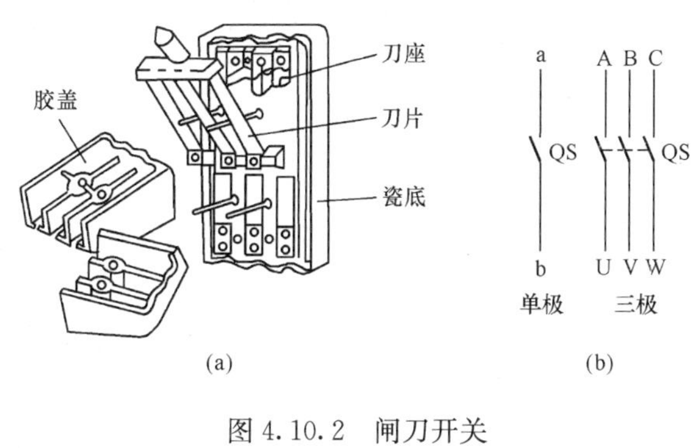

图 4.10.2　闸刀开关

（a）实物结构图；（b）电路原理图

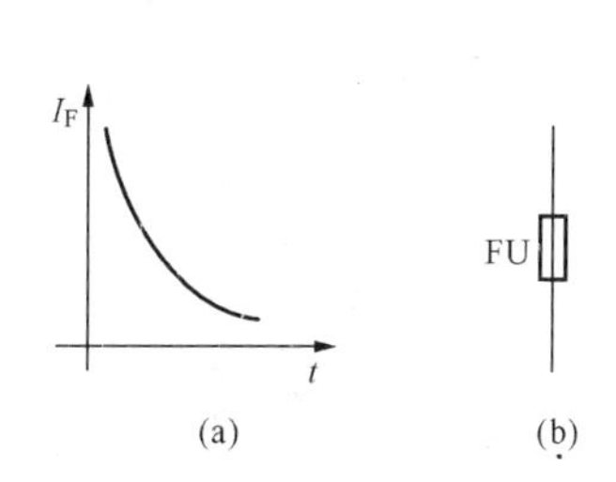

图 4.10.3　熔断器的安秒特性及电路中的符号

（a）安秒特性；（b）电路中的符号

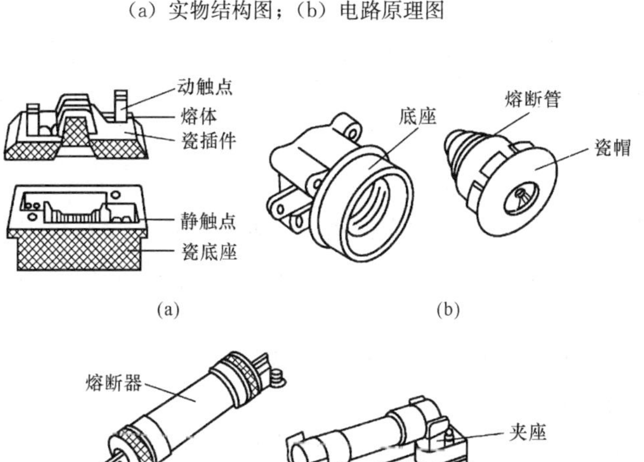

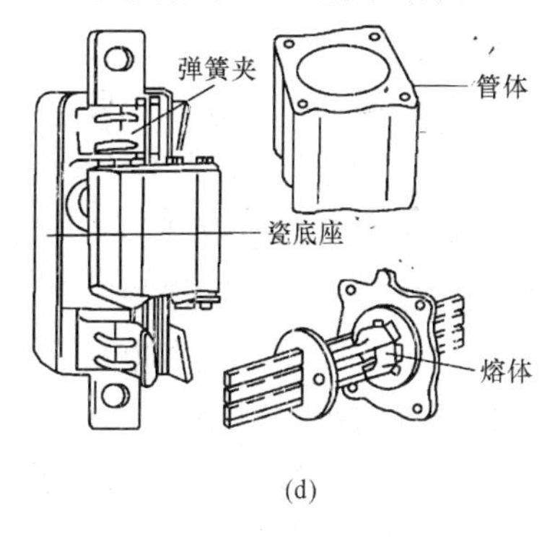

图 4.10.4　各种类型的熔断器

（a）插入式熔断器；（b）螺旋式熔断器；（c）管式熔断器；（d）有填料式熔断器

熔体额定电流 I_F 的选择应遵循以下原则。

(1) 无冲击电流的场合（如电灯、电炉）：$I_F \geqslant I_l$（稍大一点，不要太大）。

(2) 空载起动电机：$I_F \geqslant \left(\frac{1}{2.5} \sim \frac{1}{3}\right) I_{ST}$。

(3) 频繁起动的电机：$I_F \geqslant \left(\frac{1}{1.6} \sim \frac{1}{2}\right) I_{ST}$。

异步电动机的起动电流 $I_{st}=(5\sim7)$ 倍额定电流。

3. 按钮（SB）

按钮是一种简单的手动开关，可以用来接通或断开低电压弱电流的控制电路，如接触器的吸引线圈电路等。图 4.10.5 所示为按钮的结构组成图。

图 4.10.6 所示的是各种按钮的原理及其在电路中的符号。复合按钮的动触点和静触点都是桥式双断点式的，上面一对为动断触点（又称常闭触点），下面一对为动合触点（又称常开触点）。

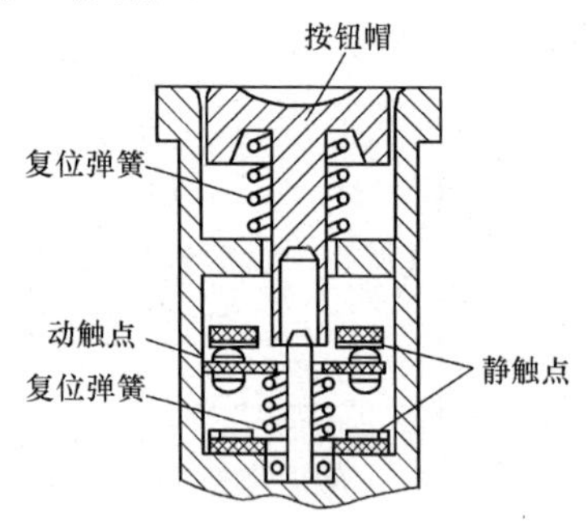

图 4.10.5 按钮的结构组成图

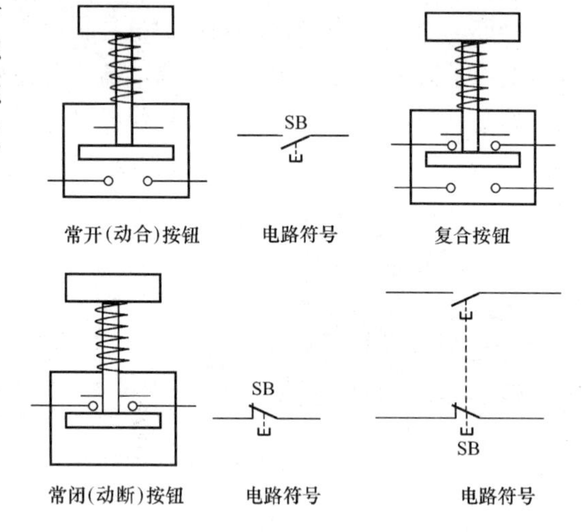

图 4.10.6 各种按钮原理及其电路中的符号

当用手按按钮时，动触点被按着下移，此时上面的动断触点被断开，而下面的动合触点被闭合。当手松开按钮帽时，由于复位弹簧的作用，使动触点复位，即动断触点和动合触点也都恢复原来的工作状态位置。

4. 行程开关（SP）

行程开关又称限位开关，用作电路的限位保护、行程控制、自动切换等。它是根据生产机械的行程信号进行动作的电器，而它所控制的是辅助电路，结构与按钮类似，但其动作要由机械撞击，因此实质上也是一种按钮。

行程开关种类很多，图 4.10.7 所示为一种行程开关的外形结构图和它在电路中的符号，它主要由伸在外面的滚轮、传动杠和内部的微动开关等部件组成。

行程开关一般安装在某一固定的基座上，在被它控制的生产机械运动的部件上，部件上装有“撞块”。当撞块与行程开关的滚轮相撞时，压下滚轮，并经传动杠杆把行程开关内部的微动开关快速换接，便发出触点通、断的信号，使电动机改变转向，或者改变转速，或者停止运转等。

当撞块移去后，有的行程开关由弹簧使各部件复位；有的行程开关并没有自动复位，它就必须依靠两个方向的撞块，来回撞击，使行程开关不断工作。

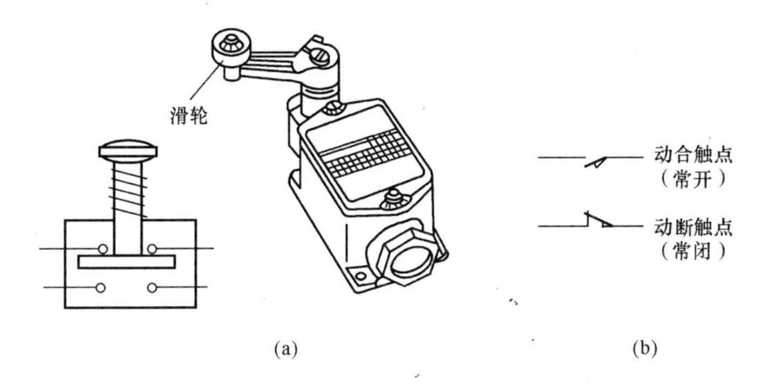

图 4.10.7　行程开关
(a) 结构外形图；(b) 电路中的符号

5. 交流接触器（KM）

接触器是利用电磁力来接通和断开主电路的执行电器，常用于电动机、电炉等负载的自动控制。接触器的工作频率可达每小时几百至上千次，并可方便地实现远距离控制，常用的三相交流接触器的实物结构图如图 4.10.8（a）所示，电路符号图如图 4.10.8（b）所示。接触器线圈主要提供电磁力的作用，控制主触头和辅助触头的动作；接触器主触头用于主电路的通断控制，流过的电流大，需要加灭弧装置；接触器辅助触头用于控制电路，流过的电流小，一般无需加灭弧装置。

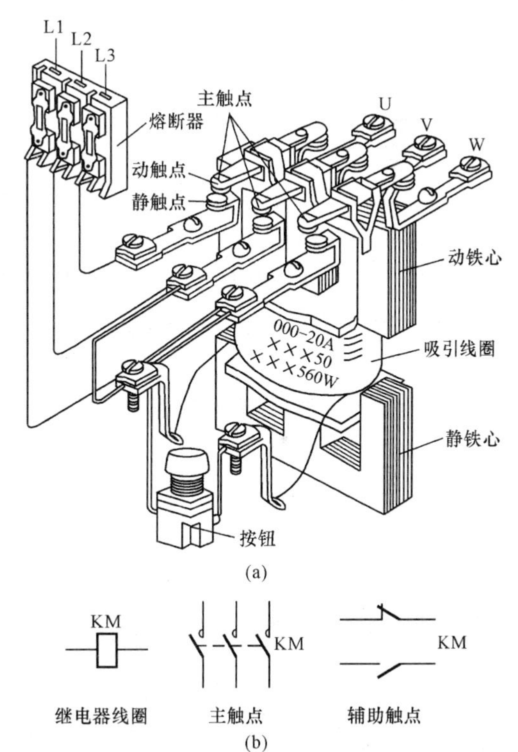

图 4.10.8　交流接触器实物结构和电路符号图
(a) 实物结构图；(b) 电路中的符号

常用的三相交流接触器的电路结构如图 4.10.9 所示，它由电磁结构、触点系统和灭弧装置组成。电磁结构包括吸引线圈、静铁心和动铁心，动铁心与动触点相连。当吸引线圈两端施加额定电压时，产生电磁力，将动铁心吸下，动铁心带动动触点一起下移，使动合触点闭合，接通电路，动断触点断开，电路切断。当吸引线圈断电时，铁心失去磁力，动铁心在复位弹簧的作用下复位，触点系统恢复常态。

线圈通电时：衔铁被吸合→主触头闭合，同时辅助常闭触头断开，辅助常开触头闭合→电机接通电源；线圈断电时：衔铁复位→主触头断开，同时辅助常开触头复位断开，辅助常闭触头也复位闭合→电机断开电源。

接触器的触点系统中有三对或三对以上主触点和若干对辅助触点，主触点可以通过较大电流，并设有隔弧和灭弧装置。主触点用在主电路中控制三相负载，辅助触点用在电流较小的控制电路中。

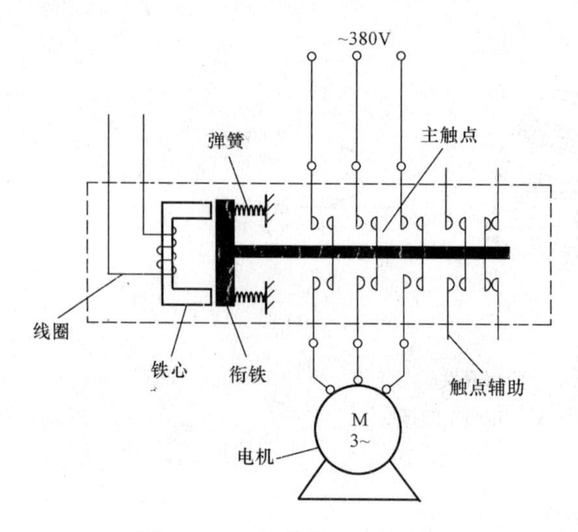

图 4.10.9 接触器电路结构图

接触器的控制对象为电动机及其他电力负载；其技术指标包括额定工作电压、电流、触点数目等。

6. 继电器

继电器和接触器的工作原理一样。主要区别在于接触器的主触头可以通过大电流，而继电器的触头只能通过小电流。所以，继电器只能用于控制电路中。

继电器包括中间继电器、电压继电器、电流继电器、时间继电器（具有延时功能）、热继电器（做过载保护）等种类，下面分别作简单介绍。

(1) 中间继电器（KA）。中间继电器用于继电保护与自动控制系统中，以增加触点的数量及容量，它主要用于控制电路中传递中间信号。中间继电器的结构和原理与交流接触器基本相同，与接触器的主要区别在于接触器的主触头可以通过大电流，而中间继电器的触头只能通过小电流。所以，它只能用于控制电路中。中间继电器一般是没有主触点的，因为过载能力比较小，所以它用的全部都是辅助触头，数量比较多。新国标对中间继电器的定义是K，老国标是KA。一般是由直流电源供电，少数使用交流供电。中间继电器电路符号如图 4.10.10 所示。

中间继电器型号较多，包括阀型电磁式继电器、静态中间继电器和固态继电器等。

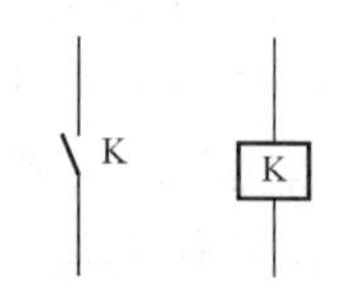

图 4.10.10 中间继电器电路符号

DZ 系列继电器为阀型电磁式继电器。线圈装在“U”形导磁体上，导磁体上面有一个活动的衔铁，导磁体两侧装有两排触点弹开。在非动作状态下触点弹片将衔铁向上托起，使衔铁与导磁体之间保持一定间隙。当气隙间的电磁力矩超过反作用力矩时，衔铁被吸向导磁体，同时衔铁压动触点弹片，使常闭触点断开，常开触点闭合，完成继电器工作。当电磁力矩减小到一定值时，由于触点弹片的反作用力矩，而使触点与衔铁返回到初始位置，准备下次工作。

静态中间继电器包括 JZ、HZ 系列继电器，常用于各种保护和自动控制线路中。此类继电器由电子元器件和精密小型继电器等构成，是电力系列中间继电器更新换代的首选产品。静态中间继电器包括 JZJ（HZJ）、JZY（HZY）、JZL（HZL）、JZB（HZB）、JZS（HZS）等型号，其中，JZ 和 HZ 表示静态中间继电器，第三位字母中 J 表示交流工作电压，Y 表示直流工作电压，L 表示电流工作，B 表示带保持，S 表示带延时。

(2) 时间继电器（KT）。时间继电器是可实现时间自动控制的电器。时间继电器分为电磁式和电子式两类，电磁式是在电磁式控制继电器上加装空气阻尼（如气囊）或机械阻尼（钟表机械）组成，如图 4.10.11 所示；电子式是利用电子延时电路实现延时动作。时间继电器的共同特点是从接受信号到触点动作有一定延时，延时长短可根据需要预先整定。时间继电器的符号如图 4.10.12 所示。

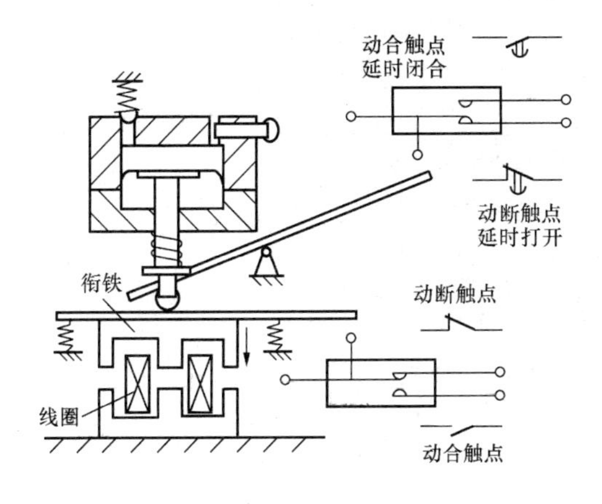

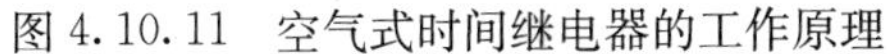

图 4.10.11　空气式时间继电器的工作原理

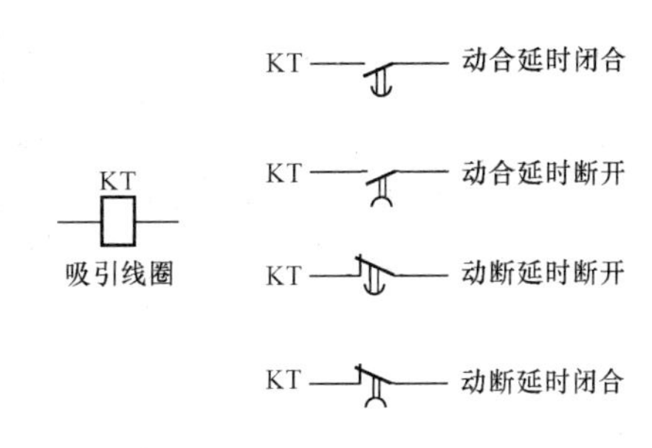

图 4.10.12　时间继电器的电路符号

时间继电器的触头类型及动作方式如表 4.10.1 所示。

表 4.10.1　时间继电器触头类型

	通　电　式	断　电　式
瞬时动作	动断触点	
	动合触点	
延时动作	动合 通电后延时闭合	动断 断电后延时闭合
	动断 通电后延时断开	动合 断电后延时断开

(3) 热继电器 (FR)。热继电器是一种以双金属片热敏元件受热时生长不均匀而动作制成的继电器，常作为电动机的过载保护。热继电器的结构和电路符号如图 4.10.13 所示。

热继电器的结构图如图 4.10.14 所示，主要由双金属热元件、动断（常闭）触点及动作机构组成。

热继电器的发热元件是一段阻值不大的电阻丝，它绕在双金属片上。双金属片是由两种热膨胀系数不同的金属片轧制而成的，一端是固定的，另一端为自由端。双金属片受热弯曲，推动下端导板位移，使动作机构动作，动断触点断开。双金属片冷却后恢复常态；动触点不能自动复原时，需手动按下复位按钮使其复原。

热继电器的发热元件串接在电动机的主电路中，动断触点串接在电动机的控制电路中。正常情况下，双金属片变形不大，但当电动机过载到一定程度时，热继电器将在规定时间内动作，切断电动机的供电电路，使电动机断电停车，受到保护。

但是热继电器具有热惯性，不能作为短路保护，只能作为过载保护。这种特性符合电动机等负载的需要，可避免电动机起动时的短时过流造成不必要的停车。

7. 自动空气断路器（自动开关）

自动开关是低压配电网络和电力拖动系统中非常重要的一种电器，它集控制和多种保护

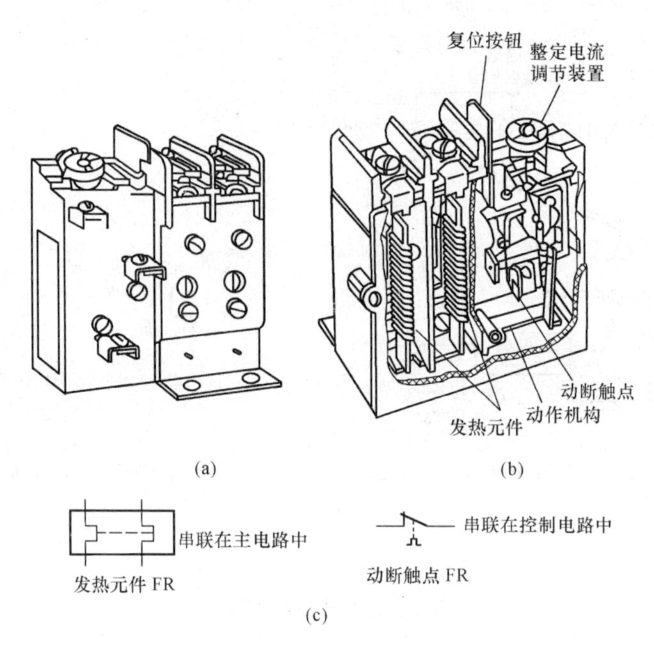

图 4.10.13　热继电器的外形结构和电路符号

(a) 外形图；(b) 内部结构图；(c) 电路符号

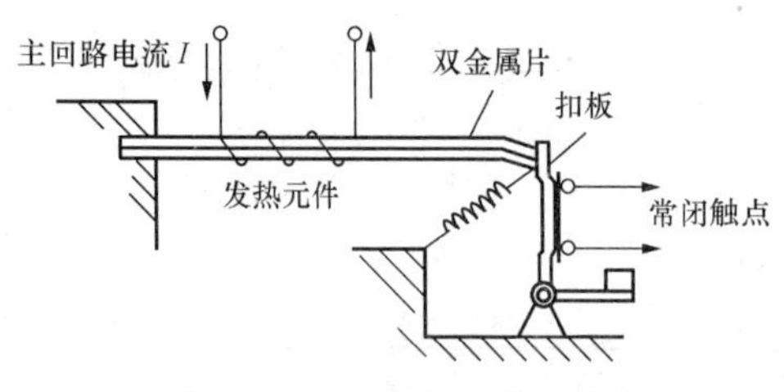

图 4.10.14　热继电器的结构

功能于一身。除了能完成接触和分断电路外，尚能对电路或电气设备发生的短路、严重过载及欠电压等进行保护，同时也可以用于不频繁地起动电动机。

自动空气开关的工作原理和结构如图 4.10.15 所示。在正常情况下，过流脱扣器的衔铁是释放着的；一旦发生严重过载或短路故障时，与主电路串联的线圈就将产生较强的电磁吸力把衔铁往下吸引而顶开锁钩，使主触点断开。欠压脱扣器的工作恰恰相反，在电压正常时，电磁吸力吸住衔铁，主触点才得以闭合；一旦电压严重下降或断电时，衔铁就被释放而使主触点断开；当电源电压恢复正常时，必须重新合闸后才能工作，实现了失压保护。

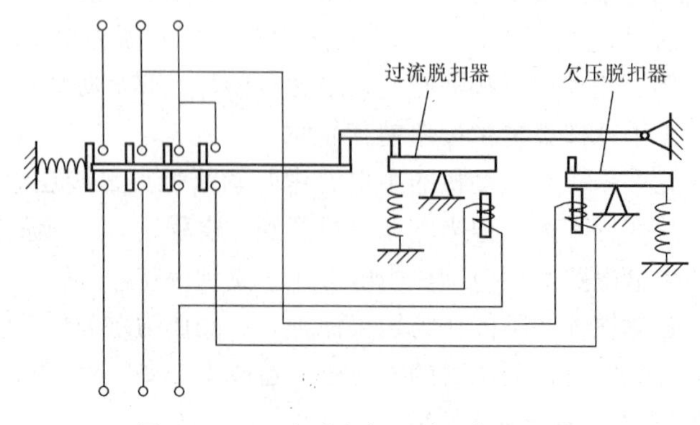

图 4.10.15　自动空气开关工作原理图

根据自动开关灭弧的绝缘方式，自动开关可分为油开关、真空开关和惰性气体（如六氟化硫气体）开关等。空气开关就是利用了空气来熄灭开关过程中产生的电弧。

4.10.2　继电—接触器控制电路图的阅读方法

随着生产机械电气化和自动化的发展，不仅广泛地采用电动机实现电力拖动，而且还需要根据生产或工艺的要求，对电动机的起动、反转等运动状态进行有效的控制。采用继电器、接触器、操作主令电器等低压电器组成有触点的控制系统，称为继电—接触器控制系统。如对电动机的起动、制动、反转和调速进行控制。

控制电路图是用图形符号和文字符号表示并完成一定控制目的的各种电器连接的电路图。要读懂一幅控制电路图，除了要具备各种电机、电器的必要知识外，还应注意以下几点。

（1）应了解机械设备和工艺过程，掌握生产过程对控制电路的要求。

（2）要掌握控制电路构成的特点。通常一个系统的总控制电路图分为主电路和控制电路两部分。其中主电路的负载是电动机、照明或电加热等设备，通过的电流较大，要用接通和分断能力较大的电器（接触器、自动空气开关等）来操作。此外，在主电路中还需有各种保护电器（熔断器、热继电器的发热元件等），以保障电源和负载的运行安全。控制电路则为了实现生产工艺过程，对负载的运行情况如起动、停车、制动、调速、反转等进行控制，一般是通过按钮、行程开关等主令电器发出指令，控制接触器吸引线圈的工作状态来完成的。需要时，还要配合其他辅助控制电器（如中间继电器，时间继电器等）。

（3）为表达清楚、识图方便，在一份总电路图中，同一电器的各个部件经常不画在一起，而是分布在不同地方，甚至不在一张图上。例如，一个接触器的主触点在主电路图中，而它的吸引线圈和辅助触点在控制电路图中，但同一电器的不同部件都用同一文字符号标明。

（4）电路图中的所有电器的触点状态均为常态，即吸引线圈不带电、按钮没按下的情况等。

（5）控制电路中各条支路的排列常依据生产工艺顺序的先后，由上至下排列。

4.10.3　基本控制电路

各种生产机械的生产过程是不同的，其继电—接触器控制线路也是各式各样的，但各种线路都是由较简单的基本环节构成的，即由主电路和控制电路组成。下面介绍几个基本控制系统，通过对一些基本控制系统的掌握，进而能对复杂的控制线路进行分析和设计。

1. 三相异步电动机点动控制电路

点动控制就是按下按钮时电动机就转动，松开按钮时电动机就停转。生产机械在进行试车和调整时常要求点动控制。

图 4.10.16 所示是点动控制的结构图，图 4.10.17 所示是点动控制的原理图。在控制电路中，它是由电源开关 QS、熔断器 FU、按钮 SB、接触器 KM 和电动机 M 组成。当合上开关 QS 后，按下按钮 SB，使接触器线圈 KM 通电，动合主触点 KM 闭合，电动机 M 通电运行。当放开开关 SB 后，接触器 KM 断电释放，动合主触点 KM 断开使电动机 M 断电停转。

2. 三相异步电动机直接起动、停车控制电路

在实际生产中，大多数生产机械需要连续运转，如水泵、机床等。只要在图 4.10.16 点

动控制线路中串联一个停车按钮 SB2，并且按钮 SB1 两端并连接触器的一个动合辅助触点便可实现电动机的连续运转，直接起动控制结构图如图 4.10.18 所示，原理图如图 4.10.19 所示。

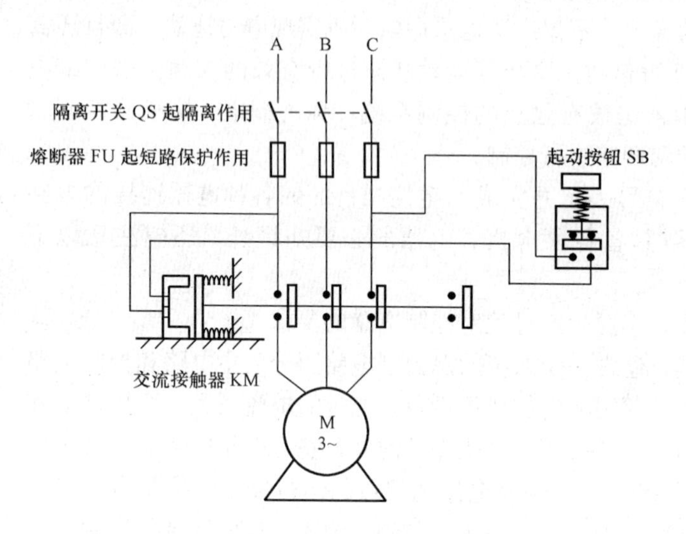

图 4.10.16 点动控制结构图

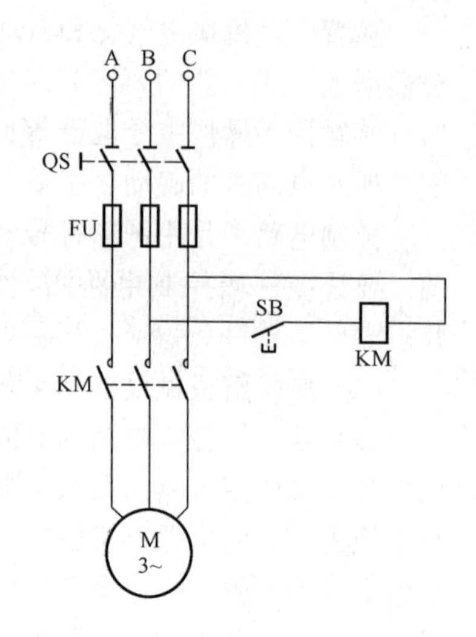

图 4.10.17 点动控制原理图

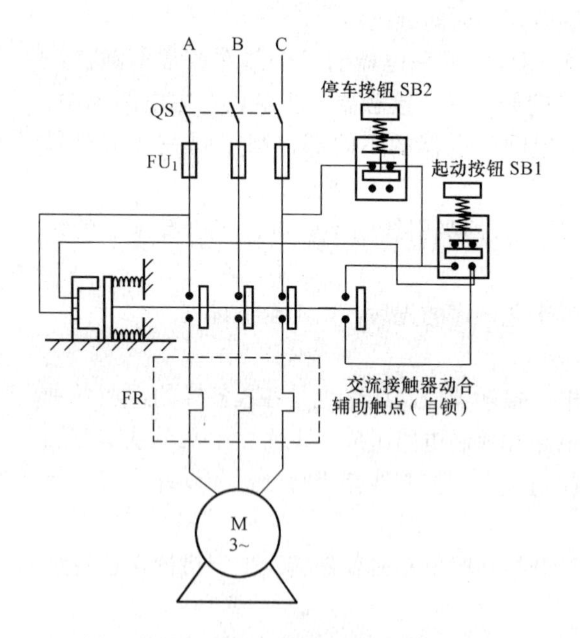

图 4.10.18 异步电动机直接起动结构图

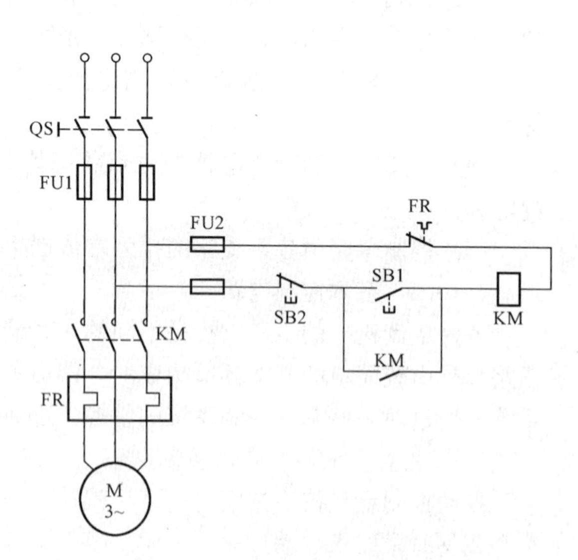

图 4.10.19 异步电动机直接起动原理图

工作过程中，当合上 QS 后，按下 SB1，使接触器线圈 KM 通电，动合主触点 KM 闭合，同时辅助动合触点 KM 也闭合，给线圈 KM 提供了另外一条通路，因此，当松开 SB1 后线圈仍能保持通电，于是电动机便实现连续运行。辅助触点 KM 的作用是“锁住”自己的线圈电路，称为“自锁”触点。当按下 SB2 后，线圈 KM 失电，主触点 KM 和辅助触点同时断开，电动机便停转。该电路中 FU 起短路保护作用，FR 起过载保护作用，KM 还兼有失电压、欠电压保护作用，去掉自锁触点，可实现点动控制。

3. 三相异步电动机多地点控制电路

有的生产机械可能有几个操作台，各台都能独立操作生产机构，故称为多地点控制。这时只要把起动按钮动合触点并联，停止按钮动断触点串联，便可实现多地点控制，如图 4.11.20 所示。

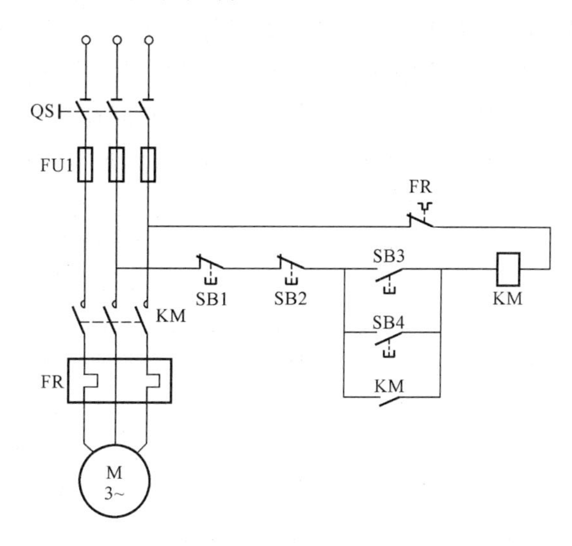

图 4.10.20　多地点控制

4. 三相异步电动机正反转控制电路

在生产上往往要求运动部件向正反两个方向运动。例如，机床工作台的前进与后退，主轴的正转与反转，起重机的提升与下降等。为了实现正反转，只要将接到电源的任意两根连线对调一头即可。为此，只要用两个交流接触器就能实现这一要求，如图 4.10.21（a）所示。当正转接触器 KMP 工作时，电动机正转；当反转接触器 KMR 工作时，由于调换了两根电源线，所以电动机反转。

如果两个接触器同时工作，那么由图 4.10.21（a）可以得到，将有两根电源线通过它们的主触点而将电源短路了。所以对正反转控线中最根本的要求是：必须保证两个接触器不能同时工作。

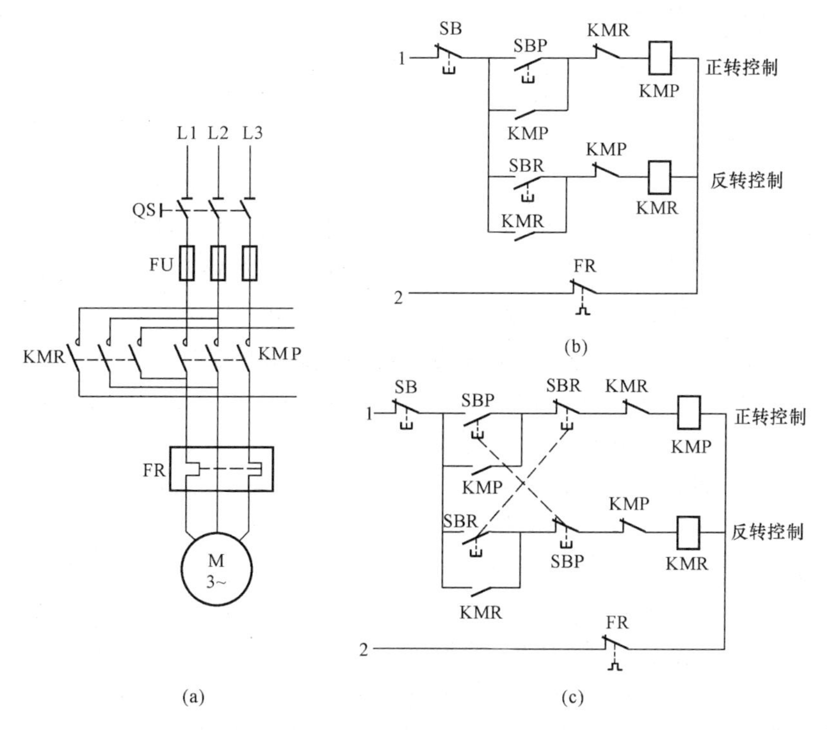

图 4.10.21　三相异步电动机正反转控制原理图

（a）主控电路接线图；（b）带电器互锁的单步控制电路；（c）带电器与机械互锁控制电路

这种在同一时间里两个接触器只允许一个工作的控制作用称为互锁或联锁。下面分析两种有联锁保护的正反转控制线路。

图 4.10.21（b）所示的控制电路中，正转接触器 KMP 的一个常闭辅助触点串联在反转接触器 KMR 的线圈电路中，而反转接触器的一个常闭辅助触点串接在正转接触器的线圈电路中。这两个常闭触点称为联锁触点。这样一来，当按下正转启动按钮 SBP 时，正转接触器线圈通电，动合主触点 KMP 闭合，使电机运转；同时动断辅助触点 KMP 串接在反转接触器 KMR 控制电路中，将 KMR 线圈电路断开，保证了 KMR 线圈不能通电运行。因此，即使误按反转启动按钮 SBR，反转接触器也不能动作。

但是这种控制电路有一个缺点，就是在正转过程中要求反转时，必须先按停止按钮 SB1，让联锁触点 KMP 闭合后，才能按反转起动按钮使电动机反转，带来操作上的不方便。为了解决这个问题，在生产上常采用复式按钮和触点联锁的控制电路，如图 4.10.21（c）所示。当电动机正转时，按下反转启动按钮 SBR，它的常闭触点断开，而使正转接触器的线圈 KMP 断电，主触点 KMP 断开。与此同时，串接在反转控制电路中的常闭触点 KMP 恢复闭合，反转接触器的线圈通电，电动机就反转。同时串接在正转控制电路中的常闭触点 KMR 断开，起着联锁保护。

5. 控制电路综合举例

设计一个运料小车控制电路，同时满足以下要求。

（1）小车起动后，前进到 A 地。然后做以下往复运动：

1）到 A 地后停 2min 等待装料，然后自动走向 B；

2）到 B 地后停 2min 等待卸料，然后自动走向 A。

（2）有过载和短路保护。

（3）小车可停在任意位置。

根据工程设计要求，可以画出运料小车的运行过程原理图如图 4.11.22 所示。

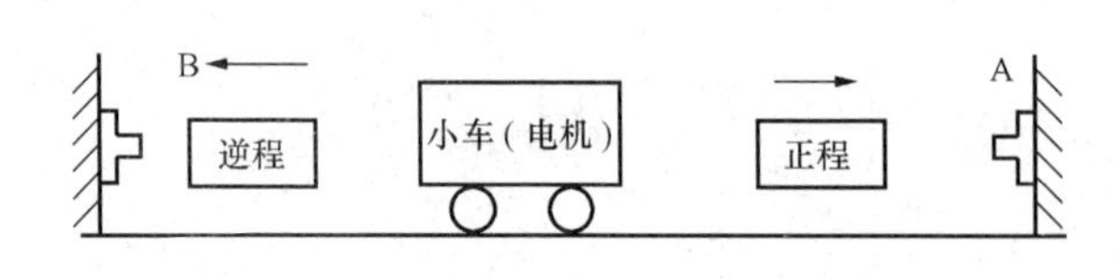

图 4.10.22 运料小车工作过程原理图

根据工作过程原理可得，小车正程和逆程运行可以通过控制电动机正反转来实现，因此可使得运料小车控制电路的主控电路和电机正反转主控电路一样，如图 4.10.21（a）所示。

因为设计中要求自动往复，并且到 A 地后停 2 分钟等待装料，然后自动走向 B；到 B 地后停 2 分钟等待卸料，然后自动走向 A。这就必须要行程开关和时间继电器对控制电路进行控制，通过对图 4.10.21（b）电机的正反转控制电路进行分析改进，得到如图 4.10.23 所示的控制原理图，此原理图能够完成（1）和（2）的所有要求。其中，STa 、STb 为 A、B 两端的限位开关；KTa 、KTb 为 两个时间继电器 。

工作过程为：按下 SBF⇒KMF 得电；小车正向运行至 A 端，撞 STa⇒KTa 得电动作，同时 KMF 失电；延时 2 分钟⇒KTa 的延时闭合触点闭合，KMR 得电⇒小车反向运行至 B 端，撞 STb⇒KTb 得电动作，同时 KMR 断开；延时 2 分钟⇒KTb 的延时闭合触点闭合，KMF 得电动作（小车正向运行……如此往返运行。

通过分析该电路发现一个问题：小车在两极端位置时，不能停车。满足不了小车可停在任意位置的要求，必须再次进行改进。改进的方法是通过加中间继电器（KA）实现任意位置停车的要求，从而得到如图 4.10.24 所示的小车控制原理图。

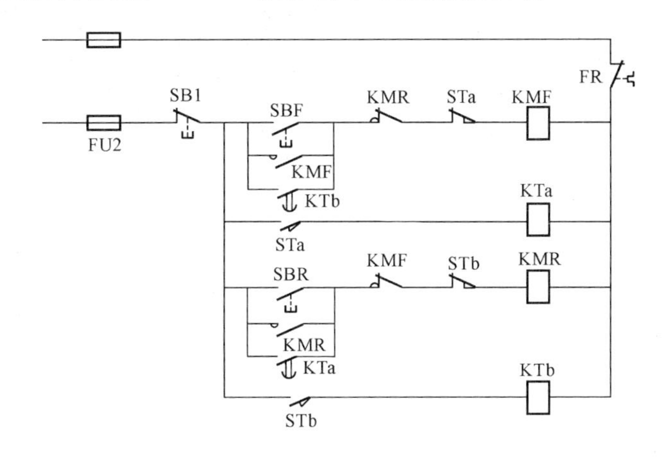

图 4.10.23　运料小车控制原理图

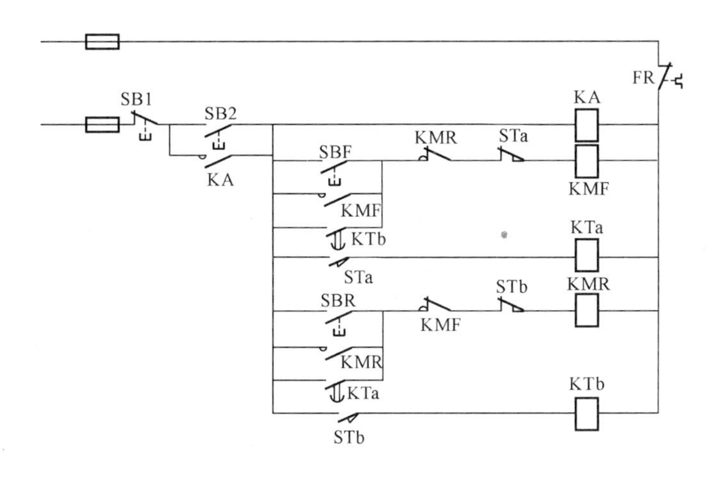

图 4.10.24　能够满足要求的运料小车控制原理图

控制原理及控制过程，读者可以自行具体进行分析。

通过对运料小车电路分析设计，可得出在继电器、接触器控制电路读图和设计中应注意的问题。

（1）首先了解工艺过程及控制要求；

（2）明白控制系统中各电机、电器的作用及它们的控制关系；

（3）主电路、控制电路分开阅读或设计；

（4）控制电路中，根据控制要求按自上而下、自左而右的顺序进行读图或设计；

（5）同一个电器的所有线圈、触头无论在什么位置都叫相同的名字；

（6）原理图上所有电器，必须按国家统一符号标注，且均按未通电状态表示；

（7）继电器、接触器的线圈只能并联，不能串联；

（8）控制顺序只能由控制电路实现，不能由主电路实现。

常用控制电器在电路中的表示符号如表 4.10.2 所示。

表 4.10.2 常用控制电器在电路中的电器标注符号

控制电器名称	标注符号	控制电器名称	标注符号
刀闸	QS	热继电器	FR
熔断器	FU	行程开关	ST
按钮	SB	时间继电器	KT
接触器	KM	中间继电器	KA

4.11 习　　题

4.1 什么是三相电源的相序？就三相异步电动机本身而言，有无相序？

4.2 一台三相笼型异步电动机，接在频率为 50Hz 的三相电源上，已知在额定电压下满载运行的转速为 940r/min。

(1) 求电动机的磁极对数。

(2) 求额定转差率。

(3) 求额定条件下，转子相对于定子旋转磁场的转差。

(4) 当转差率为 0.04 时的转速和转子电流的频率。

4.3 在电源电压不变的情况下，如果电动机的三角形连接误接成星形连接，或者星形连接误接成三角形连接，其后果如何？

4.4 三相异步电动机在满载和空载下起动时，起动电流和起动转矩是否一样？

4.5 绕线型电动机采用转子串电阻起动时，所串电阻越大，起动转矩是否也越大？

4.6 某一三相异步电动机的额定电压 $U_N=380V$，三角形连接，额定功率 $P_{2N}=40kW$，额定转速 $n_N=1470r/min$，$T_{st}/T_N=1.2$。

(1) 试求起动转矩 T_{st}。

(2) 如果负载转矩为额定转矩的 70%或 20%，能否采用 Y—△换接起动？

4.7 三相异步电动机，额定功率 $P_N=10kW$，额定转速 $n_N=1450r/min$，起动能力 $T_{st}/T_N=1.2$，过载系数 $\lambda=1.8$。试求：

(1) 额定转矩 T_N。

(2) 起动转矩 T_{st}。

(3) 最大转矩 T_m。

(4) 用 Y-△方法起动时的 $T_{st'}$。

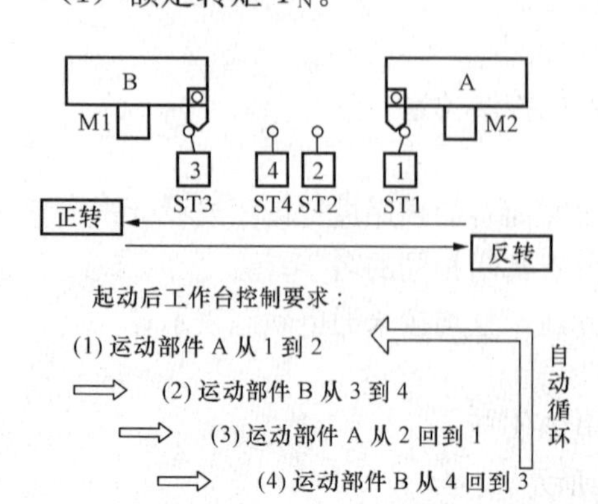

图 4.11.1 题 4.10 图

4.8 设计既能长期工作又能点动的三相异步电动机的控制电路。

4.9 设计两台三相异步电动机 M1 与 M2 的控制电路，要求：M1 先起动后，M2 才能起动，M2 可以单独停车。

4.10 图 4.11.1 所示为工作台位置及控制要求，试画出工作台电机的控制电路图。

第5章　常用半导体器件

半导体二极管和三极管是最常用的半导体器件，本章先介绍半导体的基本知识，接着讨论半导体器件的核心——PN结；在此基础上，讨论半导体二极管、三极管和场效应管的结构、工作原理、特性曲线和各种参数；最后介绍常用的光电器件。

5.1　半导体基础知识

自然界的物质，按照其导电能力的大小可分为导体、绝缘体和半导体三类。电阻率在$10^{-4}\Omega\cdot cm$以下的物质称为导体，如铜、银、铝等金属材料都是导体，电阻率在$10^{10}\Omega\cdot cm$以上的物质称为绝缘体，如橡胶、塑料等；电阻率在$10^{-4}\sim10^{10}\Omega\cdot cm$的物质统称为半导体，它们的导电性能介于导体和绝缘体之间，如硅、锗、砷化物等。

5.1.1　本征半导体

不含任何杂质的半导体晶体称为本征半导体。以硅（Si）和锗（Ge）为例，它们都是四价元素，原子结构的简化模型如图5.1.1所示。最外层的四个价电子受原子核的束缚力较小，容易与相邻原子中的价电子构成共价键。这样，硅与锗的晶体结构是每一个原子与相邻四个原子结合构成的共价键结构，如图5.1.2所示。在绝对零度时，价电子没有能力挣脱共价键的束缚而成为自由电子，这时的本征半导体就是良好的绝缘体。温度升高，原子获得能量，价电子也获得能量，有少数价电子获得足够的能量挣脱共价键的束缚而成为自由电子，与此同时，在原来的共价键中留下一个空位，这个空位称为空穴，这种情况称为本征激发。

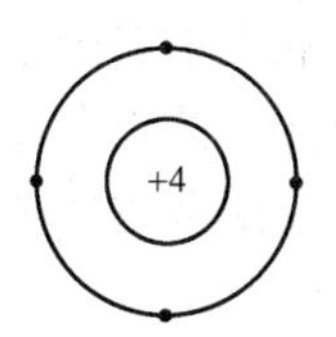

图5.1.1　硅和锗的原子结构简化模型

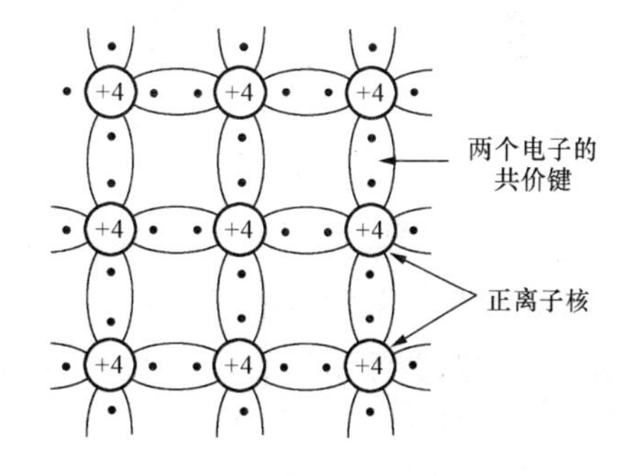

图5.1.2　硅和锗的晶体中的共价键结构

共价键中出现空穴后，在外电场的作用下，邻近的束缚电子就有可能填补到这个空位上，而在这个电子原来的位置上又留下新的空位。空穴的移动方向与电子的移动方向正好相反，因而可用空穴移动产生的电流来代表束缚电子移动产生的电流。

这样，当半导体两端加上电压后，半导体中将出现两部分电流，一部分是本征激发的自由电子在电场力作用下作定向运动所形成的电子电流，另一部分是空穴移动产生的空穴电流（实际上是束缚电荷移动产生的电流）。半导体中同时存在电子导电和空穴导电，这是半导体导电的最大特点。

自由电子与空穴都称为载流子，它们总是成对产生，同时又不断复合。当温度一定时，载流子的产生和复合会达到动态平衡，于是载流子的数目便维持在一定值。温度越高，本征激发就越强烈，半导体中的载流子数目就越多。在常温附近，温度每升 8℃，硅的载流子数目就增加一倍；每升 12℃，锗的载流子数目增加一倍。因此，半导体导电能力随温度的增加而显著增强。但尽管如此，常温下的本征半导体的导电能力仍然是很弱的。

5.1.2　杂质半导体

在本征半导体内掺入微量的杂质，半导体的导电能力就会发生显著的改变。按掺入的杂质的性质，杂质半导体可分为 N 型半导体（电子型半导体）和 P 型半导体（空穴型半导体）两类。

1. N 型半导体

在硅（或锗）的晶体中掺入少量五价杂质元素，如磷、锑、砷等，则晶体点阵中某些位置上的硅原子将被杂质原子替代。由于杂质原子有五个价电子，它们以四个价电子和相邻的硅原子组成共价键后，还多余一个电子，这个多余的电子不受共价键的束缚，只受自身原子核的吸引，由于这个吸引力很微弱，因此这个多余的价电子在常温下就成为自由电子。这样，半导体中自由电子的数目就大大增加，自由电子导电成为这种半导体的主要导电方式。故这种半导体称为电子型半导体或 N 型半导体[1]。在 N 型半导体中，自由电子是多数载流子（简称多子），由本征激发产生的空穴是少数载流子（简称少子）。失去电子的杂质原子固定在晶格上不能移动，成为正离子。

2. P 型半导体

与 N 型半导体相反，在本征半导体中掺入少量的三价杂质元素，如硼、镓、铟等后，因杂质原子只有三个价电子，它与周围的硅原子组成共价键时，因缺少一个电子，在晶体中便产生一个空穴。从而使半导体中空穴的数目大大增加，空穴导电成为这种半导体的主要导电方式，故这种半导体称为空穴型半导体或 P 型半导体[2]。在 P 型半导体中，空穴是多数载流子，由本征激发产生的电子是少数载流子。固定在晶格上的杂质原子从其他位置的共价键中夺得一个电子后成为负离子。

总之，在杂质半导体中，多数载流子由掺杂形成，其数量取决于掺杂浓度；少数载流子由本征激发产生，其数量由温度决定。在常温下，即使杂质浓度很低，多数载流子的数目仍要远远大于少数载流子的数目，因此，杂质半导体的导电性能由掺杂浓度决定。

5.1.3　PN 结

在一块 N 型（或 P 型）半导体的局部掺入浓度较大的三阶（或五阶）元素，使这个局部变成 P 型（或 N 型）半导体。在两种半导体的交界面就形成一个 PN 结，PN 结是构成各种半导体器件的基础，下面研究 PN 结。

1. PN 结的形成

如图 5.1.3（a）所示，P 型半导体中的“⊖”表示得到一个电子的杂质离子，“。”表示空穴；在 N 型半导体中，“⊕”表示失去一个电子的杂质离子，“·”表示自由电子。不考虑少数载流子，由于 P 区中的空穴浓度远大于 N 区，因此，P 区中界面附近的空穴要向

---

[1] 由于电子带负电，故用 N（Negative）表示；

[2] 由于空穴带正电，故用 P（Positive）表示。

N区扩散，与N区中的自由电子复合；同样，N区中界面附近的自由电子也要向P区扩散，与P区中的空穴复合。这样，在界面附近，P区带负电荷，N区带正电荷，这个空间电荷区就是PN结，如图5.1.3（b）所示。带负电的P区和带正电的N区之间的电位差U_D称为电位壁垒。空间电荷区中的电场称为内电场，其方向是从N区指向P区。显然，这个内电场将阻碍P区空穴和N区自由电子等多数载流子的扩散，但吸引了P区中的少数载流子自由电子向N区移动和N区中少数载流子空穴向P区移动。通常把载流子在电场作用下的定向运动称为漂移运动，在这里，少数载流子漂移运动的结果是使空间电荷区变窄。扩散与漂移是相互联系又相互矛盾的，扩散使空间电荷区加宽，内电场增强，从而对进一步的扩散产生阻力；另一方面，内电场的增强又使少子的漂移运动得到加强，而漂移又使空间电荷区变窄，内电场减弱，这又使扩散容易进行。当扩散和漂移达到动态平衡时，空间电荷区的宽度就稳定下来，PN结就处于相对稳定的状态。这时，空间电荷区的宽度一般为几微米至几十微米，电位壁垒U_D的大小，硅材料为（0.6～0.8）V，锗材料为（0.2～0.3）V。

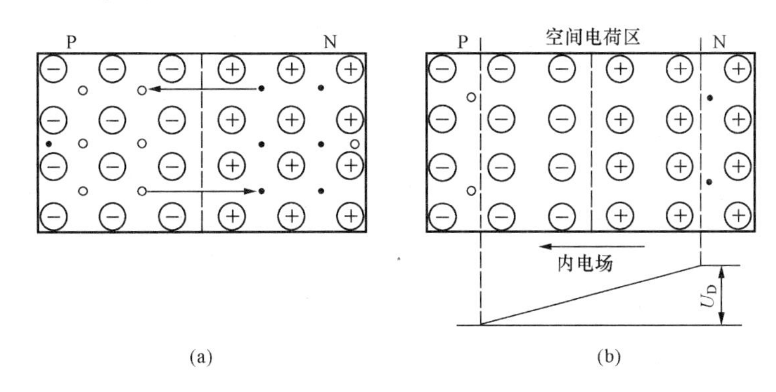

图5.1.3　PN结的形成

2. PN结的单向导电性

前面讨论的是PN结在没有外加电压时的情况，下面讨论PN结上外加电压后的情况。

（1）外加正向电压。外加电压从P区指向N区，如图5.1.4所示。这时外电场与内电场方向相反，外电场削弱内电场，PN结的动态平衡被破坏。在外电场的作用下，P区中的空穴进入空间电荷区，与一部分负离子中和，N区中的自由电子进入空间电荷区与一部分正离子复合中和，于是整个空间电荷区变窄，从而使多子的扩散运动增强，形成较大的扩散电流，这个电流称为正向电流，其方向是从P区指向N区。这种外加电压接法称为正向偏置。

（2）外加反向电压。外加电压从N区指向P区，这种情况称为PN结反向偏置，如图5.1.5所示。这时，外电场与内电场同向，因而增强了内电场的作用。在外电场的作用下，P区中的空穴和N区中的自由电子各自背离空间电荷区运动，使空间电荷区变宽，从而抑制了多子的扩散，加强了少子的漂移，形成反向电流。由于少子的浓度很低，因此这个反向电流非常小，在一定温度下，当反向电压超过零点几伏后，反向电流将不再随电压增加而增大，所以反向电流又称为反向饱和电流，通常用I_S表示。I_S由少子的浓度决定，而少子的浓度又由温度决定，因此，随着温度的升高，少子的浓度大幅增大，I_S也急剧增大。

综上所述，PN结具有单向导电性：PN结正向偏置时，回路中有较大的正向电流，PN结呈现的电阻很小，PN结处于导通状态；当PN结反向偏置时，回路中的电流非常小，PN

结呈现的电阻非常高，PN 结处于截止状态。

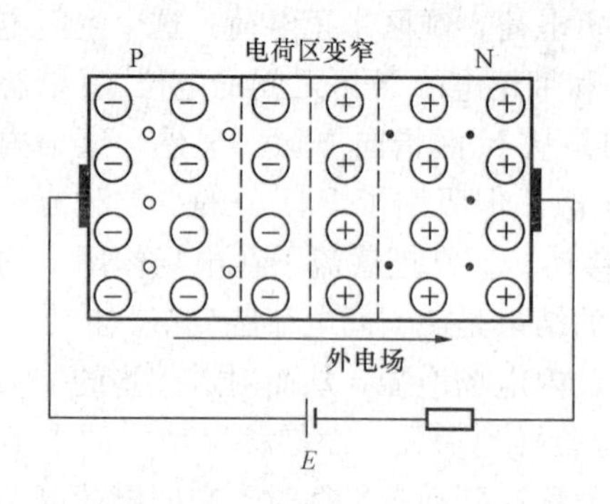

图 5.1.4　正向偏置的 PN 结

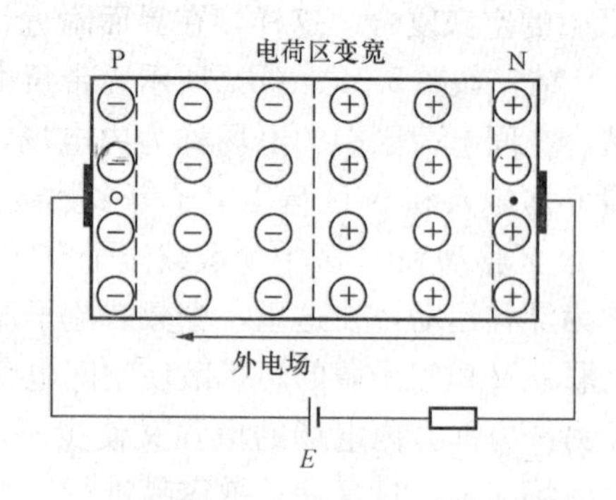

图 5.1.5　反向偏置的 PN 结

5.2　半导体二极管

5.2.1　二极管的结构与特性

将 PN 结加上相应的电极、引线和外壳就成为一个二极管。按制造材料不同，二极管分为硅二极管和锗二极管。按结构不同，可分为点接触型和面接触型两类，如图 5.2.1（a）、图 5.2.1（b）所示。点接触型二极管的 PN 结面积小，结电容小，因此适用于高频和小功率，常用作高频检波和脉冲开关；面接触型二极管的 PN 结面积大，可通过较大的电流，但 PN 结的电容效应也较明显，因此不能用于高频，常用作低频整流。二极管的符号如图 5.2.1（c）所示。

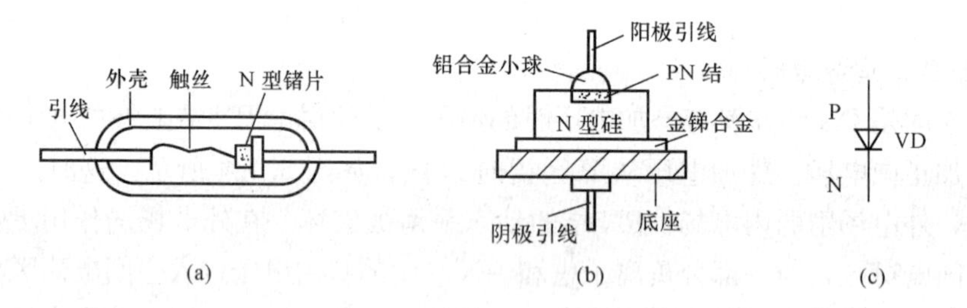

图 5.2.1　半导体二极管

（a）点接触型；（b）面接触型；（c）表示符号

既然二极管本质上是一个 PN 结，它当然具有 PN 结的单向导电性，其伏安特性曲线如图 5.2.2 所示。当外加正向电压很小时，由于外电场还不能克服 PN 结的内电场对多数载流子的扩散运动的阻碍，故这时的正向电流很小；当正向电压超过一定数值 U_{th}后，内电场被大大削弱，电流迅速增长，因此 U_{th}称为死区电压或门坎电压。U_{th}的大小与材料和温度有关，通常硅管约为 0.5V，锗管约为 0.1V，二极管导通时的正向压降，硅管为 0.6～0.8V，锗管为 0.2～0.3V。当二极管外加反向电压时，反向电流很小，而且当反向电压超过零点几伏后，反向电流不再随反向电压增加而增大，而是维持在一个稳定值 I_s，即为反向饱和电流。如果反向电压继续升高，当超过 U_{BR}以后，反向电流将急剧增大，这种现象称为击穿，U_{BR}称为反向击穿电压。普通二极管被击穿以后，一般就不再具有单向导电性。

从二极管的伏安特性曲线可以看出，二极管的电流与电压关系不是线性关系，因此，二极管是非线性元件，根据半导体物理的理论分析，二极管的伏安关系为

$$i = I_S(e^{u/U_T} - 1) \quad (5.2.1)$$

其中，I_S 为反向饱和电流，$U_T = kT/q$ 为温度电压当量。在常温（T=300K）下，$U_T \approx 26$mV。

式（5.2.1）称为二极管方程，由此可见，当二极管加反向电压时，$u<0$，若 $|u| \gg U_T$，则 $e^{u/U_T} \approx 0$，$i \approx I_S$。当二极管加正向电压时，若 $u \gg U_T$，则 $e^{u/U_T} \gg 1$，$i = I_S e^{u/U_T}$，电流与电压基本上为指数关系。

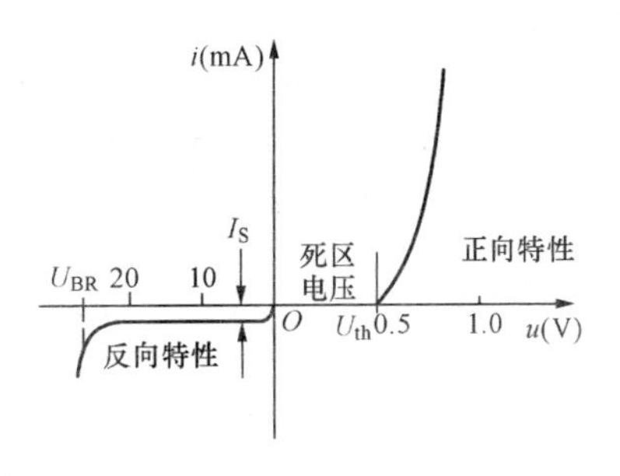

图 5.2.2　二极管的伏安特性

5.2.2　二极管的主要参数

在使用二极管时，主要考虑以下几个参数。

1. 最大整流电流 I_F

最大整流电流 I_F 是指二极管长时间工作时，允许流过二极管的最大正向平均电流，它由 PN 结的结面积和散热条件决定。

2. 最大反向工作电压 U_R

最大反向工作电流 U_R 是二极管加反向电压时为防止击穿所取的安全电压，一般将反向击穿电压 U_{BR} 的一半定为最大反向工作电压 U_R。

3. 反向电流 I_R

反向电流 I_R 是指二极管加上最大反向工作电压 U_R 时的反向电流。I_R 越小，二极管的单向导电性就越好。此外，由于反向电流是由少数载流子形成的，所以，温度对 I_R 的影响很大。

4. 最高工作频率 f_M

最高工作频率 f_M 主要由 PN 结电容的大小决定，结电容越大，则 f_M 就越低。使用时，若工作频率超过 f_M，则二极管的单向导电性就变差，甚至无法使用。

二极管的应用范围很广，主要是利用它的单向导电性，通常用于整流、检波、限幅、元件保护等，在数字电路中常作为开关元件。

在分析含二极管的电路时，二极管一般采用理想模型或恒压源模型，两者的共同点是反向偏置时，电流为零；两者的主要区别是当二极管正向导通时，理想二极管上的压降为 0，而恒压源模型的二极管上的压降为 0.7V（硅管）或 0.3V（锗管）。

【例 5.2.1】　在如图 5.2.3 所示电路中，输入电压 $u_i = 10\sin\omega t$ V，试画出电路的输出电压波形。设二极管为理想二极管，正向导通时压降为零，反向偏置时，反向电流为零。

解　对如图 5.2.3（a）所示电路，由于二极管具有单向导电性，在 u_i 的正半周，VD 导通，$u_{o1} = u_i$；在 u_i 的负半周，VD 截止，$i=0$，$u_{o1}=0$，故 u_{o1} 的波形如图 5.2.4（b）所示。

对如图 5.2.3（b）所示电路，A 点电位为 5V，当 $u_i > 5$V 时，VD 导通，二极管上压降为零，$u_{o2}=5$V；当 $u_i \leqslant 5$V 时，VD 截止，$i=0$，$u_R=0$，故 $u_{o2}=u_i-u_R=u_i$，u_{o2} 的波形如图 5.2.4（c）所示，输出电压被限制在 5V 以下，二极管起限幅作用。

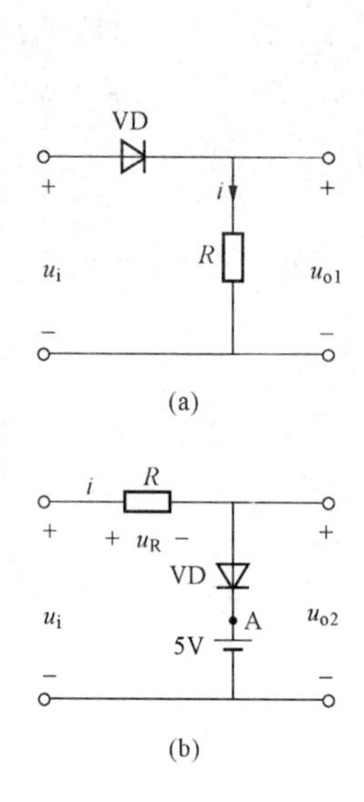

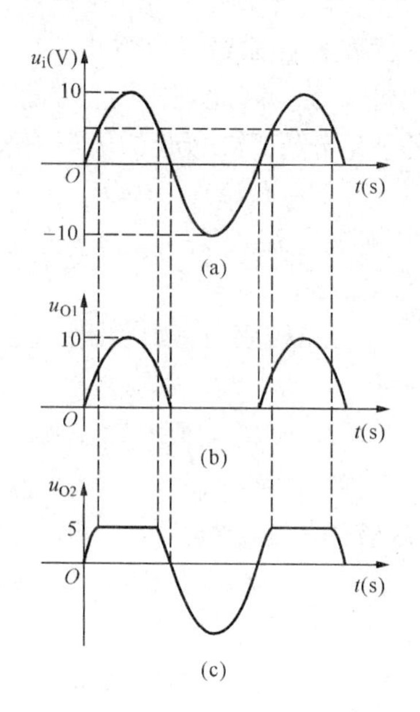

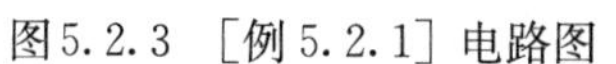
图5.2.3 ［例5.2.1］电路图

图 5.2.4 ［例 5.2.1］波形图

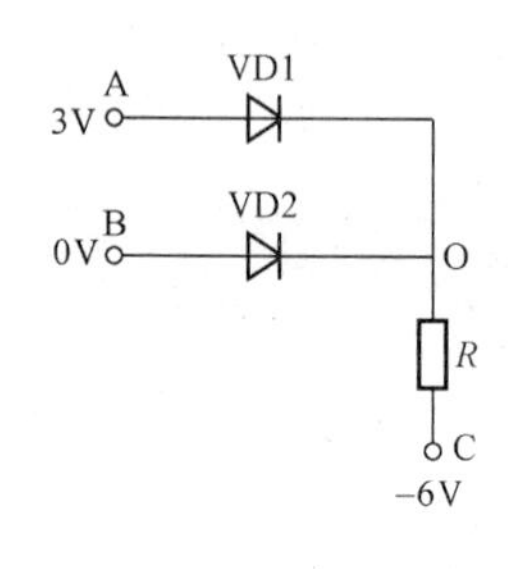

图 5.2.5 ［例 5.2.2］电路图

【例 5.2.2】 求如图 5.2.5 所示电路中 O 点的电位。设二极管的正向压降为 0.7V。

解 $U_{AC}>U_{th}$，$U_{BC}>U_{th}$，两个二极管都能导通，由于 A 点电位比 B 点高，所以 VD1 优先导通，VD1 导通后，$V_O=V_A-0.7=2.3$（V），此时 VD2 上加的是反向电压，故 VD2 截止。在这里 VD1 起钳位作用，即把 O 点的电位钳住在 2.3V，而 VD2 起隔离作用，把输入端 B 和输出端 O 隔离开来。

5.3 稳压二极管

5.3.1 稳压二极管的伏安特性和主要参数

稳压二极管简称稳压管，是一种用特殊工艺制造的面接触型硅二极管，稳压管的符号如图 5.3.1 所示。稳压管与电阻配合使用，可起到稳定电压的作用。

1. 稳压管的伏安特性

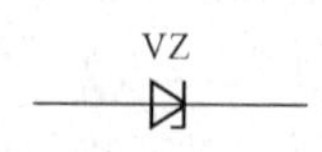

图 5.3.1 稳压管的电路符号

稳压管的伏安特性曲线与普通二极管相似，只是其反向特性曲线较陡，如图 5.3.2 所示。从图中可看到，当加在稳压管上的反向电压增加到 U_Z 时，反向电流剧增，稳压管反向击穿。因此当稳压管工作在反向击穿区时，即使反向电流的变化量 ΔI_Z 较大，稳压管两端相应的电压变化量 ΔU_Z 也很小，这就说明稳压管具有稳压特性。因此，如果将稳压管和负载并联，就能在一定条件下保持输出电压基本恒定。

稳压管与普通二极管的不同之处在于它的反向击穿是可逆的。当去掉反向电压后，稳压管又恢复正常。当然，如果反向电流超过允许范围，则稳压管会因热击穿而损坏。

2. 稳压管的主要参数

稳压管主要有以下几个参数。

(1) 稳压值U_Z。U_Z是稳压管在正常工作时管子两端的电压，是稳压管最主要的参数。稳压值有一定的分散性，同一型号的稳压管，其稳压值很可能是不同的，如2CW18稳压管的稳压值为10～12V，也就是说把一个2CW18稳压管接入电路中，它可能稳压在10.5V，换一个2CW18稳压管，则可能稳压在11.5V。另外，从稳压管的特性曲线中也可看出，即使是同一只稳压管，工作电流不同，其稳压值也有所变化。

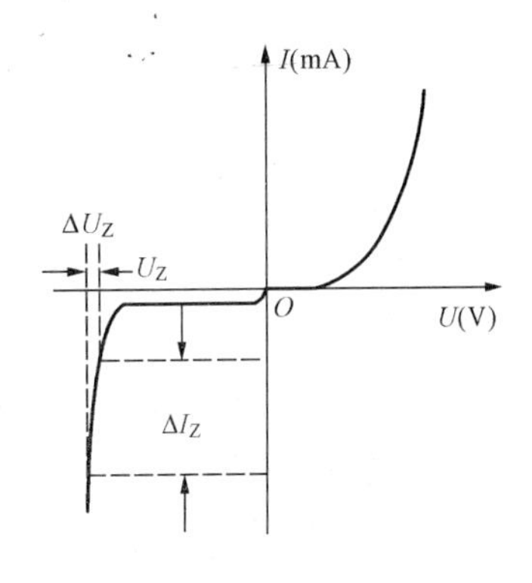

图5.3.2 稳压管的伏安特性

(2) 稳定电流I_Z。I_Z是使稳压管正常工作的最小电流。当稳压管的工作电流小于此值时，稳压效果较差，甚至不能稳压。

(3) 额定功耗P_Z。P_Z为稳压管允许的最大平均功率，有的手册给出最大稳定电流I_{ZM}，两者之间的关系为$P_Z=I_{ZM}U_Z$。稳压管的功耗超过P_Z或工作电流超过I_{ZM}时，稳压管将因热击穿而损坏。

(4) 动态电阻r_Z。r_Z指稳压管两端电压与电流的变化量之比，定义式为

$$r_Z=\frac{\Delta U_Z}{\Delta I_Z} \tag{5.3.1}$$

r_Z值越小，稳压性能越好，r_Z一般为几欧姆至几十欧姆。

(5) 电压温度系数α_u。α_u表示当稳压管的电流保持不变时，环境温度每变化1℃所引起的稳定电压变化的百分比，定义式为

$$\alpha_u=\frac{\Delta U}{\Delta T}\times 100\% \tag{5.3.2}$$

对硅稳压管，稳压值在4V以下的，α_u为负值；6V以上的，α_u为正值；稳压值在4V到6V之间时，α_u最小，α_u一般不超过0.1%/℃。

5.3.2 稳压管稳压电路

将稳压管和限流电阻串联即可构成简单的稳压电路，如图5.3.3所示。这里限流电阻R也是稳压电路不可缺少的组成元件。当输入电压有波动或负载电流变化时，通过调节R上的压降来保持输出电压基本不变。

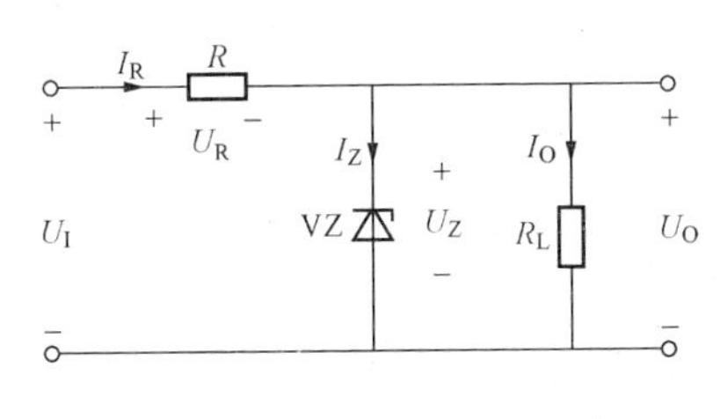

图5.3.3 稳压管稳压电路

下面分析电路的稳压原理。

设R_L不变，U_I增大，则$U_O=U_Z$也将增大，U_Z增大，使I_Z急剧增大，流过电阻的电流$I_R=I_Z+I_O$及电阻上的压降U_R也随之急剧增大，从而使$U_O=U_I-U_R$保持基本不变。此过程可表示为

$$U_I\uparrow\rightarrow U_O(U_Z)\uparrow\rightarrow I_Z\uparrow\rightarrow I_R\uparrow\rightarrow U_R\uparrow\rightarrow U_O\downarrow$$

若U_I减小，上述变化过程刚好相反，结果同样是U_O保持基本不变。

从上述分析中可清楚地看到，限流电阻R在稳压管稳压电路中是必不可少的元件，为了保证稳压电路可靠地工作，必须适当选择R的阻值。

5.4 半导体三极管

半导体三极管简称三极管或晶体管，是各种电子电路的核心器件，它的电流放大作用和开关作用促使电子技术飞跃发展。三极管由两个靠得很近的PN结组成，分PNP和NPN两种类型，它们的工作原理是相似的，下面以NPN型为例进行讨论。

5.4.1 三极管的结构与电流放大原理

1. 三极管的结构

三极管包括平面型和合金型两类，硅管主要是平面型，锗管主要是合金型，如图5.4.1所示。从图中可以看到，无论是平面型管还是合金型管，都有三层半导体材料，它们组成三极管的三个区，即发射区、基区和集电区，从这三个区引出的电极分别称为发射极（E）、基极（B）和集电极（C）。发射区和基区间的PN结称为发射结，集电区和基区间的PN结称为集电结，NPN型和PNP型三极管的结构示意图和符号如图5.4.2所示。

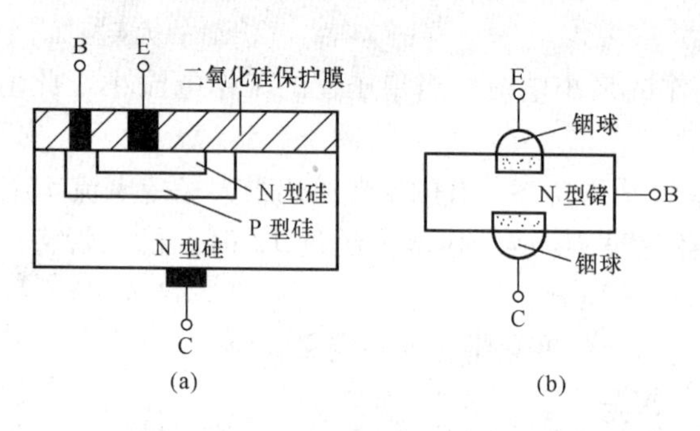

图5.4.1 三极管的结构

(a) 硅平面型；(b) 锗合金型

另外，在制造三极管时，发射区的掺杂浓度要远高于集电区，而尺寸要小于集电区，因此，虽然集电区和发射区为同一类型的半导体，但不能互换。基区的掺杂浓度更低，且做得很薄，一般只有几微米。

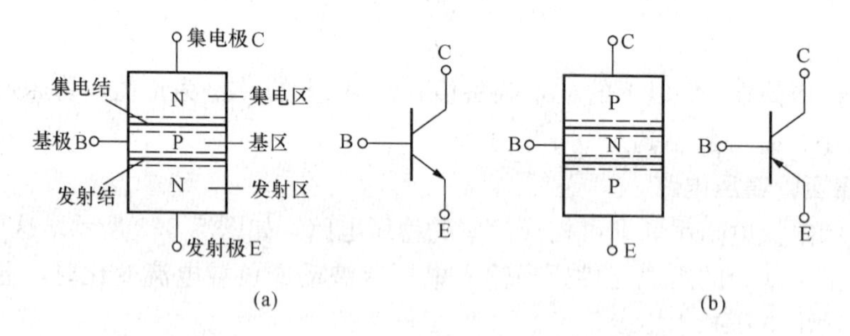

图5.4.2 三极管的结构示意图和符号

(a) NPN型；(b) PNP型

2. 三极管的电流放大原理

下面以NPN型三极管为例，讨论三极管的电流放大原理。

对于三极管的发射区来说，它的作用是向基区注入载流子。基区是传递和控制载流子的，而集电区是收集载流子的。要使三极管正常工作，必须外加合适的电压。首先发射区要向基区注入载流子——电子，因此要在发射结加正向电压 E_B，如图5.4.3所示。其次要保证注入到基区的电子经过基区后传输到集电区，因此要在集电结上加反向电压 E_C。不论放大电路形式如何变化，也不论所用的三极管是NPN型还是PNP型，要使三极管有放大作用，必须满足发射结正向偏置，集电结反向偏置。在这个外加电压条件下，三极管内载流子的传输发生如下过程。

(1) 发射区向基区注入电子。由于发射结正向偏置，多数载流子的扩散运动得到加强，发射区的多数载流子——电子不断扩散到基区，并不断从电源补充进电子，形成发射极电流 I_E，基区的多数载流子——空穴也要向发射区扩散，但由于基区的空穴浓度比发射区的电子浓度小得多，因此，空穴电流很小，可以忽略不计。

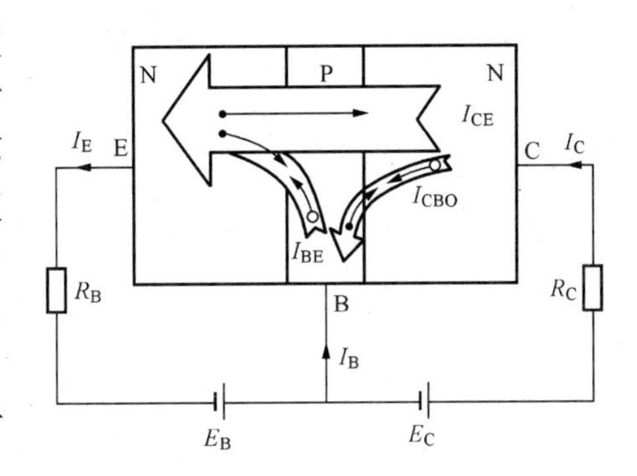

图 5.4.3　三极管内载流子的运动和各极电流

(2) 电子在基区的扩散和复合。从发射区扩散到基区的电子，与基区内的空穴复合，形成电流 I_{BE}。复合掉的空穴由电源补充，形成基极电流 I_B 的主流。另外，由于基区做得很薄，且掺杂浓度很小，从发射区扩散过来的电子绝大部分到达集电结，并向集电区扩散。

(3) 集电区收集扩散过来的电子。由于集电结所加的是反向电压，它阻止集电区的多数载流子——电子向基区扩散，但对从发射区扩散到基区的电子有很强的吸引力，使之很快漂移过集电结，形成电流 I_{CE}。另外，由于集电结加反向电压，基区和集电区中的少数载流子产生漂移运动，形成电流 I_{CBO}，称为反向饱和电流，这个电流很小，由少数载流子的浓度决定，因此，受温度影响较大，容易使三极管工作不稳定。

定义三极管的静态电流放大系数为

$$\bar{\beta}==\frac{I_C}{I_B}$$

$\bar{\beta}$ 也称为三极管的直流电流放大系数。三极管用得较多的是对交流信号进行放大处理，衡量三极管放大能力的指标是交流电流放大系数，其定义为

$$\beta=\frac{\Delta i_C}{\Delta i_B}$$

一般情况下，β 与 $\bar{\beta}$ 的差别较小，故在以后的分析中不再区分，统一用 β 表示，即

$$\beta=\frac{\Delta i_C}{\Delta i_B}=\frac{I_C}{I_B}$$

【例 5.4.1】 在放大电路中正常工作的三极管，测得其管脚的对地电位为 $U_1=4V$，$U_2=3.4V$，$U_3=9V$，试确定三极管的类型及其三个电极。

解　由于 $U_1-U_2=0.6V$，为硅二极管的正向压降，故可确定三极管是硅管，且 1、2 之间是发射结；这样 3 就为集电极。三极管正常工作的条件是发射结正偏，集电结反偏，现集电极电位最高，故集电区为 N 型，因此，三极管为 NPN 型，由此推出 1 是基极，2 是发射极。

5.4.2　三极管的特性曲线

三极管的特性可以用三极管的各极电流与极间电压之间的关系来表示。由于三极管有两个 PN 结，因此有两条特性曲线，把 U_{BE} 与 I_B 的关系称为输入特性，把 U_{CE} 和 I_C 的关系称为输出特性，测试三极管特性曲线的电路如图 5.4.4 所示。

1. 输入特性

输入特性是指集电极-发射极电压 U_{CE} 为定值时，三极管基极电流 I_B 与发射结电压 U_{BE}

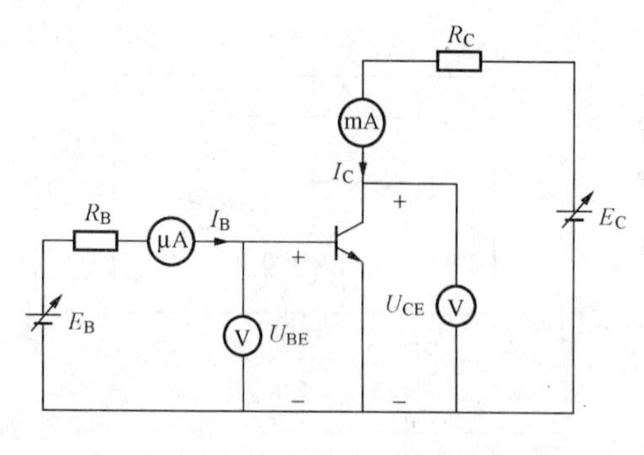

图 5.4.4 三极管特性曲线测试电路

之间的关系。常用的三极管 3DG6 的输入特性曲线如图 5.4.5（a）所示。比较 $U_{CE}=0$ 和 $U_{CE}=1V$ 的两条曲线，可见 $U_{CE}=1V$ 的曲线向右移了一段距离，这是由于 $U_{CE}=1V$ 时，集电结加了反向电压，集电结吸引电子的能力加强，使得从发射区扩散到基区的电子更多地进入集电区，从而对应于相同的 U_{BE}，流向基极的电流 I_B 比 $U_{CE}=0$ 时减小了，曲线就相应地向右移了。

对 $U_{CE}>1V$ 的曲线，由于当 $U_{CE}=1$ 时，集电结电场已足够强，已将发射区扩散到基区的电子绝大部分吸收到了集电区，此时再增加 U_{CE}，这部分电子已不再明显地增加，相应地 I_B 也就不再明显地减小，因此，$U_{CE}>1$ 时的曲线与 $U_{CE}=1V$ 时的曲线基本重合。

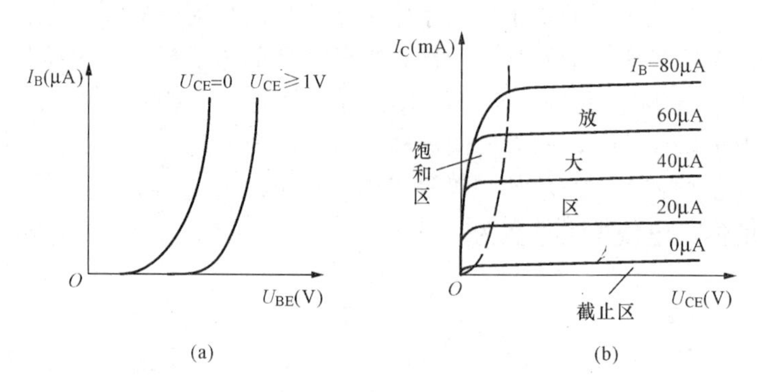

图 5.4.5 三极管 3DG6 的输入特性和输出特性曲线
（a）输入特性；（b）输出特性

与二极管的伏安特性曲线一样，三极管的输入特性曲线也有一段死区电压，硅管的死区电压约为 0.5V，锗管的约为 0.1V。在正常工作情况下，NPN 型硅管的发射结电压 U_{BE} 约为 0.6～0.7V，PNP 型锗管的发射结电压约为−0.2～−0.3V。

2. 输出特性

输出特性是指基极电流 I_B 为定值时，三极管集电极与发射极之间的电压 U_{CE} 与集电极电流 I_C 之间的关系。3DG6 的输出特性曲线如图 5.4.5（b）所示，由图可见，各条特性曲线的形状基本上是相同的。曲线的起始部分很陡，U_{CE} 略有增加，I_C 增加很快，这是由于 U_{CE} 很小时，集电结的反向电压很小，对发射区扩散到基区的电子吸引力不够，从而使到达集电区的电子很少，I_C 很小；U_{CE} 增大，集电结的电场加强，对基区电子的吸引力就增强，从而 I_C 增大。因此在 U_{CE} 较小时，I_C 随 U_{CE} 的增大而增大。

当 U_{CE} 超过某一数值时，曲线变得比较平坦。这是由于 U_{CE} 大于 1V 以后，集电结的电场已足够强，已将发射区扩散到基区的电子的绝大部分拉入集电区形成 I_C，而 I_B 一定时，从发射区扩散到基区的电子数是一定的，因此，此时再增加 U_{CE}，加大对电子的吸引力，到达集电区的电子数也只能略有增加或基本上不增加。

I_B 增大，相应的 I_C 也增大，曲线上移（U_{CE} 大于 1V 的部分），而且 I_C 比 I_B 增加得快得多，这就是三极管的电流放大机理。

通常将三极管的输出特性分为放大区、截止区和饱和区三个区，如图 5.4.5（b）所示。

（1）放大区。曲线近似水平的部分。在放大区，$I_C=\beta I_B$，因此放大区也称为线性区。

（2）截止区。$I_B=0$ 的曲线以下的区域，$I_B=0$ 时，$I_C=(1+\beta)I_{CBO}$很小，即三极管的集电极 C 与发射极 E 之间相当于断开。

（3）饱和区。曲线的上升部分和弯曲部分，在饱和区，由于U_{CE}较小，即三极管的集电极 C 与发射极 E 之间相当于是短接的。从图 5.4.5（b）可看到，当 I_B 很大时，I_C 也很大，R_C 上的压降接近 E_C，从而使U_{CE}很小，三极管工作在饱和区。

三极管的三个工作区都是有用的。在放大电路中，应使三极管工作在放大区，以免使输出信号产生失真；而在脉冲数字电路中，恰恰要使三极管工作在截止区或饱和区，使三极管成为一个可以控制的无触点开关。这一切都可以通过控制基极电流 I_B 来实现。三极管是一种电流控制器件。

5.4.3 三极管的主要参数

1. 电流放大系数 β、$\bar{\beta}$

电流放大系数是衡量三极管放大能力的重要指标，$\bar{\beta}$ 是共射直流电流放大系数，$\bar{\beta}=\frac{I_C}{I_B}$；$\beta$ 是共射交流电流放大系数，$\beta=\frac{\Delta i_C}{\Delta i_B}$。在线性放大区 $\beta\approx\bar{\beta}$。

2. 极间反向饱和电流 I_{CBO}、I_{CEO}

I_{CBO}为发射极开路且集电结加反向电压时的电流。I_{CEO}为基极开路且集电结加反向电压、发射结加正向电压时的集电极电流，它在输出特性曲线上对应 $I_B=0$ 的那根曲线，由于这个电流是从集电区穿过基区流到发射区的，所以又称为穿透电流。$I_{CEO}=(1+\beta)I_{CBO}$，I_{CBO}和I_{CEO}受温度的影响较大，随温度上升而急剧增大。

3. 特征频率 f_T

当信号频率较高时，三极管中 PN 结的电容效应将导致β值下降，f_T 为β下降到 1 时所对应的频率。

4. 集电极最大允许电流 I_{CM}

集电极电流 I_C 超过一定值时，三极管的β值就要下降，β下降到正常值的 2/3 时的集电极电流称为集电极最大允许电流 I_{CM}。

5. 集电极—发射极反向击穿电压 $U_{(BR)CEO}$

基极开路时，加在集电极和发射极之间的最大允许电压称为反向击穿电压 $U_{(BR)CEO}$，当U_{CE}大于$U_{(BR)CEO}$时，I_{CEO}急剧上升，说明三极管已被反向击穿。

6. 集电极最大允许耗散功率 P_{CM}

三极管工作时，它两端的电压为U_{CE}，集电极流过的电流为 I_C，因此，损耗的功率为 $P_C=I_CU_{CE}$，当这一功率超过一定值时，会使三极管温度升高，性能下降，严重时甚至会因过热而烧毁。这个能使三极管正常工作的最大允许功率即为 P_{CM}。

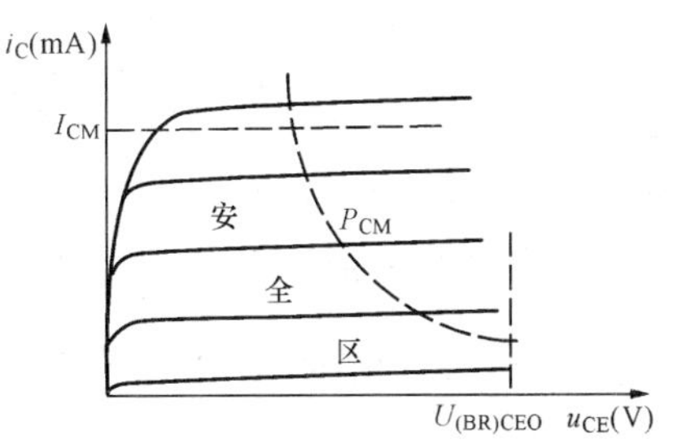

图 5.4.6 三极管的安全工作区

I_{CM}、$U_{(BR)CEO}$和 P_{CM}称为三极管的极限参数，这三

者共同确定了三极管的安全工作区，如图 5.4.6 所示。

5.5 场 效 应 管

场效应管是一种利用电场效应进行工作的半导体器件，它与三极管的主要区别是三极管是电流控制器件，它的输出电流受基极电流控制；而场效应管是电压控制器件，它的输出电流取决于输入端电压的大小，基本上不需要输入电流。所以由场效应管组成的放大电路可以有很高的输入电阻，可达 $10^9 \sim 10^{14}\Omega$ 的数量级，远远高于三极管 $10^2 \sim 10^4$ 的数量级。另外，场效应管还有热稳定性好、抗辐射能力强和制造工艺简单等优点，现已广泛应用于放大电路和数字集成电路中。

场效应管按其结构的不同，分为结型场效应管和绝缘栅场效应管。结型场效应管是利用半导体内的电场效应工作的，绝缘栅场效应管是利用半导体表面的电场效应工作的。目前应用较广泛的是 MOS❶ 型绝缘栅场效应管，限于篇幅，本书只介绍这一种场效应管。

5.5.1 绝缘栅场效应管

绝缘栅场效应管按其工作状态可分为增强型和耗尽型两类，每一类又有 N 型沟道和 P 型沟道之分。下面首先讨论 N 型沟道增强型 MOS 管，然后指出耗尽型管的特点。

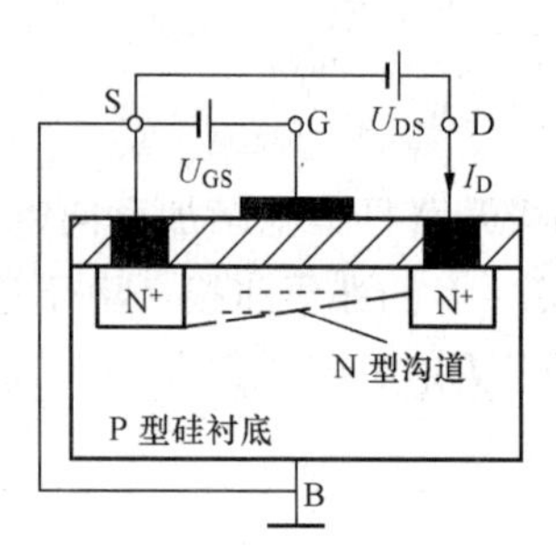

图 5.5.1 N沟道增强型绝缘栅场效应管

用一块掺杂浓度较低的 P 型硅片作衬底，在其上用扩散的方法形成两个高掺杂的 N^+ 区，然后在 P 型硅表面生长一层很薄的二氧化硅绝缘层，再在二氧化硅的表面及 N^+ 型区的表面上分别安置三个电极——栅极 G（gate）、源极 S（Source）和漏极 D（drain），就构成了 N 沟道型场效应管，如图 5.5.1 所示。由于栅极 G 与其他部分由绝缘氧化层隔离，故名绝缘栅场效应管。

当栅极和源极之间加上电压 U_{GS} 后，在电极附近就产生垂直于电极的电场，由于绝缘氧化层很薄，即使 U_{GS} 只有几伏，电场强度也很高，P 型衬底中的电子受电场力的吸引到达表层，填补空穴。当电压达到一定数值时，吸引到表层附近的电子便形成一个带负电荷的薄层，称为反型层，这个反型层就是沟通源区和漏区的导电通道，称为沟道，由于它是带负荷的，故称为 N 型沟道。形成导电沟道时的栅源电压值称为开启电压，用 U_T 表示，当 U_{GS} 超过 U_T 后，U_{GS} 越大，沟道就越宽，导电能力就越强。导电沟道形成后，在漏极和源极之间加上电压 U_{DS}，就产生漏极电流 I_D，显然，对相同的 U_{DS}，U_{GS} 越大，I_D 就越大，I_D 与 U_{GS} 的关系称为转移特性，相当于三极管的输入特性。N 沟道增强型 MOS 管的转移特性如图 5.5.2（a）所示，其解析式为

$$I_D = I_{DO}\left(\frac{U_{GS}}{U_T} - 1\right)^2, \quad U_{GS} > U_T \tag{5.5.1}$$

式中，U_T 称为开启电压，I_{DO} 为 $U_{GS} = 2U_T$ 时漏极电流。

当 $U_{GS} > U_T$ 后，外加较小的 U_{DS}，漏极电流 I_D 随 U_{DS} 的增加迅速增大，并达到饱和。

❶ MOS 是英文 Metal Oxide Semiconductor 的缩写。

对不同的 U_{GS}，I_D 的饱和值是不同的。I_D 与 U_{DS}之间的关系称为场效应管的输出特性，如图 5.5.2（b）所示。特性曲线分三个区，即可变电阻区、饱和放大区和击穿区，在放大电路中，场效应管一般工作在放大区。

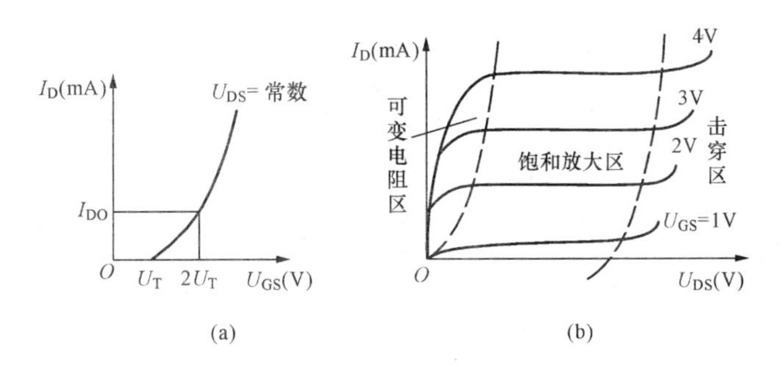

图 5.5.2　N 沟道增强型管的转移特性和输出特性曲线

（a）转移特性曲线；（b）输出特性曲线

与普通三极管相似，绝缘栅场效应管除了 I_{DO}、U_T 等参数外，还有一个表示其放大能力的参数，称为跨导，用符号 g_m 表示，其定义为 $g_m=\left.\dfrac{\Delta I_D}{\Delta U_{GS}}\right|_{U_{DS}}$。$g_m$ 是衡量场效应管放大能力的重要参数，相当于三极管的 β。从转移特性曲线上看，跨导是工作点处的斜率，即

$$g_m=\left.\frac{dI_D}{dU_{GS}}\right|_{U_{DS}} \tag{5.5.2}$$

跨导反映了栅源电压对漏极电流的控制能力，因此，场效应管是一种电压控制器件。当 U_{GS}小于某个值时，$I_D=0$，场效应管 D、S 间可看作断开的；当 U_{GS}很大时，导电沟道很宽，其等效电阻就很小，D、S 间可看作短接的，场效应管此时称为饱和导通。在数字集成电路中，场效应管通常就工作在这两种状态，成为一个由电压控制的无触点的开关。

上面讨论了 N 沟道增强型 MOS 管的结构和工作原理。耗尽型 MOS 管的结构与增强型基本相同，不同点在于耗尽型 MOS 管的二氧化硅绝缘层中掺有大量的正离子，因而在两个 N^+ 区之间感应出较多的电子，形成原始的导电沟道，如图 5.5.3 所示。这样，只要 $U_{DS}>0$，即使 $U_{GS}=0$，I_D 也不为零。只有当 U_{GS}达到一定的负值时，绝缘层中的正离子产生的电场被栅极削弱到不能感应足够的电子形成导电通道，这时，I_D 才等于零，这时的栅源电压值称为夹断电压，用 U_P 表示，U_P 是一个负值。

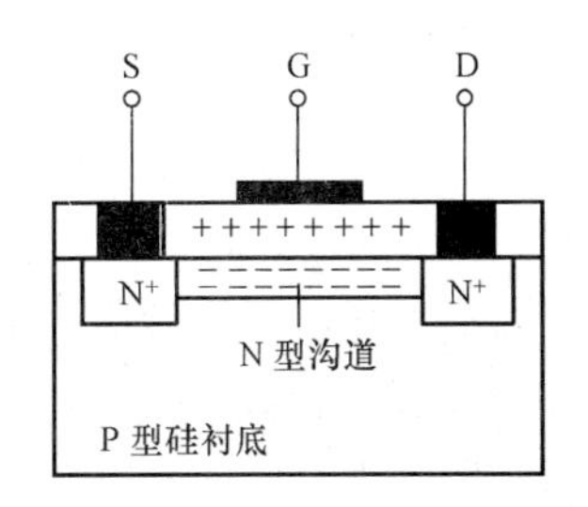

图 5.5.3　耗尽型 MOS 管的结构

实验表明，当 U_{GS}在 0 与 U_P 之间时，耗尽型 MOS 管的转移特性为

$$I_D=I_{DSS}\left(1-\frac{U_{GS}}{U_P}\right)^2,\quad -U_P\leqslant U_{GS}\leqslant 0 \tag{5.5.3}$$

曲线如图 5.5.4（a）所示，其中 I_{DSS}是 $U_{GS}=0$ 时漏极电流。耗尽型 MOS 管的输出特性曲线与增强型 MOS 管相似，如图 5.5.4（b）所示。

N 沟道 MOS 场效应管的符号如图 5.5.5（a）、图 5.5.5（b）所示，增强型 MOS 管的 D、S 之间是一条虚线，表示加了栅源电压后才形成导电沟道，而耗尽型 MOS 管的 D、S 间

是一条实线，表示不加栅源电压也有导电沟道。

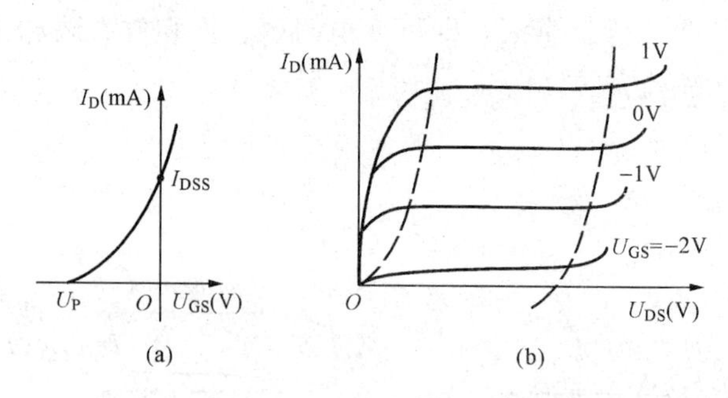

图 5.5.4 耗尽型 MOS 管的转移特性和输出特性曲线

（a）转移特性曲线；（b）输出特性曲线

P 沟道 MOS 场效应管的工作原理与 N 沟道相似，只是要调换电源的极性，电流的方向也相反，因此它们的符号相似，但衬底 B 上箭头的方向相反，如图 5.5.5（c）、图 5.5.5（d）所示。

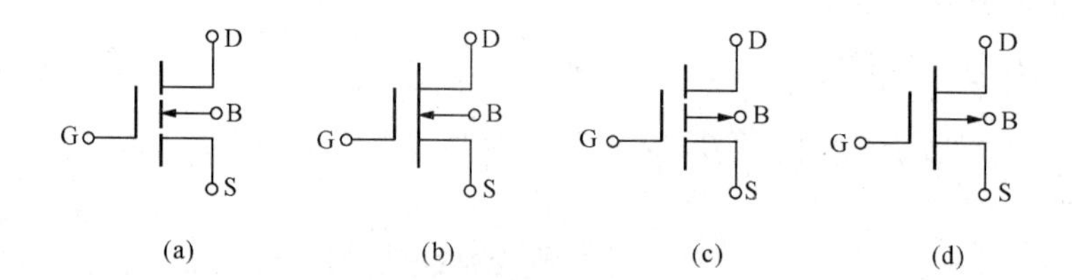

图 5.5.5 MOS 场效应管的符号

（a）N 沟道增强型；（b）N 沟道耗尽型；（c）P 沟道增强型；（d）P 沟道耗尽型

5.5.2 场效应管的主要参数

1. 饱和漏极电流 I_{DSS}

I_{DSS}是耗尽型场效应管的一个重要参数，是栅源电压U_{GS}等于零，而漏源电压U_{DS}大于夹断电压 U_P 时的漏极电流。

2. 夹断电压 U_P

U_P 也是耗尽型场效应管的一个重要参数。其定义是当 U_{DS}一定时，使 I_D 减小到某一个微小电流时所需的 U_{GS}值。

3. 开启电压 U_T

U_T 是增强型场效应管的一个重要参数。其定义是当 U_{DS}一定时，I_D 从零开始增大时所对应的 U_{GS}值。

4. 直流输入电阻 R_{GS}

R_{GS}是在 $U_{DS}=0$ 时，U_{GS}与栅极电流 I_G 之比。由于场效应管的栅极电流几乎为零，所以 R_{GS}很高，MOS 管的 R_{GS}值一般在 $10^9\Omega$ 以上。

5. 跨导 g_m

g_m 是衡量场效应管放大能力的重要参数，相当于三极管的 β。对耗尽型 MOS 管，由式（5.5.2）和式（5.5.3）可得

$$g_m=-2\frac{I_{DSS}}{U_P}\left(1-\frac{U_{GS}}{U_P}\right) \tag{5.5.4}$$

由此可见，在不同的工作点，g_m 的值是不同的。

6. 耗散功率 P_{DM}

场效应管的耗散功率等于漏极电流与漏源电压的乘积，即 $P_D = I_D U_{DS}$。这个功率将变为热能，使场效应管升温，P_{DM}取决于场效应管的最高工作温度。

7. 最大漏源电压 $U_{(BR)DS}$

$U_{(BR)DS}$是指发生雪崩击穿，I_D 开始急剧上升时的 U_{DS}值。从场效应的输出特性中可看到，$U_{(BR)DS}$随 U_{GS}减小而减小。

8. 最大栅源电压 $U_{(BR)GS}$

$U_{(BR)GS}$是指栅极电流开始急剧上升时的 U_{GS}值。

5.6 光电器件

5.6.1 发光二极管

发光二极管是由砷化镓、磷化镓等材料制成的一种器件。当它通以电流时，会发光。发光亮度取决于电流的大小，电流越大，亮度越强；所发光的颜色由其所使用的材料决定，常见的有红、黄、绿及红外。小功率发光二极管的工作电流在几毫安至几十毫安之间，光功率是微瓦数量级。发光二极管常用作显示器件，使用时常与几百欧姆的电阻串联，以防止电流过大而烧坏。

5.6.2 光电二极管

光电二极管的结构与普通二极管相似，但在它的 PN 结处，通过管壳上的一个玻璃窗口能接收外部的光照。

光电二极管在反向偏置状态下工作时，它的反向电流随光照强度的增加而上升。图 5.6.1（a）所示为光电二极管的电路符号，图 5.6.1（b）所示为它的特性曲线，其主要特点是反向电流与光照强度成正比，灵敏度的典型值的数量级是 0.1μA/lx。

光电二极管常用于光的测量，是将光信号转换为电信号的常用器件。

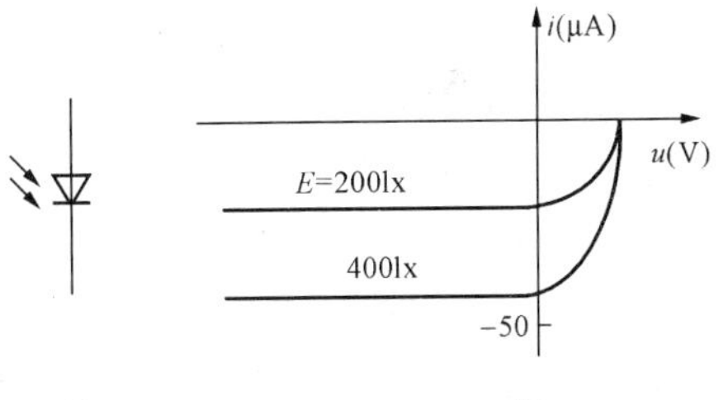

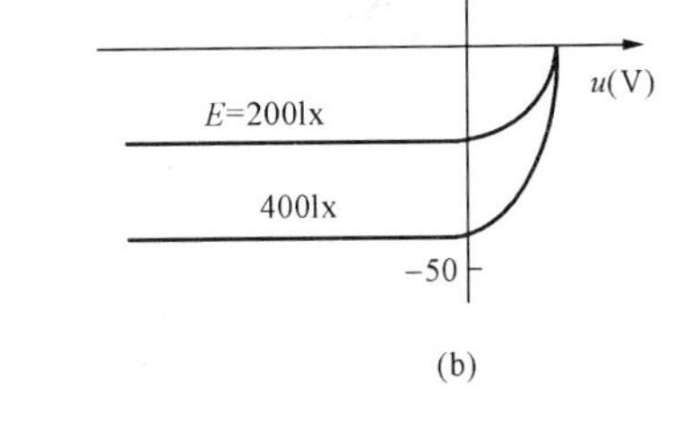

图 5.6.1　光电二极管
（a）符号；（b）特性曲线

5.6.3 光电三极管

光电三极管又称光敏三极管，也是一种能将光信号转换为电信号的半导体器件。光电三极管只有两个管脚（集电极和发射极），管壳上开有方便光线入射的窗口，电路符号如图 5.6.2 所示。与普通三极管相同，光电三极管也有两个 PN 结，有 NPN 型和 PNP 型之分，正常工作的必要条件仍是发射结正偏，集电结反偏。

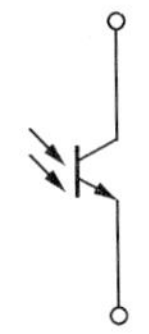

图 5.6.2　光电三极管的符号

无光照时，流过管子的电流为 I_{CEO}。有光照时，入射光在基区中激发出电子与空穴，其结果相当于在发射结两端加上一个正向电压，从而产生倍率为（$1+\beta$）的集电极电流，所以在相同的光照条件下，光电三极管产生的光电流比光电二极管大 β 倍。通常 β 在 100～1000，因此光电三极管比光电二极管有高得多的灵敏度。

5.6.4 光电耦合器

光电耦合器是一种由发光器件和光敏器件相结合的半导体器件，它是将一个发光二极管和一个光电三极管封装在同一个管壳内组成的。如图5.6.3所示，VD为发光二极管，VT为光电三极管，输入端加电信号时，发光二极管发光，将电信号转换成光信号，光照到光电三极管的基极上，又转换成电信号，并从集电极输出。光电耦合器的最大优点是能实现前后电路的电隔离，并且由于噪声信号产生的微弱电流不足以使发光二极管发光，因此，光电耦合器可以有效地抑制噪声信号的传输。另外，它还具有速度快、稳定性好、寿命长、传输信号失真小、工作频率高等优点，在电子技术中的应用越来越广泛。

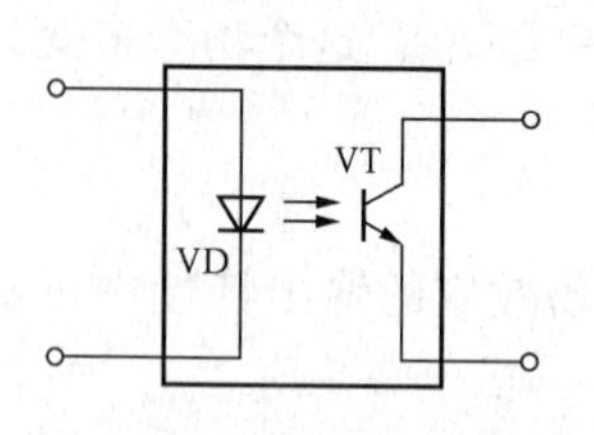

图5.6.3 光电耦合器的符号

5.7 习 题

5.1 半导体导电和导体导电的主要差别有哪几点？

5.2 杂质半导体中的多数载流子和少数载流子是如何产生的？杂质半导体中少数载流子的浓度与本征半导体中载流子的浓度相比，哪个大？为什么？

5.3 什么是二极管的死区电压？它是如何产生的？硅管和锗管的死区电压的典型值是多少？

5.4 为什么二极管的反向饱和电流与外加电压基本无关，而当环境温度升高时又显著增大？

5.5 怎样用万用表判断二极管的阳极、阴极和二极管的好坏。

5.6 设常温下某二极管的反向饱和电流 $I_S=30\times10^{-12}$A，试计算正向电压为0.2V、0.4V、0.6V和0.8V时的电流，并确定此二极管是硅管还是锗管。

5.7 在如图5.7.1（a）所示电路中，设二极管的正向压降为0.6V，输入电压 u_i 的波形如图（b）所示，试画出输出电压 u_o 波形。

5.8 在如图5.7.1（a）所示电路中，设二极管为理想二极管，输入电压 $u_i=10\cos\omega t$V，试画出输入电压 u_o 的波形。

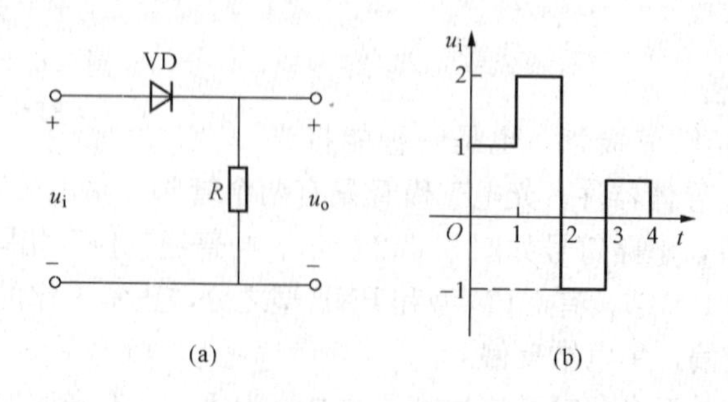

图5.7.1 题5.7图

5.9 求如图5.7.2所示电路中O点的电位。设二极管的正向压降为0.7V。

5.10 现有两个稳压管，$U_{Z1}=6$V，$U_{Z2}=9$V，正向压降均为0.7V，如果要得到15、9.7、6.7、3V和1.4V的稳定电压，这两个稳压管和限流电阻应如何连接？画出电路。

5.11 为什么三极管的基区掺杂浓度小而且做得很薄?

5.12 要使 PNP 三极管具有电流放大作用，E_B 和 E_C 的正、负极应如何连接，画出电路图并说明理由。

5.13 在一放大电路中，测得某正常工作的三极管电流 $I_E=2mA$，$I_C=1.98mA$，若通过调节电阻，使 $I_B=40\mu A$，求此时的 I_C。

5.14 在一放大电路中，有三个正常工作的三极管，测得三个电极的电位 U_1、U_2、U_3 分别为：

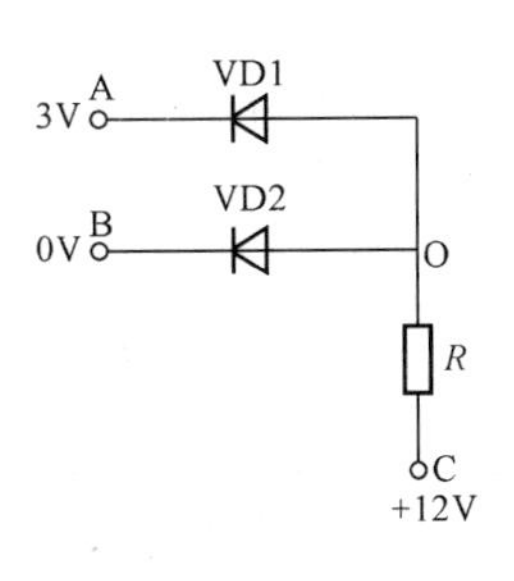

图 5.7.2 题 5.9 图

(1) $U_1=6V$，$U_2=3V$，$U_3=2.3V$；

(2) $U_1=3V$，$U_2=10.3V$，$U_3=10V$；

(3) $U_1=-6V$，$U_2=-2.3V$，$U_3=-2V$。

试确定三极管的各电极，并说明三极管是硅管还是锗管？是 NPN 型还是 PNP 型。

5.15 已知某三极管的极限参数为 $P_{CM}=100mW$，$I_{CM}=20mA$，$U_{(BR)CEO}=15V$。试问在下列几种情况下，哪种是正常工作?

(1) $U_{CE}=3V$，$I_C=10mA$；

(2) $U_{CE}=2V$，$I_C=40mA$；

(3) $U_{CE}=10V$，$I_C=20mA$。

5.16 已知某耗尽型 MOS 管的夹断电压 $U_P=-2.5V$，饱和漏极电流 $I_{DSS}=0.5mA$，求 $U_{GS}=-1V$ 时的漏极电流 I_D 和跨导 g_m。

第6章 放大电路初步

放大电路是模拟电路中最基本的电路，是构成其他模拟电路如滤波、振荡、稳压等功能电路的基本单元电路，大多数模拟电子系统都有不同类型的放大电路。本章首先介绍放大电路的基本概念，以单管共射放大电路为例，说明放大电路的组成和工作原理，并扼要介绍共集放大电路、功率放大电路、多级放大电路和差动放大电路的组成和特点，在此基础上介绍集成运算放大器的性能特点、结构组成和技术指标，给出理想运放的概念。最后介绍放大电路中的负反馈。

6.1 放大电路概述

6.1.1 放大电路的基本概念

放大是最基本的模拟信号处理功能，它是通过放大电路实现的。放大电路的主要作用是把微弱的电信号放大到负载（如扬声器、电阻等）所需要的数值。大多数模拟电子系统中都有不同类型的放大电路，放大电路是构成其他模拟电路如滤波、振荡、稳压等功能电路的基本单元电路。

扩音机是放大电路的一个典型例子，图 6.1.1 所示为扩音机电路的结构示意图。话筒把语音信号（属于非电信号）转换为电信号，其输出电压大约是几毫伏至几十毫伏，这一信号必须经放大后才能驱动扬声器，扬声器把放大后的电信号还原为语音信号，语音信号的功率便得到了放大。

用能量守恒的观点分析这一语音信号的转换和传输过程，毫无疑问，信号能量（功率）的增加来源于直流电能的消耗。在相同条件下（不调扩音机），输入信号功率小，输出信号的功率也小，直流电源消耗的功率就小，信号能量的增加也小；输入信号功率大，输出信号的功率也大，直流电源消耗的功率就大，信号能量的增加也大。因此，放大的本质是用一个小功率的信号来控制另一个能源，使输出端的负载上得到一个功率较大的信号。

另外，人们总是希望扬声器发出的声音与送入话筒中的声音相同，即没有失真。所以放大电路还应具有不产生失真的特性。

放大电路的框图如图 6.1.2 所示，图中端口 ab 为输入端，端口 cd 为输出端。

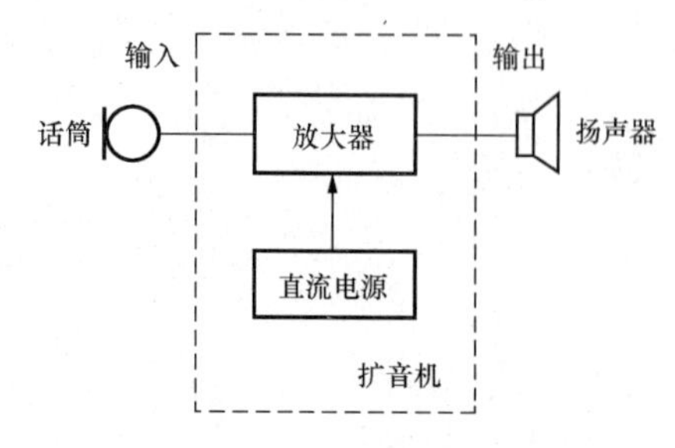

图 6.1.1 扩音机结构示意图

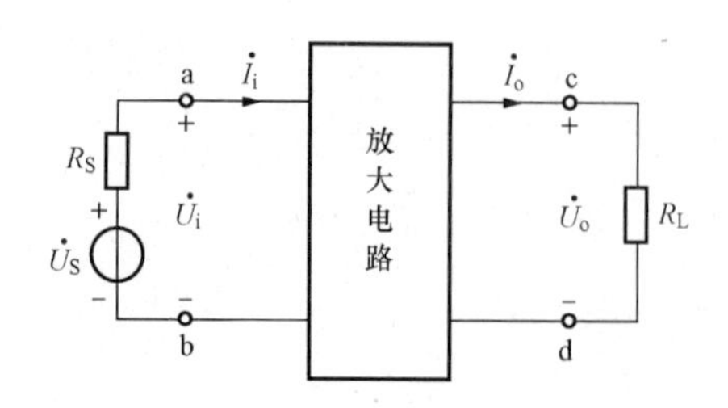

图 6.1.2 放大电路的表示方法

6.1.2 放大电路的常用技术指标

为了描述和衡量放大电路性能的优劣，本节引入了放大电路的放大倍数、输入电阻、输出电阻、通频带（或截止频率）等技术指标，分别定义如下。

1. 放大倍数

放大倍数也称增益，是衡量放大电路放大能力的最主要的指标。常用的放大倍数有电压放大倍数、电流放大倍数和功率放大倍数，定义如下。

电压放大倍数

$$\dot{A}_u = \frac{\dot{U}_o}{\dot{U}_i} \tag{6.1.1}$$

电流放大倍数

$$\dot{A}_i = \frac{\dot{I}_o}{\dot{I}_i} \tag{6.1.2}$$

功率放大倍数

$$A_p = \frac{P_o}{P_i} \tag{6.1.3}$$

2. 输入电阻

输入电阻是用来衡量放大电路从信号源获取信号能力的指标。它是从放大电路的输入端看进去的交流等效电阻，定义为输入电压与输入电流之比，即

$$R_i = \frac{\dot{U}_i}{\dot{I}_i} \tag{6.1.4}$$

显然，输入电阻越大，消耗在信号源内阻上的电压就越小，放大电路获取信号的能力就越强。

3. 输出电阻

输出电阻是衡量放大电路带动负载能力的指标。它是从放大电路的输出端看进去的交流等效电阻。定义为：信号源电压为零，输出端负载开路时，在输出端外加测试电压 $\dot{U}_T$，得到相应的端口电流 $\dot{I}_T$，二者之比即为输出电阻

$$R_o = \left.\frac{\dot{U}_T}{\dot{I}_T}\right|_{\substack{U_S=0 \\ R_L=\infty}} \tag{6.1.5}$$

对负载而言，放大电路相当于一个信号源或电源，这个信号源的内阻就是放大电路的输出电阻 R_o。显然 R_o 越小，放大电路带负载的能力就越强。

引入放大电路的电压放大倍数、输入电阻和输出电阻的概念后，放大电路就可用图 6.1.3 所示的模型表示，图中 A_{uo} 是指负载开路时的电压放大倍数。由图 6.1.3 可知，若用 $U_{o\infty}$ 表示负载开路时的输出电压，用 U_{oL} 表示接入负载 R_L 后的输出电压，则

$$\dot{U}_{o\infty} = \dot{A}_{uo}\dot{U}_i, \quad \dot{U}_{OL} = \frac{R_L}{R_L + R_o}\dot{U}_{o\infty}$$

由此可解得

$$R_o = \left(\frac{U_{o\infty}}{U_{oL}} - 1\right)R_L \tag{6.1.6}$$

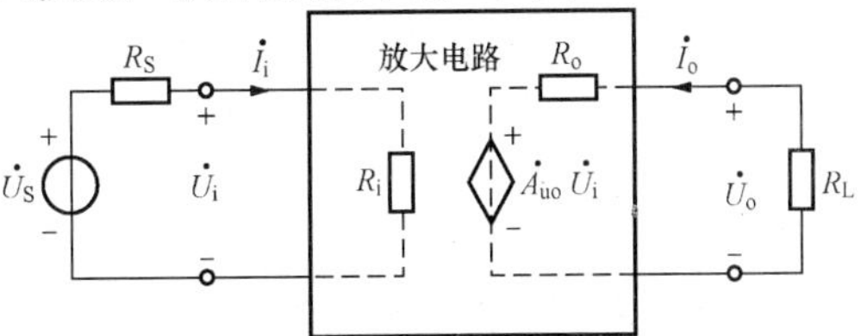

图 6.1.3 电压放大电路的模型

【例 6.1.1】 设一放大电路空载时的电

压放大倍数 $A_{uo}=100$，输入电阻 $R_i=2k\Omega$，输出电阻 $R_o=400\Omega$，现接入电动势 $U_S=50mV$、内阻 $R_S=500\Omega$ 的信号源，求放大电路空载时和接入 1.6kΩ 负载时的输出电压。

解 信号源的输出电压即放大电路的输入电压

$$U_i=\frac{R_i}{R_i+R_S}U_S=\frac{2000}{2000+500}\times 50=40(mV)$$

空载时的输出电压为

$$U_{o\infty}=A_{uo}U_i=100\times 40=4000(mV)=4(V)$$

接上 1.6kΩ 负载时的输出电压为

$$U_{oL}=\frac{R_L}{R_L+R_o}A_{uo}U_i=\frac{1600}{1600+400}\times 4=3.2(V)$$

4. 通频带

对一般的放大电路，放大倍数随频率变化而改变。以交流电压放大倍数 A_u 为例，当频率较低和较高时，A_u 随频率变化的情况就非常明显。将 A_u 与频率 f 的关系曲线称为放大电路的频率特性，如图 6.1.4 所示。在中间一段频率范围内，放大倍数基本不变，因此 A_{um} 称为中频段电压放大倍数。在低频和高频段，放大倍数下降至 A_{um} 的 $\frac{1}{\sqrt{2}}$ 时所对应的频率称为截止频率，f_L 称为下截止频率，f_H 称为上截止频率，f_L 与 f_H 的频率范围称为放大电路的通频带，用符号 BW 表示。

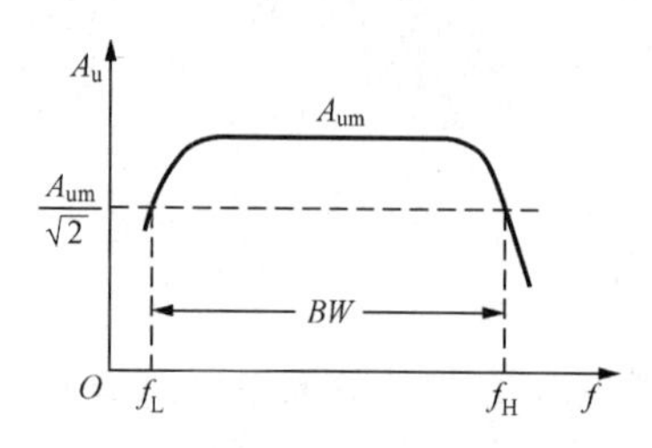

图 6.1.4 放大电路的频率特性

$$BW=f_H-f_L \tag{6.1.7}$$

通频带是衡量放大电路对不同频率输入信号的响应能力的指标。一般来说，通频带越宽越好。

5. 失真与谐波失真度

放大电路的失真有两类，一类是由带宽限制产生的频率失真，另一类是由放大器（如半导体三极管和集成运算放大器）的非线性特性引起的非线性失真。

频率失真是对包含有多种频率成分的信号而言的，包括幅度失真和相位失真，它们都是由电路中的线性电抗元件引起的，也称为线性失真。

非线性失真是对带宽内单一频率的正弦信号而言的。由于放大器件的非线性特性，输出信号中除了基波外，还有高次谐波。谐波分量越多且越大，失真就越严重。常用高次谐波电压总有效值与基波电压有效值之比来表征非线性失真的程度，记作 D，其定义式为

$$D=\frac{\sqrt{\sum_{n=2}^{\infty}U_n^2}}{U_1}$$

D 称为谐波失真度，又称为非线性失真度，可由失真分析仪直接测出。

在本课程范围内，主要研究放大电路的放大倍数、输入电阻和输出电阻三个性能指标。

6.2 三极管放大电路

6.2.1 基本放大电路的组成

最基本的三极管放大电路是共发射极放大电路，电路如图 6.2.1（a）所示。三极管 VT

是电路的核心，起电流放大作用；电源 E_C 的作用是保证三极管的集电结反向偏置，它与集电极电阻 R_C 配合，使三极管的集电极和发射极之间有一个合适的电压，这个电压称为三极管的管压降；电源 E_B 的使用是保证发射结正向偏置；基极电阻 R_B 与 E_B 配合，为三极管提供合适的静态基极电流，也称偏置电流；集电极电阻 R_C 的另一个作用是将放大后的电流转化为电压；电容 C_1、C_2 称为耦合电容，起隔离直流耦合交流的作用；R_L 为电路的负载，u_i 为输入信号，u_o 为输出信号，由于输入信号和输出信号的公共端是发射极，所以此电路称为共发射极放大电路，简称共射放大电路。实际电路中常用 E_C 代替 E_B，并采用如图 6.2.1（b）所示的简化画法，图中将公共端接地，作为电路中其他各点电位的参考点。

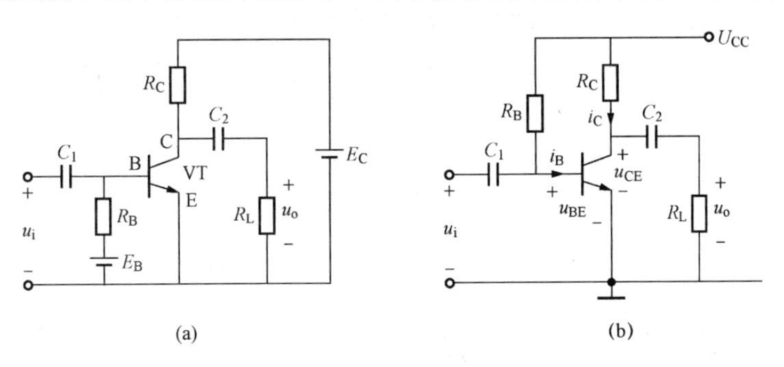

图 6.2.1　共发射极放大电路

（a）原理图；（b）简化画法

由于三极管各极电流和极间电压中既有直流成分，又有交流成分，为分析方便，这里对电压、电流的符号表示进行规定：直流电压用大写字母 U 和大写的下标表示，如 U_{BE} 表示基极和发射极电压的直流分量或静态值；纯交流电压用小写字母 u 和小写下标表示，如 u_{be}；总电压或电压瞬时值用小写字母 u 和大写下标表示，如 u_{BE}；而纯交流电压的有效值用大写字母 U 和小写下标表示，如 U_{be}。对电流的规定与此相同。

6.2.2　基本放大电路的工作原理

放大电路的输入端加上时变电压 u_i 后，在三极管的基极产生对应的时变电流 i_b，在集电极产生对应的时变电流 i_c。如果三极管工作在线性放大区，则有 $i_c=\beta i_b$，i_c 的一部分经过电容 C_2 在 R_L 上产生电压降，这就是输出电压 u_o。由于 β 一般在几十以上，因此，只要电路参数选择合适，输出电压 u_o 将远大于输入电压 u_i，从而实现放大作用。

为了使输出没有失真，或失真尽可能小，在输入信号变化即三极管中电流、电压变化过程中，三极管应始终处在线性放大状态。由于输入信号是正、负对称的正弦信号，这就要求在没有输入信号时三极管应处在特性曲线中间的线性部分。

放大电路没有输入信号时的状态称为静态，在静态时，电路中的电容可视作开路，这样，图 6.2.1（b）所示电路等效为图 6.2.2 所示的电路，这就是放大电路的直流通路。

由 KVL，三极管的基极电流 I_B 和集电极电流 I_C 满足方程

$$R_B I_{BQ} + U_{BEQ} = U_{CC} \quad (6.2.1)$$

$$R_C I_{CQ} + U_{CEQ} = U_{CC} \quad (6.2.2)$$

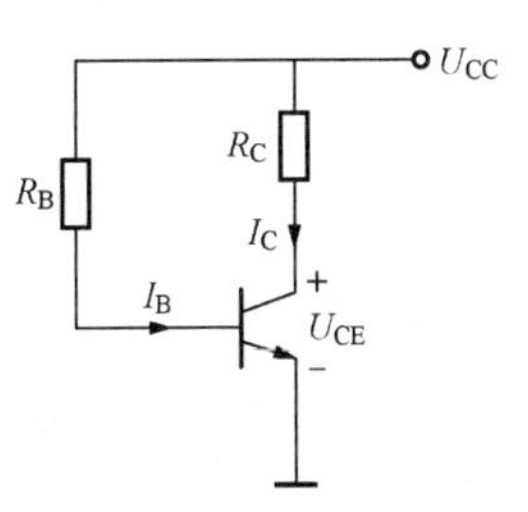

图 6.2.2　共射放大电路的直流通路

由式（6.2.1）得

$$I_{BQ}=\frac{U_{CC}-U_{BEQ}}{R_B} \tag{6.2.3}$$

三极管在正常工作状态时，U_{BEQ}的变化范围很小，可近似认为硅管为0.6～0.8V，锗管为0.2～0.3V，因此，若给定U_{CC}和R_B的值，即可由式（6.2.3）计算I_{BQ}。

另外，由三极管的集电极电流和基极电流的关系

$$I_{CQ}=\bar{\beta}I_{BQ}=\beta I_{BQ} \tag{6.2.4}$$

可确定三极管的集电极电流。最后，由式（6.2.2）可得

$$U_{CEQ}=U_{CC}-R_C I_{CQ} \tag{6.2.5}$$

I_C和U_{CE}的关系式（6.2.5）在$U_{CE}-I_C$平面上表示为一条直线，此直线称为直流负载线，它与横轴的交点为M（U_{CC}，0），在纵轴的交点为N（0，U_{CC}/R_C），直线的斜率为$-1/R_C$。

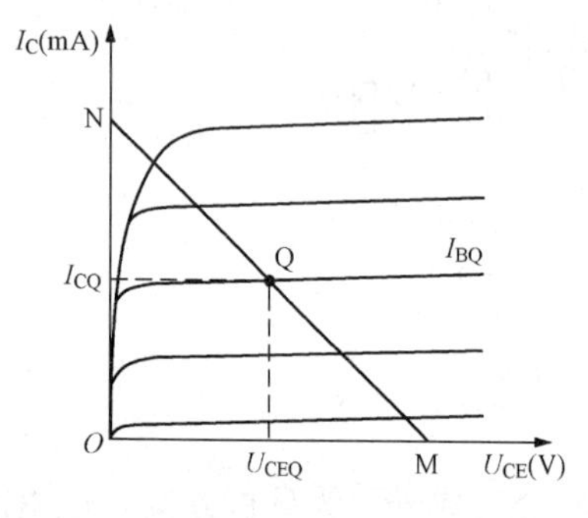

图6.2.3 直流负载线与静态工作点

直流负载线为I_C和U_{CE}的变化轨迹；输出特性曲线又给出了不同基极电流时，I_C和U_{CE}的关系曲线。静态工作点I_{CQ}和U_{CEQ}既要在直流负载线上，又要在输出特性曲线上，因此，$I_B=I_{BQ}$的一条曲线与直流负载线的交点即为放大电路的静态工作点Q，如图6.2.3所示。

假设在放大电路的输入端加上一个正弦电压u_i，则在u_i的作用下，工作点变化轨迹为$Q\to Q_1\to Q\to Q_2\to Q$，如图6.2.4所示，$i_B$围绕其静态值基本上按正弦规律变化。在输出特性曲线中，工作点沿负载线从$Q\to Q_1\to Q\to Q_2\to Q$完成一个周期的变化，对应的$u_{CE}$和$i_C$的变化轨迹也近似为一正弦曲线，平均值为静态值。由于电路中电容C_2的隔直作用，u_{CE}中的直流分量不能到达输出端，只有交流分量u_{ce}通过C_2构成输出电压。从图中可以看到，u_o（即u_{ce}）与u_i（即u_{be}）相比较，幅值得到了放大，而相位则刚好相差180°。

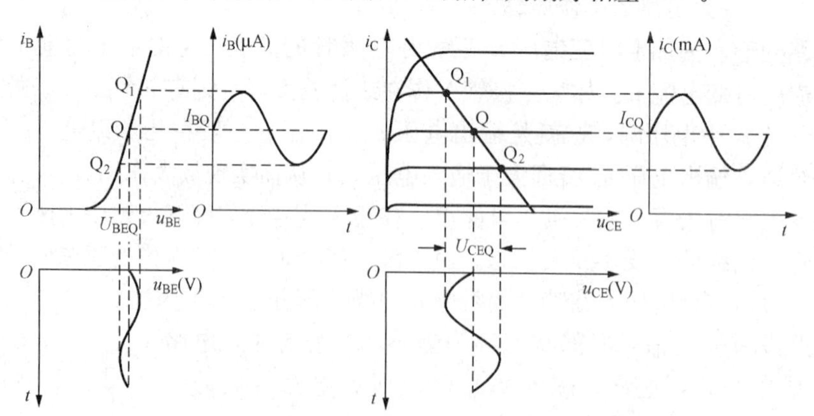

图6.2.4 放大电路有正弦输入信号时的图解分析

下面分析由于静态工作点设置不当引起的输出信号的失真。

如图6.2.5（a）所示，静态工作点的设置太低，在输入信号的负半周，三极管进入截止区，使i_B、i_C等于零，从而使i_B、i_C和u_{CE}的波形发生失真，这种失真称为截止失真。如

图 6.2.5（b）所示，静态工作点设置太高，在输入信号的正半周，三极管进入饱和区，当 i_B 随输入信号增大时，i_C 不能随之增大，因此 i_C 和 u_{CE} 的波形也发生失真，这种失真称为饱和失真。

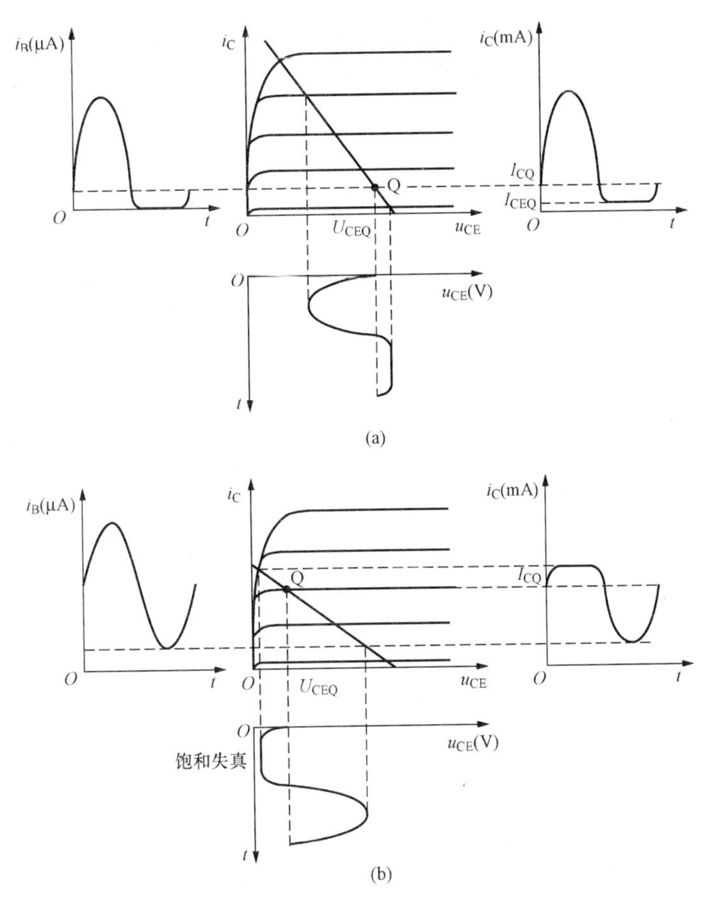

图 6.2.5 饱和失真和截止失真

（a）截止失真；（b）饱和失真

截止失真和饱和失真都是非线性失真，是由于静态工作点不合适或者输入信号太大，使放大电路的工作范围超出了三极管的线性范围引起的。消除失真的通常做法是调节偏置电阻 R_B，对截止失真，减小 R_B 使 Q 点上移；对饱和失真，增大 R_B，使 Q 点下移。

6.2.3 三极管放大电路的类型和特点

1. 共集放大电路

前面介绍的共射放大电路，尽管具有较高的电压放大倍数，但其输入电阻较小（一般在 1kΩ 左右），而输出电阻较大（一般为几千欧）。由于输入电阻小，当其接在一个具有较高内阻的信号源上时，信号电压主要消耗在信号源本身的内阻上，放大电路的输入电压就很小，这是很不经济的。另外，由于输出电阻大，当所接负载的阻值较小时，输出电压就会降低很多。而共集放大电路具有较高的输入电阻和较低的输出电阻，它与共射放大电路配合使用，可取得较好的放大效果，其电路如图 6.2.6 所示。由于电压由发射极输出，所以共集放大电路又称为射极输出器。共集放大电路的输入电阻很大，输出电阻很小，电压放大倍数接近

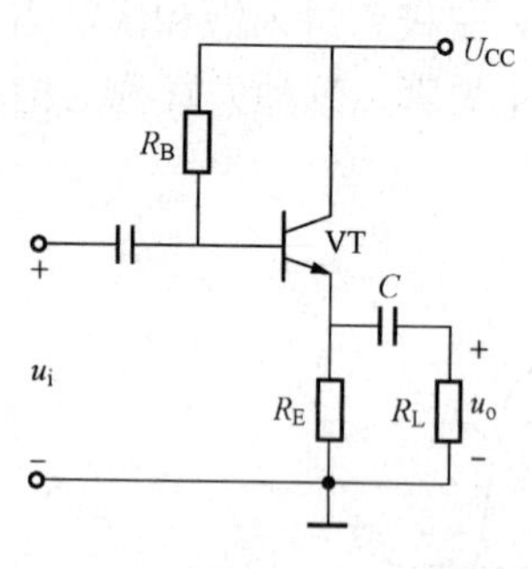

图 6.2.6 共集电极放大电路

1，且输出电压与输入电压同相，这些特点，使它在电子电路中常用作输入级、输出级和起阻抗变换作用的中间极。

2. 功率放大电路

在一个实用的放大电路中，一般包括电压放大电路和功率放大电路，电压放大电路的主要任务是不失真地提高输出信号的幅度，功率放大电路的任务则是在信号不失真或轻度失真的前提下，提高输出功率，以推动负载工作，如使扬声器发声、使电机旋转等。通常放大电路的末级是功率放大电路。

图 6.2.7（a）所示为简单的互补对称功率放大电路，它是由两个射极输出器（一个由 NPN 型管 VT1 组成，另一个由 PNP 型管 VT2 组成）组成的，两个管子均为功率管，特性基本相同。

静态时，由对称性知，$U_A=0$，故 $I_C\approx0$。在输入信号的正半周，$u_i>0$，VT1 导通，VT2 截止，$u_o>0$；在输入信号的负半周，$u_i<0$，VT1 截止，VT2 导通，$u_o<0$。这样，在一个周期内，VT1、VT2 交替导通，i_{C1} 和 i_{C2} 以不同方向流过负载，合成一个正弦波。

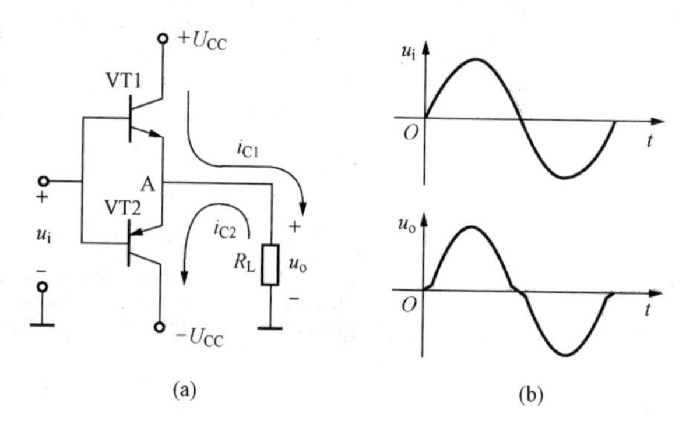

图 6.2.7 L 互补对称功率放大电路

（a）电路；（b）输入、输出波形

考虑到三极管有 0.5V 左右的死区电压，在 u_i 的正负半周的交界处，u_i 很小，不能克服死区电压，三极管基本截止，$i_C=0$，$u_0=0$，这种失真称为交越失真，如图 6.2.7（b）所示。

互补对称功率放大电路的特点是：静态功耗接近为零；有信号输入时，两管交替工作，且在接近极限状态下工作，输出功率大。另外，由于是发射极输出，所以也具有射极输出器的特点，即输入电阻很大，输出电阻很小，电压放大倍数接近 1。

3. 多级放大电路

一般情况下，放大电路的输入信号都很微弱，大多为毫伏级甚至微伏级，而单级放大电路的电压放大倍数一般只有几十倍，往往不能满足要求。为了推动负载工作，必须把若干个单级放大电路连接起来组成多级放大电路，对微弱信号进行连续放大，才能在输出端获得足够的电压幅值或功率。

在多级放大电路中，每两个单级放大电路之间的连接方式称为耦合方式。耦合方式包括阻容耦合、直接耦合、变压器耦合和光电耦合等。由于各级是互相串联起来的，前一级的输出就是后一级的输入，所以总的电压放大倍数为

$$\dot{A}_u=\frac{\dot{U}_0}{\dot{U}_i}=\frac{\dot{U}_{01}}{\dot{U}_i}\cdot\frac{\dot{U}_{02}}{\dot{U}_{01}}\cdot\cdots\cdot\frac{\dot{U}_0}{\dot{U}_{0(n-1)}}=\dot{A}_{u1}\dot{A}_{u2}\cdots\dot{A}_{un}$$

式中 n 为放大电路的级数。

4. 差动放大电路

多级直接耦合放大电路的输入级通常采用差动放大电路，目的是抑制直接耦合电路的零点漂移。

零点漂移是指直流放大电路的输入信号为零时，输出信号不为零，而是无规则的波动。产生零点漂移的原因有很多，最主要的原因是温度的影响。温度变化时，半导体内少数载流子的数量随之变化，各项参数也随之改变，造成静态工作点的漂移，因为是直接耦合，前级产生的微小的漂移经过多级放大后送至末级，造成输出端产生较大的电压波动。

图 6.2.8 所示为由两只特性完全相同的三极管构成的最基本的差动放大电路，信号从两管的基极输入，从两管的集电极输出，由于 VT1、VT2 是两只特性完全相同的三极管，电路参数也完全对称，因此，当 $u_{i1}=u_{i2}=0$ 时，$V_{C1}=V_{C2}$，$u_0=V_{C1}-V_{C2}=0$。温度或电源电压变化时，V_{C1} 和 V_{C2} 同时变化，且变化的数值相等，输出电压保持为零，从而抑制了零点漂移。

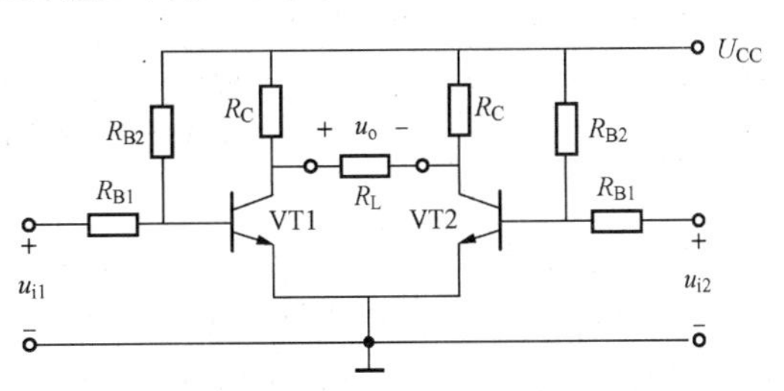

图 6.2.8 基本差动放大电路

当有信号输入时，差动放大电路的工作情况可分以下几种类型来分析。

(1) 共模输入。两个输入电压大小相等，极性相同，即 $u_{i1}=u_{i2}$。共模输入时，差动放大电路的两半电路中的电流和电压变化完全相同，因此，输出电压为零，即理想差动放大电路的共模放大倍数为零。实际上，由于三极管参数的离散性，差动放大电路的两半电路不可能完全对称。这样，共模输入时，仍有较小的输出电压，共模放大倍数记为 A_c。

(2) 差模输入。两个输入电压大小相等，极性相反，即 $u_{i2}=-u_{i1}$，这样的输入形式称为差模输入。差模输入时，设 $u_{i1}>0$，$u_{i2}<0$，则 u_{i1} 使 T_1 的集电极电流变化 Δi_{C1}（正值），集电极电位变化 Δu_{C1}（负值），u_{i2} 使 T_2 的集电极电流变化 Δi_{C2}（负值），集电极电位变化 Δu_{C2}（正值），由于 $|u_{i1}|=|u_{i2}|$，故 $|\Delta u_{C2}|=|\Delta u_{C1}|$，因此，$u_o=\Delta u_{C1}-\Delta u_{C2}=2\Delta u_{C1}=2A_u u_{i1}$，$A_u$ 为单管电压放大倍数，其定义为 $A_u=\dfrac{\Delta u_{C1}}{u_{i1}}$。差模放大倍数记为 A_d。

(3) 比较输入。两个输入电压，既非共模，又非差模，它们的大小和极性是任意的，这种输入形式称为比较输入。

令

$$u_{ic}=\frac{1}{2}(u_{i1}+u_{i2})$$

$$u_{id}=\frac{1}{2}(u_{i1}-u_{i2})$$

则

$$u_{i1}=u_{ic}+u_{id}$$

$$u_{i2}=u_{ic}-u_{id}$$

因此，u_{ic} 称为输入信号的共模分量，u_{id} 称为差模分量。根据上面的分析，电路对共模分量没有放大作用，只对差模分量有放大作用，且 $u_o=2A_u u_{id}=A_u(u_{i1}-u_{i2})$。这表明，差动放大电路的输出电压仅与输入电压的差值有关。

对差动放大电路而言，差模信号是有用的信号，通常要求对它有较大的放大倍数；共模信号是无用信号，需要对它进行抑制。为了综合衡量差动放大电路的放大差模信号，抑制共模信号的能力，引入共模抑制比这个指标，其定义为

$$K_{CMRR}=\left|\frac{A_d}{A_c}\right|$$

或用对数表示，记作

$$K_{CMR}=20\lg\left|\frac{A_d}{A_c}\right|\text{(dB)}$$

6.3 集成运算放大器

集成电路简称IC（Integrated Circuit），是60年代初期发展起来的一种半导体器件，它是在半导体制造工艺的基础上，在一块微小的硅基片上制造出来的能实现特定功能的电子电路。相对由单个元件连接起来的分立电路而言，它具有体积小、重量轻、功耗低、可靠性高和价格便宜等特点。它的问世，是电子技术发展继晶体管后的又一次飞跃。

就集成度而言，集成电路有小规模（SSI）、中规模（MSI）、大规模（LSI）和超大规模（VLSI）之分。目前的超大规模集成电路，每块芯片上已制有上亿个元件。按导电类型分，集成电路可分为双极型（普通三极管）、单极型（场效应管）及二者兼容型。按功能分，又可分为模拟集成电路、数字集成电路及模数混合电路。集成运算放大电路（以下简称集成运放），是一种高电压放大倍数、高输入阻抗、低输出阻抗的直接耦合的多级放大电路。现已发展到第四代，第一至第三代集成运放属于中小规模的模拟集成电路，第四代属于大规模集成电路。早期的集成运放主要用来完成对信号的加、减法，积分、微分等运算，故称运算放大器，现在，它的应用已远远超出这一范围。

6.3.1 集成运算放大器的组成及工作原理

集成运算放大器通常由输入级、电压放大级、输出级和偏置电路四部分组成，如图6.3.1所示。

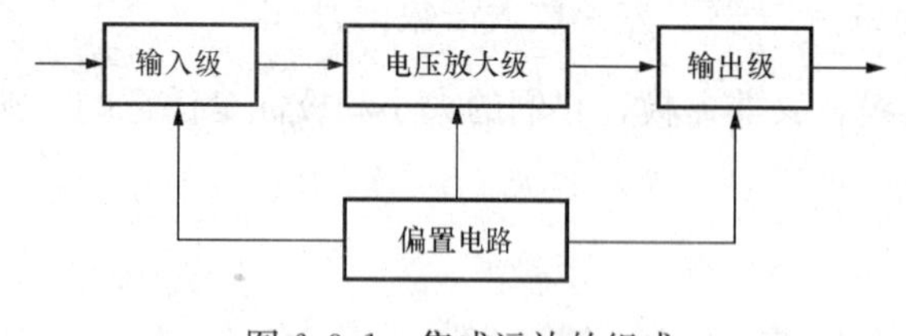

图6.3.1　集成运放的组成

输入级一般都采用差动放大电路，要求其输入电阻高、零点漂移小、能抑制干扰信号，输入级是提高集成运放质量的关键部分。

集成运放一般有两个输入端，一个称为同相输入端，一个称为反相输入端。信号从同相输入端输入时，输出电压与输入电压同相；信号从反相输入端输入时，输出电压与输入电压反相。

电压放大级的主要作用是提高电压增益，一般由一级或多级的共射放大电路组成。

输出级与负载相连接，要求其输出电阻低、带负载能力强，能够输出足够大的电压和电流，一般由互补对称放大电路或射极输出器组成。

偏置电路是为各级电路提供稳定和合适的偏置，决定各级的静态工作点，一般由各种恒流源电路组成。

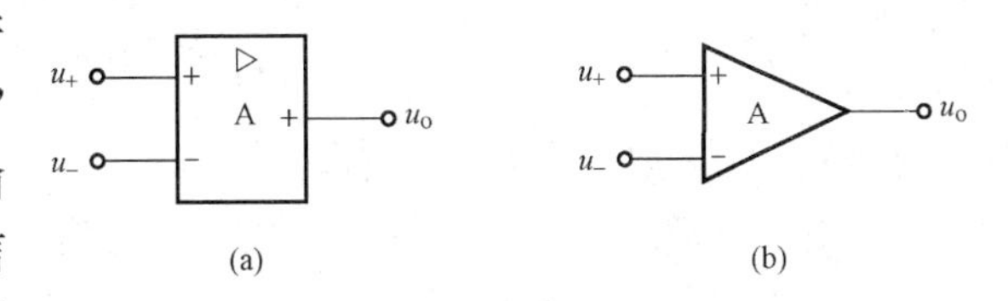

图 6.3.2　集成运放的电路符号

（a）国标符号；（b）常用符号

集成运放的图形符号如图 6.3.2 所示，它有两个输入端和一个输出端，“+”端表示同相输入端，“−”端表示反相输入端。信号从同相输入端输入时，输出信号电压与输入信号电压同相；信号从反相输入端输入时，输出信号电压与输入信号电压反相。为了简化电路符号，图中没有画出电源及其他外接元件的连接端，实际应用时，要按器件手册的管脚图连接电路。图 6.3.3 所示为常用的集成运放 μA741 的管脚图和调零电位器的连接图。一般情况下调零电位器可不接，1、5 脚悬空。

集成运放的电压传输特性即输出电压与输入电压的关系曲线如图 6.3.4 所示。包含一个线性区和两个饱和区。

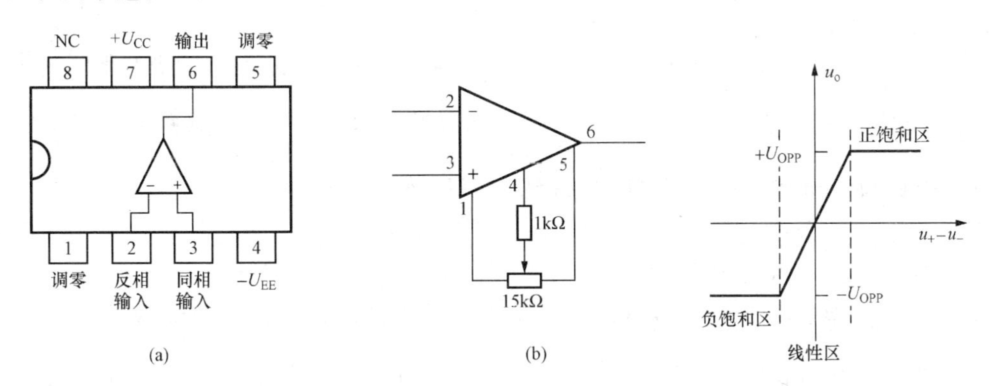

图 6.3.3　μA741 管脚图和调零电位器连接图

（a）管脚图；（b）调零电倍器连接图

图 6.3.4　电压传输特性

当运放工作在线性区时，u_o 与（u_+-u_-）是线性关系，即

$$u_o = A_{od}(u_+ - u_-) \tag{6.3.1}$$

A_{od}为运放的电压放大倍数。由于受电源电压的限制，输出电压不可能随输入电压的增加而无限增加，当增大到一定数值后，就进入饱和区。饱和区的输出电压$\pm U_{OPP}$一般略低于正、负电源电压。

由于集成运放的电压放大倍数很大（几万以上），而输出电压一般为十几伏，所以线性工作区很窄。为了使运放稳定地工作在线性区，必须引入深度负反馈（详见 6.3.2 节）。

6.3.2　集成运放的主要参数与分类

1. 集成运放的主要参数

集成运放的性能可用一些参数来表示，为了合理选用和正确使用集成运放，必须了解其各主要参数的含义。

（1）最大输出电压 U_{OPP}。与输入电压保持不失真关系的最大输出电压，称为运放的最大输出电压。电源电压为±15V 时，U_{OPP}一般在±13V 左右。

（2）开环差模电压放大倍数 A_{od}。A_{od}是指运放在无外加反馈、工作在线性区时的直流差模电压增益，一般用对数表示，单位为分贝。

$$A_{od} = 20\lg\left|\frac{U_o}{U_{id}}\right| \text{dB}$$

实际运放的 A_{od} 一般在 100dB 左右。

(3) 输入失调电压 U_{IO}。输入失调电压是输出电压为零时，在输入端所加的补偿电压，它的大小反映了输入级差动管的对称程度。一般运放的 U_{IO} 值在 1～10mV，其大小随温度变化。

(4) 最大共模输入电压 U_{icm}。U_{icm} 是指运放所能承受的最大共模输入电压，超过此值，运放的共模抑制能力将显著下降。一般指运放在作为电压跟随器时，使输出电压产生 1%跟随误差的共模输入电压。

(5) 最大差模输入电压 U_{idm}。U_{idm} 是指运放反相输入端和同相输入端之间能够承受的最大电压，若超过此值，输入级差动管中的一个管子的发射结可能被反向击穿。

(6) 最大输出电流 I_{om}。I_{om} 是指运放所能输出的正向或反向的峰值电流，输出电流超过此值，集成运放很容易损坏。

(7) －3dB 带宽 f_H。－3dB 带宽又称开环带宽，是指开环差模电压增益下降为直流电压增益的 $\frac{1}{\sqrt{2}}$ 倍时对应的频率，此时若电压增益用分贝表示，则电压增益变化量为 $20\lg\frac{1}{\sqrt{2}} = -3\text{dB}$，故称为－3dB 带宽。CF741 的 f_H 约为 7Hz。

(8) 单位增益带宽 $BW_G(f_T)$。BW_G 是指开环差模电压放大倍数下降到 $A_{od}=1$ 时的频率 f_T，它是集成运放的重要参数。CF741 的 f_T 的典型值为 1.2MHz。

(9) 转换速率 S_R。转换速率是指运放在闭环状态下，输入为大幅度阶跃信号时，输出电压对时间的最大变化率，即 $S_R=\frac{du_o}{dt}$。这个指标描述集成运放对高速变化的输入信号的适应能力，实际工作中，输入信号的时间变化率一般不能大于集成运放的 S_R 值，否则会产生失真。

除了以上介绍的几项参数指标外，还有输入电阻 R_i、输出电阻 R_o、共模抑制比 K_{CMR}、静态功耗 P_W 等，这些参数的含义在前面已介绍过，这里不再赘述。

2. 集成运放的分类

集成运放分为通用型和专用型两大类，通用型运放的各项参数都比较适中，无突出的指标，应用范围最广泛。除现在普遍使用的第二代、第三代产品外，已有第四代产品，第四代产品具有低失调电压、低失调电流、低温漂、高开环增益、高共模抑制比、高输入阻抗的特点。

专用型运放是指某些单项指标达到比较高要求的运放，有高精度型、高速型、高阻型、高压型、大功率型、低功耗型和宽带型等种类，下面分别介绍。

(1) 高精度型。主要特点是漂移和噪声很低，而开环增益和共模抑制比很高，主要应用于精密放大电路中。

(2) 高速型。转换速率 S_R 大于 30V/μs 的集成运放属于高速型运放，主要应用于 A/D 和 D/A 转换器、有源滤波器及高速采样—保持电路中。

(3) 高阻型。差模输入阻抗大于 100MΩ 的集成运放称为高阻型运放，其输入偏置电流 I_{IB} 为几至几十 pA，主要应用于精密放大电路、有源滤波器、采样—保持电路及 A/D 和 D/

A转换电路中。

(4) 高压型。电源电压和最大输出电压超过±22V的集成运放称为高压型运放。

(5) 大功率型。兼有高输出电压和高输出电流的集成运放称为大功率型运放。

(6) 低功耗型。电源电压为±15V时，最大功耗不大于6mW或工作在低电源电压时，具有低静态功耗，并保持良好性能指标的集成运放。

(7) 宽带型。单位增益带宽BW_G大于10MHz的集成运放称为宽带型运放，主要应用于滤波电路中。

6.3.3 理想运放及特点

在实际电路中，为分析方便，通常将集成运放视为理想器件，理想运放的条件如下。

(1) 开环差模电压放大倍数$A_{od}\to\infty$；

(2) 差模输入电阻$R_{id}\to\infty$；

(3) 输出电阻$R_o\to0$；

(4) −3dB带宽$f_H\to\infty$；

(5) 共模抑制比$K_{CMRR}\to\infty$。

由于实际运放的上述参数除−3dB频率外，与理想运放的条件很接近，因此，在分析时用理想运放代替实际运放所引起的计算误差很小，使分析过程大大简化。因此，本书后面讨论的运放都是理想运放，理想运放的国标符号如图6.3.5所示。

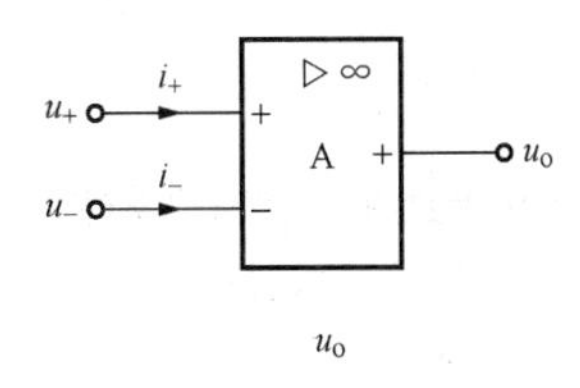

图6.3.5 理想运放的国标符号

由式(6.3.1)，结合理想运放的条件，可得出理想运放工作在线性区时的两条重要结论。

(1) $u_+=u_-$。由于$A_{od}\to\infty$，而输出电压u_o为有限值，所以$u_+-u_-=\dfrac{u_o}{A_{od}}\to0$，即$u_+=u_-$。这表明两输入端的电位几乎相等，这种情况称为“虚短”。

(2) $i_+=i_-=0$。由于$R_{id}\to\infty$，而u_+和u_-均为有限值，故可认为两个输入端的输入电流为零，这种情况称为“虚断”。

“虚短”和“虚断”是理想运放工作在线性区时的两个重要结论，也是后面分析集成运放应用电路的出发点。

当运放工作在饱和区时，根据理想条件也可得出两条结论。

(1) 输出电压u_o等于运放的最大输出电压U_{OPP}。当$u_+>u_-$时，$u_o=+U_{OPP}$；当$u_+<u_-$时，$u_o=-U_{OPP}$。

(2) 由于$R_{id}\to\infty$，虽然u_{id}不等于零，但仍有$i_+=i_-=0$。

综上所述，理想运放工作在线性区和非线性区时，各有不同的特点，因此，在分析含运放的电路时，必须首先判断运放工作在线性区还是非线性区。

【例6.3.1】 已知μA741运算放大器的电源电压为±18V，开环电压放大倍数为2×10^5，最大输出电压为±15V，求下列三种情况下运放的输出电压。

(1) $u_+=25\mu V$，$u_-=5\mu V$；

(2) $u_+=-10\mu V$，$u_-=30\mu V$；

(3) $u_-=1mV$，$u_-=2mV$。

解　运放在线性工作区时 $u_o = A_{od}(u_+ - u_-)$，由此得运放在线性工作区时

$$|u_+ - u_-|_{max} = \frac{u_{omax}}{A_{od}} = \frac{15}{2\times 10^5} = 75(\mu V)$$

$|u_+ - u_-|$超过 $75\mu V$ 时，输出电压不再增大，仍为最大输出电压。

(1) $u_+ - u_- = 25 - 5 = 20\mu V < 75\mu V$，$u_o = 20\times 10^{-6}\times 2\times 10^5 = 4$ (V)

(2) $u_+ - u_- = -10 - 30 = -40\mu V < 70\mu V$，$u_o = -40\times 10^{-6}\times 2\times 10^5 = -8$ (V)

(3) $|u_+ - u_-| = 1mV > 75\mu V$，输出为饱和输出，由于反相端电位高于同相端电位，故为负饱和输出，$u_o = -15V$

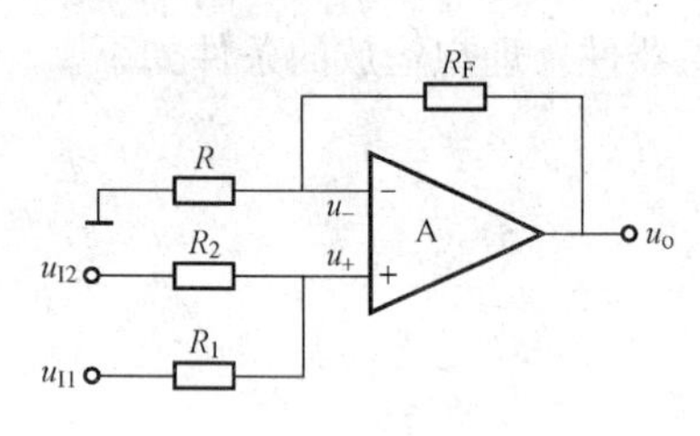

图 6.3.6　同相加法电路

【例 6.3.2】　求图 6.3.6 所示同相加法电路的输出电压。设运放工作在线性区。

解　由虚断可得

$$u_- = \frac{R}{R+R_F}u_o,$$

$$u_+ = \frac{\frac{u_{I1}}{R_1} + \frac{u_{I2}}{R_2}}{\frac{1}{R_1} + \frac{1}{R_2}} = \frac{R_2}{R_1+R_2}u_{I1} + \frac{R_1}{R_1+R_2}u_{I2}$$

由于运放工作在线性区，$u_+ = u_-$，即

$$\frac{R_2}{R_1+R_2}u_{I1} + \frac{R_1}{R_1+R_2}u_{I2} = \frac{R}{R+R_F}u_o$$

由此可解得

$$u_o = \left(1+\frac{R_F}{R}\right)\left(\frac{R_2}{R_1+R_2}u_{I1} + \frac{R_1}{R_1+R_2}u_{I2}\right)$$

6.4　放大电路中的负反馈

反馈是电子技术和自动控制中的一个重要概念，负反馈可以改善放大电路多方面的性能，在实用的放大电路中，几乎都采用了负反馈。本节介绍反馈的一些基本概念、反馈的类型及判别方法，以及负反馈对放大电路性能的影响。

6.4.1　反馈的基本概念与分类

1. 反馈的概念

所谓反馈，就是将放大电路的输出信号（电压或电流）的部分或全部，通过一定的方式，回送到电路的输入端。具有反馈的放大电路是一个闭合系统，基本组成如图 6.4.1 所示。由图可见，信号有两条传输途径，一条是正向传输途径，信号 $\dot{x}_d$ 经放大电路 A 由输入端传向输出端，A 称为基本放大电路。另一条是反向传输途径，输出信号 $\dot{x}_o$ 经过电路 F 由输出端传向输入端，电路 F 称为反馈网络。为简化分析，这里忽略了输入信号经 F 的正向传输，这是因为 F 一般由无源元件组成，没有放大作用，故其正向传输作用可忽略。反馈到输入端的信号 $\dot{x}_f$ 称为反馈信号，反馈网络中的元件称为反馈元件。

在图 6.4.1 中，净输入信号 $\dot{x}_d = \dot{x}_i - \dot{x}_f$，若 $x_d > x_i$，即引入反馈后，基本放大电路的输入信号增大，从而使输出信号增大，整个电路的放大倍数提高，这样的反馈称为正反馈；

相反，若 $x_d < x_i$，反馈使基本放大电路的输入信号减小，从而降低整个放大电路的放大倍数，这样的反馈称为负反馈。

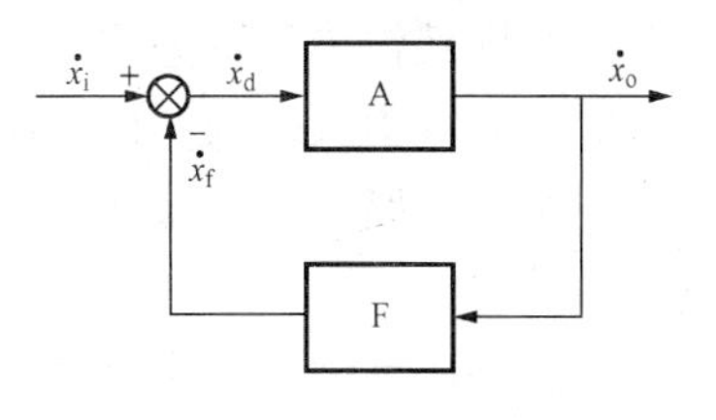

图 6.4.1 反馈放大电路的方框图

反馈的正、负称为反馈极性，反馈极性的判断一般采用瞬时极性法，即先假定输入信号在某一瞬时的极性，然后逐级推出放大电路中有关各点的瞬时极性，最后判断反馈到输入端的信号是增强了还是削弱了基本放大电路的输入信号。如图 6.4.2（a）所示电路中，联系输入回路和输出回路的元件是电阻 R_E，R_E 的存在使三极管发射极的交流电位不为零，设输入信号 u_i 的瞬时极性为⊕，于是三极管基极和发射极对地电压的瞬时极性也为⊕。没引入 R_E 时，三极管的净输入电压 u_{be}与 u_i 相等；引入 R_E 后，u_{be}减小了，因此，这个电路引入的反馈是负反馈。而在如图 6.4.2（b）所示电路中，由于输入信号在反相输入端，因此，输入端瞬时极性为⊕时，输出端的瞬时极性为⊖，运放同相输入端的瞬时极性也为⊖，因此，引入反馈电阻 R_1 和 R_2 后，运放的净输入信号 u_d 增大了，引入的反馈是正反馈。

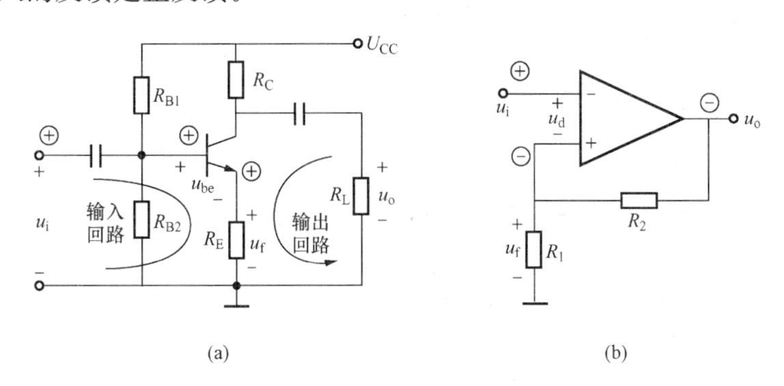

图 6.4.2 瞬时极性法判断正反馈和负反馈

（a）负反馈；（b）正反馈

2. 反馈的分类

（1）直流反馈和交流反馈。根据反馈信号的交直流性质，反馈可分为直流反馈和交流反馈。如果反馈信号中只有直流成分，则称为直流反馈；如果反馈信号中只有交流成分，则称为交流反馈。

在一个实用放大电路中，往往同时存在直流负反馈和交流负反馈，直流负反馈的作用是稳定工作点，对动态性能无影响；交流负反馈的作用是改善电路的动态性能。后面将看到不同类型的交流负反馈对放大电路的动态性能的影响是不同的。本节主要讨论交流负反馈。

（2）电压反馈和电流反馈。根据反馈信号在输出端采样方式的不同，反馈可分为电压反馈和电流反馈。

如果反馈信号取自输出电压，则称为电压反馈；如果反馈信号取自输出电流，则称为电流反馈。这里要注意的是，电压反馈和电流反馈并不是由反馈信号是电压还是电流决定的，而是由反馈信号的来源决定的。判断电压反馈和电流反馈的方法是：将输出电压置零（即设输出电压等于零），若反馈信号也为零，则为电压反馈；若反馈信号不为零，则为电流反馈。如在图 6.4.2（a）所示电路中，输出电压 u_o 为零时，反馈元件 R_E 上的交流压降 $u_f = R_E i_c$

仍存在，即反馈信号不为零，故是电流反馈；而在图 6.4.2（b）所示电路中，当输出电压为零时，同相输入端的对地电压也为零，反馈消失，故是电压反馈。

在放大电路中，引入电压负反馈，将使输出电压保持稳定；引入电流负反馈，将使输出电流保持稳定。

（3）串联反馈和并联反馈。根据反馈信号与输入信号在输入端的连接形式的不同，反馈可分为串联反馈和并联反馈。

如果反馈信号与输入信号在输入端以串联形式叠加，则为串联反馈；若以并联形式叠加，则为并联反馈。根据反馈信号在输出端的采样方式及在输入端与输入信号的叠加形式，负反馈包括四种组态，即电压串联负反馈、电压并联负反馈、电流串联负反馈和电流并联负反馈。

6.4.2 负反馈对放大电路性能的影响

1. 反馈放大电路的基本方程

在图 6.4.1 所示电路中，定义基本放大电路 A 的放大倍数为

$$\dot{A}=\frac{\dot{x}_o}{\dot{x}_d} \tag{6.4.1}$$

反馈网络 F 的反馈系数为

$$\dot{F}=\frac{\dot{x}_f}{\dot{x}_o} \tag{6.4.2}$$

$\dot{A}$、$\dot{F}$ 一般为复数，$\dot{A}$ 又称为开环放大倍数。定义反馈放大电路的闭环放大倍数为

$$\dot{A}_f=\frac{\dot{x}_o}{\dot{x}_i} \tag{6.4.3}$$

则由图 6.4.1 可得

$$\dot{x}_o=\dot{A}\dot{x}_d,\dot{x}_f=\dot{F}\dot{x}_o=\dot{A}\dot{F}\dot{x}_d$$

所以

$$\dot{x}_i=\dot{x}_d+\dot{x}_f=(1+\dot{A}\dot{F})\dot{x}_d$$

$$\dot{A}_f=\frac{\dot{x}_o}{x_i}=\frac{\dot{A}\dot{x}_d}{(1+\dot{A}\dot{F})\dot{x}_d}=\frac{\dot{A}}{1+\dot{A}\dot{F}} \tag{6.4.4}$$

式（6.4.4）即为反馈放大电路的基本方程。

式（6.4.4）中，$\dot{A}\dot{F}$ 称为环路放大倍数，表示信号沿着基本放大电路和反馈网络组成的环路绕行一周后所得到的放大倍数。$|1+\dot{A}\dot{F}|$ 称为反馈深度，表示引入反馈后放大电路的放大倍数与无反馈时相比减小的倍数。后面将会研究引入负反馈后，放大电路各项性能的改善程度都与反馈深度有关。

由式（6.4.4），可以得到有关反馈放大电路的几点结论。

（1）当反馈深度 $|1+\dot{A}\dot{F}|>1$ 时，$|\dot{A}_f|<|\dot{A}|$，放大倍数下降，引入的反馈为负反馈；当 $|1+\dot{A}\dot{F}|<1$ 时，$|\dot{A}_f|>|\dot{A}|$，放大倍数增大，引入的反馈为正反馈。

（2）在负反馈的情况下，如果反馈深度 $|1+\dot{A}\dot{F}|\gg1$，则称为深度负反馈，此时有 $1+\dot{A}\dot{F}\approx\dot{A}\dot{F}$

$$\dot{A}_f = \frac{\dot{A}}{1+\dot{A}\dot{F}} \approx \frac{1}{\dot{F}} \tag{6.4.5}$$

式（6.4.5）表明，在深度负反馈条件下，闭环放大倍数等于反馈系数的倒数，与基本放大电路的放大倍数无关。由于实际的反馈网络通常是由阻容元件构成，因此，反馈系数基本上不受温度等因素的影响，稳定性很高，因此深度反馈放大电路的闭环放大倍数非常稳定。

（3）当 $1+\dot{A}\dot{F}=0$ 时，即 $\dot{A}\dot{F}=-1$ 时，$\dot{A}_f \to \infty$，这说明电路在无输入信号时，仍会有输出信号，这种情况称为自激振荡。产生自激振荡的条件是 $AF=1$ 和 $\varphi_{\dot{A}}+\varphi_{\dot{F}}=(2n+1)\pi$。在放大电路中，自激振荡是要设法避免或消除的，消除的方法主要是破坏它的相位条件。但在信号发生电路中，要有意识地在电路中引入正反馈，并使之满足自激振荡的条件，从而无中生有地产生正弦波，这将在第11章中详细介绍。

2. 提高放大倍数的稳定性

提高放大倍数的稳定性是引入负反馈的目的之一。设未引入负反馈时，电路受温度、负载改变、电源电压波动引起的放大倍数的相对变化量为$\frac{dA}{A}$；引入负反馈后，放大倍数起的相对变化量为$\frac{dA_f}{A_f}$，当 $\dot{A}$、$\dot{F}$ 均为实数时，由式（6.4.4）得

$$A_f = \frac{A}{1+AF}$$

对上式微分得

$$dA_f = \frac{dA}{1+AF} - \frac{AF\,dA}{(1+AF)^2} = \frac{dA}{(1+AF)^2}$$

上式两边同除以 A_f，得

$$\frac{dA_f}{A_f} = \frac{1}{1+AF}\frac{dA}{A} \tag{6.4.6}$$

式（6.4.6）说明，引入负反馈后，在外界条件有相同的变化时，放大倍数的相对变化量减小为原值的（$1+AF$）分之一。例如，当 $1+AF=100$ 时，A_f 的相对变化量只有 A 的相对变化量的1%，假如由于某种原因使 A 变化了10%，那么 A_f 的变化就减小到0.1%。反馈深度越大，放大倍数的稳定性就越强。

3. 减小非线性失真和抑制干扰

由于三极管的输入特性和输出特性是非线性的，在输入较大信号时，很容易引起输出波形的非线性失真。引入负反馈可以减小放大电路的非线性失真。如图6.4.3所示，设正弦波输入信号 x_i 经基本放大电路放大后产生的失真为正半周大，负半周小，则引入反馈后，若反馈网络为纯电阻网络，则反馈信号 x_f 也是正半周大，负半周小，输入信号 x_i 和反馈信号 x_f 相减后得到的净输入信号 x_d 的波形则为正半周小，负半周大，这个失真的净输入信号经基本放大电路失真放大后，输出信号正、负半周的大小趋于一致，从而改善了输出波形。可以证明，当非线性失真不太严重时，在基波成分保持不变的情况下，负反馈使输出波形的非线性失真减为原值的（$1+AF$）分之一。

这里要注意的是，负反馈可以减小由电路内部原因引起的非线性失真，但对输入信号本身的失真则无法减小。另外，负反馈是利用失真的波形来改善波形失真，因此，负反馈不能消除失真。

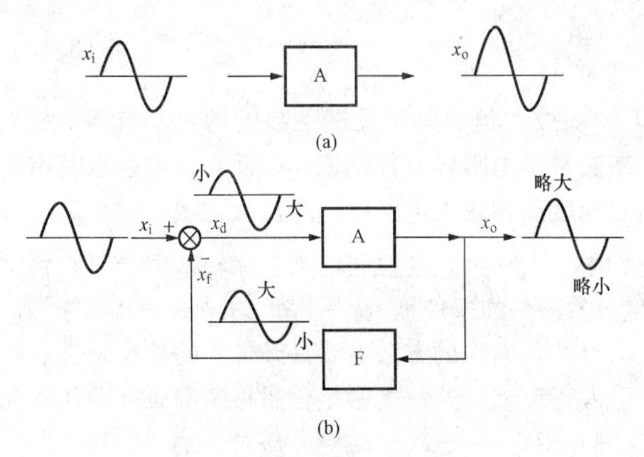

图 6.4.3 负反馈减小非线性失真

(a) 无反馈；(b) 引入负反馈

负反馈也可以抑制放大电路内的噪声和干扰。引入负反馈后，有用信号与噪声信号同时受到抑制，若在信号源处将有用信号提高（1+AF）倍，则当输出信号中的有用信号保持不变时，噪声与干扰信号减为原值的（1+AF）分之一。

4. 展宽频带

负反馈使放大电路的放大倍数降低，但可展宽放大电路的通频带。

引入负反馈后，放大电路的上限截止频率提高到开环时的（1+$\dot{A}_m\dot{F}$）倍，放大电路的下限截止频率降为开环时的（1+$\dot{A}_m\dot{F}$）分之一。

对一般的阻容耦合放大电路，通常有 $f_H \gg f_L$，而对于直接耦合放大电路，$f_L=0$，所以电路的通频带可以近似地用上限截止频率表示

$$BW = f_H - f_L \approx f_H$$

引入负反馈后的通频带为

$$BW_f = f_{Hf} - f_{Lf} \approx f_{Hf} = (1 + A_m F) f_H = (1 + A_m F) BW$$

即引入负反馈后，通频带展宽了 $A_m F$ 倍。

由于引入负反馈后，电路的中频放大倍数降低了（1+$A_m F$）倍，所以，中频放大倍数与通频带的乘积（简称增益带宽积）保持不变

$$A_{mf} BW_f = A_m BW \qquad (6.4.7)$$

引入负反馈后，交流放大电路的中频放大倍数、上下限截止频率和通频带的变化情况如图 6.4.4 所示。

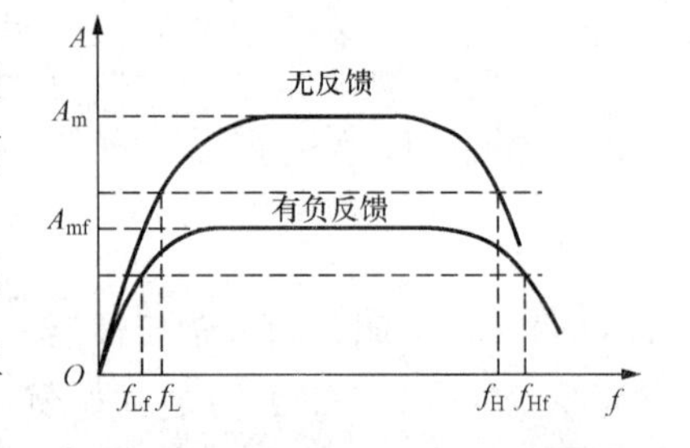

图 6.4.4 负反馈对通频带的影响

5. 对输入电阻和输出电阻的影响

负反馈对输入、输出电阻的影响与反馈组态有关，输入电阻与输入回路有关，从负反馈与输入回路的联系看，可把负反馈分为串联型和并联型两类来考虑；输出电阻与输出回路有关，从负反馈与输出回路的联系看，可把负反馈分为电压型和电流型两类来考虑。

负反馈对输入、输出电阻的影响如下。

（1）串联负反馈提高输入电阻，并联负反馈降低输入电阻。

（2）电压负反馈可稳定输出电压，故降低了输出电阻；电流负反馈可稳定输出电流，故提高了输出电阻。

（3）负反馈对输入、输出电阻影响的程度均与反馈深度（1+$\dot{A}\dot{F}$）有关，或增大至（1+$\dot{A}\dot{F}$）倍，或减小为原值的（1+$\dot{A}\dot{F}$）分之一。

6.5 习 题

6.1 已知某放大电路的输出电阻为 2kΩ，负载开路时的输出电压为 4V，求放大电路接上 3kΩ 的负载时的输出电压值。

6.2 将一电压放大倍数为 300，输入电阻为 4kΩ 的放大电路与信号源相连接，设信号源的内阻为 1kΩ，求信号源电动势为 10mV 时，放大电路的输出电压值。

6.3 两单管放大电路，空载时的电压放大倍数为 $A_{u1}=-30$，$A_{u2}=-100$，输入、输出电阻为 $R_{i1}=10\text{k}\Omega$，$R_{o1}=2\text{k}\Omega$，$R_{i2}=2\text{k}\Omega$，$R_{o2}=2\text{k}\Omega$，现将它们通过电容耦合。设容抗忽略不计，分别计算 A_1 作为前级和 A_2 作为前级时两级放大电路空载时的电压放大倍数。

6.4 试判断图 6.5.1 所示各电路中三极管是否工作在放大区，并说明原因。

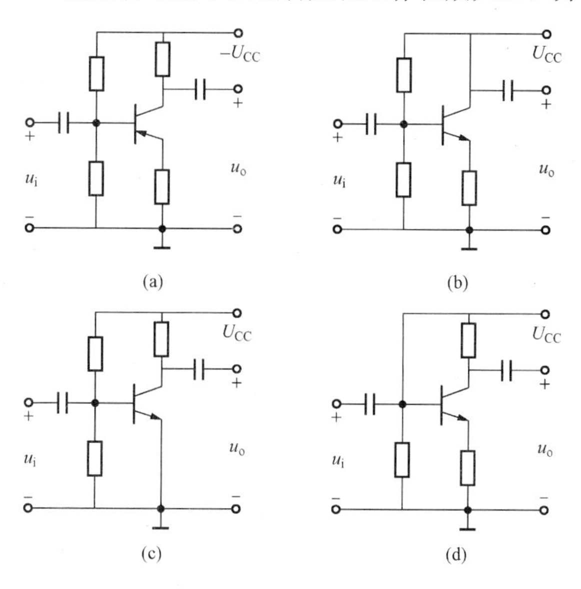

图 6.5.1 题 6.4 图

6.5 在图 6.2.7 所示互补对称功率放大电路中，设大功率三极管工作在饱和区时的管压降为 2V，电源电压为 12V，求最大输出信号的幅值和有效值。

6.6 已知 CF741 运算放大器的电源电压为±15V，开环电压放大倍数为 2×10^5，最大输出电压为±14V，求下列三种情况下运放的输出电压。

(1) $u_+=15\mu\text{V}$，$u_-=5\mu\text{V}$；

(2) $u_+=-10\mu\text{V}$，$u_-=20\mu\text{V}$；

(3) $u_+=0$，$u_-=2\text{mV}$。

6.7 求图 6.5.2 所示同相比例电路的输出电压。设运放工作在线性区。

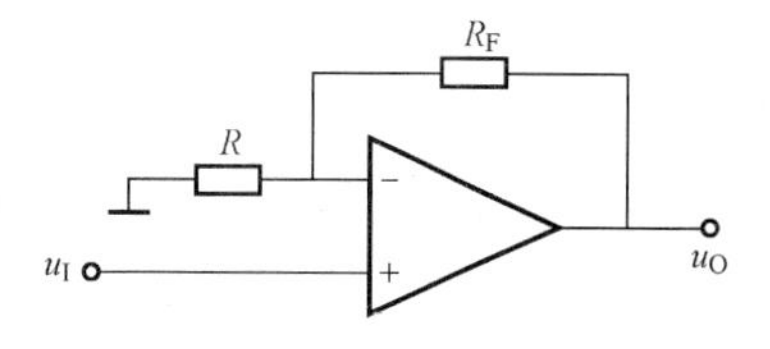

图 6.5.2 同相比例运算电路

6.8 判断图 6.5.3 所示电路所引入的负反馈的组态。

6.9 如果要求当负反馈放大电路的开环放大倍数变化 10%时，其闭环放大倍数变化不超过 0.5%，又要求闭环放大倍数为 50，问开环放大倍

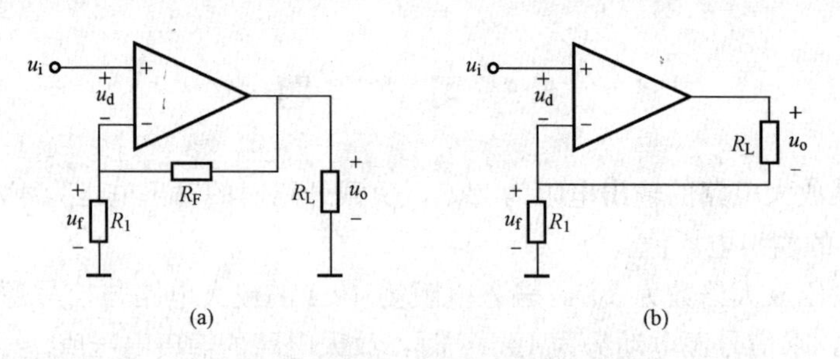

图 6.5.3　题 6.8 图

数和反馈系数应选什么值？如果引入的反馈为电压并联负反馈，则输入电阻和输出电阻如何变化？变化了多少？

6.10　判断图 6.5.4 所示反相比例运算电路所引入的反馈的组态，求输出电压。

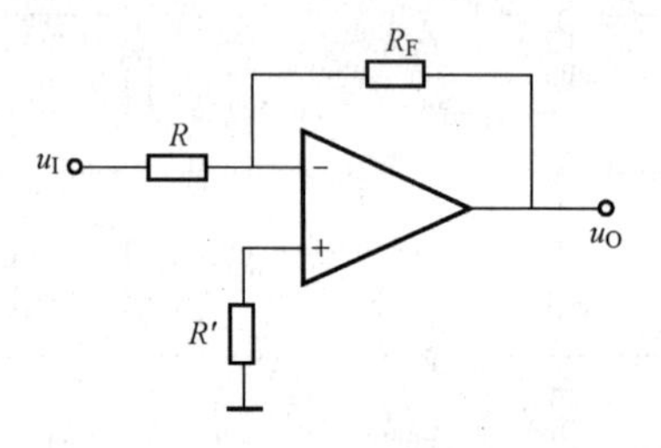

图 6.5.4　反相比例运算电路

第 7 章　信号运算放大与处理电路

集成运算放大器的最早应用是模拟信号的运算，并由此得名。现在，除信号运算电路外，信号处理电路、信号发生电路也普遍采用集成运算放大器。本章介绍由集成运放组成的几种信号运算放大电路和信号处理电路。信号运算放大电路主要介绍比例运算、加法运算、减法运算、积分和微分运算，以及乘法和除法运算等电路，信号处理电路主要介绍有源滤波器和电压比较器，信号发生电路在十一章讨论。

在对含集成运放的电路进行分析时，集成运放一般可视作理想运放，因此，当运放工作在线性区时，有 $u_+=u_-$ 和 $i_+=i_-=0$，即运放的两个输入端为"虚短"和"虚断"；当运放工作在非线性区时，如 $u_+>u_-$，则 $u_o=+U_{opp}$，如 $u_+<u_-$，则 $u_o=-U_{opp}$，并仍然有 $i_+=i_-=0$。这是分析含集成运放电路的基本出发点。

7.1　运 算 放 大 电 路

7.1.1　比例运算电路

输出信号电压与输入信号电压存在比例关系的电路称为比例运算电路。比例运算电路是最基本的运算放大电路，是其他运算放大电路的基础。按输入方式的不同，比例运算电路分为反相比例和同相比例运算两种。

1. 反相比例运算电路

图 7.1.1 所示电路为反相比例运算电路，信号从反相端输入，同相端通过一电阻接地，反馈电阻 R_f 跨接在输入端和输出端之间，形成深度电压并联负反馈，因此运放工作在线性区。

由于运放的两个输入端实际上是运放输入级差分对管的基极，为使差动放大电路的参数保持对称，应使差分对管基极对地的电阻尽量一致。因此 R' 的取值为

$$R' = R \mathbin{/\!/} R_F$$

R'称为平衡电阻。由于运放工作在线性区，由"虚断"和"虚短"可得 $u_- = u_+ = -R'i_+ = 0$，这种现象称为"虚地"。由"虚断"可得

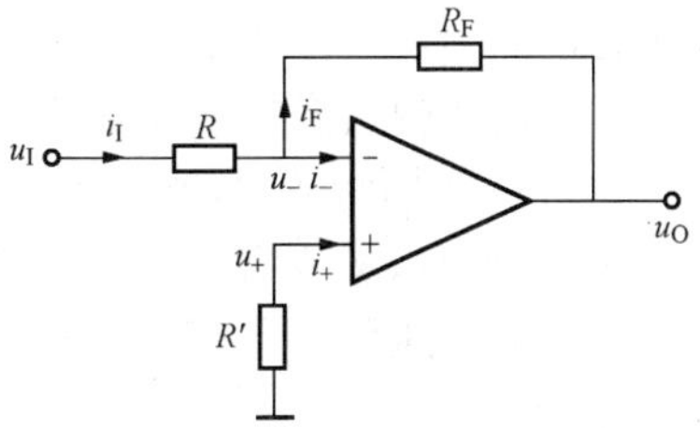

图 7.1.1　反相比例运算电路

$$i_I = i_F$$

即

$$\frac{u_I - u_-}{R} = \frac{u_- - u_O}{R_F}$$

将 $u_-=0$，代入上式得

$$u_O = -\frac{R_F}{R} u_I \qquad (7.1.1)$$

输出电压与输入电压成反相比例关系，电压放大倍数为

$$A_{uf}=\frac{u_O}{u_I}=-\frac{R_F}{R} \tag{7.1.2}$$

电路的输入电阻为

$$R_i=\frac{u_I}{i_I}=R$$

由式（7.1.1）可知，R不能太大，因此，尽管集成运放的输入电阻很高，但反相比例运算电路的输入电阻不高，这是由负反馈的性质决定的，并联负反馈会降低输入电阻。另一方面，由于是电压负反馈，因此，电路的输出电阻很小，带负载能力很强。

2. 同相比例运算电路

图7.1.2所示为同相比例运算电路，信号从同相端输入，反馈电阻仍接在反相端和输出端之间，形成串联电压负反馈，平衡电阻R'的取值为$R'=R/\!/R_F$。

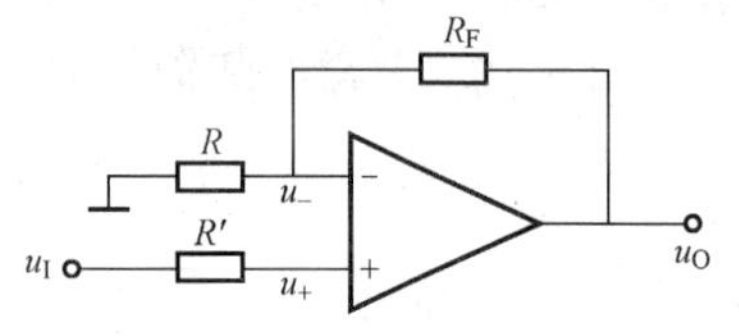

图7.1.2　同相比例运算电路

由“虚短”和“虚断”可得

$$u_-=u_+=u_I$$

$$\frac{u_O-u_-}{R_F}=\frac{u_-}{R}$$

解得

$$u_O=\left(1+\frac{R_F}{R}\right)u_I \tag{7.1.3}$$

输出电压与输入电压成同相比例关系，电压放大倍数为

$$A_{uf}=\frac{u_O}{u_I}=1+\frac{R_F}{R} \tag{7.1.4}$$

由于流入运放输入端的电流近似为零（虚断），因此输入电阻$R_i=\frac{u_I}{i_I}\to\infty$，同样，由于是电压负反馈，输出电阻很小。

当$R_F=0$或$R=\infty$时，$u_O=u_I$，输出电压与输入电压大小相等，相位相同，二者之间是一种跟随关系，所以电路又称为电压跟随器，如图7.1.3所示。由于其有输入电阻高，输出电阻低的特点，常用作阻抗变换和缓冲级。

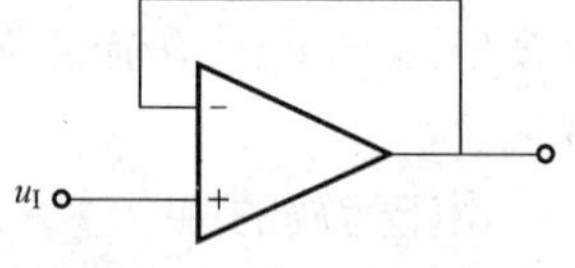

图7.1.3　电压跟随器

7.1.2　加法运算电路

在同一输入端增加若干输入电路，则构成加法运算电路。

图7.1.4所示为具有三个输入端的反相加法电路，信号从反相端输入，平衡电阻R'的取值为

$$R'=R_1\ /\!/\ R_2\ /\!/\ R_3\ /\!/\ R_F$$

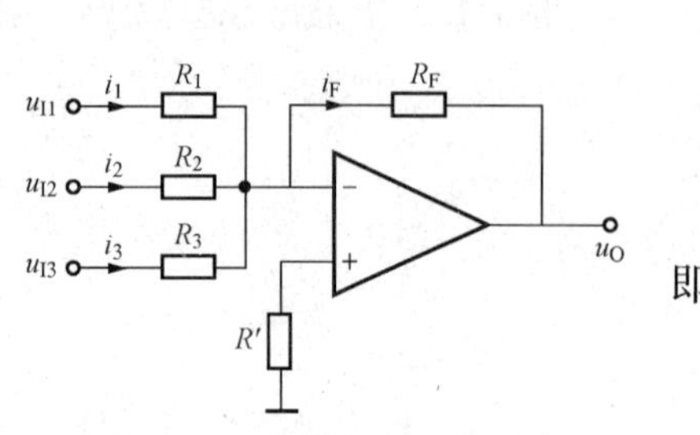

图7.1.4　反相加法运算电路

由“虚断”和“虚短”得

$$u_-=u_+=0$$

$$i_F=i_1+i_2+i_3$$

即

$$\frac{-u_O}{R_F}=\frac{u_{I1}}{R_1}+\frac{u_{I2}}{R_2}+\frac{u_{I3}}{R_3}$$

$$u_O = -\left(\frac{R_F}{R_1}u_{I1} + \frac{R_F}{R_2}u_{I2} + \frac{R_F}{R_3}u_{I3}\right) \tag{7.1.5}$$

式（7.1.5）反映了输出电压是输入电压以一定形式相加的结果。

7.1.3　减法运算电路

图 7.1.5 所示为由单运放组成的两个信号的减法运算电路，实际上就是差动输入电路。由“虚断”和叠加定理可得

$$u_- = \frac{R_F}{R_1 + R_F}u_{I1} + \frac{R_1}{R_1 + R_F}u_O$$

$$u_+ = \frac{R'}{R_2 + R'}u_{I2}$$

由“虚短”$u_- = u_+$得

$$\frac{R_F}{R_1 + R_F}u_{I1} + \frac{R_1}{R_1 + R_F}u_O = \frac{R'}{R_2 + R'}u_{I2} \tag{7.1.6}$$

当 $R_1 = R_2 = R$，$R' = R_F$ 时，由式（7.1.6）可得

$$u_O = \frac{R_F}{R}(u_{I2} - u_{I1}) \tag{7.1.7}$$

从而实现了信号的减法运算，并且可以通过改变两个输入信号的相对大小，控制输出信号的极性。

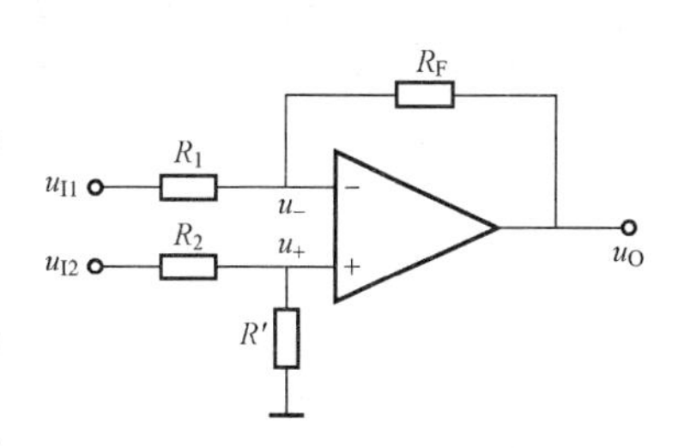

图 7.1.5　减法运算电路

7.1.4　积分和微分运算电路

1. 积分电路

将反相比例运算电路中的反馈电阻 R_F 换成电容即构成积分电路，如图 7.1.6 所示，平衡电阻 $R' = R$。

由“虚地”和“虚断”得

$$i_I = \frac{u_I}{R} = i_C = C\frac{du_C}{dt}$$

而 $u_C = -u_O$，故

$$-C\frac{du_O}{dt} = \frac{u_I}{R}$$

$$u_O = -\frac{1}{RC}\int u_I dt \tag{7.1.8}$$

或

$$u_O(t) = -\frac{1}{RC}\int_{t_0}^{t} u_I dt + u_O(t_0) \tag{7.1.9}$$

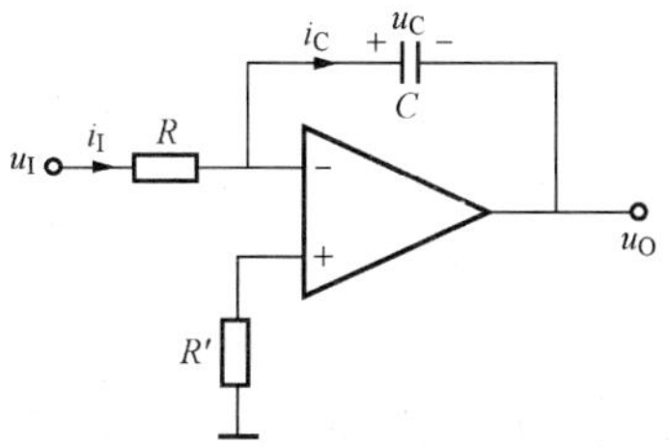

图 7.1.6　积分电路

式（7.1.8）表明，输出电压是输入电压对时间的积分，故名积分电路。

当输入电压为正弦波时，设 $u_I = U_m \sin\omega t$，则

$$u_O = -\frac{1}{RC}\int U_m \sin\omega t\, dt = \frac{U_m}{\omega RC}\cos\omega t$$

输出电压也是一个正弦波，但相位比输入电压超前 90°，此时，积分电路的作用是移相。

当输入电压为方波时，设 u_I 的波形如图 7.1.7 所示，且 $u_O(0) = 0$，则在 $0 \sim \frac{T}{4}$时间内，$u_I = U_m$

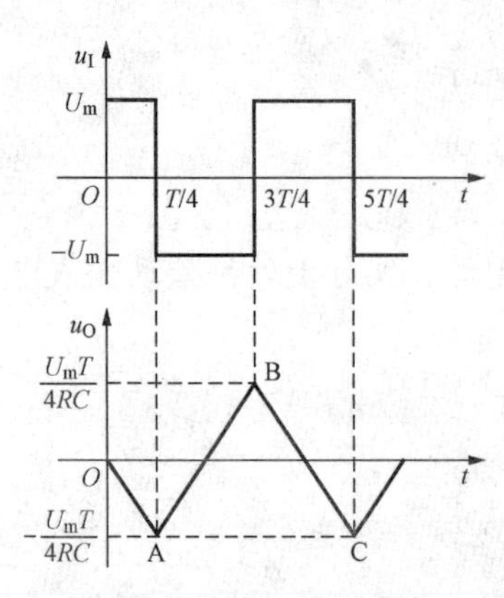

图 7.1.7 积分电路对方波的波形变换

$$u_O(t)=-\frac{1}{RC}\int_0^t U_I \mathrm{d}t=-\frac{U_m}{RC}t \qquad (7.1.10)$$

这是一条直线，$u_O\left(\frac{1}{4}T\right)=-\frac{U_mT}{4RC}$，输出电压为直线 OA。

在$\frac{1}{4}T\sim\frac{3}{4}T$时间内，$u_I=-U_m$

$$u_O(t)=\frac{1}{RC}\int_{T/4}^t U_m \mathrm{d}t+u_O\left(\frac{T}{4}\right)=\frac{U_m}{RC}\left(t-\frac{T}{4}\right)-\frac{U_mT}{4RC}$$

$$=\frac{U_m}{RC}t-\frac{U_m}{2RC}T$$

这也是一条直线。$t=\frac{3}{4}T$时，$u_O\left(\frac{3}{4}T\right)=\frac{U_mT}{4RC}$，输出电压为直线 AB；同理，$\frac{3}{4}T\sim\frac{5}{4}T$时间内的输出电压为直线 BC。由此可见，积分电路将方波变换成三角波。由于积分电路的输出电压受运放饱和输出电压的限制，因此，在选择积分电路参数时，要综合考虑输入信号的幅值、周期及所用运放的饱和输出电压值。

2. 微分电路

微分是积分的逆运算，将积分电路中 R 和 C 的位置互换，即可组成微分电路，如图 7.1.8 所示。

由“虚地”和“虚断”得

$$u_C=u_I,\quad i_C=i_R$$

而 $i_R=-\frac{u_O}{R}$

故

$$-\frac{u_O}{R}=i_C=C\frac{\mathrm{d}u_C}{\mathrm{d}t}=C\frac{\mathrm{d}u_I}{\mathrm{d}t}$$

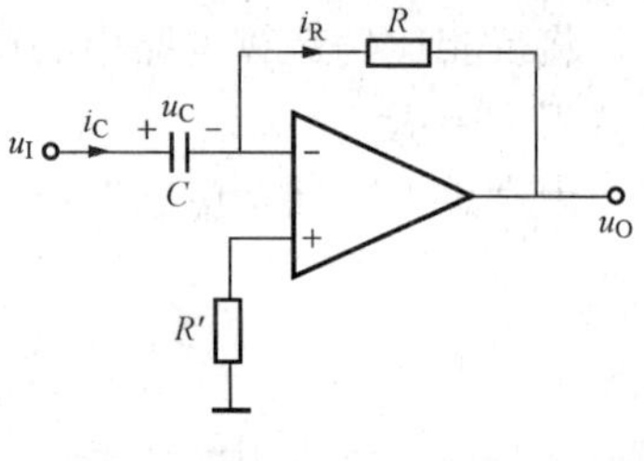

图 7.1.8 微分电路

即

$$u_O=-RC\frac{\mathrm{d}u_I}{\mathrm{d}t} \qquad (7.1.11)$$

输出电压正比于输入电压的微分。

微分电路可以实现波形的变换，如图 7.1.9 所示。输入信号为矩形脉冲时，输出信号为一负一正两个尖脉冲。对上升沿，即 $t=0$ 时刻，由于$\frac{\mathrm{d}u_I}{\mathrm{d}t}>0$，故 $u_O=-RC\frac{\mathrm{d}u_I}{\mathrm{d}t}<0$；对下降沿，即 $t=t_1$ 时刻，由于$\frac{\mathrm{d}u_I}{\mathrm{d}t}<0$，故 $u_O>0$。而在其他时间内，u_I 为恒定值，$u_O=-RC\frac{\mathrm{d}u_I}{\mathrm{d}t}=0$。因此，上升沿对应的输出电压是一个负的尖脉冲，下降沿对应的输出电压是一个正的尖脉冲。

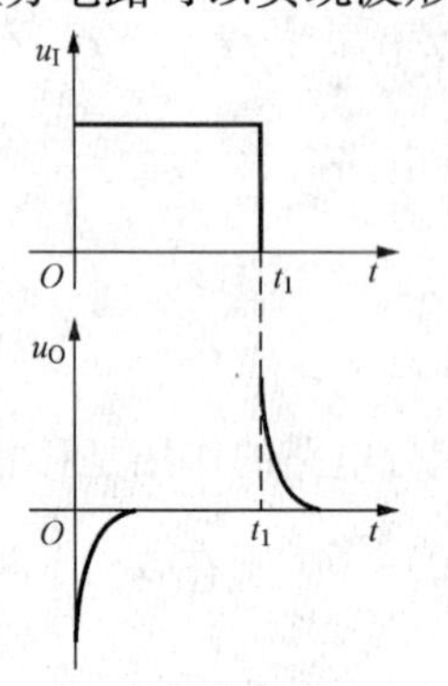

图 7.1.9 微分电路的输入输出波形

如果输入信号是正弦电压 $u_I=U_m\sin\omega t$，则输出电压为

$u_O = RC\omega U_m \cos\omega t$，这表明 u_O 的幅值随频率的增加而线性增加。由于对电路的干扰往往是一些迅速变化的高频信号，因此，微分电路的抗干扰能力较差，输出信号的信噪比较低，实用的微分电路是在输入端串接一个小电阻，以抑制高频干扰。

7.1.5　乘法和除法运算电路

随着集成电路技术的发展，集成模拟乘法器已被广泛采用，模拟乘法器的图形符号如图 7.1.10 所示。输入、输出电压的关系为

$$u_O = K u_{I1} u_{I2}$$

K 为比例系数，可取正值，也可取负值。K 为正值时称为同相乘法器，K 为负值时称为反相乘法器。模拟乘法器与集成运放结合，可完成各种数学运算，如除法、平方、开方等，还可构成调制、解调和锁相环电路。

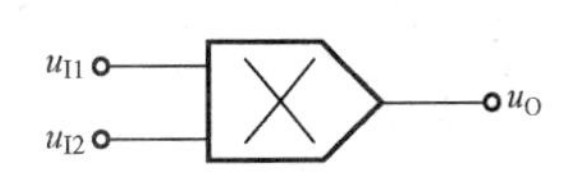

图 7.1.10　模拟乘法器符号

图 7.1.11 所示为由模拟乘法器组成的除法运算电路。由“虚断”得

$$i_1 = i_2$$

由“虚地”得

$$i_1 = \frac{u_{I1}}{R_1},\quad i_2 = \frac{-u_{O1}}{R_2}$$

u_{O1} 是模拟乘法器的输出，故

$$u_{O1} = K u_{I2} u_O \tag{7.1.12}$$

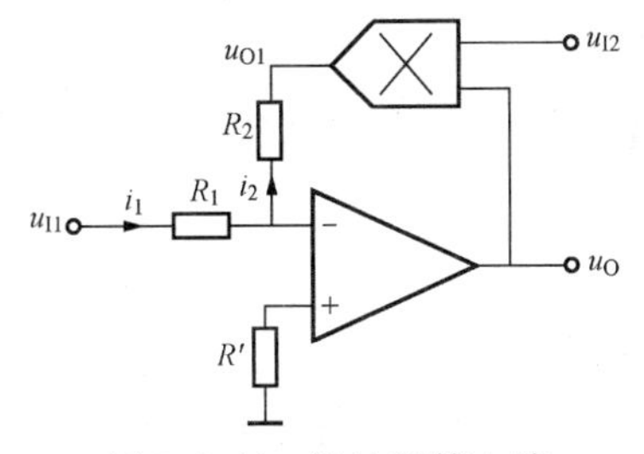

图 7.1.11　除法运算电路

综合上面几个式子得

$$\frac{u_{I1}}{R_1} = -\frac{K u_{I2} u_O}{R_2}$$

$$u_O = -\frac{R_2}{KR_1}\frac{u_{I1}}{u_{I2}} \tag{7.1.13}$$

在图 7.1.11 所示电路中，为使集成运放稳定工作，引入的反馈必须是负反馈。为此，u_{O1} 的极性必须与 u_{I1} 的极性相反。由于 u_O 的极性与 u_{I1} 相反，所以要求 u_{O1} 的极性与 u_O 相同。结合式（7.1.12）可知，当 $u_{I2}>0$ 时，应使用同相乘法器；当 $u_{I2}<0$ 时，应使用反相乘法器。

如将图 7.1.11 中乘法器的两个输入端都接到集成运放的输出端，则构成开方运算电路，此时 $u_{I2}=u_O$，式（7.1.13）变为

$$u_O = -\frac{R_2}{KR_1}\frac{u_{I1}}{u_O}$$

$$u_O = \sqrt{-\frac{R_2}{KR_1}u_{I1}} \tag{7.1.14}$$

为保证式中根号内的表达式大于零，$u_{I1}>0$ 时，应使用反相乘法器；$u_{I1}<0$ 时，应使用同相乘法器。

7.2　测量放大与采样保持电路

7.2.1　测量放大电路

在自动控制和非电测量等系统中，常用各种传感器将非电量（如温度、压力等）的变化

变换为电信号，再进行处理和显示。由于此电信号的变化量常常很小，一般只有几十微伏到几十毫伏，所以要将电信号的变化量加以放大才能进行后续处理。图 7.2.1 所示电路为具有高输入阻抗、低输出阻抗的仪用放大器，可以将电信号的变化量加以放大。此放大器由运放 A_1、A_2 组成差分电路，信号从两同相端输入，输入电阻很高，A_3 组成第二级差分电路，对 A_1、A_2 的输出信号进行差分放大。由于电路对称，若 A_1、A_2 选用完全相同的运放，则它们的共模输出电压和漂移电压也相等，对 A_3 的输出电压无影响，因此，电路具有很强的共模抑制能力和较小的漂移电压，同时，可以具有较高的差模电压放大倍数。

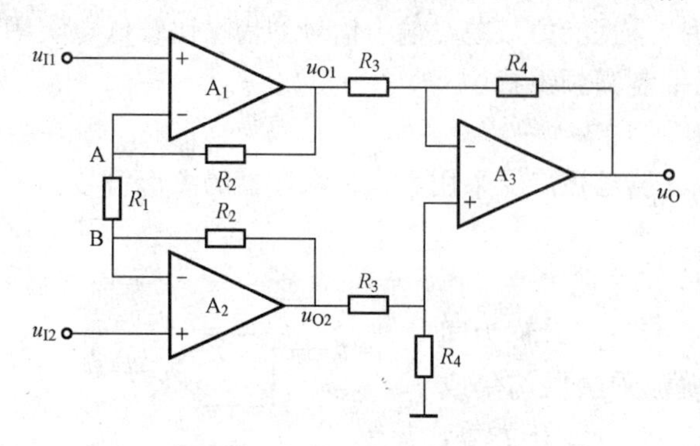

图 7.2.1　仪用放大器

由“虚短”得

$$u_A = u_{I1}, \quad u_B = u_{I2}$$

$$u_{AB} = u_A - u_B = u_{I1} - u_{I2}$$

由“虚断”知，流过电阻 R_1 的电流与流过电阻 R_2 的电流相等

$$\frac{u_{AB}}{R_1} = \frac{u_{O1} - u_{O2}}{2R_2 + R_1}$$

$$u_{O1} - u_{O2} = \left(1 + \frac{2R_2}{R_1}\right)(u_{I1} - u_{I2})$$

由差动减法电路的输出电压公式（7.1.7）得

$$u_O = -\frac{R_4}{R_3}(u_{O1} - u_{O2}) = -\frac{R_4}{R_3}\left(1 + \frac{2R_2}{R_1}\right)(u_{I1} - u_{I2})$$

从而实现了对电信号微弱变化量的放大。这种仪用放大器已有多种型号的单片集成电路产品，如 AD620、NA128 等。

7.2.2　采样保持电路

采样保持电路是数据采集系统中常用的单元电路，能将快速变化的输入信号按控制信号的周期进行“采样”，使输出信号能准确地跟随输入信号变化，并且为方便后续电路对采样信号进行处理，在两次采样的间隔时间内保持上一次采样结束时的状态。图 7.2.2（a）所

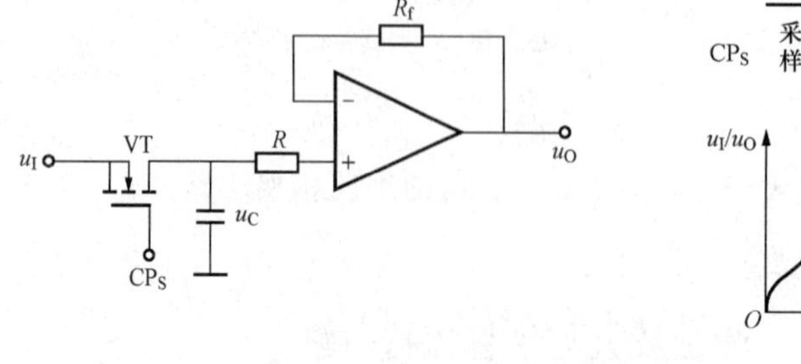

(a)　(b)

图 7.2.2　采样保持电路

(a) 电路；(b) 输入输出波形

示电路是一种基本的采样保持电路。图中场效应管 VT 作为模拟开关，栅极外加控制信号，由其决定 VT 的饱和导通或截止；集成运放 A 构成电压跟随器，作为缓冲放大器；电阻 R 起保护作用；电容 C 为模拟信号存储电容。

当控制信号 CP_S 为高电平时，场效应管 VT 饱和导通，u_I 通过 VT 向 C 充电，电路处于采样阶段，u_O 跟随 u_I 变化，即 $u_O=u_C=u_I$；当控制信号 CP_S 为低电平时，场效应管 VT 截止，u_I 不能通过 VT 向 C 充电，而且由于电容 C 无放电回路，电路处于保持状态，u_O 保持 VT 截止前瞬间的 u_I 值，一直保持到下一次采样开始。电路的输入输出波形如图 7.2.2（b）所示，粗线为输出电压波形。

7.3 有源滤波电路

7.3.1 滤波电路概述

滤波电路简称滤波器，是一种能使某一部分频率的信号顺利通过，而使其他频率的信号被大幅衰减的电路。工程上常用滤波器进行模拟信号的处理，如数据传输、抑制干扰等。

早期的滤波器主要采用 R、C 和 L 等无源元件组成，称为无源滤波器。随着集成运放的迅速发展，由集成运放和 RC 电路组成的滤波器具有体积小、效率高、阻抗特性好的优点，并具有一定的电压放大作用和缓冲作用，因而得到广泛应用，因为集成运放是有源元件，所以由集成运放构成的滤波器称为有源滤波器。

设频率为 ω 的正弦信号，其输入电压为 $\dot{U}_i$，输出电压为 $\dot{U}_o$，则称 $\dot{A}(\omega)=\dfrac{\dot{U}_o}{\dot{U}_i}$ 为滤波器的传递函数。$|\dot{A}(f)|$ 与 f 的关系称为幅频特性。

根据滤波器允许通过的信号的频率范围，滤波器分为如下四大类。

（1）低通滤波器。低频信号能够通过，而高频信号不能通过的滤波器称为低通滤波器，其理想的幅频特性如图 7.3.1（a）折线所示，f_0 称为截止频率。低通滤波器只允许频率低于截止频率 f_0 的信号顺利通过。

实际电路的频率特性与理想情况是有差别的，图中粗曲线表示实际滤波器的幅频特性曲线，实际曲线与理想曲线越接近，说明滤波器的性能就越好，但电路也越复杂。实际低通滤波器的截止频率一般取 A(f) 下降到 A(0) 的 $1/\sqrt{2}$ 倍时所对应的频率，即 $A(f_0)=A(0)/\sqrt{2}$。

（2）高通滤波器。与低通滤波器的性能刚好相反，即只允许频率高于截止频率的信号通过而低频信号不能通过，其理想的幅频特性如图 7.3.1（b）折线所示。实际高通滤波器的截止频率 f_0 满足 $A(f_0)=A(\infty)/\sqrt{2}$。由于受集成运放带宽的限制，高通滤波器的通带宽度也是有限的。

（3）带通滤波器。频率在某一个频带范围内的信号能够通过，而其余频率的信号不能通过的滤波器称为带通滤波器，其理想幅频特性如图 7.3.1（c）折线所示，通带的上、下限频率 f_H、f_L 分别称为高边截止频率和低边截止频率，f_0 称为中心频率。

（4）带阻滤波器。与带通滤波器的性能刚好相反，即不允许某一频带范围内的信号通过，而允许其余频率的信号通过，其理想的幅频特性如图 7.3.1（d）折线所示。与高通滤

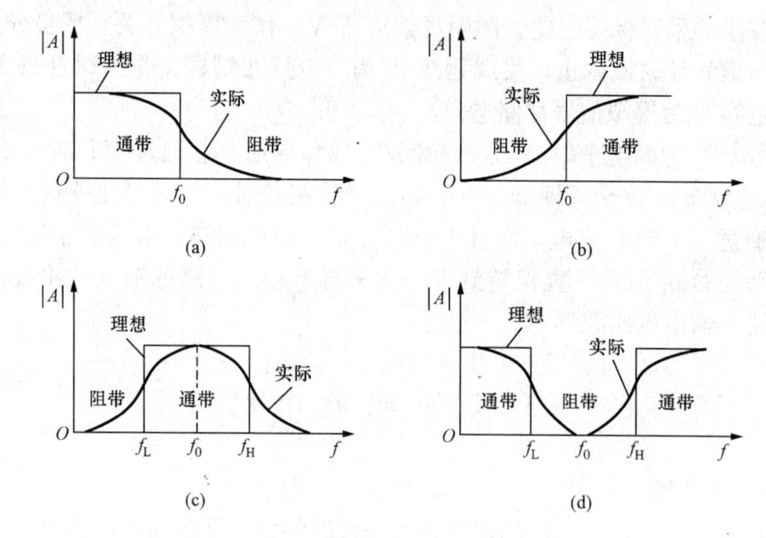

图 7.3.1 各种滤波器的幅频特性

(a) 低通；(b) 高通；(c) 带通；(d) 带阻

波电路相似，受运放带宽限制，高频段的通带宽度也是有限的。

7.3.2 低通滤波器

1. 低通无源滤波器

最简单的低通滤波器是由电阻和电容组成的无源 RC 滤波器，如图 7.3.2 (a) 所示。频率越低，容抗就越大，输出电压就越大；频率越高，容抗就越小，输出电压就越小。因此，电路具有“低通”的特性，电路的传递函数为

$$\dot{A}_u=\frac{\dot{U}_o}{\dot{U}_i}=\frac{1/j\omega C}{R+1/j\omega C}=\frac{1}{1+j2\pi RCf} \tag{7.3.1}$$

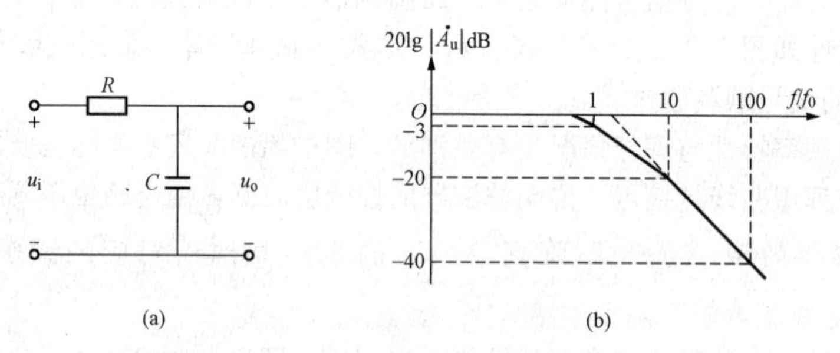

图 7.3.2 一阶无源低通滤波器

(a) 电路图；(b) 对数幅频特性

由于 A(0)=1，当 $f=\frac{1}{2\pi RC}$时，$A_u=\frac{1}{\sqrt{2}}$。故$\frac{1}{2\pi RC}$为截止频率 f_0，幅频特性为

$$|\dot{A}_u|=\frac{1}{\sqrt{1+(f/f_0)^2}}$$

为作图方便，一般采用对数幅频特性

$$20\lg|\dot{A}_u|=-10\lg[1+(f/f_0)^2] \tag{7.3.2}$$

由式（7.3.2）知，当 $f=f_0$ 时

$$20\lg|\dot{A}_u|=-3\text{dB}$$

因此，截止频率一般也称为－3dB 频率。

（1）当 $f=10f_0$ 时，$20\lg|\dot{A}_u|=-20\text{dB}$；

（2）当 $f=100f_0$ 时，$20\lg|\dot{A}_u|=-40\text{dB}$；

（3）当 $f=1000f_0$ 时，$20\lg|\dot{A}_u|=-60\text{dB}$。

频率从 0 到 f_0，放大倍数只下降了 3dB，从 f_0 开始，频率每增加 9 倍，放大倍数就下降 20dB（10 f_0 时只下降了 17dB）。即对数放大倍数以－20dB/十倍频的速率下降，曲线如图 7.3.2（b）所示。

RC 低通无源滤波器的主要缺点是电压放大倍数低，带负载能力差。若在输出端并接一个负载电阻，除了使电压放大倍数降低外，还将影响截止频率 f_0 的值。

2. 一阶低通有源滤波器

RC 低通无源滤波器的缺点可通过在输出端接入集成运放解决，电路如图 7.3.3（a）所示，不难看出，电路由一个 RC 低通网络和一个同相比例器组成，电路的传递函数为

$$\dot{A}_u=\frac{1}{1+\mathrm{j}f/f_0}\left(1+\frac{R_F}{R_1}\right)=\frac{A_{up}}{1+\mathrm{j}f/f_0} \tag{7.3.3}$$

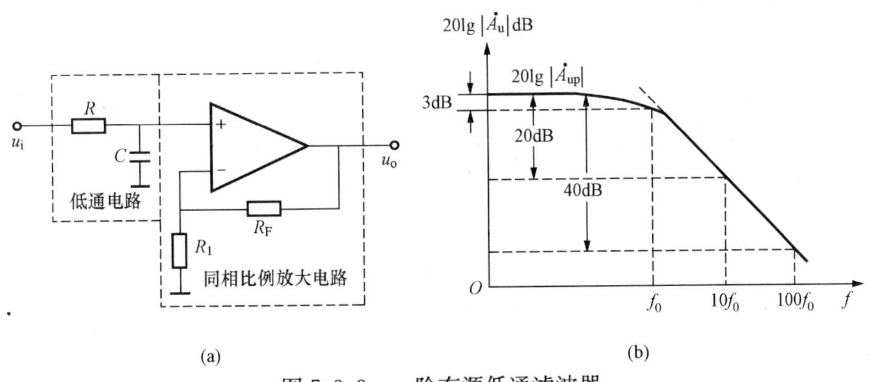

图 7.3.3　一阶有源低通滤波器

（a）电路图；（b）对数幅频特性

式中 $A_{up}=A_0=1+\dfrac{R_F}{R_1}$称为通带电压放大倍数，$f_0=\dfrac{1}{2\pi RC}$为截止频率。与无源低通滤波器相比，截止频率不变，但电压放大倍数和带负载的能力得到了提高。图 7.3.3（b）所示为一阶低通有源滤波器的对数幅频特性曲线，很显然，特性曲线与理想的低通滤波特性曲线相差很大，理想情况下，$f>f_0$ 时，电压放大倍数立即下降为零，而一阶低通滤波器的对数幅频特性只是以－20dB/十倍频的速度缓慢下降。

3. 二阶低通滤波器

为使滤波器特性接近于理想情况，可采用如图 7.3.4（a）所示的二阶低通滤波电路，这是由二节 RC 低通滤波电路和同相比例放大电路组成的电路，电路的传递函数为

$$\dot{A}_u=\frac{\dot{U}_o}{\dot{U}_i}=\frac{A_0}{1+(3-A_0)\mathrm{j}\omega RC+(\mathrm{j}\omega RC)^2}=\frac{A_0}{1+\mathrm{j}\dfrac{1}{Q}\dfrac{\omega}{\omega_c}-\left(\dfrac{\omega}{\omega_c}\right)^2} \tag{7.3.4}$$

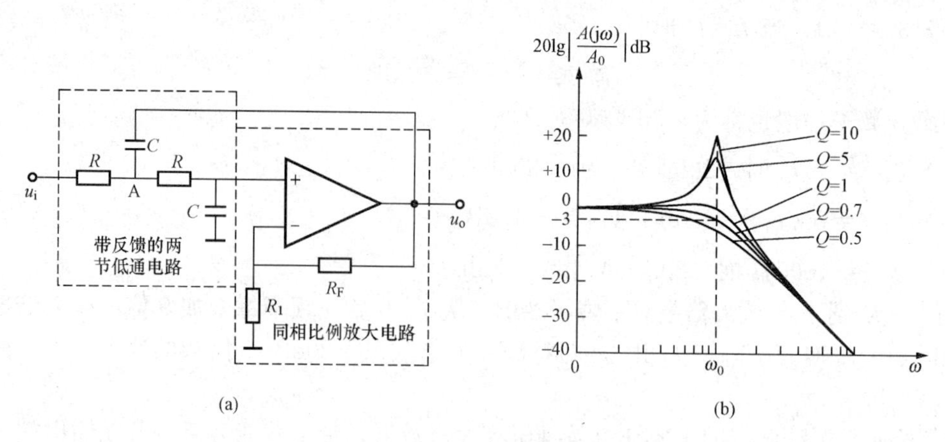

图 7.3.4　二阶有源低通滤波器

(a) 电路图；(b) 对数幅频特性

式中 $A_{up}=A_0=1+\dfrac{R_F}{R_1}$，$\omega_c=\dfrac{1}{RC}$称为滤波器的特征角频率，$Q=\dfrac{1}{3-A_0}$称为等效品质因数。二阶低通滤波器的对数幅频特性是以−40dB/十倍频的速度下降的，如图 7.3.4（b）所示。与一阶滤波器相比，更接近于理想特性。另外由式（7.3.4）可知，只有当 $Q=1/\sqrt{2}$时，−3dB截止角频率才与特征角频率相同。

如欲进一步改善滤波特性，可将一阶滤波器和二阶滤波器串接起来，构成更高阶的滤波器，如四阶滤波器由两个二阶滤波器串接起来，五阶滤波器则由两个二阶滤波器和一个一阶滤波器串接起来。在实际工作中高阶滤波器都是采用现成的图表或参数进行设计的。

如将低通滤波器中起滤波作用的电阻和电容互换位置，则构成相应的高通滤波器。图 7.3.5（a）所示为二阶高通滤波器的电路图，图 7.3.5（b）所示为不同 Q 值时的幅频特性，很容易看出，高通滤波器与低通滤波器的对数幅频特性具有“镜像”关系。

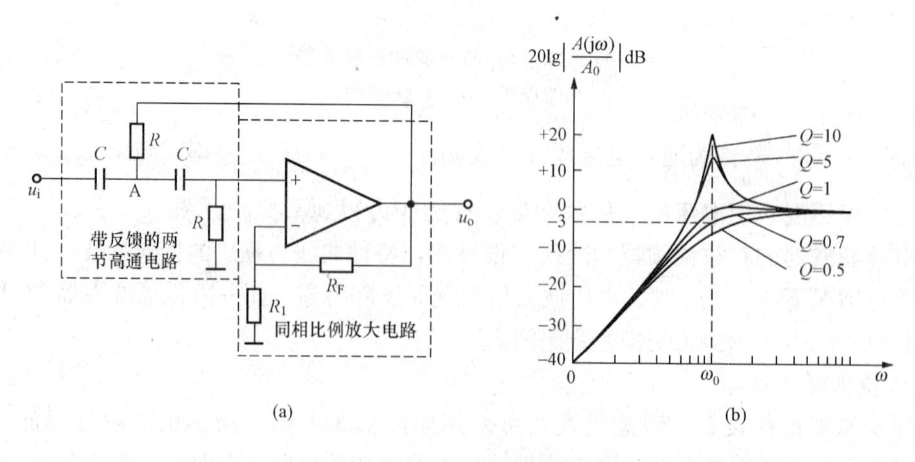

图 7.3.5　二阶有源高通滤波器

(a) 电路图；(b) 对数幅频特性

在本节介绍的低通滤波器和高通滤波器的基础上，若将一个低通滤波器和一个高通滤波器串联，即可构成一个带通滤波器，条件是低通滤波器的截止频率大于高通滤波器的截止频率；若将一个低通滤波器和一个高通滤波器并联，即可构成一个带阻滤波器，条件是低通滤波器的截止频率小于高通滤波器的截止频率。具体电路此处不作详细介绍。

7.4　电压比较器

电压比较器是一种用来比较输入信号电压与参考电压大小，并将比较结果以高电平或低电平形式输出的一种信号处理电路，广泛应用于各种非正弦波的产生和变换电路中，在自动控制和自动测量系统中，常常用于越限报警、模/数转换等。

根据输出信号与输入信号的关系，即电压传输特性，比较器可分为过零比较器、单门限比较器、滞回比较器和窗口比较器四类，下面对前三类比较器作简单的介绍。

7.4.1　过零比较器

参考电压为零的电压比较器称为过零比较器，如图 7.4.1（a）所示。电路中电阻 R 和稳压管 VZ1、VZ2 构成限幅电路，稳压管的稳压值 U_Z 小于运放的饱和输出电压。由于集成运放处于开环工作状态，在非线性工作区，因此，当 $u_I>0$ 时，运放的输出电压等于 $-U_{opp}$，稳压管 VZ2 导通，VZ1 反向击穿，输出电压 $u_O=-(U_Z+U_D)$，（U_D 为稳压管的正向压降）；当 $u_I<0$ 时，运放的输出电压等于 $+U_{opp}$，VZ1 导通，VZ2 击穿，输出电压 $u_O=+(U_Z+U_D)$。电压传输特性如图 7.4.1（b）所示，输出电压在输入电压等于零时发生跳变。

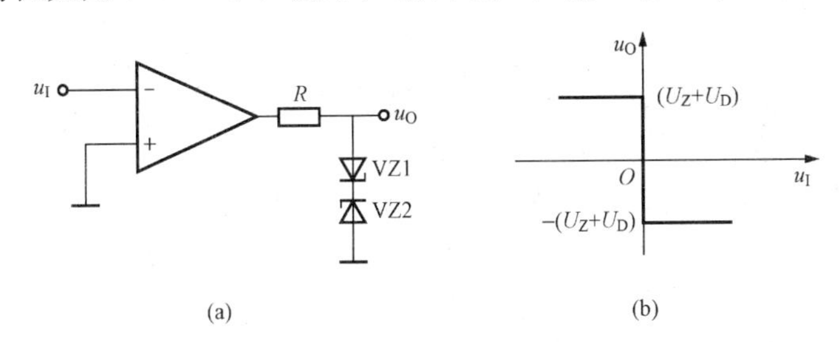

图 7.4.1　过零比较器

（a）电路图；（b）电压传输特性

图 7.4.1（a）所示的过零比较器可以实现波形的变换，如图 7.4.2 所示，它将输入的正弦波变换成矩形波。

7.4.2　单门限比较器

电压比较器输出电压由一种状态跳变到另一种状态时相应的输入电压值称为门限电压，用 U_T 表示。显然，过零比较器的门限电压 $U_T=0$。如果要检测输入电压是否达到某一给定的值，一般要使用单门限比较器。电路如图 7.4.3（a）所示，VZ 为双向稳压管，由两个背靠背的稳压管组成，其稳压值为 U_Z。$u_I>U_{REF}$ 时，运放负饱和输出；$u_I<U_{REF}$ 时，运放正饱和输出。因此 $U_T=U_{REF}$，其电压传输特性如图 7.4.3（b）所示。

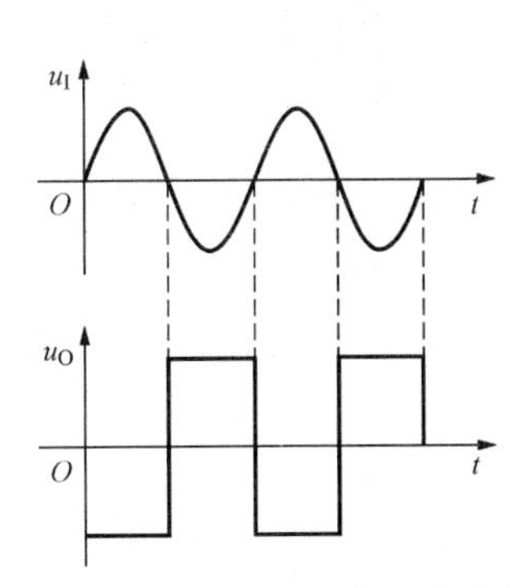

图 7.4.2　过零比较器实现波形变换

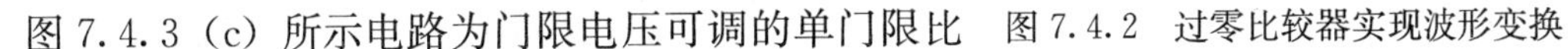
图 7.4.3（c）所示电路为门限电压可调的单门限比

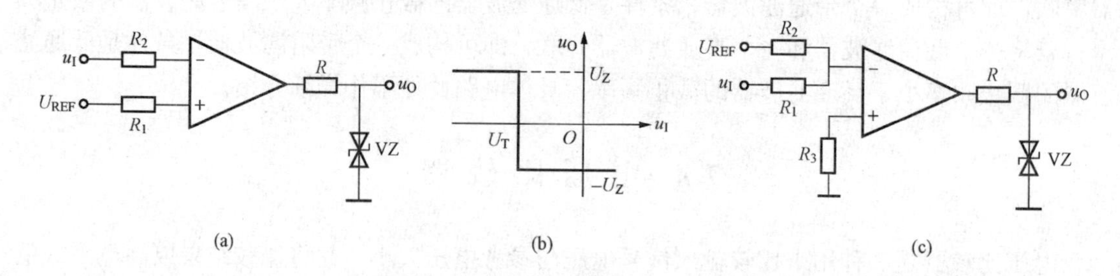

图 7.4.3 单门限比较器

(a) 门限电压固定的比较器；(b) 电压传输特性；(c) 门限电压可调的比较器

较器，由于同相端接地，因此当 $u_-=0$ 时，输出电压发生跳变。由反相端“虚断”，利用弥尔曼定理可得

$$u_-=\frac{\dfrac{u_I}{R_1}+\dfrac{U_{REF}}{R_2}}{\dfrac{1}{R_1}+\dfrac{1}{R_2}}$$

因此，输出电压发生跳变时，有 $\frac{u_I}{R_1}+\frac{U_{REF}}{R_2}=0$。

门限电压

$$U_T=-\frac{R_1}{R_2}U_{REF} \tag{7.4.1}$$

给定参考电压 U_{REF}，改变电阻 R_1 和 R_2 的值，即可改变门限电压。

7.4.3 滞回比较器

单门限比较器具有电路简单、灵敏度高等优点，但其抗干扰能力差。以图 7.4.3 (a) 所示电路为例，如果输入电压受噪声或干扰电压影响，在门限电压附近上下波动，则输出电压将在高、低两个电平间反复地跳变，如图 7.4.4 所示。如果用这个输出电压去控制电机，将出现频繁的起停现象，这种情况显然是不允许的。解决这个问题的一种方法是采用滞回比较器。

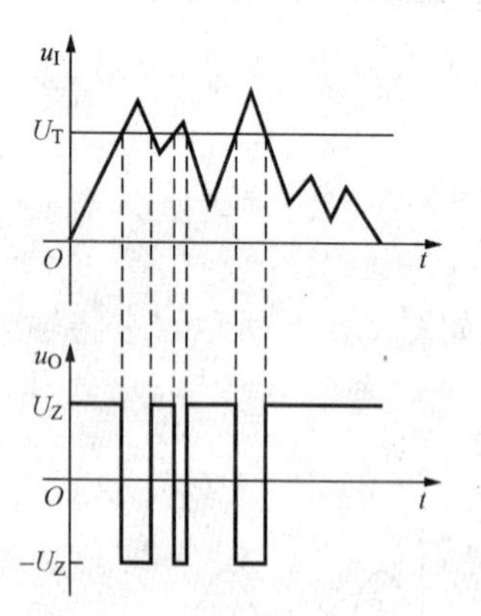

图 7.4.4 存在干扰时单门限比较器的输入输出电压

滞回比较器是一种具有滞回传输特性的比较器，又名施密特触发器，其电路如图 7.4.5 (a) 所示。电压传输特性如图 7.4.5 (b) 所示，呈滞回曲线形状。

将滞回比较器用于控制系统，当输入信号受噪声或干扰的影响上下波动时，只要根据噪声或干扰电平的大小，适当调整滞回比较器的两个门限电压 U_{T1} 和 U_{T2} 的值，就可以避免比较器的输入电压在高低电平之间频繁跳变，如图 7.4.6 所示。从图中可看出，输出电压跳变后，u_I 必须具有足够的反向变化，才能使输出电压再次跳变。

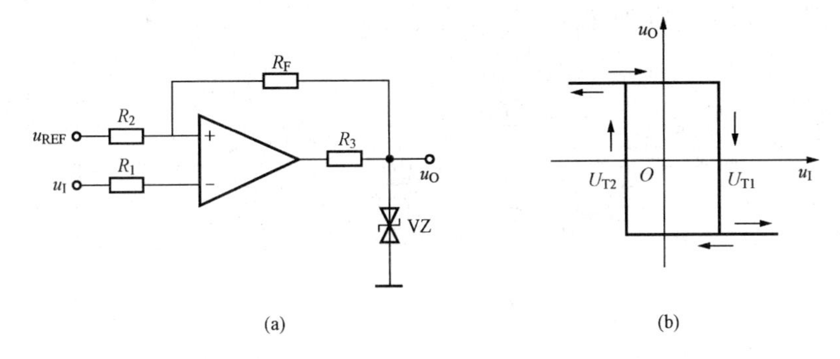

图 7.4.5　滞回比较器

(a) 电路图；(b) 电压传输特性

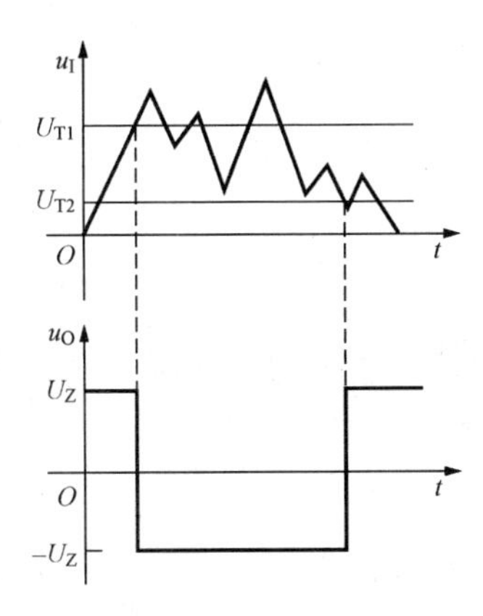

图 7.4.6　存在干扰时滞回比较器的输入输出电压

7.5　习　　题

7.1　求图 7.5.1 所示电路中的 u_{O1}、u_{O2} 和 u_O。

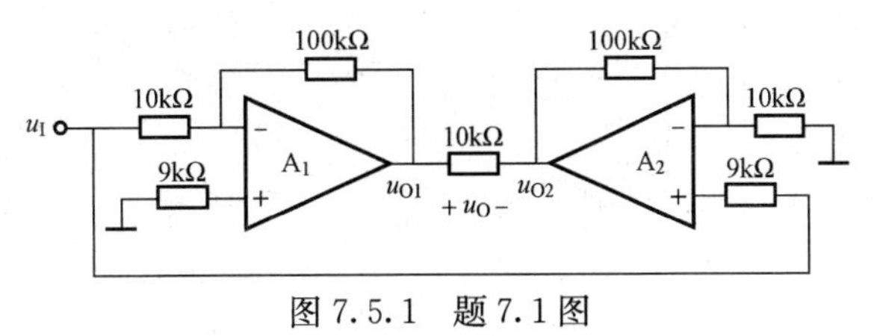

图 7.5.1　题 7.1 图

7.2　试证明图 7.5.2 所示电路的输出电压 $u_O=\left(1+\frac{R_1}{R_2}\right)(u_{I2}-u_{I1})$。

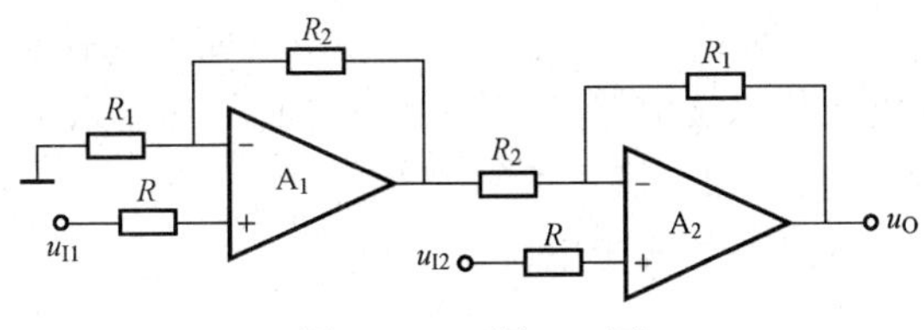

图 7.5.2　题 7.2 图

7.3 求图 7.5.3 所示运算电路的输入输出关系。

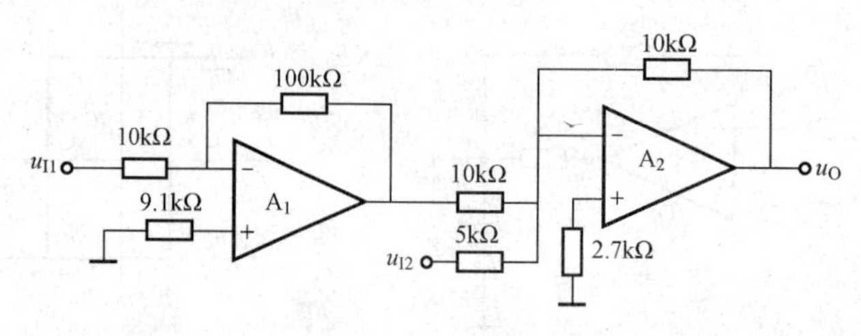

图 7.5.3 题 7.3 图

7.4 求图 7.5.4 所示运算电路的输出电压。设 $R_1=R_2=10\text{k}\Omega$，$R_3=R_F=20\text{k}\Omega$。

7.5 求图 7.5.5 所示电路的输出电压。

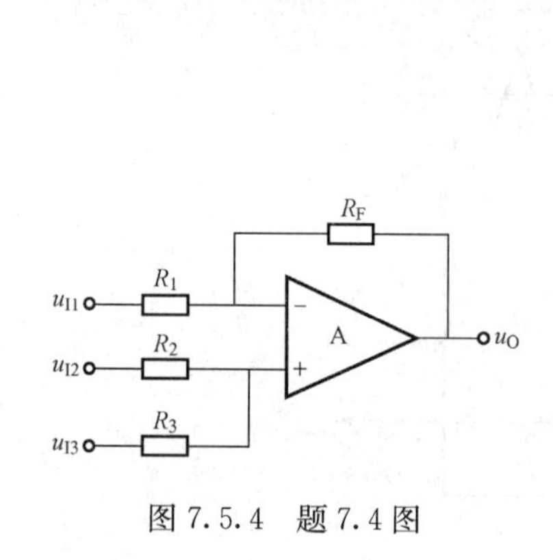

图 7.5.4 题 7.4 图

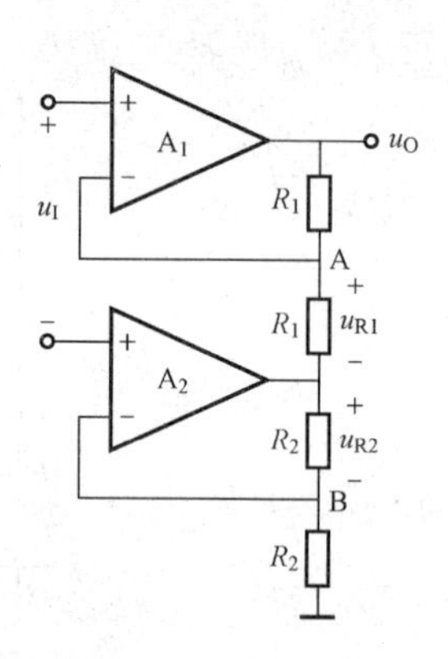

图 7.5.5 题 7.5 图

7.6 求图 7.5.6 所示电路中各运放输出电压的表示式。

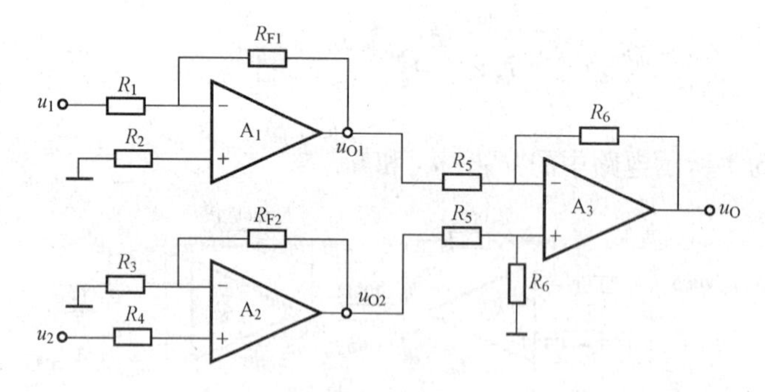

图 7.5.6 题 7.6 图

7.7 求图 7.5.7 所示电路输出电压与输入电压的关系式。

7.8 图 7.5.8 所示电路为一波形转换电路，输入信号为矩形波，设电容的初始电压为零，试计算 $t=0$、10s、20s 时 u_{O1} 和 u_O 的值，并画出 u_{O1} 和 u_O 的波形。

7.9 图 7.5.9 所示为同相除法电路，试写出输出电压与输入电压的函数关系，并分析电路正常工作时，输入电压极性和 k 值正负的要求。

7.10 求图 7.5.10 所示电路的输出电压 u_O。

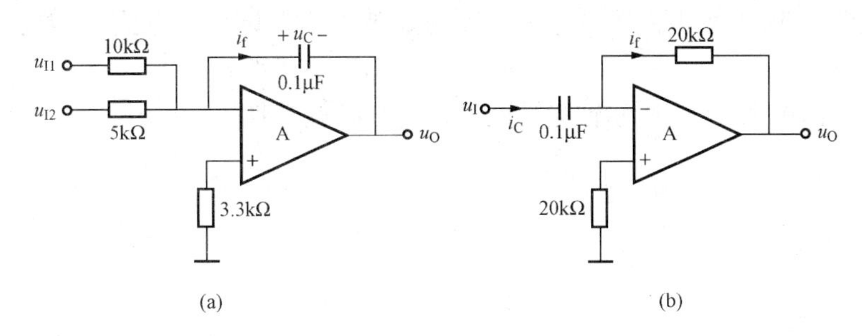

图 7.5.7　题 7.7 图

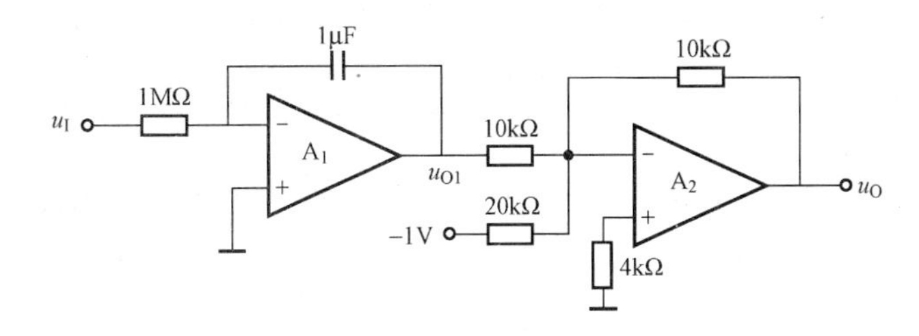

图 7.5.8　题 7.8 图

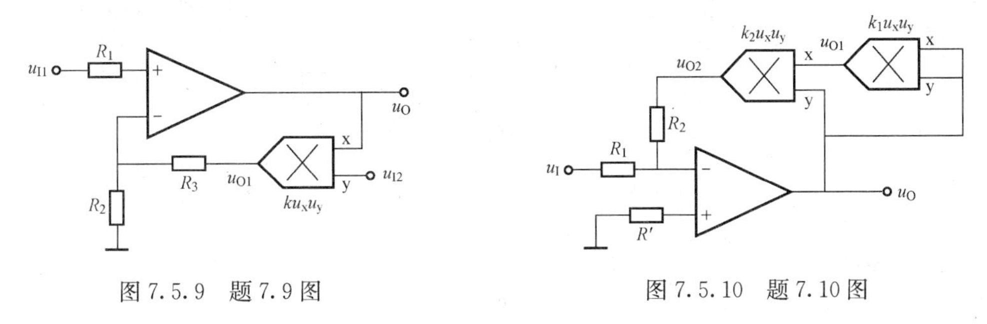

图 7.5.9　题 7.9 图　　　图 7.5.10　题 7.10 图

7.11　试判断图 7.5.11 中各电路是什么类型的滤波器（是低通、高通、带通、还是带阻滤波器，是有源还是无源滤波，几阶滤波?）。

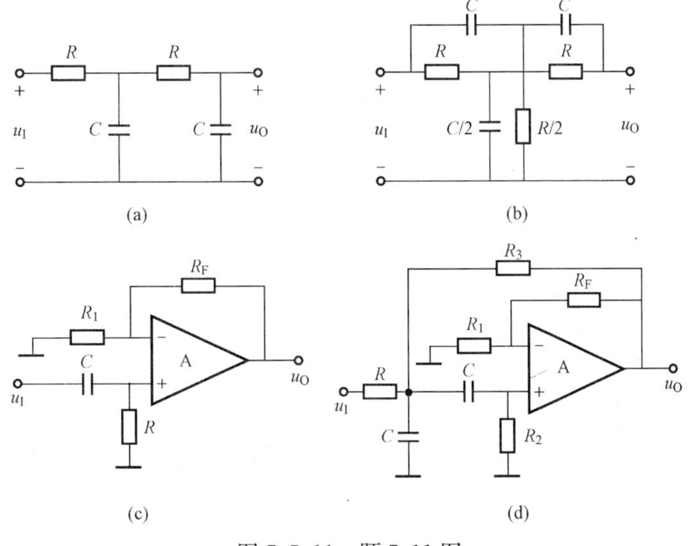

图 7.5.11　题 7.11 图

7.12 图 7.5.12 所示电路为一个一阶低通滤波电路。试推导电路的传递函数，并求出 -3dB 截止频率。

7.13 试画出图 7.5.13 所示窗口比较器的电压传输特性。

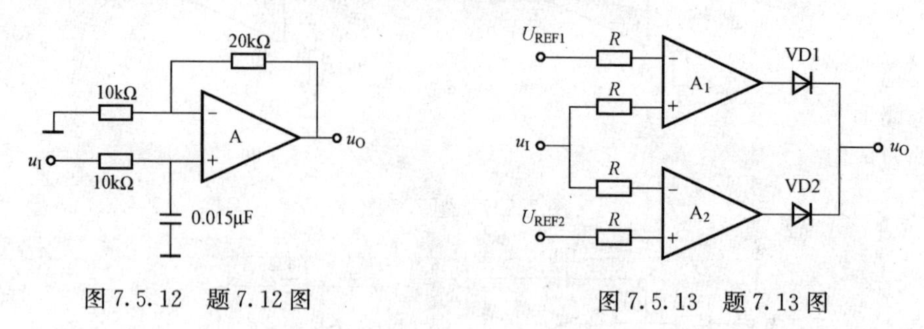

图 7.5.12 题 7.12 图　　　　图 7.5.13 题 7.13 图

7.14 在图 7.5.14 所示电路中，$u_I = 6\sin t\text{V}$，试画出电路的电压传输特性和输出电压波形。

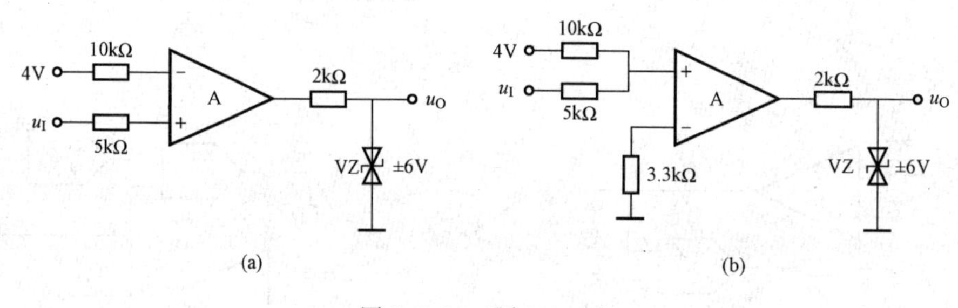

图 7.5.14 题 7.14 图

第8章 直流稳压电源

电子电路通常都需要电压稳定的直流电源供电，从经济实用的角度出发，大多数电子设备所使用的直流电取自电网提供的交流电。因此，直流稳压电源通常由电源变压器、整流电路、滤波电路和稳压电路四部分组成，如图 8.0.1 所示。

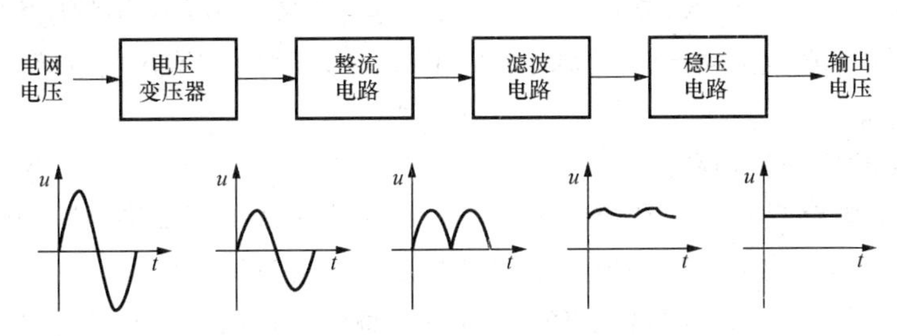

图 8.0.1　直流稳压电源的组成和稳压过程

电源变压器是将 220V 的交流电变换为所需要的电压值，整流电路的作用是将正负交替的交流电变换成单向的脉动电压，滤波电路则将单向的脉动电压变成比较平滑的直流电压，稳压电路的作用是使平滑的直流电压变成恒定的直流电压，并且当电网电压波动、负载和温度变化时，维持输出的直流电压稳定。

本章首先介绍在小功率直流稳压电源中常用的单相整流电路和滤波电路的工作原理，然后介绍串联型直流稳压电路的稳压原理及常用的三端集成稳压器，简单开关型稳压电路和晶闸管可控整流电路。

8.1 单相整流电路

利用二极管的单向导电性，将正负交替的交流电压变换成单向的脉动电压的电路称为整流电路。在小功率直流电源中，经常采用的整流电路有单相半波整流和单相桥式整流电路。

8.1.1 单相半波整流电路

图 8.1.1（a）所示为一个最简单的单相半波整流电路，图中 T 为电源变压器，VD 为整流二极管，R_L 为负载。在变压器二次电压 u_2 为正的半个周期内，二极管导通，如忽略二极管的正向压降，则此时输出电压 u_O 等于 u_2；在 u_2 为负的半个周期内，二极管截止，如忽略二极管的反向饱和电流，则输出电压等于零。因此，u_O 是单向的脉动电压，波形如图 8.1.1（b）所示。

单向脉动电压的大小常用它在一个周期内的平均值来表示。设变压器二次电压的有效值为 U，则半波整流电压的平均值为

$$U_O = \frac{1}{2\pi}\int_0^{\pi} \sqrt{2}U\sin\omega t\,\mathrm{d}\omega t = \frac{\sqrt{2}}{\pi}U = 0.45U \tag{8.1.1}$$

这个电压值也称为脉动电压的直流分量。由式（8.1.1）可得负载电流的平均值为

$$I_O = \frac{U_O}{R_L} = 0.45\frac{U}{R_L} \quad (8.1.2)$$

这个电流也是二极管中电流在一个周期内的平均值 I_D。

当二极管截止时，二极管所承受的最高反向电压为 $U_{RM}=\sqrt{2}U$，I_D 和 U_{RM} 决定了整流二极管的选择范围，为安全起见，选择二极管时，一般要有 1.5～2 倍的裕量。半波整流电路的优点是结构简单、价格便宜，缺点是输出直流成分较低、脉动大，因此，只能用于输出电流较小，要求不高的场合。

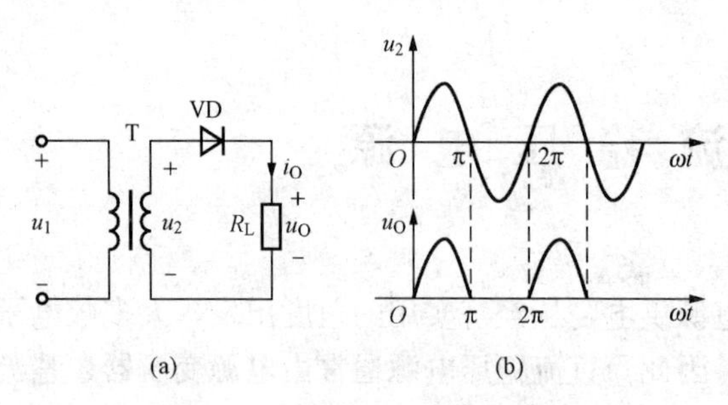

图 8.1.1 单相半波整流电路

(a) 电路图；(b) 电压波形

8.1.2 单相桥式整流电路

单相半波整流电路只利用了交流电的半个周期，这显然是不经济的，同时整流电压的脉动较大，克服这些不足的是全波整流电路，最常用的全波整流电路是如图 8.1.2 所示的单相桥式整流电路。电路中采用了四只二极管，接成电桥形式，故称为桥式整流电路，图 8.1.3（a）所示为桥式整流电路的另一种常用画法，图 8.1.3（b）所示为简化表示法。

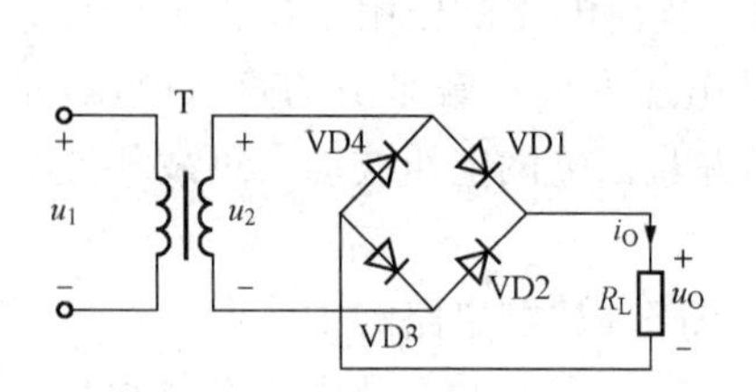

图 8.1.2 单相桥式整流电路

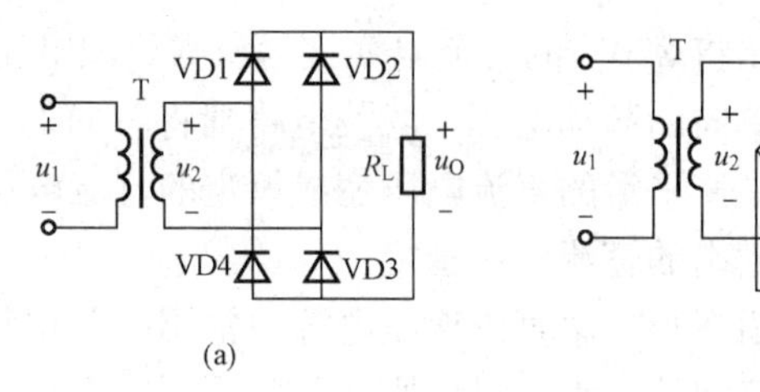

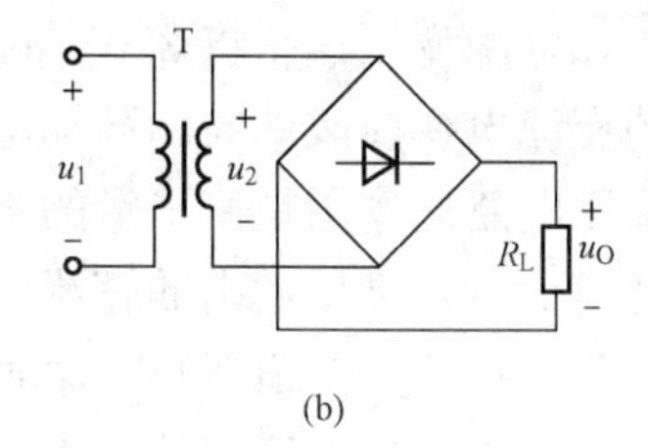

图 8.1.3 单相桥式整流电路的其他画法

电路的工作过程为：在 u_2 的正半周，VD1、VD3 导通，VD2、VD4 截止，流过负载的电流的实际方向与参考方向相同，$u_O>0$；在 u_2 的负半周，VD2、VD4 导通，VD1、VD3 截止，i_O 的方向不变，u_O 仍大于零。忽略二极管的正向降压和反向饱和电流，输出电压 u_O 的波形如图 8.1.4 所示。显然，桥式整流电路输出电压 u_O 的平均值比半波整流电路时增加了一倍。

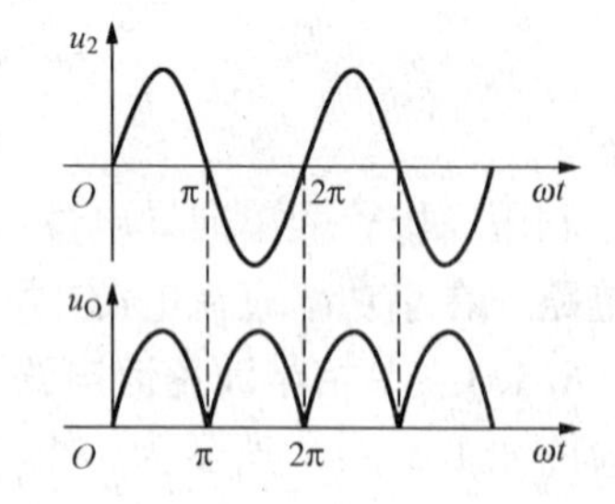

图 8.1.4 桥式整流电路的波形

$$U_O = \frac{1}{\pi}\int_0^{\pi}\sqrt{2}U\sin\omega t\,\mathrm{d}\omega t = \frac{2\sqrt{2}}{\pi}U = 0.9U \quad (8.1.3)$$

负载电流的平均值为

$$I_O = \frac{U_O}{R_L} = \frac{0.9U}{R_L}$$

由于每个二极管在一个周期内只导电半周，因此，每个二极管中的电流只有输出电流 I_O 的一半，即 $I_D=\frac{1}{2}I_O=\frac{0.45U}{R_L}$，而二极管所承受的最高反向电压与半波整流时相同，仍为 $\sqrt{2}U$。

8.2 滤波电路

正弦交流电经桥式整流电路整流后，输出电压的脉动仍较大，大多数电子设备都不能使用这种电压，为此，要减小输出电压的脉动程度，将脉动直流电变成较为平滑的直流电，这个过程称为滤波。电容和电感都是基本的滤波元件，与负载并联的电容器在电源电压升高时，把部分能量存储起来，而当电源电压降低时，就把能量释放出来，从而使负载电压比较平滑；与负载串联的电感，当电源电压增加引起电流增加时，电感就把能量存储起来，而当电流减小时，又把能量释放出来，从而使负载电流比较平滑。常用的滤波电路有电容滤波电路和电感滤波电路。

8.2.1 电容滤波电路

图 8.2.1（a）所示为桥式整流、电容滤波电路，工作原理为：设 $t=0$ 时电路接通电源，如果没有接电容，输出电压 u_O 的波形如图 8.2.1（b）虚线所示。接入电容后，忽略二极管的正向电阻和变压器的二次线圈的电阻，则 u_C 随 u_2 的增大上升至最大值$\sqrt{2}U_2$（图中 oa 段），当 u_2 达到最大值以后，开始下降，电容电压 u_C 也将由于放电而下降，当 $u_2<u_C$ 时，四只二极管全部反向截止，电路中只有电容器的放电电流，电容器以时间常数 $\tau=R_LC$ 通过 R_L 放电，电容电压 u_C 下降，直至下一个半周 $|u_2|=u_C$ 时（图中 ab 段）。当 $|u_2|>u_C$ 时，二极管 VD2 和 VD4 导通，电容电压 u_C 又随 $|u_2|$ 的增大上升至最大值（图中 bc 段），然后 $|u_2|$ 下降，u_C 也由于放电下降，当 $|u_2|<u_C$ 时，二极管截止，电容通过电阻 R_L 以时间常数 $\tau=R_LC$ 放电，电容电压下降，直至下一个半周 $u_2=u_C$ 时（图中 cd 段）。如此周而复始，得到电容电压即输出电压的波形，显然，这个电压的脉动比整流后没有电容滤波时的电压脉动要小得多。

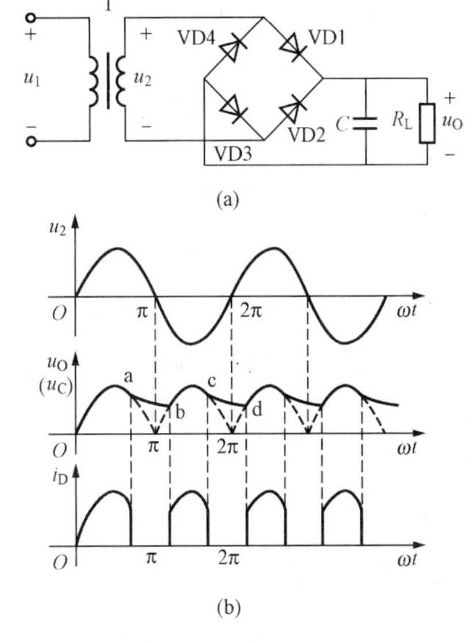

图 8.2.1 桥式整流电路的波形

（a）电路图；（b）电压、电流波形图

从上述分析中可知，τ 越大，u_O 的下降部分就越平缓，在实际电路中，为得到比较平滑的输出电压，通常根据下式确定滤波电容的电容值

$$\tau = R_LC > (3\sim5)\frac{T}{2} \tag{8.2.1}$$

其中 T 为交流电的周期。

当 $R_L=\infty$，即 $\tau=\infty$时，负载开路，电容无放电回路，因此 $u_O=\sqrt{2}U_2$，即 $U_O=1.4U_2$；当 $C=0$，即 $\tau=0$ 时，电路不接电容，输出电压为桥式整流后的电压 $U_O=0.9U_2$。

因此电容滤波电路的输出电压在 $0.9U_2$ 和 $1.4U_2$ 之间，当二极管的正向电阻及变压器的二次线圈的电阻只有几个欧姆，且满足式（8.2.1）时，有

$$U_O = 1.2U_2 \tag{8.2.2}$$

桥式整流、电容滤波电路中流过二极管的平均电流是负载电流的一半，即

$$I_D = \frac{1}{2}\frac{U_O}{R_L} = \frac{0.6U_2}{R_L}$$

与没有滤波电容时相比增加了，而且由图 8.2.1（b）可见，二极管的导通时间比没有滤波电容时缩短了不少。因此，二极管导通时会出现一个比较大的冲击电流，放电时间常数越大，二极管导通的时间就越短，冲击电流就越大，在接通电源的瞬间，由于电容电压为零，将有更大的冲击电流流过二极管。因此在选用二极管时，其额定整流电流应留有充分的裕量，一般采用硅管，它比锗管更经得起电流的冲击。

电容滤波电路的优点是结构简单，输出电压较高，纹波较小。它的缺点有两条，一是负载 R_L 变化时，电容放电的时间常数也变化，输出电压随之变化；二是由于电容 C 的限制，为取得较平滑的输出电压，R_L 应取较大的值，这样，负载电流 $I_O=\frac{U_O}{R_L}$就较小。因此，电容滤波电路适用于负载电流较小，负载变化不大的场合。

8.2.2 电感滤波电路

在桥式整流电路和负载之间串入一个电感 L，就构成一个简单的电感滤波电路，如图 8.2.2 所示。当通过电感线圈的电流发生变化时，线圈要产生感应电动势阻碍电流的变化，从而使负载电流的脉动大大减小，负载电压 u_O 的脉动也随之减小。

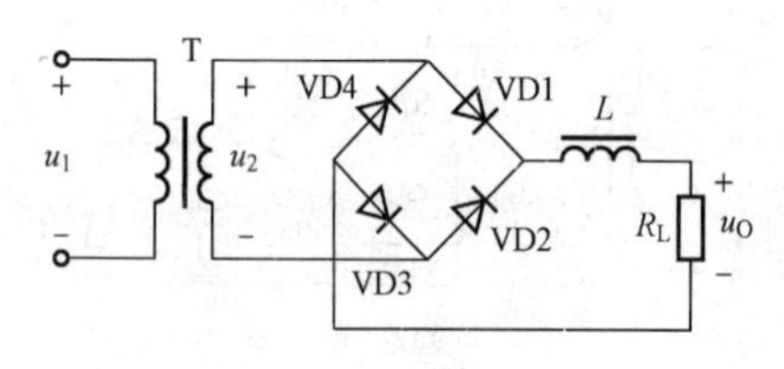

图 8.2.2 电感滤波电路

从信号角度分析，桥式整流电路的输出电压和电流都是正弦半波，可将它们按傅里叶级数分解为直流分量和交流分量的叠加，即式（2.8.9）。如忽略电感线圈的直流电阻，则电感对直流分量相当于短路，电压的直流分量全部在负载 R_L 上，因此，负载上的直流电压为 $U_O=0.9U_2$；对交流分量，L 越大，ω 越大，感抗就越大，电压的交流分量在电感上的分压就越大，R_L 上的交流分量就越小。从［例 2.8.2］的计算中可以看到，电阻上的交流压降主要是二次谐波分量。由于 R_L 越小，R_L 上的交流分量就越小，滤波效果就越好，因此，电感滤波电路适用于负载电阻较小，负载电流较大的场合。

8.3 串联型稳压电路

交流电经整流和滤波后，仍有较小的纹波，并且会随电网电压的波动和负载的变化而变化，采用由稳压二极管组成的稳压电路可进一步减小输出电压的波动，使之基本上保持恒定。但稳压管稳压电路不能调节输出电压的大小，且工作电流较小，只适用于电压固定、负载变化不大的场合。下面介绍在电子设备中广泛采用的串联型稳压电路。

8.3.1 电路的组成和工作原理

串联型直流稳压电路的原理图如图 8.3.1 所示，电路由基准电压源、比较放大器、采样电路和调整管四部分组成。基准电压源由稳压管 VZ 和限流电阻 R 组成，它的作用是为比较放大器提供恒定的基准电压，运放 A 组成比较放大电路，当输出电压发生变化时，采样电路将变化电压的一部分送到比较放大电路，比较放大后的输出电压控制调整管，使调整管的管压降发生相应的变化，从而使输出电压基本保持稳定。

当输入电压 U_I 增大引起输出电压 U_O 增加时，运放反相端的电位 U_- 相应增加，从而使运放的输出电压即调整管的基极电位 U_B 下降，$U_{BE}=U_B-U_O$ 也下降，I_B 和 I_E 随之下降，从而使输出电压 $U_o=I_E \cdot R_L//(R_1+R_2+R_P)$ 下降，这个过程可表示如下：

$$U_I\uparrow \rightarrow U_O\uparrow \rightarrow U_-\uparrow \rightarrow U_B\downarrow \rightarrow U_{BE}\downarrow \rightarrow I_E\downarrow \rightarrow U_O\downarrow$$

通过上述反馈过程，输出电压保持基本不变，输入电压的增量基本上由调整管承担了。由于起电压调整作用的三极管与负载串联，因此这种电路称为串联型稳压电路。

8.3.2 输出电压的调节范围

由图 8.3.1 可看出，输入电压 U_I 不变，当 R_P 的滑动端向上移动时，U_- 增大，根据上面的分析知，这将导致 U_O 减小；而当滑动端向下移动时，U_- 减小，从而使 U_O 增大。因此，电路能调节输出电压的大小。

由于运放工作在线性区，由“虚短”可得，$U_-=U_Z$，又由“虚断”可得

$$U_O\frac{R_2+R''_P}{R_1+R_2+R_P}=U_-=U_Z$$

故

$$U_O=\frac{R_1+R_2+R_P}{R_2+R''_P}U_Z \tag{8.3.1}$$

当 R_P 的滑动端移至最上端时，$R''_P=R_P$，输出电压最小

$$U_{Omin}=\frac{R_1+R_2+R_P}{R_2+R_P}U_Z \tag{8.3.2}$$

当 R_P 的滑动端移至最下端时，$R''_P=0$，输出电压最大

$$U_{Omax}=\frac{R_1+R_2+R_P}{R_2}U_Z \tag{8.3.3}$$

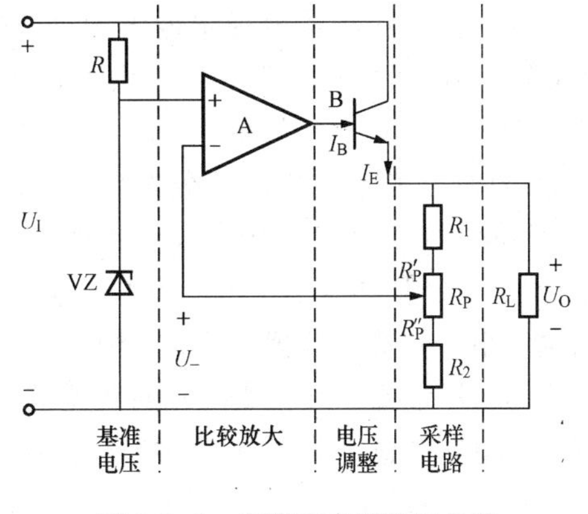

图 8.3.1 串联型直流稳压电源

【例 8.3.1】 在如图 8.3.1 所示的稳压电路中，若稳压管的稳压值 $U_Z=7$V，采样电阻 $R_1=R_2=1$kΩ，$R_P=510$Ω，计算输出电压的调节范围。

解 根据式 (8.3.2) 和式 (8.3.3) 可得

$$U_{Omin}=\frac{R_1+R_2+R_P}{R_1+R_P}U_Z=\frac{1+1+0.51}{1+0.51}\times 7=11.6(\text{V})$$

$$U_{Omax}=\frac{R_1+R_2+R_P}{R_1}U_Z=\frac{1+1+0.51}{1}\times 7=17.6(\text{V})$$

因此，稳压电路输出电压的调节范围为 (8.6～17.6)V。

8.3.3 技术指标

稳压电路的技术指标分为两种：一种是特性指标，包括允许的输入电压范围、输出电压调节范围和输出电流等；另一种是质量指标，用来衡量输出电压的稳定程度，包括稳压系数 S_r、输出电阻 R_o、温度系数 S_T 和纹波电压等。

稳压系数的定义为：负载不变时，输出电压与输入电压的相对变化量之比，即

$$S_r=\left.\frac{\Delta U_O/U_O}{\Delta U_I/U_I}\right|_{R_L=\text{常数}} \tag{8.3.4}$$

输出电阻的定义为：当输入电压保持不变时，输出电压的变化量与输出电流的变化量之

比，即

$$R_o = \left.\frac{\Delta U_O}{\Delta I_O}\right|_{U_I=常数} \tag{8.3.5}$$

温度系数的定义为：单位温度变化所引起的输出电压的相对变化量，即

$$S_T = \left.\frac{\Delta U_O/U_O}{\Delta T}\right|_{\substack{U_I=常数\\I_O=常数}} \tag{8.3.6}$$

纹波电压指输出电压中的交流分量，通常以二次谐波（100Hz）的有效值来衡量，一般为 mV 数量级。

8.4 集成稳压器

由分立元件和集成运放构成的稳压电路，其元件较多、体积大、使用不方便。目前广泛采用的是单片集成稳压器，其内部结构就是在串联型稳压电路的基础上增加了一些保护电路。它具有体积小、精度高、可靠性好、使用灵活、价格低廉等优点，特别是三端集成稳压器，只有三个端子，分别接输入端、输出端和公共端，基本上不需要外接元件，而且内部有限流保护、过热保护和过压保护电路，使用方便、安全。

三端集成稳压器分固定输出和可调输出两大类。常用的固定输出稳压器有 CW78 系列和 CW79 系列两种。78 系列输出固定的正电压，79 系列输出固定的负电压，有 5V、6V、9V、12V、15V、18V、24V 等七档。如 7805 表示输出电压值为+5V，7912 表示输出电压值为−12V。最大输出电流分 3A、1.5A、0.5A、0.1A 四档，与 78T××系列、78××系列、78M××系列和 78L××系列对应。78 系列的最高输入电压为 35V，最小输入输出电压差为 2.5V。从图 8.3.1 可看出输入输出电压差等于调整管上的电压 U_{CE}，因此，如果输入电压过小，调整管就容易工作在饱和区，稳压器的稳压效果就差，甚至不能正常工作；而如果输入电压过高，又会使电源的功耗增大，效率降低。因此，要合理选用变压器，使整流滤波后的电压与额定输出电压的电压差稍大于最小输入输出电压差。

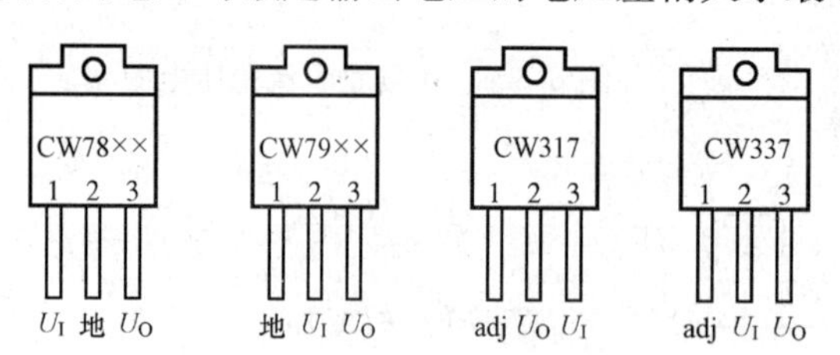

图 8.4.1 塑封直插式三端稳压器的引脚

可调式三端稳压器常用的有 CW317 和 CW337 两种。CW317 输出可调的正电压，CW337 输出可调的负电压，最高输入电压 40V，最小输入输出电压差为 2V，最大输出电流为 1.5A。

CW78 系列和 CW79 系列集成稳压器的引脚排列与其封装有关。图 8.4.1 所示为塑封直插式 78（79）系列和 317、337 的引脚排列，78（79）M 系列的引脚与 78（79）系列相同。使用时要特别注意，如果连接错误，极易损坏稳压器。

1. 基本应用电路

三端集成稳压器最基本的应用电路如图 8.4.2 所示。U_I 为整流、滤波后的直流电压，电容 C_1 用以抵消输入端较长接线时的电感效应，防止产生自激振荡，一般取 0.33μF，电容 C_2 用以改善负载的瞬态响应，使输出电流变化时，不致引起输出电压较大的波动，一般取 0.1μF，两电容应直接与集成片的引脚跟部相连。图 8.4.3 所示为输出±15V 电压的稳压

电路。

2. 提高输出电压的电路

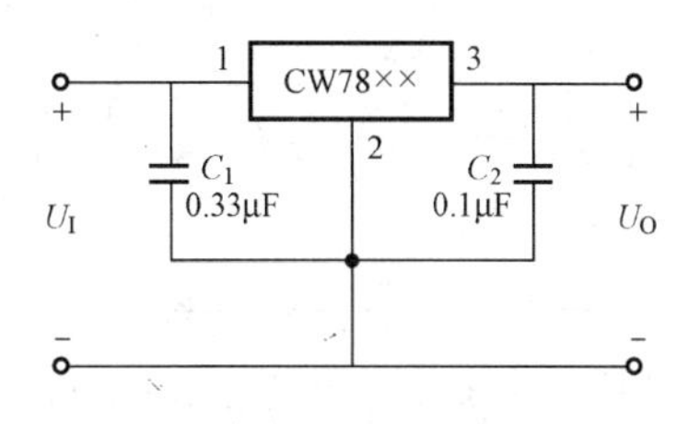

图 8.4.2　三端稳压器的基本应用电路

当给定的稳压器的输出电压低于实际需要时，可通过图 8.4.4 所示电路来扩展输出电压。图中稳压器引脚 2、3 之间的电压为额定输出电压 $U_{\times\times}$，运放同相端的电压为 $U_+=\frac{R_2+R''_P}{R_1+R_2+R_P}U_o$。由于运放接成电压跟随器形式，故有 $U_2=U_-=U_+$，由图可得

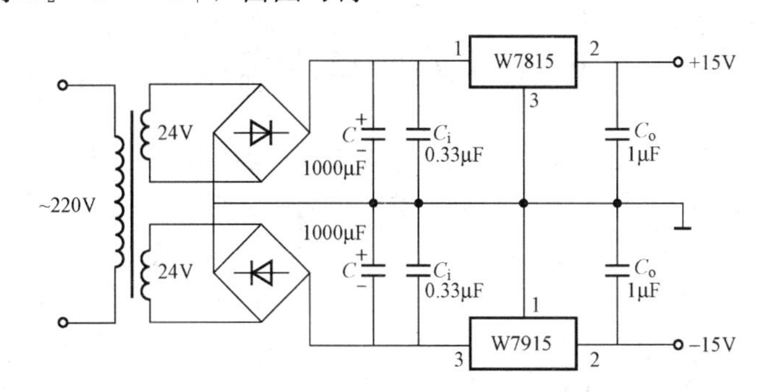

图 8.4.3　输出正负电压的电路

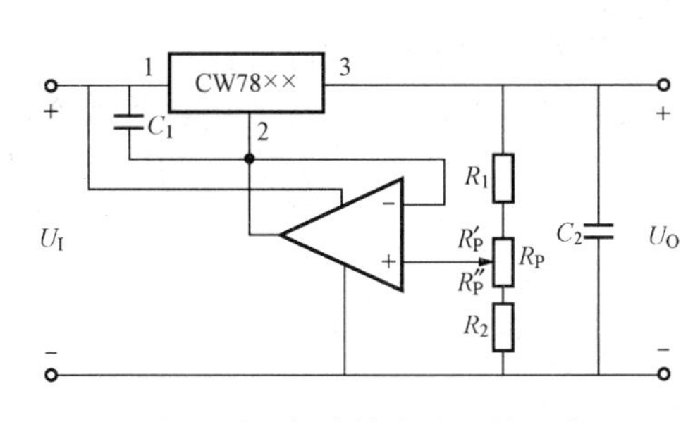

图 8.4.4　提高输出电压的电路

$$U_O=U_{32}+U_2=U_{\times\times}+U_+$$
$$=U_{\times\times}+\frac{R_2+R''_P}{R_1+R_2+R_P}U_O$$

电路的输出电压为

$$U_O=\frac{R_1+R_2+R_P}{R_1+R'_P}U_{\times\times} \tag{8.4.1}$$

调节 R_P，即可改变输出电压值，输出电压的调节范围为

$$\frac{R_1+R_2+R_P}{R_1+R_P}U_{\times\times}\leqslant U_O\leqslant\frac{R_1+R_2+R_P}{R_1}U_{\times\times} \tag{8.4.2}$$

3. 扩大输出电流的电路

当稳压器的输出电流小于负载需要的电流时，可通过图 8.4.5 所示电路来扩大输出电流。图中 VT 为功率管，R_1 的阻值较小，使 VT 只在输出电流较大时才导通，此时 $I_O=I'_O+I_C$，其中 I'_O 为稳压器的输出电流。

4. CW317 应用电路

使用可调式三端稳压器，可直接组成输出电压可调的稳压电路，如图 8.4.6 所示。稳压器 2 脚和 1 脚之间的电压 U_{21} 为基准电压 1.25V，从调整端流出的电流 I_{adj} 很小，选取合适的 R_1，使 $I_1=\frac{1.25}{R_1}\gg I_{adj}$，则

$$U_O=U_{21}+(I_1+I_{adj})R_P\approx 1.25+\frac{1.25}{R_1}R_P=1.25\left(1+\frac{R_P}{R_1}\right) \tag{8.4.3}$$

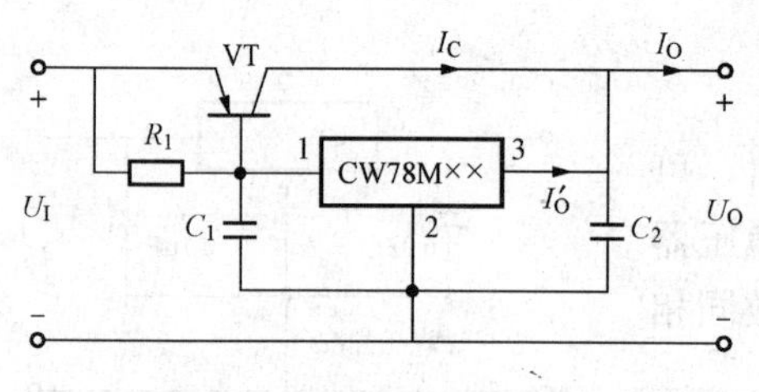

图 8.4.5 扩大输出电流的电路

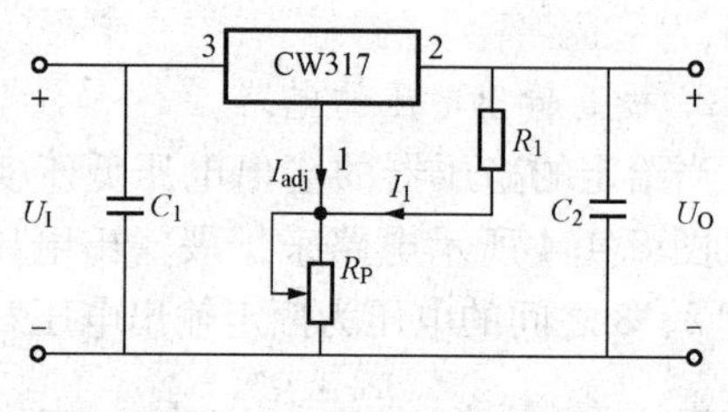

图 8.4.6 CW317 应用电路

8.5 开关型稳压电路

由分立元件组成的串联型直流稳压电路及集成稳压器，其调整管工作在线性放大区，故也称为线性稳压电源。线性稳压电源的优点是结构简单，调整方便，输出电压脉动小。缺点是效率低，一般只有 30%～50%，而且常需加装体积较大的散热片。造成效率低的原因在于调整管工作在线性放大区，调整管上始终存在一定的电流与电压，不断地消耗能量。如果通过控制脉冲信号让调整管工作在饱和区和截止区，适当调节矩形脉冲的占空比，即调节调整管开（饱和导通）和关（截止）的时间，那么利用储能元件，也能使电路的输出电压稳定在一定的范围内，这种电路就称为开关型稳压电路。由于调整管饱和导通时的管压降 U_{CES} 和截止时的穿透电流 I_{CEO} 都很小，调整管的管耗很小，因此电源效率可提高到 80%～90%。由于调整管功耗低，散热片可随之减小，而且许多开关型稳压电路还可省去 50Hz 工频变压器。另外，开关频率通常为几十千赫，所以滤波电感和电容的容量可大大减小，与同样功率的线性稳压电源相比，体积和重量都要小很多。

开关型稳压电路的种类很多，现以降压型开关稳压电路为例介绍其工作原理。

降压型开关稳压电路如图 8.5.1 所示，图中 VT 为调整管，VD 称为续流二极管，L、C 构成滤波电路。U_I 是整流滤波电路的输出电压，调整管基极所加控制脉冲信号来自反馈控制电路，其周期 T 保持不变，而脉冲宽度受误差信号调制。

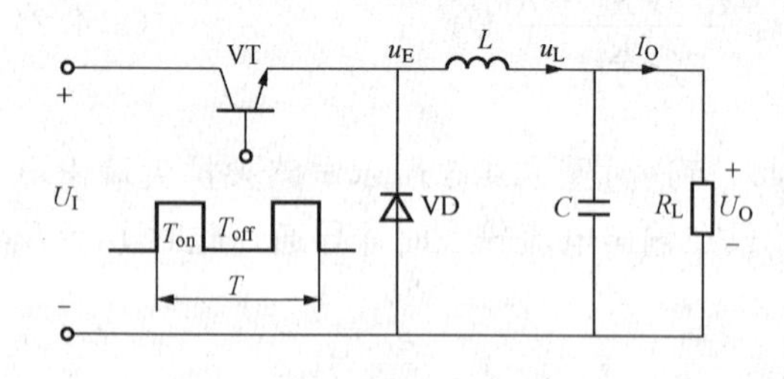

图 8.5.1 降压型开关稳压电路

当控制脉冲为高电平（T_{on}期间）时，调整管 VT 饱和导通，其发射极电压 $u_E=U_I-U_{CES}$，此时二极管 VD 截止，电感电流 i_L 随时间线性增大，它一方面向负载供电，一方面对电容 C 充电，此时电感 L 处于储能状态。当控制脉冲为低电平（T_{off}期间）时，调整管 VT 截止。由于电感电流不能突变，故在 L 两端产生一个极性为左负右正的感应电动势，使二极管 VD 导通，此时调整管的发射极电压 $u_E=-U_D$(U_D 为二极管的正向压降)，电感 L 将原先储存的能量通过二极管 VD 向负载释放，使得负载中继续有电流流过（续流二极管由此得名），同时仍给电容充电，i_L 开始下降，当电流下降到输出电压小于电容电压时，电容开始给负载放电，使负载电压维持在一定的数值之上。由于开关频率很高，电感 L 和电容 C 不断地储存能量和释放能量，在负载上就得到比较平滑的直流电压。通过调节控制脉冲的占空比即可调节输出电压 U_O。

实际上开关型稳压电源与线性稳压电源一样，输出电压 U_O 会随 U_I 和 R_L 变化而变化，因此，为了达到稳压的目的，电路中还应有负反馈控制电路，根据输出电压U_O的变化自动调整占空比，使U_O稳定。

图 8.5.2 所示为反馈控制的开关稳压电源原理图，电路稳定工作时，占空比D为某一常数，当输出电压U_O由于U_I上升或R_L增大而增大时，取样电路将U_O的变化送到脉宽调制器，在周期不变的前提下，使高电平作用时间T_{on}减小，D减小，从而使输出电压基本稳定。当U_I下降或R_L减小使得U_O减小时，电路亦能自动增大占空比D，从而使U_O基本稳定。因此，开关型稳压电源对电网电压的要求较低，允许电网电压有较大的波动。

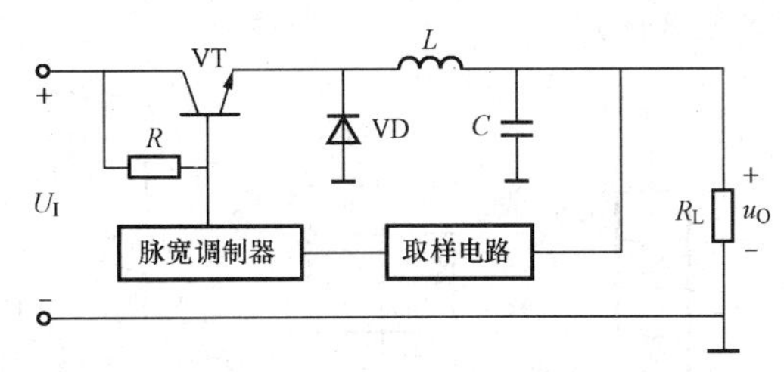

图 8.5.2 反馈控制的降压型开关稳压电路

由于开关型稳压电源具有效率高、体积小、重量轻的突出优点，因此应用非常广泛，发展很快。其缺点是输出电压中纹波和噪声成分较大，调整管控制电路比较复杂，在精度要求较高的场合，仍采用串联型稳压电源或集成稳压器。

8.6 晶闸管及可控整流电路

前面讨论的二极管整流电路，在输入的交流电压一定时，输出的直流电压不能调节，因此称为不可控整流电路。然而在实际工作中，有时希望整流器的输出的直流电压能根据需要进行自动调节，如直流电机的调速系统、变频电源等。晶闸管就是为了满足此种需要研制出来的。

8.6.1 晶闸管

1. 晶闸管的结构

晶闸管（全称硅晶体闸流管）又称可控硅，是一种大功率半导体器件，具有电流大、电压高、控制方便的特点。其既具有单向导电的整流作用，又有可以控制的开关作用，可用微小的功率控制较大的功率。

图 8.6.1 所示为晶闸管的结构示意图和电路符号，晶闸管的三个电极为阳极 A、阴极 K 和控制极（又称门极）G，普通晶闸管分为螺栓式和平板式两种，如图 8.6.2 所示。额定电流在 100A 以下的晶闸管多采用螺栓式，200A 以上的多采用平板式。由于晶闸管的功耗较大，发热多，使用时必须注意管子的散热。

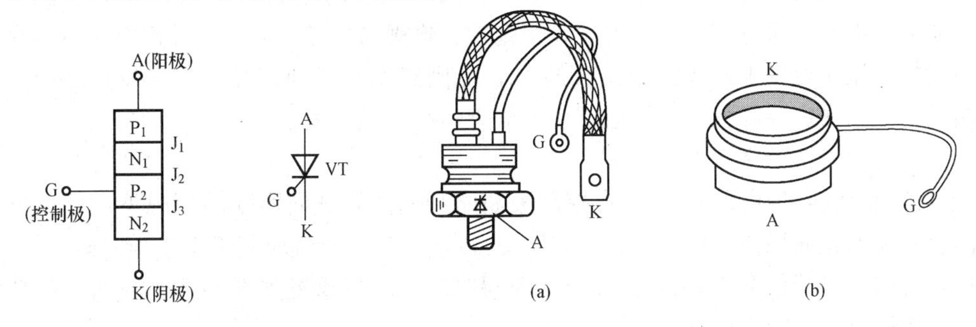

图 8.6.1 晶闸管的结构及电路符号

图 8.6.2 晶闸管的外形图
(a) 螺栓式；(b) 平板式

2. 晶闸管的工作原理

根据晶闸管的结构，可以把其看成由一个 NPN 型和一个 PNP 型晶体管连接而成的，如图 8.6.3 所示。

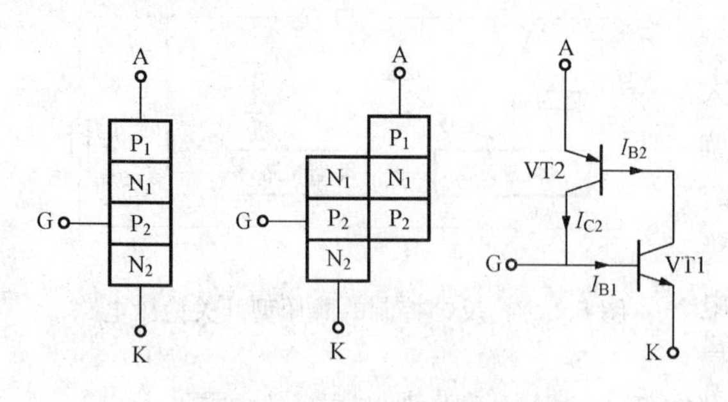

图 8.6.3 晶闸管的等效电路

当 $U_{GK}\leqslant 0$ 时，不管 U_{AK} 是正还是负，VT1 都不能导通，晶闸管处于阻断状态。

当 $U_{GK}>0$，$U_{AK}>0$，且为适当数值时，则 $I_{B1}\neq 0$，$I_{C1}=I_{B2}=\beta_1 I_{B1}$，而 $I_{C2}=\beta_2 I_{B2}=\beta_1\beta_2 I_{B1}$ 又流入 VT1 的基极再次放大，形成强烈的正反馈，使 VT1、VT2 迅速饱和导通，则晶闸管导通。晶闸管导通后，阳极与阴极间的电压差很小，约为 1V 左右，导通电流的大小取决于外电路。晶闸管一旦导通，即便控制极电流消失，依靠管子本身的正反馈，晶闸管仍处于导通状态，所以实际应用中，U_{GK} 常用触发脉冲。

3. 晶闸管的伏安特性

晶闸管的伏安特性是指阳极电流 I_K 与阳极和阴极之间的电压 U_{AK} 的关系，如图 8.6.4 所示。

当控制电流 $I_G=0$ 而阳极正向电压不超过一定限度时。晶闸管处于阻断状态，管子中只有很小的正向漏电流。当阳极电压增大到 U_{BO} 时，阳极电流急剧上升，特性曲线突然从 A 点跳到 B 点，晶闸管导通，U_{BO} 称为正向转折电压。晶闸管导通后的正向特性与一般二极管相似，电流很大，管压降只有 1V 左右。

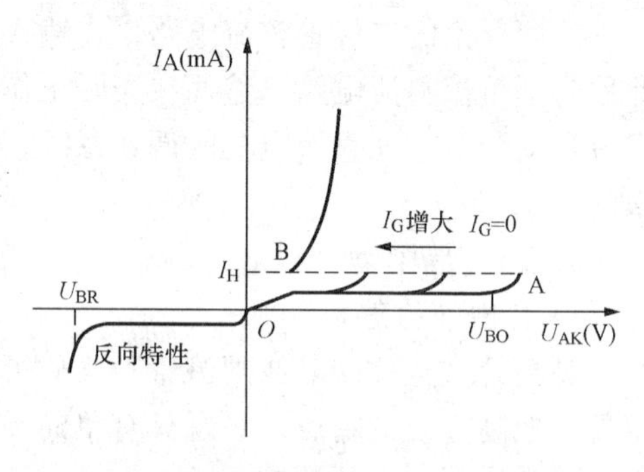

图 8.6.4 晶闸管的伏安特性曲线

晶闸管导通后，如果阳极电流减小，特性曲线由 B 点向右移至 A 点。当 I_A 小于 I_H 时，晶闸管突然由导通状态变为阻断状态，则 I_H 称为维持电流。

当控制电流 $I_G>0$ 时，晶闸管由阻断变为导通的阳极电压值将小于 U_{BO}，I_G 越大，U_{BO} 就越小。

晶闸管的反向特性与二极管相似，U_{BR} 称为反向击穿（转折）电压。晶闸管正常工作时，外加电压不允许超过反向击穿电压，否则管子将极易损坏。同时，外加电压也不允许超过正向转折电压，否则不论控制极是否加 I_G，晶闸管均将导通。在可控整流电路中，应该由控制极电压来决定晶闸管何时导通，使之成为一个可控开关。

4. 晶闸管的主要参数

（1）正向重复峰值电压 U_{FRM}。在控制极断路和晶闸管正向阻断的情况下，可以重复加在晶闸管两端的正向峰值电压（允许每秒重复 50 次，每次持续时间不大于 10ms）。

（2）反向重复峰值电压 U_{RRM}。在控制极断路时，可以重复加在晶闸管两端的反向峰值电压。一般取反向击穿电压的 80%。

U_{FRM} 和 U_{RRM} 中的较小者作为晶闸管的额定电压，选择晶闸管时，额定电压一般为工作电压幅值的 2～3 倍。

（3）正向平均电流 I_F。环境温度为 40℃、标准散热及全导通的条件下，允许流过的工频正弦半波电流的平均值。其范围为（1～1000）A。

（4）正向平均管压降 U_F。晶闸管正向导通状态下，A、K 两极间的平均电压值。其范围为（0.4～1.2）V。

（5）维持电流 I_H。在规定的环境下控制极开路时，晶闸管触发导通后维持导通状态所需的最小阳极电流。

8.6.2　可控整流电路

图 8.6.5 所示为单相半控桥式整流电路。与 8.1 节中的桥式整流电路相似，用晶闸管 VT1、VT2 代替了二极管 VD1、VD2。

在 u_2 的正半周，VT1 和 VD3 承受正向电压，但若控制极不加触发脉冲，VT1 不能导通，输出电压为零。若在 $\omega t=\alpha$ 时控制极加上触发脉冲 u_G，则 VT1 突然导通，VD3 也导通。忽略 VT 和 VD 的管压降，则 $u_O=u_2$。此时 VT2 和 VD4 承受反向电压均不导通。当 $\omega t=\pi$ 时，u_2 降为零，VT1 又变为阻断。

在 u_2 的负半周，VT2 和 VD4 承受正向电压，当 VT2 的控制极加上触发脉冲时，VT2 导通，从而 VD2 也导通，$u_O=-u_2$。当 $\omega t=2\pi$ 时，u_2 降为零，VT2 又变为阻断。

忽略管压降后，电路中 u_2、u_G 和 u_O 的波形如图 8.6.6 所示。α 称为控制角，θ 称为导电角。显然，α 越小，输出电压的平均值就愈大。

$$U_O=\frac{1}{\pi}\int_{\alpha}^{\pi}\sqrt{2}U_2\sin\omega t\,\mathrm{d}(\omega t)=0.9U_2\frac{1+\cos\alpha}{2}$$

由此可见，当 U_2 固定时，只需改变控制角 α 的大小，就可以调节输出电压值，$\alpha=0$ 时，输出电压最大；$\alpha=180°$时，输出电压等于零。

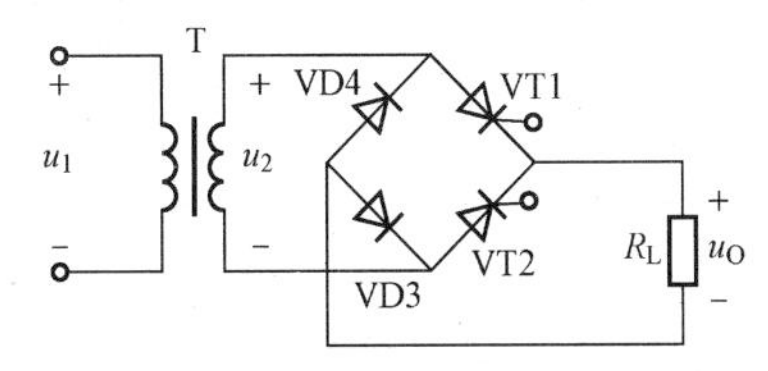

图 8.6.5　单相半控桥式整流电路

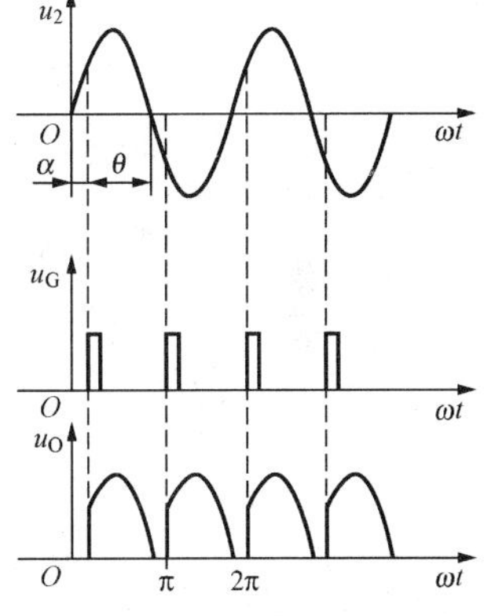

图 8.6.6　单相半控桥式整流电路的波形

8.7　习　　题

8.1　在图 8.1.2 所示桥式整流电路中，已知变压器二次电压为 10V（有效值），$R_L=10\Omega$。不考虑二极管的正向压降，求：

（1）负载 R_L 上的直流电压 U_O；

（2）二极管中的电流 I_D 和承受的最大反向电压 U_{RM}；

（3）如果二极管 VD1 断开，画出 u_I 和 u_o 的波形，并求 U_O 的值。

8.2　在如图 8.7.1 所示的整流滤波电路中，已知 $U_2=20V$，求下列情况下 A、B 两点

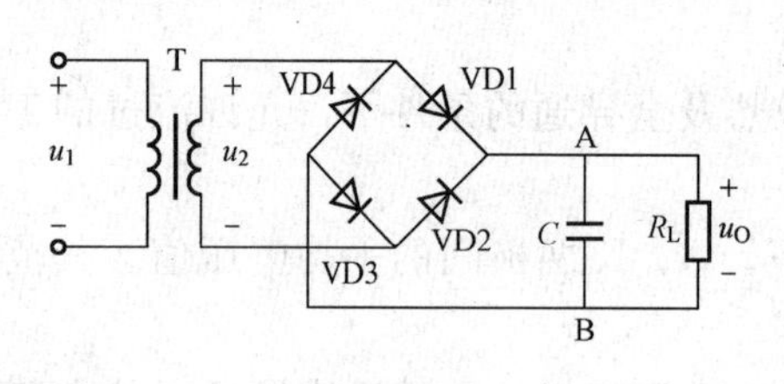

图 8.7.1 题 8.2 图

间的电压：(1) 电路正常工作；(2) 电容 C 开路；(3) 负载 R_L 开路；(4) 二极管 VD1 开路。

8.3 设计一桥式整流、电容滤波电路，要求其直流输出电压为 15V，最大直流输出电流为 100mA，已知交流电源的频率为 50Hz，电压为 220V，试确定变压器的变比、选择整流二极管的参数，并大致确定滤波电容的容量。

8.4 试说明电感滤波电路和电容滤波电路的区别。

8.5 在图 8.7.2 所示带过流保护的串联型直流稳压电路中，当负载电流过大，使 R_3 上的压降达到 0.7V 时，VT2 导通，VT1 的基极电流减小，使其集电极电流相应减小，从而起到保护 VT1 的作用。设 $U_Z=6.7V$，求输出电压的调节范围。若要求最大输出电流为 500mA，试确定取样电阻 R_3 的值。

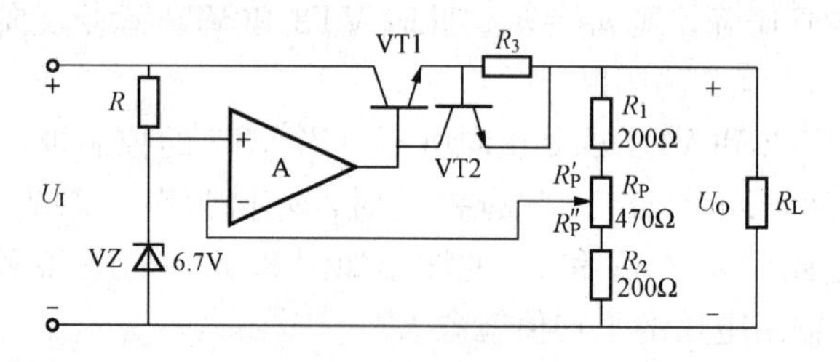

图 8.7.2 题 8.5 图

8.6 图 8.7.3 所示电路为扩展输出电压的简易电路，试写出输出电压的表示式。

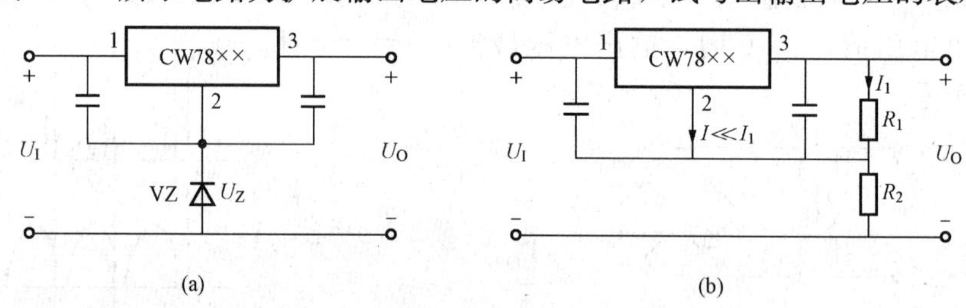

图 8.7.3 题 8.6 图

8.7 在图 8.4.4 所示电路中，已知三端稳压器的型号是 CW7815，$R_P=510\Omega$，欲使输出电压的调节范围为 20～30V，试确定 R_1、R_2 的值。

8.8 求图 8.7.4 所示电路的输出电压值。

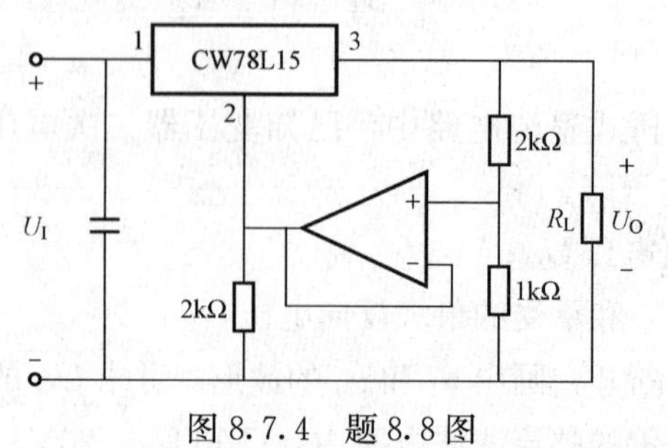

图 8.7.4 题 8.8 图

第9章 组合逻辑电路

数字电路是研究数字信号的编码、运算、控制、计数、存储、显示的电路，也称数字系统。数字电路中的数字信号是二值信号，只有高电平（用1表示）和低电平（用0表示）两个对立的逻辑状态，电路中的电子器件均工作于开关状态。分析设计数字电路的基础是逻辑代数和基本逻辑电路的功能和特性，本章首先介绍逻辑代数的基础知识，然后介绍集成门电路，在此基础上介绍组合逻辑的分析方法和设计方法，最后重点介绍中规模组合逻辑集成电路。

9.1 逻辑代数

9.1.1 逻辑变量与基本逻辑运算

当0和1表示逻辑状态时，两个二进制数码按照某种指定的因果关系进行的运算称为逻辑运算。逻辑运算使用的数学工具是逻辑代数（又称为布尔代数），逻辑代数由逻辑变量和逻辑运算组成。逻辑变量可以用A、B、C、x、y、z等字母表示，每个逻辑变量只有两个可取的值，即0和1，因而称为二值逻辑变量。

在逻辑代数中，有与、或、非三种基本的逻辑运算。逻辑运算可以用语言描述，亦可用逻辑代数表达式描述，还可以用表格或图形来描述。

1. 与运算

"与"运算的逻辑表达式为

$$F = A \cdot B \quad 或 \quad F = AB$$

用语言描述为：当且仅当变量A和B都为1时，函数F为1。"与"运算又称为逻辑乘运算。

逻辑与运算可用开关电路中两个开关相串联的例子来说明，如图9.1.1所示。开关A、B所有可能的动作方式如表9.1.1 (a) 所示，此表称为功能表。如果用1表示开关闭合，0表示开关断开，灯亮时$F=1$，灯灭时$F=0$。则上述功能表可表示为表9.1.1 (b)，这种表格叫做真值表。它将输入变量所有可能的取值组合与其对应的输出变量的值逐个列举出来。它是描述逻辑功能的一种重要方法。

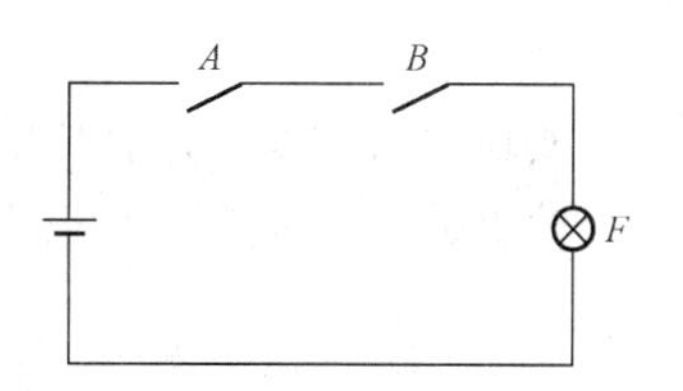

图9.1.1 与运算电路

表9.1.1 (a) 功能表

开关A	开关B	灯F
断开	断开	灭
断开	闭合	灭
闭合	断开	灭
闭合	闭合	亮

表9.1.1 (b) "与"运算真值表

A	B	$F=A\cdot B$
0	0	0
0	1	0
1	0	0
1	1	1

由“与”运算关系的真值表可推出其运算规则为

$$A \cdot 0 = 0$$

$$A \cdot 1 = A$$

$$A \cdot A = A$$

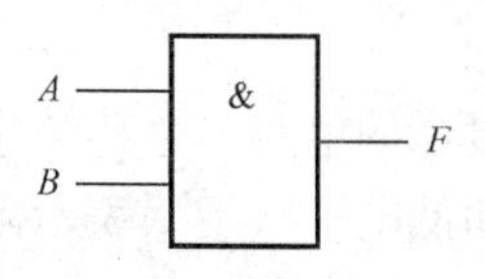

图 9.1.2　与门的逻辑符号

实现“与”逻辑运算功能的电路称为“与门”。每个与门有两个或两个以上的输入端和一个输出端，图 9.1.2 所示为两输入端与门的逻辑符号。在实际应用中，制造工艺限制了与门电路的输入变量数目，所以实际与门电路的输入个数是有限的。其他门电路中同样如此。

2. 或运算

“或”运算的逻辑表达式为

$$F = A + B$$

用语言描述为：只要变量 A 和 B 中任何一个为 1，则函数 F 为 1。“或”运算又称为逻辑加。

逻辑或运算可用开关电路中两个开关相并联的例子来说明，如图 9.1.3 所示。其功能表和真值表分别如表 9.1.2 (a)、表 9.1.2 (b) 所示。

表 9.1.2 (a)　“或”运算功能表

开关 A	开关 B	灯 F
断开	断开	灭
断开	闭合	亮
闭合	断开	亮
闭合	闭合	亮

表 9.1.2 (b)　“或”运算真值表

A	B	$F = A + B$
0	0	0
0	1	1
1	0	1
1	1	1

由“或”运算关系的真值表可推出其运算规则为

$$A + 0 = A$$

$$A + 1 = 1$$

$$A + A = A$$

实现“或”逻辑运算功能的电路称为“或门”。每个或门有两个或两个以上的输入端和一个输出端，图 9.1.4 所示为两输入端或门的逻辑符号。

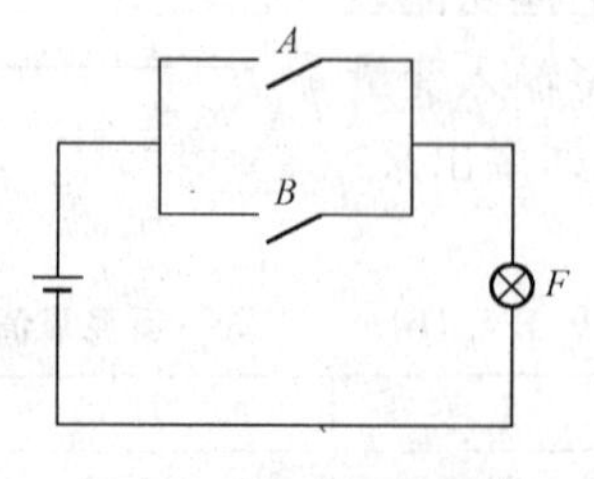

图 9.1.3　或运算电路

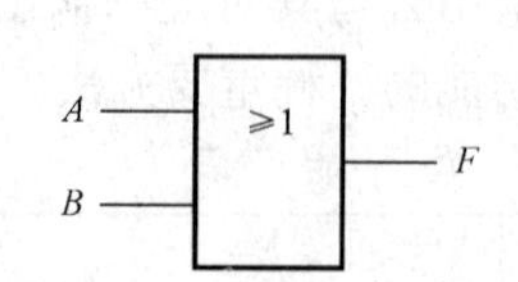

图 9.1.4　或门的逻辑符号

3. 非运算

“非”运算的逻辑表达式为

$$F = \overline{A}$$

用语言描述为：当 $A=1$ 时，则函数 $F=0$；反之，当 $A=0$ 时，则函数 $F=1$。“非”运算亦称为“反”运算，也称为逻辑否定。

逻辑非运算可用图 9.1.5（a）中的开关电路来说明。在图 9.1.5（b）中，若令 A 表示开关处于断开位置，则 $\overline{A}$ 表示开关处于闭合位置。其功能表和真值表很简单，分别如表 9.1.3（a）、表 9.1.3（b）所示。

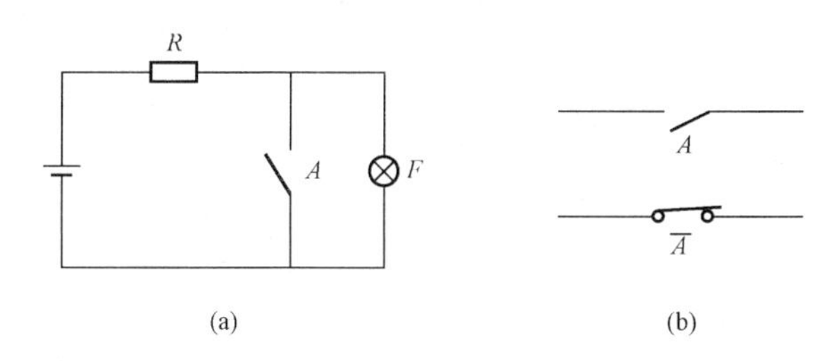

图 9.1.5　非运算电路

表 9.1.3（a）“非”运算功能表

A	$F=\overline{A}$
断开	1
闭合	0

表 9.1.3（b）“非”运算真值表

A	$F=\overline{A}$
0	1
1	0

由“非”运算关系的真值表可知“非”逻辑的运算规律为

$$\overline{0} = 1$$

$$\overline{1} = 0$$

并有

$$\overline{\overline{A}} = A$$

$$A + \overline{A} = 1$$

$$A \cdot \overline{A} = 0$$

实现“非”逻辑运算功能的电路称为“非门”。非门也称为反相器，每个非门有一个输入端和一个输出端。图 9.1.6 所示为非门的逻辑符号。

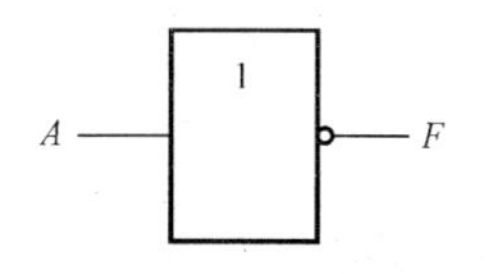

图 9.1.6　非门的逻辑符号

4. 复合运算

在实际逻辑运算中，除了与、或、非三种基本运算外，还经常使用一些其他的逻辑运算，如与非、或非、异或和同或，这些基本逻辑运算的复合称为复合逻辑运算。

与非运算是“与”运算后再进行“非”运算的复合运算，实现“与非”运算的逻辑电路称为与非门。一个与非门有两个或两个以上的输入端和一个输出端，两输入端与非门的逻辑符号如图 9.1.7 所示。其输出与输入之间的逻辑关系表达式为

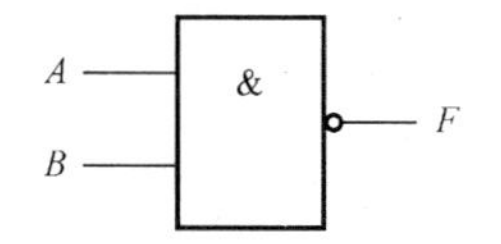

图 9.1.7　与非门的逻辑符号

$$F = \overline{A \cdot B}$$

与非门的真值表如表 9.1.4 所示。

或非运算是“或”运算后再进行“非”运算的复合运算，实现“或非”运算的逻辑电路称为或非门。或非门也是一种通用逻辑门。一个或非门有两个或两个以上的输入端和一个输出端，两输入端或非门的逻辑符号如图 9.1.8 所示。输出与输入之间的逻辑关系表达式为

$$F=\overline{A+B}$$

或非门的真值表如表 9.1.5 所示。

表 9.1.4　“与非”门真值表

A	B	$F=\overline{A\cdot B}$
0	0	1
0	1	1
1	0	1
1	1	0

表 9.1.5　“或非”门真值表

A	B	$F=\overline{A+B}$
0	0	1
0	1	0
1	0	0
1	1	0

异或运算的逻辑关系是：对于二输入变量的“异或”逻辑，当两个输入端取值不同时，输出为“1”；当两个输入端取值相同时，输出端为“0”。实现“异或”逻辑运算的逻辑电路称为异或门。图 9.1.9 所示为二输入异或门的逻辑符号，相应的逻辑表达式为

$$F=A\oplus B=\overline{A}B+A\overline{B}$$

其真值表如表 9.1.6 所示。

至于多变量的“异或”逻辑运算，常以两变量的“异或”逻辑运算的定义为依据进行推证。N 个变量的“异或”逻辑运算输出值和输入变量取值的对应关系是：输入变量的取值组合中，有奇数个 1 时，“异或”逻辑运算的输出值为 1；反之，输出值为 0。

同或运算是“异或”运算之后再进行“非”运算。实现“同或”运算的电路称为同或门。同或门的逻辑符号如图 9.1.10 所示，其真值表如表 9.1.7 所示。二变量同或运算的逻辑表达式为

$$F=A\odot B=\overline{A\oplus B}=\overline{A}\,\overline{B}+AB$$

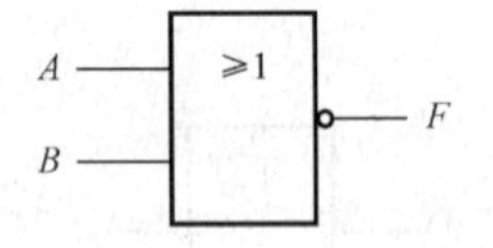

图 9.1.8　或非门的逻辑符号

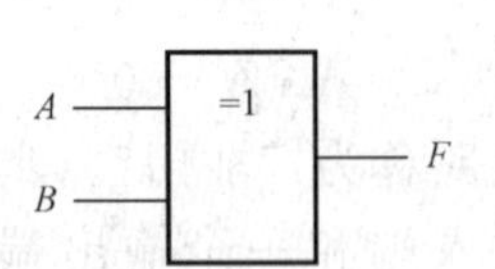

图 9.1.9　异或门的逻辑符号

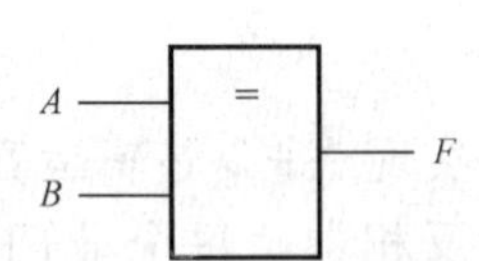

图 9.1.10　同或门的逻辑符号

表 9.1.6　二输入“异或”门真值表

A	B	$F=A\oplus B$
0	0	0
0	1	1
1	0	1
1	1	0

表 9.1.7　二输入“同或”门真值表

A	B	$F=A\odot B$
0	0	1
0	1	0
1	0	0
1	1	1

多变量的“同或”逻辑运算也常以二变量的“同或”逻辑运算的定义为依据进行推证。N 个变量的“同或”逻辑运算的输出值和输入变量取值的对应关系是：输入变量的取值组

合中，有偶数个1时，“同或”逻辑运算的输出值为1；反之，输出值为0。

9.1.2　逻辑代数的基本定律和基本公式

常量与变量公式：$0\cdot A=0$；$1+A=1$；$1\cdot A=A$；$0+A=A$

同一律：$AA=A$；$A+A=A$

互补律：$A\overline{A}=0$；$A+\overline{A}=1$

交换律：$AB=BA$；$A+B=B+A$

结合律：$A(BC)=(AB)C$；$A+(B+C)=(A+B)+C$

分配律：$A(B+C)=AB+AC$；$A+BC=(A+B)(A+C)$

反演律（摩根定律）：$\overline{AB}=\overline{A}+\overline{B}$；$\overline{A+B}=\overline{A}\,\overline{B}$

还原律：$\overline{\overline{A}}=A$

吸收律：$A+AB=A\quad A(A+B)=A$

$A+\overline{A}B=A+B\quad A(\overline{A}+B)=AB$

$AB+A\overline{B}=A\quad (A+B)(A+\overline{B})=A$

冗余律：$AB+\overline{A}C+BC=AB+\overline{A}C$

冗余律的含义是：一项含A，另一项含A非，这两项的其余部分组成第三项，则该项多余。

冗余律的证明如下：

$$
\begin{aligned}
&AB+\overline{A}C+BC\\
=&AB+\overline{A}C+(A+\overline{A})BC\\
=&AB+\overline{A}C+ABC+\overline{A}BC\\
=&AB(1+C)+\overline{A}C(1+B)\\
=&AB+\overline{A}C
\end{aligned}
$$

9.1.3　逻辑函数的表示方法

设输出逻辑变量F是逻辑变量A、B、C、…的逻辑函数，即

$$F=f(A,B,C,\cdots)$$

则由于逻辑变量是只取0或1的二值逻辑变量，因此逻辑函数也是二值逻辑函数。

逻辑函数除了用逻辑表达式表述外，还常常采用另外四种方法来表述。它们是真值表、逻辑电路图、波形图和卡诺图。下面举一个简单实例介绍前四种逻辑函数的表示。

图9.1.11所示为一个照明电路，有两个单刀双掷开关A和B，只有当两个开关都向上扳或向下扳时，灯才亮；而一个向上扳、另一个向下扳时，灯就不亮。

1. 真值表表示方法（逻辑状态表）

图9.1.11所示电路的逻辑关系可用真值表来描述。设L表示灯的状态，即$L=1$表示灯亮，$L=0$表示灯灭。用A和B表示开关A和开关B的位置，用1表示开关向上扳，用0表示开关向下扳。根据上述描述，输入有4种不同状态，把4种状态对应的输出状态值列成表格，得到L与A、B逻辑关系的真值表，如表9.1.8所示。

2. 逻辑表达式

真值表所示的逻辑函数也可以用逻辑表达式来表示，逻辑表达式是用与、或、非等运算组合起来，表示逻辑函数与逻辑变量之间关系的逻辑代数式，通常采用的是与或表达式，即将真值表中输出等于1的各状态表示成全部输入变量（包括原变量和反变量）的与项，总的

输出表示成这些与项的或函数。对于变量 A、B 或输出 L，凡取 1 值的用原变量表示，取 0 值用反变量表示。对应表 9.1.8，共有两项 $L=1$，故写出逻辑函数的与或表达式为

$$L = \overline{A}\,\overline{B} + AB \tag{9.1.1}$$

式（9.1.1）中，每个与项都是全部输入变量的原变量或反变量的乘积。

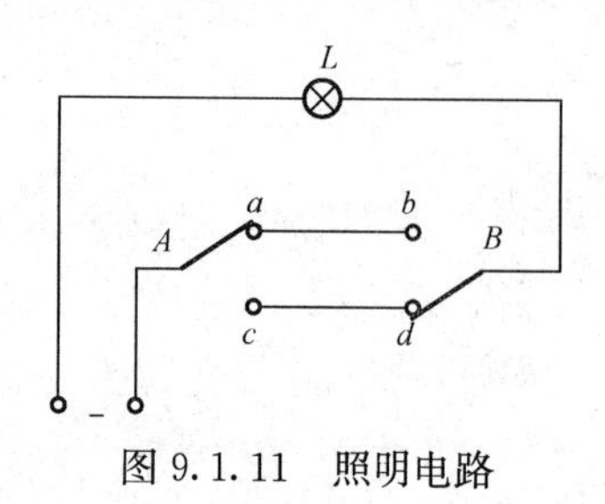

图 9.1.11　照明电路

表 9.1.8　　照明电路的真值表

A	B	L
0	0	1
0	1	0
1	0	0
1	1	1

在组合逻辑电路设计中，常用到逻辑函数的最小项表达式。n 个变量 X_1，X_2，…，X_n 的最小项是 n 个因子的乘积，每个变量都以它的原变量或反变量的形式在乘积项中出现，且仅出现一次。n 个变量的最小项有 2^n 个。例如，A、B、C 三个逻辑变量的最小项有 2^3 个，即 $\overline{A}\,\overline{B}\,\overline{C}$、$\overline{A}\,\overline{B}C$、$\overline{A}B\overline{C}$、$\overline{A}BC$、$A\overline{B}\,\overline{C}$、$A\overline{B}C$、$AB\overline{C}$ 和 ABC，而 $\overline{A}B$、$A\overline{B}C\overline{A}$、$A(B+C)$ 等不是最小项。

上述的最小项可以编号，通常用 m_i 表示，下标 i 即最小项编号，用十进制数表示。将最小项中的原变量用 1 表示，反变量用 0 表示，可得到最小项的编号，例如，$\overline{A}\,\overline{B}\,\overline{C}$ 与二进制数 000 相对应。因此，对应的十进制数最小项代表符号设为 m_0。同理，$\overline{A}\,\overline{B}C$（001）、$\overline{A}B\overline{C}$（010）、$\overline{A}BC$（011）、…、$ABC$（111），分别记为 m_1、m_2、…、m_7。

根据最小项的编号方法，$F=ABC+AB\overline{C}+\overline{A}BC+\overline{A}\,\overline{B}C$ 中最小项可以分别表示为 m_7、m_6、m_3、m_1，所以上式可写为 $F(A,B,C)=m_1+m_3+m_6+m_7$。为了简化，常用最小项下标编号来代表最小项，故上式又可写为 $F(A,B,C)=\sum m(1,3,6,7)$。式（9.1.1）亦可写成

$$L(A,B) = \sum m(0,3)$$

3. 逻辑图

按照逻辑表达式用对应的逻辑门符号连接起来就是逻辑图，将式（9.1.1）中所有的与、或、非运算符号用相应的逻辑符号代替，并按照逻辑运算的先后次序将这些逻辑符号连接起来，就得到图 9.1.11 照明电路所对应的逻辑图，如图 9.1.12（a）所示，也可以用同或逻辑符号表示，如图 9.1.12（b）所示。

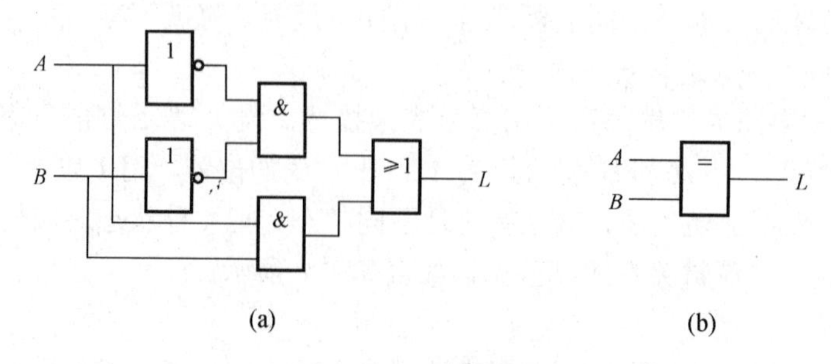

图 9.1.12　逻辑图

4. 波形图表示方法

波形图是用电平的高、低变化来动态表示逻辑变量及其函数值变化的图形。如图9.1.13所示，在 t_1 时间段内，A、B 输入端均为高电平1，根据式（9.1.1）或表9.1.8可知，此时输出 L 为高电平1，依照此方法，可得出 t_2、t_3、t_4 时间段内输出 L 的波形图。

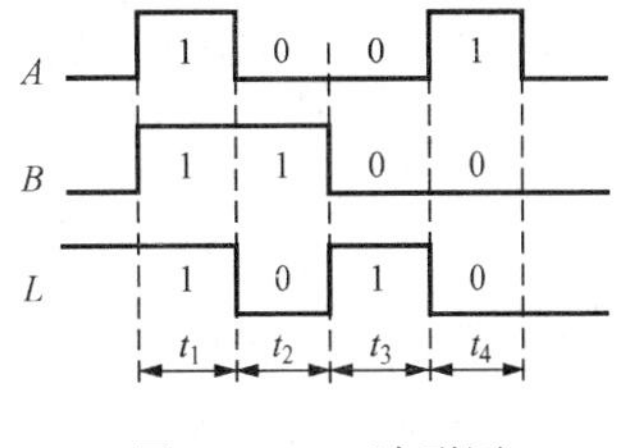

图9.1.13　波形图

上述表示逻辑函数的四种方法各有特点，适用于不同场合，但针对某个具体问题而言，它们仅仅是同一逻辑关系的不同描述形式，它们之间可以很方便地相互变换。

9.1.4　逻辑函数的代数法化简

根据某种逻辑功能归纳出来的逻辑函数表达式有繁有简。一般来说，逻辑函数的表达式越简单，设计出来的逻辑电路也越简单，因此，必须对逻辑函数进行化简。利用化简后的逻辑函数表达式构成逻辑电路时，可以节省器件，降低成本，提高数字系统的可靠性。

由于与或表达式是比较常见的，同时也易和其他形式的表达式相互转换，所以常要求化为最简与或表达式，即要求乘积项的数目是最少的，且每个乘积项中变量个数也最少。当然，有时也要求化简成指定的其他形式。

逻辑函数的化简方法有代数法和卡诺图法，限于篇幅，本书只简单介绍代数法。

代数法化简的基本方法如下。

（1）并项法。利用公式 $A+\overline{A}=1$，将两个与项合并，消去一个变量。例如

$$F = A\overline{B}\overline{C} + A\overline{B}C = A\overline{B}(\overline{C}+C) = A\overline{B}$$

（2）吸收法。利用公式 $A+AB=A$，吸收掉多余的项。例如

$$F = \overline{A}B + \overline{A}BCD(\overline{E}+F) = \overline{A}B$$

（3）消去法。利用公式 $A+\overline{A}B=A+B$，消去多余变量。例如

$$F = AB + \overline{A}C + \overline{B}C = AB + (\overline{A}+\overline{B})C = AB + \overline{AB}C = AB + C$$

（4）配项法。利用公式 $A=A(B+\overline{B})$，增加必要的乘积项，然后展开、合并化简。例如

$$\begin{aligned}
F &= AB + \overline{A}\,\overline{C} + B\overline{C} \\
&= AB + \overline{A}\,\overline{C} + (A+\overline{A})B\overline{C} \\
&= AB + \overline{A}\,\overline{C} + AB\overline{C} + \overline{A}B\overline{C} \\
&= (AB + AB\overline{C}) + (\overline{A}\,\overline{C} + \overline{A}\,\overline{C}B) \\
&= AB + \overline{A}\,\overline{C}
\end{aligned}$$

上面介绍的是几种常用的方法，举出的例子都比较简单。而实际应用中遇到的逻辑函数往往比较复杂，化简时应灵活使用所学的定律，综合运用各种方法。例如

$$\begin{aligned}
F &= \overline{\overline{(AB+\overline{A}\,\overline{B})}\cdot\overline{(BC+\overline{B}\,\overline{C})}} \\
&= \overline{\overline{AB+\overline{A}\,\overline{B}}} + \overline{\overline{BC+\overline{B}\,\overline{C}}} && \text{（反演律）} \\
&= AB + \overline{A}\,\overline{B} + BC + \overline{B}\,\overline{C} && \text{（还原律）} \\
&= AB + \overline{A}\,\overline{B}(C+\overline{C}) + BC(A+\overline{A}) + \overline{B}\,\overline{C} && \text{（配项）} \\
&= AB + \overline{A}\,\overline{B}C + \overline{A}\,\overline{B}\,\overline{C} + ABC + \overline{A}BC + \overline{B}\,\overline{C} && \text{（分配律）} \\
&= AB + \overline{A}\,\overline{B}C + \overline{B}\,\overline{C} + \overline{A}BC && \text{（吸收律）}
\end{aligned}$$

$$=AB+\overline{A}C(\overline{B}+B)+\overline{B}\,\overline{C} \quad \text{(并项)}$$
$$=AB+\overline{A}C+\overline{B}\,\overline{C}$$

9.2 逻辑门电路

实现基本逻辑运算和常用复合逻辑运算的单元电路称为逻辑门电路。逻辑门电路是数字电路的基础。逻辑门电路可以用分立元件组成，也可以是集成电路。分立元件的门电路，体积大，可靠性差。集成门电路不仅微型化、可靠性高、耗电少，而且速度快，便于多级连接，因此，在实际中得到了广泛的应用。常用的集成逻辑门系列有晶体管-晶体管逻辑系列（Transistor-Transistor Logic，TTL）、射极耦合逻辑系列（Emitter Coupled Logic，ECL）和互补金属氧化物半导体逻辑系列（Complementary Metal Oxide Semiconductor，CMOS）。本节将介绍 TTL 和 CMOS 系列集成逻辑门。

9.2.1 TTL 门电路

TTL 逻辑门电路主要由晶体三极管和电阻构成，具有速度快的特点。TTL 门电路有 74（商用）和 54（军用）两个系列，每个系列又有若干个子系列。最早的 TTL 门电路是 74 系列，后来出现了 74H、74L、74LS、74AS 和 74ALS 等系列。

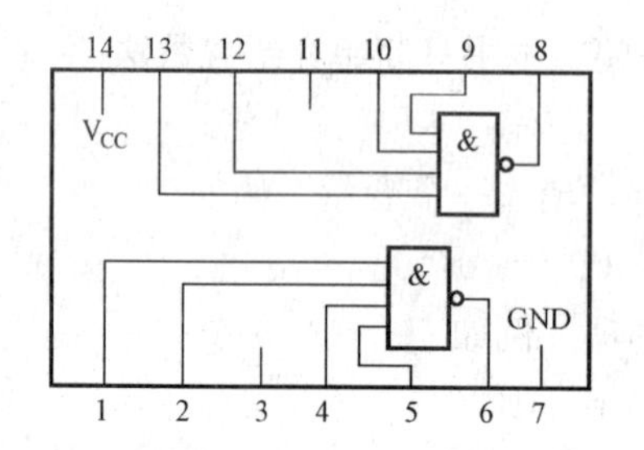

图 9.2.1 74LS20 集成双与非门电路的管脚

TTL 与非门集成电路主要包括 74LS00、74LS10、74LS20 和 74LS30 等。图 9.2.1 所示为 74LS20 双四输入与非门集成电路的引脚排列。不同型号的集成与非门电路，其输入端个数可能不同。74LS00 为四组 2 输入端与非门，74LS10 为三组 3 输入端与非门，74LS20 为二组 4 输入端与非门，74LS30 为 8 输入端与非门。

1. 电压传输特性

电压传输特性描述了门电路的输入电压和输出电压之间的关系。图 9.2.2 所示是 TTL 与非门的电压传输特性。由图可见，传输特性曲线由 AB、BC、CD、DE 共 4 段组成，当 u_I 从零开始逐渐增加时，在一定的 u_I 范围内输出 u_O 保持高电平不变，见 AB 段。随着 u_I 的进一步增加，在一定的范围内，输出 u_O 与输入信号成线性关系，见 BC 段。当 u_I 上升到一定的数值后，输出 u_O 很快下降为低电平，见 CD 段。此后即使 u_I 继续增加，输出 u_O 也仍保持低电平基本不变，见 DE 段。

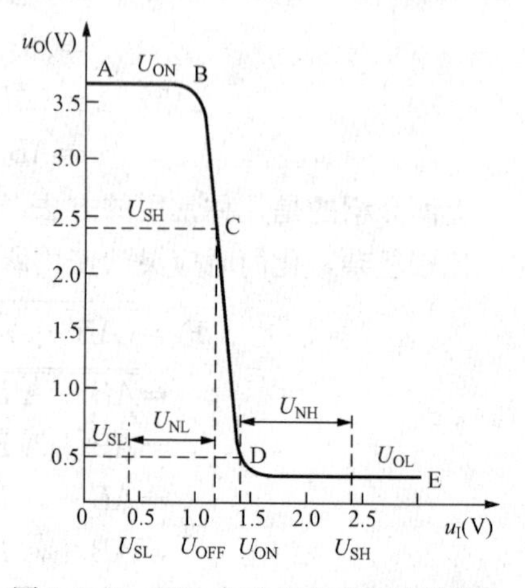

图 9.2.2 TTL 与非门的电压传输特性

2. 主要参数

（1）开门电平 U_{ON} 和关门电平 U_{OFF}。开门电平 U_{ON} 是保证输出为标准低电平 U_{SL}（0.4V）时的最小输入高电平值，关门电平 U_{OFF} 是保证输出为标准高电平 U_{SH}（2.4V）的最大输入低电平值。

（2）输出高电平 U_{OH} 和输出低电平 U_{OL}。U_{OH} 是指

当与非门输入中至少有一个为低电平时的输出高电平值，U_{OL}是指当与非门输入中全部为高电平时的输出低电平值。高电平输出电压范围不小于2.4V，低电平输出电压范围不大于0.4V。

（3）噪声容限电压U_{NH}和U_{NL}。噪声容限是用来描述与非门抗干扰能力的参数。当有噪声电压叠加在输入信号的高、低电平上时，只要噪声电压的幅度不超过容许值，门电路输出的逻辑状态就不会受到影响，这个容许值通常叫噪声容限。噪声容限电压越大，其抗干扰能力越强。高电平噪声容限$U_{NH}=2.4V-U_{ON}$，低电平噪声容限$U_{NL}=U_{OFF}-0.4V$。

（4）输入/输出电流如下。

1）高电平输入电流I_{IH}：输入为高电平时的输入电流。

2）低电平输入电流I_{IL}：输入为低电平时的输入电流。

3）高电平输出电流I_{OH}：输出为高电平时，提供给外接负载的最大输出电流。

4）低电平输出电流I_{OL}：输出为低电平时，外接负载的最大输出电流。

（5）扇出系数N_O。扇出系数是指一个门电路能带同类门的最大数目，它表示门电路的带负载能力。扇出系数是低电平最大输出电流和低电平最大输入电流的比值，一般TTL门电路$N_O \geqslant 8$。

（6）平均传输延迟时间t_{pd}。从反相器的输入端输入一个脉冲信号，到输出端输出一个脉冲信号，其间有一定的时间延迟，如图9.2.3所示，它表示门电路的反应速度。用平均传输延迟时间t_{pd}表示这个参数，

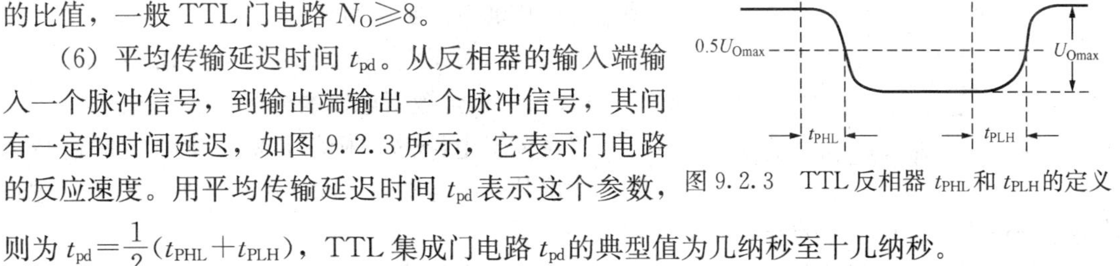

图9.2.3　TTL反相器t_{PHL}和t_{PLH}的定义

则为$t_{pd}=\frac{1}{2}(t_{PHL}+t_{PLH})$，TTL集成门电路$t_{pd}$的典型值为几纳秒至十几纳秒。

3. TTL集成电路使用注意事项

（1）电源电压应严格保持在5V±10%的范围内，过高易损坏器件，过低则不能正常工作，设计中一般采用稳定性好、内阻小的直流稳压电源。

（2）多余输入端最好不要悬空，虽然悬空相当于高电平，并不影响电路的逻辑功能，但悬空时易受干扰。为此，与门、与非门多余输入端可直接接到U_{CC}上，或通过一个公用电阻（几千欧）连到电源上。

（3）输出端不允许直接接电源或接地，否则极易损坏器件。但可以通过电阻与电源相连，不允许直接并联使用（集电极开路门和三态门除外）。

9.2.2　CMOS门电路

CMOS集成电路具有输入阻抗高、功耗小、带负载能力强、抗干扰能力强、电源电压范围宽、集成度高等优点，在大规模集成电路中广泛采用。图9.2.4所示电路为CMOS“与非”门电路。

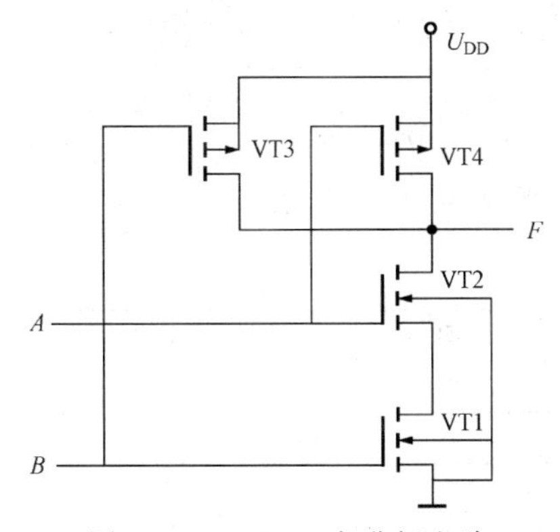

图9.2.4　CMOS与非门电路

当A和B均为低电平时，VT3和VT4饱和导通，VT1和VT2截止，F为高电平；当A和B中有一个为低电平时，VT1和VT2中就有一个截止，而VT3和VT4中有一个饱和导通，F为高电平；当A和B均为高电平时，VT1和VT2饱和导通，同时VT3和VT4

截止，F为低电平。这样，输出F和输入A、B之间就实现了与非关系。

CMOS门电路的缺点是工作速度低于TTL门电路，经改进的高速COMS门电路HCOMS集成电路，其工作速度与TTL门电路相近。

CMOS集成电路在使用时要特别注意，不用的输入端不能悬空，要接上拉电阻或者下拉电阻，给它一个恒定的电平。

另外当用TTL门驱动CMOS门时，由于TTL的$U_{OH(min)}$为2.4V，而CMOS的$U_{IH(min)}$为3.5V，即TTL输出的高电平可能低于CMOS门的输入高电平的最小值，解决问题的方法是在TTL的输出端接上拉电阻。

9.3 组合逻辑电路的分析和设计

若逻辑电路在任何时刻的输出状态仅仅取决于该时刻的输入状态，而与原状态无关，这样的逻辑电路称为组合逻辑电路。图9.3.1所示为组合逻辑电路的一般框图。它的输出与输入之间的逻辑关系可以用如下逻辑函数表示

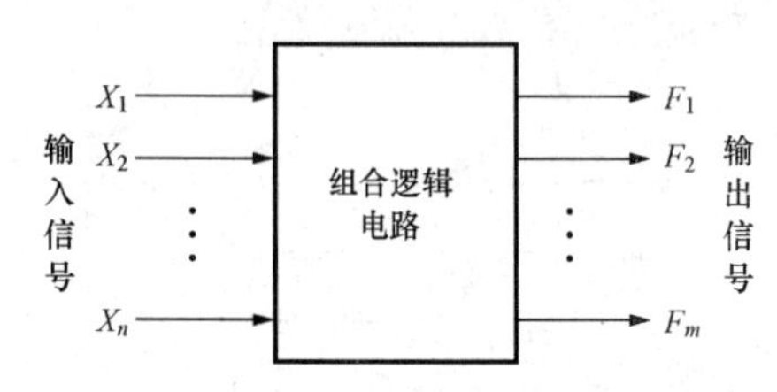

图9.3.1 组合逻辑电路框图

$$F_i = f_i(X_1, X_2, \cdots, X_n) \quad (i = 1, 2, \cdots, m)$$

9.3.1 组合逻辑电路的分析

组合逻辑电路的分析就是对一个给定的逻辑电路，找出其输出与输入之间的逻辑关系，确定其逻辑功能。分析组合逻辑电路的步骤如下。

（1）根据给定的逻辑电路，写出输出端的逻辑函数表达式。

（2）化简逻辑函数表达式。

（3）根据化简后的逻辑函数表达式列出真值表。

（4）根据真值表和化简后的逻辑表达式对逻辑电路进行分析，最后确定电路的逻辑功能。

其中最后一步是整个分析过程中的难点。下面举例说明组合逻辑电路的分析方法。

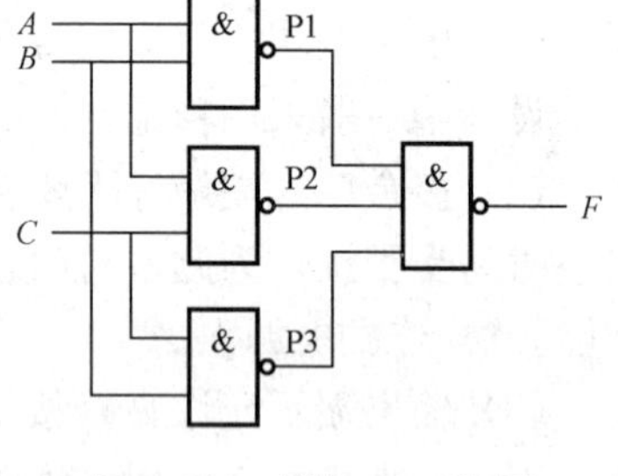

图9.3.2 ［例9.3.1］图

【例9.3.1】 已知逻辑电路如图9.3.2所示，分析该电路的逻辑功能。

解 （1）根据给定的逻辑电路，写出逻辑函数表达式

$$P1 = \overline{AB}; P2 = \overline{AC}; P3 = \overline{BC}$$

$$F = \overline{P1 \cdot P2 \cdot P3} = \overline{\overline{AB} \cdot \overline{AC} \cdot \overline{BC}} = AB + AC + BC$$

（2）该表达式无需化简和变换，可直接列出真值表，如表9.3.1所示。

表9.3.1 **［例9.3.1］真值表**

A	B	C	F	A	B	C	F
0	0	0	0	1	0	0	0
0	0	1	0	1	0	1	1
0	1	0	0	1	1	0	1
0	1	1	1	1	1	1	1

（3）确定逻辑功能，通过真值表可以看出，当输入变量有两个或两个以上为“1”时，输出 F 为1，否则为0。因此，该电路称为“多数表决电路”。

【例9.3.2】 已知逻辑电路如图9.3.3所示，分析该电路逻辑功能。

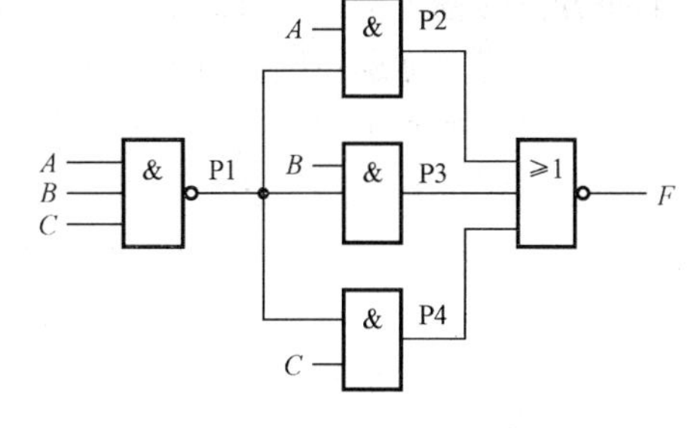

图9.3.3 ［例9.3.2］图

解 （1）根据给定的逻辑电路，写出逻辑函数表达式

$$P_1=\overline{ABC};\quad P_2=P_1\cdot A=\overline{ABC}\cdot A$$

$$P_3=P_1\cdot B=\overline{ABC}\cdot B;\quad P_4=P_1\cdot C=\overline{ABC}\cdot C$$

$$F=\overline{P_2+P_3+P_4}=\overline{\overline{ABC}\cdot A+\overline{ABC}\cdot B+\overline{ABC}\cdot C}$$

（2）化简逻辑函数表达式

$$F=\overline{\overline{ABC}\cdot A+\overline{ABC}\cdot B+\overline{ABC}\cdot C}=ABC+\overline{A+B+C}=ABC+\overline{A}\,\overline{B}\,\overline{C}$$

（3）根据化简后的逻辑函数表达式列出真值表，如表9.3.2所示。

表9.3.2　［例9.3.2］真值表

A	B	C	F	A	B	C	F
0	0	0	1	1	0	0	0
0	0	1	0	1	0	1	0
0	1	0	0	1	1	0	0
0	1	1	0	1	1	1	1

（4）逻辑功能评述。观察真值表中 F 为1时的规律：只有当 A、B、C 这三个变量都为相同值时，输出 F 为1，否则为0。因此，该电路称为“判一致电路”。

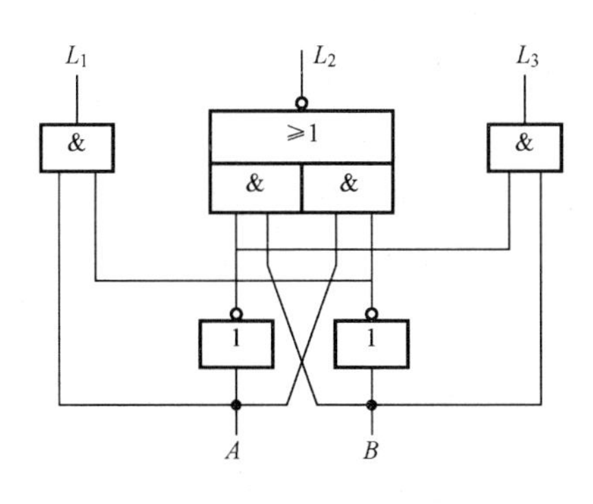

图9.3.4 ［例9.3.3］图

【例9.3.3】 已知逻辑电路如图9.3.4所示，分析该电路逻辑功能。

解 （1）根据给定的逻辑电路，写出所有输出逻辑函数表达式并对其进行变换

$$L_1=A\cdot\overline{B};\quad L_2=\overline{A\cdot\overline{B}+\overline{A}\cdot B}=A\odot B;\quad L_3=\overline{A}\cdot B$$

（2）根据化简后的逻辑函数表达式列出真值表，如表9.3.3所示。

表9.3.3　［例9.3.3］真值表

A	B	L_1	L_2	L_3	A	B	L_1	L_2	L_3
0	0	0	1	0	1	0	1	0	0
0	1	0	0	1	1	1	0	1	0

（3）逻辑功能评述。该电路是一位二进制数比较器：当 $A=B$ 时，$L_2=1$；当 $A>B$ 时，$L_1=1$；当 $A<B$ 时，$L_3=1$。注意在确定该电路的逻辑功能时，输出函数 L_1、L_2、L_3 不能分开考虑。

9.3.2 组合逻辑电路的设计

组合逻辑电路的设计就是根据给定的逻辑问题得到与之对应的逻辑电路。它是组合逻辑电路分析的逆过程。设计组合逻辑电路的基本步骤如下。

（1）将实际逻辑问题进行逻辑抽象，确定输入、输出变量；分别对输入、输出变量进行逻辑赋值，即确定0、1的具体含义；最后根据输出与输入之间的逻辑关系列出真值表。

（2）根据真值表写出相应的逻辑函数表达式。

（3）将逻辑函数表达式化简，并转换成所需要的形式。

（4）根据最简逻辑函数表达式画出逻辑电路图。

其中第一步是整个设计过程中的难点，下面举例说明设计组合逻辑电路的方法和步骤。

【例9.3.4】 某大学东、西两校区举行联欢会，入场券分红、黄两种，东校区学生持红票入场，西校区学生持黄票入场。会场入口处设一自动检票机：符合条件者可放行，否则不准入场。试设计该逻辑电路。

解 （1）设学生为变量A，“1”代表东校区学生，“0”代表西校区学生；票为变量B，“1”代表红票，“0”代表黄票；用F表示检票结果，“1”代表符合条件，“0”代表不符合条件。根据题意，列真值表如表9.3.4所示。

表9.3.4 **［例9.3.4］真值表**

A	B	F	A	B	F
0	0	1	1	0	0
0	1	0	1	1	1

（2）根据真值表写出逻辑函数的“最小项之和”的表达式

$$F(A,B)=\overline{A}\,\overline{B}+AB$$

（3）根据逻辑函数表达式画出逻辑电路图，如图9.3.5（a）所示。如果没有特别要求用哪种类型的门电路实现，为简便起见，也可以直接用同或逻辑符号表示，如图9.3.5（b）所示。

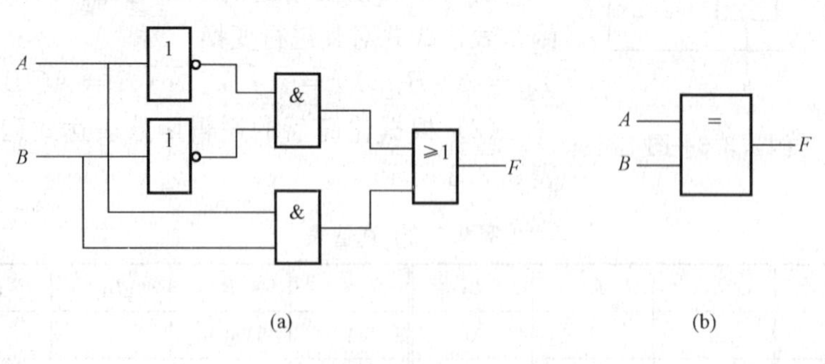

图9.3.5 ［例9.3.4］图

【例9.3.5】 某小电网负荷能力为400kW，今有3台电动机，其功率分别是300kW、200kW和150kW，设计一个指示电网过载的逻辑电路。在电机运行中，当电网过载时，输出变量$L=1$。设计所需要的器件任选，电路合理，满足设计要求即可。

解 （1）设A、B、C分别代表功率为300kW、200kW和150kW的电机，并设A、B、

C 为 **1** 时表示设备运转，为 **0** 则表示设备为停止状态。过载保护电路的输出为 L，**1** 表示过载，**0** 表示正常。真值表如表 9.3.5 所示。

表 9.3.5　［例 9.3.5］真值表

A	B	C	F	A	B	C	F
0	0	0	0	1	0	0	0
0	0	1	0	1	0	1	1
0	1	0	0	1	1	0	1
0	1	1	0	1	1	1	1

（2）根据真值表写出逻辑函数的“最小项之和”的表达式，并化简

$$L = A\bar{B}C + AB\bar{C} + ABC = A\bar{B}C + AB\bar{C} + ABC + ABC$$
$$= AB + AC = A(B+C)$$

（3）根据逻辑函数表达式画出逻辑电路图，如图 9.3.6 所示。

【例 9.3.6】 用与非门设计［例 9.3.5］的逻辑电路。

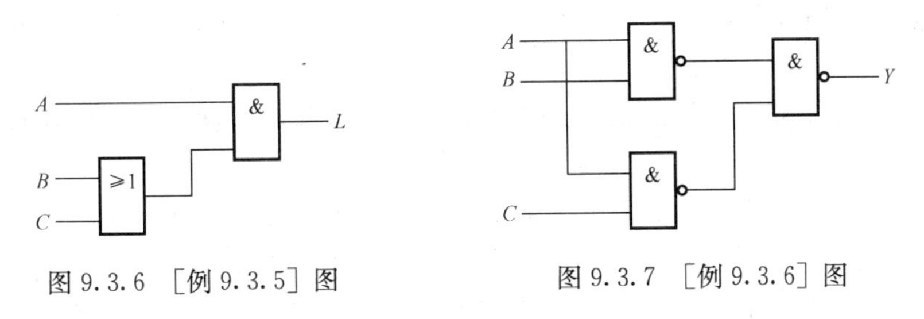

图 9.3.6　［例 9.3.5］图　　　　图 9.3.7　［例 9.3.6］图

解　（1）将［例 9.3.5］所得到的逻辑表达式变换为最简与非式

$$Y = AB + AC = \overline{\overline{AB + AC}} = \overline{\overline{AB} \cdot \overline{AC}}$$

（2）根据逻辑函数表达式画出逻辑电路图，如图 9.3.7 所示。

9.3.3　组合逻辑电路中的竞争冒险

理论上分析组合逻辑电路时，都没有考虑门电路的延迟时间对电路产生的影响。实际上，从信号输入到输出稳定都需要一定的时间。由于不同通路上门的级数不同及门电路平均延迟时间的差异，使信号从输入经不同通路传输到输出级的时间不同，可能会使逻辑电路产生错误输出，通常把这种现象称为竞争冒险。同一个门不同输入端的输入信号，由于它们在此前通过不同数目的门，到达输入端的时间会有先有后，这种现象称为竞争。逻辑门因输入端的竞争而导致输出产生不应有的尖峰干扰脉冲（又称过渡干扰脉冲）的现象，称为冒险。

竞争冒险的消除方法通常有三种，分别为发现并消掉互补变量、增加乘积项和输出端并联电容器。

9.4　常用组合逻辑功能器件

9.3 节所介绍的组合逻辑电路设计方法，一般只适用于实现一些逻辑功能较为简单的电路。随着微电子技术的不断发展，单片集成器件所具有的逻辑功能越来越复杂，种类也越来越多。在数字集成产品中有许多具有特定组合逻辑功能的数字集成器件，称为组合逻辑器

件。常用的集成组合逻辑器件有编码器、译码器、译码显示器、多路选择器、分配器、比较器等。本节主要介绍它们的逻辑功能和应用。

9.4.1　编码器

在数字电路中，通常将具有特定含义的信息（数字或符号）编成相应的若干位二进制代码的过程，称为编码。实现编码功能的电路称为编码器。例如，计算机键盘就是由编码器组成的，每按一下键，编码器就将该键的含义转换为一个计算机能识别的二进制代码。按照被编码信号的不同特点和要求，可分为二进制编码器、BCD码编码器、优先编码器等。

1. 二进制编码器

二进制编码器是用二进制数对输入信号进行编码的。显然，n 位二进制数可对 2^n 个输入信号编码。如8/3线编码器，$I_0 \sim I_7$ 为8个输入端，输出端用 C、B、A 表示，即用3位二进制代码进行编码。编码器在任何时刻只能对一个输入端信号进行编码，不允许两个或两个以上输入端同时存在有效信号。如对 I_0 进行编码，就是使输入端 I_0 有效而其他输入端无效，此时输出有一组代码相对应。有效信号有两种方式，一种是输入高电平有效，另一种是输入低电平有效。假设输入端信号为高电平有效，电路对其编码，C、B、A 为其编码输出，则可得到如表9.4.1所示真值表。

根据表9.4.1可知，只需要将输出端为1的变量加起来，便可得到输出端的与或表达式，即

$$C = I_4 \overline{I_7}\,\overline{I_6}\,\overline{I_5}\,\overline{I_3}\,\overline{I_2}\,\overline{I_1}\,\overline{I_0} + I_5 \overline{I_7}\,\overline{I_6}\,\overline{I_4}\,\overline{I_3}\,\overline{I_2}\,\overline{I_1}\,\overline{I_0} + I_6 \overline{I_7}\,\overline{I_5}\,\overline{I_4}\,\overline{I_3}\,\overline{I_2}\,\overline{I_1}\,\overline{I_0} + I_7 \overline{I_6}\,\overline{I_5}\,\overline{I_4}\,\overline{I_3}\,\overline{I_2}\,\overline{I_1}\,\overline{I_0}$$

$$B = I_2 \overline{I_7}\,\overline{I_6}\,\overline{I_5}\,\overline{I_4}\,\overline{I_3}\,\overline{I_1}\,\overline{I_0} + I_3 \overline{I_7}\,\overline{I_6}\,\overline{I_5}\,\overline{I_4}\,\overline{I_2}\,\overline{I_1}\,\overline{I_0} + I_6 \overline{I_7}\,\overline{I_5}\,\overline{I_4}\,\overline{I_3}\,\overline{I_2}\,\overline{I_1}\,\overline{I_0} + I_7 \overline{I_6}\,\overline{I_5}\,\overline{I_4}\,\overline{I_3}\,\overline{I_2}\,\overline{I_1}\,\overline{I_0}$$

$$A = I_1 \overline{I_7}\,\overline{I_6}\,\overline{I_5}\,\overline{I_4}\,\overline{I_3}\,\overline{I_2}\,\overline{I_0} + I_3 \overline{I_7}\,\overline{I_6}\,\overline{I_5}\,\overline{I_4}\,\overline{I_2}\,\overline{I_1}\,\overline{I_0} + I_5 \overline{I_7}\,\overline{I_6}\,\overline{I_4}\,\overline{I_3}\,\overline{I_2}\,\overline{I_1}\,\overline{I_0} + I_7 \overline{I_6}\,\overline{I_5}\,\overline{I_4}\,\overline{I_3}\,\overline{I_2}\,\overline{I_1}\,\overline{I_0}$$

表9.4.1　　3位二进制编码器的真值表

输入信号								输出信号		
I_7	I_6	I_5	I_4	I_3	I_2	I_1	I_0	C	B	A
1	0	0	0	0	0	0	0	1	1	1
0	1	0	0	0	0	0	0	1	1	0
0	0	1	0	0	0	0	0	1	0	1
0	0	0	1	0	0	0	0	1	0	0
0	0	0	0	1	0	0	0	0	1	1
0	0	0	0	0	1	0	0	0	1	0
0	0	0	0	0	0	1	0	0	0	1
0	0	0	0	0	0	0	1	0	0	0

2. 二—十进制编码器

二—十进制编码器是将十进制数码0～9编成二进制代码的电路。输入的是0～9十个数码，输出的是对应的4位二进制代码。这些二进制代码又称二—十进制代码，简称BCD(Binary Coded Decimal)码。

4位二进制代码共有16种状态，即**0000～1111**，其中任何10种状态都可表示0～9十

个数码，方案很多。最常用的是8421编码方式，就是在4位二进制代码的16种状态中取出前面十种状态**0000～1001**表示0～9十个数码，后面6种状态**1010～1111**去掉。二进制代码各位的**1**所代表的十进制数从高位到低位依次为8、4、2、1，称之为“权”，而后把每个数码乘以各位的“权”相加，即得出该二进制代码所表示的一位十进制数。

8421BCD编码器真值表如表9.4.2所示。I_0～I_9是十个输入变量，分别代表十进制数码0～9，因此，它们中任何时刻仅允许一个有效（为**1**）。当输入某一个十进制数码时，只要使相应的输入端为高电平，其余各输入端均为低电平，编码器的4个输出端$Y_3Y_2Y_1Y_0$就将出现一组相应的二进制代码。

表9.4.2　　8421BCD编码器的真值表

I_0	I_1	I_2	I_3	I_4	I_5	I_6	I_7	I_8	I_9	Y_3	Y_2	Y_1	Y_0
1	0	0	0	0	0	0	0	0	0	0	0	0	0
0	1	0	0	0	0	0	0	0	0	0	0	0	1
0	0	1	0	0	0	0	0	0	0	0	0	1	0
0	0	0	1	0	0	0	0	0	0	0	0	1	1
0	0	0	0	1	0	0	0	0	0	0	1	0	0
0	0	0	0	0	1	0	0	0	0	0	1	0	1
0	0	0	0	0	0	1	0	0	0	0	1	1	0
0	0	0	0	0	0	0	1	0	0	0	1	1	1
0	0	0	0	0	0	0	0	1	0	1	0	0	0
0	0	0	0	0	0	0	0	0	1	1	0	0	1

3. 优先编码器

上述编码器虽然比较简单，但当两个或两个以上输入端同时有信号时，其编码输出将是混乱的。在数字系统中，常常有多个从设备同时向主设备发出请求信号，但主设备在某一确定的时刻只能对其中的一个从设备进行响应。因此，系统设计时必须规定好响应的先后次序，即优先级别。按优先级别进行编码的逻辑部件称为优先编码器。优先编码器在任何时刻仅对优先级别高的输入端信号响应，优先级别低的输入端信号则不响应。图9.4.1所示为8-3线优先编码器74LS148的逻辑符号和引脚图，其真值表如表9.4.3所示。

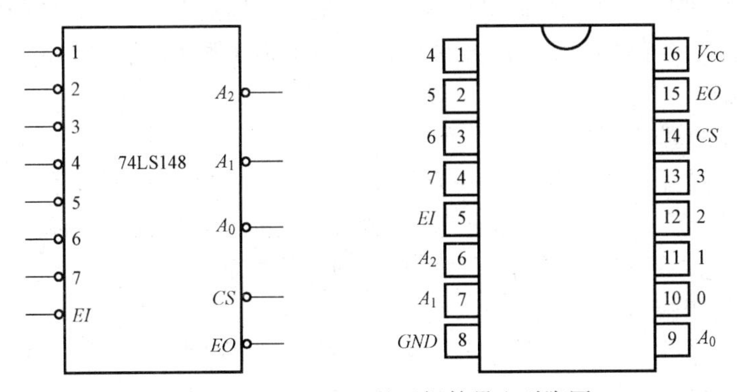

图9.4.1　74LS148的逻辑符号和引脚图

表 9.4.3 **74LS148 真值表**

输入									输出				
EI	7	6	5	4	3	2	1	0	*CS*	*EO*	A_2	A_1	A_0
1	×	×	×	×	×	×	×	×	1	1	1	1	1
0	1	1	1	1	1	1	1	1	1	0	1	1	1
0	0	×	×	×	×	×	×	×	0	1	0	0	0
0	1	0	×	×	×	×	×	×	0	1	0	0	1
0	1	1	0	×	×	×	×	×	0	1	0	1	0
0	1	1	1	0	×	×	×	×	0	1	0	1	1
0	1	1	1	1	0	×	×	×	0	1	1	0	0
0	1	1	1	1	1	0	×	×	0	1	1	0	1
0	1	1	1	1	1	1	0	×	0	1	1	1	0
0	1	1	1	1	1	1	1	0	0	1	1	1	1

74LS148 编码器有 8 个编码信号输入端、3 个代码输出端、1 个输入使能端、2 个输出控制端。从表 9.4.3 可以看出以下几点。

(1) *EI* 为输入使能端。低电平有效。*EI*=1 时不管输入端是否有效，输出端均为高电平，编码器处于“非工作状态”；而 *EI*=0 时，编码器处于“工作状态”。

(2) 输入端优先级的次序依次为 7、6、5、4、3、2、1、0。7 优先级最高，0 最低。输入端为低电平有效，输出端以反码的形式表示。如 6 用二进制表示是 110，用反码表示是 001。

(3) *EO* 为选通输出端，低电平时表示无编码信号输入。*CS* 为输出扩展端，低电平时表示有编码信号输入，且编码器处于工作状态。

9.4.2 译码器

把具有特定含义的二进制代码“翻译”成数字或字符的过程称为译码，它与编码是一个相反的过程。实现译码操作的电路称为译码器。常用的译码器有二进制译码器、二—十译码器和显示译码器等。

1. 二进制译码器

二进制译码器可将 n 位二进制代码译成电路的 2^n 种输出状态。常用的二进制译码器有 2/4 线译码器、3/8 线译码器和 4/16 线译码器等。如 3/8 线译码器将 3 位二进制代码译成电路的八种输出状态。

3/8 线译码器的真值表如表 9.4.4 所示，它有三个输入端 A_2、A_1、A_0，用于输入 3 位二进制代码，有八个输出端 $Y_0 \sim Y_7$。当 $A_2A_1A_0$ 为 000 时，Y_0 为 1，其余输出为 0；当 $A_2A_1A_0$ 为 111 时，Y_7 为 1，其余输出为 0。这样就实现了把输入代码译成特定的输出信号，$Y_0 \sim Y_7$ 在任意状态中只有一个高电平，其余的均为低电平。

由表 9.4.4 可得输出逻辑函数表达式

$$Y_0 = \overline{A}_2\overline{A}_1\overline{A}_0 \qquad Y_1 = \overline{A}_2\overline{A}_1A_0 \qquad Y_2 = \overline{A}_2A_1\overline{A}_0 \qquad Y_3 = \overline{A}_2A_1A_0$$

$$Y_4 = A_2\overline{A}_1\overline{A}_0 \qquad Y_5 = A_2\overline{A}_1A_0 \qquad Y_6 = A_2A_1\overline{A}_0 \qquad Y_7 = A_2A_1A_0$$

表 9.4.4　　**3 位二进制译码器真值表**

A_2	A_1	A_0	Y_0	Y_1	Y_2	Y_3	Y_4	Y_5	Y_6	Y_7
0	0	0	1	0	0	0	0	0	0	0
0	0	1	0	1	0	0	0	0	0	0
0	1	0	0	0	1	0	0	0	0	0
0	1	1	0	0	0	1	0	0	0	0
1	0	0	0	0	0	0	1	0	0	0
1	0	1	0	0	0	0	0	1	0	0
1	1	0	0	0	0	0	0	0	1	0
1	1	1	0	0	0	0	0	0	0	1

由输出逻辑函数表达式可知，3 位二进制译码器的输出端包含了三个输入端变量 A_2、A_1、A_0 组成的所有最小项。

74LS138 是最为常用的集成 3/8 线译码器，它的逻辑符号和引脚图如图 9.4.2 所示，图中小圆圈表示低电平为有效电平。

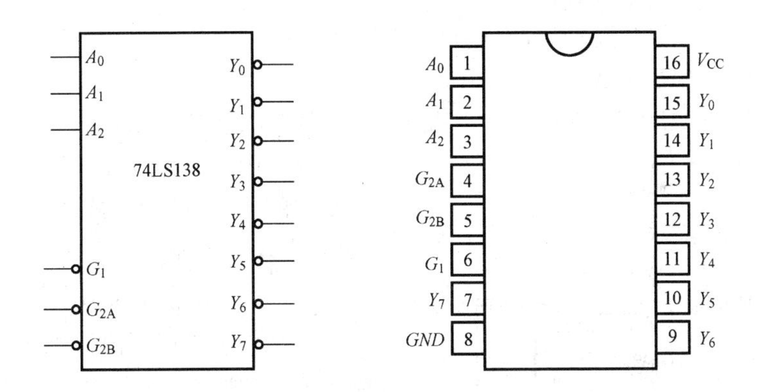

图 9.4.2　74LS138 译码器逻辑符号和引脚图

A_2、A_1、A_0 为二进制译码输入端，Y_0～Y_7 为译码输出端，G 为输入使能端。当 $G_1=\mathbf{0}$ 或 $G_{2A}+G_{2B}=\mathbf{1}$ 时，译码器处于禁止状态，输出 Y_0～Y_7 全为 **1**；当 $G_1=\mathbf{1}$ 或 $G_{2A}+G_{2B}=\mathbf{0}$ 时，译码器被选通，处于工作状态，真值表如表 9.4.5 所示。由表 9.4.5 可知，译码器 74LS138 输出端包含了输入端变量 A_2、A_1、A_0 组成的所有最小项的非，利用这一特点可以使用 74LS138 实现逻辑函数。译码器输出与输入之间的逻辑关系为

$$\overline{Y_0}=\overline{A_2}\,\overline{A_1}\,\overline{A_0}=m_0 \qquad \overline{Y_1}=\overline{A_2}\,\overline{A_1}A_0=m_1$$

$$\overline{Y_2}=\overline{A_2}A_1\,\overline{A_0}=m_2 \qquad \overline{Y_3}=\overline{A_2}A_1A_0=m_3$$

$$\overline{Y_4}=A_2\,\overline{A_1}\,\overline{A_0}=m_4 \qquad \overline{Y_5}=A_2\,\overline{A_1}A_0=m_5$$

$$\overline{Y_6}=A_2A_1\,\overline{A_0}=m_6 \qquad \overline{Y_7}=A_2A_1A_0=m_7$$

表 9.4.5 **74LS138 译码器的真值表**

输入						输出							
控制信号			数码										
G_1	G_{2A}	G_{2B}	A_2	A_1	A_0	Y_0	Y_1	Y_2	Y_3	Y_4	Y_5	Y_6	Y_7
×	1	×	×	×	×	1	1	1	1	1	1	1	1
×	×	1	×	×	×	1	1	1	1	1	1	1	1
0	×	×	×	×	×	1	1	1	1	1	1	1	1
1	0	0	0	0	0	0	1	1	1	1	1	1	1
1	0	0	0	0	1	1	0	1	1	1	1	1	1
1	0	0	0	1	0	1	1	0	1	1	1	1	1
1	0	0	0	1	1	1	1	1	0	1	1	1	1
1	0	0	1	0	0	1	1	1	1	0	1	1	1
1	0	0	1	0	1	1	1	1	1	1	0	1	1
1	0	0	1	1	0	1	1	1	1	1	1	0	1
1	0	0	1	1	1	1	1	1	1	1	1	1	0

【例 9.4.1】 用译码器 74LS138 和与非门实现逻辑函数 $F(A, B, C)=AB+BC$

解 (1) 首先，写出逻辑函数 F 的最小项之和形式

$$F(A,B,C)=AB+BC$$
$$=AB(C+\overline{C})+(A+\overline{A})BC=AB\overline{C}+ABC+\overline{A}BC=\sum m(3,6,7)$$

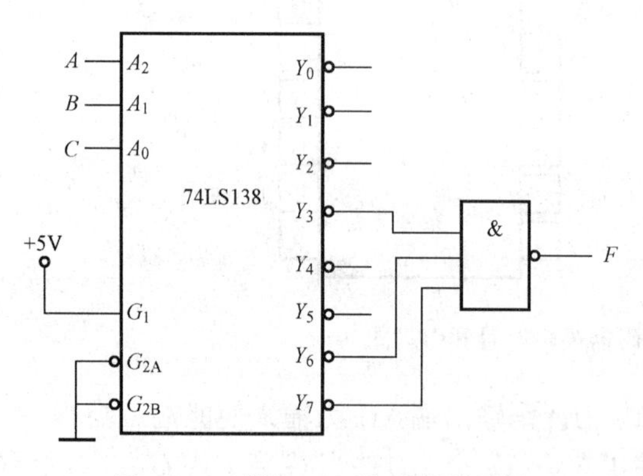

图 9.4.3 ［例 9.4.1］逻辑电路图

(2) 由于译码器 74LS138 的各输出端为最小项的非，故将上式转化为以下形式

$$F(A,B,C)=m_3+m_6+m_7$$
$$=\overline{\overline{m_3}\cdot\overline{m_6}\cdot\overline{m_7}}=\overline{Y_3\cdot Y_6\cdot Y_7}$$

(3) 由上式可画出该函数的逻辑电路图，如图 9.4.3 所示。

注意： 图中译码器 74LS138 的代码输入端 A_2、A_1、A_0 中 A_2 为最高位（见 74LS138 的真值表），而该函数的输入变量 A、B、C 中 A 为最高位，两者要保持一致。

2. 数字显示译码器

在数字系统中，通常需要将数字量直观地显示出来，一方面供人们直接读取处理结果，另一方面用以监视数字系统工作情况。因此，数字显示电路是许多数字设备不可缺少的部分。数字显示电路通常由译码器、驱动器和显示器等部分组成。下面对显示器和译码驱动器分别进行介绍。

(1) 七段数字显示器。七段数字显示器是目前使用最广泛的一种数码显示器。这种数码显示器由分布在同一平面的七段可发光的线段组成，可用来显示数字、文字或符号。常见的七段数字显示器有半导体数码显示器（LED）和液晶显示器（LCD）等。这种显示器由七段发光的字段组合而成。LED 是利用半导体构成的，而 LCD 是利用液晶制成的。由七段发光

二极管组成的数字显示器（或称为数码显示管）如图 9.4.4 所示。七段发光二极管的阳极连接在一起的数码管称为共阳极数码管，在电路中，将公共端接于高电平，当某段二极管的阴极为低电平时，相应段发光。七段发光二极管的阴极连接在一起的数码管称为共阴极数码管，它的控制方式与共阳极显示器正好相反。

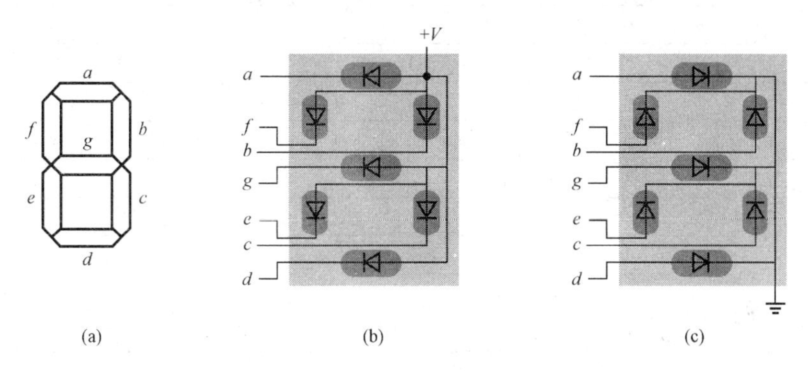

图 9.4.4　七段发光二极管组成的数字显示器

（a）数码显示管；（b）共阳极数码显示管；（c）共阴极数码显示管

（2）七段显示译码器。显示译码器是驱动显示器的核心部件，它可以将输入代码转换成相应的数字显示代码，并在数码管上显示出来。用来驱动上述七段数字显示器的译码器称为七段显示译码器。它主要有两种：①输出为低电平有效，与共阳极数码管搭配使用，如 74LS47；②输出为高电平有效，与共阴极数码管搭配使用，如 74LS48、CD4511。

下面以 CD4511 为例介绍，CD4511 是一个用于驱动共阴极数码管显示的显示译码驱动器，其引脚图如图 9.4.5 所示，真值表如表 9.4.6 所示。其特点为：以 BCD 码显示，具有消隐和锁存控制、七段译码及驱动功能，能提供较大的拉电流，可直接驱动 LED 显示器。

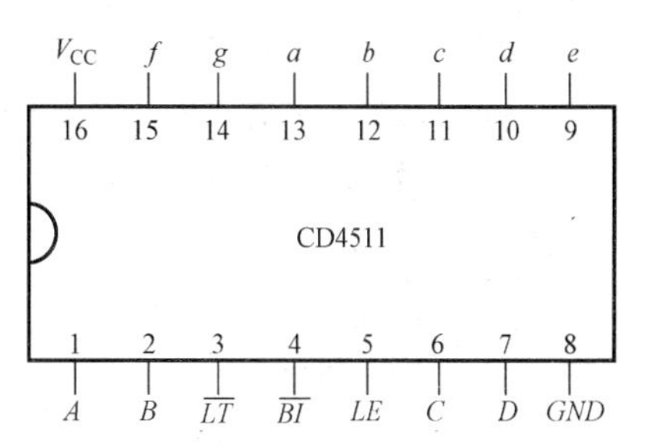

图 9.4.5　CD4511 引脚图

表 9.4.6　　CD4511 真值表

输入							输出							
LE	$\overline{BI}$	$\overline{LT}$	*D*	*C*	*B*	*A*	*a*	*b*	*c*	*d*	*e*	*f*	*g*	显示
×	×	0	×	×	×	×	1	1	1	1	1	1	1	8
×	0	1	×	×	×	×	0	0	0	0	0	0	0	消隐
0	1	1	0	0	0	0	1	1	1	1	1	1	0	0
0	1	1	0	0	0	1	0	1	1	0	0	0	0	1
0	1	1	0	0	1	0	1	1	0	1	1	0	1	2
0	1	1	0	0	1	1	1	1	1	1	0	0	1	3
0	1	1	0	1	0	0	0	1	1	0	0	1	1	4
0	1	1	0	1	0	1	1	0	1	1	0	1	1	5
0	1	1	0	1	1	0	0	0	1	1	1	1	1	6

续表

输入							输出							
LE	$\overline{BI}$	$\overline{LT}$	D	C	B	A	a	b	c	d	e	f	g	显示
0	1	1	0	1	1	1	1	1	1	0	0	0	0	7
0	1	1	1	0	0	0	1	1	1	1	1	1	1	8
0	1	1	1	0	0	1	1	1	1	1	0	1	1	9
0	1	1	1	0	1	0	0	0	0	0	0	0	0	消隐
0	1	1	1	0	1	1	0	0	0	0	0	0	0	消隐
0	1	1	1	1	0	0	0	0	0	0	0	0	0	消隐
0	1	1	1	1	0	1	0	0	0	0	0	0	0	消隐
0	1	1	1	1	1	0	0	0	0	0	0	0	0	消隐
0	1	1	1	1	1	1	0	0	0	0	0	0	0	消隐
1	1	1	×	×	×	×	锁存							锁存

由真值表可知以下几点。

1）试灯输入LT。低电平有效。当$LT=0$时，不管其他输入端状态如何，七段均发亮，显示“8”，它主要用来检测数码管是否损坏。

2）消息输入控制端BI。当$BI=0$，$LT=1$时，不管其他输入端状态如何，七段数码管均处在熄灭（消隐）状态，不显示数字。

3）锁存控制端LE。当$LE=0$时，允许译码输出。$LE=1$时，译码器是锁存保持状态，译码器输出保持在$LE=1$前的状态。

4）正常译码显示。当$LE=0$，$BI=1$，$LT=1$时，对输入为十进制数0～9的BCD码进行正常译码显示。

9.4.3 数据选择器

在数字系统中，当需要进行远距离多路数据传送时，为了减少传输线的数目，发送端常通过一条公共传输线，用数据选择器分时发送数据到传输线。数据选择器又称为多路数据选择器，它类似于多个输入的单刀多掷开关，其示意图如图9.4.6所示。它在选择控制信号作用下，选择多路数据输入中的某一路与输出端接通。集成数据选择器的种类很多，有2选1、4选1、8选1和16选1等。图9.4.7所示为74LS151型8选1数据选择器的逻辑符号和引脚分布。

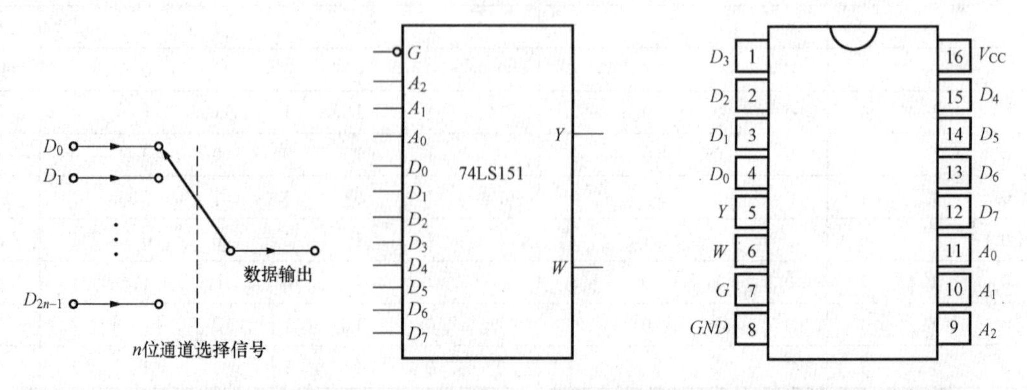

图9.4.6 数据选择器示意图　　图9.4.7 数据选择器74LS151逻辑符号和引脚图

74LSl51是八选一数据选择器，它有三个地址输入端A_2、A_1和A_0，可选择$D_0 \sim D_7$ 8个数据源；具有两个互补输出端，即同相输出端Y和反相输出端W。该逻辑电路输入使能G为低电平有效。74LS151的功能表如表9.4.7所示。

输出Y的表达式为

$$Y = D_0\overline{A}_2\overline{A}_1\overline{A}_0 + D_1\overline{A}_2\overline{A}_1A_0 + \cdots + D_7A_2A_1A_0 = \sum_{i=0}^{7} D_i m_i$$

式中，m_i为A_2、A_1、A_0的最小项。因此，输出Y提供了地址变量的全部最小项。例如，当$A_2A_1A_0=011$时，根据最小项性质，只有$m_3=1$，其余各项为0，故得$Y=D_3$，即只有D_3传送到输出端。利用这一特点可以实现相关组合逻辑函数功能。

表9.4.7　　74LS151的功能表

输入				输出	
使能	地址				
G	A_2	A_1	A_0	Y	W
1	×	×	×	0	1
0	0	0	0	D_0	$\overline{D}_0$
0	0	0	1	D_1	$\overline{D}_1$
0	0	1	0	D_2	$\overline{D}_2$
0	0	1	1	D_3	$\overline{D}_3$
0	1	0	0	D_4	$\overline{D}_4$
0	1	0	1	D_5	$\overline{D}_5$
0	1	1	0	D_6	$\overline{D}_6$
0	1	1	1	D_7	$\overline{D}_7$

【例9.4.2】 用一片8选1数据选择器74LS151实现组合逻辑函数：$L(A,B,C)=\overline{A}\overline{B}C+\overline{A}B\overline{C}+AB$

解 首先将组合逻辑函数变换成最小项之和的标准形式

$$\begin{aligned} L(A,B,C) &= \overline{A}\,\overline{B}C + \overline{A}B\overline{C} + AB \\ &= \overline{A}\,\overline{B}C + \overline{A}B\overline{C} + AB\overline{C} + ABC \\ &= m_1 + m_2 + m_6 + m_7 \end{aligned}$$

而8选1数据选择器输出信号的表达式为$Y = \sum_{i=0}^{7} D_i m_i$

比较L和Y，得

$$D_0 = 0、D_1 = 1、D_2 = 1、D_3 = 0$$
$$D_4 = 0、D_5 = 0、D_6 = 1、D_7 = 1$$

其逻辑电路图如图9.4.8所示。

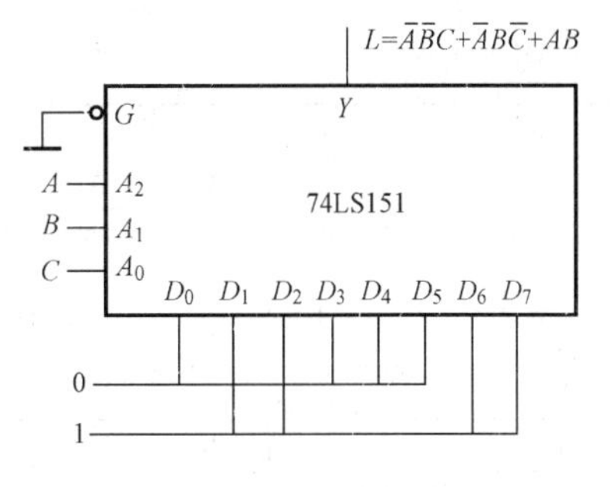

图9.4.8 ［例9.4.2］图

注意：L函数中最小项的最高位为A，Y函数中最小项的最高位为A_2，两者要一一对应。

9.4.4 数据分配器

数据分配器能将一个公共通道上的数据根据通道地址信号分时传送到多个不同的通道上。数据分配器的功能与数据选择器相反，它具有一个数据输入端和多个数据输出端，由数据分配控制信号决定输入分配给哪一路接收端。它的作用相当于多输出的单刀多掷开关，其示意图如图 9.4.9 所示，表 9.4.8 所示为 1 路～8 路数据分配器的真值表。

表 9.4.8　　1 路～8 路数据分配器真值表

输入控制信号			数据输出							
A_2	A_1	A_0	Y_0	Y_1	Y_2	Y_3	Y_4	Y_5	Y_6	Y_7
0	0	0	D	1	1	1	1	1	1	1
0	0	1	1	D	1	1	1	1	1	1
0	1	0	1	1	D	1	1	1	1	1
0	1	1	1	1	1	D	1	1	1	1
1	0	0	1	1	1	1	D	1	1	1
1	0	1	1	1	1	1	1	D	1	1
1	1	0	1	1	1	1	1	1	D	1
1	1	1	1	1	1	1	1	1	1	D

数据分配器可由带使能输入端的二进制译码器来实现。如将译码器的使能端作为数据输入端，二进制代码输入端 A_2、A_1、A_0 作为地址输入端使用时，则译码器便成为一个数据分配器。由 74LS138 构成的 1 路～8 路数据分配器如图 9.4.10 所示，真值表如表 9.4.9 所示。

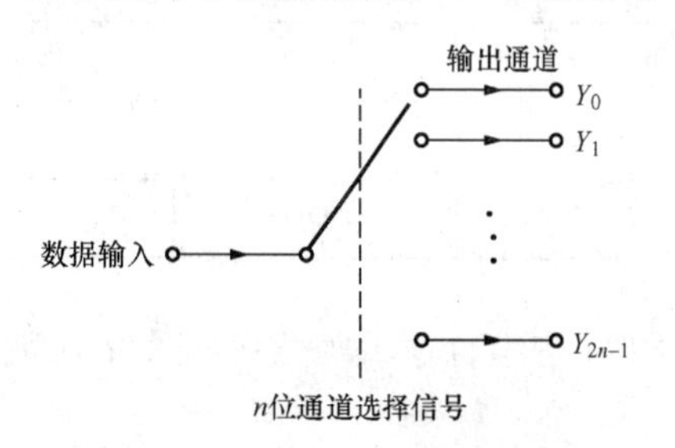

图 9.4.9　数据分配器示意图

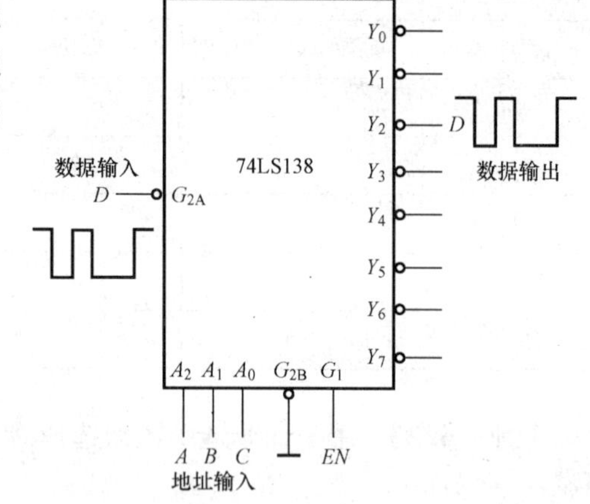

图 9.4.10　74LS138 构成的 1 路～8 路数据分配器

表 9.4.9　　74LS138 译码器作为数据分配器的功能表

输入						输出							
G_1	G_{2A}	G_{2B}	A_2	A_1	A_0	Y_0	Y_1	Y_2	Y_3	Y_4	Y_5	Y_6	Y_7
0	×	0	×	×	×	1	1	1	1	1	1	1	1
1	D	0	0	0	0	D	1	1	1	1	1	1	1
1	D	0	0	0	1	1	D	1	1	1	1	1	1
1	D	0	0	1	0	1	1	D	1	1	1	1	1
1	D	0	0	1	1	1	1	1	D	1	1	1	1
1	D	0	1	0	0	1	1	1	1	D	1	1	1
1	D	0	1	0	1	1	1	1	1	1	D	1	1
1	D	0	1	1	0	1	1	1	1	1	1	D	1
1	D	0	1	1	1	1	1	1	1	1	1	1	D

9.4.5　数值比较器

在数字系统中，常常要比较两个数的大小。数值比较器就是对两数 A、B 进行比较，以判断其大小的逻辑电路。比较结果包括 $A>B$、$A<B$、$A=B$ 三种情况。

1. 1 位数值比较器

一位数值比较器是比较器的基础。它只能比较两个 1 位二进制数的大小，如图 9.4.11 所示。它的输出逻辑表达式为

$$L_1 = A\overline{B};\quad L_2 = \overline{A}B;\quad L_3 = \overline{A}\,\overline{B} + AB = \overline{\overline{A}B + A\overline{B}}$$

由逻辑表达式得真值表如表 9.4.10 所示。

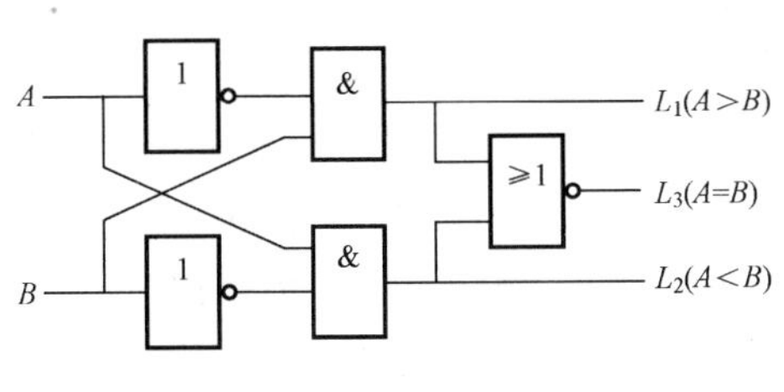

图 9.4.11　1 位二进制比较器

表 9.4.10　　1 位数值比较器的真值表

A	B	L_1	L_2	L_3
0	0	0	0	1
0	1	0	1	0
1	0	1	0	0
1	1	0	0	1

由真值表可知，将逻辑变量 A、B 的取值当作二进制数，当 $A>B$ 时 $L_1=1$；$A<B$ 时 $L_2=1$；$A=B$ 时 $L_3=1$。

对于多位的情况，一般来说，先比较高位，当高位不等时，两个数的比较结果就是高位的比较结果。当高位相等时，两数的比较结果由低位决定。

2. 集成数值比较器

常用的集成数值比较器有 4 位数值比较器 74LS85，74LS85 的逻辑图和引脚图如图 9.4.12 所示，其功能表如表 9.4.11 所示。

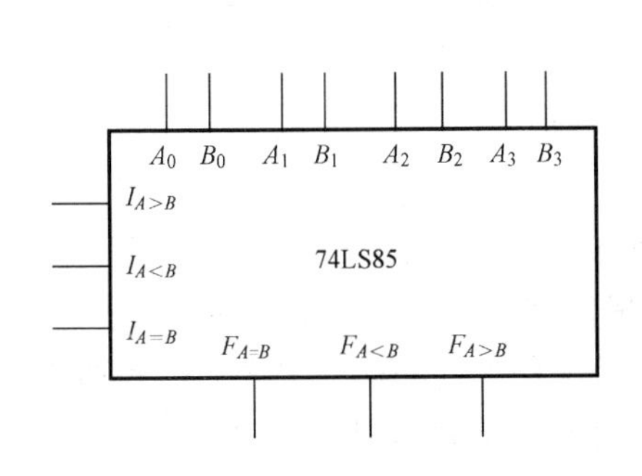

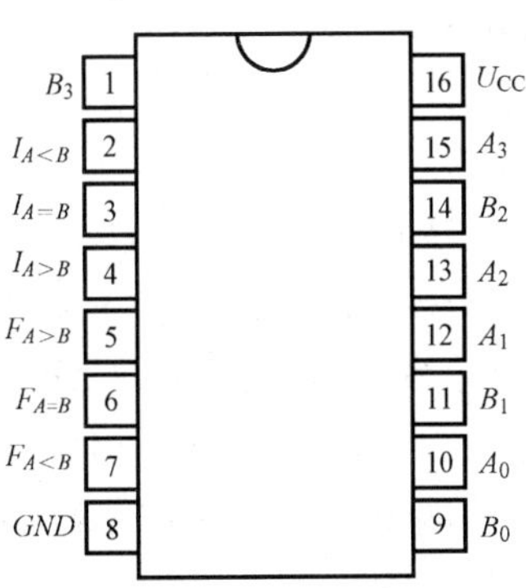

图 9.4.12　74LS85 的逻辑图和引脚图

表 9.4.11　　74LS85　功　能　表

比较输入				级联输入			输出		
A_3　B_3	A_2　B_2	A_1　B_1	A_0　B_0	$I_{A>B}$	$I_{A<B}$	$I_{A=B}$	$F_{A>B}$	$F_{A<B}$	$F_{A=B}$
$A_3>B_3$	×	×	×	×	×	×	1	0	0
$A_3<B_3$	×	×	×	×	×	×	0	1	0
$A_3=B_3$	$A_2>B_2$	×	×	×	×	×	1	0	0
$A_3=B_3$	$A_2<B_2$	×	×	×	×	×	0	1	0

续表

比较输入				级联输入			输出		
A_3 B_3	A_2 B_2	A_1 B_1	A_0 B_0	$I_{A>B}$	$I_{A<B}$	$I_{A=B}$	$F_{A>B}$	$F_{A<B}$	$F_{A=B}$
$A_3=B_3$	$A_2=B_2$	$A_1>B_1$	×	×	×	×	1	0	0
$A_3=B_3$	$A_2=B_2$	$A_1<B_1$	×	×	×	×	0	1	0
$A_3=B_3$	$A_2=B_2$	$A_1=B_1$	$A_0>B_0$	×	×	×	1	0	0
$A_3=B_3$	$A_2=B_2$	$A_1=B_1$	$A_0<B_0$	×	×	×	0	1	0
$A_3=B_3$	$A_2=B_2$	$A_1=B_1$	$A_0=B_0$	1	0	0	1	0	0
$A_3=B_3$	$A_2=B_2$	$A_1=B_1$	$A_0=B_0$	0	1	0	0	1	0
$A_3=B_3$	$A_2=B_2$	$A_1=B_1$	$A_0=B_0$	0	0	1	0	0	1

真值表中的输入变量包括 A_3、B_3、A_2、B_2、A_1、B_1、A_0、B_0 和低位数 A 与 B 的比较结果。设置低位数比较结果输入端，是为了能与其他数值比较器连接，以便组成更多位数的数值比较器。3 个输出信号为 $L_1(A>B)$、$L_2(A>B)$ 和 $L_3(A=B)$，分别表示本级的比较结果。

9.5 习　　题

9.1　试说明 $1+1=1$，$1+1=10$，$1+1=2$ 各式的含义。

9.2　证明下列逻辑恒等式

(1) $\overline{A+B}=\overline{A}\overline{B}$；　　(2) $\overline{AB}=\overline{A}+\overline{B}$；

(3) $(A\oplus B)\oplus C=A\oplus(B\oplus C)$；(4) $ABC+\overline{A}\overline{B}\overline{C}=\overline{A\overline{B}+B\overline{C}+\overline{A}C}$。

9.3　用代数法将下列逻辑函数化简为最简与或式。

(1) $F(A,B)=(A+B)(A\overline{B})$；

(2) $F(A,B,C,D)=(\overline{A}B+A\overline{B}\cdot\overline{C}+ABC)(AD+BC)$；

(3) $F(A,B,C)=A+ABC+A\overline{B}\overline{C}+BC+\overline{B}\overline{C}$；

(4) $F(A,B)=\overline{AB+\overline{A}\overline{B}}+\overline{A}B+A\overline{B}$；

(5) $F(A,B,C)=(A+B+C)(\overline{A}+B+C)$；

(6) $F(A,B,C,D)=ABC\overline{D}+ABD+BC\overline{D}+ABCD+B\overline{C}$。

9.4　TTL 系列集成电路和 CMOS 系列集成电路各有什么特点?

9.5　从可靠性角度出发，如何处理与门多余的输入端和或门多余的输入端?

9.6　写出如图 9.5.1 所示的逻辑函数，并说明电路的作用。

9.7　写出如图 9.5.2 的逻辑函数，并说明电路的作用。

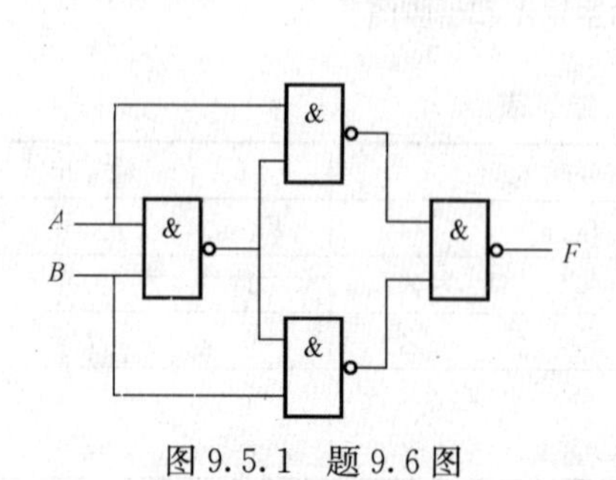

图 9.5.1　题 9.6 图

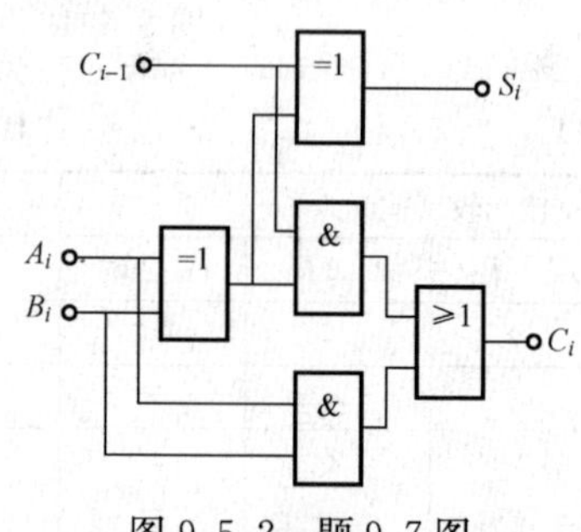

图 9.5.2　题 9.7 图

9.8　设计交叉路口交通灯故障报警电路。交叉路口的交通管制灯有三个，分别是红灯、黄灯和绿灯。正常工作时，应该只有一盏灯亮，其他情况均属电路故障。请列出真值表，写出逻辑函数，画出电路图。

9.9　设计一个逻辑电路来控制楼梯灯，要求在楼上、楼下都能开关电灯。

9.10　用与非门设计一个举重裁判表决电路。设举重比赛有三个裁判，一个主裁判和两个副裁判。只有当两个或两个以上裁判判明成功，并且其中有一个为主裁判时，表明成功的灯才亮，否则举重失败。

9.11　用两片 8-3 线优先编码器 74LS148 扩展为 16-4 线优先编码器，画出扩展电路。

9.12　用 74LS138 译码器实现逻辑函数 $Y=AB+\bar{B}C+A\bar{C}$，画出电路图。

9.13　用两片 3/8 线译码器 74LS138 扩展为 4/16 线译码器，画出扩展电路。

9.14　如何利用 74LS138 实现 1 位全加器?

9.15　用两个 1 位 8 选 1 数据选择器 74LS151 接成一个 2 位 8 选 1 数据选择器。画出电路图。

9.16　如何利用两个 1 位 8 选 1 数据选择器 74LS151 接成一个 1 位 16 选 1 数据选择器?画出电路图。

9.17　用 74LS151 实现逻辑函数 $Y=AB+BC+CA$，画出电路图。

9.18　图 9.5.3 为 2 个 4 位的数值比较器的连接图，请分析电路的功能。

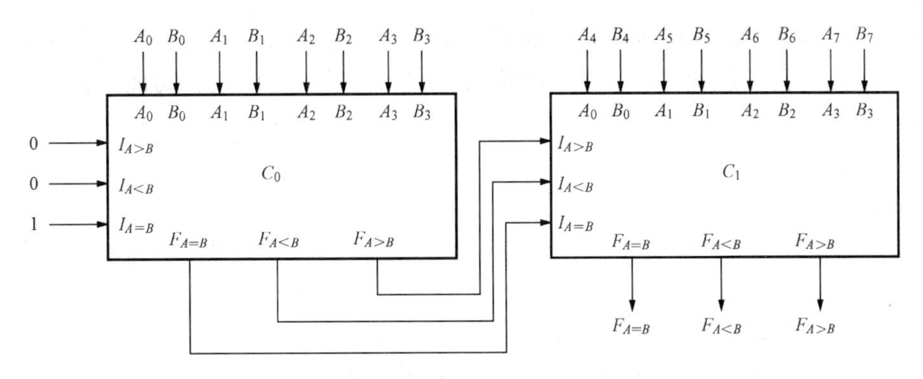

图 9.5.3　题 9.18 图

第10章 时序逻辑电路

时序逻辑电路由组合逻辑电路和具有记忆作用的触发器构成。时序逻辑电路的特点是：其输出不仅仅取决于电路的当前输入，而且还与电路的原来状态有关。因此，在数字电路和计算机系统中，常用时序逻辑电路组成各种寄存器、存储器、计数器等。

触发器是时序逻辑电路的基本单元，其种类繁多。从工作状态看，触发器可分为双稳态触发器、单稳态触发器和无稳态触发器三类；从制造工艺看，触发器可分为TTL型和CMOS型两大类。不论是哪一类型的触发器，只要是同一名称，其输入与输出的逻辑功能完全相同。因此，在讨论各种触发器的工作原理时，通常不指明是TTL型还是CMOS型。

双稳态触发器是各种时序逻辑电路的基础。本章将在分析双稳态触发器逻辑功能的基础上，讨论典型的时序逻辑电路器件——寄存器和计数器，并介绍它们的应用。

10.1 双稳态触发器

双稳态触发器是组成时序逻辑电路的基本单元。按其逻辑功能可分为RS触发器，JK触发器、D触发器和T触发器等。本节将重点介绍各类触发器的逻辑功能，至于内部结构仅作一般了解。

10.1.1 RS触发器

1. 基本RS触发器

基本RS触发器是各种触发器中结构最简单的一种，同时又是其他触发器的一个组成部分。既可由两个或非门交叉连接成高电平输入有效的RS触发器，如图10.1.1（a）所示，又可由两个与非门交叉连接成低电平输入有效的RS触发器，如图10.1.1（b）所示。这种交叉连接产生了正反馈，这也是所有触发器电路的基本特征。

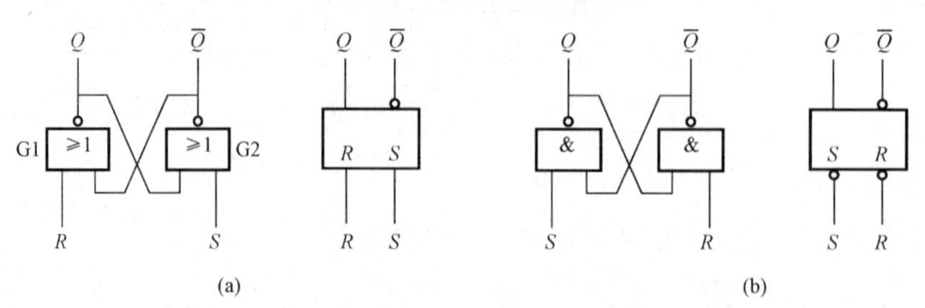

图10.1.1 两种不同逻辑门组成的基本RS触发器

（a）或非门组成的基本RS触发器；（b）与非门组成的基本RS触发器

如图10.1.1所示，Q和$\overline{Q}$为两个互补的输出端，并且定义$Q=0$，$\overline{Q}=1$为触发器的0状态，$Q=1$，$\overline{Q}=0$为触发器的1状态。

如图10.1.1（a）所示，根据输入信号R、S的不同取值组合，触发器的输出与输入之间的关系有四种情况。

（1）当 $S=R=0$ 时，这两个输入信号对或非门的输出 Q 和 $\overline{Q}$ 不起作用，电路状态保持不变，即原来的状态被触发器存储起来，这体现了触发器具有记忆功能。

（2）当 $S=0$，$R=1$ 时，无论原来 Q、$\overline{Q}$ 状态如何，因 $R=1$ 使得或非门 G_1 输出 $Q=0$，且 $\overline{Q}=1$，即触发器为 0 状态。这种情况称为触发器置 0 或触发器复位，故 R 输入端称为复位端或置 0 输入端。

（3）当 $S=1$，$R=0$ 时，无论原来 Q、$\overline{Q}$ 状态如何，因 $S=1$ 使得或非门 G_2 输出 $\overline{Q}=0$，且 $Q=1$，即触发器为 1 状态。这种情况称为触发器置 1 或触发器置位，故 S 输入端称为置位端或置 1 输入端。

（4）当 $S=1$，$R=1$ 时，$Q=\overline{Q}=0$，触发器的两输出互补的逻辑关系被破坏。当两个输入信号同时撤去（变到 0）后，触发器的状态将不能确定是 1 还是 0，因此这种情况应当避免。

RS 触发器的真值表如表 10.1.1 所示。从真值表中可看出，这种触发器的输入端为高电平有效。

对于图 10.1.1（b），可作同样分析。这种触发器是以低电平作为输入有效信号的，在逻辑符号的输入端用小圆圈表示低电平输入信号有效，它的真值表如表 10.1.2 所示。

表 10.1.1　或非门组成的基本 RS 触发器的真值表

R	S	Q	$\overline{Q}$	触发器状态
0	0	不变	不变	保持
0	1	1	0	置 1
1	0	0	1	置 0
1	1	0*	0*	不定

表 10.1.2　与非门组成的 RS 触发器的真值表

R	S	Q	$\overline{Q}$	触发器状态
0	0	1*	1*	不定
0	1	0	1	置 0
1	0	1	0	置 1
1	1	不变	不变	保持

由于 $S=R=0$ 时出现了 $Q=\overline{Q}=1$ 的状态，而且当 S 和 R 同时撤去（变到 1）后，触发器的状态将不能确定是 1 还是 0，因此这种情况也应当避免。

图 10.1.2 所示为或非门组成的基本 RS 触发器的输入、输出波形（设 Q 的初始状态为 0）。

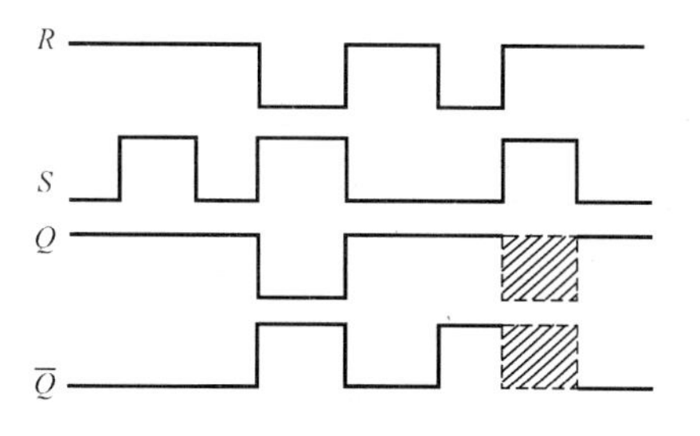

图 10.1.2　或非门组成的基本 RS 触发器的波形图

2. 集成基本 RS 触发器 74LS279

集成基本 RS 触发器 74LS279 的内部包含 4 个基本 RS 触发器，输入信号均为低电平有效，其逻辑符号和引脚图如图 10.1.3 所示，应该注意的是图中有两个基本 RS 触发器具有两个输入端 S_1 和 S_2，这两个输入端的逻辑关系为与逻辑，即 $S=S_1 \cdot S_2$。每个基本 RS 触发器只有一个 Q 输出端。

3. 钟控 RS 触发器

图 10.1.4 所示为受时钟脉冲（CP）信号控制的 RS 触发器，简称钟控 RS 触发器，它由基本 RS 触发器构成，其中 G1、G2 组成控制门，G3、G4 组成基本 RS 触发器。时钟信号通过控制门控制输入信号 R、S 进入 G3 和 G4 门的输入端。

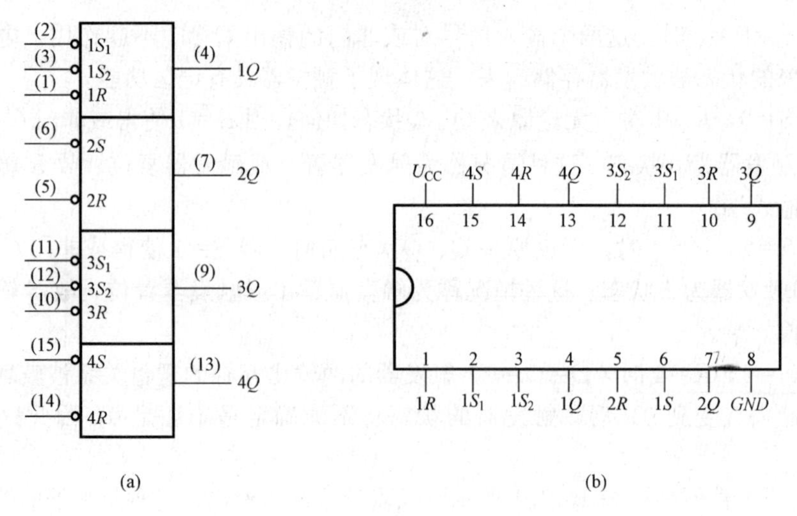

图 10.1.3　74LS279 逻辑符号和引脚图

(a) 逻辑图；(b) 引脚图

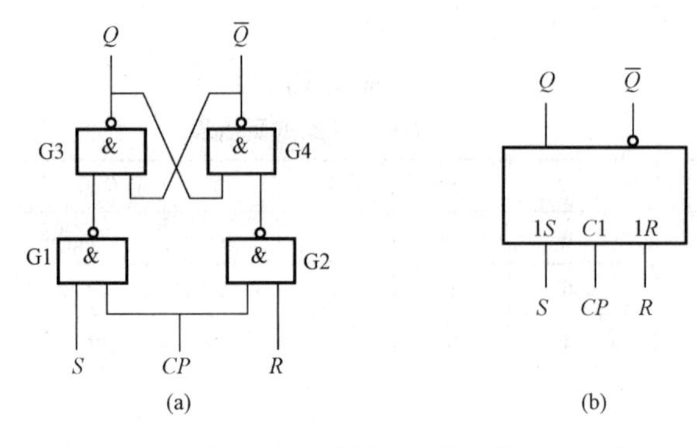

图 10.1.4　钟控 RS 触发器

(a) 逻辑图；(b) 逻辑符号

(1) 当 $CP=0$ 时，G1、G2 门禁止，输入信号 R、S 不会影响输出端的状态，故触发器保持原状态不变。

(2) 当 $CP=1$ 时，G1、G2 门启动，R、S 信号通过 G1、G2 门反相后加到由 G3、G4 门组成的基本 RS 触发器上，此时工作情况与基本 RS 触发器相同。

根据上述关系可得到真值表如表 10.1.3 所示。因为触发器在每次时钟脉冲触发后产生的新状态 Q^{n+1}（也称为次态）不仅与输入信号有关，而且还与触发器在每次时钟脉冲触发前的状态 Q^n（也称为原态或现态）有关，所以在表 10.1.3 中列入了 Q^n 和 Q^{n+1}。这种含有 Q^n 和 Q^{n+1} 变量的真值表叫做触发器的状态转换真值表。次态与原态、输入信号之间的逻辑关系还可用特性方程来描述。

根据真值表 10.1.3，钟控 RS 触发器的特性方程为

$$\begin{cases} Q^{n+1} = S + \overline{R}Q^n \\ RS = 0 \end{cases},\quad CP = 1 \tag{10.1.1}$$

表 10.1.3　　钟控 RS 触发器状态转换真值表

CP	S	R	Q^n	Q^{n+1}	功能说明
0	×	×	0	0	$Q^{n+1}=Q^n$
0	×	×	1	1	保持
1	0	0	0	0	$Q^{n+1}=Q^n$
1	0	0	1	1	保持

续表

CP	S	R	Q^n	Q^{n+1}	功能说明
1	0	1	0	0	$Q^{n+1}=0$
1	0	1	1	0	置 0
1	1	0	0	1	$Q^{n+1}=1$
1	1	0	1	1	置 1
1	1	1	0	1*	不定
1	1	1	1	1*	

10.1.2 JK 触发器

JK 触发器由两个钟控 RS 触发器串联组成，两个触发器分别称为主触发器和从触发器。J 和 K 是信号输入端。时钟 CP 控制主触发器和从触发器的翻转。JK 触发器是一种功能较完善，应用很广泛的双稳态触发器。图 10.1.5（a）所示的是一种典型结构的 JK 触发器——主从型 JK 触发器。

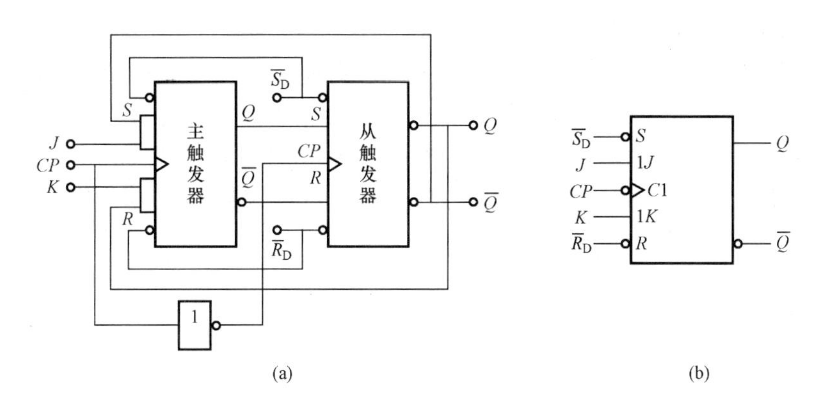

图 10.1.5 主从 JK 触发器

（a）逻辑图；（b）逻辑符号

当 $CP=0$ 时，主触发器状态不变，从触发器输出状态与主触发器的输出状态相同。

当 $CP=1$ 时，输入 J、K 影响主触发器，而从触发器状态不变。当 CP 从 1 变成 0 时，主触发器的状态传送到从触发器，即主从触发器是在 CP 下降沿到来时才使触发器翻转的。

JK 触发器的逻辑功能表如表 10.1.4 所示。

表 10.1.4 主从 JK 触发器的逻辑功能表

J	K	Q^{n+1}	功能
0	0	Q^n	保持
0	1	0	置 0
1	0	1	置 1
1	1	$\overline{Q}$	计数

上述逻辑关系可用逻辑表达式表示为

$$Q^{n+1}=S+\overline{R}Q^n=J\overline{Q}^n+\overline{KQ^n}Q^n=J\overline{Q}^n+\overline{K}Q^n \tag{10.1.2}$$

式（10.1.2）被称为 JK 触发器的状态方程，式中的 Q^n、Q^{n+1} 分别为 CP 下降沿时刻之前和之后触发器的状态。

主从JK触发器逻辑符号如图10.1.5（b）所示，CP端加小圆圈表示下降沿触发。

【例10.1.1】 已知主从JK触发器J、K的波形如图所示，画出输出Q的波形图（设初始状态为0）。

解 主从JK触发器在CP的下降沿到来后翻转。由触发器的逻辑功能表可知，在第1个CP高电平期间，$J=1$，$K=0$，因此Q^{n+1}置1；在第2个CP高电平期间，$J=1$，$K=1$，Q^{n+1}翻转为0；在第3个CP高电平期间，$J=0$，$K=0$，Q^{n+1}保持不变，仍为0；在第4个CP高电平期间，$J=1$，$K=0$，Q^{n+1}置1；在第5个CP高电平期间，$J=0$，$K=1$，Q^{n+1}置0；在第6个CP高电平期间，$J=0$，$K=0$，Q^{n+1}保持不变，仍为0。最后得到输出Q的波形如图10.1.6所示。

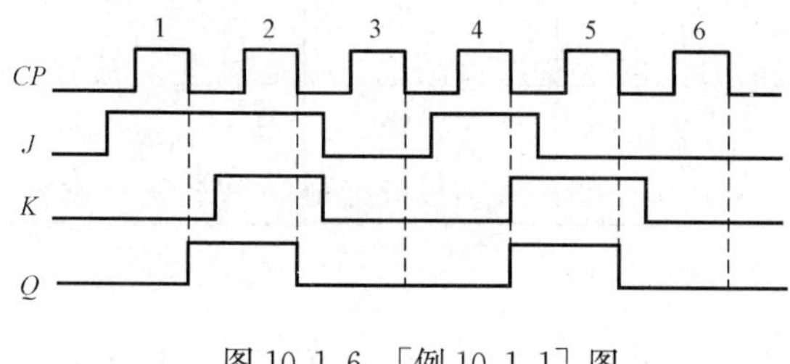

图10.1.6 ［例10.1.1］图

10.1.3 D触发器

主从JK触发器是在CP脉冲高电平期间接收信号的，如果在CP高电平期间输入端出现干扰信号，那么就有可能使触发器产生与逻辑功能表不符合的错误状态。边沿触发器的电路结构可使触发器在CP脉冲有效触发沿到来前一瞬间接收信号，在有效触发沿到来后产生状态转换，这种电路结构的触发器大大提高了抗干扰能力和电路工作的可靠性。

图10.1.7所示为维持阻塞式边沿D触发器的逻辑图和逻辑符号。逻辑符号中，“>”表示CP为边沿触发，以区分于电平触发。该触发器由6个与非门组成，其中G1、G2组成基本RS触发器，G3、G4组成时钟控制电路，G5、G6组成数据输入电路。$\overline{R}_D$和$\overline{S}_D$分别是直接置0端和直接置1端，有效电平为低电平。

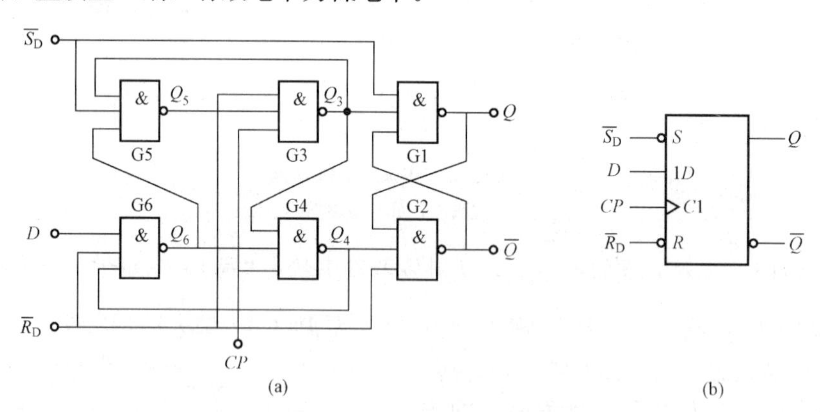

图10.1.7 维持阻塞型D触发器

（a）逻辑图；（b）逻辑符号

维持阻塞D触发器在CP脉冲的上升沿产生状态变化，触发器的次态取决于CP脉冲上升沿前D端的信号，而在上升沿后，输入D端的信号变化对触发器的输出状态没有影响。如在CP脉冲的上升沿到来前$D=0$，则在CP脉冲的上升沿到来后，触发器置0；如在CP脉冲的上升沿到来前$D=1$，则在CP脉冲的上升沿到来后触发器置1。维持阻塞D触发器的逻辑功能表如表10.1.5所示。

依据逻辑功能表可得 D 触发器的状态方程为

$$Q^{n+1} = D \qquad (10.1.3)$$

表 10.1.5　D 触发器的逻辑功能表

D	Q^{n+1}	功能
0	0	置 0
1	1	置 1

常用集成电路边沿 D 触发器的型号为 74LS74，它包括两个相同的边沿 D 触发器，其引脚图如图 10.1.8 所示。图中 S_D、R_D 分别为异步置 1 端和异步置 0 端（或异步复位端），其逻辑功能为：当异步置 1 端或异步置 0 端有效时，触发器的输出状态将立即被置 1 或置 0，而不受 CP 脉冲和输入信号的控制。

【例 10.1.2】 图 10.1.9 所示为上升沿触发 D 触发器的输入信号和时钟脉冲波形，设触发器的初始状态为 0，确定输出信号 Q 的波形。

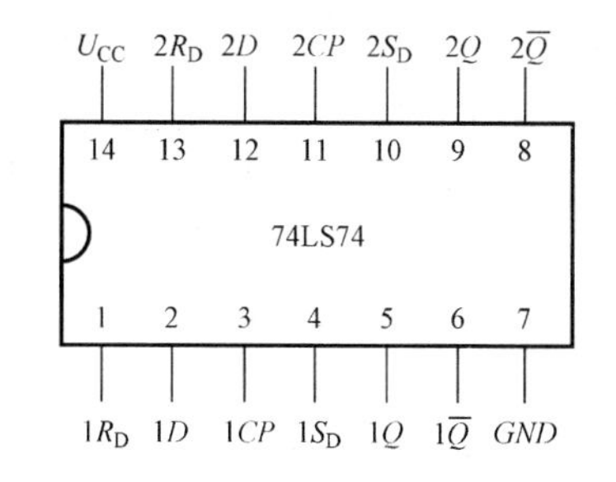

图 10.1.8　集成电路 74LS74 引脚图

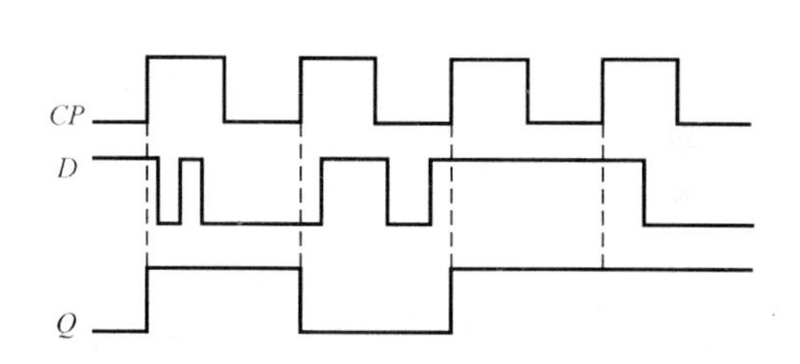

图 10.1.9　[例 10.1.2] 波形图

解　每个时钟脉冲 CP 上升沿之后的输出状态等于该上升沿前一瞬间 D 信号的状态，直到下一个时钟脉冲 CP 上升沿到来。由此可画出输出 Q 的波形如图 10.1.9 所示。

【例 10.1.3】 图 10.1.10（a）所示为边沿 D 触发器构成的电路图，设触发器的初始状态 $Q_1Q_0=00$，确定 Q_0 及 Q_1 在时钟脉冲作用下的波形。

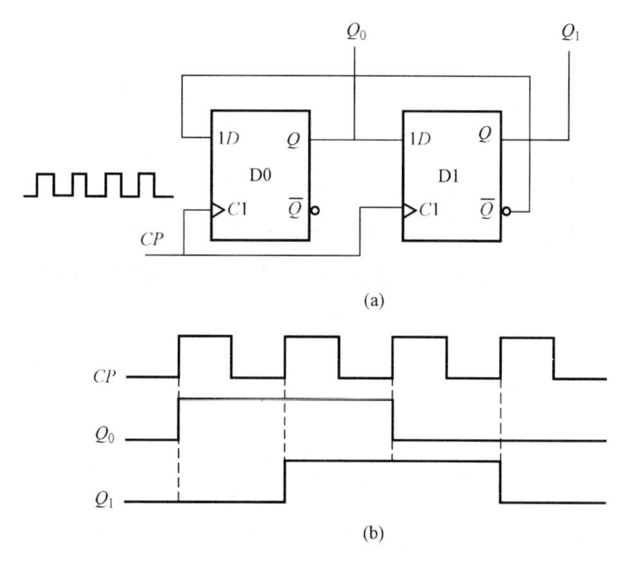

图 10.1.10　[例 10.1.3] 电路与波形图

（a）电路图；（b）波形图

解 由于两个D触发器的输入信号分别为另一个D触发器的输出，因此在确定它们的输出端波形时，应分段交替画出 Q_0 及 Q_1 的波形。在第一个 CP 上升沿到来时，D_0 的输出 Q_0 应和上升沿前一瞬间 D_0 信号的状态一致，而 $D_0=\overline{Q_1}=1$，所以 Q_0 的状态应为高电平，D_1 的输出 Q_1 应和上升沿前一瞬间 D_1 信号的状态一致，而 $D_1=Q_0=0$，所以 Q_1 的状态应为低电平，直到时钟的下一个上升沿到来，由此可以画出如图 10.1.10（b）所示的波形图。

10.2 寄　存　器

10.2.1 数据寄存器

在数字电路中，用来存放二进制数据或代码的电路称为寄存器。寄存器可用来暂存指令、数据和位址。寄存器由触发器构成，一个触发器可以存储1位二进制代码，存放 n 位二进制代码的寄存器，需用 n 个触发器来构成。如图 10.2.1 所示为一个由边沿D触发器构成的4位寄存器，无论寄存器中原来的内容是什么，只要送数控制时钟脉冲 CP 上升沿到来，加在数据输入端的数据 $D_0\sim D_3$ 就立即被送进寄存器中，即有

$$Q_3^{n+1}Q_2^{n+1}Q_1^{n+1}Q_0^{n+1}=D_3D_2D_1D_0$$

而在 CP 上升沿以外时间，寄存器内容将保持不变，直到下一个 CP 上升沿到来。故寄存时间为一个时钟周期。

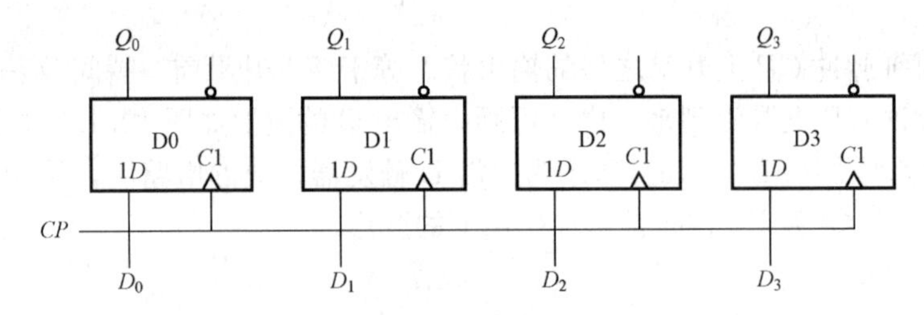

图 10.2.1 边沿D触发器构成的4位寄存器

10.2.2 移位寄存器

有时为了处理数据，需要将寄存器中的各位数据在移位控制信号作用下，依次向高位或向低位移动1位。具有移位功能的寄存器称为移位寄存器。移位寄存器除了数据保存外，还可以在移位脉冲作用下依次逐位右移或左移，数据既可以并行输入、并行输出，也可以串行输入、串行输出，还可以并行输入、串行输出及串行输入、并行输出，如图 10.2.2 所示。

常用集成电路移位寄存器为 74LS194，其逻辑符号和引脚图如图 10.2.3 所示。

它具有串行、并行输入，串行、并行输出及双向移位功能。D_{SL} 和 D_{SR} 分别是左移和右移串行输入端，D_0、D_1、D_2 和 D_3 是并行输入端，Q_0 和 Q_3 分别是左移和右移时的串行输出端，Q_0、Q_1、Q_2 和 Q_3 为并行输出端。74LS194 的真值表如表 10.2.1 所示。

由集成移位寄存器 74LS194 构成的电路如图 10.2.4 所示。由 74LS194 的真值表可知，启动脉冲 START 到来时置数，输出端 $Q_0\sim Q_3$ 为 0001。启动信号结束时，74LS194 开始左移操作，上升沿触发，各输出端 $Q_0\sim Q_3$ 的波形如图 10.2.5 所示。

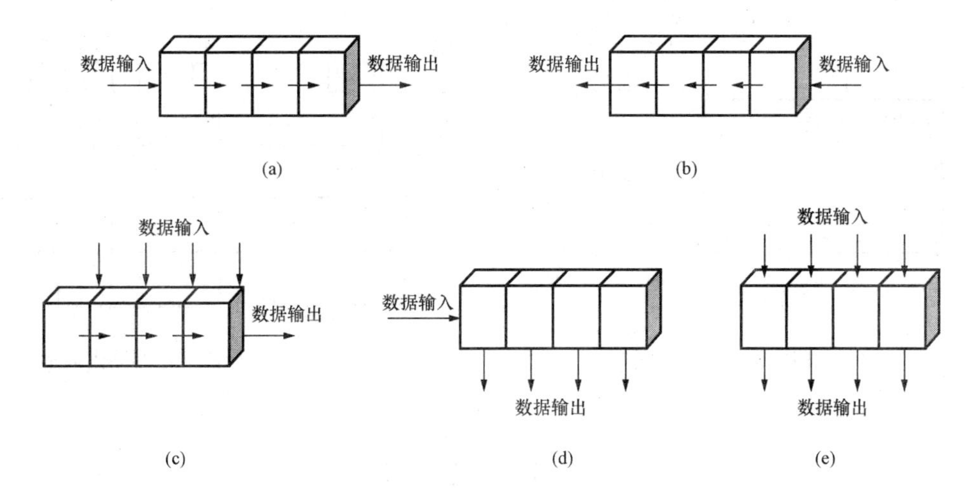

图 10.2.2 移位寄存器的各种输入输出方式

(a) 串行输入/右移/串行输出；(b) 串行输入/左移/串行输出；(c) 并行输入/串行输出；(d) 串行输入/并行输出；(e) 并行输入/并行输出

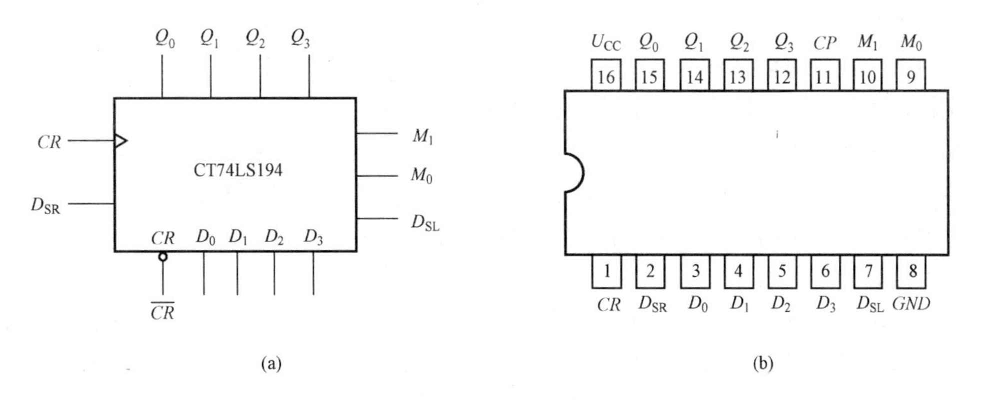

图 10.2.3 集成移位寄存器 74LS194

(a) 逻辑符号；(b) 引脚图

表 10.2.1　　移位寄存器 74LS194 真值表

输入										输出				说明
$\overline{CR}$	M_1	M_0	CP	D_{SL}	D_{SR}	D_0	D_1	D_2	D_3	Q_0	Q_1	Q_2	Q_3	
0	×	×	×	×	×	×	×	×	×	0	0	0	0	置零
1	×	×	0	×	×	×	×	×	×	保持				
1	1	1	↑	×	×	d_0	d_1	d_2	d_3	d_0	d_1	d_2	d_3	并行置数
1	0	1	↑	×	1	×	×	×	×	1	Q_0	Q_1	Q_2	右移输入 1
1	0	1	↑	×	0	×	×	×	×	0	Q_0	Q_1	Q_2	右移输入 0
1	1	0	↑	1	×	×	×	×	×	Q_1	Q_2	Q_3	1	左移输入 1
1	1	0	↑	0	×	×	×	×	×	Q_1	Q_2	Q_3	0	左移输入 0
1	0	0	×	×	×	×	×	×	×	保持				

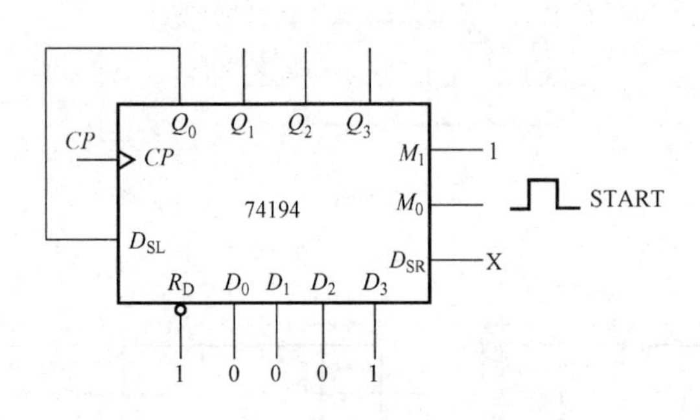

图 10.2.4　移位寄存器组成的电路

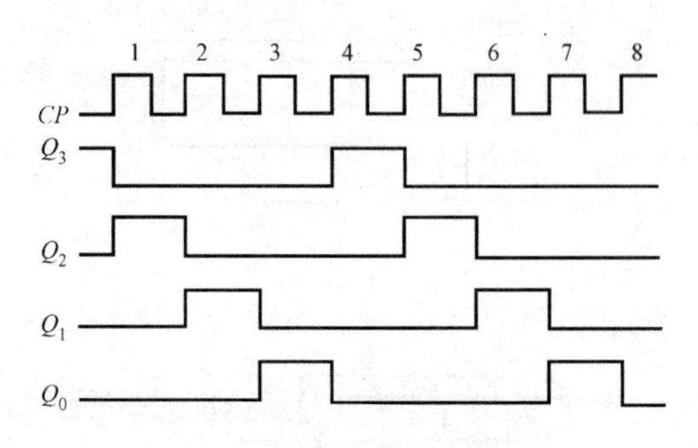

图 10.2.5　移位寄存器输出波形

10.3　计　数　器

计数器是一种累计输入脉冲数目的逻辑部件。在数字电路中，计数器属于时序电路，它主要由具有记忆功能的触发器构成。计数器不仅用来记录脉冲的个数，还大量用作分频、程序控制及逻辑控制等。

10.3.1　计数器的分类

计数器按照不同的标准可以分成多种计数器。

按计数脉冲引入方式，分为同步计数器和异步计数器。同步计数器中所有触发器的时钟控制端均由计数脉冲 *CP* 输入。异步计数器中所有触发器的时钟不是同一个时钟，*CP* 信号只作用于第一级，由前级为后级提供驱动状态变化的信号。因此，各个触发器不是同时翻转的，因而叫做异步计数器。

按计数进制，分为二进制计数器、十进制计数器和 *N* 进制计数器。*N* 进制计数器即为任意进制计数器，只能用已有的计数器产品经过外电路的不同连接方法得到。实现任意进制计数器的方法有复位法（清零法）和置位法（置数法）两种。

按逻辑功能，分为加法计数器、减法计数器和可逆计数器。加法计数器就是随着计数脉冲做加法计数，减法计数器就是随着计数脉冲做减法，可逆计数器就是可以做加法计数，也可以做减法计数。

1. 异步 2 位二进制计数器

图 10.3.1 所示为由两个边沿 D 触发器构成的 2 位二进制异步加计数器电路。每个触发器的$\overline{Q}$输出端接到该触发器的 *D* 输入端，即每个触发器构成一个 2 分频电路。同时，第二个触发器 D1 由第一个触发器 D0 的 *Q* 输出端来触发。

计数器工作时，每来一个 *CP* 脉冲，D0 就翻转一次，但是 D1 只被 Q_0 的下降沿触发翻转，由此可得到它的输出波形如图 10.3.2 所示。可以看出，每输入一个计数脉冲，其输出状态按 2 进制递增，共输出 4 个不同的状态，如表 10.3.1 所示，故它称为异步 2 位二进制加法计数器。

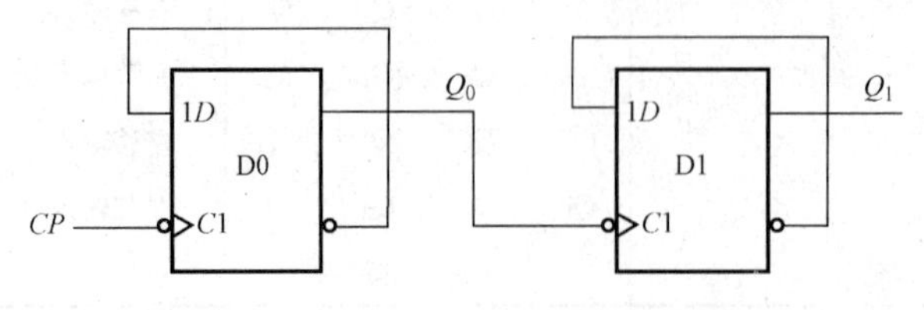

图 10.3.1　异步 2 位二进制加法计数器

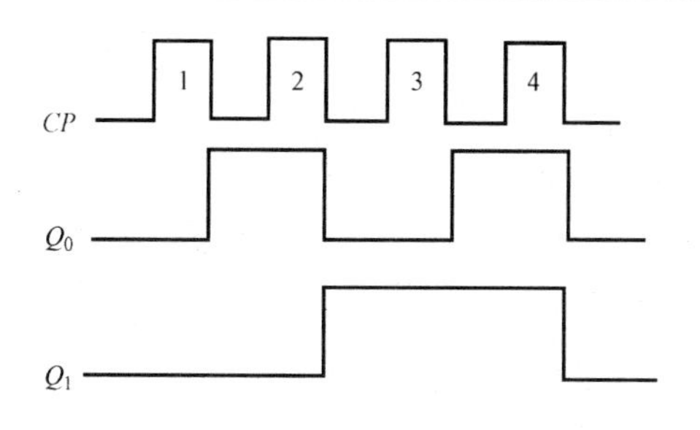

图 10.3.2 二进制加法计数器的输出波形

表 10.3.1 图 10.3.1 中计数器的输出状态真值表

计数脉冲	Q_1	Q_0
0	0	0
1	0	1
2	1	0
3	1	1
4（下一循环）	0	0

图 10.3.3 所示为由两个边沿 D 触发器构成的异步 2 位二进制减法计数器电路。它与加法计数器的不同之处在于第二个触发器 D1 由第一个触发器 D0 的$\overline{Q}$输出端来触发，其输出波形如图 10.3.4 所示，可以看出，每输入一个计数脉冲，其输出状态按二进制递减，共输出 4 个不同的状态，如表 10.3.2 所示。

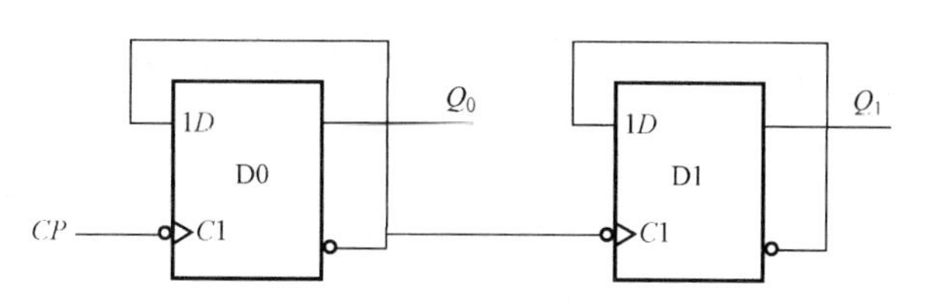

图 10.3.3 2 位二进制异步减法计数器

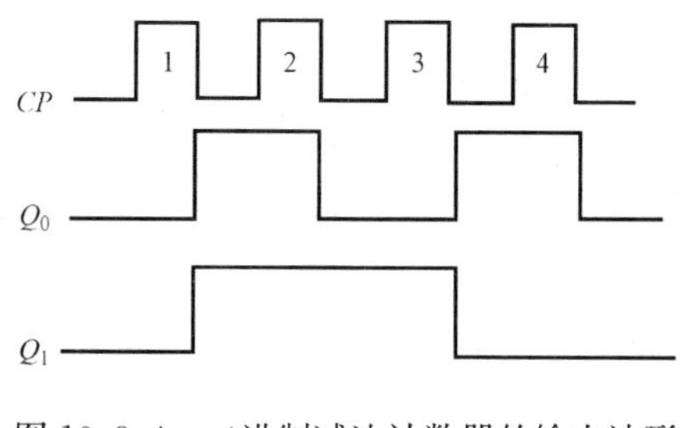

图 10.3.4 二进制减法计数器的输出波形

表 10.3.2 图 10.3.3 中计数器的输出状态真值表

计数脉冲	Q_1	Q_0
0	0	0
1	1	1
2	1	0
3	0	1
4（下一循环）	0	0

2. 同步 4 位二进制计数器

为了提高计数速度，将计数脉冲输入端与各个触发器的 *CP* 端相连。在计数脉冲触发下，所有应该翻转的触发器可以同时动作，这种结构的计数器称为同步计数器。图 10.3.5 所示的是用 4 个 JK 触发器（FF_0～FF_3）组成的 4 位同步二进制加法计数器。图中的与门是用来实现可控计数的，当计数允许端 $CT=1$ 时，计数器对 *CP* 脉冲计数；若 $CT=0$，则停止计数。

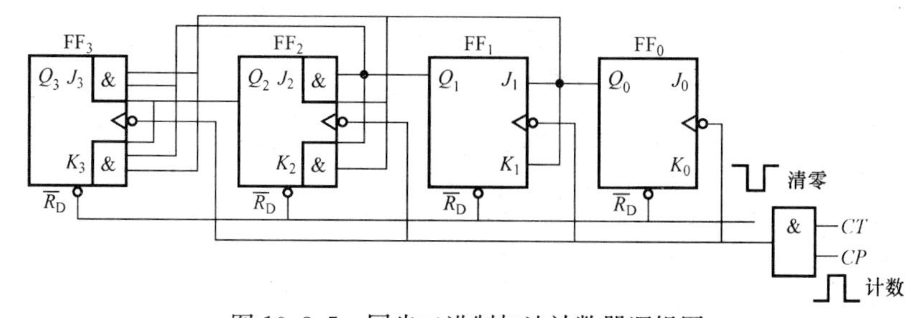

图 10.3.5 同步二进制加法计数器逻辑图

对触发器 FF_0，由于 $J_0=K_0=1$，由 JK 触发器的状态方程（10.1.2）可得 $Q_0^{n+1}=\overline{Q}_0^n$，即每来一个脉冲，$FF_0$ 翻转一次；

对触发器 FF_1，由 $J_1=K_1=Q_0$ 得 $Q_1^{n+1}=Q_0^n\overline{Q}_1^n+\overline{Q}_0^nQ_1^n=Q_1^n\oplus Q_0^n$；

对触发器 FF_2，$J_2=K_2=Q_1Q_0$，$Q_2^{n+1}=Q_2^n\oplus Q_1^nQ_0^n$；

对触发器 FF_3，$J_3=K_3=Q_2Q_1Q_0$，$Q_3^{n+1}=Q_3^n\oplus Q_2^nQ_1^nQ_0^n$。

FF_1、FF_2、FF_3 在 CP 计数脉冲的下降沿到来后按上述规律翻转，从而得到如图 10.3.6 所示的输出波形。

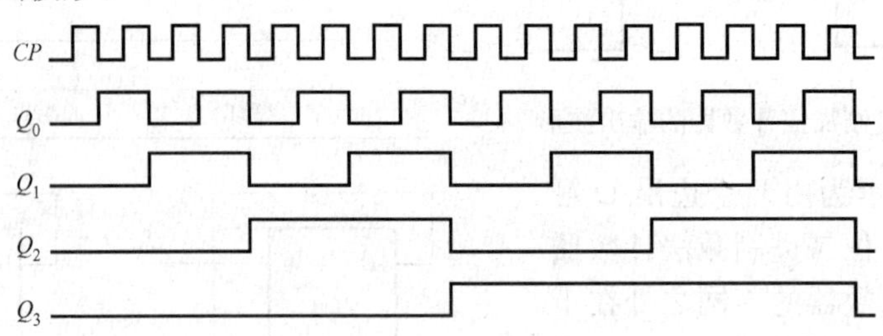

图 10.3.6 同步二进制加法波形图

4 位二进制加法计数器能计的最大十进制数为 $2^4-1=15$，n 位二进制加法计数器能计的最大十进制数为 2^n-1。

10.3.2 集成计数器

集成计数器具有体积小、功能灵活、可靠性高等优点，在数字系统的设计中有着广泛的应用。集成计数器的品种有很多，本节介绍两种常用的集成计数器——二进制计数器 74LS161 和十进制计数器 74LS90。

1. 二进制计数器

74LS161 是 4 位同步二进制加计数器，它的引脚图及逻辑符号如图 10.3.7 所示，表 10.3.3 所示是其功能表。由表可见，计数器具有如下功能。

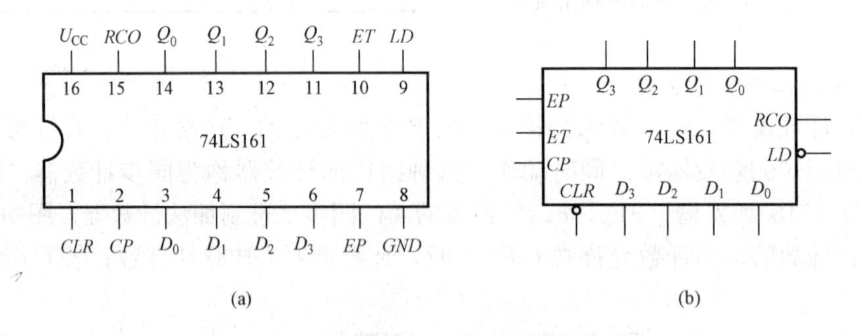

图 10.3.7 集成计数器 74LS161 引脚图和逻辑符号

(a) 引脚排列图；(b) 逻辑符号

表 10.3.3 74LS161 型四位同步二进制计数器的功能表

清零	置数	使能		时钟	预置数据输入				输出				工作模式
CLR	LD	ET	EP	CP	D_3	D_2	D_1	D_0	Q_3	Q_2	Q_1	Q_0	
0	×	×	×	×	×	×	×	×	0	0	0	0	异步清零
1	0	×	×	↑	d_3	d_2	d_1	d_0	d_3	d_2	d_1	d_0	同步置数
1	1	0	×	×	×	×	×	×		保	持		数据保持
1	1	×	0	×	×	×	×	×		保	持		数据保持
1	1	1	1	↑	×	×	×	×		计	数		加法计数

(1) 异步清零。低电平有效。当 $CLR=0$ 时，不管其他输入信号的状态如何，计数器输出将立即被置零。

(2) 同步置数。低电平有效。当 $CLR=1$（清零无效时），$LD=0$ 时，如果有一个时钟脉冲的上升沿到来，则计数器输出端数据 $Q_3 \sim Q_0$ 等于计数器的预置端数据 $D_3 \sim D_0$，实现数据的预置，置数与时钟有关，即为同步。

(3) 加法计数。上升沿有效。当 $CLR=1$，$LD=1$（置数无效）且 $ET=EP=1$ 时，每来一个时钟脉冲上升沿，计数器按照4位二进制码进行加法计数，计数变化范围为0000～1111。该功能为正常计数，是它的最主要功能。

(4) 数据保持。当 $CLR=1$，$LD=1$，且 $ET \cdot EP=0$ 时，无论有没有时钟脉冲，计数器状态将保持不变。

(5) 进位控制。RCO 为计数器的进位控制端，当 $ET \cdot EP \cdot Q_3Q_2Q_1Q_0=1$ 时，$RCO=1$，其他状态时 $RCO=0$。利用此功能可实现多个计数器的级联。

74LS161是4位二进制加法计数器，利用它可以构成小于十六的任意进制加法计数器。通常采用“反馈清零”或“反馈置数”方法实现。应用这两种方法的关键是要严格区分“异步清零”与“同步清零”、“异步置数”与“同步置数”的差别。下面通过例子来说明。

【例10.3.1】 用74LS161构成九进制加法计数器。

解 (1) 用反馈清零法。反馈清零法适用于有清零输入端的集成计数器。由于计数器清零后只能从0开始计数，故九进制计数器的九个状态是0000～1000，计数状态转换图如图10.3.8所示，当74LS161正常计数到1000后，它就必须再循环到0000而不是进入正常的下一个状态1001，如图10.3.8中虚线所示。这可以利用它的异步清零端 CLR 实现，即利用1000的下一个状态1001产生清零低电平信号从而使计数器立即清零，清零信号 CLR 消失后，74LS161重新从0000开始新的计数周期。

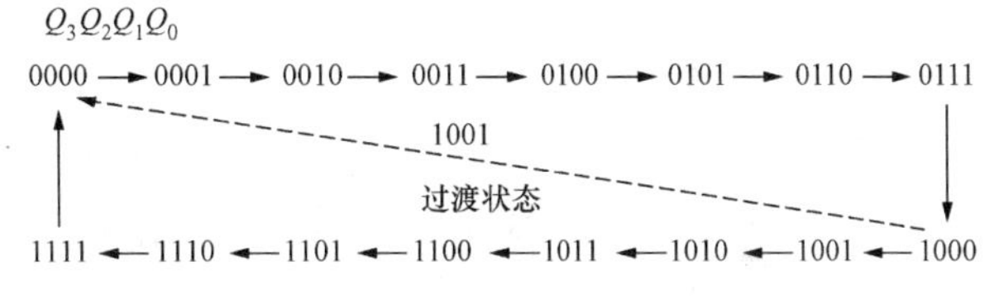

图10.3.8 ［例10.3.1］反馈清零法

需要说明的是，计数器一旦进入1001状态，立即被清零，故1001状态仅在瞬间出现，该状态不属于稳定的计数状态，一般称为“过渡状态”或“瞬态”，这是异步清零的一个重要特点。

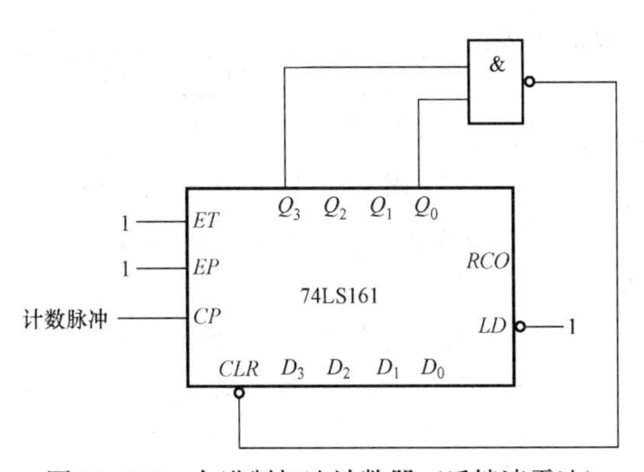

图10.3.9 九进制加法计数器（反馈清零法）

根据上述方法构成的九进制加法计数器如图10.3.9示。

(2) 用反馈置数法。反馈置数法适用于有置数输入端的集成计数器。利用74LS161构成九进制加法计数器时，可选择它的十六个计数状态0000～1111中的任意连续的九个状态作为九进制加法计数器的计数状态，如选择0001～1001。当74LS161正常计数到1001后，它就必须跳变到0001而不是进入正常的下一个状态1010，如图10.3.10中虚线所示。这可以通过在74LS161的预置数据输入端置入0001，并使它的同步置数端LD有效来实现。即利用1001产生置数低电平信号，当下一个时钟脉冲的上升沿到来时，计数器输出端的状态$Q_3Q_2Q_1Q_0$将变为预置数据0001，置数信号LD消失后，74LS161重新从0001开始新的计数周期。

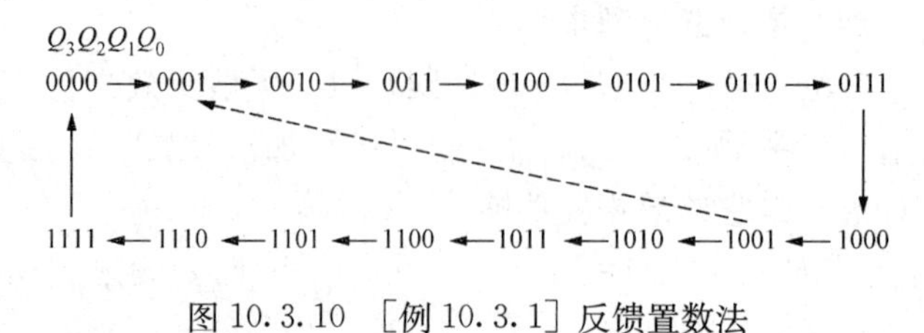

图 10.3.10 ［例 10.3.1］反馈置数法

根据上述方法构成的九进制加法计数器如图10.3.11所示。

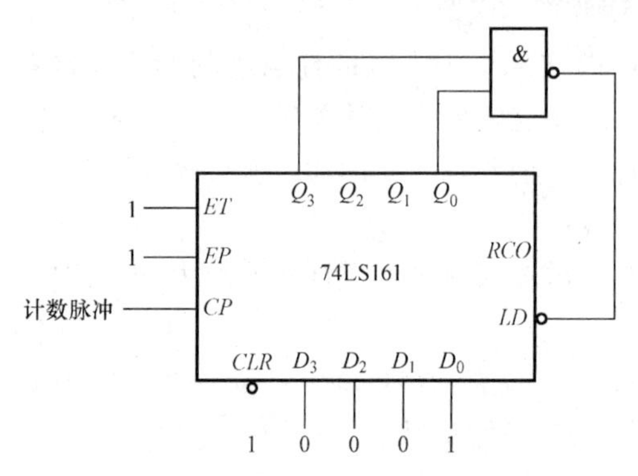

图 10.3.11 九进制加法计数器（反馈置数法）

需要说明的是，计数器进入1001状态后，输出端并没有立即被置数，而是保持该状态不变，直到下一个时钟脉冲的上升沿到来为止。故1001状态属于稳定的计数状态，因此，同步置数没有“过渡状态”，这是同步置数的一个重要特点。

读者可考虑：若采用异步置数（74LS191）或同步清零（74LS163）二进制计数器，如何实现九进制计数，即清零端或置数端如何与输出端连接？

2. 十进制计数器

74LS90是常用的二—五—十进制异步计数器。其外引线排列图和逻辑图如图10.3.12所示。它由一个一位二进制计数器和一个异步五进制计数器组成。如果计数脉冲由CP_0端输入，输出由Q_0端引出，即是二进制计数器；如果计数脉冲由CP_1端输入，输出由$Q_3Q_2Q_1$引出，即是五进制计数器；如果将Q_0与CP_1相连，计数脉冲由CP_0输入，输出由$Q_3Q_2Q_1Q_0$引出，即得8421码十进制计数器；如果将Q_3与CP_0相连，计数脉冲由CP_1输入，输出由$Q_0Q_3Q_2Q_1$引出，即得5421码十进制计数器。因此，又称此电路为二—五—十进制计数器。

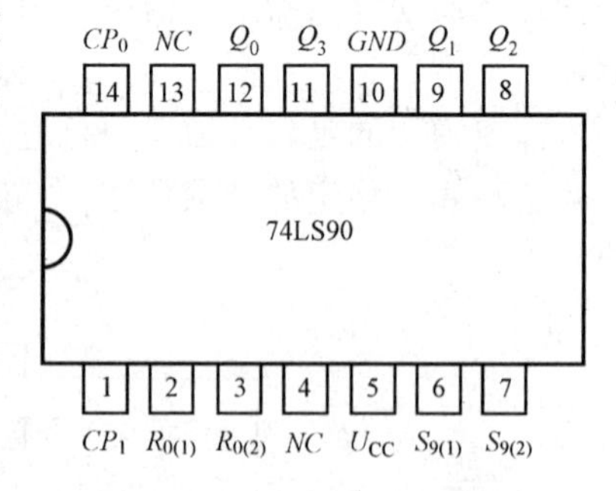

图 10.3.12 74LS90 管脚图

表10.3.4所示是74LS90的功能表。由表可以看出以下几点。

（1）异步清零，高电平有效。$R_{0(1)}=R_{0(2)}=1$，且置位输入$S_{9(1)}\cdot S_{9(2)}=0$时，74LS90的输出被直接置零，与时钟无关，即为异步清零。

（2）异步置数，高电平有效。$S_{9(1)}\cdot S_{9(2)}=1$，且清零输入$S_{0(1)}\cdot S_{0(2)}=0$时，则74LS90的输出将被直接置9，$Q_3Q_2Q_1Q_0=1001$，置数与时钟无关，即为异步置9。

（3）加法计数，下降沿有效。当$R_{0(1)}\cdot R_{0(2)}=0$和$S_{9(1)}\cdot S_{9(2)}=0$时，每来一个时钟脉冲下降沿，计数器实现二—五—十进制加法计数。

表 10.3.4　　**74LS90 型计数器的功能表**

<table>
<tr><th colspan="6">输　入</th><th colspan="4">输　出</th><th rowspan="3">功　能</th></tr>
<tr><th colspan="2">清 0</th><th colspan="2">置 9</th><th colspan="2">时钟</th><th rowspan="2">Q_3</th><th rowspan="2">Q_2</th><th rowspan="2">Q_1</th><th rowspan="2">Q_0</th></tr>
<tr><th>$R_{0(1)}$</th><th>$R_{0(2)}$</th><th>$S_{9(1)}$</th><th>$S_{9(2)}$</th><th>CP_0</th><th>CP_1</th></tr>
<tr><td>1</td><td>1</td><td>0</td><td>×</td><td>×</td><td>×</td><td>0</td><td>0</td><td>0</td><td>0</td><td>异步清零</td></tr>
<tr><td>0</td><td>×</td><td>1</td><td>1</td><td>×</td><td>×</td><td>1</td><td>0</td><td>0</td><td>1</td><td>异步置 9</td></tr>
<tr><td rowspan="5">0
×</td><td rowspan="5">×
0</td><td rowspan="5">0
×</td><td rowspan="5">×
0</td><td>↓</td><td>1</td><td colspan="2">不变</td><td colspan="2">二进制</td><td>二进制计数</td></tr>
<tr><td>1</td><td>↓</td><td colspan="2">五进制</td><td colspan="2">不变</td><td>五进制计数</td></tr>
<tr><td>↓</td><td>Q_0</td><td colspan="4">8421BCD 码</td><td>十进制计数</td></tr>
<tr><td>Q_3</td><td>↓</td><td colspan="4">5421BCD 码</td><td>十进制计数</td></tr>
<tr><td>1</td><td>1</td><td colspan="4">不变</td><td>保持</td></tr>
</table>

【例 10.3.2】 采用反馈清零法，利用 74LS90 构成 8421BCD 码的四进制加法计数器。

解　首先连接成 8421BCD 码十进制计数器，然后在此基础上采用前面介绍的反馈清零法。四进制加法计数器的计数状态为 0000～0011，将 0011 的下一个状态 0100 作为过渡状态，用过渡状态中的所有“1”产生高电平清零信号，将输出端直接清零。由此得到的四进制加法计数器电路如图 10.3.13 所示，状态转换图如图 10.3.14 所示。

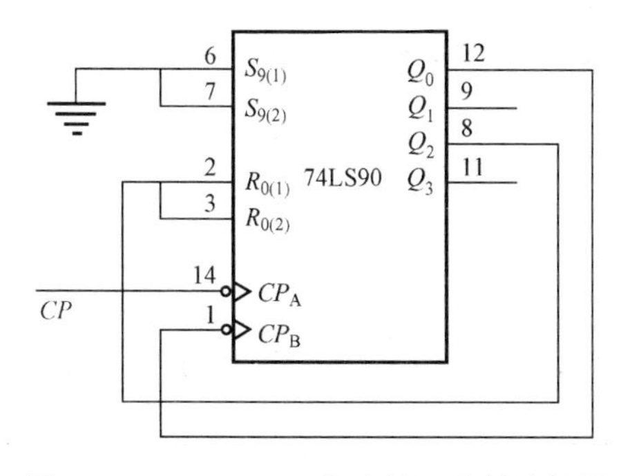

图 10.3.13　74LS90 构成的四进制计数器

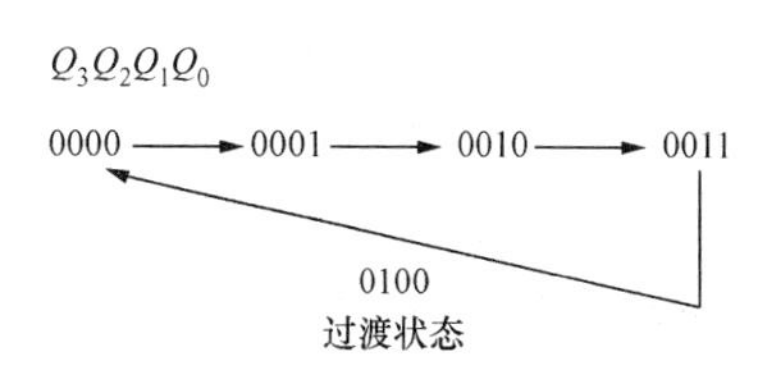

图 10.3.14　［例 10.3.2］状态转换图

10.3.3　计数器的级联应用

一个 4 位的二进制计数器计数范围为 0～15，一个十进制计数器只能显示 0～9 十个数，这远不能满足实际的需要。为了扩大计数器范围，常用多个集成计数器级连使用，同步计数器往往设有进位（或借位）输出端，故可选用其进位（或借位）输出信号来驱动下一级计数器。图 10.3.15 所示为两片 74LS161 的级联示意图。图中低 4 位片的进位信号 RCO 接到高位片的计数使能信号端，只有当低位片计数到 1111，$RCO=1$ 时，高位片才处于计数状态。低 4 位片的计数使能信号 ET＝EP＝1，因而它总处于允许计数状态，每来 16 个脉冲时，高位片计数一次，同时低位片由 1111 状态变成 0000 状态，它的进位信号 RCO 也变成 0，即用两片 74LS161 构建了 8 位 256 进制计数器。

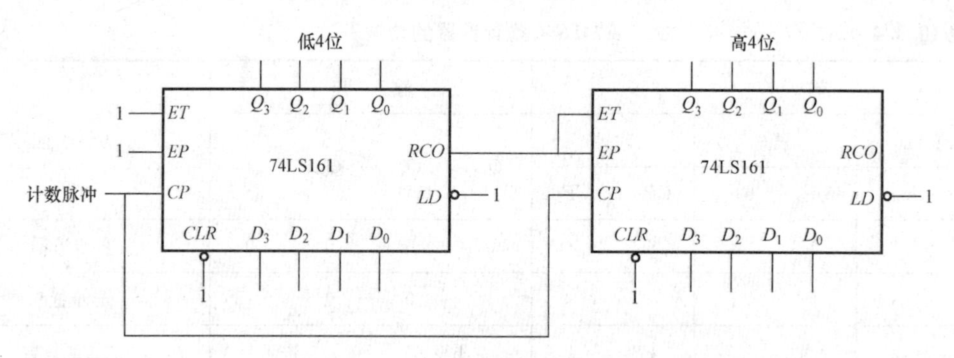

图 10.3.15　两片 74LS161 级连图

10.4　时序逻辑电路应用实例

10.4.1　流水灯电路设计

设计一个流水灯控制电路，电路中共有 8 个 LED 灯，要求每一个 LED 灯亮的时间为 1s，灯亮的顺序是从左到右依次点亮。

设计思路：用译码器控制 8 个灯的点亮顺序，译码器控制信号由一个八进制的计数器控制，译码器的控制信号持续的时间为该灯点亮的时间。电路图如图 10.4.1 所示。

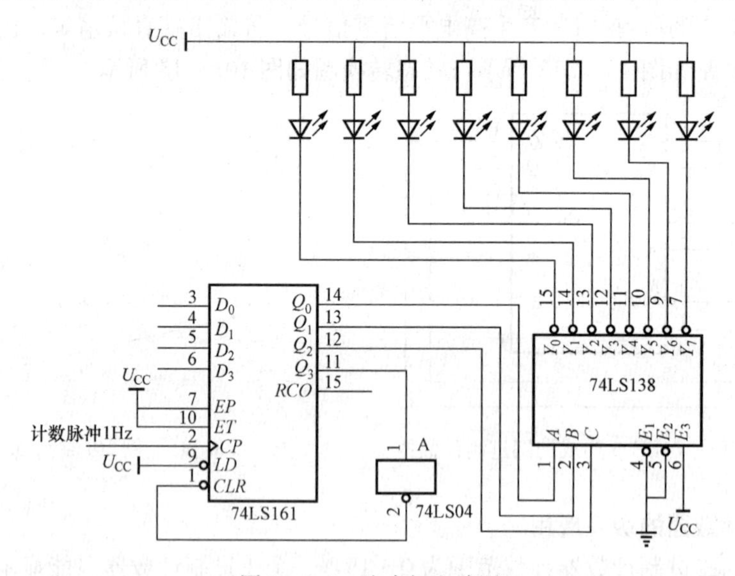

图 10.4.1　流水灯电路图

电路分析：计数器的计数时钟频率为 1Hz，利用 74LS161 设计一个八进制计数器，采用反馈清零方法实现。1000 状态为过渡状态，计数器的输出依次为 0000、0001、0010、0011、0100、0101、0110、0111，共 8 个状态。计数器的低 3 位输出作为 74LS138 译码器的地址选择端，74LS138 译码器的输出端 Y_0、Y_1、Y_2、Y_3、Y_4、Y_5、Y_6 和 Y_7 依次输出低电平，LED 灯从左到右依次点亮，电阻 R 起限流的作用。

10.4.2　简易数字频率计设计

设计一个简易数字频率计，被测信号为正弦波，幅度为5V，信号的频率范围为1Hz～9.999kHz，频率的测量精度为1Hz，频率的测量值用4个数码管显示。

数字频率测量的基本原理是在单位固定闸门时间内对计数脉冲进行计数，根据闸门时间和脉冲计数结果计算被测脉冲频率，如图10.4.2所示。计数闸门时间为T，在闸门时间内计数值为N。若被测脉冲周期为T_x，则计数结果为$N=T/T_x$。若闸门时间为T为1s，则计数器的计数值即为被测信号的频率值。

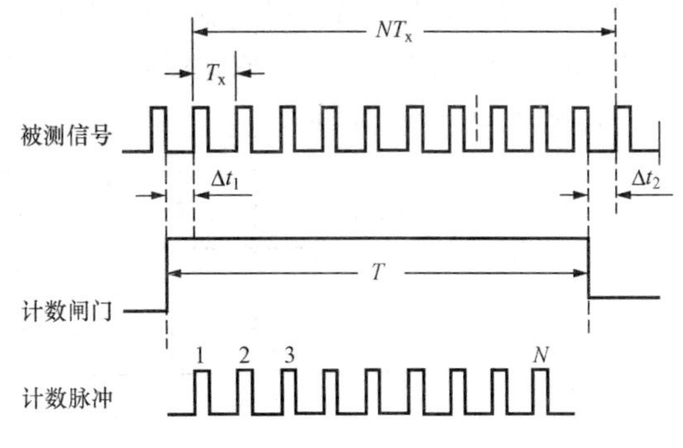

图10.4.2　传统测频示意图

设计思路：将被测的正弦信号经放大整形后变成同频率的方波信号，在1s的闸门时间内对被测信号进行计数，计数值即为频率值。测量框图如图10.4.3所示。

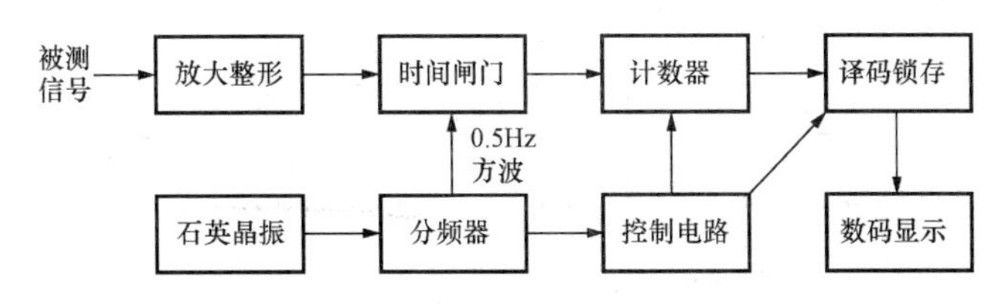

图10.4.3　传统频率测量框图

1. 时间闸门的选取方案

频率的定义是1s内信号的次数，故计数闸门时间可选1s。

2. 计数值清零、锁存信号控制实现方案

计数器在闸门时间内允许对计数脉冲进行计数，利用闸门时间的下降沿触发锁存控制信号，再利用锁存信号的上升沿控制产生计数器清零信号。计数使能、清零和锁存信号的时序如图10.4.4所示。

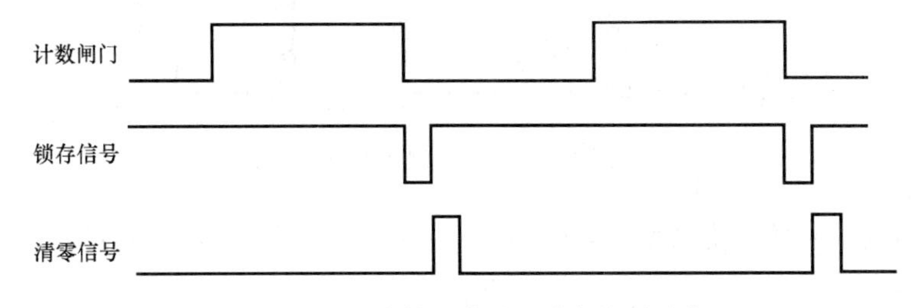

图10.4.4　计数、清零和锁存控制时序

3. 计数显示方案

由于信号的测量范围是1～9.999kHz，测量精度到1Hz，则设计计数器的计数范围是0～9999，用4片74LS90十进制计数器级联即可。计数器在计数闸门时间内计数，计数值经过BCD译码驱动数码管显示。BCD七段译码器选用CD4511，数码管选用共阴数码管。

10.5　习　　题

10.1　写出D触发器和JK触发器的特征方程，并用D触发器设计实现JK触发器功能。

10.2　下降沿触发的JK触发器的J、K和CP的波形图如图10.5.1所示，设初始状态为0。请画出Q的输出波形。

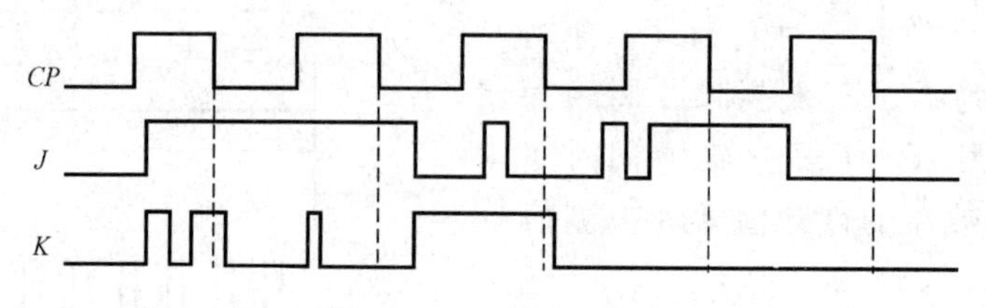

图10.5.1　题10.2图

10.3　图10.5.2所示为上升沿触发的D触发器的输入信号和时钟脉冲波形，设触发器的初始状态为1，确定输出信号Q的波形。

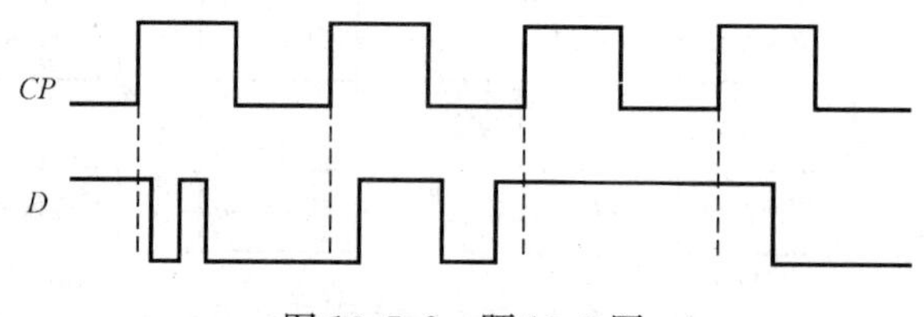

图10.5.2　题10.3图

10.4　图10.5.3所示为边沿D触发器构成的电路图，设触发器的初始状态$Q_1Q_0=11$，请画出Q_0及Q_1在时钟脉冲作用下的波形。

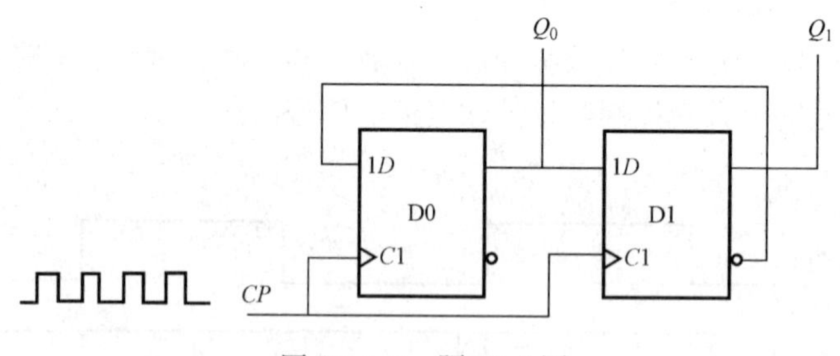

图10.5.3　题10.4图

10.5　集成JK触发器的电路图如图10.5.4所示。画出输出端Q_B的波形。设触发器的初始状态均为0。

10.6　利用两片集成移位寄存器74LS194扩展成一个8位移位寄存器。

10.7　分析图10.5.5所示的电路为多少进制计数器，画出其状态转换图。

10.8　采用反馈清零法，利用74LS161构成同步九进制加法计数器，并画出其状态转换图。

10.9　采用反馈清零法，利用74LS90按8421BCD码构成七进制加法计数器，并画出其状态转换图。

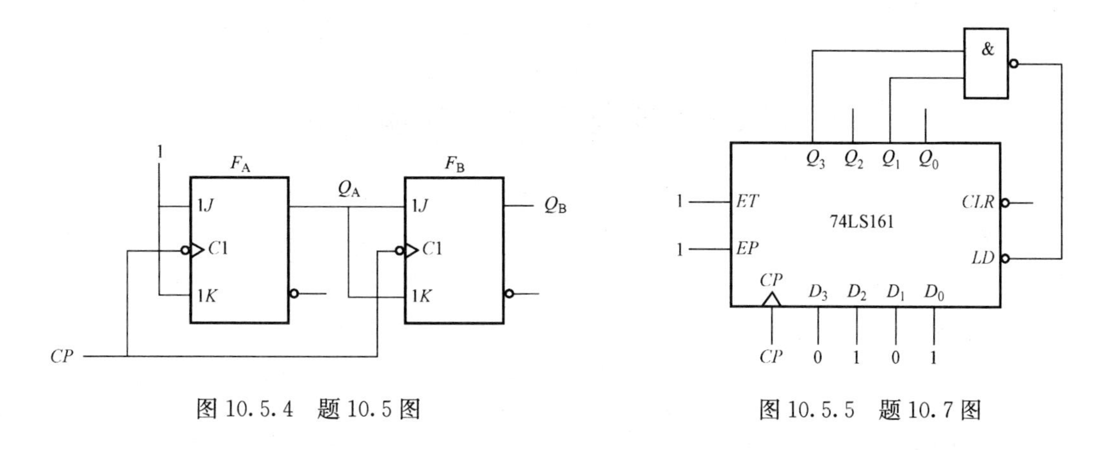

图 10.5.4 题 10.5 图　　　　图 10.5.5 题 10.7 图

10.10 采用反馈置数法，利用 74LS161 构成同步 1～9 的九进制加法计数器，并画出其状态转换图。

10.11 采用反馈置数法，利用 74LS90 按 8421BCD 码构成七进制加法计数器，并画出其状态转换图。

10.12 利用两片 74LS161 构成二十六进制加法计数器，并画出其状态转换图。

10.13 利用两片 74LS90 构成 8421BCD 码的六十进制加法计数器，画出状态转换图。

10.14 设计一个流水灯控制电路，电路中共有 5 个 LED 灯，要求每一个 LED 灯亮的时间为 2s，灯亮的顺序是从右到左依次点亮。

10.15 利用 74LS161 和 74LS74 及基本逻辑门设计一个分频电路，要求如下：输入信号的频率为 300kHz，通过电路设计，实现三路信号输出，输出信号的频率为 10kHz、30kHz、50kHz，信号的占空比为 50%。

第11章　信号产生与转换电路

信号产生电路也称波形发生电路，是无线通信、自动测量及自动控制系统中不可缺少的一种电路。信号产生电路包括模拟信号产生电路和脉冲信号产生电路。模拟信号波形发生电路分为正弦波振荡电路和非正弦波发生电路两大类。脉冲信号波形发生电路分为单脉冲和周期脉冲产生电路。本章首先从产生正弦波振荡的条件出发，讨论正弦波振荡电路的基本组成和分析方法，在此基础上分析了典型的由集成运放组成的RC正弦振荡电路。对非正弦波发生电路，介绍了常用的矩形波和三角波发生电路的组成和工作原理。脉冲信号产生电路一节中首先介绍了常用的555定时器，然后介绍了单脉冲产生电路（单稳态触发器）和周期脉冲产生电路（多谐振荡器）。本章最后一节介绍了模拟信号与数字信号的相互转换。

11.1　模拟信号产生电路

11.1.1　RC正弦振荡电路

1. 产生正弦振荡的条件

正弦波振荡电路是依靠电路的自激振荡产生一定幅度、一定频率的正弦信号的电路。在放大电路引入反馈后，在一定条件下可能产生自激振荡，使放大电路不能正常工作，因此要设法避免和消除。但如果人们有意识地利用自激振荡，使放大电路变成振荡电路，便能产生所需要的正弦信号。下面讨论产生正弦振荡的条件。

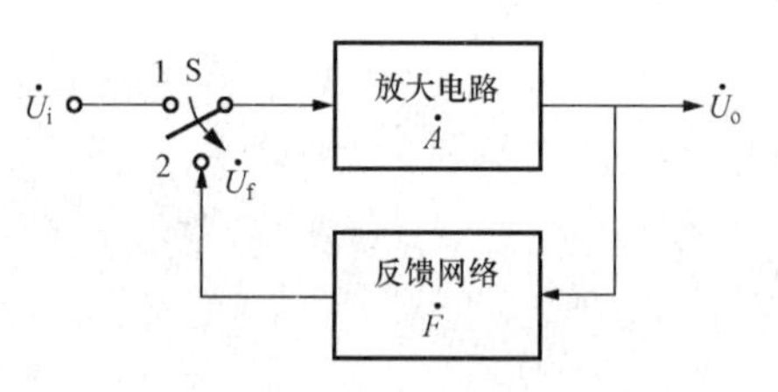

图 11.1.1　正弦振荡电路方框图

图11.1.1所示为正弦波振荡电路的方框图，它由放大电路和反馈网络组成。假设开始时，放大电路输入端接一正弦信号 $\dot{U}_i$，经放大后，在输出端得到正弦电压 $\dot{U}_o$，$\dot{U}_o$ 经反馈后，在2端得到一个同频率的正弦信号 $\dot{U}_f$，如果 $\dot{U}_f$ 与 $\dot{U}_i$ 大小相等，相位相同，即 $\dot{U}_f=\dot{U}_i$，那么当开关S从1扳向2后，放大电路的工作状态将保持不变，从而使输出电压 $\dot{U}_o$ 保持不变，即电路"无中生有"地产生了一个正弦信号。

由于 $\dot{U}_f=\dot{F}\dot{U}_o=\dot{A}\dot{F}\dot{U}_i=\dot{U}_i$

所以，产生正弦波振荡的条件是

$$\dot{A}\dot{F}=1 \tag{11.1.1}$$

写成模和幅角的形式，即为

$$|\dot{A}\dot{F}|=1 \tag{11.1.2}$$

$$\varphi_{\dot{A}}+\varphi_{\dot{F}}=\pm 2n\pi \quad n=0,1,2,\cdots \tag{11.1.3}$$

式（11.1.2）称为**幅度平衡条件**，式（11.1.3）称为**相位平衡条件**。相位平衡条件保证了反馈信号与放大电路的输入信号同相。由于一般来说，$\dot{A}$ 或 $\dot{F}$ 是频率 ω 的函数，因此为了得到单一频率的正弦波，在放大电路或反馈网络中就必须包含一个由动态元件组成的选频网络，使式（11.1.1）对该频率的正弦信号成立。若选频网络由元件 R、C 组成，则称振荡电路为 RC 振荡电路；若选频网络由元件 L、C 组成，则称振荡电路为 LC 振荡电路。RC 振荡电路一般用来产生 1MHz 以下的中低频信号，LC 振荡电路一般用以产生 1MHz 以上的中高频信号。

式（11.1.2）所表示的幅度平衡条件是指电路已进入稳态振荡后而言的。要使电路能自行建立振荡，在电路进入稳态前还必须满足

$$|\dot{A}\dot{F}| > 1 \tag{11.1.4}$$

即环路放大倍数大于 1，反馈网络引入的反馈是正反馈。这样，满足相位平衡条件的正弦信号才能不断循环放大，达到一定的幅值。式（11.1.4）称为起振条件。为了使环路放大倍数 $|\dot{A}\dot{F}|$ 能随着输出电压的增大由大于 1 变为等于 1，在放大电路或反馈电路中还应包含有稳幅电路，电路从 $|\dot{A}\dot{F}|>1$ 到 $|\dot{A}\dot{F}|=1$ 的过程，就是正弦振荡的建立过程。

通过上面的分析，可以得到如下结论：正弦波振荡电路是一个具有正反馈的放大电路，电路中包含选频网络和稳幅电路，选频网络决定了电路的振荡频率 ω_o，ω_o 满足式（11.1.3）。稳幅电路可以控制放大倍数 $\dot{A}$ 或反馈系数 $\dot{F}$ 的大小，从而可以控制输出信号的幅值。电路接上电源后，电路噪声中满足相位平衡条件的微弱的正弦信号在正反馈网络的作用下，不断循环放大，最后，在稳幅电路的作用下，在输出端得到一个幅值稳定的单一频率的正弦信号。下面结合具体电路进行分析。

2. RC 正弦振荡电路

RC 正弦振荡电路的典型电路如图 11.1.2 所示，电路中，R_1、R_F 和集成运放组成的同相比例电路作为放大电路 $\dot{A}$，RC 串并联电路组成的反馈网络 $\dot{F}$ 作为选频网络，由于 RC 串联支路 Z_1、并联支路 Z_2，R_1 及 R_F 刚好组成一个电桥的四个臂，因此，这种电路又称为文氏电桥振荡电路。

放大电路的电压放大倍数为

$$\dot{A} = 1 + \frac{R_F}{R_1} \tag{11.1.5}$$

反馈网络的系数为

$$\dot{F} = \frac{Z_2}{Z_1 + Z_2} = \frac{R \;/\!/\; \frac{1}{\mathrm{j}\omega C}}{R + \frac{1}{\mathrm{j}\omega C} + R \;/\!/\; \frac{1}{\mathrm{j}\omega C}}$$

$$= \frac{\mathrm{j}\omega RC}{1 - \omega^2 R^2 C^2 + 3\mathrm{j}\omega RC}$$

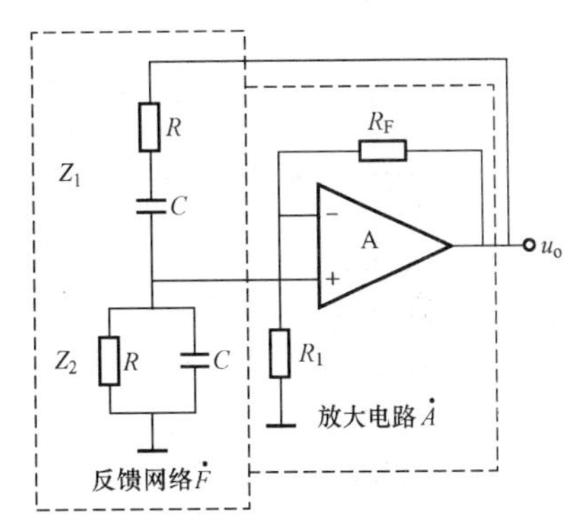

图 11.1.2　串并联正弦波振荡电路

令 $\omega_o = \frac{1}{RC}$，则

$$\dot{F} = \frac{\mathrm{j}\frac{\omega}{\omega_o}}{1 - \frac{\omega^2}{\omega_o^2} + 3\mathrm{j}\frac{\omega}{\omega_o}} = \frac{1}{3 + \mathrm{j}\left(\frac{\omega}{\omega_o} - \frac{\omega_o}{\omega}\right)} \tag{11.1.6}$$

由 $\dot{A}\dot{F}=\dfrac{1+\dfrac{R_F}{R_1}}{3+j\left(\dfrac{\omega}{\omega_o}-\dfrac{\omega_o}{\omega}\right)}=1$ 可得 $\omega=\omega_o=\dfrac{1}{RC}$

即电路的振荡频率为

$$f_o=\frac{1}{2\pi RC} \tag{11.1.7}$$

在选频网络确定的情况下，对频率为振荡频率 f_o 的正弦信号，由式（11.1.6）可知 $\dot{F}=\dfrac{1}{3}$，因此，为满足起振条件式（11.1.4），由式（11.1.5）可得

$$R_F>2R_1 \tag{11.1.8}$$

式（11.1.8）即为文氏电桥振荡电路的起振条件。

为使电路能自动起振和自动稳幅，R_F 或 R_1 应采用非线性电阻，如 R_F 可采用温度系数为负值的热敏电阻。当电路的输出电压很小时，流过 R_F 的电流也很小，热敏电阻的阻值较大，$R_F>2R_1$，$AF>1$，输出电压增加；当输出电压增大时，流过 R_F 的电流也增大，热敏电阻的阻值逐渐减小；当输出电压增大到一定值时，热敏电阻的阻值减至 $2R_1$，这时 $AF=1$，输出电压不再增加，电路达到稳定平衡状态。

利用二极管正向伏安特性的非线性特性也可实现电路的自动起振和自动稳幅，如图11.1.3所示，VD1 和 VD2 为两只反向并联的二极管，它们分别在输出电压的正、负半周内导通。当电路的输出电压很小时，加在二极管上的电压也很小，二极管呈现很大的电阻，$R_{F1}+R_{F2}>2R_1$（R_{F2}为二极管的等效电阻），输出电压增大；随着输出电压的增大，二极管的正向电阻逐渐减小，直至 $R_{F1}+R_{F2}=2R_1$，电路达到稳定状态。

RC 串并联正弦波振荡电路的频率既可通过电容 C 调节，又可通过电阻 R 调节，在如图11.1.4所示电路中，R_P 为同轴电位器，调节 R_P 可对频率进行细调，而通过波段开关切换不同电容可以实现频率粗调。

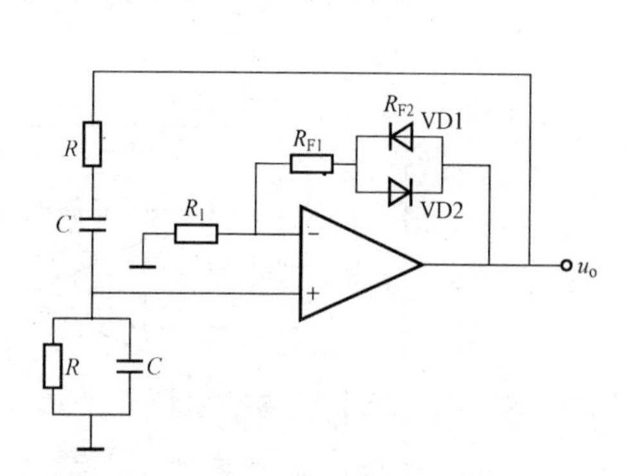

图 11.1.3 能稳幅的 RC 正弦波振荡电路

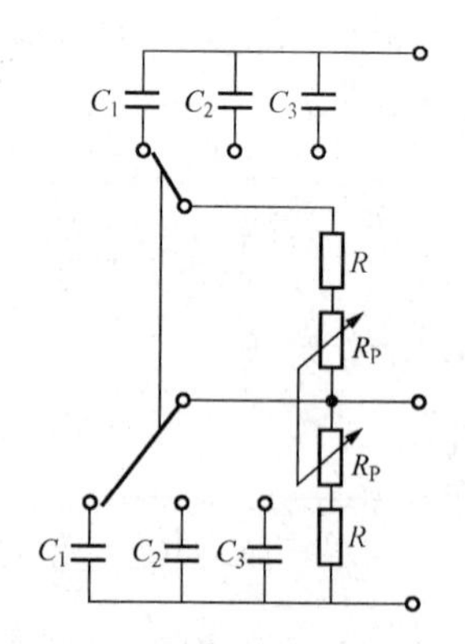

图 11.1.4 振荡频率的调节

【例 11.1.1】 如图 11.1.5 所示的正弦波振荡电路，设 $R=1\text{k}\Omega$，$R_p=5.1\text{k}\Omega$，$C=0.033\mu\text{F}$，$R_{F1}=9.1\text{k}\Omega$，$R_1=5.1\text{k}\Omega$，试计算振荡频率的调节范围。

解 电路的振荡频率为

$$f_o=\frac{1}{2\pi(R+R_p)C}$$

当 $R_p=0$ 时，f_o 最大

$$f_{omax}=\frac{1}{2\pi RC}=\frac{1}{2\times3.14\times10^3\times0.033\times10^{-6}}$$

$$=\frac{1}{2\times3.14\times0.033}=4.82(\text{kHz})$$

当 $R_P=5.1\text{k}\Omega$ 时，f_o 最小

$$f_{omin}=\frac{1}{2\times3.14\times(1+5.1)\times10^3\times0.033\times10^{-6}}$$

$$=791(\text{Hz})$$

即振荡电路的频率调节范围为 791Hz～4.82kHz。

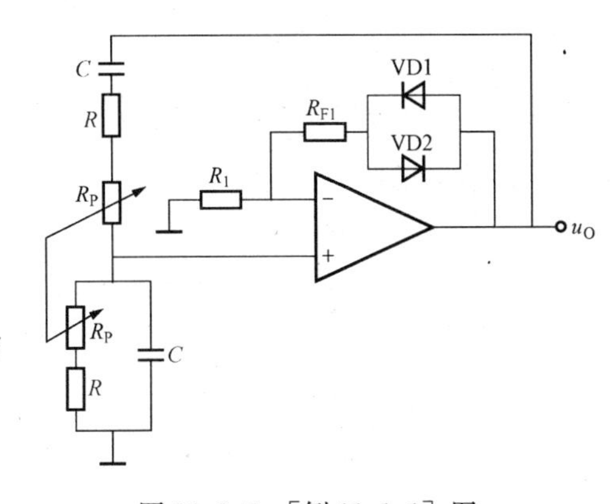

图 11.1.5 ［例 11.1.1］图

11.1.2 非正弦波产生电路

非正弦波产生电路是指产生矩形波、三角波及锯齿波等非正弦周期信号的电路。在由集成运放组成的非正弦波产生电路中，集成运放主要工作在饱和区，这一点与正弦波振荡电路中集成运放工作在线性区不同，因此，两种电路的分析方法是不同的。

1. 矩形波产生电路

矩形波产生电路是一种能直接产生矩形波或方波的电路。由于矩形波包含了极丰富的高次谐波，因此也称为多谐振荡器，电路如图 11.1.6（a）所示，双向稳压管 VZ 和电阻 R_3 的作用是将输出电压的幅值限制在 $\pm U_Z$（U_Z 为稳压管的稳压值）。

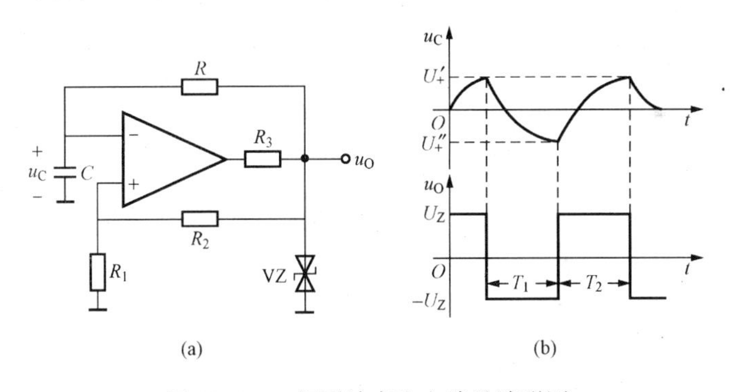

图 11.1.6 矩形波产生电路及波形图

（a）电路图；（b）输出波形

电路的工作原理为：设刚接通电源时，$u_C=0$，$u_O=+U_Z$，则运放同相端的电压为 $U'_+=+\frac{R_1}{R_1+R_2}U_Z$，输出的高电平通过电阻 R 向电容 C 充电，使电容电压 u_C 升高。当 u_C 上升到 u_+ 时，滞回比较器的输出电压将发生跳变，由高电平跳变为低电平，$u_O=-U_Z$，与此对应，同相输入端的电压也跳变为 $U''_+=-\frac{R_1}{R_1+R_2}U_Z$。在输出的低电平作用下，电容 C 通过电阻 R 放电，使 u_C 下降，当 u_C 下降到 U''_+ 时，滞回比较器的输出电压又将发生跳变，由低电平跳变为高电平。$u_O=+U_Z$，电容 C 再一次开始充电，如此循环，输出电压在 $\pm U_Z$ 之间反复跳变，从而形成正、负交替的矩形波，图 11.1.6（b）所示为电容电压 u_C 与输出电压 u_O 的波形。矩形波的振荡周期为

$$T = 2RC\ln\left(1+\frac{2R_1}{R_2}\right) \tag{11.1.9}$$

改变R、C或R_1、R_2的值，可以调节矩形波的周期。

通常将矩形波高电平的持续时间与振荡周期的比称为占空比，上述电路的占空比为50%，若需要占空比小于或大于50%的矩形波，根据上面的分析，只需改变电容的充放电的时间常数即可，图11.1.7所示为占空比连续可调的电路，输出高电平时，VD1导通，电容充电；输出低电平时，VD2导通，电容放电，矩形波的周期为

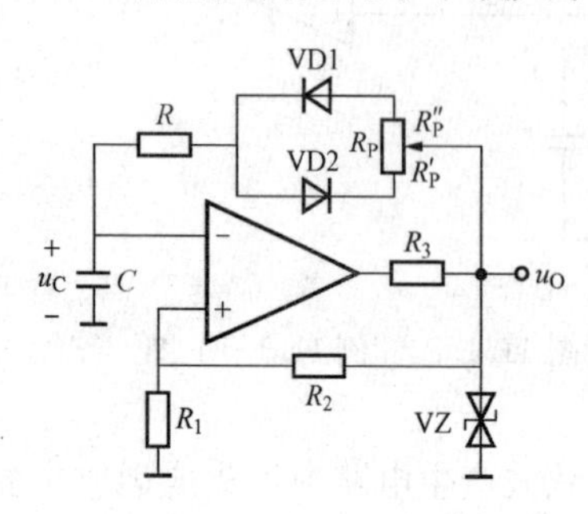

图11.1.7 占空比可调的矩形波产生电路及波形图

$$T = T_1 + T_2 = (2R+R_P)C\ln\left(1+\frac{2R_1}{R_2}\right) \tag{11.1.10}$$

占空比为

$$D = \frac{T_1}{T} = \frac{R+R_P'}{2R+R_P} \tag{11.1.11}$$

调节电位器R_P，即可得到不同占空比的矩形波。

2. 三角波、锯齿波产生电路

在信号运算电路中讲了如果积分电路的输入信号是方波，那么输出信号是三角波，这就提示读者将矩形波电路和积分电路连接起来，就能构成三角波产生电路，电路如图11.1.8 (a) 所示，下面分析电路的工作原理并推导其振荡频率公式。

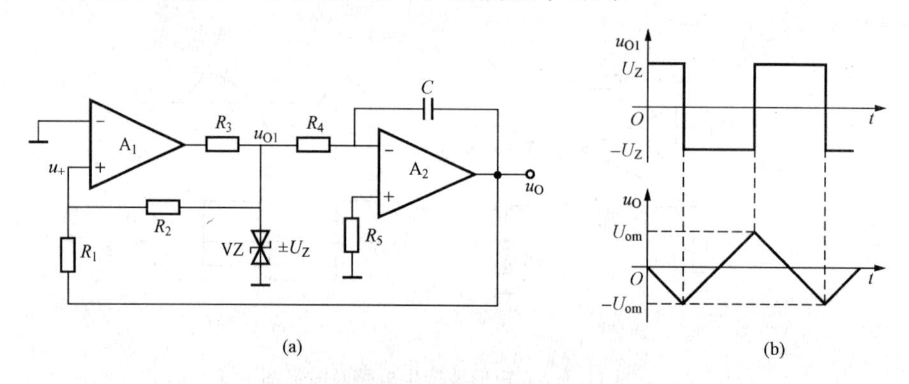

图11.1.8 矩形波三角波产生电路及电压波形图

(a) 电路图；(b) 输出波形

由于A_1接成正反馈，电源接通后，A_1的输出为饱和输出，设$u_{O1}=+U_Z$，由积分电路的输入/输出关系知，输出电压u_O由零随时间线性下降。另外，由叠加定理可得

$$u_+ = \frac{R_1}{R_1+R_2}u_{O1} + \frac{R_2}{R_1+R_2}u_O \tag{11.1.12}$$

只要$u_{O1}=+U_Z$不变，u_O的下降将使u_+下降，当u_+降至零时，比较器输出电压发生跳变，u_{O1}由$+U_Z$跳变为$-U_Z$，同时u_+跳变成一个负值，在$u_{O1}=-U_Z$的作用下，u_O开始随时间线性上升，同时u_+也随u_O上升而增大，当u_+增大至零时，比较器输出电压又发生跳变，u_{O1}由$-U_Z$跳变为$+U_Z$，同时u_+也跳变成一个正值，然后重复上述过程。于是比较器的输出电压为矩形波，积分器的输出电压为三角波，波形如图11.1.8 (b) 所示。

三角波的幅值U_{Om}即为$u_+=0$时的输出电压值，由式（11.1.13）得

$$U_{\text{om}}=\frac{R_1}{R_2}U_Z \tag{11.1.13}$$

积分电路对 $-U_Z$ 进行积分时，在半个周期的时间内输出电压 u_O 从 $-\frac{R_1}{R_2}U_Z$ 上升至 $\frac{R_1}{R_2}U_Z$，这样，由积分电路输出电压的计算得

$$-\frac{1}{R_4C}\int_c^{\frac{T}{2}}(-U_Z)\mathrm{d}t=2\cdot\frac{R_1}{R_2}U_Z$$

由此解得矩形波和三角波的振荡周期为

$$T=\frac{4R_1R_4C}{R_2} \tag{11.1.14}$$

由式（11.1.13）和式（11.1.14）可知，调节 R_1、R_2 可改变三角波的幅值和周期，调节 R_4 和 C 可改变三角波的周期。

改变积分电路充电和放电时的时间常数，即可使得积分电路的输出电压上升和下降的速率不同，从而使对称的三角波变成不对称的锯齿波，电路如图 11.1.9（a）所示，电路中 R_P、D_1 和 D_2 代替了原积分电路中的积分电阻 R_4，使充电回路和放电回路分开。当 $R''_P \ll R'_P$ 时，充电时间常数很小，输出电压 u_O 下降很快，波形如图 11.1.9（b）所示。

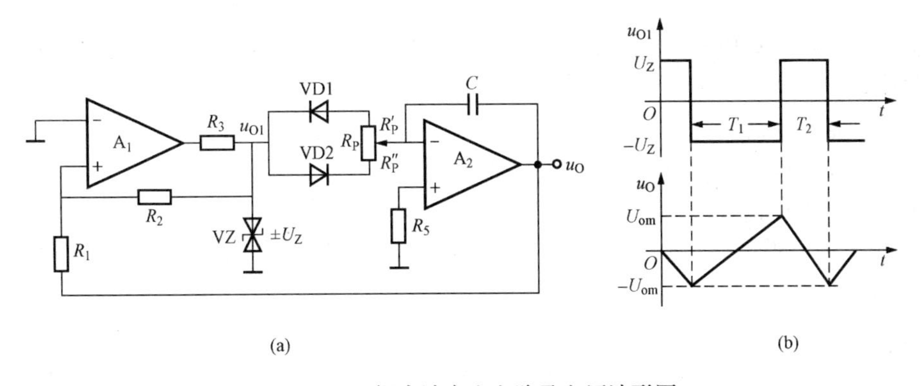

图 11.1.9　锯齿波产生电路及电压波形图

（a）电路图；（b）输出波形

11.1.3　集成函数发生器

函数发生器是一种多波形的信号源，一般是指能自动产生正弦波、方波、三角波、锯齿波，甚至任意电压波形的电路或仪器。电路形式可以采用运放及分离元件；也可以采用单片集成函数发生器。下面简单介绍目前广泛使用的集成函数发生器 ICL 8038。

ICL8038 是一种多波形产生器，可同时输出正弦波、三角波、锯齿波、方波或脉冲波等波形。改变外接电阻、电容可改变输出信号的频率，范围为 0.001Hz～300kHz。正弦信号输出失真度为 1%，三角波输出的线性度小于 0.1%，占空比变化范围为 2%～98%。外接电压也可以调制或控制输出信号的频率和占空比。ICL8038 可采用单电源或双电源供电，用单电源供电时，电源电压为 10～30V，此时输出波形的直流电平为 $U_{CC}/2$。用双电源供电时，电源电压为±5～±15V，输出波形的直流电平为零。图 11.1.10（a）所示为引脚排列图。

引脚 1 和 12：正弦波波形调整端，通常引脚 1 开路或接直流电压，引脚 12 接电阻到 $-U_{EE}$，用以改善正弦波波形和减小失真。

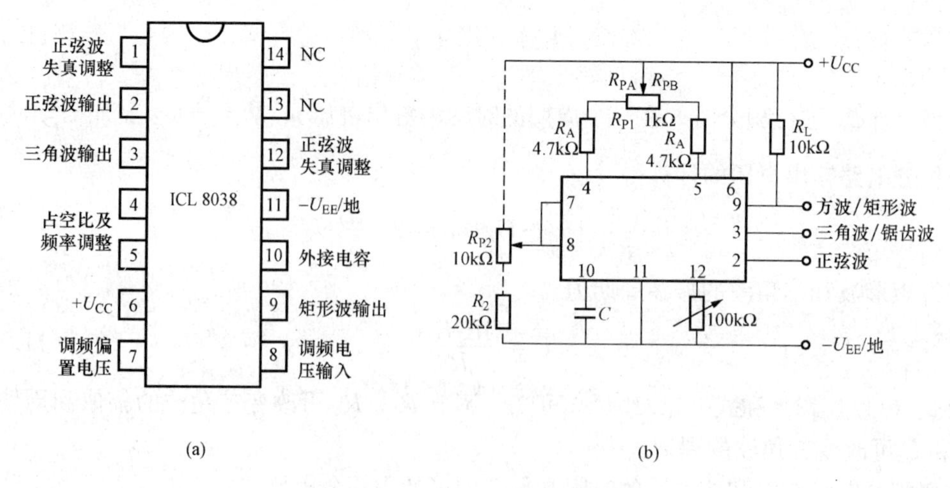

图 11.1.10 ICL8038 函数发生器

(a) 引脚图；(b) 典型应用电路

引脚 2：正弦波输出。

引脚 3：三角波输出。

引脚 4 和 5：频率和占空比调节端。通常外接电阻和电位器到 U_{CC}，改变阻值可调节频率和占空比。

引脚 6：接正电源。

引脚 7、8：调频的直流偏置电压输入端。

引脚 9：矩形波输出。

引脚 10：外接电容到 $-U_{EE}$端，用以调节输出信号的频率。

引脚 11：接负电源或地。

引脚 13、14：空脚。

集成函数发生器芯片 ICL8038 的典型应用电路如图 11.1.10（b）所示。R_A 为定时电阻，可选 1kΩ～1MΩ 的可调电阻。调节 R_A 和 C 能改变振荡频率及矩形波的占空比。100kΩ 电阻用于调整正弦波的失真。振荡频率 $f\approx\frac{0.3}{(R_A+0.5R_{P1})C}$，矩形波的占空比为 $\left[1-\frac{R_A+R_{PB}}{2(R_A+R_{PA})}\right]\times100\%$。

11.2 脉冲信号产生电路

在数字系统中，常常需要各种脉冲波形，如时钟脉冲、控制过程的定时信号等。这些脉冲波形的获取，通常采用两种方法：一种是利用脉冲信号产生器直接产生；另一种是通过对已有信号进行变换，使之满足系统的要求。典型的矩形脉冲产生电路包括单稳态触发电路和多谐振荡电路两种类型。本节首先介绍由 555 定时器构成的单稳态触发器、多谐振荡器，最后介绍由石英晶振构成的时钟秒脉冲产生电路。

11.2.1 555 定时器

555 定时器是一种用途广泛的数字、模拟混合的中规模集成电路，通过外接少量元件，它可方便地构成单稳态触发器和多谐振荡器，用于信号的产生、变换、控制与检测。

555 定时器有 TTL 和 CMOS 两种类型，它们的结构及工作原理基本相同，引脚编号和功能一致。通常，双极型定时器具有较大的驱动能力，而 CMOS 定时器具有低功耗、输入阻抗高等优点。555 定时器工作的电源电压很宽，并可承受较大的负载电流。TTL 定时器电源电压范围为 5～16V，最大负载电流可达 200mA；CMOS 定时器电源电压范围为 3～18V，最大负载电流在 4mA 以下。

图 11.2.1 所示为 555 定时器的电气原理图和电路符号，其由四个部分组成：①由三个阻值为 5kΩ 的电阻组成的分压器；②两个电压比较器 C_1 和 C_2；③基本 RS 触发器；④放电三极管 VT。

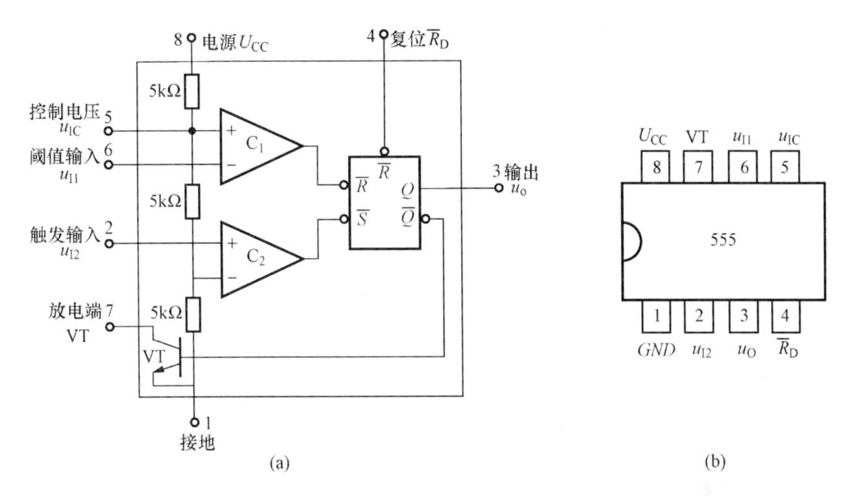

图 11.2.1　555 集成定时器

(a) 内部电路框图；(b) 外引线排列图

当 5 脚悬空时，比较器 C_1 和 C_2 的比较电压分别为$\frac{2}{3}U_{CC}$和$\frac{1}{3}U_{CC}$。$\overline{R}_D$ 接高电平。

(1) 当 $u_{I1}>\frac{2}{3}U_{CC}$，$u_{I2}>\frac{1}{3}U_{CC}$时，比较器 C_1 输出低电平，C_2 输出高电平，基本 RS 触发器被置 0，放电三极管 VT 导通，输出端 u_O 为低电平。

(2) 当 $u_{I1}<\frac{2}{3}U_{CC}$，$u_{I2}<\frac{1}{3}U_{CC}$时，比较器 C_1 输出高电平，C_2 输出低电平，基本 RS 触发器被置 1，放电三极管 VT 截止，输出端 u_O 为高电平。

(3) 当 $u_{I1}<\frac{2}{3}U_{CC}$，$u_{I2}>\frac{1}{3}U_{CC}$时，比较器 C_1 输出高电平，C_2 也输出高电平，即基本 RS 触发器 $R=1$，$S=1$，触发器状态不变，电路亦保持原状态不变。

(4) 当 $u_{I1}>\frac{2}{3}U_{CC}$，$u_{I2}<\frac{1}{3}U_{CC}$时，比较器 C_1 输出低电平，C_2 也输出低电平，即基本 RS 触发器 $R=0$，$S=0$，这种情况应避免出现。

(5) 当 $\overline{R}_D$ 为低电平时，RS 触发器复位，不管其他输入端的状态如何，输出 u_O 为低电平，即 $\overline{R}_D$ 的控制级别最高，$\overline{R}_D$ 称为复位输入端。正常工作时，一般应接高电平。

上述讨论归纳后如表 11.2.1 所示。

表 11.2.1　　555 定时器功能表

6 脚阈值输入（u_{I1}）	2 脚触发输入（u_{I2}）	复位（R_D）	输出（u_O）	放电管 VT
×	×	0	0	导通
$<\frac{2}{3}V_{CC}$	$<\frac{1}{3}V_{CC}$	1	1	截止
$>\frac{2}{3}V_{CC}$	$>\frac{1}{3}V_{CC}$	1	0	导通
$<\frac{2}{3}V_{CC}$	$>\frac{1}{3}V_{CC}$	1	不变	不变

11.2.2　单脉冲产生电路（单稳态触发器）

单稳态触发器具有下列特点：①它有一个稳定状态和一个暂稳状态；②在外来触发脉冲作用下，能够由稳定状态翻转到暂稳状态，暂稳状态维持一段时间后，将自动返回到稳定状态；③暂稳态维持时间的长短取决于电路本身的参数，与触发脉冲的宽度和幅度无关。

根据电路工作特性不同，单稳态触发器可以分为不可重复触发和可重复触发两种。不可重复触发的单稳态触发器一旦被触发进入暂稳态之后，即使再有触发脉冲作用，电路的工作过程也不受其影响，直到该暂稳态结束后，它才接受下一个触发而再次进入暂稳态。可重复触发单稳态触发器在暂稳态期间，如有触发脉冲作用，电路会被重新触发，使暂稳态继续延迟一个 T_w 时间。两种单稳态触发器的工作波形如图 11.2.2（a）、图 11.2.2（b）所示。

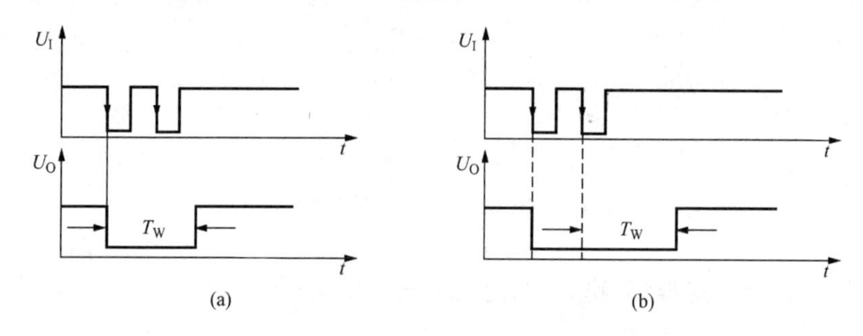

图 11.2.2　两种单稳态触发器的工作波形

（a）不可重复触发的单稳态触发器工作波形；（b）可重复触发的单稳态触发器工作波形

1. 由 555 定时器构成的单稳态触发器

由 555 定时器构成的单稳态触发器电路图及工作波形如图 11.2.3 所示。工作原理如下。

（1）无触发信号输入时电路工作在稳定状态。设电路无触发信号时，u_I 保持高电平，则电路工作在稳定状态，输出端 u_O 保持低电平，555 内放电三极管 VT 饱和导通，引脚 7 “接地”，电容电压 u_C 为 0。

（2）u_I 下降沿触发。当 u_I 下降沿到达时，555 触发输入端（2 脚）由高电平跳变为低电平，电路被触发，u_O 由低电平跳变为高电平，电路由稳态转入暂稳态。

（3）暂稳态的维持时间。在暂稳态期间，555 内放电三极管 VT 截止，U_{CC} 经 R 向 C 充电。其充电时间常数 $\tau_1=RC$，电容电压 u_C 由 0 开始增大，在电容电压 u_C 上升到阈值电压 $\frac{2}{3}U_{CC}$ 之前，电路将保持暂稳态不变。

（4）自动返回（暂稳态结束）时间。当 u_C 上升至阈值电压 $\frac{2}{3}U_{CC}$ 时，输出电压 u_O 由高

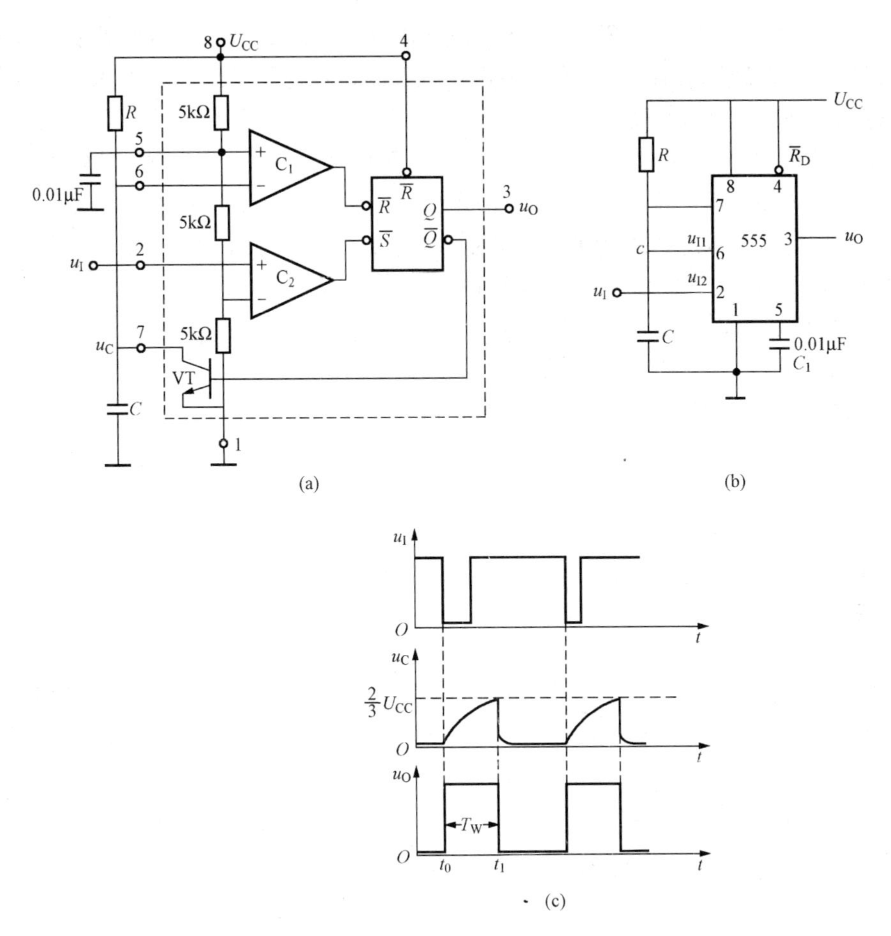

图 11.2.3　555 定时器构成的单稳态触发器

(a) 原理图；(b) 电路图；(c) 工作波形

电平跳变为低电平，555 内放电三极管 VT 由截止转为饱和导通，引脚 7 “接地”，电容 C 经放电三极管对地迅速放电，电压 u_C 由 $\frac{2}{3}U_{CC}$ 迅速降至 0（放电三极管的饱和压降），电路由暂稳态重新转入稳态，输出电压 u_O 保持低电平。

在电容电压上升过程中，如果又有很窄的负脉冲输入，则该负脉冲不起作用，因此这种接法的单稳态触发器为不可重复触发的。

输出脉冲宽度 T_W 就是暂稳态维持时间，也就是电容电压从 0 充电到 $\frac{2}{3}U_{CC}$ 所需的时间。其计算公式为

$$T_W = RC\ln 3 = 1.1RC \tag{11.2.1}$$

式（11.2.1）说明，单稳态触发器输出脉冲宽度 T_W 仅决定于定时元件 R、C 的取值，与输入触发信号和电源电压无关，调节 R、C 的取值，即可方便地调节 T_W。

2. 集成单稳态触发器

数字系统中广泛使用的集成单稳态触发器设计灵活，只需要外接元件 RC 就可方便使用，而且有多种不同的触发方式和输出方式。

集成单稳态触发器中，74121、74LS121、74221、74LS221 等是不可重复触发的单稳态触发器。74122、74123、74LS123 等是可重复触发的单稳态触发器。下面以可重复触发的单稳态触发器 74LS123 为例加以介绍。

74LS123 是一个双单稳态触发器，引脚排列图如图 11.2.4 所示，每个触发器的功能表如表 11.2.2 所示，以芯片中的第一个单稳态触发器为例，外接电容、电阻的连接如图 11.2.5 所示。从功能表可知，当清零端接高电平时，A 接低电平，B 接上升沿触发脉冲或者 B 接高电平，A 接下降沿触发脉冲时，在 Q 端都可以输出一个正向定时脉冲。定时脉冲宽度

$$T_w = 0.45RC$$

表 11.2.2　74LS123 功能表

输入			输出	
$\overline{CLR}$	A	B	Q	$\overline{Q}$
L	×	×	L	H
×	H	×	L	H
×	×	L	L	H
H	L	↑	⊓	⊔
H	↓	H	⊓	⊔
↑	L	H	⊓	⊔

当 A 接低电平，B 接高电平，清零端接上升沿触发脉冲时，触发器也输出相同的定时脉冲。

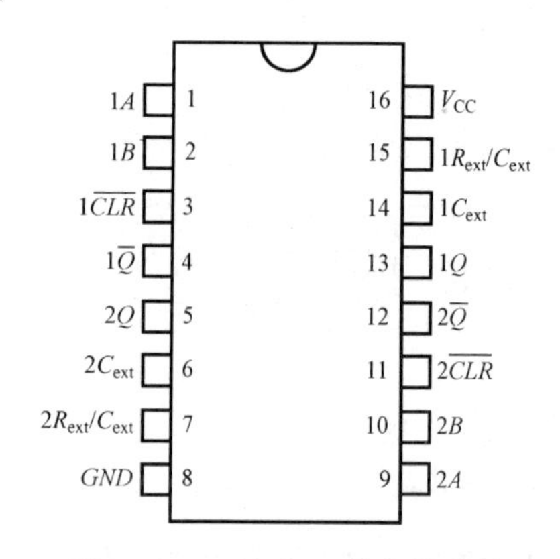

图 11.2.4　74LS123 管脚排列图

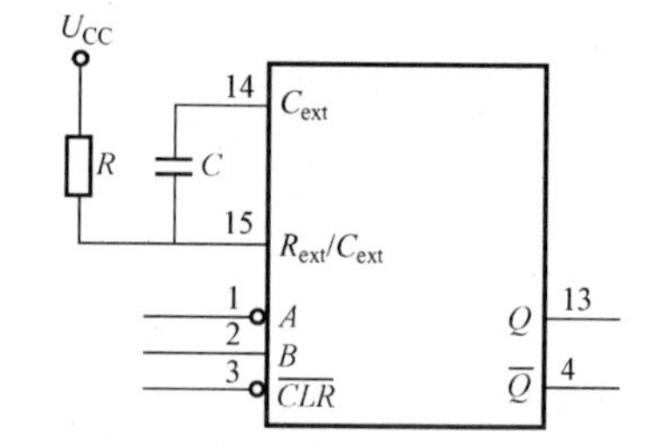

图 11.2.5　74LS123 外接电容电阻连接图

单稳态触发器的暂态脉宽可以从几微秒到几分钟，精度可达到 0.1%，因此单稳态触发器常用于定时（从 Q 端输出）和延时（从 $\overline{Q}$ 端输出）。此外，不论输入脉冲的形状如何，只要能使单稳态触发器翻转，它都能产生一个宽度和幅度一定的矩形脉冲，因此单稳态触发器也用作脉冲整形电路。

需要说明的是，不同型号的集成单稳态触发器的暂态脉宽是不同的，如 74LS121 的脉宽是 $0.7RC$，74LS122 的脉宽是 $0.32RC$，使用时要查阅器件手册。

11.2.3　多谐振荡器

多谐振荡器电路是一种矩形波产生电路，这种电路不需要外加触发信号便能连续地、周期性地自行产生矩形脉冲。由于矩形波中包含了无穷多个正弦波，因此这种电路也称为多谐振荡器。多谐振荡器无稳定状态，只有两个暂稳态，在自身因素的作用下，电路就在两个暂稳态之间来回转换，故又称为无稳态电路。

图 11.2.6 所示为 555 定时器构成的多谐振荡器。接通电源后瞬间，$u_C=0$，C_2 输出低

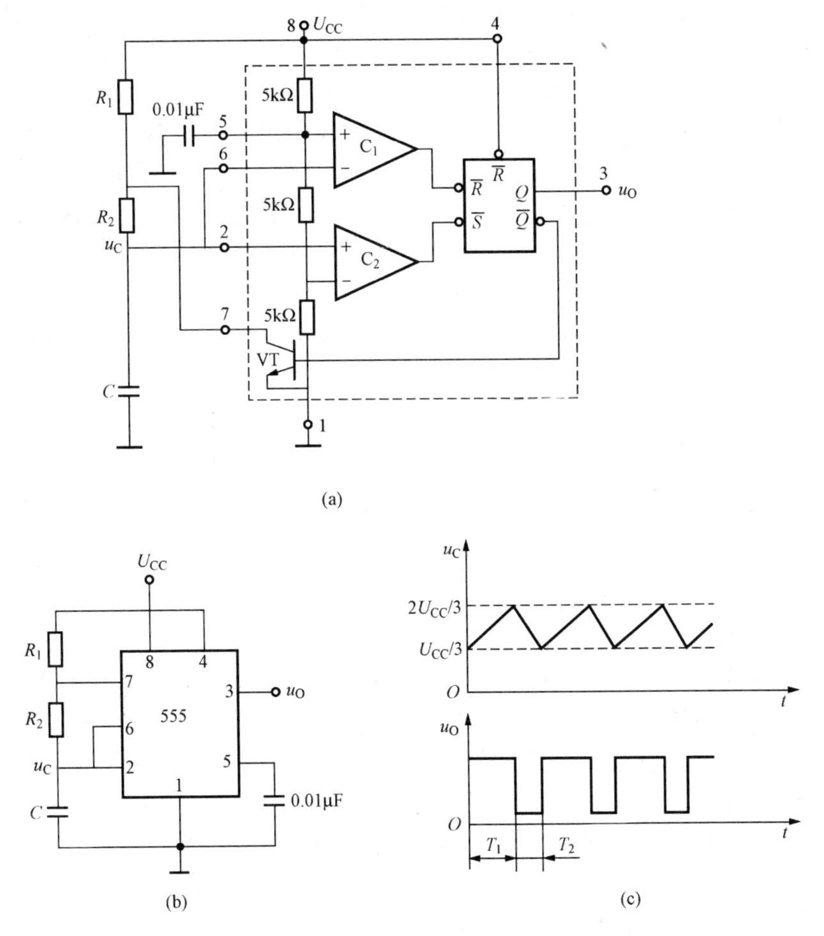

图 11.2.6　用 555 定时器构成的多谐振荡器

(a) 原理图；(b) 电路图；(c) 工作波形

电平，触发器置位，$u_O=1$，VT 截止，U_{CC}经 R_1 和 R_2 对 C 充电。当 u_C 上升到$\frac{2}{3}U_{CC}$时，C_1 输出低电平，C_2 输出高电平，触发器复位，$u_O=0$，VT 导通，C 通过 R_2 和 VT 放电，u_C 下降。当 u_C 下降到$\frac{1}{3}U_{CC}$时，C_1 输出高电平，C_2 输出低电平，u_O 又由 0 变为 1，VT 截止，U_{CC}又经 R_1 和 R_2 对 C 充电。重复上述过程，在输出端产生连续的矩形脉冲。

电容电压从$\frac{1}{3}U_{CC}$充电到$\frac{2}{3}U_{CC}$所需时间为 $T_1=0.7(R_1+R_2)C$；电容电压从$\frac{2}{3}U_{CC}$放电到$\frac{1}{3}U_{CC}$所需时间为 $T_2=0.7R_2C$，因此电路的振荡周期为

$$T = 0.7(R_1 + 2R_2)C \tag{11.2.2}$$

振荡频率为

$$f = \frac{1}{T} = \frac{1}{0.7(R_1 + 2R_2)} \approx \frac{1.43}{(R_1 + 2R_2)C} \tag{11.2.3}$$

占空比 D 为

$$D=\frac{T_1}{T}=\frac{0.7(R_1+R_2)C}{0.7(R_1+2R_2)}=\frac{R_1+R_2}{R_1+2R_2} \tag{11.2.4}$$

由此可见，改变电容C的容量，即可改变多谐振荡器的振荡频率。

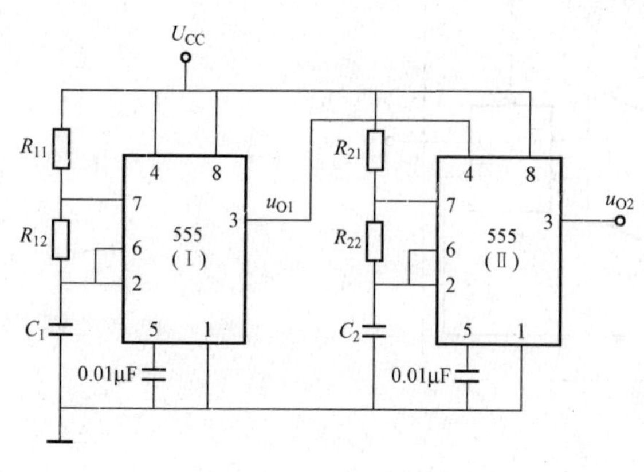

图 11.2.7 555定时器的构成的模拟警笛音响电路

图11.2.7所示电路为由555定时器的构成的模拟警笛音响电路。图中两个555定时器都接成多谐振荡器。选择合适的参数，使第一个振荡器输出1Hz左右的矩形脉冲，第二个振荡器输出1～2kHz的矩形脉冲。这样当u_{O1}为低电平时，第二个555不工作，电路无输出；当u_{O1}为高电平时，第二个555工作，电路有输出。若输出端接喇叭，则喇叭间断地发出"呜…呜…"的声响。

11.2.4 石英晶体振荡器与秒时钟脉冲

1. 石英晶体振荡器

石英晶体振荡器简称为晶振，它是利用具有压电效应的石英晶体片制成的。这种石英晶体薄片受到外加交变电场的作用时会产生机械振动，当交变电场的频率与石英晶体的固有频率相同时，振动便变得很强烈，这就是晶体谐振特性的反应。利用这种特性，就可以用石英晶振取代LC谐振回路。石英晶振具有体积小、质量轻、可靠性高、频率稳定度高等优点。

图11.2.8所示为石英晶体振荡电路，图中反相器G1用于振荡，电阻R为反相器G1提供静态工作点，一般R取10MΩ。石英晶体和两个电容$C1$、$C2$构成了一个π型网络，用于完成选频功能。电路的振荡频率仅取决于石英晶体的谐振频率f_s。为了改善输出波形，增强带负载能力，通常在该振荡器的输出端再接一个反相器G2。

2. 时钟秒脉冲

石英晶振的频率一般较高，需要多次分频后才能得到频率为1Hz的秒脉冲信号。图11.2.9所示为十四级二分频电路，图中晶振的谐振频率为32768Hz，经集成计数器CD4060分频后，从Q_4～Q_{14}各输出端可分别得到频率为2048Hz、1024Hz、512Hz、256Hz、128Hz、64Hz、32Hz、16Hz、8Hz、4Hz和2Hz的脉冲信号。该2Hz信号再经一个外接的二分频电路即可得到1Hz的秒脉冲信号。

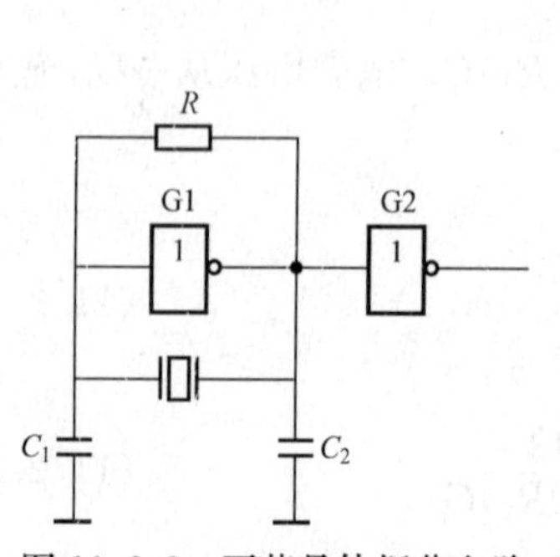

图 11.2.8 石英晶体振荡电路

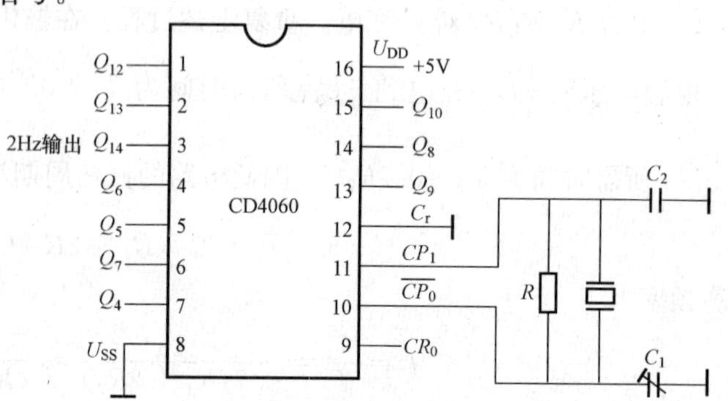

图 11.2.9 秒脉冲信号产生电路

11.3　数字信号与模拟信号的相互转换

在自动检测和自动控制系统中，计算机检测和控制的对象一般都是模拟信号，而数字计算机只能识别数字信号，为了把检测到的模拟信号送入计算机，首先必须把该模拟信号转换成相应的数字信号，然后再把数字信号送入计算机，以便计算机进行处理和运算。通常模拟信号转换成相应的数字信号的过程叫模/数转换，其相应的转换电路叫做模/数转换器（analog-digital converter）。由于控制系统控制的信号通常也是模拟信号，因此需将处理过的数字信号再转换为模拟信号，然后送到被控制系统中，这种把数字信号转换成相应的模拟信号的过程叫做数/模转换，其相应的转换电路叫做数/模转换器（digital-analog converter）。A/D 和 D/A 是沟通模拟电路和数字电路的桥梁，是实现智能化测量和智能控制的前提。

A/D 和 D/A 是现代数字系统中不可缺少的重要部分，在实际生产实践中有着广泛的应用，下面举一个工程实例。

图 11.3.1 所示为一个恒温控制系统，A/D 将温度传感器送来的多路温度信号转换为数字信号，送给中央数字控制单元；而 D/A 则将数字控制单元发出的控制信号转换成模拟信号，经驱动后送往执行机构来控制加热器的加热工作。

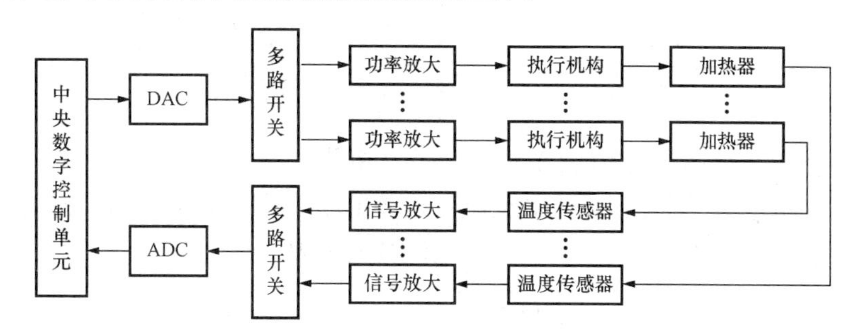

图 11.3.1　锅炉加热信号采集和控制系统

本节介绍数/模和模/数转换的基本原理、典型应用电路及 D/A、A/D 转换器的主要参数。

11.3.1　数/模转换器

1. 数/模转换器的组成和工作原理

R-2R 倒 T 形电阻网络 D/A 转换器如图 11.3.2 所示。由图可知，电阻网络中只有 R 和 $2R$ 两种阻值的电阻。当数字量为“1”时，开关接集成运放反向输入端，有支路电流 I_i 流向求和放大电路；当数字量为“0”时，开关接地，支路电流流入地。

图 11.3.2 中，运放反相输入端虚地，所以无论数字量 D_3、D_2、D_1、D_0 控制的开关如何连接，流过各个支路的电流都保持不变。为计算流过各个支路的电流，可以把电阻网络等效成如图 11.3.3 所示的形式。

可以看出，从 A、B、C 和 D 点向左看的等效电阻都是 R，因此从参考电源流向电阻网络的电流为 $I=U_R/R$，而每个支路电流依次为 $I/2$、$I/4$、$I/8$、$I/16$。各个支路电流在数字量 D_3、D_2、D_1 和 D_0 的控制下流向运放的反相端或地。若是数字量为 1，则流入运放的反相端；若数字量为 0，则流入地。

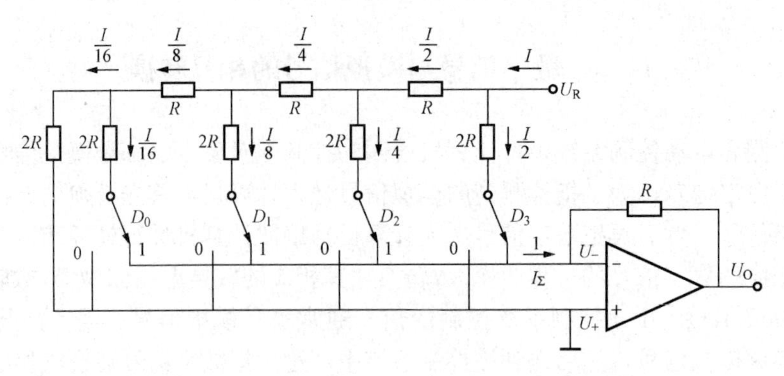

图 11.3.2 R-2R 倒 T 形电阻网络 D/A 转换器

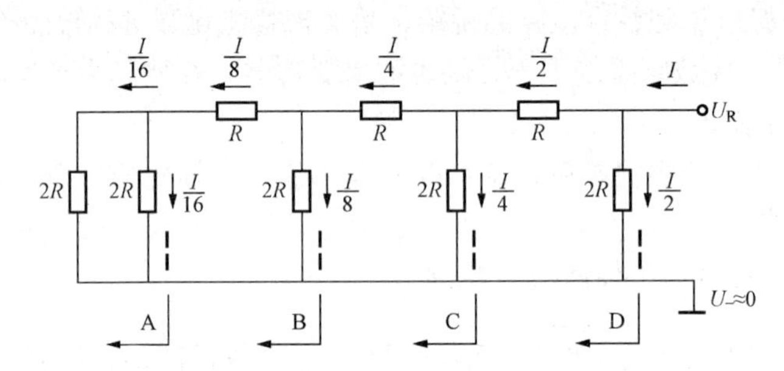

图 11.3.3 计算各个支路电流的等效网络

例如，若 $D_3=1$，则有电流 $I/2$ 流入运放的反相端；若 $D_2=1$，则有 $I/4$ 的电流流入运放的反相端；若 $D_1=1$，则有 $I/8$ 的电流流入运放的反相端；若 $D_0=1$，则有 $I/16$ 的电流流入运放的反相端。因此流入运放反相端的电流可表示为

$$I_\Sigma = \frac{I}{2}D_3 + \frac{I}{4}D_2 + \frac{I}{8}D_1 + \frac{I}{16}D_0 \tag{11.3.1}$$

这里 $I=U_R/R$，而运放输出的模拟电压为

$$\begin{aligned} U_o &= -I_\Sigma R = -\left(\frac{U_R}{2R}D_3 + \frac{U_R}{4R}D_2 + \frac{U_R}{8R}D_1 + \frac{U_R}{16R}D_0\right)R \\ &= -U_R\left(\frac{1}{2}D_3 + \frac{1}{4}D_2 + \frac{1}{8}D_1 + \frac{1}{16}D_0\right) \end{aligned} \tag{11.3.2}$$

【例 11.3.1】 倒 T 型电阻网络 DAC 如图 11.3.2 所示，设基准电压 $U_{REF}=5V$，试求输入二进制数 $D_3D_2D_1D_0=0110$ 时的输出电压值。

解 将 $D_3D_2D_1D_0=0110$ 代入式（11.3.2）得

$$U_o = -5\times\left(\frac{1}{2}\times 0 + \frac{1}{4}\times 1 + \frac{1}{8}\times 1 + \frac{1}{16}\times 0\right) = -(1.25+0.625) = -1.875(V)$$

2. 数/模转换器的主要技术指标

（1）分辨率。D/A 转换的分辨率可以用输入二进制数的有效位数表示，例如，输入信号为 2 位二进制数 00、01、10、11，则称此转换器的分辨率为 2；也可以用转换器的最小输出电压 U_{LSB}（输入数字量只有最低位为 1 时对应的输出电压）与最大输出电压 U_{MSB}（输入数字全为 1 时对应的输出电压）的比值表示，如 10 位 D/A 转换器的分辨率为 $U_{LSB}/U_{MSB}=1/(2^{10}-1)$。可见，分辨率与 D/A 转换器的位数有关，如果用 n 表示输入数字量的位数，n

越大，其输出模拟电压的取值个数（2^n）越多，能够分辨的最小输出电压变化量就越小，即分辨最小输出电压的能力就越强。

（2）精度。D/A 转换器的实际输出与理想输出之间的误差就是精度，一般是指输入端加满刻度的数字量时，转换器输出电压的理论值与实际值之差。显然，这个差值越小，电路的转换精度越高，一般情况下，精度不大于最小数字量的 $\pm 1/2$，即 $U_{LSB}/2$。

（3）建立时间。建立时间是完成一次转换需要的时间，一般用 D/A 转换器输入的数字量从全 0 变为全 1 时，输出电压达到规定误差范围时所需的时间表示。单片集成 D/A 转换器建立时间可达 0.1μs。

3. 集成 D/A 转换器及应用电路

市场上的单片集成 D/A 转换器有很多种，DAC0832 是采用 CMOS 工艺制成的单片电流输出型 8 位数/模转换器。DAC0832 的逻辑符号和引脚图如图 11.3.4 所示。DAC0832 的引脚功能说明如下。

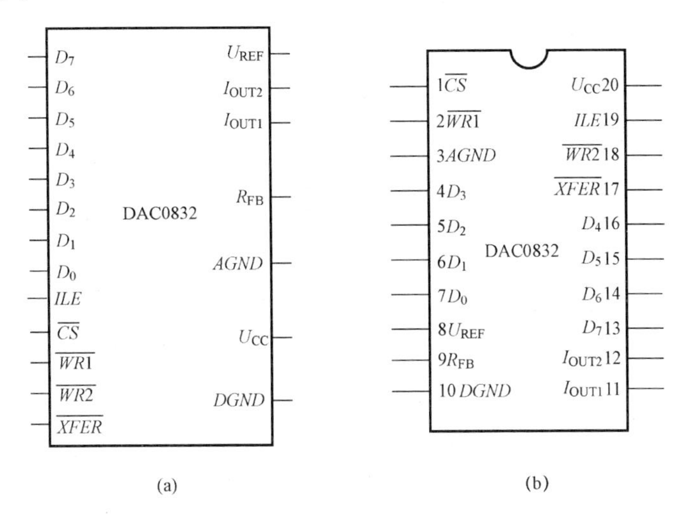

图 11.3.4　DAC0832 的逻辑符号和引脚图

（a）逻辑符号；（b）引脚图

ILE：输入锁存允许信号，输入高电平有效。

$\overline{CS}$：片选信号，输入低电平有效。

$\overline{WR1}$：输入数据选通信号，输入低电平有效。

$\overline{WR2}$：数据传送选通信号，输入低电平有效。

$\overline{XFER}$：数据传送选通信号，输入低电平有效。

$D_7 \sim D_0$：8 位输入数据信号。

U_{REF}：参考电压输入。一般此端外接一个精确、稳定的电压基准源。V_{REF} 可在 $-10 \sim +10$V 范围内选择。

R_{FB}：反馈电阻（内已含一个反馈电阻）接线端。

I_{OUT1}：DAC 输出电流 1。此输出信号一般作为运算放大器的一个差分输入信号。当 DAC 寄存器中的各位为 1 时，电流最大；为全 0 时，电流为 0。

I_{OUT2}：DAC 输出电流 2。它作为运算放大器的另一个差分输入信号（一般接地）。I_{OUT1}

和 I_{OUT2} 满足如下关系：$I_{OUT1}+I_{OUT2}=$ 常数。

U_{CC}：电源输入端（+5 ～+15V，一般取+5V）。

$DGND$：数字地。

$AGND$：模拟地。

DAC0832 输出的是电流，要转换为电压，还必须经过一个外接的运算放大器，芯片内部已设置了一个反馈电阻 R_{FB}，只要将 9 脚接到运算放大器的输出端即可。若运算放大器增益不够，可外加一个反馈电阻与 R_{FB} 串联。图 11.3.5 所示为其典型应用电路。需要转换的数字信号通过 $D_0 \sim D_7$ 送入 DAC0832，经转换后的输出电流信号接入运放所构成的电路，将电流变为电压输出

$$I_{OUT1}=\frac{U_{REF}}{R}\times\frac{(D)_{10}}{256},\quad I_{OUT2}=\frac{U_{REF}}{R}\times\frac{255-(D)_{10}}{256}$$

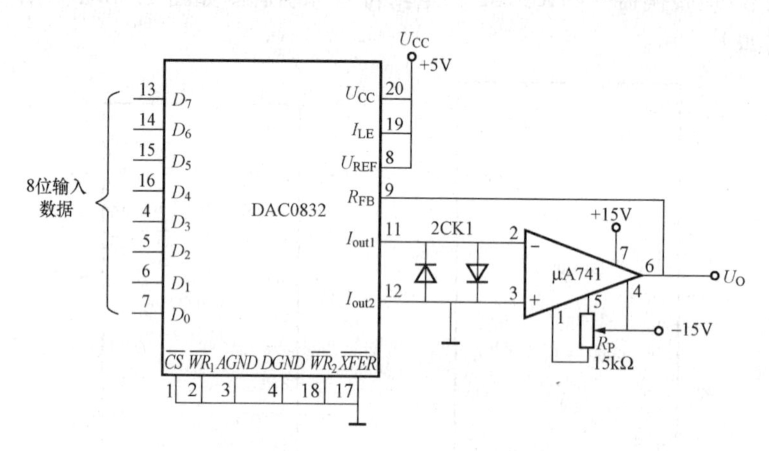

图 11.3.5　DAC0832 的典型应用电路

上式中 R 为 $R-2R$ 电阻网络中的电阻，与内部反馈电阻 R_{FB} 相等。故有

$$U_O=-(I_{OUT1}\times R_{FB})=-\left(\frac{U_{REF}}{R}\times\frac{(D)_{10}}{256}\times R_{FB}\right)=-\frac{U_{REF}}{256}\times(D)_{10}$$

如 $U_{REF}=5V$，$D=11000000$ 时

$$U_O=-\frac{5}{256}\times(2^7+2^6)=-\frac{5}{256}\times(128+64)=-3.75(V)$$

在实际应用中，DAC0832 的数据输入端 $D_7 \sim D_0$ 常接至微处理器的数据总线上，微处理器控制数据的输出量和输出频率，数据的输出量决定产生波形的形状，产生信号的频率由微处理器控制。

11.3.2　模/数转换器

将模拟信号转换成数字信号，简称为 A/D 转换。在很多系统中，A/D 转换是不能缺少的重要组成部分，本节将介绍常用的 A/D 转换器。

1. 转换过程

A/D 转换过程主要包括采样、保持、量化和编码四个部分。

(1) 采样—保持。采样是将时间上连续变化的信号转换为时间上离散的信号，即将时间上连续变化的模拟量转换为一系列等时间间隔的脉冲，输入模拟量的幅度决定脉冲的幅度。为使采样后的信号能够还原模拟信号，根据采样定理，其采样频率 f_S 必须大于等于输入模

拟信号最高频率 f_{max} 的两倍。由于 A/D 转换需要一定时间来处理采样值，所以采样后的值必须保持不变，直到下一次采样。

采样-保持电路的工作原理可参阅 7.2.2。

（2）量化-编码。一般把上述采样保持后的值以某个“最小数量单位”的整数倍来表示，这一过程称为量化。规定的最小数量单位称为量化单位或量化间隔，用“δ”表示。

量化的方法一般有两种：四舍五入法和舍去小数法。

四舍五入法：把小于 $\delta/2$ 的电压作为“0δ”处理，大于等于 $\delta/2$ 而小于 $3/2\delta$ 的电压作为“1δ”处理。

舍去小数法：把小于 δ 的电压作为“0δ”处理，大于等于 δ 而小于 2δ 的电压作为“1δ”处理。

例如，设 $\delta=1V$，采样值分别为 2V、3.3V、4.7V 和 5.8V，如果采用四舍五入法，则量化结果为：$2V=2\delta$，$3.3V=3\delta$，$4.7V=5\delta$，$5.8V=6\delta$；如果采用舍去小数法，则量化结果为：$2V=2\delta$，$3.3V=3\delta$，$4.7V=4\delta$，$5.8V=5\delta$。显然，采用不同量化方式其结果存在差异，上述量化结果与采样值之间的误差称为量化误差。

将量化结果用代码表示，称为编码。用 3 位代码可表示 $0\delta\sim7\delta$；用 4 位代码可表示 $0\delta\sim15\delta$；用 8 位代码可表示 $0\delta\sim127\delta$；用 n 位代码可表示 $0\delta\sim(2n-1)\delta$。显然，编码位数越多，量化误差就越小，精度越高。

2. A/D 转换器的种类及工作特点

A/D 转换器按照工作原理的不同可分为直接 A/D 转换器和间接 A/D 转换器。直接 A/D 转换器是将输入模拟电压直接转换成数字量，间接 A/D 转换器是先将输入模拟电压转换成中间量，如时间或频率，然后将这些中间量转换成数字量。常用的直接 A/D 转换器有并联比较型 A/D 转换器和逐次比较型 A/D 转换器。常用的间接 A/D 转换器有中间量为时间的双积分型 A/D 转换器，中间量为频率的电压—频率转换型 A/D 转换器。并联比较型 A/D 转换器的转换速度最高，转换精度最低；双积分型 A/D 转换器的转换速度最低，转换精度最高；逐次比较型 A/D 转换器的转换速度和转换精度均较高。

3. 性能指标

评价 A/D 转换器性能的指标主要有转换精度和转换时间，这也是进行系统设计选择 A/D 时考虑的关键指标。

（1）转换精度。在单片集成的 A/D 转换器中常采用分辨率和转换误差来描述转换精度。

分辨率常以 A/D 转换器输出的二进制数的位数表示，它说明 A/D 转换器对输入信号的分辨能力。位数越大，则分辨能力越高，也就是能够区分模拟输入电压的最小电压越小。如 A/D 转换器的输出为 10 位二进制数，最大输入模拟电压为 5V，那么这个转换器的输出应能区分输入模拟信号的最小电压为 $5V/2^{10}=4.88mV$。

转换误差通常以输出误差的最大形式给出，它表示实际输出的数字量与理论上应该输出的数字量之间的差别，一般以最低有效位的倍数给出。如转换误差＜±1/2LSB，表示实际输出的数字量与理论输出的数字量之间的误差小于最低有效位的 1/2 倍。

（2）转换速度。A/D 转换器的转换速度通常用转换时间来描述。转换时间是指从接到转换控制信号开始，到输出端得到稳定的数字输出信号所需要的时间，主要取决于转换器的类型。不同转换器的转换速度相差很多，并联型 A/D 转换器的转换速度最快，如 8 位二进制输出的并联型 A/D 转换器的转换速度可达 50ns 以内；逐次比较式 A/D 转换器的转换速度排第二，多数产品的转换速度都在 10～100μs 以内，个别 8 位转换器转换时间小于 1μs；双积分 A/D 转换器、跟踪 A/D 转换器和斜坡 A/D 转换器的转换速度都很慢，一般在数十毫秒至数百毫秒之间。

4. 集成 ADC0809

ADC0809 是采用 CMOS 工艺制成的单片 8 位 8 通道逐次比较型 A/D 转换器，片内集成有具有锁存功能的 8 路模拟开关，可对 8 路 0～5V 的输入模拟电压信号分时进行转换。片内具有多路开关的地址译码和锁存电路、比较器 256 级电阻网络、树状电子开关、逐次逼近寄存器 SAR、控制与时序电路等。输出具有 TTL 三态锁存缓冲器，可直接连到微处理器的数据总线上。其芯片内部框图如图 11.3.6 所示，引脚排列图如图 11.3.7 所示。

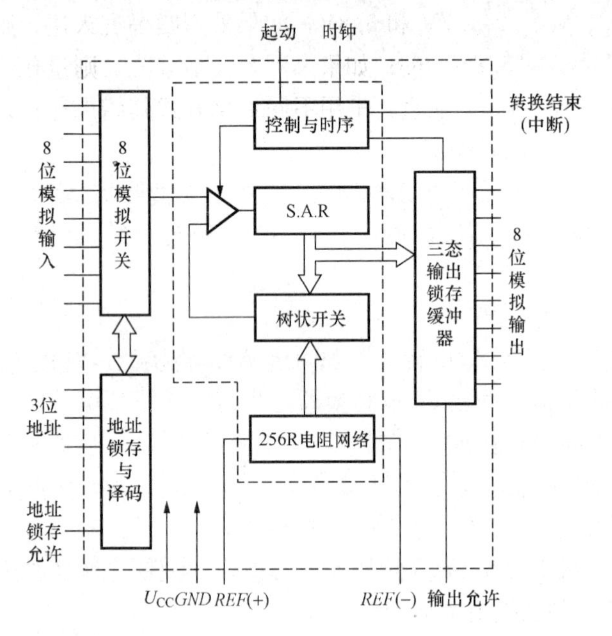

图 11.3.6　ADC0809 的芯片内部框图

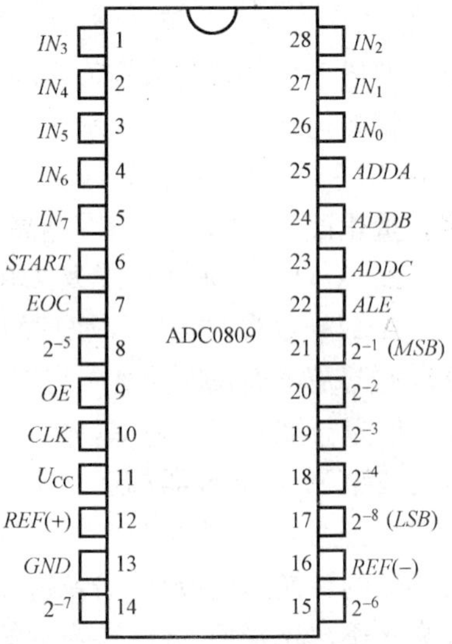

图 11.3.7　ADC0809 的芯片引脚排列图

ADC0809 的引脚功能说明如下。

IN0～IN7：8 路模拟信号输入端。

ADDA、ADDB、ADDC：地址码输入端，决定采集 IN0～IN7 中的某一路信号，地址输入端与模拟输入通道的选通关系如表 11.3.1 所示。

表 11.3.1　地址输入端与模拟输入通道的选通关系

地址码			选择模拟通道
ADDC	ADDB	ADDA	
0	0	0	IN0
0	0	1	IN1
0	1	0	IN2
0	1	1	IN3
1	0	0	IN4
1	0	1	IN5
1	1	0	IN6
1	1	1	IN7

ALE：地址锁存允许输入信号，在此脚施加正脉冲，上升沿有效，此时锁存地址码，从而选通相应的模拟信号通道，以便进行 A/D 转换。

START：起动信号输入端，应在此脚施加正脉冲，当上升沿到达时，内部逐次逼近寄存器复位，在下降沿到达后，开始A/D转换过程。

EOC：在START信号上升沿之后1～8个时钟周期内，EOC信号变为低电平。当转换结束后，转换后数据可以读出时，EOC变为高电平。

OE：数据输出允许信号，高电平有效。

CLK：时钟信号输入端，外接时钟频率一般为640kHz。

V_{CC}：+5V单电源供电。

REF（+）、REF（-）：基准电压的正端和负端。一般REF（+）接+5V，REF（-）接地。

2^{-8}～2^{-1}：数字信号输出端。2^{-1}为最高位，2^{-8}为最低位。

当起动信号输入端START加起动脉冲（正脉冲）时，A/D转换即开始。如将起动信号输入端START与转换结束端EOC直接相连，转换将连续进行。

【例11.3.2】 某8位A/D转换器的输入模拟电压满量程为5V，当输入电压为3.00V时，求对应的输出数字量？

解 输入模拟电压与输出数字量对应的十进制数成正比$U_i=K\cdot D_{10}$，所以有

$$\frac{5}{(11111111)_2}=\frac{3}{(D)_{10}}$$

解得$(D)_{10}=153$

即输出数字量$D=10011001$。

11.4 习　　题

11.1 证明：如图11.4.1所示RC振荡电路的振荡频率为$f_0=\dfrac{1}{2\pi C\sqrt{R_1R_2}}$。

11.2 在RC正弦振荡电路和矩形波发生电路中，集成运放各工作在什么区？

11.3 对RC正弦振荡电路，从$AF>1$到$AF=1$的过程是自激振荡建立的过程，在此过程中，A和F哪个量变小了？哪个量没变？没变的量是多少？

11.4 用74LS123设计单稳态触发器，要求在输入脉冲的上升沿触发，输出脉冲宽度为10ms。

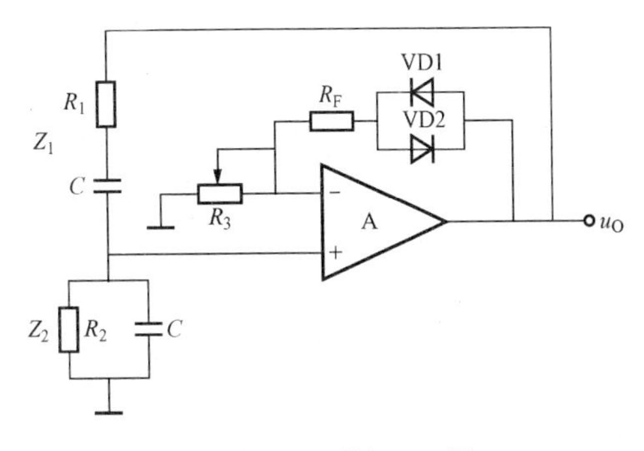

图11.4.1　题11.1图

11.5 用555定时器设计一单稳态触发器，要求输出脉冲宽度为1s。

11.6 请用555设计一个方波发生器，要求方波信号的频率为100kHz，占空比为40%。

11.7 分析如图11.4.2所示电路，电路中扬声器发声的时间由哪些电路参数决定？扬声器所发声音的频率由哪些电路参数决定？

11.8 一个8位DAC，已知$U_{REF}=5V$，$R_{FB}=R$，求该DAC最小输出电压（最低位为1，其余各位为0时的输出电压）U_{omin}和最大输出电压（各位全为1时的输出电压）U_{omax}。

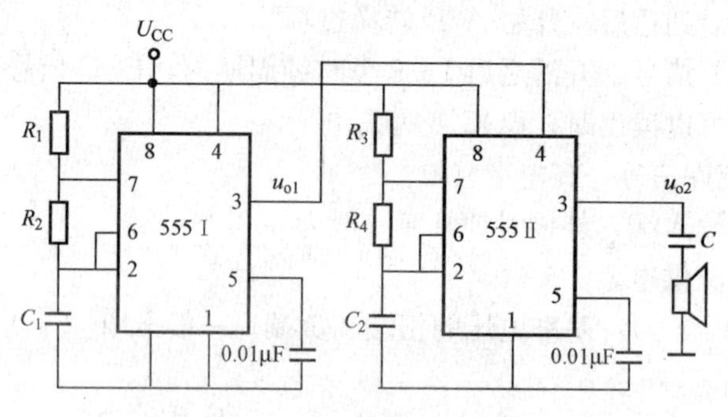

图 11.4.2 题 11.7 图

11.9 某系统中有一个 DAC，若该系统要求 DAC 的分辨率小于 0.5%，试回答至少应选多少位的 DAC？

11.10 某 12 位 A/D 转换器的输入模拟电压满量程为 5V，当输入电压为 2.48V 时，求对应的输出数字量？

11.11 已知 A/D 转换器的分辨率为 8 位，其输入模拟电压范围为 0～5V，则当输出数字量为 10000110 时，对应的输入模拟电压是多少？

11.12 一温度测量系统要求测量温度的范围是 0～100℃，测量精确到 0.1℃，请问设计中至少须用多少位的 A/D？

11.13 用 555 定时器、74LS161 和 DAC0832 设计一个阶梯波发生器，要求一个周期内有 10 个阶梯，每一个阶梯的时间宽度为 1s，阶梯间的幅度间隔为 0.5V。

第12章 EDA 技术基础

随着微电子技术和计算机技术的不断发展，EDA技术已成为电子工程设计的重要手段，在涉及通信、航天、工业自动化、仪器仪表、国防等领域的电子系统设计中，EDA技术的含量正以惊人的速度上升。EDA技术的广泛应用，使得现代电子技术向着更高、更新的层次飞速发展。本章首先对EDA技术作简单的介绍，然后介绍一种普遍使用的EDA软件——EWB，最后简单介绍可编程逻辑器件和可编程模拟器件的结构和应用。

12.1 EDA 技术概述

12.1.1 EDA简介

电子产品的设计、制造是一个复杂而又费时的过程，特别是产品性能指标的确定、电路的设计、调试、修改是一个反复的过程。传统的设计方法采用人工设计、电路板验证，电路设计一次，就要在电路板上调试、测试一次，若性能指标与设计不符，就要重新设计、重新调测试，直至符合设计要求。当电路非常复杂时，采用插接板或焊接板组装电路时所产生的连线错误、器件损坏等人为错误，常会造成人力、财力和时间的浪费及错误的性能评价。尤其是集成电路的设计，在插接板上，器件无法组合成像集成电路内部那样紧密，插接板上的寄生参数与集成环境中的完全不同，测试的特性也就不能准确地描述电路集成后的特性。因此，电子电路的传统设计方法已不适应电子技术发展的要求，这就要借助计算机来完成电子电路的设计。

EDA是电子设计自动化（Electronic Design Automation）的简称，是一种以计算机为基本工作平台，利用计算机图形学、拓扑逻辑学、计算数学及人工智能学等多种计算机应用学科的最新成果发展起来的、帮助电子设计人员进行电子产品设计的软件工具。它的发展经历了三个阶段，每一个阶段的进步都引起了设计层次上的一个飞跃，如图12.1.1所示。

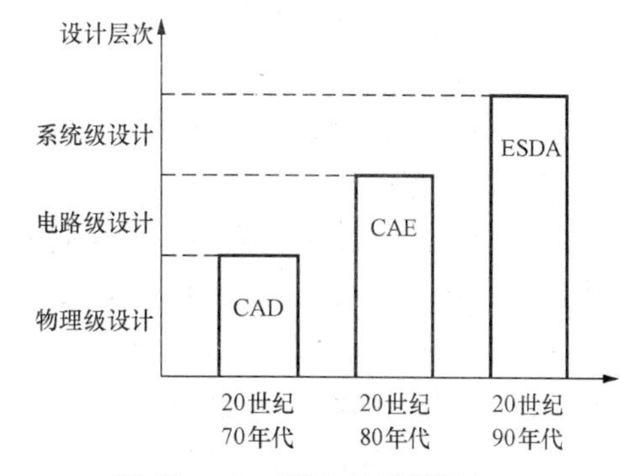

图12.1.1　EDA的发展历程

第一阶段为CAD（Computer Aided Design计算机辅助设计）阶段，始于20世纪70年代。随着中小规模集成电路的开发应用，传统的手工制图设计印刷电路板的方法已无法满足设计精度和效率的要求，因此，产生了计算机辅助设计的概念，电子CAD应运而生。从此，电子设计人员在计算机上进行IC（Integrated Circuit集成电路）版图设计和PCB布线布局，取代了传统的手工操作。

第二阶段为20世纪80年代出现的CAE（Computer Aided Engineering计算机辅助工程）阶段。为了缩短电子类产品的开发周期，降低开发成本，产生了以计算机仿真和自动布线为核心的第二代EDA技术——电子CAE。电子CAE的特点是以软件工具为核心，完成产品开发的设计、分析和测试，可以完成原理图输入、逻辑仿真、电路分析、PCB自动布线布局和PCB后分析等。与电子CAD相比，电子CAE除了纯粹的图形绘制功能外，还增加了仿真分析功能，特别是在数字电路设计方面，增加了电路功能设计和结构设计，并且通过电气连接网络表与原理图结合在一起，实现了工程设计，形成了计算机辅助工程的概念。

第三阶段为20世纪90年代的ESDA（Electronic System Design Automation电子系统设计自动化）阶段。随着EDA技术的继续发展，出现了以高级语言描述、系统级仿真和综合为特征的第三代EDA技术——ESDA。尽管CAE技术取得了巨大的成功，但并没有将电子设计人员从繁重的设计工作中彻底解放出来，同时，由于在整个设计过程中，自动化和智能化程度还不高，各种EDA软件界面千差万别且互不兼容，直接影响到设计环节的衔接，于是人们开始追求贯穿整个设计过程的自动化，进而产生了ESDA技术，用户只要用高级语言（如C语言）描述数字系统的逻辑功能，软件就能据此自动实现电路的设计。ESDA的出现，使电子设计人员实现了"概念驱动工程"的梦想，摆脱了大量的辅助设计工作，而把精力集中于创造性的方案与概念构思上，这样极大地提高了设计效率，缩短了产品的研制周期。

12.1.2 EDA的设计方法

EDA的设计分为物理级设计、电路级设计和系统级设计。

物理级设计主要指IC版图的设计，一般由半导体或集成电路生产厂家完成，对进行电子应用设计人员的意义不大；而系统级设计是一种"概念驱动式"设计，主要应用于数字系统设计中，设计人员只要针对设计目标进行功能描述，用高级语言的形式输入计算机，ESDA软件就能以规则驱动的方式自动完成设计。系统级设计只定义系统的行为特性，一般不涉及实现的具体电路和工艺。

电路级设计包括了模拟电路的设计，由于模拟电路与数字系统有很大的差别，尚不能达到设计自动化，因此，利用EDA软件进行电路级设计的一般过程如下。

（1）根据电路的总体要求，进行电路的总体设计，确定各单元电路的功能和性能指标。

（2）根据电路理论和设计者的经验，人工完成各单元电路的初步设计。

（3）将电路图输入计算机，由EDA软件进行仿真测试。若性能指标达不到要求，可在计算机上对单元电路进行修改，直至仿真测试达到要求，同时可利用软件的功能对电路进行优化设计，进一步提高电路设计的质量。

（4）将通过仿真测试的各单元电路连成整个系统，进行系统的仿真测试。若系统测试达不到要求，则还要修改相关的单元电路甚至电路的总体设计，直至系统测试达到要求。

（5）设计印刷电路板（PCB）。一般的EDA软件都可以由原理图自动生成网络表文件，供具有PCB设计功能的EDA软件使用。PCB设计软件可自动完成布局、布线、优化布线、电气规则检查等功能。在PCB设计过程中，还可人工调整元件布局，使之更加合理。PCB设计完成后，在制板前还可进行后分析，包括热分析、噪声及干扰分析、电磁兼容分析和可靠性分析，如对分析结果满意，即可打印出电路板的布线图，生成光绘文件，交专门的印刷电路板厂家制作PCB。

（6）制作样机，并进行测试。只有在样机测试达到要求后，电路设计才算全部完成。

从上述过程可看到，电路级EDA技术使电子设计人员在实际的电子电路完成前，就可以全面了解电路的功能特性和物理特性，从而将可能的错误消灭在设计阶段，缩短了产品开发时间，降低了开发成本。

12.1.3 常用的 EDA 软件简介

目前市场上的 EDA 软件很多，功能有强有弱，各具特色，下面简单介绍四种最常见的 EDA 软件。

1. PROTEL

PROTEL 是澳大利亚的 Protel Technology 公司在 80 年代末研制开发的 EDA 软件，工作在 Windows 环境下，完全安装需要超过 200M 的硬盘空间，是一个完整的电路级电子设计系统，包含有原理图绘制、模拟电路和数字电路混合仿真、多层印刷电路板设计、可编程逻辑器件设计、图表生成、电子表格生成、支持宏操作等多种功能，并具有 Client/Server（客户/服务器）体系结构，同时还兼容一些其他设计软件的文件格式，如 ORCAD、Pspice、Excel 等，其最大特点是多层印刷电路板的自动布线布局可实现高密度 PCB 的 100%布通率。

2. ORCAD

ORCAD 是由 Orcad 公司（现已与 Cadence 公司合并）于 20 世纪 80 年代末推出的 EDA 软件，它的功能极为强大，也是目前世界上使用最广的 EDA 软件，但其价格昂贵，因此在国内并不普及。该软件工作在 Windows 环境下，界面直观友好，集成了原理图绘制、印刷电路板设计、模拟电路和数字电路混合仿真等功能，其元器件库也是所有 EDA 软件中最丰富的，多达 8500 个，收录了几乎所有的通用型电子元器件模块。

3. Pspice

Pspice 是开发较早的 EDA 软件，在 1985 年由美国 MicroSim 公司推出。在电路仿真方面，它的功能可以说是最强大的，整个软件包括原理图绘制、电路仿真、激励编辑、元器件库编辑、波形图等部分，它可以进行各种各样的电路仿真、激励建立、温度与噪声分析、模拟控制、波形输出、数据输出，并可在同一窗口内同时显示模拟与数字的仿真结果，无论对哪种器件或电路仿真，都可以得到精确的仿真结果，还可以自己编辑元器件库中没有的元器件模块。

4. Electronics Workbench（以下简称 EWB）

EWB 是加拿大交互图像有限公司（Interactive Image Technologies Ltd.）在 20 世纪 80 年代末推出的 EDA 软件，主要是实现模拟电路和数字电路的混合仿真，仿真功能十分强大，几乎可以 100%地仿真出真实电路的结果。EWB 提供了万用表、示波器、信号发生器、扫频仪、逻辑分析仪、字信号发生器、逻辑转换器等常用仪器仪表工具，可以直接从屏幕上看到各种电路的输出波形和性能曲线，适合作为电子电路技术的辅助教学软件使用。另外，EWB 的兼容性较好，其文件格式可以和 ORCAD 或 PROTEL 文件格式相互转换。

12.2 EWB 及其应用

EWB 是 Electronics Workbench（电子工作平台）的简称，是 Interactive Image Technologies 公司于 1988 年推出的一种电子设计、电路仿真软件，采用原理图输入方式，软件为设计者提供了各种常用的电子元器件、测量仪器和分析工具，是目前应用较广泛的一种 EDA 软件。

12.2.1 EWB简介

1. EWB的特色

(1) 集成一体化的设计环境。EWB将Spise仿真器、原理图编辑工具、测量仪器及分析工具集成在一个菜单系统中，操作简单，容易掌握。

(2) 专业的原理图输入工具。用户可以轻松地用鼠标抓取元器件并将它放在原理图中，修改元器件属性非常简单，智能连线使作图更加快捷。

(3) 使用Spice内核。EWB采用工业标准的Spice，与其他EDA软件的兼容性好。

(4) 虚拟仪器使仿真结果直观。EWB采用了虚拟仪器技术，仿真电子电路就像在实验室做实验，简单而又直观。软件提供的虚拟仪器包括万用表、示波器、函数发生器、扫频仪、逻辑分析仪、字信号发生器、逻辑转换器等。

(5) 强大的分析功能。EWB提供了十四种不同的分析工具，利用这些分析工具，不仅可以分析所设计电路的工作状态，还可测量它的稳定性和灵敏度。

(6) 提供准确的模型。EWB为有源和无源器件提供了广泛的Spice模型库，同时还为数字电路提供了超过200个TTL和CMOS模型。

2. EWB的主窗口

EWB主窗口由菜单、常用工具按钮、元件选取按钮和原理图编辑窗口组成，如图12.2.1所示。从图中可以看到，EWB模仿了一个实际的电子工作平台，其中最大的一个区域是电路工作区，在这里可以进行电路的连接和测试。

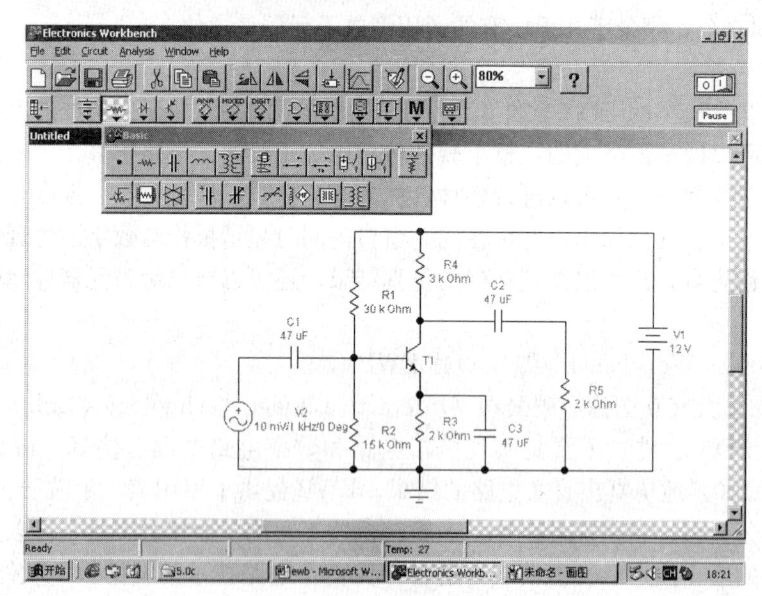

图12.2.1 EWB的主窗口图

3. EWB的元器件库

EWB有十二个元器件库，分别是信号源库、基本元件库、二极管库、晶体管库、模拟集成电路库、混合集成电路库、数字集成电路库、逻辑门库、数字器件库、指示器件库、控制器件库、其他器件库，另外还有自定义器件库。

(1) 信号源库包括地、直流电压源、直流电流源、交流电压源、交流电流源、电压控制电压源、电压控制电流源、电流控制电压源、电流控制电流源、V_{CC}、V_{DD}、时钟、AM、FM、压控正弦波、压控三角波、压控方波、压控单稳态脉冲、分段线性源、压控分段线性源、频移键控源、多项式源和非线性受控源。

(2) 基本元件库包括连接点、电阻、电容、电感、变压器、继电器、开关、时延开关、压控开关、电流控制开关、上拉电阻、可变电阻、排电阻、压控模拟开关、极性电容、可变电容、可变电感、无芯线圈、磁芯线圈和非线性变压器。

(3) 二极管库包括普通二极管、稳压二极管、发光二极管、整流桥、肖特基二极管、可控硅二极管、双向稳压二极管和双向可控硅。

(4) 晶体管库包括 NPN 和 PNP 型晶体管、N 沟道和 P 沟道结型场效应管、3 端耗尽型 N 沟道和 P 沟道 MOS 管、4 端耗尽型 N 沟道和 P 沟道 MOS 管、3 端增强型 N 沟道和 P 沟道 MOS 管、4 端增强型 N 沟道和 P 沟道 MOS 管、N 沟道和 P 沟道砷化镓场效应管。

(5) 模拟集成电路库包括 3 端、5 端、7 端、9 端运放、比较器和锁相环。

(6) 混合集成电路库包括 A/D 转换器、电流式 D/A 转换器、单稳触发器和 555 定时器。

(7) 数字集成电路库包括 74 系列和 4000 系列的常用数字电路。

(8) 逻辑门库包括 AND、OR、NOT、NOR、NAND、XOR、XNOR、三态缓冲器、缓冲器和施密特触发器。

(9) 数字器件库包括半加器、全加器、RS 触发器、JK 触发器、D 触发器、多路选择器、编码器、译码器、算术单元、计数器、移位寄存器和通用触发器。

(10) 指示器件库包括电压表、电流表、灯泡、逻辑指示探针、七段数码显示器、译码显示器、蜂鸣器、条码显示器和译码条码显示器。

(11) 控制器件库包括微分器、积分器、电压增益模块 、传递函数模块、乘法器、除法器、三端电压加法器和各种限幅器。

(12) 其他器件库包括保险丝，数据写入器，子电路网表，有损和无损传输线，石英晶体，直流电动机，电子管，开关电源中的升压、降压和升降压变压器。

4. EWB 的电路输入方法

EWB 采用电路原理图输入方法，步骤如下。

(1) 调入元件。单击鼠标，打开元器件库，选中所需元件，拖至电路工作区，若元件方向不符合要求，使用旋转、水平翻转和垂直翻转等工具将其方向调整合适。

(2) 连接线路。将鼠标指向元件引脚，使其出现小圆黑点，单击就可拉出一根线，当此线连接到其他元件的引脚或其他连线上时，会在其上显示出一个小黑点，当小黑点出现后，松开鼠标，就画出了一根连线。用户还可以对导线进行着色以方便观察。

(3) 移动和删除元件或连线。拖动选中的元件或连线，即可移动元件或连线；用鼠标单击需要删除的元件或连线，然后选择删除工具或右击菜单中的剪切功能，即可删除元件或连线。

(4) 设置元件属性。双击元件，即可打开所选元件的元件属性对话框，设置元件参数。

5. 电路的测量和分析

原理图输入完毕，从仪器库中调出所需的虚拟仪器，或从指示器件库中取出电压表或电流表，用连接元件相同的方法连好线，双击仪器图标打开仪器面板，设置好参数，按下屏幕右上角的电源开关，电路就开始工作了，测量数据和波形就会在仪器上显示出来，如图12.2.2所示。

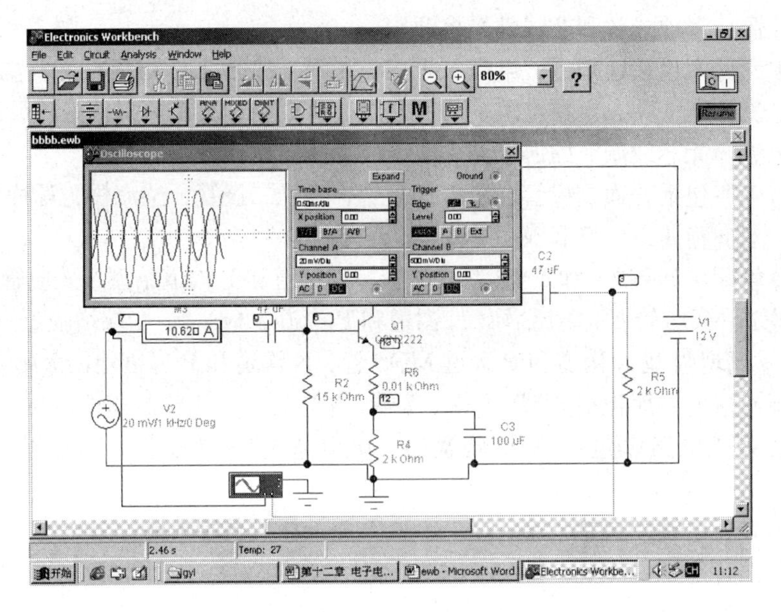

图 12.2.2　EWB 界面

用分析工具对电路进行分析时，应首先设置分析类型和参数，只有正确选择和设置参数才能得到正确的分析结果，分析结果在显示窗口中显示。

12.2.2　EWB 软件菜单

EWB 软件的菜单包括文件菜单、编辑菜单、电路菜单、分析菜单、窗口菜单和鼠标右键菜单，下面分别介绍。

1. 文件菜单

文件菜单包括建立电路图文件、打开电路图文件、保存电路图文件和电路图文件转换等。其中 Import 命令可输入 Spice 网表文件（Windows 扩展名为 .net 或 .cir）并形成原理图；Export 命令可将电路原理图文件以扩展名为 .net、.scr、.bmp、.cir 和 .pie 的文件存入磁盘，以便其他软件调用。

2. 编辑菜单

编辑菜单中的剪切、粘贴等项功能与其他 Windows 软件中的基本相同，其中 Copy as Bitmap 命令是将原理图以位图方式复制到 Windows 的剪切板；Show Clipboard 命令是显示剪切板内容。

3. 电路菜单

电路菜单除包括操作元件的命令，如旋转、水平和垂直翻转元件等外，还包括元件属性、创建子电路和原理图选项方面的命令。

元件属性（Component Properties）命令用于设置或修改元件的参数。元件属性对话框包括如下内容。

（1）标记（Label）卡。输入元件的名字和 ID，元件名可以随意输入和更改，而 ID 则是按照画入元件的顺序由计算机自动加入的，ID 也可以更改，但不能有重复。例如，对于电阻的 ID 为 R1、R2…，对于电容的 ID 为 C1、C2、C3…。元件名和 ID 可由原理图选项（Circuit/Schematic Options）菜单控制显示或隐藏。

（2）数值（Value）卡。设置元件的数值。元件数值可由原理图选项菜单控制显示或隐藏。

（3）模型（Model）卡。用于选择元件的模型，可以选择理想模型或真实模型，默认设置为理想模型，模型名也可由原理图选项菜单控制显示或隐藏。

（4）原理图选择（Schematic Options）卡。用于设置连线的颜色等内容。

（5）错误（Fault）卡。设置元件某两个引脚之间的错误，用于仿真实际电路中的元器件，包括以下三种情况。

1）泄漏（Leakage）。在元件的某两个引脚之间接上一个电阻使电流被旁路。

2）短路（Short）。在元件的某两个引脚之间接上一个小阻值电阻使之短路。

3）开路（Open）。在元件的某两个引脚之间接上一个大阻值电阻使之开路。

（6）结点（Node）卡。用于指定结点的 ID 和确定待分析的结点。

（7）显示（Display）卡。决定显示的内容。

（8）分析设置（Analysis Setup）卡。用于指定分析温度和初始条件。

创建子电路命令（Create Subcircuit）可将电路的全部或部分形成子电路，并可以在本电路中调用。

原理图选项命令（Schematic Options）可以进行栅格（Grid）、显示/隐藏（Show/Hide）、标记字形（Label Font）和数值（Value）等设置工作。

4. 分析菜单

分析菜单用于设置分析等项操作，EWB 提供了 14 种不同功能的分析工具，其中 6 种基本分析，包括直流工作点分析、交流频率分析、瞬态分析、傅里叶分析、噪声分析和失真分析；4 种扫描分析，包括参数扫描分析、温度扫描分析、直流灵敏度分析和交流灵敏度分析；2 种高级分析，包括零极点分析和传递函数分析；2 种统计分析，包括最坏情况分析和蒙特卡罗分析。

在分析前，打开分析选择（Analysis Options），设置有关分析计算和仪器使用方面的内容，如迭代次数、分析精度等，对于一般电路仿真不需要设置，可选用默认值，但是当分析中出现不收敛问题时需要重新设置。下面介绍各分析工具。

（1）直流工作点分析（DC Operating point Analysis）。分析电路的静态工作点，在分析过程中，电容被看作开路，电感被看作短路，AC 电源被看作无输出并工作在稳态，分析的结果在窗口中显示。

（2）交流频率分析（AC Frequency Analysis）。即计算电路各节点电压的幅频特性和相频特性。

在进行交流分析之前，软件首先进行 DC 工作点分析以得到非线性元件的交流小信号模型，然后形成复数矩阵。在复数矩阵中，DC 电源看作输出为零，AC 电源、电容和电感使用 AC 模型，非线性元件使用交流小信号模型。在分析中，所有输入信号都自动设置为正弦波，所有输出量都是频率的函数，分析步骤如下。

1）选择 AC 分析命令，打开对话框，输入对话框中的条目，如开始频率（Start Frequency）和终止频率（End Frequency）；确定扫描形式（Sweep Type）即 X 轴刻度形式，有十倍频（Decade）、线性（Linear）、倍频（Octave）三种；确定垂直轴标尺（Vertical Scale）即Y轴刻度形式，有线性（Linear）、对数（Log）、分贝（Decibel）三种；输入扫描点数（Number Point）。

2）定义待分析的结点（Node for Analysis）。在电路中的结点（Node in Circuit）栏中选择待分析的结点，点击“Add”按钮，则该结点便列入待分析的结点（Node for Analysis）栏中，待分析结点栏中各结点的电压曲线可在图形窗口显示。

3）单击仿真按钮（Simulate）进行仿真分析，在图形窗口（Analysis Graphs）内显示所选定结点的幅频特性和相频特性，或在示波器中显示电压波形，使用图中的标尺可进行分析计算。

（3）瞬态分析（Transient Analysis）。瞬态分析又称为时域分析，EDA计算的所有的电路响应都是时间的函数，在计算中，DC电源被看作为常数，AC电源输出与时间相关的数值，电容和电感使用储能模型。

瞬态分析步骤如下。

1）选择瞬态分析命令，打开对话框，输入对话框中的条目。

① 初始条件（Initial Conditions）设置。

Set to Zero：初始条件设置为零，则瞬态分析从零开始分析。

User-Defined：使用用户定义的初始条件，从定义的初始条件开始分析。

Calculate DC Operating Point：分析直流工作点，分析结果作为瞬态分析的初始条件。

② 分析设置（Analysis）：开始时间（Start Timed）和结束时间（Endtime）。

③ 时间步长选择，可选择自动产生分析步长（Generate Time Step Automatically）或人工设置步长，若选择人工设置步长，还需选择最小时间点数（Minimum Number of Time Point）或最大时间步长（Maxiumn Time Setup）和设置绘图线增量（Plotting Increment）。

④ 定义待分析的结点。

2）单击仿真按钮（Simulate）进行仿真分析，瞬态分析结果是以时间为横轴的电压或电流曲线，可在图形窗口（Analysis Graphs）中或在示波器中观察分析结果。

（4）傅里叶分析（Fourier Analysis）。傅里叶分析用于估算时域信号的直流、基波和谐波分量。该分析对时域信号进行不连续傅里叶变换，分解时域电压波形到频域分量。

（5）噪声分析（Noise Analysis）。噪声分析可以检测电子电路输出端的噪声功率，它计算电阻和半导体器件对电路总噪声的贡献。在计算时，假设每一个噪声源是统计不相关的和数值独立的。这样，指定的输出节点上的总噪声就是各个噪声源在该节点产生的噪声之和（有效值）。

（6）失真分析（Distortion Analysis）。失真分析用于检测电路中的谐波失真和内部调制失真。若电路中只有一个交流激励源，则分析检测电路中每一个节点的二次和三次谐波复数值；若电路中有两个交流源 f_1 和 f_2，则分析求出电路变量在三个不同频率点的复数值，这三个频率分别为两频率和 f_1+f_2、两频率差 f_1-f_2 及 f_1、f_2 中较大值的二次谐波与较低频率之差。

（7）参数扫描分析（Parameter Sweep Analysis）。参数扫描分析就是检测电路中某个元件参数在一定范围内变化时对电路工作点、瞬态特性、交流频率特性的影响。在电路设计中，可以针对电路某一技术指标如电压放大倍数、上限截止频率和下限截止频率等，对电路的某些参数进行扫描分析，确定最佳参数值。

(8) 温度扫描分析（Temperature Sweep Analysis）。温度扫描分析就是研究不同温度下的电路特性，在 EWB 中主要考虑电阻的温度特性和半导体器件的温度特性。采用温度扫描分析方法可以对放大电路的温度特性进行仿真分析，对电路参数进行优化设计。

(9) 零极点分析（Pole-Zero Analysis）。该分析用于计算交流小信号传递函数中极点和零点的个数和数值。分析时，首先计算电路的静态工作点以得到所有非线性元件的小信号模型，然后再计算传递函数的极点和零点。

极点和零点用于分析电路的稳定性，如果一个电路的极点都在复平面的右半部，则应该考虑该电路有不稳定因素存在。

(10) 传递函数分析（Transfer Function Analysis）。传递函数分析就是求解电路的输出电压或输出电流与输入源之间在直流小信号状态下的传递函数。分析时，首先计算电路的静态工作点以得到电路中非线性元件的小信号模型。输出电压可以是任何节点电压，而输入电源必须是独立电源。

(11) 灵敏度分析（Sensitivity Analysis）。灵敏度分析包括直流灵敏度分析和交流灵敏度分析两种，直流灵敏度分析计算输出节点电压或电流对所有元件参数的灵敏度，而交流灵敏度分析计算输出节点电压或电流对一个元件的灵敏度，这两种分析都是计算元件参数的变化对输出电压或电流的影响。

(12) 最坏情况分析（Worst Case）。最坏情况分析是一种统计分析，用于求取元件参数变化时电路性能的最坏影响，分析需要多次计算才能完成。第一次计算使用元件的标称值，然后计算每一个参数变化时输出的灵敏度（DC 或 AC 灵敏度），所有灵敏度计算完毕，最后一次计算出最坏情况的分析结果。

(13) 蒙特卡罗分析（Monte Carlo）。蒙特卡罗分析也是一种统计分析，用于观察电路中的元件参数按选定的误差分布类型在一定的范围内变化时对电路特性的影响，用这些分析的结果，可以预测电路在批量生产时的成品率。分析时第一次计算使用元件的标称值，随后的计算使用有误差的元件值，误差值取决于误差的分布类型，分析中可使用均匀分布和高斯分布两种误差分布类型。

5. 窗口菜单

窗口菜单用于在屏幕上显示窗口的安排等操作。

6. 鼠标右键菜单

鼠标右键菜单包括以下几点。

(1) 一般菜单（鼠标只是放在图形编辑窗口内）。内含帮助（Help）、粘贴（Paste）、放大（Zoom in）、缩小（Zoom out）、原理图选择（Schematic Options）等命令。

(2) 元件菜单（鼠标放在元件上）。内含帮助、剪切、复制、删除元件（Delete Component）、旋转元件（Rotate）、垂直翻转元件（Flip Vertical）、水平翻转元件（Flip Horizontal）、元件属性（Component Properties）等命令。

(3) 线菜单（鼠标放在被点亮的线上）。内含线属性（Wire Properties）、删除线（Delete）等命令。

(4) 仪器菜单（鼠标放在仪器上）。内含帮助（Help）、打开（Open）、删除仪器（Delete Instrument）等命令。

（5）元件选取按钮菜单（鼠标放在元件选取按钮上）。内含元件属性（Component Properties）、使其成为常用元件（Add to Favorites）等条目。

（6）图形菜单（当鼠标放在图形显示窗口内时）。内含文件（File）、编辑（Edit）、开关光标（Toggle Cursors）、开关图例（Toggle Legend）、恢复图形（Restore Graph）等命令。

12.2.3 EWB的虚拟仪器

与实物实验室一样，电子测试仪器仪表也是EWB虚拟实验室的基本设备。Electronics Workbench提供了种类齐全的测试仪器仪表，这些仪器仪表包括交直流电压表、交直流电流表、多用表、函数发生器、示波器、扫频仪、逻辑分析仪、字信号发生器、逻辑转换仪等。这些仪器仪表中的交直流电压表和交直流电流表（在指示器件库中）可以像一般元器件一样，不受数量限制，在同一个工作台面上可以同时提供多台使用；其他仪器在同一个工作台面上，只能提供一台使用。仪器仪表接入电路时，连线过程与元器件的连线相同，这时仪器仪表以图标方式接入。需要观察测试数据与波形或者需要重新设置仪器参数时，可以双击仪器图标打开仪器面板。

除扫频仪外的各虚拟仪器仪表，在接入电路并起动电路工作开关后，如果改变其电路中的接入端点，则显示的数据和波形也相应改变，不必重新起动电路。

1. 数字多用表（Multimeter）

数字多用表是一种自动调整量程的数字显示测量结果的多用表。它可以用来测量交直流电压、交直流电流、电阻及电路中两点之间的分贝损耗。

2. 函数发生器（Function Generator）

函数发生器是一种电压信号源，可提供正弦波、三角波、方波三种不同波形的信号。

双击函数发生器的图标，可设定函数发生器的输出波形、工作频率、占空比、幅度和直流偏置，频率设置范围为1Hz～999MHz；占空比调整值范围为1%～99%；幅度设置范围为1V～999kV；直流偏置设置范围为−999～999kV。在仿真过程中，改变函数发生器的设置后，必须重新起动一次电源开关，函数发生器才能按新的设置输出信号波形。

3. 示波器（Oscilloscope）

示波器用来显示和测量电信号波形的形状、大小、频率等，其面板如图12.2.3所示。

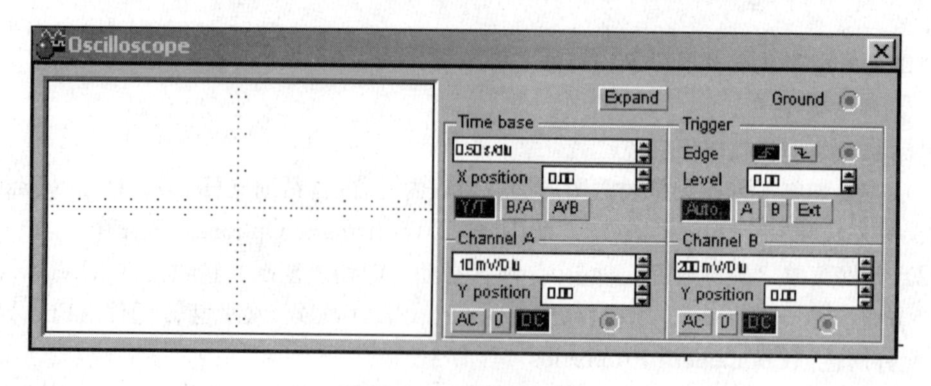

图12.2.3 示波器面板

（1）时基的设置。Time base用来设置X轴时间基线扫描速度，调节范围为0.10ns/div～1s/div。

显示方式选择：示波器的显示方式可以在“幅度/时间（Y/T)”、“A 通道/B 通道（A/B)”或“B 通道/A 通道（B/A)”之间选择，其中 Y/T 方式表示 X 轴显示时间、Y 轴显示电压值，A/B、B/A 方式表示 X 轴与 Y 轴都显示电压值，如显示利萨如图形、伏安特性、传输特性等。

(2) 输入通道的设置。Y 轴电压刻度范围为 10μV/div～5kV/div，根据输入信号大小来选择 Y 轴刻度值的大小，使信号波形在示波器显示屏上显示出合适的幅度。

Y 轴输入方式即信号输入的耦合方式与实际的示波器相同。

(3) 显示窗口的扩展。用鼠标器单击面板上“Expand”按钮，示波器显示屏扩展，并将控制面板移到显示屏下方，要显示波形读数的精确值时，可将垂直光标拖到需要读取数据的位置，在显示屏幕下方的方框内，显示光标与波形垂直相交处的时间和电压值，以及两点之间时间、电压的差值。

按下面板右下角处的“Reduce”按钮，可缩小示波器面板至原来大小。按下“Reverse”按钮可改变示波器屏幕的背景颜色。按下“Save”按钮可按 ASCⅡ码格式存储波形读数。

4. 扫频仪（Bode Plotter 亦称波特仪）

扫频仪用来测量和显示电路的幅频特性和相频特性，工作频率在 0.001Hz～10GHz 范围内。扫频仪有 IN 和 OUT 两对端口，V＋和 V－分别接电路输入端或输出端的正端和负端。使用扫频仪时，必须在电路的输入端接入交流信号源。

12.2.4 EWB 应用举例

下面以单管放大电路为例介绍 EWB 的使用。

单管放大电路原理图及其参数如图 12.2.4 所示，要求如下。

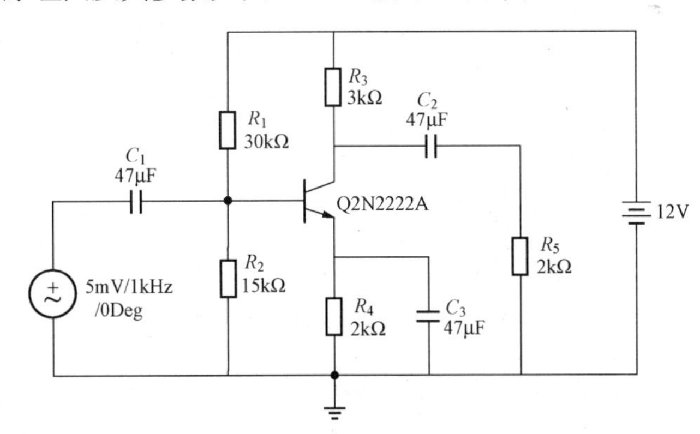

图 12.2.4 输入电路原理图

(1) 测量静态工作点 I_{CQ}、U_{CEQ}；

(2) 测量电压放大倍数、输入电阻、输出电阻；

(3) 分析频率特性，测量截止频率；

(4) 对电路进行优化设计，要求在电压放大倍数不低于 40、最大不失真输出电压 U_{OPP} 不小于 2V 的前提下，下限截止频率达到 100Hz。

操作步骤如下。

1. 测量静态工作点 I_{CQ}、U_{CEQ}

(1) 输入电路原理图。打开有关元件库，选择相应的元器件并拖至电路设计窗口中，调整好各元器件的取向和位置后进行连线，连线时要注意各连接点必须是实心的，完成连线后的电路如图 12.2.4 所示。双击元器件，在元件属性对话框中输入参数值。电流表 M1 和电压表 M2 设置为直流挡（DC 挡），电流表 M3 和电压表 M4 设置为交流挡（AC 挡）。

（2）接通电源开关，可直接测得 $I_{CQ}=1.787\text{mA}$，$U_{CEQ}=3.026\text{V}$。利用分析菜单中的直流工作点分析，将结点 1、2、5、10 作为待分析的结点，求得其电压值后，亦可求出 I_{CQ} 和 U_{CEQ}。

2. 测量电压放大倍数、输入电阻、输出电阻

（1）如图 12.2.5 所示，由于信号源电压为 5mV，内阻为零，因此放大电路的输入电压为 5mV，不必再测量，电流表 M3 用以测量输入电流，电压表 M4 用以测量输出电压，M3、M4 均设置为交流挡。为观察波形，使用示波器，放大电路的输入信号接 A 通道，输出信号接 B 通道，为观察方便，可将示波器与输出端的连线设置为红色，这样，示波器中的输出波形也呈红色。双击示波器图标，打开示波器，再单击示波器面板中的“Expand”放大示波器，设置合适的扫描速度和 Y 轴刻度，如图 12.2.6 所示。

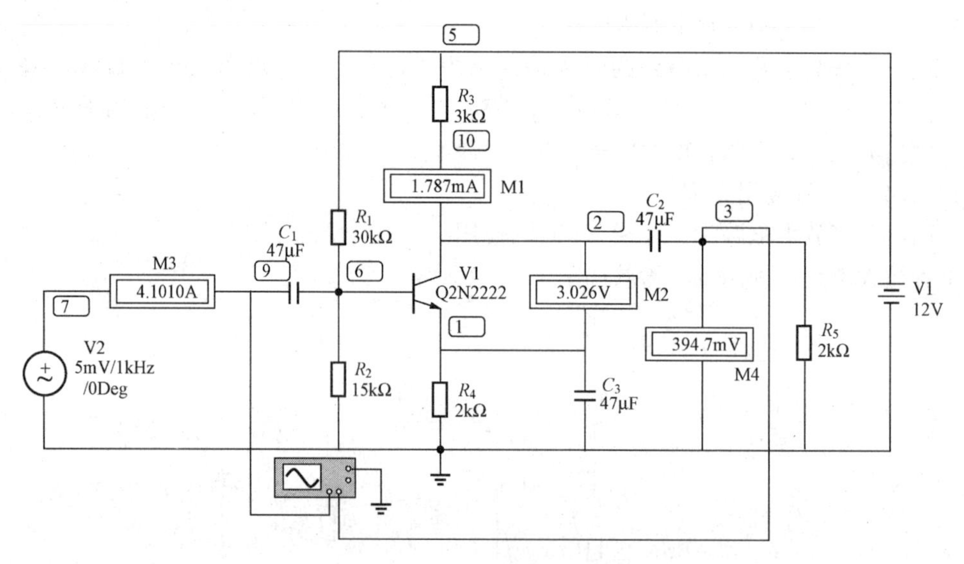

图 12.2.5 测量电压放大倍数

（2）接通电源，观察示波器中的波形，当输出波形无明显失真时，读取 M4 的读数，即可求得电压放大倍数

$$A_u=\frac{U_{R5}}{U_i}=\frac{394.7}{5}=79$$

由 M3 的读数，可求得放大电路的输入电阻为

$$r_i=\frac{U_i}{I_i}=\frac{5\text{mV}}{4.10\mu\text{A}}=1.22(\text{k}\Omega)$$

断开负载电阻 R_5，测出此时的输出电压 $U_{O\infty}$ 为 980.3mV，由式（7.1.6）可求出放大电路的输出电阻为

$$R_O=\left(\frac{U_{O\infty}}{U_{OL}}-1\right)R_L=\left(\frac{980.3}{394.7}-1\right)\times 2=2.97(\text{k}\Omega)$$

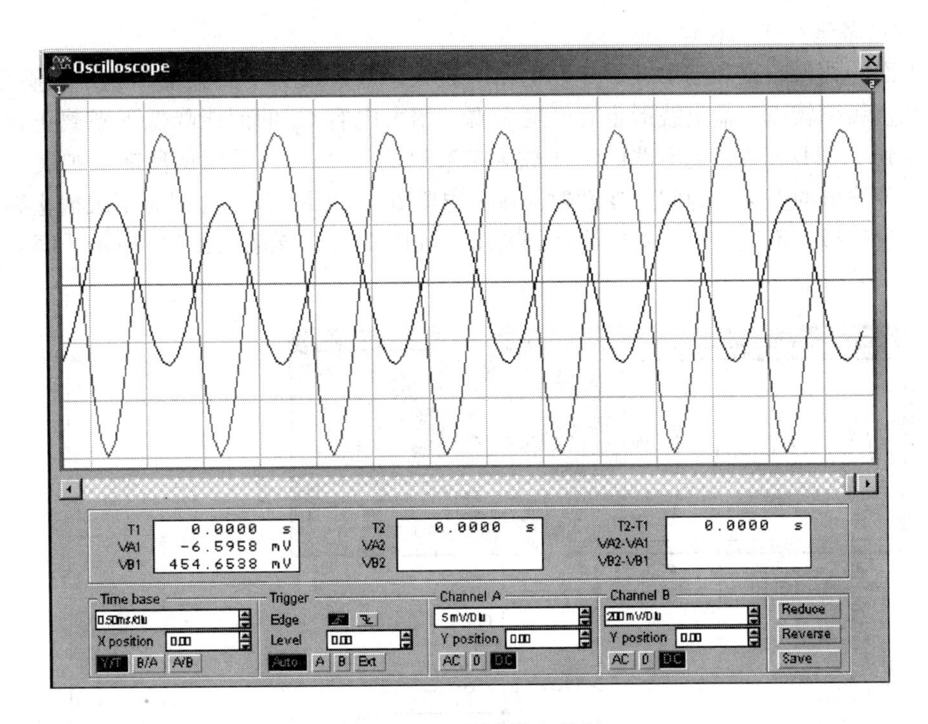

图 12.2.6 示波器中观察

3. 分析频率特性，测量截止频率

点击菜单栏中的分析项，选择交流分析，打开对话框，选择频率范围为 1Hz～100MHz，扫描形式为十倍频，垂直轴标尺用分贝，将结点 3 定义为待分析的结点，接通电源，即可得到如图 12.2.7 所示的幅频特性和相频特性。由显示的数据可知，电路的中频放大倍数即放大倍数的最大值为 38.1dB，将标尺移至这个频率的－3dB 处，即 35.1dB 处，测得电路的下限截止频率为 241.4Hz，上限截止频率为 11.51MHz。

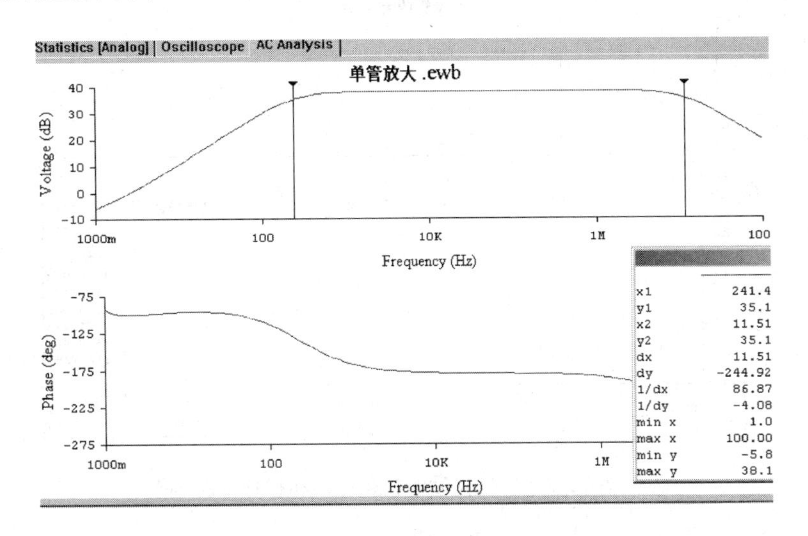

图 12.2.7 幅频特性和相频特性

4. 对电路进行优化设计

由上面的测量数据和输出波形知，电路的放大倍数和最大不失真输出电压能满足要求，但下限截止频率较高，输出波形也有轻度失真。增大电容 C_3 的值能降低下限截止频率，但仍不能达到 100Hz。考虑到电路的电压放大倍数远高于 40，可采用负反馈来扩展频带，同时还可改善波形的失真。为此，在发射极接入电阻 R_6，当 R_6 取 10Ω 时，下限截止频率、电压放大倍数和最大不失真输出电压均达到要求，如图 12.2.8 和图 12.2.9 所示，同时输入电阻提高至 1.89kΩ。

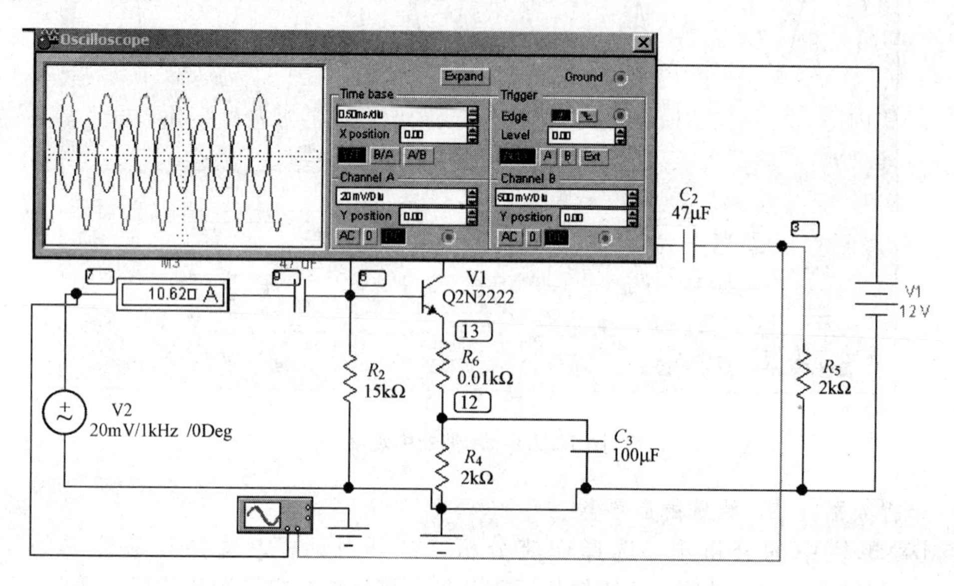

图 12.2.8　优化后的原理图

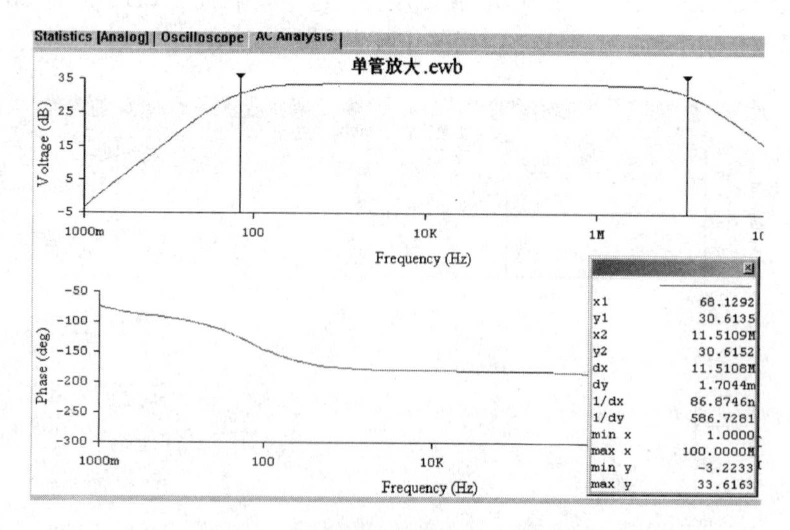

图 12.2.9　优化后的幅频特性和相频特性

12.3　在系统可编程模拟器件及其应用

12.3.1　概述

在系统可编程（In-System Programmability）是指可编程器件在不脱离所在应用系统的情况下，能够通过计算机对其编程。在系统可编程技术首先应用可编程逻辑器件，它改变了数字电子系统的设计和实现方法。1999 年底，Lattice 公司推出了在系统可编程模拟器件（In-System Programmability Programmable Anology Circuits，简称 ispPAC）及其开发软件，从而为 EDA 技术在模拟电路中的应用开拓了广阔的前景。

ispPAC 内部有可编程的模拟单元电路，如放大电路、滤波电路、比较电路等，通过计算机编程可以实现模拟单元电路指标参数的调整和单元电路之间的连接，从而获得功能完整的模拟电路。ispPAC 可实现以下三种功能。

（1）信号调理。即对信号进行放大、衰减、滤波。

（2）信号处理。即对信号进行求和、求差、积分、比较。

（3）信号转换。将数字信号转换成模拟信号。

与数字在系统可编程器件一样，ispPAC 允许设计者使用开发软件在计算机上设计、修改电路，进行电路特性模拟，最后通过编程电缆将设计的电路下载到芯片中，完成模拟电路的设计和实现。目前已推出的 ispPAC 器件主要有四种，ispPAC10 为基本的 PAC 器件，ispPAC20 和 ispPAC30 为带数/模转换的 PAC 器件，ispPAC80 和 ispPAC81 是专用的可编程五阶滤波器，另外还有可编程电源管理芯片 ispPAC Power Manager 等。ispPAC 的开发软件为 PAC Designer，采用原理图输入方式，并可仿真幅频特性和相频持性。ispPAC 可以反复编程，允许编程次数在一万次以上。

12.3.2　在系统可编程模拟器件的结构和工作原理

ispPAC 器件的基本结构由基本单元电路（PAC 块）、模拟布线池、配置存储器、参考电压、数/模转换器（DAC）、自动校正单元和 ISP 接口等组成。其中 PAC 块是 ispPAC 器件中最重要的单元电路，每个 PAC 块由两个仪表放大器和一个输出放大器组成，配以电阻、电容，构成一个差分输入、差分输出的基本单元电路，可独立工作，其等效电路如图 12.3.1 所示。电路的输入阻抗为 1GΩ，共模抑制比为 69dB，增益调整范围为－10～＋10。输出放大器的反馈电容 C_F 有 128 个值可选择，反馈电阻 R_F 为一定值，可编程为接通或断开状态。

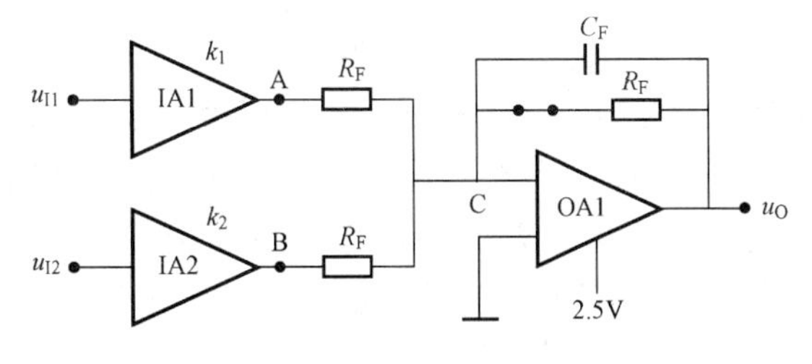

图 12.3.1　PAC 块结构图

PAC 块中的放大器均由跨导运放（OTA-Operational Transconductance Amplifier）组成，与一般的电压运放不同，跨导运放的输出阻抗很高，其输出端可视作压控恒流源，因此放大能力用跨导 g_m 表示，跨导运放的电路符号如图 12.3.2 所示，其输出电流与输入差模电压的关系为

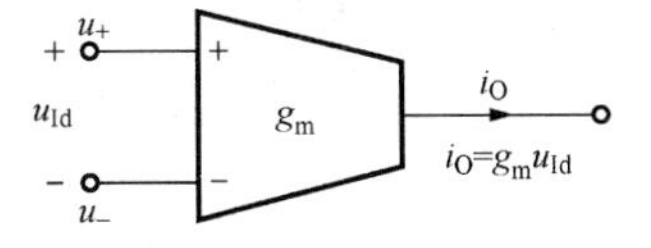

图 12.3.2　跨导运放的电路符号

$$i_O = g_m(u_+ - u_-) = g_m u_{Id} \qquad (12.3.1)$$

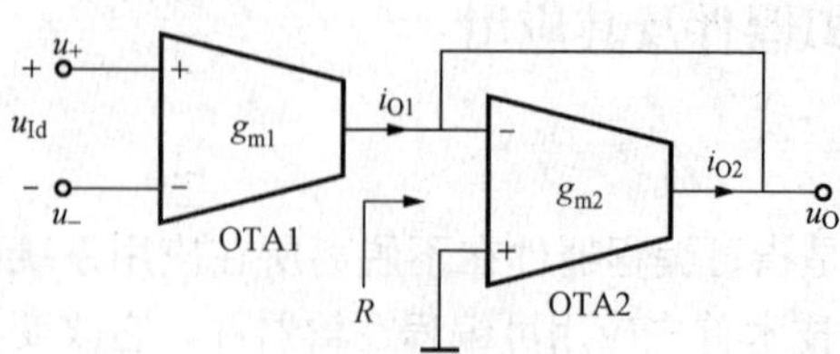

图 12.3.3 由跨导运放构成的电压放大器

跨导 g_m 与运放的偏置电流成正比，因此，可通过调节偏置电流来改变 OTA 的增益。如将 OTA 的输出全部反馈到反相输入端，而同相输入端接地，如图 12.3.3 中的 OTA2，则此时的 OTA 构成一个等效电阻 R，其值为

$$R = \frac{u_O}{i_{O1}} = \frac{u_O}{-i_{O2}} = \frac{u_O}{g_{m2} u_O} = \frac{1}{g_{m2}}$$

将此 OTA 与开环的 OTA 串联，即构成增益可调的电压放大器，其输出电压与输入电压的关系为

$$u_O = Ri_{O1} = \frac{1}{g_{m2}} g_{m1} u_{Id} = ku_{Id} \qquad (12.3.2)$$

调节 g_m，即可调节电压放大器的增益 k。

在图 12.3.1 所示的 PAC 块的等效电路中，输入电压 u_{I1}、u_{I2} 和输出电压 u_O 均是差模电压，$u_A = k_1 u_{I1}$，$u_B = k_2 u_{I2}$，当反馈电阻 R_F 编程为连通时，PAC 块输入与输出关系为

$$\dot{U}_O = \frac{k_1 \dot{U}_{I1} + k_2 \dot{U}_{I2}}{1 + j\omega C_F R_F} \qquad (12.3.3)$$

式中 $R_F = 250\text{k}\Omega$，k_1 和 k_2 可在 $\pm1 \sim \pm10$ 范围内编程，步进为 1。由此得此时 PAC 块的上限截止频率为 $f_H = 1/2\pi C_F R_F$，由于 C_F 的最小值是 1.07pF，最大值是 62pF，输出级运放的带宽为 5MHz，所以 PAC 块的上限截止频率范围为 10.2～595.2kHz，当信号频率远低于截止频率时，$\dot{U}_O = k_1 \dot{U}_{I1} + k_2 \dot{U}_{I2}$ PAC 块相当于一个求和电路。

当 R_F 编程为断开时，PAC 块的输入与输出关系为

$$\dot{U}_O = \frac{k_1 \dot{U}_{I1} + k_2 \dot{U}_{I2}}{j\omega C_F R_F} \qquad (12.3.4)$$

此时，PAC 块相当于一个具有求和功能的积分电路。

ispPAC10 的内部结构框图如图 12.3.4 所示。它包含有四个 PAC 块，每个 PAC 块均可独立工作，PAC 块之间可以通过模拟布线池中的连线实现互联。改变四个 PAC 块的接法，可以构成增益为 $\pm1 \sim \pm10^4$ 的放大器或复杂的滤波器。ispPAC10 的内部电路示意图如图 12.3.5 所示。

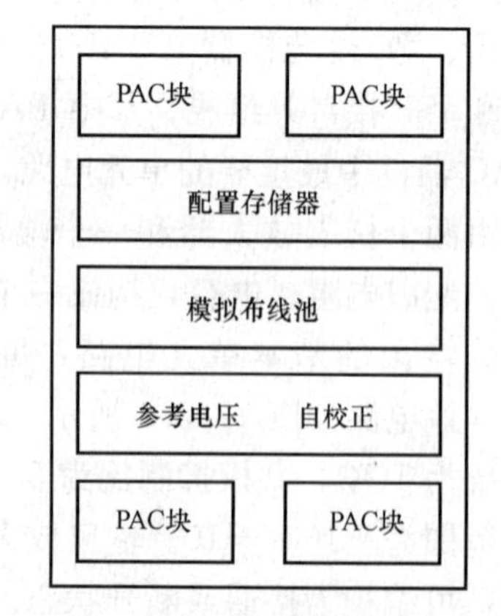

图 12.3.4 ispPAC10 的内部结构框图

ispPAC20 的内部结构框图如图 12.3.6 所示。它包含有两个 PAC 块、两个比较器和一个 DAC，其内部电路示意图如图 12.3.7 所示。

ispPAC20 中 PAC 块的结构与 ispPAC10 基本相同，但增加了一个多路输入控制端 MSEL，通过器件的外部引脚 MSEL 来控制。MSEL 为 0 时，a 连接至 IA1；MSEL 为 1 时，b 连接至 IA1。另外，还可通过外部引脚 PC 来控制 IA4 的增益极性。PC 引脚为 1 时，增益调整范围为－10～－1；PC 引脚为 0 时，增益调整范围为＋10～＋1。

在 ispPAC20 中有两个可编程的双差分比较器，比较器的基本工作原理与常规的比较器

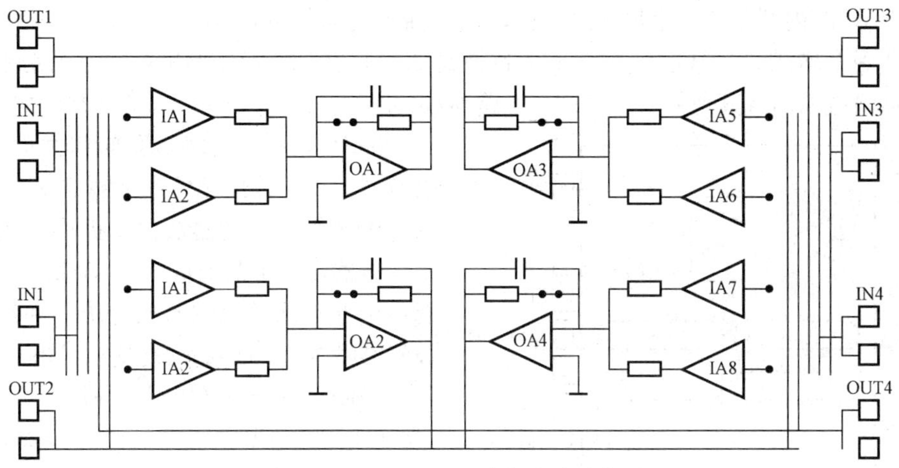

图 12.3.5　ispPAC10 内部电路示意图

相同。当同相端的输入电压高于反相端的输入电压时，比较器的输出为高电平，否则为低电平；当两个比较器的输出经过异或门（XOR）再输出时，二者实现了窗口比较器的功能（注意 CP2 同相端前的反相器）。当比较器的输入信号变化缓慢或混有较大的干扰时，可通过施加正反馈将比较器设置成迟滞比较器，迟滞信号的幅度定为 47mV，且正、反相均相同。比较器是否设置成迟滞比较器由配置单元 Hyst 决定，Hyst＝on 时设置，Hyst＝off 时不设置。

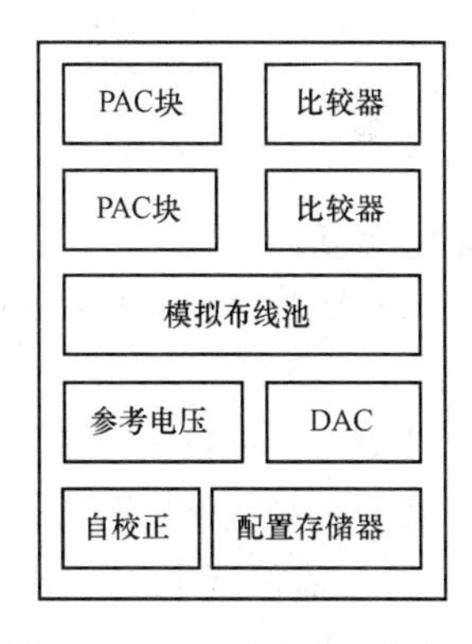

图 12.3.6　ispPAC20 的内部结构框图

ispPAC20 中的 DAC 是一个 8 位数字量输入、电压输出的数/模转换器。DAC 的输出是完全差分形式，其输出电压不仅可以直接输出，也可供器件内部的比较器或仪表放大器输入端选用。

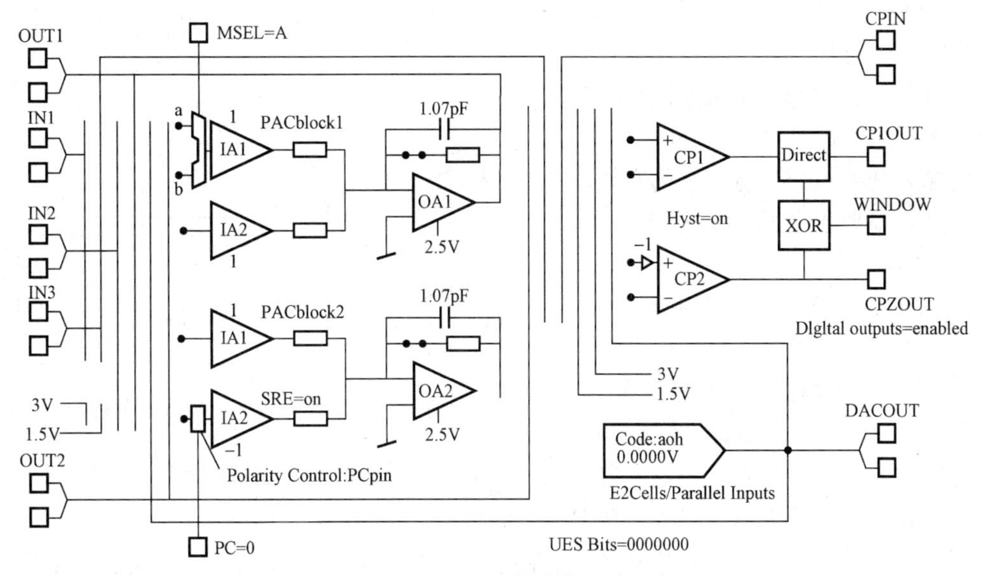

图 12.3.7　ispPAC20 的内部电路示意图

ispPAC30 内部包含四个仪表放大器，两个独立的内部可控参考源（64mV～2.5V，分七级）和两个增强型 DAC。它最主要的特性是能够通过 SPI 对器件进行实时动态重构，用于放大器增益控制或其他需要动态改变电路参数的应用。

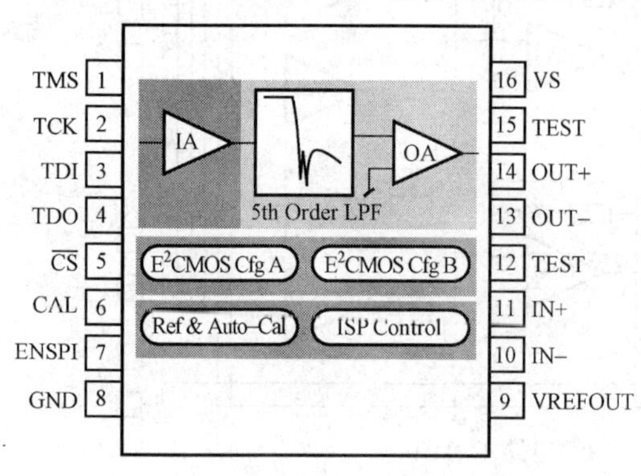

图 12.3.8 ispPAC80/81 引脚图

ispPAC80 可实现五阶连续时间低通模拟滤波器。无需外部元件或时钟。在 PAC 设计软件中的集成滤波器数据库提供了数千个模拟滤波器，频率范围从 50～750kHz，可对任意一个五阶低通滤波器执行仿真和编程。滤波器类型为 Gaussian（高斯）、Bessel（贝塞尔）、Butterworth（巴特沃斯）、Chebyshev（切比雪夫）、Elliptic（椭圆）、Legendre（拉格朗日）和 Linear Phase Equiripple Delay Error（线性相位等纹波延迟误差）等。

ispPAC80 内含一个增益 1、2、5、10 可选的差分输入仪表放大器和一个差分输出求和放大器，如图 12.3.8 所示。另有两个存储器（CfgA 和 CfgB），它能为两个完全不同的滤波器保存配置。

ispPAC81 与 ispPAC80 器件极为相似，内部结构和引脚图完全相同。所不同的是 ispPAC81 的频率范围从 10～75kHz。

12.3.3 在系统可编程模拟器件应用举例

由于 PAC 器件采用＋5V 单电源方式供电，差分仪表放大器的两个差分输入端需有 2.5V 的直流偏置电压，放大器才能工作。因此，模拟信号输入至 ispPAC 器件时，要根据输入信号的性质，考虑信号的耦合问题。

若输入信号中的共模电压或直流分量接近 2.5V，则信号可以直接与 ispPAC 的输入引脚相连。倘若信号中不含有 2.5V 的共模电压或直流分量，就需外接直流偏置电路，把两输入端的直流偏置电压调至 2.5V。外接偏置电路对输入的差模分量有一定的衰减，设置电路增益时要相应提高放大倍数以抵消其衰减作用。

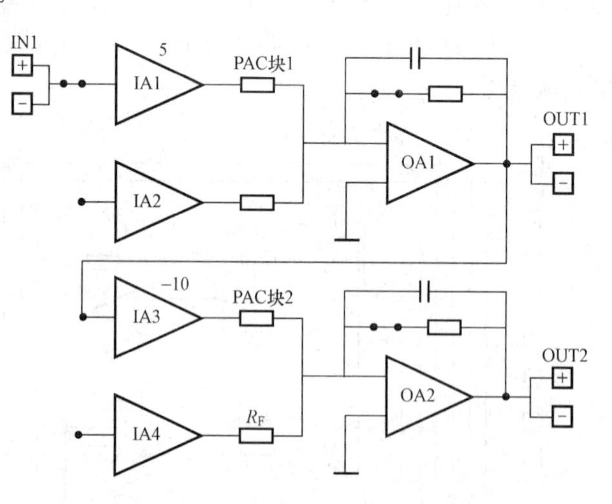

图 12.3.9 增益为－50 的放大电路

ispPAC10 中每个 PAC 块的增益可在±1～±10 之间按整数步长设置，四个 PAC 块组合起来可实现增益为±1～±10 000的放大电路，图 12.3.9 所示为增益等于－50 的放大电路，其中 IA1 的增益设置为 5，IA3 的增益设置为－10，IA2 和 IA4 不用，信号从 PAC1 输入，从 PAC2 输出。

如果要得到非 10 倍数的整数增益，如增益 A_u＝28，可使用如图 12.3.10 所示的配置方法。图中，IA3、IA4 和 OA2 组成加法电路（信号频率远低于截止频率时），因此有以下关系

$$u_{OUT1}=2u_{IN1}$$
$$u_{OUT2}=10u_{OUT1}+8u_{IN1}$$

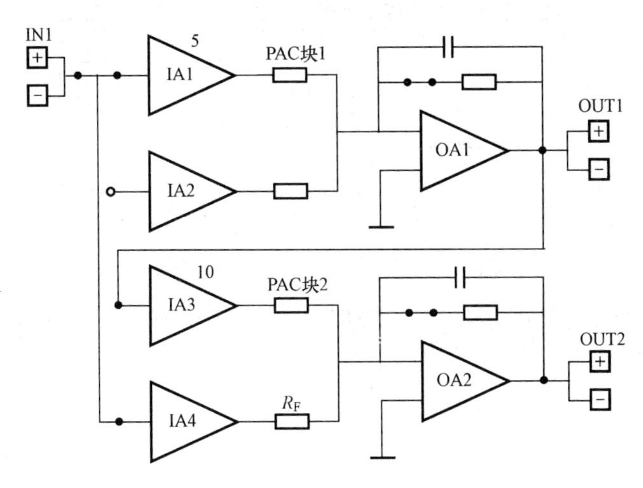

图 12.3.10　增益为 28 的放大电路

整个电路的增益为

$$A_u=u_{OUT2}/u_{IN1}=28$$

12.3.4　PAC-Designer 软件及开发实例

1. PAC-Designer 软件的安装

PAC-Designer 软件的安装步骤如下。

（1）在 PAC-Designer 软件的根目录下，运行 setup.exe 文件，根据提示步骤进行安装。

（2）安装完毕后重新启动计算机。

（3）PC 机的每个硬盘均有一个 8 位的十六进制硬盘号，根据该硬盘号到 Lattice 公司网址上（www.latticesemi.com）申请一个运行 PAC-Designer 软件必须的许可文件 license.dat，并将其复制至 C:\ PAC-Designer（假定按软件提示的目录未作改动进行了安装）目录下。

2. PAC-Designer 软件的使用方法

（1）设计输入。运行 PAC-Designer，进入 PAC-Designer 软件集成开发环境（主窗口），单击 File→New 菜单，将弹出如图 12.3.11 所示的对话框，选择所用的 PAC 器件，如 ispPAC10，进入图 12.3.12 所示的原理图输入环境，根据设计要求，在该图的基础上添加连线和编辑元件。双击某一结点，就会弹出连线对话框，按设计要求连线即可。如在图 12.3.12 中，将 IN1 连接到 IA1 的输入端，OA1 的输出端连接到 IA3 的输入端，OA2 的输出端连接到 IA2 的输入端。双击要编辑的元件，就会弹出相应元件的对话框，根据需要选择即可。再如在图 12.3.12 中，分别双击 IA1、IA2、IA3，设置增益 $k_{11}=2$，$k_{21}=-1$，$k_{12}=1$，双击电容 C_{F1}、C_{F2}，选择 $C_{F1}=29.7\text{pF}$，$C_{F2}=60.6\text{pF}$，OA1 的反馈电阻连通，OA2 的反馈电阻断开，这样就完成了一个双二阶滤波器的设计输入。

（2）设计仿真。原理图输入完成后，可使用 PAC Designer 中的模拟器（Simulator）对所设计的电路进行仿真，在主窗口中选择 Operation→Simulator 命令，将弹出一个设置仿真参数的对话框，如图 12.3.13 所示。在该对话框中确定仿真频率的起始值和终止值、仿真点

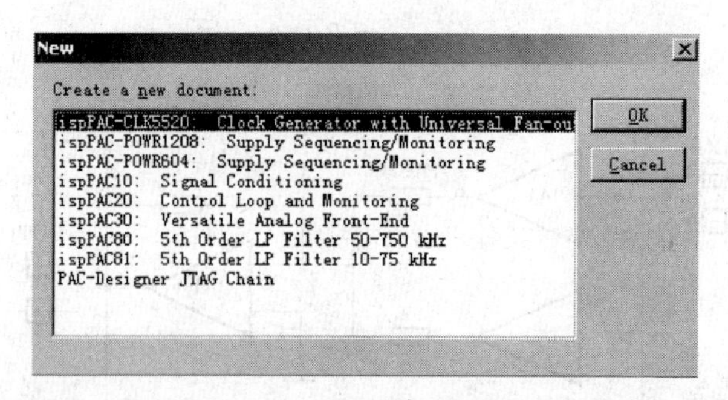

图 12.3.11　产生新文件的对话框

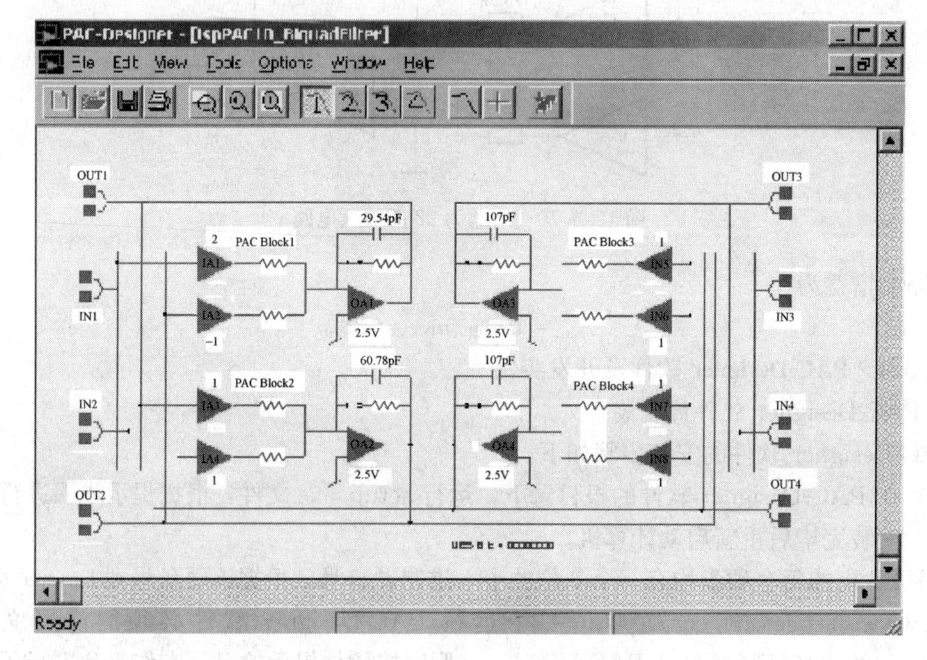

图 12.3.12　ispPAC10 原理图编辑窗口

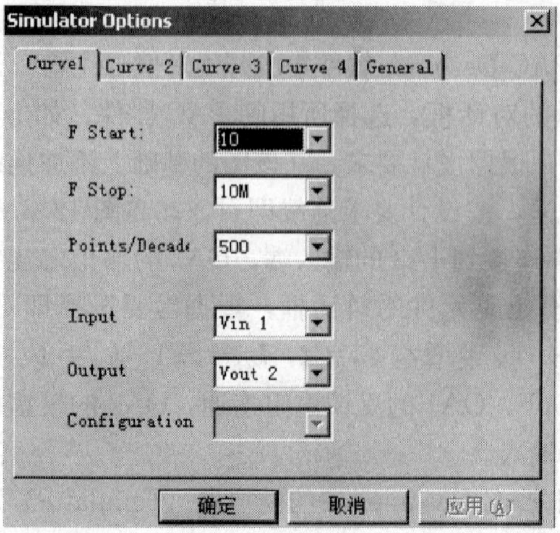

图 12.3.13　ispPAC 仿真曲线参数设置

数、输入结点和输出结点。该软件可同时仿真四条频率特性曲线，每一条曲线可独立设定仿真参数，如 Curve 1 设定为低通滤波器的频率特性曲线，则其输入结点为 U_{i1}，输出结点为 U_{out2}，Curve 2 设定为带通滤波器的频率特性曲线，则其输入结点为 U_{i1}，输出结点为 U_{out1} 等。

完成参数设置后，选择 Tool→Run Simulator 命令即可进行仿真，仿真结果以幅频特性和相频特性曲线的形式给出，如图 12.3.14 所示。移动标尺可进行仿真测量。

3. 器件编程

如果频率特性符合设计要求，即可对

PAC器件进行编程，编程是通过编程电缆将计算机的并行口与被编程器件连接在一起实现的，连接接口符合IEEE 1149.1JTAG标准，编程时只要执行Tools菜单下的Download命令即可。编程结束后可执行Verify命令验证ispPAC器件中已编程的内容是否与原理图一致，还可执行Upload命令将ispPAC器件中已编程的内容读出并显示在原理图中。

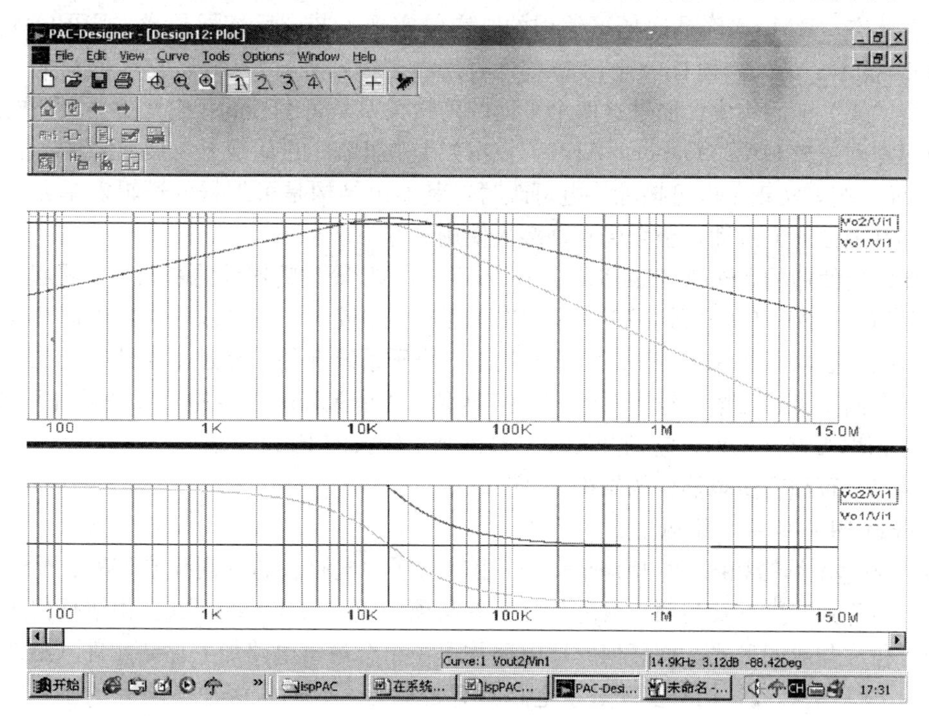

图 12.3.14　双二阶滤波器的频率特性

12.4　可编程逻辑器件及应用

12.4.1　可编程逻辑器件概述

可编程逻辑器件PLD（Programmable Logic Device）是允许用户编程（配置）实现所需逻辑功能的电路，它与分立元件相比，具有速度快、容量大、功耗小和可靠性高等优点。由于其集成度高，设计方法先进，现场可编程，可以设计各种数字电路，因此，在通信、数据处理等众多领域内得到了广泛应用。随着微电子技术的发展，系统设计师们更愿意自己设计专用集成电路（ASIC）芯片，而且希望还能在电路中随时修改芯片的设计，因而出现了现场可编程逻辑器件（FPLD），其中应用最广泛的是现场可编程门阵列（FPGA）和复杂可编程逻辑器件（CPLD）。

早期的可编程逻辑器件只有可编程只读存储器（PROM）、紫外线可擦除只读存储器（EPROM）和电可擦除只读存储器（EEPROM）三种。由于结构的限制，它们只能完成简单的数字逻辑功能。

其后，出现了一类结构上稍复杂的可编程芯片，即可编程逻辑器件（PLD），它能够完成各种数字逻辑功能。典型的PLD由一个“与”门和一个“或”门阵列组成，而任意一个组合逻辑都可以用"与—或"表达式来描述，所以，PLD能以乘积和的形式完成大量的组合逻辑功能。

这一阶段的产品主要有可编程阵列逻辑（PAL）和通用阵列逻辑（GAL）。PAL由一个可编程的"与"平面和一个固定的"或"平面构成，或门的输出可以通过触发器有选择地被置为寄存状态。PAL器件是现场可编程的，它的实现工艺有反熔丝技术、EPROM技术和EEPROM技术。另外，还有一种PLD称为可编程逻辑阵列（PLA），它也由一个"与"平面和一个"或"平面构成，但是这两个平面的连接关系是可编程的，它是更为灵活的逻辑器件。通用阵列逻辑GAL（Generic Array Logic）是在PAL的基础上发展起来的，它采用了EEPROM工艺，实现了电可擦除、电可改写，其输出结构是可编程的逻辑宏单元，因而它的设计具有很强的灵活性，至今仍有许多人使用。

现在广泛使用的FPGA与CPLD是在PAL、GAL等逻辑器件的基础上发展起来的。同以往的PAL、GAL等相比较，FPGA/CPLD的规模比较大，它可以替代几十甚至几千块通用IC芯片。这样的FPGA/CPLD实际上就是一个子系统部件。经过了十几年的发展，许多公司都开发出了多种可编程逻辑器件。比较典型的就是Xilinx公司的CPLD器件系列和Altera公司FPGA器件系列，它们开发较早，占领了较大的PLD市场。

12.4.2 可编程逻辑器件的结构

1. 普通PLD的基本结构

PLD的基本结构如图12.4.1所示。它由输入缓冲电路、与阵列和或阵列、输出缓冲电路构成。与阵列产生有关与项，或阵列将所有与项构成"与或"的形式。由于任何组合逻辑函数均可化成与或的形式，而任何时序电路均可由组合逻辑电路加上存储元件（触发器）构成，所以PLD的与或结构对实现数字电路具有普遍意义。输入缓冲电路提供输入信号缓冲和反相信号输入，输出缓冲电路提供输出信号，增强驱动能力。

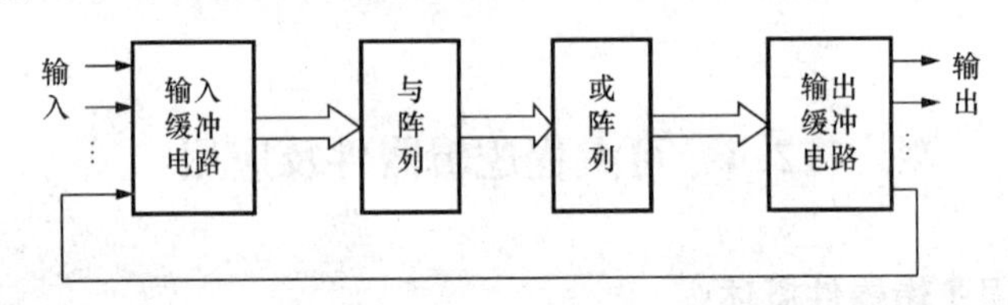

图12.4.1 PLD基本结构图

2. PLD的编程单元

可编程逻辑器件中用来存放数据的基本单元称之为编程单元，它分为易失性和非易失性两种。

（1）易失性单元。这种基本单元采用SRAM（静态存储器）结构，其特点是掉电以后信息会丢失，但编程速度快，且可无限次编程。

（2）非易失性单元。这种基本单元的特点是掉电后信息不会丢失，其结构有多种：利用熔丝开关、反熔丝开关进行的一次性编程单元；利用紫外线擦除、电编程的UV EPROM编程单元；利用电擦除、电编程的EEPROM编程单元；闪烁存储器（Flash）构成的EEPROM编程单元。

3. FPGA基本结构

现场可编程门阵列由若干独立的可编程逻辑模块组成，用户可以通过编程将这些模块连接成所需要的数字系统。现场可编程门阵列 FPGA，有三种可编程的资源。首先，I/O 可编程，用户可以设置引脚是输入还是输出，是 CMOS 电平还是 TTL 电平，可决定是否有上拉或信号激变，以及速率的快慢。其次，逻辑可编程，即中间排成行和列的逻辑单元可编程，可以实现组合逻辑电路和时序逻辑电路，在逻辑模块里有实现组合逻辑和集成的元件触发器。再次，互连线资源可编程，在贯穿行和列的逻辑块之间，分布了很多的互连线，这些互连线可编程。用某些连线以一定的方式把各种功能连接起来实现设计需要，就构成了 FPGA。

FPGA 的基本结构图如图 12.4.2 所示。主要包括逻辑阵列块（LAB），输入/输出块（I/O）和可编程行/列连线（PLA）等。一个 LAB 包括 8 个逻辑单元（LE），LE 是芯片实现逻辑关系的基本单元。

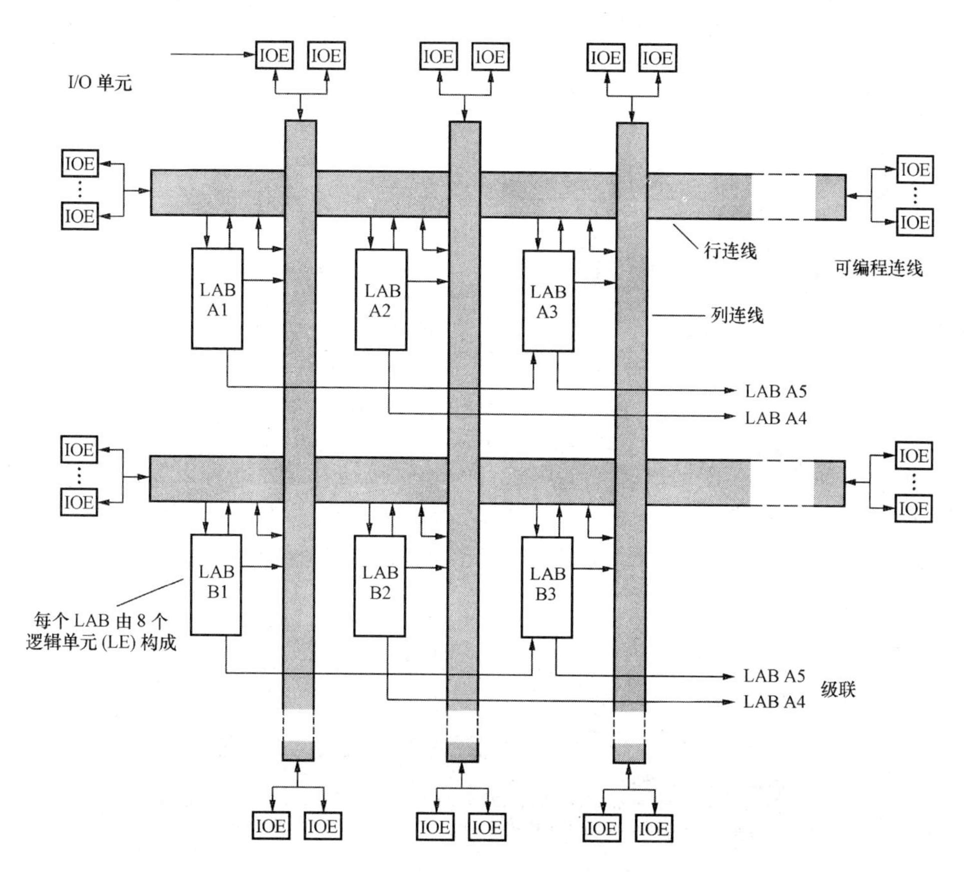

图 12.4.2　FPGA 的基本结构图

12.4.3　可编程逻辑器件开发实例

利用可编程器件设计一个自动售饮料机的逻辑控制电路。自动售饮料机的投币口每次只能投入一枚五角或一元的硬币。投入一元五角钱硬币后机器自动给出一杯饮料；投入两元（两枚一元）硬币后，在给出饮料的同时找回一枚五角的硬币。

本设计以 Altera 公司的开发软件 QuartusⅡ为平台，采用 VHDL 语言编程。设计中把投币信号作为输入变量，一元用 A 表示，投入为 1，不投为 0；五角用 B 表示，投入为 1，不投为 0。给出饮料和找钱作为输出变量，分别用 Y、Z 表示。给出饮料时 $Y=1$，不给时

$Y=0$；找回一枚五角硬币时 $Z=1$，不找钱时 $Z=0$。程序设计中利用状态机描述投币的状态，s0 表示没有投币，s1 表示投币五角，s2 表示投币一元。根据当前的状态和上次投币的状态，判断出共投币多少元，是否发出给出饮料信号和找回一枚五角的硬币信号。

下面简要介绍设计过程。

1. 创建工程

在 QuartusⅡ开发软件中，首先选择菜单“File”→“New Project Wizard”命令，打开“新建工程”窗口，建立工程，将工程命名为“PldExample”。工程的顶层设计文件名为“PldExample”，并将工程保存在 E：\ yan 文件夹，如图 12.4.3 所示。

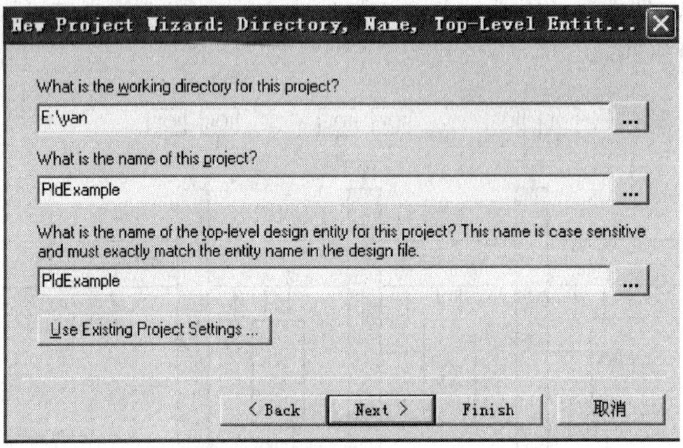

图 12.4.3　新建工程并存盘

然后选择目标器件。单击图 12.4.3 中的“Next”按钮，开始器件设置，如图 12.4.4 所示。在“Family”栏中选择 Cyclone，在“Available device”栏中选择“EP1C3T144C8”（器件根据实验设备上逻辑器件的类型进行选择，可通过右侧的封装、引脚数、速度等条件来过滤选择）。

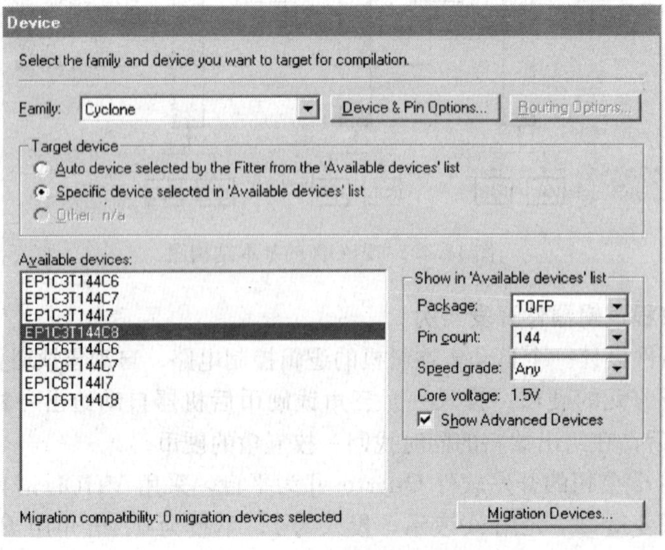

图 12.4.4　选择目标器件

再选择综合器、仿真器和时序分析器。选择综合器和仿真器类型的窗口，这里默认选择 QuartusⅡ自带的仿真工具，如需要使用其他工具，在相应的栏目中进行选择即可，如图 12.4.5 所示。

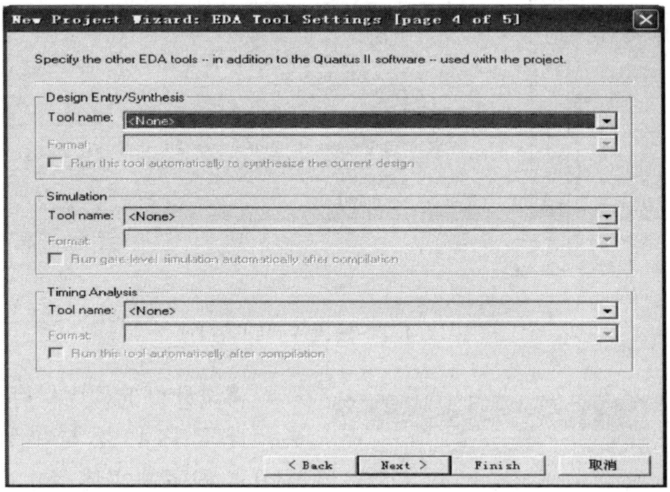

New Project Wizard: EDA Tool Settings [page 4 of 5]
Specify the other EDA tools -- in addition to the Quartus II software -- used with the project.
Design Entry/Synthesis
Tool name:
<None>
Format:
Run this tool automatically to synthesize the current design
Simulation
Tool name:
<None>
Format:
Run gate-level simulation automatically after compilation
Timing Analysis
Tool name:
<None>
Format:
Run this tool automatically after compilation
< Back
Next >
Finish
取消

图 12.4.5　选择 EDA 综合器、仿真器

最后，在"工程设置统计"窗口中列出了此项工程的相关设置项，单击"Finish"按钮完成工程的设置。

2. 设计输入

选择"VHDL File"的文本设计输入方式，如图 12.4.6 所示。然后在文本编辑框中输入 VHDL 程序，如图 12.4.7 所示。

New
SOPC Builder System
Design Files
AHDL File
Block Diagram/Schematic File
EDIF File
State Machine File
SystemVerilog HDL File
Tcl Script File
Verilog HDL File
VHDL File
Memory Files
Hexadecimal (Intel-Format) File
Memory Initialization File
Verification/Debugging Files
In-System Sources and Probes File
Logic Analyzer Interface File
SignalTap II Logic Analyzer File
Vector Waveform File
Other Files
AHDL Include File
Block Symbol File
Chain Description File
Synopsys Design Constraints File
Text File
OK
Cancel

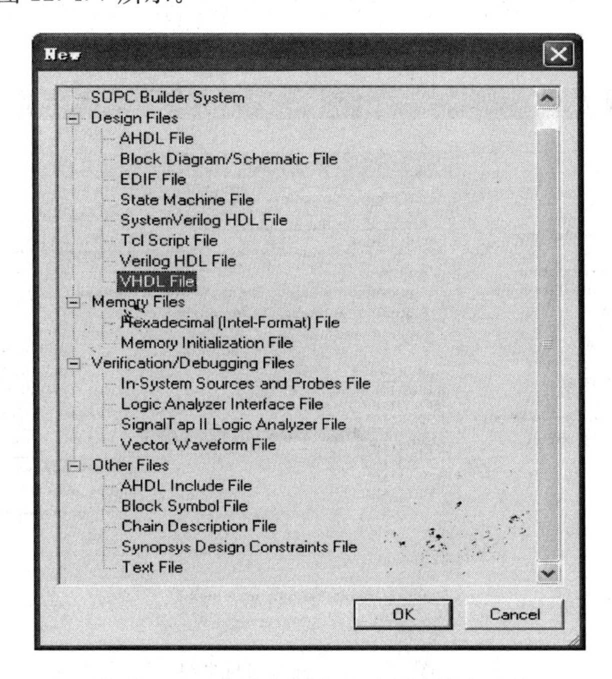

图 12.4.6　选择 VHDL 文本设计输入方式

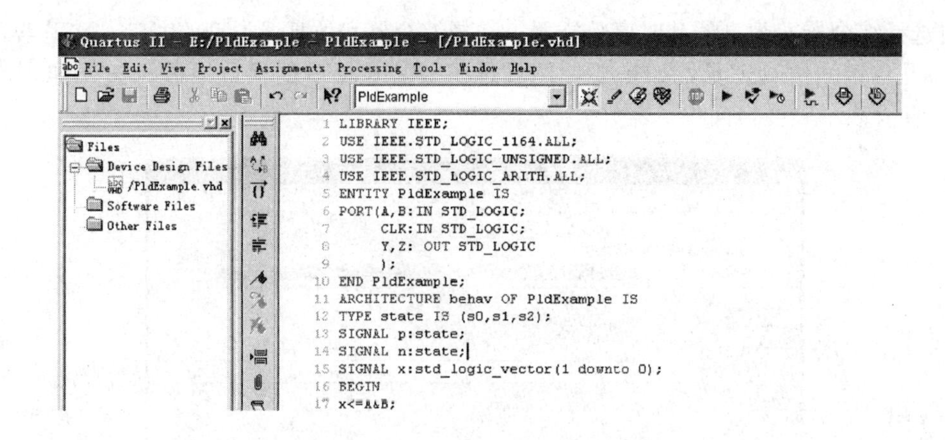

图 12.4.7 输入 VHDL 程序

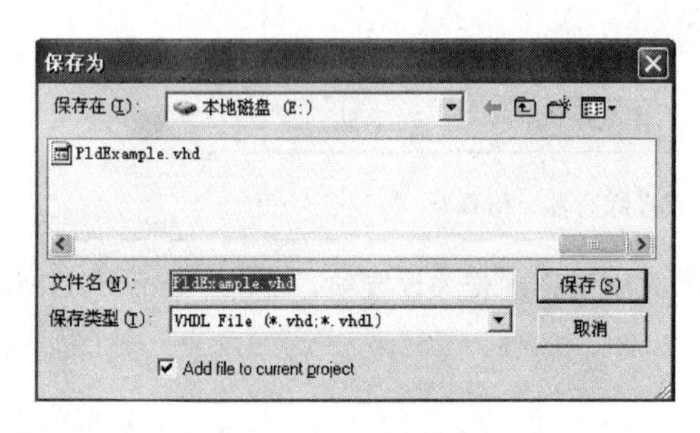

图 12.4.8 文件存盘

将设计好的程序保存在工程所在的文件夹，此名称必须与工程名一致（注意：VHDL 程序的实体名也必须与设计文件的名称一致，即为“PldExample”），如图 12.4.8 所示。

3. 编译前对工程进行设置

此设置可以选择目标器件、设置优化技术等。在创建工程时已经选择了目标器件，也可以通过下面的方法完成。选择“Assignments”菜单中的“Settings”项，弹出如图 12.4.9 所示对话框。单击对话框中的“Device”选项，设置目标器件为 Cyclone 系列的 EP1C3T144C8。

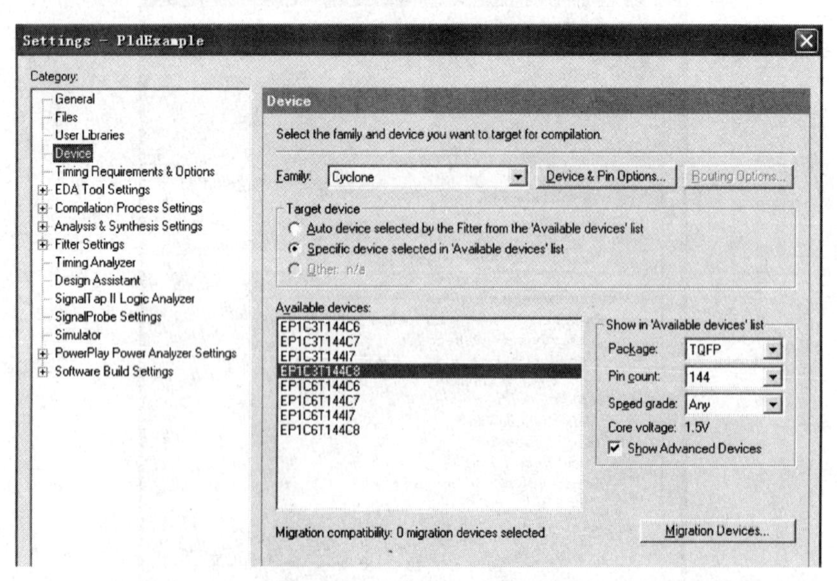

图 12.4.9 选择目标器件

如图 12.4.10 所示，单击“Analysis & Synthesis Settings”项，根据右边的“Optimization Technique”栏选择优化技术。其中“Speed”表示速度最优，“Area”表示面积最优，“Balanced”表示速度与面积平衡。

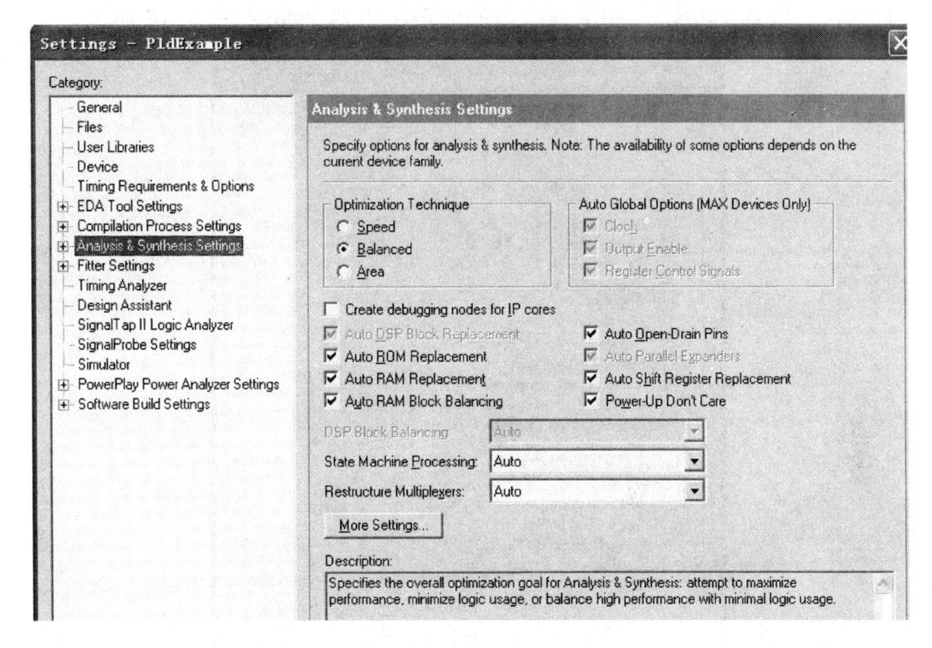

图 12.4.10　选择优化技术

4. 编译

选择“Processing”菜单的“Start Compilation”项，启动全程编译。编译过程包括对设计输入的多项处理：排错、数据网表文件提取、逻辑综合、适配、装配文件（仿真文件与编程配置文件）生成及基于目标器件的工程时序分析等。如无错则编译成功，如图 12.4.11 所示。

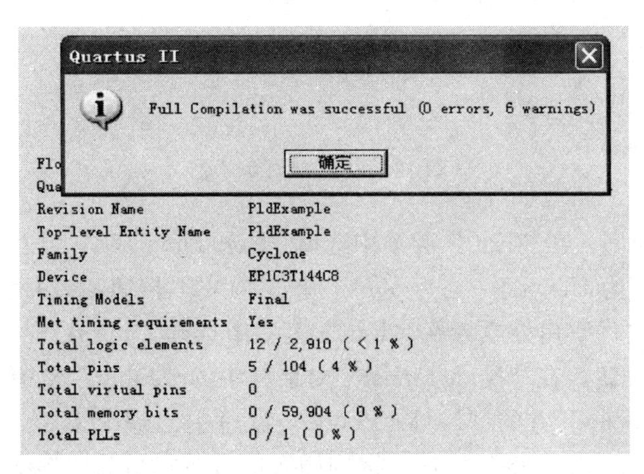

图 12.4.11　全程编译后的信息界面

5. 仿真

仿真操作前必须利用 QuartusⅡ波形编辑器建立一个矢量波形文件（VWF）作为仿真激

励。VWF文件使用图形化的波形形式描述仿真的输入向量和输出结果，也可以将仿真激励矢量用文本来描述，即文本方式的矢量文件（.vec）。以VWF文件方式的仿真过程如下。

单击空白文档，出现设计输入选择窗口，如图12.4.12所示。选择“Vector Waveform File”选项，点击“OK”按钮，即出现空白的波形编辑器，如图12.4.13所示。

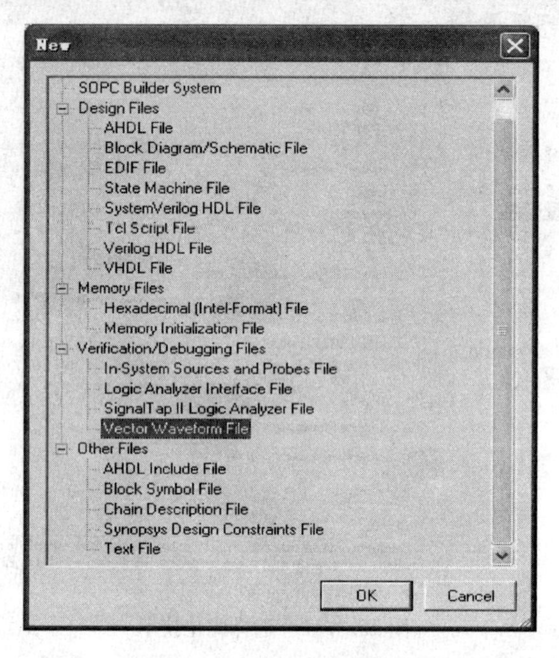

图12.4.12　建立矢量波形文件

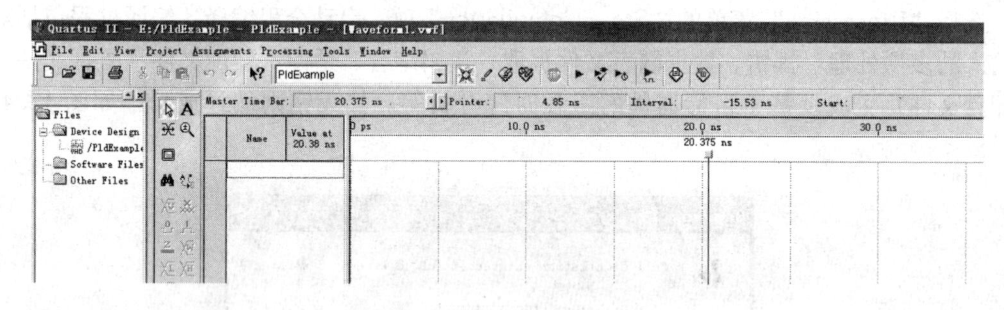

图12.4.13　波形编辑器

首先设置仿真时间。在“Edit”菜单中选择“End Time”项，设置仿真结束时间。本例设置的仿真结束时间为1us，每一格为50ns，单击“OK”按钮，结束设置。

然后双击波形文件空白处或者在“Edit”菜单中选择“Insert Node Or Bus…”项，单击“Node Finder”按钮，在“Node Finder”对话框中的“Filter”栏中选择“Pin：all”，单击“List”，即在对话框下方的“Nodes Found”窗口中出现PldExample工程所有的引脚名。插入信号节点，单击“OK”按钮，得到插入信号节点后的波形编辑器，如图12.4.14所示。

接着编辑输入波形。设置输入时钟clk的周期为100ns，设置A、B信号的高低电平，表示有无1元和5角的硬币投入。并将波形文件存盘在PldExample工程的文件夹中。

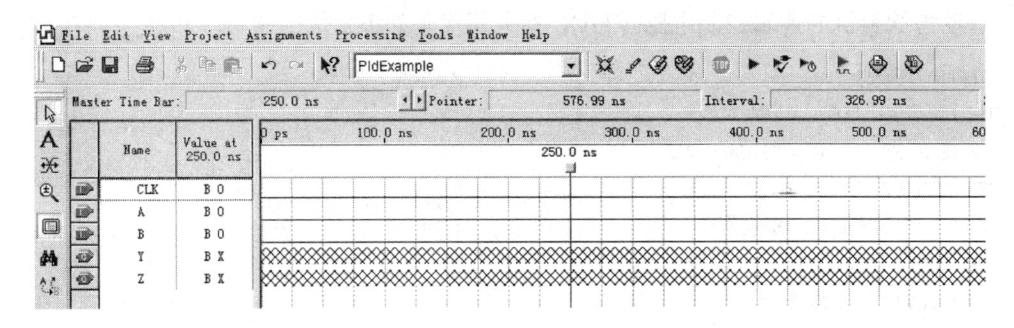

图 12.4.14　插入信号节点后的波形编辑器

最后启动仿真器。在菜单“Processing”项选择“Start Simulation”，可观察到仿真结果，如图 12.4.15 所示。当 $A=1$，$B=1$ 时，表示共投入 1.5 元，即输出信号 $Z=0$，$Y=1$，表示给出饮料，不找 5 角，见 175ns 处。当 $A=1$，$A=1$ 时，表示共投入 2 元，即输出信号 $Z=1$，$Y=1$，表示给出饮料，同时还要找 5 角，见 400ns 处。

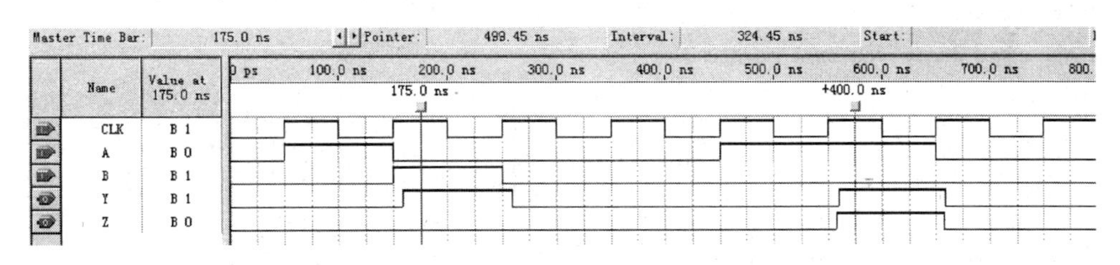

图 12.4.15　波形文件仿真结果

6. 引脚锁定和下载

对上述经过仿真的自动售饮料机的逻辑控制电路进行硬件测试。将输入信号 *CLK*、*A*、*B* 和输出信号 *Z*、*Y* 的引脚锁定在芯片确定的引脚上（与实验板的硬件资源对应），将引脚锁定后再编译一次，把引脚信息一同编译进配置文件中，最后将配置文件下载到目标芯片中，进行硬件测试。分别如图 12.4.16 和图 12.4.17 所示。

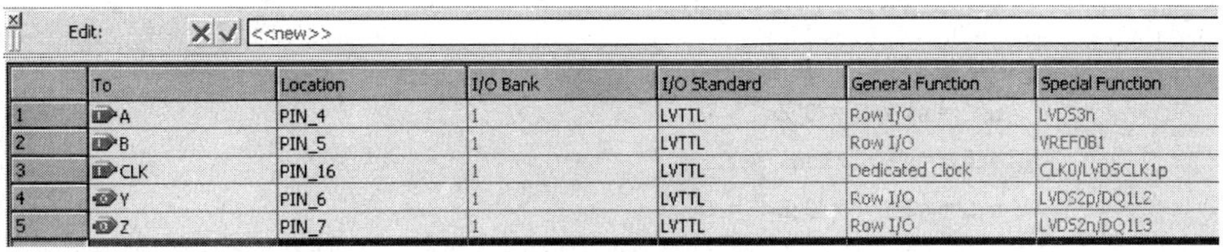

Edit: <<new>>

	To	Location	I/O Bank	I/O Standard	General Function	Special Function
1	A	PIN_4	1	LVTTL	Row I/O	LVDS3n
2	B	PIN_5	1	LVTTL	Row I/O	VREF0B1
3	CLK	PIN_16	1	LVTTL	Dedicated Clock	CLK0/LVDSCLK1p
4	Y	PIN_6	1	LVTTL	Row I/O	LVDS2p/DQ1L2
5	Z	PIN_7	1	LVTTL	Row I/O	LVDS2n/DQ1L3

图 12.4.16　引脚锁定

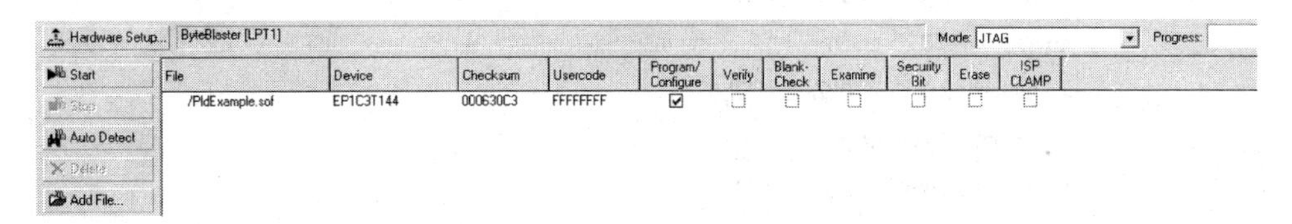

图 12.4.17　下载配置文件

自动售饮料机的逻辑控制电路 VHDL 参考源代码如下：

```
LIBRARY IEEE;
USE IEEE.STD_LOGIC_1164.ALL;
USE IEEE.STD_LOGIC_UNSIGNED.ALL;
USE IEEE.STD_LOGIC_ARITH.ALL;
ENTITY  PldExample IS
PORT(A,B:IN STD_LOGIC;
    CLK:IN STD_LOGIC;
    Y,Z: OUT STD_LOGIC
    );
END  PldExample;
ARCHITECTURE behav OF PldExample IS
TYPE state IS (s0,s1,s2);
SIGNAL p:state;
SIGNAL n:state;
SIGNAL x:std_logic_vector(1 downto 0);
BEGIN
x<=A&B;
    PROCESS(CLK)
      BEGIN
        IF(CLK'EVENT AND CLK='1')THEN
          p<=n;
        END IF;
    END PROCESS;
    PROCESS(x,p)
      BEGIN
        CASE p IS
          WHEN s0=>if x="00" then
                n<=s0;Y<='0';Z<='0';
              elsif x="01" then
                n<=s1;Y<='0';Z<='0';
              elsif x="10" then
                n<=s2;Y<='0';Z<='0';
              end if;
          WHEN s1=>if x="00" then
                n<=s1;Y<='0';Z<='0';
              elsif x="01" then
                n<=s2;Y<='0';Z<='0';
              elsif x="10" then
                n<=s0;Y<='1';Z<='0';
              end if;
          WHEN s2=>if x="00" then
                n<=s2;Y<='0';Z<='0';
```

```
                elsif x = "01" then
                  n<= s0;Y<= '1';Z<= '0';
                elsif x = "10" then
                  n<= s0;Y<= '1';Z<= '1';
                end if;
            WHEN others => n<= s0;
          END CASE;
        END PROCESS;
END behav;
```

参 考 答 案

第1章

1.1 2、4是电源，1、3是负载。

1.2 $u_R=12(e^{-2t}-e^{-3t})V$， $u_L=-6(2e^{-2t}-3e^{-3t})$。

1.3 6V，12W。

1.4 $I=2A$, $U=6V$，$P_{IS}=-12W$，$P_{US}=8W$，$P_R=4W$。

1.5 $R=1\Omega$, $U_{ab}=26V$, $U_{ac}=44V$。

1.6 $U_1=16V$, $U_2=-19V$, $U_3=9V$。

1.7 (a)$U_X=150V$，$I_X=13A$；

(b)$U_X=-20V$，$I_X=1A$。

1.8 $V_a=-100/7V$。

1.9 $i=I_0e^{-\alpha t}-\dfrac{U_m}{R}\sin\omega t-\omega CU_m\cos\omega t$，

$u=-\alpha LI_0e^{-\alpha t}+U_m\sin\omega t$。

1.10 (a)10Ω；(b)3.5Ω；(c)2.6Ω；(d)2Ω。

1.11 2.67A，6V

1.12 6A，16V

1.13 (a)−12V，9Ω；(b)3A，6Ω

1.14 0.5A

1.16 10V

1.17 $P_{2A}=52W$，$P_{3A}=78W$

1.18 0.6A

1.19 10/3A

1.20 0.9A

1.21 2A

1.22 (a)1.5A，3A；(b)0，1.5A；(c)6A，0；(d)1.5A，1A

1.23 $i_C=0$，$i_R=0$，$u_L=-18V$

1.24 $i_C=4mA$，$u_L=12V$

1.25 $i_L=0.5e^{-10t}A$，$i=0.25e^{-10t}A$，$u_L=-10e^{-10t}V$

1.26 $u_C=24e^{-0.5t}V$，$i=-4e^{-0.5t}A$

1.27 $i_L=2(1-e^{-4t})A$，$u_L=8e^{-4t}V$

1.28 $u_C=15(1-e^{-0.2t})V$，$i=0.05+0.1125e^{-0.2t}A$

1.29 $u_C=16-6e^{-t/\tau}V$，$\tau=2.4\times10^{-4}s$

1.30 $i=(10-6e^{-2t})A$

第2章

2.1 $U_1=5\sqrt{2}$，$U_2=2\sqrt{2}$，60°

2.4 0.14H

2.5 $i=0.69\sqrt{2}\sin(314t+150°)$A，$Q_C=-152$var，$W_C=0.242$W

2.6 6Ω，25.5mH

2.7 (1)5A；(2)0.75R，7A；(3)$-j0.75X_L$，1A

2.8 $X_C=39\Omega$，$X_L=R_2=19.5\Omega$，$I=5$A

2.9 $I=1$A，$I_L=I_C=0.707$A，$U_C=7.05$V

2.10 2Ω，I=5∠30°A，

$I_1=3.95\angle 11.6°$A，$I_2=1.77\angle 75°$A

2.11 $R=17.3$kΩ，$\dot{U}_2=2\sqrt{3}\angle 30°$V

2.12 (1)8+j6A

(2)$P=960$W，$Q=720$var，$S=1200$VA，$\lambda=0.8$

2.13 $P=1062$W，$Q=285$var，$\lambda=0.966$

$P_N=1062$W，$Q_N=589$var，$\lambda_N=0.875$

2.14 $\lambda_1=0.447$，$\lambda_2=0.80$，$\lambda_3=0.454$，

$\lambda=0.993$，$I=90.6$A

2.15 $C=528\mu$F，$I=38.3$A，$n=42$

2.16 $C=50.7\mu$F，$Q=12.56$，$U_C=125.6$V

2.17 $f_0=1.09$MHz，$Q=125$，$R_0=214$kΩ

2.18 (1)$I_Z=5$A，$I=I_C=3.5$A；(2)$C=102\mu$F

2.19 $\dot{U}_A=220\angle -30°$V，$\dot{I}_A=22\angle -83.1°$A

2.20 $\dot{I}_{AB}=9.5\angle -30°$A，$\dot{I}_A=16.5\angle -60°$A

2.21 $I_1=22$A，$I_2=19$A，$I_l=47.8$A

2.22 $\dot{I}_A=0.273\angle 0°$A，$I_B=0.273\angle 120°$A，

$\dot{I}_C=0.553\angle 85.4°$A，$\dot{I}_N=0.364\angle 60°$A

2.23 (1) $\dot{I}_A=22\angle 0°$A，$\dot{I}_B=22\angle -30°$A；$\dot{I}_C=22\angle 30°$A，$I_N=60.1$A；

(2)$P=4840$W

2.24 $I_l=5.68$A，$I_p=3.28$A

2.25 $P=25.4$kW，$\lambda=0.8$

2.26 71V

2.27 $U=0.35U_m$

2.28 $u_0=29.8$V，$P=8.88$W

2.29 $i=1.43\sin(\omega t+85.3°)+6\sin(\omega t+45°)+0.39\sin(\omega t+18°-78.8°)$A

$P=191$W，$Q=132.6$var，$\lambda=0.82$

第3章

3.1 $U_2=0.53\text{V}$

3.2 (1)$|Z_1'|=110\Omega$;(2)$P_2=440\text{W}$

3.3 $U\approx99.9\text{V}$

3.4 $\Delta P_{CU}=12.5(\text{W})$、$\Delta P_{Fe}=337.5(\text{W})$

3.5 $I_1=1.75\text{A}$,$I_2=26.3\text{A}$;可接灯泡96只。

3.6 二次侧匝数分别为16、23、625

3.7 $\sum P=606.3(\text{W})$

3.8 6.3V、9V、250V、243.7V、241V、15.3V、259V、256.3V、500V

第4章

4.1 三相发电机各相电压的相位互差120°,它们之间各相电压超前或滞后的次序称为相序。就三相异步电动机本身而言,有相序。不同相序则转向不同,如三相接入的顺序是ABC为正转,则接入相序ACB为反转。

4.2 (1)磁极对数 $p=3$;(2)额定转差率 $S=0.06$;(3)转差 $\Delta n=56.4$;(4)$n=902.4$ r/min;转子电流的频率 $f=47\text{Hz}$。

4.3 相电压小于额定电压,造成电动机功率不足;如果带同样大的负荷,会造成转速不足,电流过大,时间长会烧坏电机。

4.4 电流不同,转矩相同。

4.5 在一定范围内,所串电阻越大,起动转矩也越大。超过一定范围后就不是了。

4.6 (1)$T_{st}=312.1\text{N}\cdot\text{m}$;(2)可以。

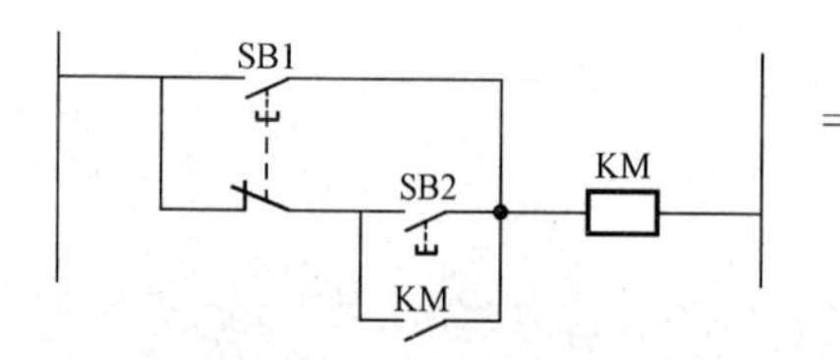

图1 4.8题答案图

4.7 (1)$T_N=65.9\text{N}\cdot\text{m}$;(2)$T_{st}=79\text{N}\cdot\text{m}$;(3)$T_m=118.6\text{N}\cdot\text{m}$;(4)Y-△$T'_{ST(Y)}=26.3\text{N}\cdot\text{m}$。

4.8 SB1点动,SB2长期工作(见图1)。

4.9 如图2所示。

4.10 如图3所示。

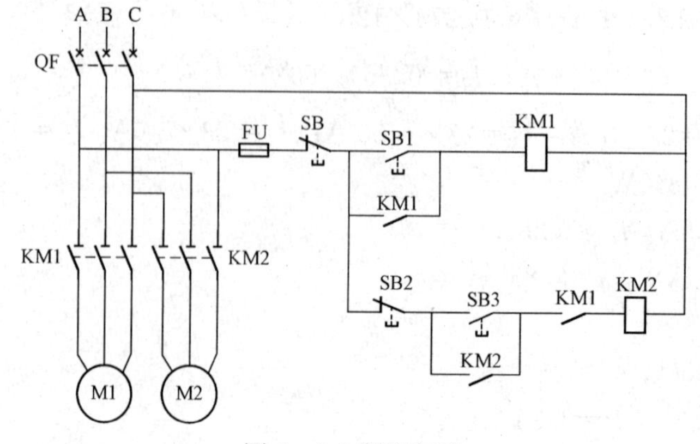

图2 4.9题答案图

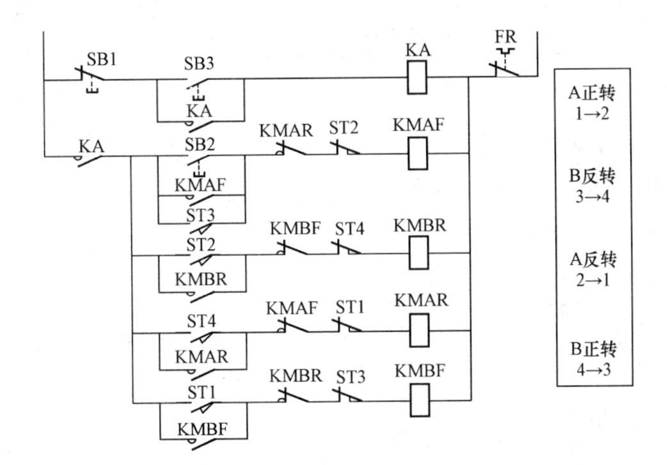

图 3　4.10 题答案图

第 5 章

5.9　$V_O=11.3V$

5.13　3.96mA

5.16　$I_D=0.18mA$，$g_m=0.24mS$

第 6 章

6.1　2.4V

6.2　2.4V

6.3　A_1 作前级，$A=1500$，A_2 作前级，$A=2500$

6.5　12V，7.07V

6.6　(1)2V；(2)−6V；(3)−14V

6.7　$u_O=\left(1+\frac{R_F}{R}\right)u_I$

6.9　$A=1000$，$F=0.019$

6.10　$u_O=-\frac{R_F}{R}u_I$

第 7 章

7.1　$u_{O1}=-10u_i$，$u_{O2}=11u_i$，$u_O=-21u_i$

7.3　$u_{O1}=-10u_{i1}$，$u_O=10u_{i1}-2u_{i2}$

7.4　$u_O=-2u_{i1}+2u_{i2}+u_{i3}$

7.5　$2u_I$

7.6　$u_{O1}=-\frac{R_{F1}}{R_1}u_1$，$u_{O2}=\left(1+\frac{R_{F2}}{R_2}\right)u_2$

$$u_O=\frac{R_6}{R_5}(u_{O2}-u_{O1})=\frac{R_6}{R_5}\left[\left(1+\frac{R_{F2}}{R_2}\right)u_2+\frac{R_{F1}}{R_1}u_1\right]$$

7.7 (a)$u_O=-\int(1000u_{I1}+2000u_{I2})dt$；

(b)$u_O=-2\times10^{-3}\frac{du_I}{dt}$

7.8 $t=0$, $u_{O1}=0$, $u_O=0.5V$

$t=10s$, $u_{O1}=10$, $u_O=-9.5V$

$t=20s$, $u_{O1}=0$, $u_O=0.5V$

7.9 $u_O=\frac{R_2+R_3}{kR_2}\cdot\frac{u_{i1}}{u_{i2}}$

7.10 $u_O=\left(-\frac{R_2u_i}{R_1k_1k_2}\right)^{1/3}$

7.12 $A_u=\frac{3}{\sqrt{1+(\omega RC)^2}}$, $f_c=1.06kHz$

第8章

8.1 (1)$U_O=0.9V$, $U_2=9V$；

(2)$I_D=0.5I_O=0.45A$, $U_{RM}=14.1V$；

(3)$U_O=4.5V$

8.2 (1)24V；(2)18V；(3)28V；(4)20V

8.3 $n=17.6$, $I_D=50mA$, $C=330uF$

8.5 $8.7\leqslant U_O\leqslant29.1V$, $R_3=1.3\Omega$

8.6 (a)$U_{\times\times}+U_Z$；(b)$(1+R_2/R_1)U_{\times\times}$

8.7 $R_1=1020\Omega$, $R_2=510\Omega$

8.8 $U_O=22.5V$

第9章

9.3 (1)$F=A\overline{B}$； (2)$ABC+ABD$；

(3)$F=A+BC+\overline{B}\overline{C}$；

(4)$F=0$； (5)$F=B+C$；

(6)$AB+B\overline{D}+B\overline{C}$

9.4 TTL集成电路使用TTL管，也就是PN结，功耗较大，驱动能力强，一般工作电压+5V；CMOS集成电路使用MOS管，功耗小，工作电压范围很大(3～18V)，一般速度也低。

9.5 与门多余的输入端接高电平，或门多余的输入端接低电平。

9.6 $F=A\overline{B}+\overline{A}B$，实现两个逻辑变量的异或。

9.7 $S_i=A_i\oplus B_i\oplus C_{i-1}$, $C_i=(A_i\oplus B_i)C_{i-1}+A_iB_i$，全加器。

9.8 红、黄、绿灯用变量A、B、C表示，输出用L表示，L为0表示有故障报警

$$L=\overline{A}\,\overline{B}C+\overline{A}B\overline{C}+A\overline{B}\,\overline{C}$$ 图略

9.9 A、B表示两个单刀双掷开关，同一个方向扳时，灯亮，L表示灯的状态

$$L=\overline{A}\,\overline{B}+AB$$ 图略

9.10 主裁判和两个副裁判分别用A、B、C表示，L表示判决结果。

$$L=\overline{\overline{AB}\,\overline{AC}}$$ 图略

9.11

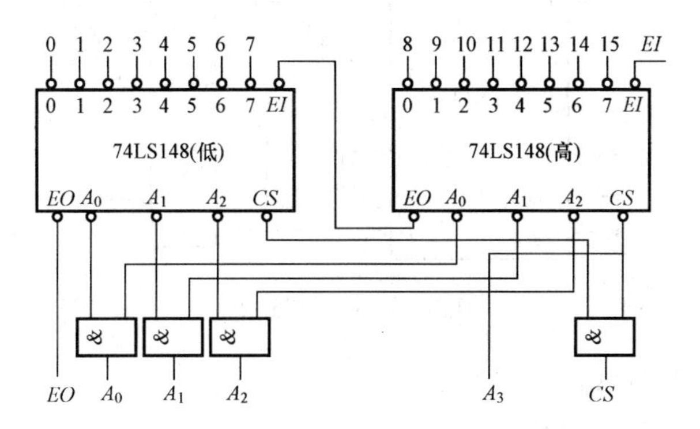

图 4　9.11 题答案图

9.12

$$Y=m_1+m_4+m_5+m_6+m_7=\overline{\overline{Y}_1\overline{Y}_4\overline{Y}_5\overline{Y}_6\overline{Y}_7}$$

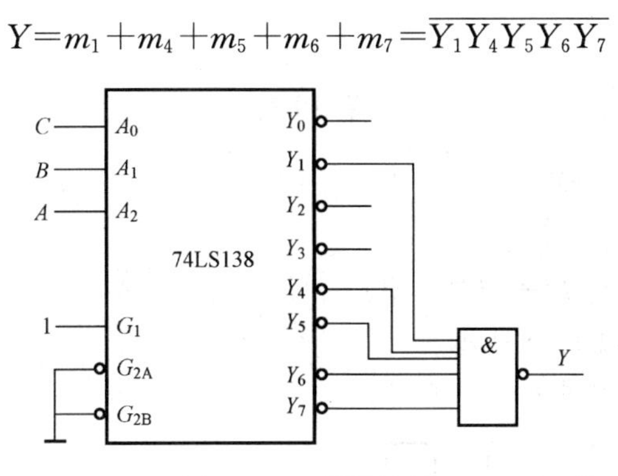

图 5　9.12 题答案图

9.13

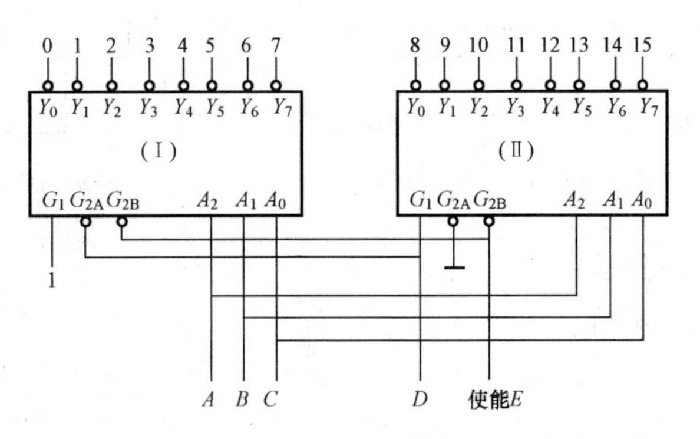

图 6　9.13 题答案图

9.14　A 为被加数，B 为加数，C 为低位进位，S 为本位和，CO 为向高位的进位，如图 7 所示。

9.15　两片 151 进行并联，使能端连在一起，相应的地址输入端连在一起。

9.16　两片的使能端用一个非门接在一起，相应的地址输入端连在一起，两片 151 的输

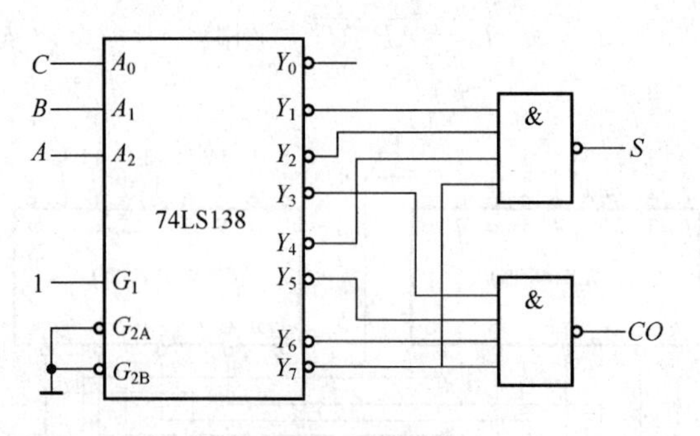

图7 9.14题答案图

出通过一个或门作为最后的输出。

9.17 $Y=ABC+AB\overline{C}+\overline{A}BC+A\overline{B}C$

$D_3=D_5=D_6=D_7=1$， $D_0=D_1=D_2=D_4=0$

9.18 两个4位数值比较器串联而成为一个8位的数值比较器，C_0 为低4位，C_1 为高4位

第10章

10.1 D触发器:$Q^{n+1}=D$

JK触发器:$Q^{n+1}=J\overline{Q^n}+\overline{K}Q^n$

两者特征方程比较可得 $D=J\overline{Q^n}+\overline{K}Q^n$

10.2 Q的输出波形如图8所示。

10.3 Q的波形如图9所示。

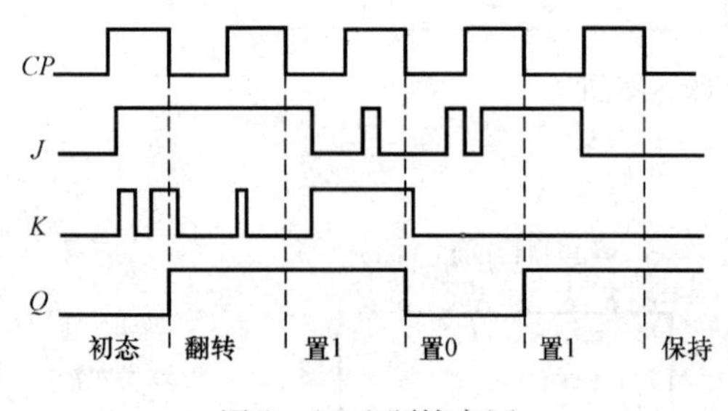

图8 10.2题答案图

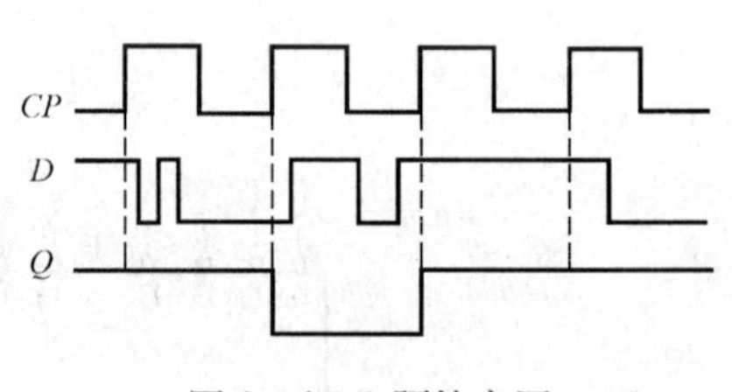

图9 10.3题答案图

10.4 波形如图10所示。

10.5 波形如图11所示。

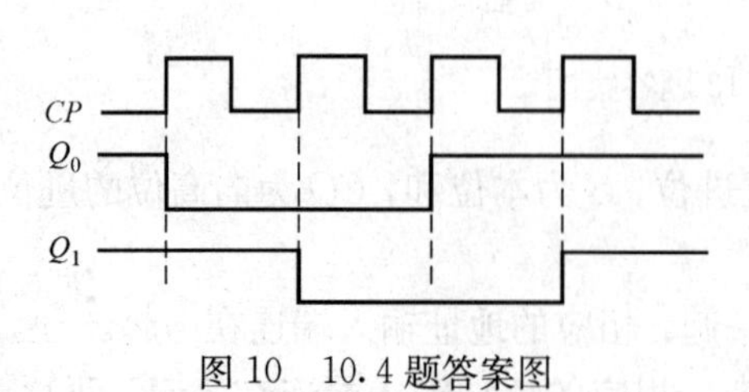

图10 10.4题答案图

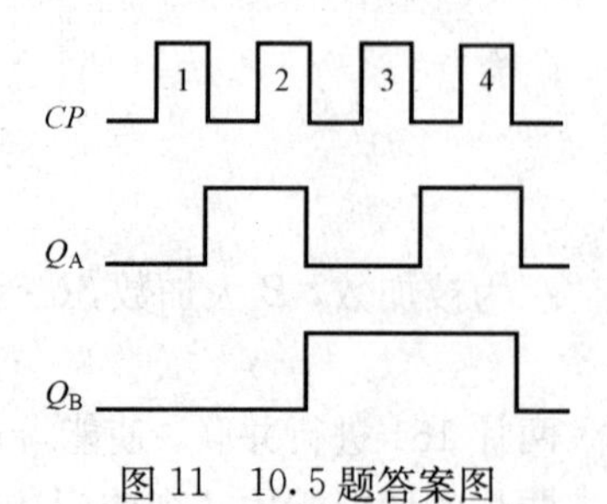

图11 10.5题答案图

10.6

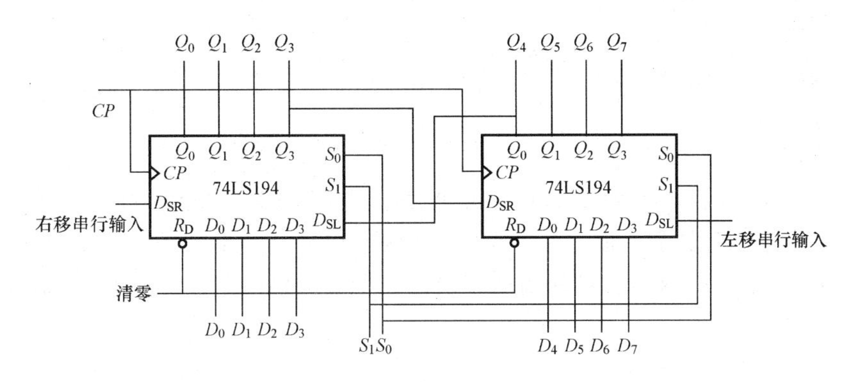

图 12　10.6 题答案图

10.7　六进制计数器，计数范围从 0101～1010 共 6 个状态循环。

10.8　计数范围从 0000～1000 共 8 个状态循环，用过渡态 1001 作为反馈清零信号。

10.9　计数范围从 0000～0110 共 7 个状态循环，用过渡态 0111 作为反馈清零信号。

10.10　计数范围从 0001～1001 共 9 个状态循环，用 1001 作为反馈置数信号，置数输入 0001。

10.11　计数范围从 1001～0101 共 7 个状态循环，用过渡态 0110 作为反馈置数信号。

10.12　计数范围从 00000000～00011001 共 26 个状态循环，用过渡态 00011010 作为整体反馈清零信号。

10.13　计数范围从 00000000～01011001 共 60 个状态循环，用过渡态 01100000 作为整体反馈清零信号。

10.14　74LS161 采用反馈清零设计成五进制计数器，脉冲频率为 0.5Hz，其输出端低 3 位接 74LS138 的地址译码端，译码器的输出端 Y_0～Y_4 接发光二极管即可。

10.15　74LS161 采用反馈置数法设计成十五进制计数器，计数状态从 0001～1111，进位端 RCO 输出 20kHz 的信号，再经 D 触发器进行二分频得占空比为 50%的 10kHz 的信号，以此类推可得 30kHz，50kHz 信号。

第 11 章

11.4　清零端接高电平，A 接低电平，B 接上升沿触发脉冲，输出脉冲宽度 $T_W = 0.45RC = 10\text{ms}$，若 $C = 1\mu\text{F}$ 则 $R = 22\text{k}\Omega$ 。

11.5　输出脉冲宽度 $T_W = 1.1RC$，若 $C = 10\mu\text{F}$，则 $R = 91\text{k}\Omega$ 。

11.6　如图 13 所示。

$$f = \frac{1}{t_{pH} + t_{pL}} \approx \frac{1.43}{(R_A + R_B)C}$$

$$q(\%) = \frac{R_A}{R_A + R_B} \times 100\%$$

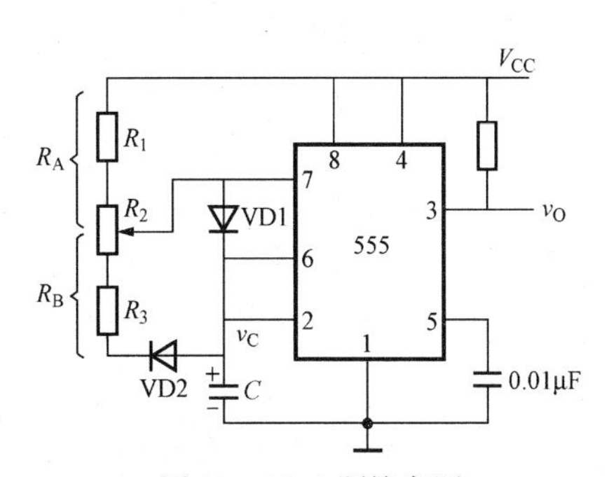

图 13　11.6 题答案图

11.7　扬声器发声的时间由 R_1、R_2、C_1 决定；发声的频率由 R_3、R_4、C_2 决定。

11.8 $U_{omin}=-0.0195V$ $U_{omax}=-4.98V$

11.9 8位

11.10 数字量011111101111

11.11 2.63V

11.12 10位

11.13 由555构成频率为1Hz的多谐振荡器电路，输出作为74LS161的时钟脉冲，74LS161构成十进制计数器，输出接DAC0832输入数据端的低4位，若D/A的基准电压取－5V，则D/A的电压输出后再利用运放设计一个放大倍数为25.6的放大器即可满足设计要求。

参 考 文 献

[1] 高玉良．电路与模拟电子技术. 2 版 [M]. 北京：高等教育出版社，2008.
[2] 秦曾煌．电工学. 6 版 [M]．北京：高等教育出版社，2004.
[3] 徐淑华 宫淑贞．电工电子技术 [M]. 北京：电子工业出版社，2003.
[4] 唐介．电工学（少学时). 2 版 [M]. 北京：高等教育出版社，2005.
[5] 杨素行．模拟电子技术基础简明教程． 3 版 [M]．北京：高等教育出版社，2006.
[6] 康华光．电子技术基础. 4 版 [M]．北京：高等教育出版社，1999.
[7] 王成华等．电路基础与模拟电子学 [M]. 北京：科学出版社，2003.
[8] 佘新平．数字电子技术 [M]．武汉：华中科技大学出版社，2007.
[9] 任礼维等．电机与电力拖动基础 [M]. 杭州：浙江大学出版社 1999.
[10] 赵曙光．可编程模拟器件原理、开发及应用 [M]. 西安：西安电子科技大学出版社，2001.